含能材料前沿导论

严启龙　刘林林　编著

科学出版社

北　京

内 容 简 介

含能材料是有别于化石能源材料的一类特种能源材料,主要用于弹药和火箭燃料,分子设计和制备、配方设计和工艺、能量释放和做功过程均涉及复杂的基础物理化学问题。围绕含能材料理论设计、制备及应用,本书重点介绍含能材料性能理论、新型含能分子的结构及性能、含能材料的改性技术、复合含能材料的配方设计及应用、含能材料的安全与环保要求五方面内容。附录部分给出了国外主要含能材料研究机构和行业内重要学术会议信息。

本书对兵器科学与技术、航空宇航推进理论与工程、材料学和武器学科等相关领域的学生和科研工作者均有一定的参考价值。同时,也可供含能材料相关专业研究生和本科生作为教材使用。

图书在版编目(CIP)数据

含能材料前沿导论/严启龙,刘林林编著. —北京:科学出版社,2022.3
ISBN 978-7-03-067165-3

Ⅰ.①含… Ⅱ.①严… ②刘… Ⅲ.①功能材料–研究 Ⅳ.①TB34

中国版本图书馆 CIP 数据核字(2020)第 248621 号

责任编辑:宋无汗 / 责任校对:杜子昂
责任印制:赵 博 / 封面设计:迷底书装

科 学 出 版 社 出版
北京东黄城根北街 16 号
邮政编码:100717
http://www.sciencep.com

北京凌奇印刷有限责任公司印刷
科学出版社发行 各地新华书店经销

*

2022 年 3 月第 一 版 开本:720×1000 1/16
2024 年 5 月第三次印刷 印张:24 3/4
字数:500 000

定价:198.00 元
(如有印装质量问题,我社负责调换)

前　言

　　含能材料是一类特种能源材料，主要用于战斗部与火箭发动机装药，其研发、生产与应用过程均涉及多层面基础科学问题。鉴于含能材料的广泛军民用途，近年来该研究领域变得愈发热门，相关技术也得到了飞速发展。含能材料按照功能可分为推进剂、炸药、烟火剂和发射药等。其中，推进剂是以燃烧形式释放能量的一类重要材料，主要用于火箭发动机装药；炸药是以爆轰形式做功的一类材料，主要用于战斗部装药或炸弹装药，民用领域主要包括爆炸焊接、采矿和建筑工程（隧道和建筑定向爆破拆除）等；烟火剂是指燃烧时产生光、声、烟、色、热和气体等烟火效应的混合物，军事上用于装填特种弹药和器材，利用不同的烟火效应可以实现不同的目的；发射药通常装在枪炮弹膛内用于发射弹丸。含能材料科学是集表界面基础科学研究、材料工程应用研究和工艺技术研究为一体的综合学科。含能材料既包括单分子材料，也包含多组元混合物或复合物。作为含能材料的重要产品，炸药和推进剂的性能可通过配方设计进行调节，包括组分的种类、含量和复配方式等。高聚物黏结炸药和硝酸酯增塑聚醚固体推进剂是两种典型的含能材料产品，具有能量密度高、安全性能和力学性能优异等特点，军民应用广泛。

　　在含能材料领域，近些年国内外涌现了一大批高水平的科研成果。含能材料设计和制备的基本思想是以武器系统等应用平台对其技术指标要求为前提，综合考虑其他性能要求，突出重点、兼顾一般。现代武器对含能材料的结构和组元设计，基本将安全性放在首位。目前，含能材料的重点发展方向之一是降低其易损性，提高武器在现代战争环境下的生存能力。随着技术的不断进步，涌现出了一系列钝感高能材料，且应用和评估手段得到了突飞猛进的发展。然而，除了少数含能材料的相关专著外，很难看到含能材料前沿导论类读物，与学科近年的高速发展不匹配，这也是作者撰写本书的初衷。

　　本书的内容安排如下。第1章综合介绍含能材料的发展现状、国际发展水平和前沿发展方向，重点论述含能材料的代际差异，介绍各国主要机构的研究水平。第2章为含能材料性能理论研究，主要包括含能材料关键参数计算、含能材料感度预估、含能材料力学性能、含能材料反应活性理论研究和含能材料爆轰性能理论研究五方面内容。第3章概括含能材料的合成与制备，包括传统有机含能材料、含能离子液体、高氮及全氮化合物、硝基芳烃化合物、含能配合物、亚稳态分子间复合物和金属有机框架含能材料七大类，并对这些材料的优势和结构特点进行阐述。第4章分析含能材料的释能规律，主要涉及含能材料热分解动力学、热分解反应物理模型计算方法、含能材料热分解机理、含能材料燃烧特性、含能材料燃烧转爆轰，以及极限条件下含能材料的响应六方面内容。第5章阐述含能材料的改性方法及研究进展，包括颗粒的表面改性、掺混改性、重结晶与共晶、纳米化改性、碳纳米材料改性含能材料等技术手段。第6章介绍复合含能材料的配方设计及应用，包括高能固体推进剂、绿色液体推进剂、低烟焰发射药、聚合物炸药和火工药剂五个类别。第7章简要介绍含能材料的安全与环保要求，以及如何实现高安全和环保应用。安全包括感度、相容性与安定性、易损性，而环保要求则涉及含能材料的毒性与环保含能材料、绿色工艺和废旧含能材料的回收利用三个方面。此外，附录部分介绍国外含能材料的主要研究机构及含能材料领域的重要学术会议。

本书的出版离不开专家学者、业内同仁和朋友亲人给予的帮助和支持。参与本书撰写的有中国工程物理研究院化工材料研究所张朝阳研究员（1.3.1 和 7.1.4 小节部分内容）；中南大学何飘副教授（2.1 节）；西北大学郭兆琦副教授（3.7 节）；西南科技大学霍冀川教授（7.6.3 小节）；西安近代化学研究所张超研究员（4.5 节）。若有遗漏，请相关学者与作者联系。此外，捷克的 Svatopluk Zeman 教授和以色列的 Michael Gozin 教授对本书的构思给予了指导和帮助。中国工程物理研究院化工材料研究所聂福德研究员和杨志剑副研究员对本书提出了诸多宝贵的建议。西北工业大学航天学院陈书文博士后，何伟、蔚明辉、吕杰尧、张雪雪、唐得云、刘雪莉、康博和邓跃鸣等研究生在本书格式和文字校对方面也付出了较多的精力。在此，一并表示诚挚的谢意。

由于作者水平有限，书中不妥之处在所难免，敬请广大读者批评指正。

目　　录

第1章 绪 论

1.1 引 言

含能材料是可用于军火武器弹药的一类能源材料，主要包括发射药、推进剂、炸药、起爆药和烟火剂等。从事含能材料及其武器系统研究的专业人员及机构主要分布在疆土面积较大或者人口较多的国家和地区，如中国、美国、俄罗斯、印度、英国、日本、法国、德国和澳大利亚等，这类国家和地区出于领土和主权安全考虑，非常重视军事工业的发展。常规兵器工业是国防高科技产业的基础和支柱产业之一，世界各国都高度重视其发展。冷战结束后，以信息技术为先导的一系列高新技术的应用使得世界常规兵器工业向尖端化飞跃发展。美国等发达国家兵器工业的科研生产能力领先，且其他发达国家和发展中国家在兵器工业技术研发水平与生产能力方面与美国等发达国家的差距还在进一步扩大[1]。

现代常规兵器工业是以设计、试制和生产坦克、装甲车辆、火炮、弹药、枪械、反坦克导弹、防化器材、工程爆破器材及侦察、信息处理、指挥装备等常规武器装备为主的工业体系。根据德国《军事技术》期刊 2014 年发表的"世界防务年鉴"，世界上能够生产弹药的国家(地区)有 94 个。美国弹药行业的企业主要有湖城陆军弹药厂(Lake City Army Ammunition Plant, LCAAP)、阿连特技术系统公司(Alliant Techsystems Inc,ATK)、萨科-瓦尔梅特公司(SAKO-Valmet)、派恩布拉夫兵工厂(Pine Bluff Arsenal, PBA)、隆斯塔陆军弹药厂(Lone Star Army Ammunition Plant, LSAAP)、米兰陆军弹药厂(Milan Army Ammunition Plant, MAAP) 等。俄罗斯弹药行业的企业主要有图拉弹药厂(Tula Cartridge Works, TCW)等。在欧洲军事大国中，德国共有弹药企业 20 多家，主要包括迪尔公司(Diehl Defence, DD)、莱茵金属公司(Rheinmetall GmbH, RG)和德国毕克化学有限公司(BYK-Chemie GmbH, BYK)等；含能材料企业约 16 家，主要有瓦克化学公司(Wacker Chemie Corporation, WCC)等。英国弹药的主承包商有英国航空工程系统公司(British Aerospace Engineering, BAE)、皇家军械有限公司(Royal Ordnance Factories，ROF)和亨廷工程公司(Hunting Engineering)等。法国弹药的研制和生产基本由法国地面武器工业集团公司(GIAT Industries, GIAT)等两家公司垄断，若干生产枪炮弹药的私营企业已被 GIAT 收购。其他国家包括以色列拉斐尔先进防务系统公司(IsraelRa-fael, IR)、瑞典的博福斯公司(Bofors)等也有较强的科研生产能力。

近些年，弹药发展的特点是可将功能单一的炮弹改用多功能战斗部，使其能攻击多种多样的目标；采用底部排气技术、火箭增程与复合增程技术等提高大口径炮弹射程；大力发展子母弹技术；研制攻击坚固目标和深埋地下目标的战斗部；将制导技术引入常规弹药以提高炮弹、火箭弹的打击精度。弹药产品结构的特点是弹种数量迅速增加；具有精确打击能力的弹种越来越多；远程、增程弹种不断涌现；功能各异的特种弹(炮射侦察弹、毁伤评估弹、巡飞弹)层出不穷。无论从装备方面，还是从研制方面，大口径火炮弹药均呈多弹种齐头并进的局面，各发挥各的功能，互为补充。炮弹、火箭弹、航空炸弹和地雷都有子母弹弹种。为实现远程打击，火箭增程弹已成为美国榴弹炮用远程弹药的主要弹种，许多国家正在研制能够打得更远、更准的弹种。随着机械制造业的发展，含能材料、弹药等危险性高的生产领域，将进一步实现自动化、连续化和远程控制；满足高新兵器产品高质量、小批量、多品种生产特点的计算机辅助设计（computer aided design，CAD）、计算机辅助制造(computer aided manufacturing，CAM)、柔性制造系统(flexible manufacturing system，FMS)、计算机集成制造系统(computer integrated manufacturing system，CIMS)将会得到更广泛的应用。常规兵器科研和生产领域的国际合作将不断加强。

由于现代新兵器装备的技术含量越来越高，新型弹药及装药结构研究、开发和生产成本也越来越高，有些技术攻关不是一国、一时可以解决的。因此，为了缩短研制周期、降低研制成本，各国及其国防工业企业都在积极寻求国际合作机会。例如，美国与许多国家有合作关系，包括美国、英国、法国、德国、意大利在生产多管火箭炮系统和研制制导型多管火箭炮上的合作；美国、英国、法国、德国在研制大口径火炮模块化发射装药系统上的合作；美国、英国在研制轻型155mm 火炮和研制通用导弹上的合作；美国、法国在火炸药柔性制造技术研究上的合作等。在欧盟范围内的国际军事合作是有目共睹的。俄罗斯也改变了以前封闭式的做法，不仅允许国防科研和生产部门开展国际合作，而且授权一些竞争能力强的兵工企业独立开展国际军贸业务。

1.2 含能材料研究现状

近年来，报道新型含能化合物的论文越来越多，但这些新材料鲜有能实现工程化应用的。在过去的 40 年中，推进剂和炸药的性能没有因为新型含能材料的应用而显著提高，且行业整体发展和升级换代速度缓慢[2]。个别新型高能氧化剂的应用，如二硝酰胺铵(ADN)，显著提高了俄罗斯新一代战略导弹系统性能。根据美国空军 2010 年的报道，与俄制武器相比，美国空-空导弹的射程范围较小，当时便启动实施了"高能量密度材料(high energy density materials，HEDM)与集成高载荷火箭推进技术(integrated high payload rocket propulsion technology，IHPRPT)发展计划"。目前，该计划进展顺利，他们预计火箭推进能力(含固体和液体推进剂)有望在2025年翻一番。届时火箭发动机的可靠性、运营效率和安全性都将大幅提高，并满足高标准环保要求。美国在军火武器领域一直处于领先地位，下面简要分析美国在含能材料方面的发展动态。

美国常规弹药协会的研发经费主要由美国国防部(United States Department of Defense，DOD)和美国能源部(United States Department of Energy，DOE)承担，研发的新配方可以很快转换到武器系统得到应用验证，应用效果的反馈更有利于弹药技术的发展。劳伦斯利弗莫尔国家实验室主要研究了含HMX和CL-20高能量密度材料产品，所开发的混合炸药LX-14已成功应用于地狱火导弹和陶二导弹(TOW-2)战斗部。PBXN-9作为钝感高能炸药也用于地狱火导弹和陶二导弹的升级版战斗部中，PBX-110则服役于标准导弹和AF-108导弹战斗部。但这些研究成果也很快受到新技术的冲击，新一代高能量密度材料将会给弹药领域带来另一场技术革命。先进高能钝感材料将广泛取代现有材料应用于火箭发动机和战斗部。

含能材料发展缓慢，黑火药在我国发明以来，历经了近千年发展。目前，含能材料已经发展到第三代含能材料全面应用和第四代含能材料基础研究阶段，也许将很快实现全新第五代含能材料的工程化应用技术突破。含能材料的代级可简单分类如下。

(1) 第一代含能材料：以安全、低能量配方应用为标志(近100～150年，大部分已经被取代)，如炸药TNT、发射药、中能双基推进剂(含硝化甘油、硝化棉)。

(2) 第二代含能材料：以兼顾安全和能量性能的新材料合成为标志(近50年，已经广泛用于军火武器系统)。例如，以黑索金(1,3,5-三硝基-1,3,5-三氮杂环己烷，RDX)、奥克托今(1,3,5,7-四硝基-1,3,5,7-四氮杂环辛烷，HMX)、1,3,5-三氨基-2,4,6-三硝基苯(TATB)、六硝基芪(HNS)、3-硝基-1,2,4-三唑-5-酮(NTO)、聚叠氮缩水甘油醚(GAP)、高氯酸铵(AP)、硝酸铵(AN)和硝仿肼(HNF)、硝酸酯如季戊四醇四硝酸酯(PETN)、三羟甲基乙烷三硝酸酯(TMETN)和1,2,4-丁三醇硝酸酯(BTTN)等，金属粉如Al、B、Mg和硝基胍为基的推进剂、发射药和炸药。

(3) 第三代含能材料：以新型物理化学联合法获得新型高能材料为标志(近20年，已进入工程化应用研究阶段)。这类材料包括新型氧化剂二硝酰胺铵(ADN)和硝酸羟胺(HAN)；新型氮杂环硝胺化合物六硝基六氮杂异伍兹烷(CL-20)、双环奥克托今(BCHMX)和1,3,3-三硝基氮杂环丁烷(TNAZ)；高氮含能材料四嗪衍生物3,6-二氨基-1,2,4,5-四嗪-1,4-二氧化物(LAX-112)；钝感高能炸药1-氧-2,6-二氨基-3,5-二硝基吡嗪(LLM-105)、1,1-二氨基-2,2-二硝基乙烯(FOX-7)、N-胀基脲二硝酰胺盐(FOX-12)和4,10-二硝基-4,10-二氮杂-2,6,8,12-四氧四环十二烷(TEX)；熔铸炸药TNT替代物3,4-二硝基呋咱基氧化呋咱(DNTF)；含能黏结剂聚缩水甘油醚硝酸酯

(PGN)、聚叠氮甲基-3-甲基氧杂环丁烷(poly-AMMO)、聚双叠氮甲基环氧丙烷(poly-BAMO)、聚硝酸基甲基环氧丙烷(poly-NIMMO)、高能储氢材料(如 AlH₃)和其他高能燃料(如硼氢化物、高密度烃 JP-10 等)。由多个封闭环平面组成，具有空间立体构型的新型合成烃类燃料是获得高密度燃料的有效途径。由于烃类物质的相对密度与燃烧热值非常接近，在密度提高的同时，体积燃烧热值也有较大的提高。此外，还有纳米超级铝热剂，即亚稳态分子间复合物(metastable intermolecular composites，MICs)也备受重视。

第三代中相对较新的含能材料，如 TNAZ、CL-20、FOX-7 和 ADN 都已用于推进剂和炸药配方，表 1-1 给出了典型常用含能材料的性能参数。可以看出，TNAZ、CL-20、FOX-7 和 ADN 的密度均高于 $1.8g \cdot cm^{-3}$。ADN 的氧平衡系数比 AP 稍低，但生成焓明显高于 AP，且 ADN 不含氯，环境友好。瑞典国防研究局 (Swedish Defence Research Institute，FOI)将钝感炸药 FOX-7 生产技术已授权给法国 Eurenco 集团。FOX-7 是 Karlsson 于 2002 年首次合成，具有与 RDX 相当的能量性能，但比 RDX 钝感很多。Oestmark 等的研究表明，FOX-7 晶体存在石墨状结构，类似于 TATB，保证了晶体结构中分子滑移的灵活性。FOX-12 也有类似的结构，因而感度也较低，可应用于低易损性发射药。

表 1-1 典型常用含能材料的性能参数

含能化合物	应用范畴	密度/(g·cm⁻³)	OB/%	生成焓/(kJ·mol⁻¹)
TNT	HX	1.65	−74.0	−45.4
RDX	HX、RP、GP	1.81	−21.6	−92.6
HMX	HX、RP、GP	1.91	−21.6	104.8
PETN	HX	1.76	−10.1	−502.8
NTO	HX	1.92	−24.6	−96.7
NG	RP、GP	1.59	3.5	−351.5
NC	RP、GP	1.66	−31.8	−669.8
AN	HX、RP	1.72	20.0	−354.6
AP	RP、HX	1.95	34.0	−283.1
TNAZ	HX、RP、GP	1.84	−16.7	26.1
CL-20	HX、RP、GP	2.04	−11.0	460.0
FOX-7	HX、RP、GP	1.89	−21.6	−118.9
ONC	HX	1.98	0.0	465.3
ADN	RP、HX、GP	1.81	25.8	−125.3

注：OB 为氧平衡系数；HX 为高能炸药配方；GP 为发射药配方；RP 为固体推进剂配方。

导弹射程和隐身性能的改进可通过发展新型高能低特征信号推进剂实现。欧洲航天局等机构投入巨资研究硝仿肼(HNF)作为替代氧化剂，由于 HNF 的热稳定性较差，研究工作还在继续，且尚未获得实质性进展。苏联和美国在发展新型推进剂氧化剂和燃料方面已走在前列。例如，苏联在 20 世纪 50 年代声称已在固体推进剂中成功使用 AlH_3 替代金属铝；美国在 20 世纪 60 年代想跟进这一技术，但最后以失败告终。俄罗斯声称已经成功应用 "ADN/AlH_3" 体系。AlH_3 和 ADN 的联用可以使火箭系统的比冲提高 25% 以上。图 1-1 给出了以 AP 和 ADN 为氧化剂、AlH_3 和 Al 为燃料的推进剂密度与比冲的变化关系。从图中可以看出，应用 AlH_3 的主要缺点是其使推进剂表观密度显著降低。此外，很多金属氢化物或金属燃料也可应用于这一体系。我国也启动了以 AlH_3 为燃料、ADN 为氧化剂的固体推进剂装药研究专项。混合动力火箭通常使用 AlH_3 为燃料，此时可以用惰性聚合物基体将其包覆，以避免燃料与氧化剂或其他基体在贮存时发生反应而不相容。

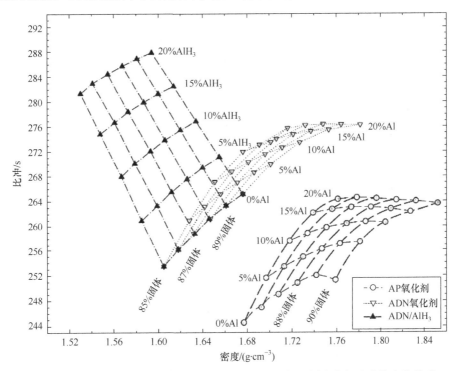

图 1-1 以 AP 和 ADN 为氧化剂、AlH_3 和 Al 为燃料的推进剂密度与比冲的变化关系

在富燃料推进剂方面，将金属粉末(或有机金属化合物)添加到惰性聚合物基体可以开辟一个全新的高能燃料领域。目前，正在研究这些金属物质是否能够与基体材料达到原子级别的混合。如果成功，将显著提升推进剂的能量密度。此外，也在进一步深入研究高密度烃化合物，将它们作为混合火箭燃料添加剂或液体燃

料。混合动力和液体火箭都需要这类燃料以提高能量密度和燃烧效率。同时,科研人员考虑使用能分解产生易燃化合物的 Diels-Alder 型的材料。这种方法类似于俄罗斯的做法,首先要确定燃烧性能要求,其次设计并合成目标烃结构以满足各类应用场景。这些烃类分解可生成氢气或氢原子,由此可改善吸热燃料的燃烧效率。

美国海军研究办公室(Office of Naval Research, ONR)和弹道导弹防御组织(Ballistic Missile Defense Organization, BMDO)资助了 ADN 的合成研究,ONR 资助了一些含 ADN 推进剂的初步工作。菲利普斯实验室在凝胶型推进剂配方中采用了 ADN,这类固体推进剂由 72%的氧化剂、16%的燃料和 12%的黏结剂构成[3]。当 AP 为氧化剂、金属 Al 为燃料、HTPB 或 PBAN(聚丁二烯丙烯腈共聚物)为黏结剂时,比冲约为 272 s,而用 ADN/LHA/PBAN 体系时,比冲可提高到310s 左右。

(4)第四代含能材料:以成功合成高氮或全氮化合物、钝感高能材料为标志(仍然处在实验室研究阶段)。例如,钝感高能化合物 TKX-50(5,5′-联四唑-1,1′-二氧二羟铵)、MADX-1(二氧化双硝基三唑羟胺)和 TBT(双三硝甲基三唑)的分子结构如图 1-2 所示[4]。

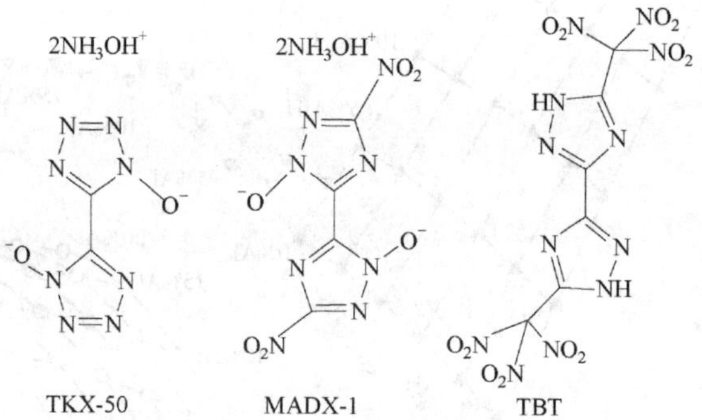

图 1-2 部分全氮化合物的分子结构

高氮化合物包括 ONC、N_8 到 N_{13}、N_{60}、Cg-N(聚合氮)等。TKX-50 的能量与CL-20 相当,但比 RDX 和 HMX 更安全(图 1-3),且合成成本较低。南京理工大学已成功合成该化合物,产率达 73.2%[5]。中国科学院上海有机化学研究所也对TKX-50 与其他含能材料的相容性进行了研究。实验发现 TKX-50 与 HMX、六硝基乙烷(HNE)和二硝基苯甲醚(DNAN)的相容性较好,与 TNT、CL-20、RDX、二甲基二苯基脲、NC、AP、Al、GAP、B、HTPB 和 NG 的相容性不理想[6]。该化合物的主要应用瓶颈也是相容性问题,可能需要进行表面包覆改性。此外,TKX-50的爆压比较低,加速破片和做功能力有限。

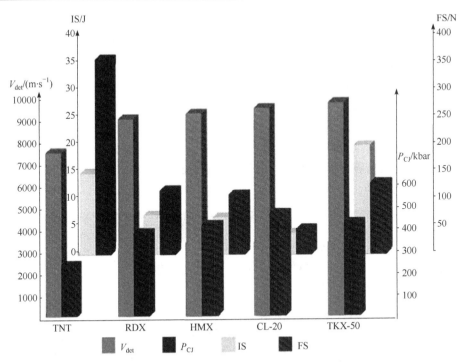

图 1-3　TKX-50 与几种常见含能化合物性能对比

V_{det}，爆速；P_{CJ}，爆压；IS，撞击感度；FS，摩擦感度

　　在颠覆性高能材料发展方面，高张力键能固体(extended solid)材料比 HMX 能量高 3~5 倍。这类固体是指化学键作用无间断地贯穿整个晶格的固体物质。一般的原子晶体、金属晶体和大多数离子晶体中的化学键(共价键、金属键、离子键)作用连续贯穿整个晶格，均属于此类固体。分子晶体中物质的分子靠比化学键弱得多的分子间力结合而成，化学键作用只在局部范围内连续。绝大多数固态有机化合物、无机分子形成的固体物质和多数固体配合物均属于分子固体。正在研发的此类材料包括聚合一氧化碳(Poly-CO)、金属氢和全氮化合物。高张力键能固体可通过高压合成或光化学处理制备，如 BH_3 新异构体的制备。虽然这类研究项目具有较高风险，但一旦成功其成果也将是革命性的，因此值得加大投入。

　　总之，未来 20 年将会对含能材料基本概念进行全新认识，并采用多种技术显著改善常规武器性能。届时新型含能材料的应用范围更广、安全性更高。新型高能弹药可以降低弹头的尺寸、增加小型火箭射程并提高其发射速度。例如，争相研发的基于无人驾驶飞行器(unmanned aerial vehicle, UAV)等小型化武器便是很好的应用方向。美国的无人武器系统已走在世界前列，并开展了很多实验。正考虑将部分直升机机载武器小型化后用于无人机，其目标是设计出更小的灵巧弹药。采用超高能密度材料装药的武器，可使无人机系统保证巡航距离的同时不丧失杀伤力。某些无人机设计，如美国海军 X-47B 隐形无人机需要研发一系列内置小型武器，X-47B 完全依赖于内置弹舱，没有翼下挂点可用。X-47B 两个内置弹舱可各容纳一枚 2000 磅级的联合直接攻击弹药(joint direct attack munition, JDAM)，与 F-117A 的载弹量基本一致，区别在于 X-47B 为一些新弹药进行优化后，可容纳 8 枚 250 磅级的小尺寸炸弹。无论高能材料如何发展，都会有能量极限和技术瓶颈。图 1-4 列举了炸药的能量密度水平。目前，常规炸药能量密度为 $10^3 \sim 10^4 \mathrm{J} \cdot \mathrm{g}^{-1}$，而现役核武器的能量密度则高达 $10^{10} \sim 10^{12} \mathrm{J} \cdot \mathrm{g}^{-1}$。需要探索能量密度在 $10^4 \sim 10^8 \mathrm{J} \cdot \mathrm{g}^{-1}$ 变化的高破坏性含能材料 (disruptive energetic materials)，以获得"亚核毁伤"级别的弹药。

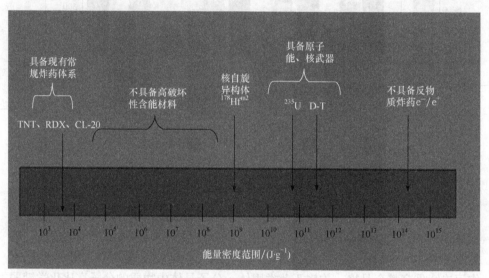

图 1-4　炸药的能量密度水平

综合考虑国情、世界新军事变革和含能材料应用属性，在中长期，我国含能材料技术发展过程中应把握的重点研究方向包括：火炮发射药，可重点发展高能、低烧蚀、高强度、低感度、高能量利用率装药；固体推进剂，应重点发展高能、钝感、低易损、低特征信号推进剂；炸药，应重点发展高能、钝感的品种；火工烟火剂，应将发展重点放在安全、环境友好、高端和可个性化定制的品种上。在设计含能材料时，需协调好高能量与低感度的关系，以及使用时含能材料与其所处环境的融合性。含能材料工艺技术的发展重点应放在安全、绿色环保、高效和数字化连续安全生产上，即在提高产品质量和生产效率，降低生产成本的同时，注重生产过程的本质安全，以减少或消除对环境的危害。

1.3　含能材料前沿发展方向

1.3.1　钝感高能材料结构设计新理论

常用含能材料产品具有分子、晶体和混合物的多尺度、多层次结构。张朝阳[7]描述了高聚物黏结炸药(polymer bonded explosive，PBX)的微介观结构和含能材料能量与安全性研究需要考虑的多尺度逻辑关系，如图 1-5 所示。可以从三个层面考虑如何缓和能量与安全性之间的矛盾，一是含能分子对外界刺激响应的热力学和动力学；二是含能晶体的晶格堆积、形貌及其对外界刺激响应的热力学和动力学；三是复合含能材料聚合物基体与填料界面上的相互作用。最终目标是在确保既定要求的安全基础上提高能量密度。

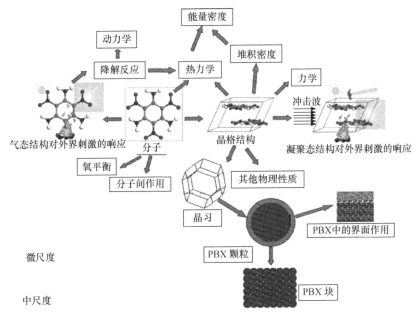

图 1-5　PBX 的微介观结构和含能材料能量与安全性研究需考虑的多尺度逻辑关系

在分子水平上，含能材料存在固有的能量与安全性之间的矛盾，即高能量源自含能分子的低键能，而低键能必然导致分子稳定性低。需要注意的是，这里的键能是指含能分子中所有键能之和，而含能分子的稳定性在很大程度上与弱键的强度相关，弱键一旦被破坏就会触发整个分子的瓦解。增加弱键的强度是增加分子稳定性的一种方法。例如，通过共轭作用使分子中的键能平均化，以克服"木桶效应"，这可以在提高安全性的同时有效提升能量。因此，在含能分子中引入大

π键，避免出现分子稳定性的"短板"，这是钝感高能分子的设计要点。

在晶体水平上，大量的研究表明，分子堆积可以影响含能材料的机械感度。低感高能材料中大π键分子的堆积方式分为4种(面-面堆积、波浪形堆积、错层堆积和混合堆积)，如图1-6所示，图中α和β分别表示沿左右和前后方向滑移。由图1-6可知，面-面堆积方式缓冲外界机械刺激的能力最强，这得益于其最小的空间位阻和牢固的层堆积结构。图1-6和图1-7中的分子间氢键都是支撑层结构的主要相互作用。大量含能材料分子间相互作用的研究表明，其与含能材料能量密度和安全性有较强的关联性。

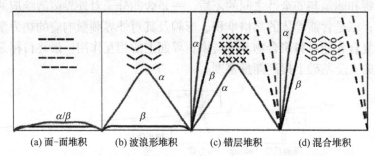

(a) 面-面堆积　　(b) 波浪形堆积　　(c) 错层堆积　　(d) 混合堆积

图1-6　四种大π键分子堆积中分子间/分子内势能与滑移距离间的关系

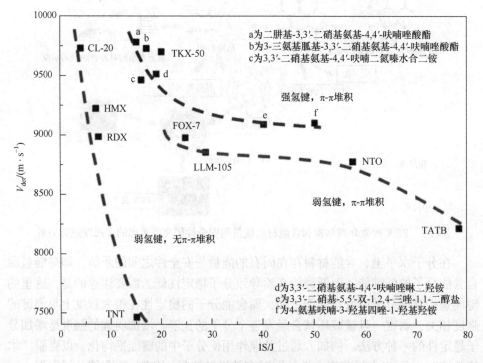

图1-7　典型炸药撞击感度和爆速关系[7]

如图 1-7 所示，强分子间的氢键与 π-π 堆积是钝感高能材料的必要条件。需要说明的是，增强分子间相互作用可提高晶格能并减少能量释放，但撞击感度显著降低，安全性提高。改善晶体堆积方式和增强分子间相互作用是含能材料晶体工程的一方面。另一方面为含能分子的离子化，通过离子化提高分子的稳定性与分子间相互作用。混合型或复合型含能材料是其最终服役形式，通常采用添加剂改善含能材料的感度和其他性能。尽管含能配方多种多样，但降低感度的基本原理不变，即降低外界刺激导致分子分解的可能性，防止"热点"的快速形成与长大。

1.3.2 含能材料制备新技术

含能材料的重要发展对象包括以下几个方面：一是含能黏结剂，重点发展含能热塑性弹性体黏结剂；二是含能增塑剂，主要探索叠氮类增塑剂的制备；三是燃烧催化剂，主要研究对象为含能催化剂和纳米催化剂；四是"绿色"制备工艺技术，涉及环保、可再生利用、连续化智能化制造等方面的研究内容；五是新型发射药，发展方向为高能、低烧蚀率、低温度系数、不敏感、程序控制能量释放等重要领域；六是特种推进剂，主要包括高能低燃速、超高燃速、低特征信号、不敏感、电控推进剂、凝胶推进剂和固液混合推进剂等发展方向；七是先进炸药技术，主要目标是高威力和高爆速，但温压炸药和燃料空气炸药等配方需开展钝感化设计。

本书将在后续章节中对单质含能材料的研究进行介绍，主要包括新型含能材料的合成、性能和应用情况。为了实现上述发展目标，需要探索的新型含能材料包括高氮化合物、全氮化合物、含能离子液体、亚稳态分子间复合物、含能增塑剂、含能黏结剂、新型氧化剂、新型燃烧剂、多用途含能材料和特种高能材料等。这些材料的先进物理化学制备方法有超高压对顶砧技术、连续微反应器技术、溶胶凝胶法、高能球磨法、原子层沉积法、静电纺丝法、静电喷雾法和超临界流体法等。这些方法的特点及应用范畴将在后续章节中详细介绍。

1.3.3 含能材料应用新范畴

含能材料应用范围广泛，不仅可以作为军火武器的能源，还能用于灭火器材、逃生器材、采矿、隧道工程、焊接、建筑拆除等民用领域。在军事领域的应用方面，含能材料是武器系统完成弹丸发射、火箭导弹运载、战斗部毁伤等功能的能源，是实现远程发射、精确打击、高效毁伤的基础。含能材料技术的发展和武器装备的发展密切相关，并相互促进。武器装备的发展对含能材料提出新的要求，促进了含能材料技术的持续发展，而新型含能材料的出现又推动了武器装备的换代。黑火药的发明，使人类从大刀长矛的冷兵器时代进入用枪炮对阵的热兵器时代。现代含能材料的发展推动了武器装备向轻型化、自动化、高威力的方向发展。高能量密度化合物的合成(如 CL-20 等)对提高含能材料能量密度起着重要作用，在提高武器弹药射程、威力或武器系统的小型化方面发挥关键性的作用。

利用火箭飞行器发展了导弹武器。按照发动机所用的能源种类，火箭可分为化学能火箭、核能火箭、电能火箭和太阳能火箭。目前，化学推进剂仍然是弹箭星船等飞行器的主要动力来源。最早使用的化学推进剂是固体推进剂。与液体火箭发动机相比，固体火箭发动机结构简单、维护方便、零部件少、可靠性高、发射准备时间短、机动性好、使用安全、贮存期长。目前，绝大多数战术导弹和少数重型运载火箭使用固体推进剂。20 世纪 70 年代，在战略导弹中开始采用液体火箭发动机。与固体火箭发动机相比，液体火箭发动机具有能量高、可多次启停和推力控制容易等优点。目前，液体火箭发动机多用于发射卫星和空间飞行器，我国的"长征一号""长征二号""长征三号""长征四号"火箭均采用液体推进。总之，推进剂作为火箭的动力之源，在今后相当长的时间里，还无法被其他能源所替代。

含能材料在民用领域的应用包括以下几个主要方面：①利用其爆轰做功效应进行机械加工和工程施工。利用炸药爆炸释放的能量做功，已成为一种特殊工业加工方法，可用于爆炸拆除、爆炸切割、爆炸成型、爆炸硬化、粉末压实、消除应力、爆炸铆接和焊接等。特种炸药如塑性炸药、黏性炸药、橡皮炸药、挠性炸药、低密度泡沫炸药和耐热炸药等，分别适用于外形复杂装药，运动中、水下和水面、矿井下等多种条件下的爆破作业。工业炸药在地质勘探中也有重要的作用，如用于产生地质震动波的震源弹药。②利用火药的化学能提供驱动力进行作业，如以火药为能源的压力推进器，依靠火药燃烧产生的高压气体推动做功。一种形式是通过驱动器将载荷(活塞)推送到一定位置，或借助连杆机构完成一次性的打开、关闭或位移等指定动作，如用来发射人工降雨火箭、打开或关闭宇航装置的舱盖、打开安全通道、将重要的部件或人员推送到安全位置等(如飞机上的弹射座椅)。另一种形式是通过抛射器远距离运送物资，如在人员受阻或机械难以到达之处，进行山地架线、海上抛缆、森林和高层建筑灭火、发射麻醉弹药等。火药产生的高压气体也可以直接做功，将推动力作用于载荷的深处和内部，作用范围大，特别适合对大批量物质进行分割和松动。例如，以火药为能源的油井岩石压裂装置(石油射孔弹)，可显著增加石油产量。③作为气源应用于气体发生器。火药燃烧时释放出大量的热和气体，反应速度非常快，是一般气体发生剂所不能代替的。用它制造的气体发生器，充气时间短，适于紧急条件下和人员不易接近的场所使用，如汽车安全气囊、海上自动充气救生装置等。④利用火工品的热能和声、光、烟效应。其化学反应的热效应高，反应起动快、放热快，方便在特殊场所应用：作为燃烧剂用于烧毁难以燃烧的废弃物料；用于电力装置的自动熔断器；作为发声剂、发光剂、发烟剂应用于运动界和影视界等。

含能材料技术在常规兵器工业乃至整个国防工业和国民经济的发展中都占有十分重要的地位。总之，含能材料应用面广且需求量大，将长期在采矿、冶金、建筑、石油等行业发挥重要作用。

参 考 文 献

[1] 任海平. 世界常规兵器工业的发展现状与趋势[J]. 国防科技, 2003(10):74-77.

[2] HAWKINS T, SCHNEIDER S, BRAND A J, et al. Research and development of energetic ionic liquids. Next generation energetic materials striking a balance between performance, insensitivity, and environmental sustainability[R]. Air Force Research Lab, Edwards AFB, CA, Propulsion Directorate West, 2011.

[3] 范敬辉, 张凯, 吴菊英,等. 超细含能材料的微胶囊化技术[J]. 材料导报, 2006, 020(F11): 293-295.

[4] KETTNER M A, KLAPOTKE T M. 5,5′-Bis-(trinitromethyl)-3,3′-bi-(1,2,4-oxadiazole): A stable ternary CNO-compound with high density[J]. Chemical Communications, 2014, 50(18): 2268-2270.

[5] 朱周朔, 姜振明, 王鹏程, 等. 5,5′-联四唑-1,1′-二氧二羟铵的合成及其性能[J]. 含能材料, 2014, 22(3): 332-336.

[6] 刘运飞, 庞维强, 谢五喜, 等. TKX-50 对 HTPE 推进剂能量特性的影响及应用可行性[J]. 推进技术, 2017(12):216-221.

[7] 张朝阳. 含能材料能量-安全性间矛盾及低感高能材料发展策略[J].含能材料, 2018, 26(1): 2-10.

第 2 章　含能材料性能理论研究

2.1　含能材料关键参数计算

2.1.1　密度预估

对于含能材料，密度是影响其能量属性的关键参数[1]。根据 Kamlet 和 Jacobs 提出的半经验公式(K-J 方程)可知，爆速与密度成正比，爆压与密度的平方成正比。由此看出，密度与含能材料的爆轰性能直接相关，它是开发新型含能材料需要考虑的重要因素。由于实验装药密度测试复杂，通常用晶体密度或理论密度代替实验装药密度。目前，量子化学方法已经用于预测含能化合物的理论密度：基于第一性原理，对体系的几何优化、分子轨道、热力学和静电势等进行研究，再结合定量结构-性质相关性(quantitative structure-property relationship，QSPR)参数，推导出理论估算值。以下将对气态分子、凝聚相化合物、离子化合物三个类别进行介绍。

先简要介绍气态分子，基于化合物的优化构型，用 Monte-Carlo 方法计算分子 $0.001e/bohr^3$ 等电子密度面[2]所包围的体积($V_{0.001}$)作为分子体积，其中 bohr 是玻尔半径，其值为 $5.2917721067(12)\times10^{-11}m$。经 Monte-Carlo 方法得到的分子体积具有随机性，通常计算 100 次以上取平均值。理论密度(ρ)可通过摩尔质量(M)与 $V_{0.001}$ 之比求得，计算公式如下：

$$\rho = M / V_{0.001} \tag{2-1}$$

基于式(2-1)，Qiu 等[3]对硝胺类化合物的密度进行了研究，Rice 等[4]考察了 180 种含有 C、H、N、O 的含能化合物，主要包括硝基芳烃、硝酸盐、硝酸酯和硝胺化合物等。研究表明，在密度泛函 B3LYP/6-31G(d,p)理论水平下，计算的理论密度与实测值吻合较好。由于含能化合物多为凝聚相，需要进一步修正密度公式。Politzer 等[5]引入分子表面静电势概念解释晶格中分子间的相互作用，提出改进后的固体密度计算公式如下：

$$\rho = \alpha\left(\frac{M}{V_{0.001}}\right) + \beta\left(\upsilon\sigma_{Tot}^2\right) + \gamma \tag{2-2}$$

式中，等号右边的第一部分为 0.001a.u. 等电子密度面包围的分子体积求得的气态分子密度；第二部分为静电相互作用；第三部分为拟合校正。υ 表示分子表面正负静电势平衡常数；σ^2_{Tot} 表示总表面静电势的方差；α、β 和 γ 表示常见含能化合物实验密度拟合参数。Politzer 等[5]在密度泛函 B3PW91/6-31G(d,p) 理论水平下计算了 36 种常见含能化合物的理论密度，与 B3LYP 相比，B3PW91 得到的分子体积略小，因而估算的理论密度高出约 1%。

对于离子化合物 M_pX_q(M 表示阳离子，X 表示阴离子)，密度估算的关键在于计算体积。总体积(V_t)为离子晶体中阳离子体积(V_M^+)与阴离子体积(V_X^-)的总和，表示如下：

$$V_t = pV_M^+ + qV_X^- \tag{2-3-a}$$

如果离子盐含有强氢键作用，则需要校正氢键对体积的影响，其计算公式如下(N_a 表示离子盐中氢键数目)：

$$V_{修正} = V_{未修正} - \left(0.6763 + 0.9418 \times N_a\right) \tag{2-3-b}$$

Rice 等[4]采用 B3LYP/6-31G** 理论计算方法,估算了 71 种离子化合物的密度,结果表明,校正前后的均方根偏差分别为 5% 和 1.3%,这种方法也适用于含有质子或甲基化四唑阳离子的含能离子化合物[6]。但是,孤立的气相体系没有考虑阴阳离子间的静电相互作用,使得分子体积比实际离子晶体的体积大,而估算的密度比实际值小。基于离子表面静电势,Politzer 等[7]提出了计算离子化合物密度的新模型：

$$\rho = \alpha\left(\frac{M}{V_m}\right) + \beta\left(\frac{V_s^+}{A_s^+}\right) + \beta\left(\frac{V_s^-}{A_s^-}\right) + \delta \tag{2-3-c}$$

式中，A_s^+ 表示阳离子表面包含的正静电势部分；V_s^+ 表示该部分静电势的平均值；A_s^- 和 V_s^- 表示阴离子相应的描述；α、β 和 δ 表示实验拟合系数。Politzer 等[7]还估算了 25 种离子化合物的密度。研究表明，在 B3PW91/6-31G(d,p) 理论水平下，计算结果的平均绝对误差为 0.033g·cm^{-3}，均方根误差为 0.040g·cm^{-3}。

2.1.2　生成焓计算

爆轰性能与爆热密切相关，而爆热可由爆轰反应过程中各物质的生成焓(heat of formation, HOF)直接求得，因此，生成焓是评价含能材料能量性质的重要参数。基于量子化学理论，可以得到体系的总能量。通过选用适当的方法，准确计算含能材料分子的生成焓。目前，有三种方法用于计算分子的气相生成焓，分别是原子化能法、等键反应法、原子当量法。

(1) 原子化能法。利用已知孤立原子的生成焓，通过计算原子化反应能预测分子的气相生成焓[8]。计算公式如下：

$$\Delta H_{\mathrm{f}}^{\ominus}\left(A_x B_y, 0K\right) = x\Delta H_{\mathrm{f}}^{\ominus}\left(A_x, 0K\right) + y\Delta H_{\mathrm{f}}^{\ominus}\left(B_y, 0K\right) - \sum D_0 \tag{2-4}$$

式中，$\Delta H_{\mathrm{f}}^{\ominus}$ (A, 0K)和 $\Delta H_{\mathrm{f}}^{\ominus}$ (B, 0K)分别表示原子 A 和 B 在 0K 下的生成焓；D_0 表示分子总能量与原子总能量的差值。在高精度的 G2 计算水平下[9]，这种方法可以准确计算各种有机和无机分子的生成焓。但 G2 计算需要昂贵的相关电子状态处理，因此对于大分子体系不太适用。密度泛函理论(density function theory, DFT)(B3LYP)预测结果的精度虽然不如 G2，但在合理的误差范围内，而且计算成本相对较低[10,11]。BAC-MP4 则更准确，通过实验的键加和矫正理论水平上的误差，Melius[12]运用此方法研究了 90 种含能分子，计算结果的平均偏差为 5.43kJ·mol⁻¹。

(2) 等键反应法。基于 Hess 定律[13]，通过设计等键反应预测分子的气相生成焓[14]。其标准反应焓变表示如下：

$$\Delta H_{\mathrm{f}}^{\ominus}{}_{\text{反应}} = \Delta H_{\mathrm{f}}^{\ominus}{}_{\text{产物}} - \Delta H_{\mathrm{f}}^{\ominus}{}_{\text{反应物}} \tag{2-5}$$

式中，$\Delta H_{\mathrm{f}}^{\ominus}{}_{\text{产物}}$ 和 $\Delta H_{\mathrm{f}}^{\ominus}{}_{\text{反应物}}$ 分别表示生成物和反应物的生成焓。由量子化学计算可以得到标准反应焓变，已知其他组分的生成焓数据，便能得到某一组分的标准生成焓。这种方法的关键在于设计合理的等键反应，即反应前后的电子对和化学键的数目守恒，从而减少在求解量子力学方程中近似处理电子相关时的误差。在 B3LYP/6-31G*理论水平下[15]，RDX 的气相生成焓的预估值为 220.70kJ·mol⁻¹，仅比实验值大 29.24kJ·mol⁻¹。

(3) 原子当量法[16]。与原子化能法相似，都是利用量子化学方法计算由原子形成分子时的能量变化，并且结合已知原子的相关信息，从而估算分子的生成焓。原子当量法计算公式如下：

$$\Delta H_i = E_i - \sum_j n_j \varepsilon_j \tag{2-6}$$

式中，E_i 是分子 i 的能量；n_j 是分子 i 中原子 j 的数目。定义 $\varepsilon_j = E_j - x_j$，记作一个"原子当量"，其中 E_j 是分子中原子 j 的能量，x_j 是对原子 j 的理论水平校正。

Rice 等[17]在 B3LYP/6-31G*理论水平下计算研究了 35 种分子的生成焓，通过最小二乘法拟合方程确定了 7 种原子当量，包含 4 种单键原子(C、H、N、O)和 3 种多重键原子(C′、N′、O′)。结合实验的生成焓数值和量子化学方法计算的能量，校正温度和零点能误差。一旦原子当量确定，这种方法在处理电子相关或者输入实验数据时，就不再要求高水平的计算[18]。Mole 等[16]在 B3LYP/6-31G*理论水平下，利用原子当量法估算了 23 种碳氢化合物的生成焓。计算结果中均方根误差为 7.19kJ·mol⁻¹，预测值与实验值的最大偏差为 25.92kJ·mol⁻¹。为进一步提高计算精度，在 B3LYP/6-311G*理论水平下进行研究，计算值与实验值均方根误差仅有 4.18kJ·mol⁻¹，最大偏差为 9.78kJ·mol⁻¹。Habibollahzadeh 等[19]运用类似的方法估算了 54 种有机化合物的气相生成焓，计算水平以 Becke[20]交换项和 Perdew[21]相关项作为密度泛函，以 6-31G(d, p)作为基组。计算值与实验值的平均偏差为 12.54kJ · mol⁻¹。

尽管量子力学和理论模型能较好地预测气相生成焓，但含能材料的标准态通常是凝聚相(固态或者液态)，因此预测凝聚相的生成焓尤为重要。根据 Hess 定律，凝聚相的生成焓可以由气相生成焓和相变热(升华或者汽化)最终确定[13]。计算公式如下：

$$\Delta H_S = \Delta H_G - \Delta H_{Sub} \tag{2-7-a}$$

$$\Delta H_L = \Delta H_G - \Delta H_{Vap} \tag{2-7-b}$$

许多研究发现，凝聚相性质(如升华焓 ΔH_{Sub} 或汽化焓 ΔH_{Vap})与分子的静电势有密切关联。相变焓计算公式如下[22,23]：

$$\Delta H_{Sub} = a(SA)^2 + b\sqrt{\sigma^2_{Tot}\nu} + c \tag{2-8-a}$$

$$\Delta H_{Vap} = a(SA)^2 + b\sqrt{\sigma^2_{Tot}\nu} + c \tag{2-8-b}$$

式中，SA 表示分子表面积；ν表示分子表面正负静电势平衡常数；σ^2_{Tot} 表示总表面静电势的方差。

Politzer 等[24]采用上述方法预测了 34 种有机化合物的升华焓，还预测了 41 种化合物的汽化焓，其中升华焓的计算结果与实验值的标准偏差为 40.46kJ · mol⁻¹，汽化焓的预测值与实验值的平均误差为 2.57kJ · mol⁻¹。根据 Hess 定律，由计算得到的升华焓或汽化焓，可以得到含能分子化合物的标准生成焓。对于离子化合物，先基于量子化学计算得到气相生成焓，再结合相变热(晶格能)由 Born-Haber 能量循环最终得到凝聚相生成焓(图 2-1)[25]。

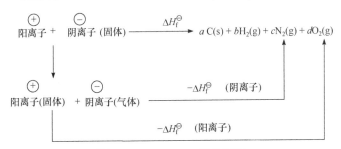

图 2-1　Born-Haber 能量循环

离子化合物 M_pX_q 的凝聚相生成焓计算公式如下：

$$\Delta H_f^\ominus(离子盐,298K) = \Delta H_f^\ominus(阳离子,298K) + \Delta H_f^\ominus(阴离子,298K) - \Delta H_L \tag{2-9}$$

式中，H_L 为晶格能，计算公式如下[26]：

$$H_L = U_{POT} + \left[p(n_M/2-2) + q(n_X/2-2) \right] RT \tag{2-10}$$

式中，n_M 和 n_X 分别表示阳离子 M_p^+ 和阴离子 X_q^- 的特性参数，单原子离子为 3，线性多原子离子为 5，非线性多原子离子为 6；U_{POT} 表示晶格势能，计算公式如下：

$$U_{POT} = \gamma(\rho_m/M_m)1/3 + \delta \tag{2-11}$$

式中，ρ_m 为密度；M_m 为相对分子质量；参数 γ 和 δ 可以查阅文献[27]得到。Gutowski 等[28]结合等键反应和 MP2 完全基组计算水平，研究了取代唑类(氨基、叠氮基、硝基、含能甲基)离子化合物的生成焓，计算结果与实验数据的误差小于 12.54kJ·mol^{-1}。Gao 等[25]基于 Born-Haber 能量循环，系统地研究了 119 种含能离子化合物的凝聚相生成焓。该方法简单方便，而且能够很好地吻合实验值，因此可以用来筛选大量新设计合成的含能离子盐。除了等键反应，Byrd 等[29]采用 G3MP2B3 或结合原子当量法估算了 25 种含能离子盐的生成焓。研究结果表明，与原子当量法相比，G3MP2B3 的结果更接近实验值。

2.1.3　爆热计算

准确测定爆轰产物是评价含能材料爆轰性能的首要因素。气体产物的平衡组成可通过实验测量、热化学平衡推导或建立适当爆轰反应方程得到。在 Chapman-Jouguet 状态下，爆炸气体产物构成取决于下面两个重要的平衡方程：

$$2CO \longrightarrow CO_2 + C, \quad \Delta H_0 = -172.45kJ \tag{2-12}$$

$$H_2 + CO \longrightarrow H_2O + C, \quad \Delta H_0 = -131.43kJ \tag{2-13}$$

根据 LeChatelier's 原理，高压(高密度)会使平衡向右移，而高温使平衡向左移；固体碳的数量并不会实质影响平衡；假定 N_2、H_2O、CO_2、CO 和 H_2 为主要的气体产物，平衡方程各自极端的情况会导致不同爆炸产物。下面介绍常见的两种爆炸反应模型。

Kamlet 等[30]建立的模型中，假定平衡都向右移，主要爆炸产物是 N_2、H_2O 和 CO_2，且 H_2O 优先 CO_2 生成。对于给定元素成分的含能化合物 $C_aH_bN_cO_d$，根据其含氧量可概括为以下三种情况。

(1) $d < b/2$，含氧量不足以使 H 完全转化为 H_2O，则有

$$C_aH_bN_cO_d \longrightarrow \frac{1}{2}cN_2 + dH_2O + \frac{b-2d}{2}H_2 + aC(s) \tag{2-14-a}$$

(2) $(2a+b)/2 > d \geq b/2$，含氧量可以将 H 完全转化为 H_2O，但不足以将 C 完全转化为 CO_2，则有

$$C_aH_bN_cO_d \longrightarrow \frac{1}{2}cN_2 + \frac{1}{2}bH_2O + \frac{d-2b}{2}CO_2 + \left(a-\frac{d-2b}{2}\right)C(s) \quad (2\text{-}14\text{-}b)$$

(3) $d \geqslant (2a+b)/2$，含氧量可以使全部的 H 转化为 H_2O，并且使全部的 C 转化为 CO_2，剩余的 O 转化为 O_2，则有

$$C_aH_bN_cO_d \longrightarrow \frac{1}{2}cN_2 + \frac{1}{2}bH_2O + aCO_2 + \frac{2d-b-4a}{4}O_2 \qquad (2\text{-}14\text{-}c)$$

含能化合物的爆热定义为爆炸反应焓变的负值，即反应物与爆炸分解产物的生成焓差值，表示为

$$Q_{\text{det}} \cong -\Delta H_0 = -\frac{\left[\Delta H_f(\text{爆轰产物}) - \Delta H_f(\text{炸药})\right]}{\text{炸药的分子量}} \qquad (2\text{-}15)$$

因为 $N_2(g)$、$O_2(g)$ 和 C(s) 的标准生成焓为零，反应中只需考虑 $H_2O(g)$ 和 $CO_2(g)$ 及含能化合物的标准生成焓，就能估算出爆热。此外，这里的爆热是指反应焓变，当考虑反应焓变时，二者计算的爆热相差 $4.18 \sim 62.78 \text{J} \cdot \text{g}^{-1}$。

对 34 种 CHNO 含能化合物的热化学进行计算，发现 94% 的气体产物为 CO、H_2O、H_2、N_2 和 CO_2[31]。Keshavarz 等[32]建立的模型中，对于含能化合物 CHNOFCl，假定所有 N 都转化为 N_2，所有 F 都转化为 HF，所有 Cl 都转化为 HCl，氧原子优先转化为 H_2O，碳原子则优先转化为 CO 而不是 CO_2。对给定成分的含能化合物 $C_aH_bN_cO_dF_eCl_f$，可分为以下四种情况。

(1) 当 $d<a$ 时，则有

$$C_aH_bN_cO_dF_eCl_f \longrightarrow eHF + fHCl + \frac{c}{2}N_2 + dCO + (a-d)C(s) + \frac{b-e-f}{2}H_2 \quad (2\text{-}16\text{-}a)$$

(2) 当 $d>a$ 且 $(b-e-f)/2>d-a$ 时，则有

$$C_aH_bN_cO_dF_eCl_f \longrightarrow eHF + fHCl + \frac{c}{2}N_2 + aCO + (d-a)H_2O + \left(\frac{b-e-f}{2}-d+a\right)H_2$$

$$(2\text{-}16\text{-}b)$$

(3) 当 $d \geqslant a+(b-e-f)/2$ 且 $d \leqslant 2a+(b-e-f)/2$ 时，则有

$$C_aH_bN_cO_dF_eCl_f \longrightarrow eHF + fHCl + \frac{c}{2}N_2 + \frac{b-e-f}{2}H_2O$$
$$+ \left(2a-d+\frac{b-e-f}{2}\right)CO + \left(d-a-\frac{b-e-f}{2}\right)CO_2 \qquad (2\text{-}16\text{-}c)$$

(4) 当 $d>2a+(b-e-f)/2$ 时，则有

$$C_aH_bN_cO_dF_eCl_f \longrightarrow eHF + fHCl + \frac{c}{2}N_2 + \frac{b-e-f}{2}H_2O + aCO_2 + \left(\frac{2d-b+e+f}{4}-a\right)O_2$$

$$(2\text{-}16\text{-}d)$$

对比 Kamlet 模型和 Keshavarz 模型，若考虑分解产物为气态水 $H_2O(g)$，前者计算结果与实验值的均方根误差为 $1.006kJ \cdot g^{-1}$，而后者为 $0.954kJ \cdot g^{-1}$；如果考虑液态水 $H_2O(l)$为分解产物，Kamlet 模型和 Keshavarz 模型的均方根误差分别为 $1.049kJ \cdot g^{-1}$ 和 $1.364kJ \cdot g^{-1}$。由此可见，模型的选取对计算结果会造成一定的影响。近年来，Kamlet 模型更受青睐，尤其对于理想的 CHNO 化合物，其预测结果相对可靠。

2.2　含能材料感度预估

含能材料在受到撞击、摩擦、静电火花或冲击波等刺激时，容易发生燃烧或爆炸[33]。撞击感度是评判炸药安全性的主要指标，在理论和工程应用中具有重要意义[34]。解决炸药感度理论判据问题，仅靠量子化学的方法是不够的[35]。炸药在外界刺激作用下发生爆炸是一个十分复杂的过程，涉及力学、物理和化学等诸多因素[36]。在同类刺激作用下，由于炸药的摩擦系数、弹塑性、硬度和模量等性质不同，炸药所吸收的机械功也不同。即使在炸药吸收机械功相同的情况下，由于炸药的熔点、熔化焓、比热容、导热系数等参数不同，炸药内所产生的热点温度也不同。只有在热点临界尺寸、温度，以及持续时间相同的情况下，炸药发生爆炸的难易程度才取决于该分子的反应活性，即可通过量子化学方法计算的结构参数和热力学数据表征。然而，科研人员最感兴趣的是决定安全性能的分子反应活性[37-39]。肖鹤鸣[40]运用量子化学方法完成了诸多开拓性的理论计算工作。随后又对含能混合体系分子间相互作用展开了探索研究，有望对高聚物黏结炸药或固体推进剂的配方设计提供一定的理论指导[41]。

撞击感度通常采用落锤实验法获得。它以在常压、室温(20℃)、特定质量落锤作用下含能材料样品的爆炸概率(百分比)或 50%爆炸概率下的特性落高 H_{50}(势能值)来表征[42]。然而，此类实验存在一定局限性：①实验具有危险性；②实验结果受外界条件和人为因素影响，重复性差；③无法通过实验获得难以放大合成的新含能材料的撞击感度。因此，完全靠实验来确定含能材料的 H_{50} 已不能满足日益剧增的新型含能分子设计的需要[43]，有必要采用理论方法对含能材料的撞击感度进行预估。物质结构决定了其性质，同时物性参数可反映其分子结构。寻求撞击感度与炸药分子结构参数之间的关联已成为当前炸药撞击感度理论研究的一个重要方向[44]。

最初的研究主要以硝基含能化合物等简单分子的撞击感度预测为主,提出了相关计算原理和方法[45]。有关撞击感度与结构的研究始于 20 世纪中叶,Bowden 等[46]对含能材料撞击感度与其晶体结构之间的关系做了探讨。Delpuech 等[47]首先发现了仲硝基类含能材料的冲击波感度和热稳定性与其分子的电子结构,以及 C—NO$_2$ 或 N—NO$_2$ 键能之间的关联性。与此同时,Kamlet 等则提出了一种基于氧平衡系数估算撞击感度的方法[48]。经过多年的发展,形成了以下几种主流的撞击感度理论预测方法。

2.2.1　量子力学方法

量子力学(quantum mechanics,QM)理论的不断完善,尤其是自洽场方法与 DFT 的建立与完善,以及高速计算技术的发展,使得人们能够借助高水平量子化学方法在微观结构层面上研究物质结构与性质的内在联系。撞击感度的 QM 理论也随之得到了发展。

Murray 等[49]通过对 C$_a$H$_b$N$_c$O$_d$ 炸药量子化学的计算,发现了静电势等分子结构参数与其撞击感度存在一定的相关性。他们还发现撞击感度与其晶格的可压缩性或者晶体内自由体积存在重大关联,同时也证实了关于含能材料晶体空穴受冲击压缩时产生热点的起爆理论[50]。

Keshavarz 等在此基础上也进行了相关研究,发现 C—NO$_2$ 键区域的静电势在一定程度上反映了其不稳定性,从而用于标识其敏感度[51-53]。Liu 等[54]则证实硝基化合物中硝基的电荷值决定了高能材料的机械感度。相关研究也发现,不含羟基的 18 种硝基芳香化合物的撞击感度与 C—N 键的静电势近似值存在较高相关性[55]。Renf 等[56]进一步发现,可由分子的静电势获得环状结构炸药分子,如硝基环丙烷、硝基环丁烷、硝基环戊烷和硝基环己烷等的撞击感度。

Rice 等[57]选取了化学键中点处的静电势近似值作为关联值,用以计算 C$_a$H$_b$N$_c$O$_d$ 含能分子的撞击感度和爆热。Politzer 等[58]则认为撞击感度与含能材料的理论最大爆热存在必然联系,而与爆速、爆压的关联性小。根据热点起爆理论,所有失控化学反应都始于热点引发的分解放热反应。

Zohari 等[59]的研究表明,C$_a$H$_b$N$_c$O$_d$ 系列含能分子的撞击感度不仅与 H、O 个数的比值有关,还与热分解活化能存在明确的关系。依据这一观点,Mathieu 等[60]通过分解反应速率常数估算了硝基化合物的 H_{50} 值,所得结果与实验值非常接近(相关系数约为 0.8)。该结果表明,含能材料的感度取决于在热点分散前分解反应的自蔓延能力。此外,Tan 等[61]的研究表明,相对上述决定性因素,含能材料分子的化学键与非键耦合(应变能)的分子刚度对其感度的影响最大。

结合以上多种因素,Keshavarz 等[62]开发了一套可以计算含能材料机械感度的 Visual Basic 程序,对硝基吡啶、硝基咪唑、硝基吡唑、硝基呋咱、硝基三唑、硝基嘧啶、多硝基芳烃、苯并呋咱、硝胺、硝酸酯、含其他官能团硝基脂肪族和硝酸高能化合物的撞击感度计算精度较高。他们的预测结果对 $C_aH_bN_cO_d$ 炸药撞击感度与分子内部电荷不平衡程度的相关性模型给予了支持[63]。

Murray 的表面静电势参量模型有 5 个：模型 1，采用每个键中点静电势的近似值计算撞击感度；模型 2，应用等静电势面上正电荷与负电荷平均值的差值计算撞击感度；模型 3，应用与等静电势相关的统计参量(平衡参数 ν)计算撞击感度；模型 4，运用单分子量子化学信息估算其爆热 Q_{det}，然后通过爆热计算撞击感度；模型 5，结合平衡参数 ν 与爆热来计算撞击感度。对于硝胺化合物，在热源、冲击波和机械撞击所引发的分解过程中，虽然在一些情况下会存在其他起主导作用的反应路径，但 N—NO$_2$ 的断裂仍然看作初始反应步骤。

Edwards 等[64]采用模型 4，并辅以参数化方法 3(parametric method 3,PM3)和 DFT 两种级别量子化学方法计算了几种硝胺炸药的爆热。他们发现，在 DFT 水平，感度随着最高占有轨道(highest occupied molecular orbital，HOMO)和最低空轨道(lowest unoccupied molecular orbital，LUMO)能量的增加呈指数递减。

曹霞等[65]也在 DFT 计算的基础上,发现撞击感度与硝基所带电荷之间存在较大的相关性。他们采用广域梯度近似(generalized gradient approximation，GGA)的方法，基于 Beck 混合泛函计算了硝基上的 Mulliken 电荷，并与硝基化合物的撞击感度进行关联。当硝基上的负电荷小于 0.23 时，该化合物较为敏感，即 $H_{50} \leq$ 40cm(2.5kg)。硝基所带电荷值可用来估算键能、氧平衡和分子静电势等一系列结构参数，且硝基上的 Mulliken 净电荷越多，该分子就越钝感。但是，他们的方法仅适用于含有弱键 C—NO$_2$、N—NO$_2$ 或 O—NO$_2$ 的硝基化合物。

2.2.2　定量结构-性质相关性法

定量结构-性质相关性（QSPR）法通过选用合适的分子结构描述分子的结构特征，结合各种统计建模工具，研究有机物的结构与其各种物理化学性质之间的定量关系[66]。分子结构可用反映其特征的各种参数描述，即有机物的各类性质都可以用化学结构的某个函数表示。通过对分子结构参数和所研究性质的实验数据之间的内在定量关系进行关联，建立分子结构参数和性质之间的关系模型。可靠的定量结构-性质相关模型可用来预测尚未合成的化合物的各种性质。

研究人员尝试用人工神经网络的方法预测含能材料的撞击感度，他们选取 204 种含能材料分子作为样本集，同时设置 3 类共 39 个参量描述其分子结构(包括拓扑参量、几何构型参数和电子参数)[42]。通过分别计算这些含能分子的 39 个参量，并对它们进行自由组合。然后经过多元线性回归(multiple linear regression，MLR)法、偏最小二乘(partial least square，PLS)法和 BP 神经网络(back propagation artificial neural networks，BP-ANN)法等，确立撞击感度的预测模型。相比传统的线性方法，使用非线性神经网络(MLR 和 PLS)方法可获得更优化的模型。最佳的神经网络模型共采用 13 个参数作为输入神经元，包括隐含层的 2 个神经元。

在上述研究的基础上，Cho 等[67]做了进一步的优化和改进，并预测了 234 种含能化合物的撞击感度。他们选取了不同的参量描述含能化合物的结构，并根据参数种类和不同组合将它们分成 7 个子集。通过构建 3 层 BP 神经网络结构，对每个描述参量子集进行建模。结果发现，最好的 3 层 BP 神经网络结构为 17-2-1，即采用含分子元素组成及拓扑类型的 17 种分子参量作为输入神经元,神经网络结构的隐含层需包含 2 个神经元。他们指出，包含元素组成及拓扑描述符的子集比含有电子参数，如 LUMO、HOMO 和偶极矩的子集能获得更精确的预测结果。

进一步利用遗传算法(genetic algorithm, GA)，并基于电拓扑态指数的人工神经网络方法的 QSPR 模型预测非杂环硝基化合物的撞击感度，所得最佳 BP 神经网络结构为 16-12-1，预测结果与实测值最接近[68]。随后，Keshavarz 等[69]仅选取了 10 个比较重要的分子结构特征参数,并利用神经网络算法通过 MATLAB 编程，预测了大量的 $C_aH_bN_cO_d$ 炸药分子的撞击感度。该模型通过 275 个实验样本训练后得到了最优化网络结构，大幅提高了其计算精度，明显优于 Rice 等[57]采用 5 个量子化学模型所预测的结果。

此外,可选用原子型电性拓扑状态指数表征 20 种均三硝基苯类含能化合物结构[70]。采用 MLR 法进行拟合，所创建的 4 参数线性模型预测效果较好。随后，他们在此基础上采用原子电性拓扑状态指数和基团电性拓扑指数共同表征了包括硝基芳香化合物、硝酸酯和硝胺在内的 41 种含能硝基化合物的分子结构[71]，并采用逐步 MLR 法成功建立了 5 参数线性预测模型。初步研究表明，电性拓扑状态指数不仅可以反映硝基含能化合物的拓扑结构,还反映了其分子中的电子状态。为了扩大样本数，他们还采用 156 种硝基非杂环含能化合物进行训练标定，形成了基于 MLR、PLS 和 BP 神经网络等 3 种建模方法的预测模型。非线性的 BP 神经网络方法构建的预测模型，在稳定性、内部及外部预测能力和泛化性能方面都优于非线性方法(MLR 与 PLS)。

Morrill 等[72]则利用 MATLAB 在 AM1 半经验水平计算了 227 种化合物的结构参数，然后结合软件集成的最优多元线性回归(best multi-linear regression, BMLR)算法，从大量算符中筛选出 8 个建立线性模型，取得了较好的结果。肖鹤鸣等[73]采用 HMO、CNDO/2、MINDO/3 和 MNDO 等分子轨道算法，对苯、甲苯、苯胺及苯酚四类分子的硝基衍生物进行了系统研究。对同系物，其分子中最弱键的键级(如π键、Mulliken 键或 Wiberg 键)或双原子作用能与其撞击感度或热安定性之间往往存在着渐变关系。因而，根据炸药热分解和起爆机理，他们提议以基态分子最弱键的键级或该键所连接的双原子之间的相互作用能作为判据，判别同系物炸药的热安定性或撞击感度的相对大小。判断方法有两种：①由 Ⅱ 级键估算化学键的离解能来判断；②根据键级和双原子作用能的线性相关性来判断。这些研究对炸药的撞击感度影响因素有更深层次的认识，对炸药其他爆炸性能的预测也有重大的指导意义。

Kim 等[74]根据范德华分子表面静电势(molecular surface electrostatic potential, MSEP)的 QSPR，更精确地预测了含能材料的撞击感度。他们从 MSEP 衍生的各种三维描述出发，利用总和为正 MSEP 的变化，并结合其他 3 个参数，确立了新的 QSPR 方程。在此基础上建立了如下 6 种不同精度的模型。

模型 1：
$$h_{50\%} = a_1 + a_2 \exp\left(-a_3 \overline{V}_{\mathrm{mid}}\right) + a_4 \overline{V}_{\mathrm{mid}} \tag{2-17}$$

模型 2：
$$h_{50\%} = a_1 + a_2 \exp\left(-a_3 \left| \left|\overline{V}_s^+\right| - \left|\overline{V}_s^-\right| \right|\right) \tag{2-18}$$

模型 3：
$$h_{50\%} = a_1 + a_2 \exp\left(a_3 v\right) \tag{2-19}$$

模型 4：
$$h_{50\%} = a_1 + a_2 \exp\left[-a_3 \left(Q - a_4\right)\right] \tag{2-20}$$

模型 5：
$$h_{50\%} = a_1 \exp\left[a_2 v - a_3 \left(Q - a_4\right)\right] \tag{2-21}$$

模型 6：
$$h_{50\%} = a_1 + a_2 (H) + a_3 (\mathrm{HBD}) + a_4 (\mathrm{PSA}) + a_5 (\sigma) + a_6 (\sigma_+^2) \tag{2-22}$$

式中，$h_{50\%}$是采用 2.5kg 落锤时的特性落高；$\overline{V}_s^+$ 和 $\overline{V}_s^-$ 分别是分子表面的平均正、负静电势；v 是平均电势和等表面电势的平衡常数；H、HBD 和 PSA 分别是氢原子数、氢键供体数和分子表面极性；Q 是 CHNO 炸药的爆热(即反应热)。

令σ_{tot}为范德华分子表面静电势之和，σ_+^2 和 σ_-^2 分别为 MSEP 的正、负方差，有

$$\sigma_{\mathrm{tot}} = \sigma_+^2 + \sigma_-^2 \tag{2-23}$$

$$\sigma_+^2 = \frac{1}{m} \sum_{i=1}^{m} [V^+(r_i) - \overline{V}_s^+]^2 \tag{2-24}$$

$$\sigma_-^2 = \frac{1}{n} \sum_{j=1}^{n} [V^-(r_j) - \overline{V}_s^-]^2 \tag{2-25}$$

$$\mathrm{C}_a\mathrm{H}_b\mathrm{N}_c\mathrm{O}_d \longrightarrow \frac{1}{2}c\mathrm{N}_2 + \frac{1}{2}b\mathrm{H}_2\mathrm{O} + \left(\frac{1}{2}d - \frac{1}{4}b\right)\mathrm{CO}_2 + \left(a - \frac{1}{2}d + \frac{1}{4}b\right)\mathrm{C} \tag{2-26}$$

从式(2-22)～式(2-26)可以看出，含能化合物分子表面电荷分布与其撞击感度大体呈指数关系，而大多数 QSPR 法研究所得的结论是简单的线性关系。综上所述，量子力学方法可提供精确的结构数据，但是需要耗费大量的 CPU 时间，对计算机硬件要求比较高。QSPR 法可以系统全面地描述含能材料分子结构参数与其撞击感度之间的内在联系，并建立相应的预测模型。但是，一般采用的描述参量精度集中在经验、半经验水平，精确度稍差。同时，QSPR 法所需要的实测感度

训练数据源差别较大，且可靠性不能得到保证，给研究带来了一定的不确定性。在确定新含能化合物的撞击感度后，可进一步确定其静电火花感度，因为根据热点起爆理论，这两者本质上存在一定的相关性[75]。尽管如此，含能材料的静电火花感度产生机制还有待于进一步验证。

2.3　含能材料力学性能

2.3.1　力学性能测试方法

　　复合含能材料是一种颗粒填充高分子复合物，其中含能填料占据了绝大部分体积，混合炸药和固体推进剂均为典型的复合含能材料。作为最有应用价值的混合炸药，高聚物黏结炸药(PBX)的爆轰性能非常重要。同时，对于结构设计，其力学性能则是关键。因此，在工程应用中，复合含能材料结构应该同时满足做功效能和力学强度的要求[76]。它在装药、运输和使用过程中，要承受各种外部应力和内部缺陷作用，这就要求其具有良好的力学性能。由于复合含能材料炸药颗粒含量较高(炸药的固含量为90%以上，推进剂高于60%)，会呈现显著的低强度和脆性力学特征[77]。复合含能材料的常规力学性能测试主要包括直接拉伸法、压缩法、间接拉伸(巴西试验)、动态力学试验(分离式霍普金森压杆(split Hopkinson pressure bar, SHPB)法)等。

　　(1) 直接拉伸法：适用于固体炸药及模拟材料的拉伸应力-应变曲线的测定。原理为将试样装于材料试验机拉伸夹具之间，施加准静态轴向拉力，直至试样断裂。通过力传感器和装在试样上的电子引伸计分别测量试样所承受的负荷值及相应的形变，经过数据处理，得到试样的拉伸应力-应变曲线。该法采用长度大于50mm、哑铃状等较为复杂的试样，需要炸药量较大、加工精度较高、制样周期较长。在配方设计及合成方法探索等炸药材料前期研究中往往因不能满足这些要求而无法获得其力学性能数据，需要一种小试样、形状简单易于制备、能间接反映炸药拉伸性能的试验方法。

　　(2) 压缩法：适用于固体炸药及模拟材料抗压强度的测定。原理为将试样置于材料试验机上下压板之间，施加准静态轴向压缩负荷，直至试样破坏，其单位面积上所能承受的最大负荷为抗压强度。用于材料压缩试验样品的直径和高度均为(20 ± 0.065)mm。

　　(3) 间接拉伸(巴西试验)：一般采用圆盘状样品，通过在截面上沿某一径向施加平衡、对称的载荷，在垂直加载方向产生拉应力，使样品中心区域产生拉伸形变直至断裂。20世纪80年代以来，它被更为广泛地用于测量炸药的力学性能[78]。图 2-2 是平面加载时巴西试验的原理图。在短圆柱体的侧表面沿径向施加两个集中载荷，沿试样的长度均匀分布，则在圆柱体内垂直于加载面的方向上产生拉应力。该力在试件中心一定范围内均匀分布，导致试件劈裂，材料的拉伸强度为

$$\sigma_t = 2P_t / \pi D\delta \qquad (2\text{-}27)$$

式中，P_t 为试样劈裂时的作用力；D 为圆柱形试样直径；δ 为圆柱形试样厚度。

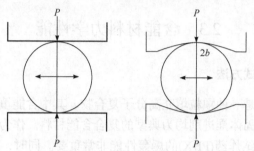

图 2-2　平面加载时巴西试验的原理图

Johnson[79]对直接拉伸法与巴西试验的相关性进行了研究，表明直接拉伸强度与巴西试验得到的间接拉伸强度的线性相关系数为 0.879。从复合含能材料巴西试验与直接拉伸法数据的对比来看，巴西试验结果比直接拉伸法结果低，有时甚至不到直接拉伸强度的一半，因此试验结果的有效性也受到了质疑[80,81]。

针对这一问题，庞海燕等[82]对比分析了巴西试验与直接拉伸法的测试结果，发现随着加载载荷不断增加，在加载末期、破坏之前，样品的非均匀变形导致应力高度集中，从而在此区域发生复杂的破坏。在加载点附近共有 6 条裂纹，1 号、3 号、4 号和 5 号裂纹相连通，其中 1 号为偏心、贯穿型主裂纹，即裂纹与受压轴线不重合，偏离了圆心，但又与两端的受压区相接；2 号和 6 号为孤立裂纹。假设样品从中部开裂，发生偏心破坏，偏心处受的拉力比中心点受的拉力小，因此可以解释复合含能材料巴西试验结果比直接拉伸法结果低的原因。

为了降低或消除巴西试验中刚性板加载引起的应力集中，可在刚性板与圆形试样之间放置一块高弹性橡胶作为衬垫进行试验，由此建立了衬垫巴西试验方法[83]。试验发现衬垫有效地降低了应力集中的影响，测得的复合含能炸药材料间接拉伸强度值与直接拉伸强度值基本相同，力-位移曲线有效，样品从中心起裂破坏。但增加橡胶衬垫后不便于试样径向线性应变差动变压器引伸计(linear variable differential transformer extensometer, LVDTE)测试。鉴于此，温茂萍等[84]采用圆弧压头与 LVDTE 相结合的方法，解决了炸药材料巴西试验中应力与应变不能同时准确测试问题。试验采用两种巴西试验装置，一种是 Johnson 提出的试验装置，该装置采用了平面压头形式，试样的径向变形采用 LVDTE 测试；另一种是圆弧压头方法，改进的巴西试验装置中圆弧压头包括 1.35 倍和 1.25 倍试样半径的两种圆弧压头形式。

进一步通过数值模拟分析在相同径向压缩变形量的情况下，由不同压头巴西试验中试样上的应力分布云图可以得出，平面压头巴西试验的最大拉应力分布在接近两个压头的部位，存在显著应力集中问题，因此造成了试样在较小的应力作用下发生破坏。1.35 倍和 1.25 倍两种巴西试验中，最大拉应力分布在试样中部，满足巴西试验间接测试拉伸性能的要求。当圆弧压头半径与试样半径之比为 1：1.35 时，HMX 基 PBX 的巴西试验结果与直接拉伸法结果相近。采用单总体检验方法对炸药的巴西试验结果与直接拉伸法结果之间的差异进行分析检验，发现两种方法的测试结果存在一定差异，圆弧巴西试验还不能完全替代直接拉伸试验。

总之，巴西试验最大的优点是试样制备和加载简单、所需材料少、实验费用低。可加工很小的巴西试验试样，在显微拉伸台上对试样的变形破坏过程进行实时原位观察，这是开展炸药材料细观力学研究的有力手段。巴西试验试样可以采用压制方法直接制备，也可采用机加的方法得到。它可以用于测量炸药材料的抗拉强度、断裂应变和蠕变等性能，评价炸药和其他材料的相容性及 PBX 中新型黏结剂。

(4) 动态力学试验(分离式霍普森压杆法)：人们对复合含能材料的静态力学性能已经进行了细致而全面的研究，且已建立了标准试验方法。但是对高应变速率下的力学行为研究较少，而且缺乏标准的试验方法。许多研究表明，复合含能材料的动态和静态力学性能之间有很大不同，其力学性能对加载速率也比较敏感。因此，研究复合含能材料的动态力学性能对静态力学性能是一种补充，对装药使用、加工和贮存具有重要的应用价值[85]。一般采用分离式霍普金森压杆法研究复合含能材料的动态力学试验，其结构如图 2-3 所示。

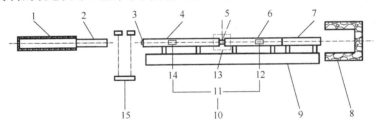

图 2-3　分离式霍普金森压杆结构示意图

1-发射装置；2-子弹；3-波形整形器；4-入射杆；5-照相装置；6-透射杆；7-吸收杆；8-吸收杆缓冲装置；9-支撑装置；10-波形存储装置；11-应变信号放大器；12-应变计 1；13-防爆箱；14-应变计 2；15-测速装置

动态力学性能测试方法及原理：通过子弹撞击入射杆产生压缩波对放置在入射杆和透射杆之间的试样进行动态加载。在压杆处于弹性范围内，压杆和试样基本处于一维应力状态。在试样的轴向应力基本均匀的条件下，可根据一维弹性波理论，由入射杆和透射杆上的应变测试结果得到试样的应力、应变和应变率。试验系统由发射装置、子弹、波形整形器(推荐使用)、入射杆、透射杆、吸收杆、吸收杆缓冲装置、支撑装置、防爆箱和测量系统组成。其中，测量系统包括应变计、应变信号放大器、波形存储装置、测速装置和照相装置(必要时选用)。

诸多研究表明，高分子基复合含能材料的拉伸强度和压缩强度随着温度的降低和应变率的增加而增高。例如，Gray 等[86]的实验结果表明，随着应变率的增加，PBX 的临界压应变(压缩强度对应的应变)和弹性模量都会增加。利用 SHPB 测试三种复合含能材料的动态压缩性能，发现其压缩屈服强度与加载速率有较强的正相关性，与温度负相关[87,88]。赵玉刚等[89]结合平台巴西试验和霍普金森加载技术建立了动态拉伸实验测试系统，分别通过石英晶体片和数字图像相关方法测量应力-应变信号，得到了复合含能材料在应变率为 $10^2 s^{-1}$ 附近间接拉伸条件下的应力-应变曲线，并建立了对应的动态拉伸本构关系模型。复合含能材料的拉伸强度、失效应变和拉伸弹性模量都表现出一定的应变率相关性。

由于炸药材料的制作工艺和特殊性，材料构件在制作、贮存和运输等过程中不可避免地会出现细观裂纹或宏观裂纹。当材料构件出现裂纹后，采用传统的强度理论对结构的安全性进行评估或分析已经不合适，必须采用断裂力学理论和方法，其中断裂韧度是一个重要的材料参数。平面应变断裂韧度(K_{1c})代表了材料抗裂纹扩展的能力，是定量表征材料断裂特性的一个重要参数。

实验方法：在断裂力学理论中，把材料内部裂纹扩展方式分为"张开型""滑开型"和"撕开型"，任何裂纹的扩展是以上三种形式之一或叠加。其中，"张开型"是重要的扩展形式，因此它可以采用三点弯曲试验。炸药平面应变断裂韧度的计算可采用断裂力学理论中相应的计算方法，计算公式为

$$K_{1c} = 0.31 P_Q S Y_1(a/W) / (BW^{3/2}) \tag{2-28}$$

从式(2-28)可以看出，由于测试样品的外形尺寸和裂纹尺寸差别不大，K_{1c} 的大小主要取决于条件载荷 P_Q。样品在三点弯曲试验中能够承受的负荷越大，K_{1c} 也就越高，即 K_{1c} 值反映了材料抗裂纹扩展的能力[90]。

$$Y_1(a/W) = [1.88 + 0.75(a/W - 0.50)^2] \sec[\pi a/(2W)] \tan[\pi a/(2W)] \tag{2-29}$$

式(2-28)和式(2-29)中，K_{1c} 是平面应变断裂韧度($MPa \cdot m^{1/2}$)；$Y_1(a/W)$是修正函数；P_Q 是条件载荷，根据三点弯曲试验所采集的应力-应变曲线而确定的负荷值；S 是弯曲试验跨距；a 是裂纹平均长度；B 是试样厚度；W 是弯曲试样高度。炸药平面应变断裂韧度的测试采用三点弯曲试验方法、三点弯曲试验的测试装置和数据采集系统。

断裂后样品尺寸测试和 P_Q 的确定：试样断裂后，需要用工具显微镜测读断面图 2-4(a)中的 a_1、a_2、a_3、a_4、a_5。P_Q 的确定如图 2-4(b)所示，曲线是试样的三点弯曲试验中进行计算机自动数据采集并处理得到的"负荷-裂纹张口位移"曲线，简称 P-V 曲线。直线 1 是曲线起始部分的割线，直线 2 的斜率是直线 1 斜率的 95%。

P_Q 是直线 2 与 P-V 曲线的交点，简称条件载荷，P_m 是 P-V 曲线中的最大负荷点，简称最大载荷。

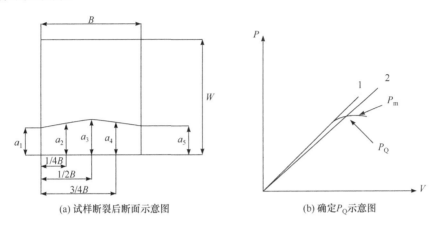

(a) 试样断裂后断面示意图   (b) 确定 P_Q 示意图

图 2-4 断裂后样品尺寸测试和 P_Q 的确定

表 2-1 列出了所测得三种炸药的平面应变断裂韧度 K_{1c} 测试结果。主要测试条件如下：试验温度为 15 ℃；加载速率为 0.5mm·min^{-1}；负荷传感器为 500NX5；位移传感器为夹式引伸计(使用量程为 0.05mm)；弯曲试验跨距为 72mm。

表 2-1 三种炸药的平面应变断裂韧度 K_{1c} 测试结果

炸药序号	试件高度 W/mm	试件厚度 B/mm	裂纹平均长度 a/mm	最大载荷 P_m/kg	条件载荷 P_Q/kg	断裂韧度 K_{1c}/(MPa·m$^{1/2}$)
Ⅰ	17.95	8.99	4.07	6.50	6.20	0.26
	18.04	9.07	4.90	5.90	5.40	0.25
	18.01	9.03	4.44	6.30	5.70	0.24
	18.00	9.03	5.28	5.50	4.90	0.24
结果	0.24±0.01(P=0.95，V=3)					
Ⅱ	18.20	9.07	3.79	5.20	4.50	0.17
	18.07	9.08	3.74	5.30	4.20	0.16
	18.10	9.22	5.13	4.60	3.46	0.17
	18.08	8.98	5.57	4.50	3.66	0.18
结果	0.17±0.01(P=0.95，V=3)					
Ⅲ	17.96	9.02	3.68	10.20	10.20	0.39
	18.04	8.96	5.00	8.40	7.80	0.36
	18.04	9.06	5.68	7.80	7.50	0.38
	18.05	9.06	6.05	7.30	6.80	0.37
结果	0.37±0.01(P=0.95，V=3)					

上述测试结果可以反映出三种炸药材料抗裂纹扩展的能力，与这三种材料已有的拉伸应力-应变曲线、蠕变曲线等力学性能测试结果基本一致，同时也反映出 K_{1c} 测试结果的准确性。此外，研究发现温度对 PBX 平面应变断裂韧度有一定的影响，主要是由 PBX 中高聚物成分和含量不同造成的。

但是，用 K_{1c} 表征 PBX 的断裂韧性也有一定的局限性，只适合塑性变形较小的脆性材料。当炸药材料塑性或韧性增加到一定程度时，测试曲线往往不能满足最大载荷与条件载荷之比小于 1:10 的相关要求[91]，此时不能采用 K_{1c} 进行表征。另外，K_{1c} 测试方法比较复杂，对于炸药材料的配方及成型技术研究而言，测试繁琐且周期较长。针对断裂韧度 K_{1c} 表征炸药韧性时存在的局限性，温茂萍等[92]提出了基于应力-应变曲线断裂能量计算的韧性表征参量——断裂能，包括拉伸断裂能和压缩断裂能两种形式。材料的韧性一般表示材料在断裂前吸收能量并进行塑性变形的能力，而材料的应力-应变(σ-ε) 曲线的包络面积正好对应材料单位体积上的吸收能量。在机械载荷作用下，材料在单位体积上吸收机械能量的大小称为断裂能参量，该参量与材料韧性定性表述的物理意义相近，两者在测试值上具有较好的相关性。

图 2-5 是 HMX 基炸药的典型拉伸、压缩 σ-ε 曲线。可以发现炸药压缩破坏强度与压缩破坏应变显著大于拉伸破坏强度与拉伸破坏应变，这是脆性材料的显著特征之一。σ-ε 曲线在达到最大应力后试样开始出现裂纹，应力开始降低，由于试样破裂形式存在不确定性，即使同一组试样的曲线降低部分也会存在较大差异。因此，断裂能部分只计算曲线峰值(ε_b, σ_b)以前的包络面积，即试样开始出现裂纹前单位体积所吸收的能量。

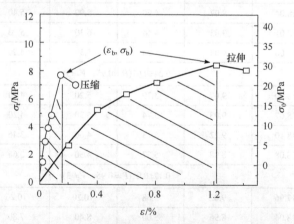

图 2-5　HMX 基炸药的典型拉伸、压缩 σ-ε 曲线

根据测试得到 HMX-P2 炸药的拉伸、压缩曲线，通过曲线积分计算不同温度下 HMX-P2 的拉伸断裂能 W_t 和压缩断裂能 W_c，并获得 HMX-P2 在不同温度下的

断裂韧度 K_{1c}。图 2-6 是 HMX-P2 的拉伸断裂能 W_t 和压缩断裂能 W_c 与断裂韧度 K_{1c} 随温度变化趋势比较。总体来看，三者随温度变化趋势存在较好的一致性。一般认为基于 σ-ε 曲线能量计算的断裂能，可以在炸药增韧改性及成型技术研究中作为韧性表征参量。

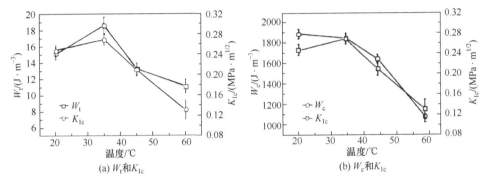

$$\text{(a) } W_t \text{ 和 } K_{1c} \qquad\qquad \text{(b) } W_c \text{ 和 } K_{1c}$$

图 2-6　HMX-P2 的 W_t、W_c 与 K_{1c} 随温度变化趋势比较[92]

2.3.2　力热耦合机制

美国洛斯阿拉莫斯国家实验室的 Dienes 对几种"热点"形成机制产生的热量进行了量级分析[93]，发现在低幅长脉冲压缩加载作用下，对产生潜在热源有最大贡献的机制是剪切裂纹表面上的摩擦力作用生热。基于这种"热点"形成机制，Dienes[94]建立并逐步完善了统计裂纹力学(statistical crack mechanics，SCRAM)模型，该模型是基于微裂纹研究含能材料损伤的细观本构模型，可以对复杂力学响应进行模拟。Dienes[95]基于闭合裂纹剪切作用下摩擦生热效应建立了点火和燃烧模型，可以对含能材料低速撞击下的感度进行模拟。

经过多年研究，SCRAM 模型得到了不断发展和完善。通过将 SCRAM 模型嵌入到 DYNA3D、MESA、HYDROX 和 PRONTO 等程序中，实现了对冲击/撞击起爆等典型问题的模拟[96]。然而，SCRAM 模型比较复杂，其中一些参数很难通过实验确定，使得 SCRAM 模型在应用上受到很大限制。但 SCRAM 模型关于损伤演化、扩展及成热机制和燃烧机制的研究，对理解含能材料点火与燃烧机理产生了深远影响，具有重要的参考价值。

Addessio 等[97]基于 SCRAM 模型建立了各向同性统计裂纹力学(Iso-SCRAM)模型，适用于准脆性材料在近似各向同性应力状态时的动态损伤力学特性研究。该模型假定初始状态的微裂纹是各向同性分布的，模型形式简单、参数较少、应用方便。然而，Iso-SCRAM 模型在微裂纹的扩展准则和扩展速度计算方面还存在不足，在拉伸和压缩应力状态的损伤面不连续。由于该模型没有考虑弹性力学特性，当应用于含能材料时，需要根据其力学特性进行改进。

　　Bennett 等[98]在 SCRAM 模型和 Iso-SCRAM 模型的基础上建立了黏弹性统计裂纹力学(Visco-SCRAM)模型。该模型适用于含能材料在碰撞、冲击等近似各向同性应力状态下的动态损伤问题研究，模型假定初始状态的微裂纹的分布是各向同性的。新颖之处在于该模型在微裂纹体基础上耦合了广义黏弹性体，用微裂纹体描述其损伤演化情况。Visco-SCRAM 模型包含了微裂纹的扩张、剪切、生长和聚合等，考虑了闭合裂纹剪切作用下摩擦生热及"热点"形成过程，还可对含能材料非冲击点火过程进行模拟。

2.3.3　结构形变模拟

　　含能材料数值建模和仿真可以是一维[99]、二维[100]或三维的[101]。如今，西方各国已经开发了各种数值模拟和仿真软件代码。目前，我国可以买到的常用流体动力学软件是有限元分析软件 LS-DYNA。LS-DYNA 可进行通用物理模型仿真，在军事领域应用广泛，如预测爆炸后弹头运动轨迹。它也可用于模拟非线性材料，如热塑性聚合物的形变。在热力学领域中使用的软件包括固体推进剂燃速模拟计算代码。商业计算流体动力学软件还包括 ANSYS 和 POLYFLOW 等。

　　美国等北约国家开发了弹药模拟和仿真的专用软件 ALE3D[102]，该软件由美国劳伦斯利弗莫尔国家实验室牵头完成。ALE3D 是 "arbitrary Lagrangian-Eulerian 3D" 的缩写，即 "任意拉格朗日-欧拉 3D 多物理场代码"。该软件主要使用混合有限元和有限体积方程模拟二维和三维非结构化网格流体和弹塑性响应问题。总之,此类软件使建模和仿真从传统燃烧及热力学研究拓展到了含能材料相关领域，其中复合含能材料强度多尺度模拟(图 2-7)最为常见。

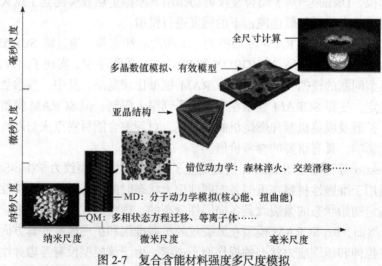

图 2-7　复合含能材料强度多尺度模拟

除了上述有限元方法外，还可基于 DFT 进行建模与仿真。DFT 是一种量子化学算法，用于预测原子和分子电子轨道结构，特别是分子的几何构型等。计算含能材料领域的另一种常用方法是平滑粒子流体力学(smoothed particle hydrodynamics，SPH)法。SPH 法不同于 DFT，它是一种无网格拉格朗日方法，材料粒子随坐标移动。SPH 法将流体划分为一组粒子，从而保证质量守恒。它可用来计算物质的密度，虽然 SPH 法对于提高精度非常有用，但在仿真中需涉及大量颗粒。对于高能炸药爆炸过程模拟，SPH 法比 DFT 更受欢迎。

火箭军工程大学采用 SPH 法研究了非理想爆轰波在周围带电球形金属体内的传播[103]，所获得的特征爆轰时间与理论分析结果一致，说明用改进 SPH 法进行爆炸数值模拟合理可行。此外，还有一种通用的仿真方法为计算流体力学(computational fluid dynamics，CFD)，类似于 SPH。然而，不同于 SPH，其使用了网格化计算。SPH 一般用于湍流燃烧的化学反应和涡耗散概念(eddy dissipation concept，EDC)模型的数值模拟(如用 ANSYS CFX10.0 开发的 CFD 代码)。

在含能材料力学性能方面，晶体堆积力是分子在晶格附近运动的关键因素。晶体堆积力实际上是固体中的分子间作用力，分为吸引和排斥两部分[104]。吸引主要由分子的偶极-偶极作用引起，在分子力学中用原子点电荷之间的静电作用表示；瞬时偶极引起的部分称为色散作用，它和范德华排斥力作用在分子力学中共同构成非静电作用部分。该部分的力场参数通过拟合晶体的密度和升华焓得到，这是拟合非静电作用参数的通常做法。然而，由于待拟合参数远多于可获得的性能参数，该拟合结果有一定不确定性。详细的感度模拟方法将在 2.4 节介绍。在聚合物炸药力学性能领域，可模拟其在外力作用下的形变、裂纹产生过程及失效机理，如图 2-8 给出了冲击波高压作用下聚合物结构变化的多尺度模拟。所建立的模型为松弛-快速多尺度模型[105]，其简单描述如下：①快速多尺度模型采用明

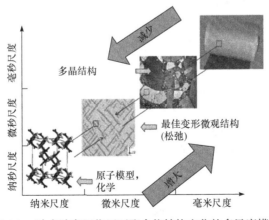

图 2-8　冲击波高压作用下聚合物结构变化的多尺度模拟

确松弛本构关系(如存在)表示分格的行为(单元级);②比同类多尺度计算速度更快(如连续层压);③单元配备了最佳变形微观结构,表现出最优化且有效的行为;④伽马收敛近似。

除了上述两种模拟外,还可以用 DFT 数值模拟含能材料(通常是固体炸药)的相变。其在常温常压下是稳定的固体,当经受机械刺激或热刺激时,会发生液化或气化等相变,然后通过化学反应释放其键能。DFT 数值模型可用来模拟从固相到液相、再到气相的转变过程,并估算化学反应中释放的能量[106]。除了相变之外,DFT 数值模拟还可用来优化分子结构。一般采用 DFT/B3LYP 或 MP2 方法优化新设计的含能分子结构。通过预估它们的生成焓和密度,采用 Kamlet-Jacobs 方程计算其爆轰性能。爆轰参数预估也可用其他代码,如 Explo-5 等,区别是采用的状态方程不同,精度也有区别。除了分子结构优化外,DFT 还可进行热力学计算。一般采用 DFT/B3LYP 法确定热力学性质并评估绝热至爆时间,还可基于莫尔斯电势统计力学方法计算火箭推进剂燃烧热力学性质。通过从头算分子动力学(ab initio molecular dynamics, AIMD)数值建模和仿真可获得含能化合物分解途径,并确定相对重要的主导热分解反应途径。

在对爆轰过程热力学数值模拟和仿真过程中,由于所采用的 Chapman-Jouguet(CJ)和 Zeldovich Newmann Doring(ZND)模型存在没能达到热力学平衡的缺点,不符合热力学基本原则。为了解决这一问题,研究人员又开发了一种新的共轭爆轰模型。在此模型中,化学反应由冲击波阵面引发,并且所释放的能量使爆炸产物颗粒出现了不同取向。每对颗粒中一个向前移动而另一个向后移动,称为共轭对。通过关联爆轰波的传播和在微爆时出现、在爆轰波扩散传播中消失的共轭对,确立共轭爆轰模型。

从 20 世纪 80 年代起,美国三大国家实验室和军方研究机构相继进行了一系列含能材料的撞击和压剪实验[107,108]。Jensen 等[109]发现固体推进剂中轻微的机械冲击能引起点火,其冲击至爆轰转变 (shock to detonation transition, SDT)低于起爆阈值,这类由轻微的机械冲击所引发的点火称为非冲击点火。通常人们对这种现象的研究都集中在用实验确定点火随撞击速度发生"爆与不爆"的条件上,同时也试图证实此类点火的潜在原因,即微观力学机制。

Bonnett 等[110]对公认的"热点"起爆理论进行了概括。尽管已提出了多种可能的微观力学过程,人们还是一致认为"非冲击点火"是由材料中称为"热点"的独立高温区域引起。然而,热点的产生和控制机制至今还没有定论。"热点"形成的原因包括黏性加热、局部塑性功、颗粒间摩擦、流体动力学孔隙塌缩及伴随的内部气体绝热压缩、颗粒内部剪切和缺陷处的冲击波作用等,它们都有可能是点火产生的微观力学机制[111]。该模型已经嵌入到 DYNA3D、ABAQUS 等有限元软件中,对平面撞击实验、剪冲实验、机械耦合烤燃实验等进行了数值模拟,尤其是对剪切带的模拟显示出良好的效果。

在 SCRAM 模型和 Iso-SCRAM 模型的基础上可建立主导裂纹算法(dominant crack algorithm，DCA)模型[112]。其改进之处在于采用微裂纹失稳扩展的临界状态作为微裂纹体的扩展准则，而不再采用微裂纹的平均状态作为微裂纹体的扩展准则，这种处理方式的物理意义清晰，同时避免了损伤面不连续的情况。Seaman 等[113]建立了动态拉伸断裂与破碎的微裂纹细观损伤模型。该模型采用统计平均的方法，通过建立裂纹成核与增长模型，得到了加载过程中裂纹尺寸及分布的演化，很早就应用于岩石和金属等材料的脆性断裂模拟。后来经过不断改进，Seaman 等[114]在脆性断裂(brittle fracture, BFRACT)的基础上建立了黏性内损伤(viscous internal damage, VID)本构模型，用于模拟固体推进剂和炸药在冲击作用下的断裂和破碎。该模型耦合了黏弹塑性变形、拉伸损伤、孔隙率演化、点火和晶粒燃烧，因而可以模拟损伤炸药的反应活性，用于对 SDT、燃烧转爆轰(deflagration to detonation transition, DDT)、固体炸药延迟起爆(unknown to detonation transition, XDT)和热爆炸等过程进行数值模拟。该模型包括一个黏弹塑性 (viscous elastic plastic，VEP)模型和一个脆性损伤功能模型，其中脆性损伤功能模型是一个包括微裂纹成核、成长、聚合、强度损失、破碎等损伤特征的动态拉伸损伤模型，材料参数由一系列不同应变率下的力学实验得到。Matheson 等[115]采用编程的方法模拟了 XDT 过程，该方法耦合了力学模型和燃烧反应模型。模拟结果表明，拉伸损伤和起爆区域周围的多孔性都与实验结果符合较好。据此，他们认为 XDT 的发生机理是拉伸损伤区域的炸药受到了二次压缩波的作用，从而导致 XDT 的发生。

在此基础上，Matheson 等[115,116]进一步提出了与损伤反应耦合 (coupled damage and reaction，CDAR)模型。CDAR 模型包括一个黏弹塑性模型和一个拉伸损伤膨胀(tensile damage and distension，TDD)模型。该模型与 VID 本构模型类似，也耦合了黏弹塑性变形、拉伸损伤、孔隙率演化、点火和晶粒燃烧，可以描述脱黏颗粒附近孔洞和黏结剂开裂产生的微裂纹的张开和闭合。Peter 等[117]用 CDAR 模型对置于密闭钢圆筒内的含能材料缓慢升温下的热爆炸过程进行了模拟。Matheson 等[118]将 CDAR 模型加入了 CTH 程序，对"猎枪"实验中推进剂的 XDT 过程进行了模拟。该模型的不足之处在于其只能模拟拉伸损伤行为，没有考虑压缩损伤等其他损伤情况。在压缩应力载荷作用下，微裂纹界面间的摩擦生热是低幅冲击载荷作用下重要的"热点"形成机制，因而该模型在应用上还有一定局限性。

以 HTPB 复合固体推进剂的损伤本构关系研究为例[119]，一般可通过对微裂纹系统的分析导出损伤变量。它是微裂纹尺度和裂纹数密度的函数，损伤演化方程由微裂纹的成核率和生长率得到。本构方程中包含了力学损伤和化学老化，方程中的材料参数根据老化实验、膨胀实验、声发射实验和松弛实验等来确定。一维黏弹性蠕变损伤模型一般针对复合含能材料的蠕变损伤及破坏[120,121]，此时损伤演化由应变控制。在实验研究方面,一般用声发射技术监测复合含能材料,如 PBX 的损伤演化过程。此时采用弹性模量下降法测量复合含能材料的损伤变量[122],可得到简单拉伸下与应变相关的损伤演化方程和非线性损伤本构关系,以描述复合含能材料在不同应变率和温度下,受拉伸载荷的损伤演化规律。为模拟固体推进剂的层裂过程,黄风雷等[123]提出了适用于固体推进剂动态断裂的微裂纹脆性损伤模型,该模型考虑了压缩波对微裂纹成核的贡献,采用损伤度的概念描述断裂过程,建立了相应的损伤演化方程。利用该模型对四种推进剂的层裂过程进行了模拟,与实验结果较符合。

周风华等[124]将损伤引入朱-王-唐(ZWT)模型,损伤演化依赖应变率,建立了损伤型 ZWT 模型,从而可以描述材料的大变形直至接近破坏的行为,能够反映冲击大变形下微裂纹损伤演化最终导致冲击脆性破坏的现象。李英雷等[125]采用损伤型 ZWT 模型研究了 TATB 炸药的冲击压缩特性,拟合了不同应变率下的应力-应变曲线,与实验结果基本一致。但是从该模型在炸药中的应用角度,在高应变率下还有待进一步改进。

赵锋等[126]利用火药枪驱动飞片对 JO-9159 炸药进行了平面撞击实验,收集撞击碎裂的炸药样品进行筛网分析,获得了破片数目分布规律,据此得到了复合含能材料的成核-增长模型系数,并把改进的成核与增长 (nucleation and growth, NAG)模型嵌入一维流体弹塑性动力学程序,数值计算该炸药的断裂力学性能。不足之处是弹塑性流体材料适合屈服后具有明显加工硬化的金属材料,而不适用于准脆性材料,如 JO-9159 炸药,并且 NAG 模型本身是一个微裂纹统计细观损伤模型,其模型参数需要在显微镜下对回收样品进行大量细观分析后才能得到,采用筛网分析技术获得模型参数的方法还有待商榷。

通过总结含能材料损伤领域的最新研究成果,文献[127]详细报道了含能材料损伤的观测与表征、损伤对含能材料燃烧及爆轰性质的影响、损伤机理及模型、损伤与化学反应耦合等方面的内容。从宏观力学和微观统计力学两个角度,全面介绍了国内外含能材料损伤本构模型的发展现状,提出了建立含损伤本构模型的建议和思路[128]:考虑多尺度耦合问题,结合微观到宏观的测试手段和技术,找到宏观力学响应与微观力学机制关联的桥梁,建立可以揭示含能材料的损伤特性和机理的本构模型。由此以连续介质力学、断裂力学和损伤力学的基本理论为基础,建立可描述含能材料力学响应的损伤本构模型,通过模拟含能材料在复杂载荷下的力学响应验证模型的有效性。例如,可模拟不同冲击面作用时,沿撞击方向试样表面的剪切应变场。

此外,还能计算试样在不同撞击速度下的响应,得到同一时刻引起的撞击最大位移。研究表明,撞击最大位移与受到撞击的速度成正比关系。这些工作还需要进一步拓展,如损伤度虽然已经在本构关系中得到体现,但是还没有很好地与宏观现象联系起来，因缺少实验数据支撑，进行数值计算时还没有建立损伤与网格失效之间的联系，有待在理论和实验中完善。由于采用三维计算，根据现有模型还没有建立单轴应力-应变关系的公式，有待进一步完善。为了更全面考察含能材料在外载荷下的点火行为，可以将一维"热点"点火机制引入该模型中，将材料的力热响应耦合起来，预测含能材料的点火行为，并对影响含能材料安全性的非冲击点火进行深入研究。

2.4　含能材料反应活性理论研究

2.4.1　分子动力学理论及发展现状

原子级别的模拟方法有分子动力学(molecular dynamics，MD)和蒙特卡罗(Monte Carlo，MC)模拟。它们考虑单个原子或官能团，可以预测含能材料晶体、晶体与黏结剂之间界面的动态性能。分子动力学模拟中，原子间作用力可以通过经验力场参数计算，而力场又是基于电子结构和体系瞬态电子的波函数，其中分子动力学模拟能量场中的扩散比较有效。目前，主要的商业软件有美国的 Material Studio 软件和荷兰的 ADF 软件(本书后面提到的反应力场 ReaxFF 模块已嵌入该软件)。分子间相互作用遵循一定的近似物理规律，在原子水平上有一定的复杂性。因此，"力场"用来模拟结构、振动、构象和热物理特性。含能材料研究中常用简明相优化分子势原子(condensed-phase optimized molecular potentials for atomistic simulation studies, COMPASS)力场。COMPASS 力场可准确地模拟孤立分子和固相材料分子的性能。分子模型 COMPASS 力场可克服实验中遇到的困难，已成功用于模拟增塑剂扩散性，以及它们与 HTPB 黏结体系的相容性[129]。COMPASS 力场还被用来模拟 HTPB 对 Al、Al$_2$O$_3$ 吸附能和它们之间的界面力学性能(如弹性系数、模量和泊松比等)。通过分析吸附能量和相关函数，可模拟界面相互作用的性质。在建模和仿真热力学领域，我国已经开展了相关工作。代淑兰等[130]完成了一些发射药气体体积流量、氧平衡和能量释放量的建模。

含能材料分子动力学研究的热点还包括采用反应力场(ReaxFF)模拟含能材料的热分解和燃烧过程[131]。ReaxFF 基于从头量子力学计算，可准确描述烃和各种含有 C、H、O、N 元素物质的反应性，如 RDX 及其同系物的分解途径和后续气相化学反应[132,133]。在模拟高能材料分解的化学路径方面，"HE"力场是专为硝胺化合物构建的[134,135]。在"HE"力场基础上发展了另一个普适于含能化合物的力场——"CHONSSi-lg"，该力场考虑了伦敦色散力的影响[136]，但不包含氟原子的数据。为了更好地比较含氟配方(如氟聚物)，可近似采用"TiOCHNCl"力场[137]。除 ReaxFF 可以模拟含能材料化学反应机理之外，还可采用 CFD 软件进行建模计算。北京化工大学开发了基于涡级联和分形理论的现象学概念来模拟湍流化学反应的分形模型，采用湍流燃烧化学反应和涡耗散概念模型，可以模拟含能材料燃烧反应机理[138]。王国青等[139]使用高斯 03 软件的 DFT，研究了 TNT 与硫酸根的反应机理。在这些研究中，所有反应物分子、过渡态结构和产物均在 B3LYP/6-31G(d)理论水平下进行了几何优化。除了研究反应机理外，数值建模和仿真也可用于反应动力学研究，如机械损伤对 PBX 起爆和爆轰行为的影响研究。该反应模型可分析含缺陷的炸药爆轰机制，并获得其孔隙率和粒径随冲击载荷的改变情况[140]。

　　建模和仿真技术手段还可用于模拟推进剂的燃烧。例如，封锋等[141]开发的SPRS 软件可计算推进剂的化学成分及其在指定压力下的燃速和压力指数。固体推进剂的组分可根据所需的燃速和压力指数确定，此数值模拟缩短了固体推进剂的研发周期，进而节约成本。发射药方面，张江波等[142]开发了基于经典内弹道理论产生的多层推进剂装药内弹道数学模型模拟程序。发射药和推进剂数值模拟研究包括以下几个方面：①对发射药的发射负荷引起的内孔变形；②变燃速发射药的逐层可燃性；③环境温度、组分、粒径和硼粉氧化膜厚度对点火性能的影响；④硼粉团聚对富燃料固体推进剂能量释放速率和燃速性能的影响。此外，吕秉峰等[143]发展了推进剂定容燃烧行为的数学模型，并在此基础上研究了腹板厚度和非同步点火对推进剂燃速系数的影响。数值建模和仿真还可用于某些特殊研究领域，如使用热机械耦合有限元法研究在固体推进剂整形加工过程的危险性。采用基于黏弹性积分本构关系的方法，确定了整形过程中压力和摩擦产生的热量，并且对缺陷点进行计算。数值模拟的另一种应用是基于固化时间理论的修正蠕变模型，该模型可用于模拟 PBX 组分短时间内的蠕变行为，还可用来模拟 HMX-PBX 炸药在受力过程中的缓慢蠕变行为。数值模拟和理论分析表明，改进的固化时间蠕变模型适用于模拟 PBX 的瞬态蠕变行为。

2.4.2　含能材料在极端条件下的化学反应

　　现代高性能计算可以在原子水平上模拟几百飞秒到几十皮秒时间范围内发生在极端条件下某特定区域内的事件。计算机模拟有望在分子尺度上模拟炸药的起爆机理、详细的热分解路径及其在高温高压下的反应动力学等[144]。在实验技术难以实现的极端高压和高温下，用量子化学计算 HEDM 高压性质和模拟其化学演变过程显得尤为重要。MD 包含温度与时间等参数，因此还可得到材料的玻璃化转变温度、热容、结晶过程、输运过程、膨胀过程、动态弛豫，以及含能结构体系在外场作用下(如冲击加载)的变化过程等。但经典分子动力学方法不能对化学反应体系进行模拟。

　　ReaxFF 方法[131]和 CPMD 方法均可用于模拟含能材料在高温和高压等极端条件下的结构响应过程。如前文所述，ReaxFF 方法主要基于键距与键级、键级与键能的关系,描述化学键断裂时体系能量的变化,目前已得到广泛的应用。ReaxFF力场在原来的经典力场中加入了键级参数及其修正项,比量子化学计算速度快万倍[145],可以模拟含数百万原子体系的反应过程[146]。

量子化学方法计算硝基甲烷在均匀受压和 3 个轴向受压时的结果表明[147],在静压下,当体积压缩至原来的 50%时,压力上升至 50GPa,$\Delta E_{\text{HOMO-LUMO}}$ 减小了约 0.6eV。HOMO 和 LUMO 同时增加,而其差值却随体积的变化单调下降,能级差减小从理论上可认为感度增加。对于 3 个轴向的压缩,当应变不超过 50%时,相应的压力最高为 100GPa(图 2-9),其中 x 和 y 方向产生的预估压力最高。在 y 方向上,能级差最多可减小 1.4eV,比静水压时能级差下降幅度大,且能级差呈现非单调变化。x 方向的应变引起的能级差变化同 y 方向类似,只不过当 V/V_0(压缩后体积/初始体积)接近 0.5 时,y 方向能级差会引起陡降。z 方向能级差的急剧下降主要在 V/V_0 为 0.65~0.8 时。z 方向压缩时,分子相互靠近会导致一个分子的甲基与其邻近分子的硝基靠近,而晶胞参数 c 接近分子间距离,结果定域在硝基上 HOMO 和 LUMO 的电子密度会比其他类型的压缩形变更大,能级差下降得更快。高压产生的 y 方向张力,导致单胞内每个硝基甲烷分子均有 1 个 C—H 键产生急剧伸展。随着 y 轴应变增加至 50%,会导致这些键被进一步拉伸并使质子解离,图 2-10 为静态压力下硝基甲烷 HOMO-LUMO 能级差随比容的变化曲线,突降的拐点表明其出现质子解离现象。

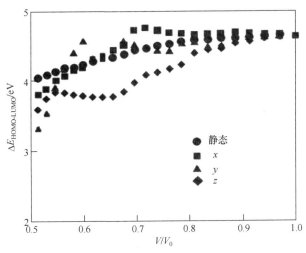

图 2-9　硝基甲烷晶体原胞的 HOMO-LUMO 能级差在静态压力和轴向压力下随比容变化

对 HMX 和 TATB 高温分解过程进行分子动力学模拟发现,TATB 经快速分解(30ps)产生大量以多芳环为主的碳簇合物(占总量的 15%~30%),HMX 则倾向生成小分子产物。HMX 在较低温度下易分解,TATB 分解速率比 HMX 小一个数量级。由此解释了两种炸药分解过程实测速率的差别,分子模拟还可揭示高温分解时各物种浓度变化(图 2-11、图 2-12)。

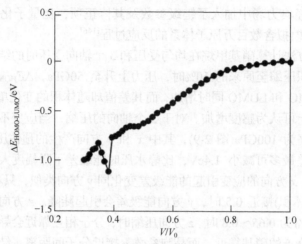

图 2-10　静态压力下硝基甲烷 HOMO-LUMO 能级差随比容的变化曲线(突降的拐点对应于 C—H 键长变大)

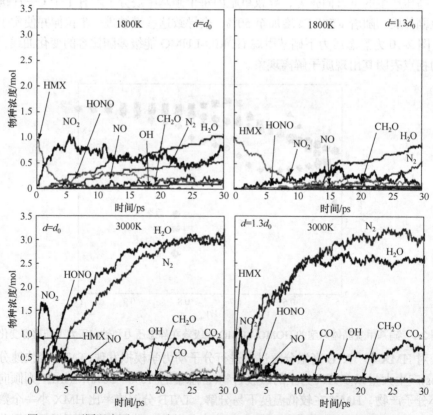

图 2-11　不同温度下 HMX 在 $d_0 = 1.77 \mathrm{g \cdot cm^{-3}}$ 及 $1.3 d_0$ 分解时各物种浓度变化

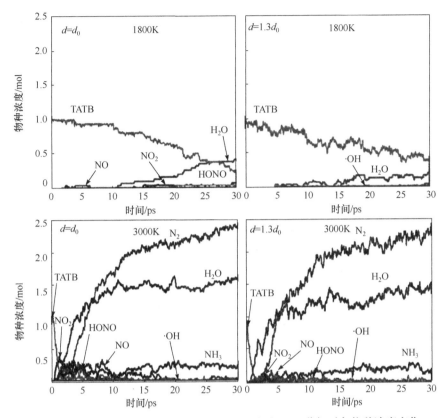

图 2-12　不同温度下 TATB 在 d_0= 1.88g·cm^{-3} 及 1.3d_0 分解时各物种浓度变化

　　由图 2-11 和图 2-12 可知，与 TATB 相比，HMX 分解起始温度低、分解速度更快、分解产生小分子比例大。对于聚集态对分解机理的影响，Han 等[147]对液态和固态硝基甲烷在 2000～3000K 的高温行为进行了模拟(密度为 1.97g·cm^{-3}，模拟时间为 200ps)。当 T=3000K 时，起始分解步骤为分子间质子转移，生成 CH_3NOOH 和 CH_2NO_2。较低温度(2500～3000K)时，第一步反应则为异构化生成 CH_3ONO 的过程。同时，在反应刚开始的极短时间段伴随有分子内质子转移，并生成 CH_2NOOH。作为放热过程的标志，H_2O 的形成则发生在这些反应之后。2000K 时液态硝基甲烷可异构化生成亚硝酸异戊酯，中间结构对应于过渡态，与从头算分子动力学结果相一致。总之，对高能分子的分解过程 MD 研究，一般采用 ReaxFF 力场。目前，ReaxFF 参数是通过拟合 DFT 计算结果得到的，该力场在前文中已提到。DFT 方法低估了分子间的伦敦色散力，导致晶体平衡体积偏高 10%～15%。

　　最近，通过对长程色散作用进行低梯度校正，得到 ReaxFF-lg 力场[136]。由室温下 TATB 分子质心距离的径向分布函数(图 2-13)和室温下 PETN 的状态方程(图 2-14)可知，ReaxFF-lg 力场使分子模拟结果大为改进。预期这类修正的反应力场将对高温、高压条件下的含能材料研究发挥更有效的作用。目前，采用反应力场研究含能材料在极端条件下的化学反应已然成为研究热点。

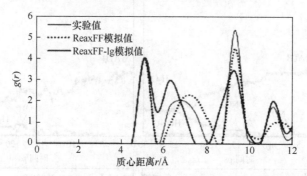

图 2-13　室温下 TATB 分子质心距离的径向分布函数

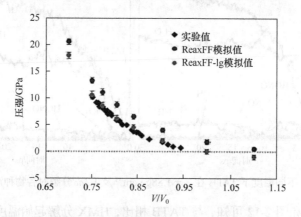

图 2-14　室温下 PETN 的状态方程图
ReaxFF 结果误差偏大，ReaxFF-lg 结果误差极小

2.5　含能材料爆轰性能理论研究

含能材料的爆轰性能与爆热密切相关，而爆轰过程的反应热可由爆轰反应产物的 HOFs 直接求得。通过选用适当的方法，准确计算含能材料分子的生成焓是量子化学计算的主要优势。最早使用半经验分子轨道方法(如 MNDO、AM1、PM3 等)可以快捷地计算生成焓[148]。但半经验方法主要依据代表性小分子和烃类的热力学和光谱数据进行参数化，对含多种取代基或特殊结构的 HEDM，生成焓的计算往往存在较大误差。一些采用改进的半经验方法，如成对距离定向高斯修正法 (pairwise distance directed Gaussian, PDDG)可减少误差[149]。对 622 个含 CHNO 化合物的生成焓计算表明，理论值与实验值的绝对误差由 PM3 法的 21.3kJ·mol⁻¹

下降至 PDDG·PM3 法的 13.4kJ·mol$^{-1[150]}$。

2.5.1　爆轰性能理论计算基础

随着计算技术的发展,能够实现对绝大多数 HEDM 的第一性原理计算。因此,半经验方法已逐渐被第一性原理计算方法代替。但第一性原理计算方法只能求分子的总能量,而无法直接计算生成焓。这需要设计等键反应,利用参考物的实验燃烧热,借助 Hess 定律,求得目标分子的 HOF。在等键反应中,反应物和产物的电子环境相近,电子相关能造成的误差大部分相互抵消,可大幅降低计算的生成焓误差。在设计等键反应时,通常根据键分离规则把分子分解成一系列与所求物质具有相同化学键类型的小分子(如 HOF 的参考物)。为进一步减少误差,应尽量保持母体骨架或原有分子的化学键。由下列公式计算物质的标准生成焓:

$$\Delta H_{298K} = \sum \Delta_f H_p^{\ominus} - \sum \Delta_f H_R^{\ominus} \tag{2-30}$$

$$\Delta H_{298K} = \Delta E_{298K} + \Delta(PV) = \Delta E_0 + \Delta ZPE + \Delta H_T + \Delta nRT \tag{2-31}$$

式中,$\sum \Delta_f H_p^{\ominus}$ 和 $\sum \Delta_f H_R^{\ominus}$ 分别为 298K 下等键反应产物和反应物的生成焓之和;ΔE_0 和 ΔZPE 分别为 0K 时产物与反应物的总能量和零点能(zero point energy,ZPE)之差;ΔH_T 为 0~298K 的焓值温度校正项;$\Delta(PV)$ 在理想状态条件下为 ΔnRT,对于等键反应,$\Delta n = 0$,故 $\Delta(PV) = 0$。

联立式(2-30)和式(2-31),可由参考物的生成焓求得目标分子的气相生成焓。第一性原理计算方法很多,但对 HEDM 计算方法很有限。虽然闭合层的限制性 Hartree-Fock(HF)方法可得到准确的分子几何构型,但所得分子能量与实验误差通常小于 200kJ·mol^{-1},且个别误差高达 700kJ·mol^{-1}。HF 方法忽略了电子相关效应,导致能量值出现系统正误差。为此,可用微扰法(如 MP2 和 MP4 等)、多组态法(如 CISD、CCSD 和 CASSCF)和 DFT 法(如 B3LYP、B3PW91)校正电子相关效应。微扰法和 DFT 法能量误差通常小于 40kJ·mol^{-1},而多组态法能量误差一般小于 8kJ·mol$^{-1[151]}$。然而,多组态法对中等体系的计算量非常大,因此通常用 DFT 法处理电子相关效应。虽然 DFT 法的能量绝对误差较大,但是由于生成焓的计算是通过设计等键反应实现的,反应物与产物的能量误差大部分相互抵消,即生成焓的真实误差通常比 40kJ·mol^{-1} 小得多。DFT 具体泛函的选用通常以同类型化合物的准确实验生成焓为基准,比较并检验各种泛函计算结果对该类化合物的准确性,以确定最佳方案。

量子化学计算得到的是气相生成焓,结合 GA、静电势法和神经网络(neutral network,NN)法,如 BP 神经网络等手段,计算固体升华热后即可求得固相生成焓。舒远杰等[152]采用上述方法对 72 种笼状和桥环类分子的固态标准生成焓的计算结果表明,其标准误差约为 20.9kJ·mol^{-1}。相对于第一性原理计算方法,静电势法因其物理意义明确、结果误差小，在 HEDM 升华热计算中得到了广泛应用[153,154]。对于有机分子所组成的固体而言，其升华热取决于分子间相互作用能，相互作用能越大，升华热越大。因此，升华热与分子表面静电势有关。由分子表面静电势求得升华热的原理及相关公式可参考文献[155]。

值得一提的是，目前已基于 1384 种化合物(含 172 种化学基团)升华热，建立了 3 层前馈神经网络(feed forward neural network)计算模型[156]。采用该模型计算的升华热值与实验结果的相关系数平方误差、平均误差和均方根误差分别为 0.9854、3.54% 和 4.21kJ·mol^{-1} [157]。升华热值均方根误差明显小于静电势法所得结果的误差(11.7J·mol^{-1})，具有一定的普适性和精确性。但由于样本极少涉及 HEDM 分子，且 HEDM 分子的特殊性(强分子内基团的相互作用、较大环张力等)，该方法是否能准确预测 HEDM 化合物的升华热还有待检验。在获得生成焓后，如果已知 HEDM 分子的密度，即可由 Kamlet 经验公式预测其爆速和爆压[158]。此外，基于化合物优化构型，用 Monte-Carlo 方法求得分子周围 0.001e/$bohr^3$ 等电子密度面所包围的体积，即可求得摩尔体积(V)。该法求得的体积值波动范围较大，通常取重复 100 次以上的平均值。由分子量与平均摩尔体积之比可计算该分子的理论密度(ρ)。实践表明，在 B3LYP/6-31G** 理论水平下计算的理论密度与实测值吻合度较好[159]。将所求得的生成焓及密度值代入 Kamlet 经验公式，即可得到单质含能材料的爆速和爆压。第一性原理计算方法结合等键反应不仅可求得生成焓，还可计算基团相互作用能和环张力，从分子水平阐明结构与性能的关系。当然，计算目的不同，所设计的等键反应也不同。

2.5.2 爆轰性能预估软件

为了有效预估新含能材料及其配方的性能，科研人员一直在探索精确计算爆轰参数的算法和软件。除了 1968 年 Kamlet 及 1979 年和 1981 年 Rothstein 分别创立的简便方法之外，目前已经发展建立了一系列更精确的状态方程。一般来讲，热化学计算比量子化学计算更加便捷，成本较低，且准确性和可靠性也越来越高。比较常用的热力学代码有 BKW-Fortran、ARPEGE、Ruby、TIGER[160]、CHEETAH、EXPLO-5、MWEQ、BARUT-X 和 ZMWNI[161]。目前，美国的 TIGER 和 CHEETAH、克罗地亚的 EXPLO-5 是被广泛使用的三种预测推进剂和炸药性能可靠热化学代码。它们都可以由研究人员增添组分或改变配方，以优化所设计产品性能。最新版本的 CHEETAH7.0 是在美国能源部和国防部与澳大利亚防御局武器发展与防御数据相互交换协议下共同开发的[162]。CHEETAH 不仅用于高能炸药的爆轰参数计算，还可以预测许多复杂材料的热力学行为，包括塑料、有机液体混合物、固-液混合物等在冲击波、激光或超高温高压等极端条件下材料的性能。CHEETAH 也不断拓展其功能，可以模拟化学和物理动力学。与先进的流体动力学联合使用可解决复杂高能材料体系很多应用理论问题。TIGER 和 CHEETAH 都是源于美国的 Ruby 和 BKW。目前，美国已将这两个软件合并为 CTH-TIGGER。新代码包含了 H_2O 的最新状态方程并新增 200 多种离子化合物数据。

　　EXPLO-5 是基于化学方程式、生成焓和密度，预测高能炸药、推进剂和烟火剂爆炸参数的一款热化学计算程序。EXPLO-5 在北约之外国家的含能材料合成、配方优化和数学建模中非常重要。EXPLO-5 运用自由能最小化方法在指定的温度和压力下计算平衡组成和热力学性质，数据结合 Chapman-Jouguet 爆炸理论，能够计算爆炸参数，如爆速、爆压、爆热和爆温等。从平衡组成到热力学状态参数和等熵膨胀，软件通过内置拟合程序计算 Jones-Wilkins-Lee(JWL)状态方程中的系数。通过解样品热力学方程和恒压燃烧条件下的守恒方程预测固体推进剂的燃烧性能，如比冲、推力系数和定容推力等。该程序采用气态爆轰产物的 Becker-Kistiakowsky-Wilson(BKW)状态方程、Jacobs-Cowperthwaite-Zwisler (JCZ3) 状态方程、理想气体方程、维里状态方程和 Murnaghan 状态方程等。由于 EXPLO-5 的现行版本应用了 JCZ3 EOS 方程，爆炸参数的预测准确性得到了提高，更新的数据库增添了新元素、新反应物和产物。EXPLO-5 的数据库目前包含了 260 种反应物，超过 330 种产物(包括同一产物的不同相态)，并包含了 32 种元素：C、H、N、O、Al、Cl、Si、F、B、Ba、Ca、Na、P、Li、K、S、Mg、Mn、Zr、Mo、Cu、Fe、Ni、Pb、Sb、Hg、Be、Ti、I、Xe、U 和 W。

　　除了 EXPLO-5 外，波兰也开发了一款名为 ZMWNI 的热力学软件，其可计算含能材料的燃烧、爆炸和热力学参数，并确定爆轰产物的 JWL 等熵膨胀曲线[163]和爆轰能[164]等。此外，ZMWNI 代码能够确定不同温度下，配方在非平衡状态的爆轰参数。该程序基于最小化学势法计算平衡或非平衡组分的反应性体系。最终数据采集通过求解线性方程组和最陡降法获得。气体的物理性质由 BKW 方程状态描述。上述的 TIGER 和 CHEETAH 都采用了凝聚相组分 OLD 状态方程，用于计算给定条件下 HEDM 的燃烧或爆炸的平衡状态和定容爆轰参数。ZMWNI 热力学软件则不需要给定条件，可以计算非理想状态下的任何参数。总之，在热力学计算软件领域，我国的发展水平相对落后，在一定程度上制约着我国新型含能材料的理论设计、开发和应用。

参 考 文 献

[1] 何飘, 杨俊清, 李彤, 等. 含能材料量子化学计算方法综述[J].含能材料, 2018, 26(1): 34-45.

[2] BADER R F W, CARROLL M T, CHEESEMAN J R, et al. Properties of atoms in molecules: Atomic volumes[J]. Journal of the American Chemical Society, 1987, 109(26): 7968-7979.

[3] QIU L, XIAO H, GONG X, et al. Crystal density predictions for nitramines based on quantum chemistry [J]. Journal of Hazardous Materials, 2007, 141(1): 280-288.

[4] RICE B M, HARE J J, BYRD E F C. Accurate predictions of crystal densities using quantum mechanical molecular volumes[J]. The Journal of Physical Chemistry A, 2007, 111(42): 10874-10879.

[5] POLITZER P, MARTINEZ J, MURRAY J S, et al. An electrostatic interaction correction for improved crystal density prediction[J]. Molecular Physics, 2009, 107(19): 2095-2101.

[6] ZHANG X, ZHU W, WEI T, et al. Densities, heats of formation, energetic properties, and thermodynamics of formation of energetic nitrogen-rich salts containing substituted protonated and methylated tetrazole cations: A computational study[J]. The Journal of Physical Chemistry C, 2010, 114(30): 13142-13152.

[7] POLITZER P , MARTINEZ J, MURRAY J S , et al. An electrostatic correction for improved crystal density predictions of energetic ionic compounds[J]. Molecular Physics, 2010, 108(10):1391-1396.

[8] CURTISS L A, RAGHAVACHARI K, REDFERN P C, et al. Assessment of Gaussian-2 and density functional theories for the computation of enthalpies of formation[J]. The Journal of Chemical Physics, 1997, 106(3): 1063-1079.

[9] CURTISS L A, RAGHAVACHARI K, TRUCKS G W, et al. Gaussian-2 theory for molecular energies of first-and second-row compounds[J]. The Journal of Chemical Physics, 1991, 94(11): 7221-7230.

[10] BECKE A D. Density-functional thermochemistry. III. The role of exact exchange[J]. The Journal of Chemical Physics, 1993, 98(7): 5648-5652.

[11] LEE C, YANG W, PARR R G. Development of the Colle-Salvetti correlation-energy formula into a functional of the electron density[J]. Physical Review B, 1988, 37(2): 785-789.

[12] MELIUS C F. Thermochemical Modeling: II. Application to Ignition and Combustion of Energetic Materials[M]//Chemistry and Physics of Energetic Materials. Netherlands: Springer 1990.

[13] ADAMSON A W. Physical chemistry[J]. Surfaces, 1982, 5: 421-453.

[14] HEHRE W J . Ab Initio Molecular Orbital Theory [M]. Albany: Wiley, 1986.

[15] HARIHARAN P C, POPLE J A. The influence of polarization functions on molecular orbital hydrogenation energies[J]. Theoretica Chimica Acta, 1973, 28(3): 213-222.

[16] MOLE S J, ZHOU X, LIU R. Density functional theory (DFT) study of enthalpy of formation. 1. consistency of DFT energies and atom equivalents for converting DFT energies into enthalpies of formation[J]. The Journal of Physical Chemistry, 1996, 100(35): 14665-14671.

[17] RICE B M, PAI S V, HARE J. Predicting heats of formation of energetic materials using quantum mechanical calculations[J]. Combustion and Flame, 1999, 118(3): 445-458.

[18] DEWAR M J S, STORCH D M. Development and use of quantum molecular models. 75. Comparative tests of theoretical procedures for studying chemical reactions[J]. Journal of the American Chemical Society, 1985, 107(13): 3898-3902.

[19] HABIBOLLAHZADEH D, GRICE M E, CONCHA M C, et al. Nonlocal density functional calculation of gas phase heats of formation[J]. Journal of Computational Chemistry, 1995, 16(5): 654-658.

[20] BECKE A D. Density-functional exchange-energy approximation with correct asymptotic behavior[J]. Physical Review A, 1988, 38(6): 3098-3100.

[21] PERDEW J P. Density-functional approximation for the correlation energy of the inhomogeneous electron gas[J]. Physical Review B, 1986, 33(12): 8822-8824.

[22] POLITZER P, MURRAY J S, BRINCK T, et al. Immunoanalysis of Agrochemicals[M]. Washington D.C.: American Chemical Society, 1994.

[23] MURRAY J S, POLITZER P. Quantitative Treatment of Solute/Solvent Interactions, Theoretical and Computational Chemistry[M]. Amsterdam: Elsevier Scientific, 1994.

[24] POLITZER P, MURRAY J S, GRICE M E, et al. Calculation of heats of sublimation and solid phase heats of formation [J]. Molecular Physics, 1997, 91(5): 923-928.

[25] GAO H, YE C, PIEKARSKI C M, et al. Computational characterization of energetic salts[J]. The Journal of Physical Chemistry C, 2007, 111(28): 10718-10731.

[26] JENKINS H D B, ROOBOTTOM H K, PASSMORE J, et al. Relationships among ionic lattice energies, molecular (formula unit) volumes, and thermochemical radii[J]. Inorganic Chemistry, 1999, 38(16): 3609-3620.

[27] JENKINS H D B, TUDELA D, GLASSER L. Lattice potential energy estimation for complex ionic salts from density measurements[J]. Inorganic Chemistry, 2002, 41(9): 2364-2367.

[28] GUTOWSKI K E, ROGERS R D, DIXON D A. Accurate thermochemical properties for energetic materials applications. Ⅱ. Heats of formation of imidazolium-,1,2,4-triazolium-, and tetrazolium-based energetic salts from isodesmic and lattice energy calculations[J]. The Journal of Physical Chemistry B, 2007, 111(18): 4788-4800.

[29] BYRD E F C, RICE B M. A comparison of methods to predict solid phase heats of formation of molecular energetic salts[J]. The Journal of Physical Chemistry A, 2009, 113(1): 345-352.

[30] KAMLET M J, JACOBS S J. Chemistry of detonations. Ⅰ. A simple method for calculating detonation properties of C—H—N—O explosives[J]. Journal of Chemical Physics, 1968, 48(1): 23-35.

[31] RICE B M, HARE J. Predicting heats of detonation using quantum mechanical calculations[J]. Thermochimica Acta, 2002, 384(1): 377-391.

[32] KESHAVARZ M H, POURETEDAL H R. An empirical method for predicting detonation pressure of CHNOFCl explosives[J]. Thermochimica Acta, 2004, 414(2): 203-208.

[33] 王睿, 蒋军成, 潘勇. 硝基含能材料撞击感度的预测研究进展[J]. 工业安全与环保, 2010, 36(7):19-22.

[34] 王泽山. 含能材料概论[M]. 哈尔滨:哈尔滨工业大学出版社,2006.

[35] 董海山. 评介《四唑化学的现代理论》[J].含能材料, 2002, 10(2):95-96.

[36] ZEMAN S, JUNGOVA M. Sensitivity and performance of energetic materials[J]. Propellants, Explosives, Pyrotechnics, 2016, 41(3): 426-451.

[37] 房伟, 王建华, 刘玉存, 等.基于分子基团预测硝基含能材料撞击感度[J]. 火工品, 2014(5):34-37.

[38] 刘欢, 姜峰, 于国强,等. 遗传-神经网络方法在炸药撞击感度预测中的应用研究[J].火工品, 2010(6):42-45.

[39] 王睿,蒋军成,潘勇，等.均三硝基苯类化合物撞击感度与电性拓扑指数的 QSPR 研究[J].含能材料,2018,16(1):90-93.

[40] 肖鹤鸣. 四唑化学的现代理论[M]. 北京: 科学出版社, 2000.

[41] 肖鹤鸣, 朱卫华, 肖继军, 等. 含能材料感度判别理论研究——从分子、晶体到复合材料[J]. 含能材料, 2012, 20(5):514-527.

[42] 严启龙, 宋振伟, 安亭, 等. 含能材料物理化学性能理论预估研究进展[J]. 火炸药学报, 2016, 39(5):1-12.

[43] SMIRNOV A, VORONKO O, KORSUNSKY B, et al. Impact and friction sensitivity of energetic materials: Methodical evaluation of technological safety features[J]. Chinese Journal of Explosives and Propellants, 2015, 38(3): 1-8.

[44] 金韶华, 王伟, 松全才. 含能材料机械撞击感度判据的认识和发展[J]. 爆破器材, 2006(6):11-14.

[45] 李金山, 曾刚, 肖鹤鸣, 等. 多硝基芳香化合物撞击感度的量子化学研究[J]. 火炸药学报, 1997(2):57-58.

[46] BOWDEN F P, YOFFE A D. Initiation and Growth of Explosion in Liquids and Solids[M]. London: Cambridge University Press, 1985.

[47] DELPUECH A, CHERVILLE J, MICHAUD C. Molecular electronic structure and initiation of secondary explosives[C]. Proceedings of 7th Symposium Detonation, Annapolis, 1981: 65.

[48] 王国栋, 刘玉存. 用化学结构参数预测炸药的撞击感度[J]. 火炸药学报, 2007, 30(2):41-44.

[49] MURRAY J S, LANE P, POLITZER P. Relationships between impact sensitivities and molecular surface electrostatic potentials of nitroaromatic and nitroheterocyclic molecules[J]. Molecular Physics, 1995, 85(1): 1-8.

[50] POLITZER P, MURRAY J S. Impact sensitivity and crystal lattice compressibility/free space[J]. Journal of Molecular Modeling, 2014,20(5): 2223.

[51] ZHANG F P, CHENG X L, LIU Z J, et al. Calculations of bond dissociation energies and dipole moments in energetic materials using density-functional methods[J]. Journal of Hazardous Materials, 2007, 147(1-2): 658-662.

[52] KESHAVARZ M H, MOTAMEDOSHARIATI H, POURETEDAL H R, et al. Prediction of shock sensitivity of explosives based on small-scale gap test[J]. Journal of Hazardous Materials, 2007, 145(1-2): 109-112.

[53] KESHAVARZ M H, BASHAVARD B, GOSHADRO A, et al. Prediction of heats of sublimation of energetic compounds using their molecular structures[J]. Journal of Thermal Analysis and Calorimetry, 2015, 120(3): 1941-1951.

[54] LIU X, SU Z, JI W, et al. Structure, physicochemical properties, and density functional theory calculation of high-energy-density materials constructed with intermolecular interaction: Nitro group charge determines sensitivity[J]. The Journal of Physical Chemistry C, 2014, 118(41): 23487-23498.

[55] 程新路, 王开明, 张红, 等. 五种典型硝基苯胺类炸药的静电势与撞击感度的关系研究[J]. 原子与分子物理学报, 2002, 19(1):94-96.

[56] RENF D, CAO D J, SHI W J. A theoretical prediction of the relationships between the impact

sensitivity and electrostatic potential in strained cyclic explosive and application to H-bonded complex of nitrocyclohydrocarbon[J]. Journal of Molecular Modeling, 2016, 22(4): 1-8.

[57] RICE B M, HARE J J. A quantum mechanical investigation of the relation between impact sensitivity and the charge distribution in energetic molecules[J]. The Journal of Physical Chemistry A, 2002, 106(9): 1770-1783.

[58] POLITZER P, MURRAY J S. Impact sensitivity and the maximum heat of detonation[J]. Journal of Molecular Modeling, 2015, 21(10):1-11.

[59] ZOHARI N, KESHAVARZ M H, SEYEDSADJADI S A. A link between impact sensitivity of energetic compounds and their activation energies of thermal decomposition[J]. Journal of Thermal Analysis and Calorimetry, 2014, 117(1): 423-432.

[60] MATHIEU D, ALAIME T. Predicting impact sensitivities of nitro compounds on the basis of a semi-empirical rate constant[J]. The Journal of Physical Chemistry A, 2014, 118(41): 9720-9726.

[61] TAN B S, HUANG M, LI J S, et al. A new sensitivity criterion of explosives: Bonding & nonbonding coupling related molecular rigidity and flexibility[J]. Chinese Journal of Energetic Materials, 2016, 24: 10-18.

[62] KESHAVARZ M H, MOTAMEDOSHARIATI H, MOGHAYADNIA R, et al. Prediction of sensitivity of energetic compounds with a new computer code[J]. Propellants, Explosives, Pyrotechnics, 2014, 39(1): 95-101.

[63] 肖继军, 李金山. 单体炸药撞击感度的理论判别——从热力学判据到动力学判据[J]. 含能材料, 2002(4):178-181.

[64] EDWARDS J, EYBL C, JOHNSON B. Correlation between sensitivity and approximated heats of detonation of several nitroamines using quantum mechanical methods[J]. International Journal of Quantum Chemistry, 2004, 100(5): 713-719.

[65] 曹霞, 向斌, 张朝阳. 炸药分子和晶体结构与其感度的关系[J].含能材料, 2012, 20(5): 643-649.

[66] LIU P, LONG W. Current mathematical methods used in QSAR/QSPR studies[J]. International Journal of Molecular Sciences, 2009, 10(5): 1978-1998.

[67] CHO S G, NO K T, GOH E M, et al. Optimization of neural networks architecture for impact sensitivity of energetic molecules[J]. Bulletin of the Korean Chemical Society, 2005, 26(3): 399-408.

[68] WANG R, JIANG J, PAN Y. Prediction of impact sensitivity of nonheterocyclic nitroenergetic compounds using genetic algorithm and artificial neural network[J]. Journal of Energetic Materials, 2012, 30(2): 135-155.

[69] KESHAVARZ M H, JAAFARI M. Investigation of the various structure parameters for predicting impact sensitivity of energetic molecules via artificial neural network[J]. Propellants, Explosives, Pyrotechnics, 2006, 31(3): 216-225.

[70] GE S H, CHENG X L, LIU Z L, et al. Correlation between energy transfer rate and atomization energy of some trinitro aromatic explosive molecules[J]. Chinese Journal of Chemical Physics, 2008, 21(3):250-254.

[71] 王睿,蒋军成,潘勇, 等. 电性拓扑态指数预测硝基类含能材料撞击感度[J]. 固体火箭技术, 2008, 31(6): 657-662.

[72] MORRILL J A, BYRD E F C. Development of quantitative structure-property relationships for predictive modeling and design of energetic materials[J]. Journal of Molecular Graphics and Modelling, 2008, 27(3): 349-355.

[73] 肖鹤鸣, 王遵尧, 姚剑敏. 芳香族硝基炸药感度和安定性的量子化学研究 I.苯胺类硝基衍生物[J]. 化学学报, 1985(1):16-20.

[74] KIM C K, CHO S G, LI J, et al. QSPR studies on impact sensitivities of high energy density molecules[J]. Bulletin of the Korean Chemical Society, 2011, 32(12): 4341-4346.

[75] KESHAVARZ M H, KESHAVARZ Z. Relation between electric spark sensitivity and impact sensitivity of nitroaromatic energetic compounds[J]. Zeitschrift Für Anorganische Und Allgemeine Chemie, 2016, 642(4): 335-342.

[76] 罗景润, 李大红, 张寿齐,等. 简单拉伸下高聚物黏结炸药的损伤测量及损伤演化研究[J]. 高压物理学报, 2000(3):203-208.

[77] WANG X, MA S, ZHAO Y, et al. Observation of damage evolution in polymer bonded explosives using acoustic emission and digital image correlation[J]. Polymer Testing, 2011, 30(8): 861-866.

[78] 陈鹏万, 黄风雷, 张瑜, 等. 用巴西试验评价炸药的力学性能[J]. 兵工学报, 2001, 22(4): 533-537.

[79] JOHNSON H D. Diametric disc and standard tensile-test correlation study. Process development endeavor No. 209[R]. Company limited, Texas, 1981.

[80] 马丽莲. 高能炸药拉伸应力-应变曲线测定方法的研究[J].含能材料, 1993, 1(3): 28-35.

[81] 宋华杰, 郝莹, 董海山, 等. 用直径圆盘试验评价小样品塑料黏结炸药拉伸性能的初步研究[J].爆炸与冲击, 2001, 21(1): 35-40.

[82] 庞海燕, 李明, 温茂萍, 等. PBX 巴西试验与直接拉伸试验的比较[J].火炸药学报, 2011, 34(1): 42-44.

[83] 庞海燕, 李明,温茂萍,等.PBX 衬垫巴西试验研究[J].含能材料, 2012, 20(3): 382-383.

[84] 温茂萍, 唐维, 周筱雨, 等. 基于圆弧压头巴西试验测试脆性炸药拉伸性能[J].含能材料, 2013, 21(4): 490-494.

[85] DRODGE D R, ADDISS J W, WILLIAMSON D M, et al. Hopkinson bar studies of a PBX simulant[J]. American Institute of Physics Conference Proceedings, 2007, 955(1): 513-516.

[86] GRAY G T, BLUMENTHAL W R, IDAR D J, et al. Influence of temperature on the high-strain-rate mechanical behavior of PBX 9501[J]. American Institute of Physics Conference Proceedings, 1998, 429(1): 583-586.

[87] LI J, LU F, QIN J, et al. Effects of temperature and strain rate on the dynamic responses of three polymer-bonded explosives[J]. The Journal of Strain Analysis for Engineering Design, 2012, 47(2): 104-112.

[88] LI J L, LU F Y, CHEN R, et al. Dynamic Behavior of Three PBXs with Different Temperatures[M]// Dynamic Behavior of Materials, Volume 1. New York :Springer, 2011.

[89] 赵玉刚, 傅华, 李俊玲, 等. 三种 PBX 炸药的动态拉伸力学性能[J].含能材料, 2011, 19(2):

194-199.

[90] 温茂萍, 田勇, 马丽莲, 等. 高聚物黏结炸药平面应变断裂韧度实验研究[J].火炸药学报, 2001, 24(2): 16-18.

[91] 崔振源. 断裂韧性测试原理和方法[M]. 上海：上海科学技术出版社, 1981.

[92] 温茂萍, 庞海燕, 唐明峰, 等. 基于应力应变曲线的断裂能参数表征炸药韧性[J].含能材料, 2015, 23(4): 351-355.

[93] HOWE P M, GIBBONS G, WEBBER P E. An experimental investigation of the role of shear in initiation of detonation by impact[R]. Army Ballistic Research Laboratory Aberdeen Proving Ground, Maryland, 1986.

[94] DIENES J K. Foundations of statistical crack mechanics[R]. Los Alamos National Laboratory, Minnesota, 1986.

[95] DIENES J K. A Unified Theory of Flow, Hot Spots, and Fragmentation with an Application to Explosive Sensitivity[M]//High-Pressure Shock Compression of Solids Ⅱ. New York: Springer, 1996.

[96] DIENES J K, ZUO Q H, KERSHNER J D. Impact initiation of explosives and propellants *via* statistical crack mechanics[J]. Journal of the Mechanics and Physics of Solids, 2006, 54(6): 1237-1275.

[97] ADDESSIO F L, JOHNSON J N. A constitutive model for the dynamic response of brittle materials[J]. Journal of Applied Physics, 1990, 67(7): 3275-3286.

[98] BENNETT J G, HABERMAN K S, JOHNSON J N, et al. A constitutive model for the non-shock ignition and mechanical response of high explosives[J]. Journal of the Mechanics and Physics of Solids, 1998, 46(12): 2303-2322.

[99] 李军, 赵孝彬, 王晨雪. 等. 固体推进剂整形过程工艺安全性的有限元分析[J]. 火炸药学报, 2009, 32(6): 87-90.

[100] 陈昊, 陶钢, 蒲元. 温压药在有限空间内爆炸冲击波的实验研究及数值模拟[J].火炸药学报, 2009, 32(5): 41-45.

[101] 高可政, 马忠亮, 萧忠良. 等. 二速发射药芯料体积流率波动值的数值模拟[J].火炸药学报, 2010, 33(1): 71-74.

[102] NOBLE C R, ANDERSON A T, BARTON N R, et al. Ale3d: An arbitrary Lagrangian-Eulerian multi-physics code[R]. Lawrence Livermore National Laboratory, Livermore, 2017.

[103] 周建辉, 孙新利, 高巍然, 等. 基于修正 SPH 方法的爆轰波绕射传播的数值模拟[J].火炸药学报, 2009, 32(1): 66-69.

[104] 金钊, 刘建, 王丽莉, 等.适用于 TATB,RDX,HMX 含能材料的全原子力场的建立与验证[J]. 物理化学学报, 2014,30(4):654-661.

[105] CONTI S, HAURET P, ORTIZ M. Concurrent multiscale computing of deformation microstructure by relaxation and local enrichment with application to single-crystal plasticity[J]. Multiscale Modeling & Simulation, 2007, 6(1): 135-157.

[106] 居学海, 叶财超, 徐司雨. 含能材料的量子化学计算与分子动力学模拟综述[J].火炸药学报, 2012, 35(2):1-9.

[107] 曹雷. 含能材料损伤本构模型的数值模拟研究[D]. 长沙: 国防科学技术大学, 2010.

[108] JOSHI V S, BUDD D L, CART E J, et al. Measurement of ignition threshold of explosives using a hybrid hopkinson bar-drop weight test[C].Proceedings 13th International Detonation Symposium, Norfolk, 2006: 1092-1100.

[109] JENSEN R C, BLOMMER E J, BROWN B. An instrumented shotgun facility to study impact initiated explosive reactions[C].Seventh Symposium (International) on Detonation Naval Surface Weapons Center White Oak, Silver Spring, 1981: 299-307.

[110] BONNETT D L, BUTLER P B. Hot-spot ignition of condensed phase energetic materials[J]. Journal of Propulsion and Power, 1996, 12(4): 680-690.

[111] FIELD J E. Hot spot ignition mechanisms for explosives[J]. Accounts of chemical Research, 1992, 25(11): 489-496.

[112] ZUO Q H, ADDESSIO F L, DIENES J K, et al. A rate-dependent damage model for brittle materials based on the dominant crack[J]. International Journal of Solids and Structures, 2006, 43(11-12): 3350-3380.

[113] SEAMAN L, CURRAN D R, MURRI W J. A continuum model for dynamic tensile microfracture and fragmentation[J]. Journal of Applied Mechanics, 1985, 52(3): 593-600.

[114] SEAMAN L, SIMONS J W, ERLICN D C, et al. Development of a viscous internal damage model for energetic materials based on the BFRACT microfracture model[C].11th International Detonation Symposium, Snowmass, 1998: 632-639.

[115] MATHESON E R, ROSENBERG J T, NGO T A, et al. Programmed XDT: A new technique to investigate impact-induced delayed detonation[C]. Eleventh Symposium (International) on Detonation, Snowmass, 1998: 162-169.

[116] MATHESON E R, DRUMHELLER D S, BAER M R. An internal damage model for viscoelastic-viscoplastic energetic materials[J].American Institute of Physics Conference Proceedings, 2000, 505(1): 691-694.

[117] PETER J C,DAVID K R. Application of a coupled solid/fluids mixture theory: Process of squeezing a sponge[J].Journal of Elasticity, 1996, 45:139-152.

[118] MATHESON E R, ROSENBERG J T. A mechanistic study of delayed detonation in impact damaged solid rocket propellant[J].American Institute of Physics Conference Proceedings, 2002, 620(1): 464-467.

[119] ZHOU J. A constitutive model of polymer materials including chemical ageing and mechanical damage and its experimental verification[J]. Polymer, 1993, 34(20): 4252-4256.

[120] 丁雁生, 潘颖. PBX 材料的蠕变损伤本构关系[J].含能材料, 2000, 8(2): 86-90.

[121] 潘颖, 蔡瑞娇, 丁雁生, 等. 塑料黏结炸药装药的蠕变损伤一维模型[J].兵工学报, 2000 (2):123-127.

[122] 罗景润, 张寿齐. 简单拉伸下高聚物黏结炸药的非线性本构关系[J].含能材料, 2000, 8(1): 42-45.

[123] 黄风雷, 王泽平. 复合固体推进剂动态断裂研究[J].兵工学报, 1995 (2): 47-50.

[124] 周风华, 王礼立, 胡时胜. 有机玻璃在高应变率下的损伤型非线性黏弹性本构关系及破坏准则[J].爆炸与冲击, 1992, 12(4):333-342.

[125] 李英雷, 李大红, 胡时胜. TATB 钝感炸药本构关系的实验研究[J].爆炸与冲击, 1999,

19(4): 353-359.

[126] 赵锋, 孙承纬, 文尚刚, 等. 飞片撞击下 JO-9159 炸药的脆性损伤[J].爆炸与冲击, 2001, 21(2): 121-125.

[127] 陈鹏万, 黄风雷. 含能材料损伤理论及应用[M]. 北京:北京理工大学出版社,2006.

[128] 李俊玲, 卢芳云, 赵鹏铎, 等. 含能材料的损伤本构模型研究进展[J].含能材料, 2010, 18(2): 229-235.

[129] LI H, QIANG H, WU W. Molecular simulation on plasticizer migration in the bond system of HTPB propellant [J]. Chinese Journal of Explosives & Propellants, 2008(5):74-78.

[130] 代淑兰, 许厚谦, 肖忠良. 带制退器的膛口燃烧流场并行数值模拟[J]. 弹道学报, 2009, 21(4): 84-87.

[131] 郑朝阳, 赵纪军. 含能材料的从头算分子动力学模拟[J]. 高压物理学报, 2015, 29(2):81-94.

[132] STRACHAN A, VAN DUIN A C T, CHAKRABORTY D, et al. Shock waves in high-energy materials: The initial chemical events in nitramine RDX[J]. Physical Review Letters, 2003, 91(9): 098301.

[133] STRACHAN A, KOBER E M, VAN DUIN A C T, et al. Thermal decomposition of RDX from reactive molecular dynamics[J]. The Journal of Chemical Physics, 2005, 122(5): 054502.

[134] ZHANG L, CHEN L, WANG C, et al. Molecular dynamics study of the effect of H_2O on the thermal decomposition of α phase CL-20[J]. Acta Physico-Chimica Sinica, 2013, 29(6): 1145-1153.

[135] ZHANG L , ZYBIN S V , DUIN A C T, et al. Shock induced decomposition and sensitivity of energetic materials by ReaxFF molecular dynamics[J]. American Institute of Physics, 2006,845(1): 585-588.

[136] 龙瑶, 陈军. 高聚物黏结炸药的分子模拟进展[J]. 高压物理学报, 2019, 33(3):52-66.

[137] CHENOWETH K, CHEUNG S, VAN DUIN A C T, et al. Simulations on the thermal decomposition of a poly (dimethylsiloxane) polymer using the ReaxFF reactive force field[J]. Journal of the American Chemical Society, 2005, 127(19): 7192-7202.

[138] 张建文, 王艳飞. 湍流化学反应的分形数值模拟[J].火炸药学报, 2007, 30(3): 5-8.

[139] 王国青, 吴玉凯, 侯庆伟, 等. 硫酸自由基与 TNT 反应的密度泛函理论[J].火炸药学报, 2010, 33(2): 10-12.

[140] 梁增友, 黄风雷, 张振宇, 等. PBX 炸药二维冲击起爆机理的数值模拟[J].火炸药学报, 2008, 31(5): 15-18.

[141] 封锋, 陈军, 郑亚, 等. 基于一维气相稳态反应流的燃速预估软件研究[J].火炸药学报, 2009, 32(3): 58-61.

[142] 张江波, 张玉成, 蒋树君, 等. 多层发射药内弹道模型及数值求解[J].火炸药学报, 2009,32(3):83-86.

[143] 吕秉峰, 刘幼平, 董凤云, 等. 定容条件下火药实际燃烧规律的数值模拟[J].火炸药学报, 2007, 30(6): 72-74.

[144] 姬广富, 张艳丽, 李晓凤, 等. 极端条件下含能材料的计算机模拟[J]. 高能量密度物理, 2008 (2): 77-96.

[145] ZHANG L , ZYBIN S V , DUIN A C T, et al. Thermal decomposition of energetic materials by ReaxFF reactive molecular dynamics[J]. Bulletin of the American Physical Society, 2006, 845(1): 589-592.

[146] MANAA M R, FRIED L E, REED E J. Explosive chemistry: Simulating the chemistry of energetic materials at extreme conditions[J]. Journal of Computer-Aided Materials Design, 2003, 10(2): 75-97.

[147] HAN S, VAN DUIN A C T, GODDARD I W A, et al. Thermal decomposition of condensed-phase nitromethane from molecular dynamics from ReaxFF reactive dynamics[J]. The Journal of Physical Chemistry B, 2011, 115(20): 6534-6540.

[148] STEWART J J P. MOPAC: A semiempirical molecular orbital program[J]. Journal of Computer-Aided Molecular Design, 1990, 4(1): 1-103.

[149] BREDOW T, JUG K. Theory and range of modern semiempirical molecular orbital methods[J]. Theoretical Chemistry Accounts, 2005, 113(1): 1-14.

[150] REPASKY M P, CHANDRASEKHAR J, JORGENSEN W L. PDDG/PM3 and PDDG/MNDO: Improved semiempirical methods[J]. Journal of Computational Chemistry, 2002, 23(16): 1601-1622.

[151] DORSETT H, WHITE A. Overview of molecular modelling and ab initio molecular orbital methods suitable for use with energetic materials[R]. Defence Science and Technology Organization Salisbury, Australia, 2000.

[152] 舒远杰. 含能材料的理论研究与数值模拟进展[R]. 中国工程物理研究院科技年报, 2009 (1): 115-117.

[153] BYRD E F C, RICE B M. Improved prediction of heats of formation of energetic materials using quantum mechanical calculations[J]. The Journal of Physical Chemistry A, 2006, 110(3): 1005-1013.

[154] KESHAVARZ M H. Improved prediction of heats of sublimation of energetic compounds using their molecular structure[J]. Journal of Hazardous Materials, 2010, 177(1-3): 648-659.

[155] POLITZER P, MURRAY J S. The fundamental nature and role of the electrostatic potential in atoms and molecules[J]. Theoretical Chemistry Accounts, 2002, 108(3): 134-142.

[156] MATHIEU D. Simple alternative to neural networks for predicting sublimation enthalpies from fragment contributions[J]. Industrial & Engineering Chemistry Research, 2012, 51(6): 2814-2819.

[157] GHARAGHEIZI F, SATTARI M, TIRANDAZI B. Prediction of crystal lattice energy using enthalpy of sublimation: A group contribution-based model[J]. Industrial & Engineering Chemistry Research, 2011, 50(4): 2482-2486.

[158] 董海山. 高能量密度材料的发展及对策[J]. 含能材料, 2004, 012(A01): 1-12.

[159] 邱玲. 氮杂环硝胺类高能量密度材料(HEDM)的分子设计[D]. 南京：南京理工大学, 2007.

[160] PERSSON P A. TIGER WIN-a window PC code for computing explosive performance and thermodynamic properties[C]//Proceedings of 2000 High-tech Seminar, State-of-the Art Blasting Technology and Explosive Applications, Chicago, 2000: 541.

[161] GRYS S, TRZCIŃSKI W A. Calculation of combustion, explosion and detonation

characteristics of energetic materials[J]. Central European Journal of Energetic Materials, 2010, 7(2): 97-113.

[162] LU J P. Evaluation of the thermochemical code-CHEETAH 2.0 for modelling explosives performance[R]. Australia Defence Science and Technology Organisation DSTO-TR-1199, 2001: 1-34.

[163] LEE E L, HORNIG H C, KURY J W. Adiabatic expansion of high explosive detonation products[R]. University of California Radiation Laboratory at Livermore, Livermore, 1968.

[164] JACOBS S J.The energy of detonation[R]. United States Naval Ordnance Laboratory, NAVORD-4366, 1956.

第 3 章　含能材料的合成与制备

3.1　传统有机含能材料

3.1.1　高能硝胺化合物

高能炸药是指能量密度高的单质炸药和混合炸药，常见的高能炸药包括RDX、HMX、CL-20 及以它们为基的含铝炸药和高聚物黏结炸药等。高能炸药可用于核武器的起爆装置、导弹战斗部、航空炸弹、水中兵器和聚能破甲弹等，也可用于工业爆破。

1. RDX 简介

RDX 诞生于 19 世纪末，因其威力较大，人们还形象地称之为"旋风炸药"。RDX 是白色晶体，熔点约为 204.1℃，当压药密度为 1.77g·cm^{-3} 时，其爆速可达8600m·s^{-1}，是性价比最高的高能炸药之一。RDX 的出现在一定程度上解决了TNT 能量不够高的难题。RDX 的另一优点是其原料基本上不受地域和资源的限制，只要有技术条件，任何国家都能生产。在第二次世界大战期间及战后，以 RDX为基的混合炸药也得到了发展，包括著名的 A、B、C 三大系列炸药：A 炸药采用钝感化 RDX；B 炸药是 RDX/TNT(60/40)混合浇铸炸药；C 炸药是塑性黏结炸药。如今，以 RDX 为基的炸药已经成为应用最广泛的军用炸药。第二次世界大战前后开发了多种 RDX 制造工艺，其中最有名的是乌洛托品(HA)硝解法和六氢化-1, 3, 5-三乙酰基均三嗪(TRAT)硝化法。

直接硝解法生产 RDX，具有工艺简单、生产过程易控制、过程安全等优点，是目前较为常用的生产工艺。以 N$_2$O$_5$ 作为硝化剂的硝化技术是一项绿色硝化技术。与传统硝化剂硝解 HA 合成 RDX 相比，以 N$_2$O$_5$ 为硝化剂、离子液体为催化剂，RDX 产率有很大提升，且硝酸用量减少，反应完成后的废酸可经浓缩回收再利用。以 N$_2$O$_5$/HNO$_3$ 体系作为硝化剂硝解 HA 合成 RDX 的反应中，影响因素有反应时间、反应温度、N$_2$O$_5$ 和硝酸用量等。该体系的最佳反应条件是 m(HNO$_3$)：m(HA)=10：1，m(HA)：m(N$_2$O$_5$)=2：1，HA 在 0℃下反应 1h，RDX 收率高达85.4%。直接硝解法也存在一定的缺点：制取过程需要使用大量的浓硝酸(硝酸与HA 的质量比为 11～12)，会产生大量的废酸，处理比较麻烦，且反应过程伴随许多副反应。

TRAT 硝化法制备 RDX 的产率极高，TRAT 的制备效率和经济性直接影响 RDX 的生产成本。目前，国内外合成 TRAT 的方法主要分为两类：①以 HA 为原料，在 98℃下酰解得到 TRAT，该方法的产率较低且成本较高；②小分子法，以强酸性树脂为催化剂、多聚甲醛和乙腈为反应物、甲苯为溶剂合成 TRAT，小分子法合成 TRAT 的反应过程如图 3-1 所示，该方法的缺点是反应时间较长，且原料甲苯的毒性较大。娄忠良等[1]改进了 TRAT 的合成方法，以浓硫酸为催化剂，三聚甲醛和乙腈为原料进行合成，该方法在缩短反应时间、提高产率的同时，还减少了环境污染。

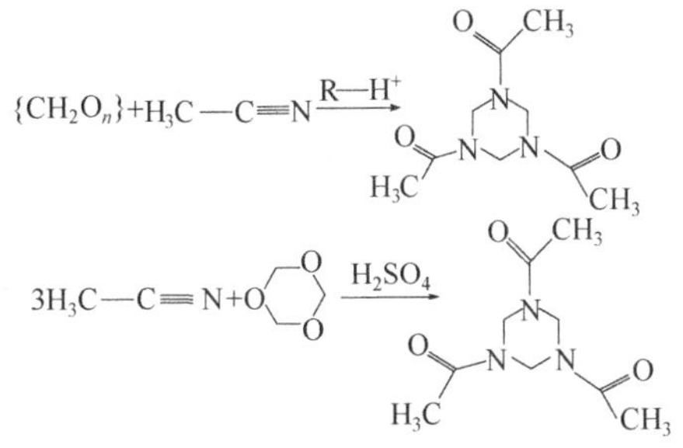

图 3-1 小分子法合成 TRAT 的反应过程

2. HMX 简介

HMX 的问世比 RDX 晚近四十年，为白色颗粒状晶体，作为生产 RDX 时的一种副产物而被发现。HMX 有α-、β-、γ-和δ-四种晶型，实际应用中多为常温稳定的β型，熔点为 282℃，密度为 $1.91g \cdot cm^{-3}$，不吸湿。从分子式来看，HMX 比 RDX 多一个单元的亚基硝胺，因此很多性质比较接近，但 HMX 的密度较大，能量和爆速也更高，在压药密度为 $1.8g \cdot cm^{-3}$ 时，其爆速可达 $9100m \cdot s^{-1}$。HMX 的耐热性较好、熔点高，是迄今为止综合性能最好的高能炸药。HMX 的熔点比其他常规炸药都高，故又称为高熔点炸药。HMX 在炸药领域中越来越多地代替了 RDX，但是由于 HMX 的成本较高，目前仍不能够完全取代 RDX，仅用于少数导弹战斗部装药、推进剂高能氧化剂，以及作为引爆核武器的起爆 PBX 装药等。

目前，工业上仍沿用传统的醋酐法生产 HMX，但该方法的产率较低且成本较高，限制了其在军事上的广泛应用。20 世纪 60 年代起，由于小分子法合成 HMX 的方法具有不用酸酐、原料成本低廉、工艺简单和反应条件温和等特点，而受到广泛关注，经过长期的探索，国内外研究了多种小分子合成法，如 1,5-二乙基邻苯二甲酰-3,7-桥联甲基-1,3,5,7- 四氮杂辛烷(1,5-one diethyl phthaloyl-3,7-one bridged methyl-1,3,5,7-tetraazaoctane, DPT)中间体合成法、1, 3, 5, 7-四乙基-1, 3,5,7-

四氮杂环辛烷(1,3,5,7-tetraethylphthaloyl-1,3,5,7-tetraazacyclooctane,TAT)中间体合成法和小分子综合法等。

3. CL-20 简介

CL-20 代号来源于美国 China Lake 第 20 号炸药。CL-20 是一种高能量密度的化合物，具有笼型多环硝胺结构，分子式为 $C_6H_6N_{12}O_{12}$，白色晶体，由美国的 Nielson 博士于 1987 年制得，刚开始主要用作推进剂的高能氧化剂。CL-20 的密度为 $2.04g \cdot cm^{-3}$，实测爆速为 $9.38km \cdot s^{-1}$，氧平衡为 -10.95%，标准生成焓为 960～1000kJ $\cdot kg^{-1}$，差示扫描量热法(differential scanning calorimetry, DSC)测得的分解放热峰温度为 245～254℃。CL-20 的最大爆速、爆压、密度等参数都优于 HMX，能量输出能力比 HMX 高 10%～15%，自首次合成就引起了广泛关注，被誉为"高能炸药未来之星"。CL-20 在常温、常压下有 4 种晶型：α-、β-、γ-和ε-晶型，其中ε-晶型的结晶密度最大，也最为实用。

目前，合成 CL-20 的路线主要有两种，一种是 Nielsen 发明，后人不断改进的方法，大致可分为四步：①苄胺与乙二醛缩合为六苄基六氨杂异伍兹烷(hexabenzy-lhexaazaisowurtzitane, HBIW)；②HBIW 的脱苄，即将 HBIW 上的六个苄基部分或全部转化为易硝化的官能团，如乙酰基；③脱苄产物硝解制备 CL-20；④CL-20 的转晶，即将硝解生成的 CL-20(因硝化条件的不同可以是α-或γ-晶型)转晶为最稳定、密度最大的ε-晶型。

另一种是 2004 年由法国科学家 Cagnon 等[2]提出的通过两步法合成 CL-20：①用原始胺合成六取代六氮杂异伍兹烷；②通过六取代六氮杂异伍兹烷直接硝化合成 CL-20，且原始胺不一定是苄胺或取代苄胺，杂环甲基胺或丙烯胺也可以和乙二醛反应。此外，也可以用 2-氨甲基噻吩、2-氨甲基呋喃等其他伯胺替代苄胺，用乙二酸酯或乙二酰胺衍生物代替乙二醛生成具有 CL-20 构型的笼状前体。

目前，CL-20 的生产成本昂贵，不利于大规模工业应用，因此需要对当前合成路线进行改进或发明新的合成路线以降低生产成本。近年来，多个国家试图开发新的 CL-20 合成路线，主要有无氢解脱苄法和两步法等。

Surapaneni 等[3]试图采用强路易斯酸催化 HBIW 实现无氢解脱苄，但由于 HBIW 在此反应条件下容易分解，未获得成功。北京理工大学采用氧化的方法成功脱除 HBIW 的苄基，实现了 CL-20 硝酸铈铵脱苄的无氢解制造(图 3-2)。此后，Sysolyatin 等[4]进行了类似研究，证明了该方法的有效性。CL-20 的新合成工艺研究遇到了效率低、副反应多等瓶颈，而异伍兹烷笼形立体结构易破裂的特点使得温和的催化氢解成为必然选择。新工艺瓶颈的突破有赖于化学新原理、新方法的突破，如新的廉价、高效氢解催化剂的出现，或温和硝化反应等的发现，都有利于催生全新的 CL-20 合成路线。但这些突破非短期可以获得，以 HBIW 为前体的路线仍然是目前最可行的工程化路线。

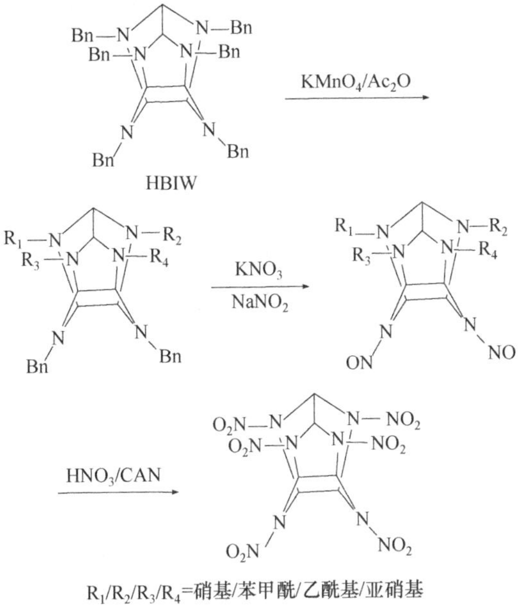

图 3-2　硝酸铈铵脱节合成 CL-20

值得注意的是，CL-20 的感度较高，安全性不佳。为解决该问题，可以通过改善结晶方式优化晶体结构来解决，使产物为最稳定的 ε-CL-20，或者通过钝感包覆化以增强其稳定性。

3.1.2　钝感硝基化合物

高效毁伤能力和高生存能力是现代武器追求的主要目标，因此作为武器能量载体的含能材料必须满足高能量密度、低易损和强环境适应性等要求。这意味着在保证安全的前提下，提高能量始终是含能材料研制发展的主要目标。硝胺炸药出现后，着力解决炸药的感度与安全性矛盾的问题便提上了日程。随着新型高能量、高密度炸药陆续出现，战场条件的日益苛刻，含能化合物的钝感化改性问题备受重视，由此发展出了钝感弹药技术和低易损性装药技术等研究领域。

钝感高能炸药的概念由美国能源部炸药安全委员会针对核武器提出，这是由于核武器中的炸药爆炸装置是引发核反应堆初始做功的能源，同时也是决定核武器安全性的薄弱环节。炸药爆炸装置意外爆炸，不但可能导致放射性污染，甚至可能引起更严重的连环核爆炸事故。钝感高能炸药是指整体上能够爆轰，但在非正常条件下发生意外引爆或从燃烧转变为爆轰的可能性几乎可以忽略不计的炸药。在我国《爆轰术语》(GJB 5720—2006)中，钝感炸药的定义为需要很强的外界刺激才能引起爆轰的猛炸药，其感度必须经过规定的方法检测，达到有关标准的钝感要求。中国工程物理研究院已建立了相关的鉴定试验方法，目前正在进一步完善、发展和推广。钝感高能炸药是一类对外界刺激不敏感、安全性符合钝感炸药标准，能量比 TATB 显著提高的新型炸药。由于钝感高能炸药是武器实现安全和高威力的重要保障，受到了高度重视。

炸药本身是一种亚稳态物质，容易受到外界刺激而发生反应、燃烧甚至爆炸，因此研制出高能量、安全性能优异的钝感高能炸药成为一项极具挑战的难题。最早出现的 RDX 基钝感炸药是 RDX 与石蜡的混合物(A-IX-1)，曾成功地应用于各种炮兵弹药。随着新型武器的出现，A-IX-1 不再满足各种复杂情况的使用要求，于是 PBX 应运而生。化学钝感是通过向高分子包覆层中加入抑制炸药燃烧的化合物，如吡咯烷酮羧酸钠(sodium pyrrolidone carboxylate，PCA)等，从而使得 RDX 等炸药的感度进一步降低的途径，出现该钝感化的原因是高分子对炸药的燃烧传播起到一定的抑制作用。目前，国际上满足钝感炸药标准的只有 TATB 及以其为填料的少数几种高聚物黏结炸药，其根本原因在于炸药能量与安全性之间存在矛盾，仍缺乏解决或有效协调该矛盾的理论和方法。研究较多的钝感高能炸药包括TATB、二氨基三硝基苯(diaminotrinitro benzene，DATB)、硝基胍(nitroguanidine，NQ)等。

除了混合钝感炸药，国内外合成了一系列新型钝感高能单质炸药，如 3-硝基-1,2, 4-三唑-5-酮(3-nitro-1,2,4-triazole-5-one，NTO)、4,10-二硝基-2,6,8,12-四氧杂-2, 10-二氮杂异伍兹烷(4,10-dinitro-2,6,8,12-tetraoxa-2,10-diazaisoindazin，TEX)、FOX-7、2, 6-二氨基2, 5-二硝基吡嗪(2,6-diamino 2,5-dinitropyrazine，ANPZ)等。具备钝感特性材料的化学结构非常多，以下给出几种常见钝感硝基含能材料的性能比较和分子结构(表 3-1 和图 3-3)[5]。

表 3-1　几种常见钝感硝基含能材料的性能比较

含能材料	LLM-105	TATB	NTO	FOX-7	TNAZ	HMX
分子式	$C_4H_4N_6O_5$	$C_6H_6N_6O_6$	$C_2H_2N_4O_3$	$C_2H_4N_4O_4$	$C_3H_4N_6O_6$	$C_4H_8N_8O_8$
Fw/(g·mol^{-1})	216.04	258.18	130.06	148.08	192.09	296.17
ρ/(g·cm^{-3})	1.913	1.938	1.93	1.885	1.84	1.905
T_m/℃	—	330(分解)	273(分解)	—	101	278
H_{50}/cm	117	>320	293	72	<30	30~32
$\Delta_f H_m^{\ominus}$/(kJ·mol^{-1})	−13.0	36.0	−59.8	−133.8	109.6	−95.3

续表

含能材料	LLM-105	TATB	NTO	FOX-7	TNAZ	HMX
T_d/℃	354	370	236	241	252	275
V_{det}/(m·s^{-1})	8560	7950	8670	8870	8730	9010
P_{CJ}/GPa	—	29.7	34.9	34.0	37.2	39.0

注：Fw 为摩尔质量；ρ 为密度；H_{50} 为特性落高；$\Delta_f H_m^\ominus$ 为标准生成焓；T_d 为分解温度；V_{det} 为爆速；P_{CJ} 为爆压。

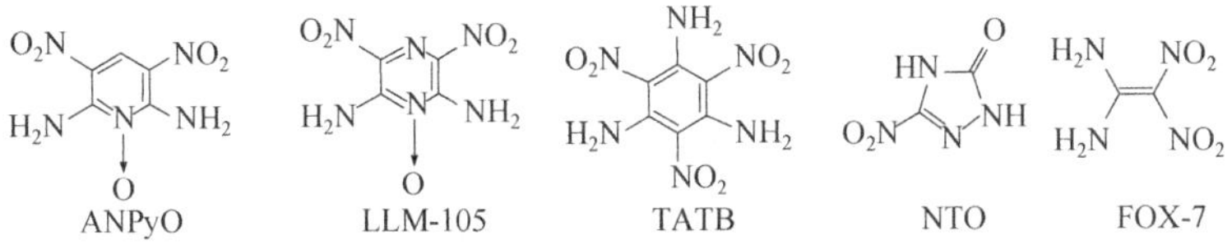

图 3-3　几种常见钝感硝基含能材料的分子结构

　　TATB 是一种性能优异的单质钝感含能材料，在武器行业有着重要应用。与 TATB 的机械感度和热感度相比，其含能材料有明显优势。TATB 熔点高、耐热性能好，具有非线性光学性质，是唯一通过美国能源部 11 项安全鉴定的钝感高能单质炸药，也是目前耐热且不敏感炸药的参照标准。

　　新型钝感含能材料的代表是二硝基吡啶(dinitropyridine，ANPyO)和二硝基吡嗪(dinitropyrazine，LLM-105)，它们由 Pagoria 等[6]发明。LLM-105 的密度为 1.91g·cm^{-3}、熔融分解温度为 354℃。ANPyO 的密度为 1.878g·cm^{-3}、熔融分解温度大于 340℃[7]。NTO 的密度为 1.93g·cm^{-3}，是近年来备受重视的一种高能量密度化合物，已被应用于许多钝感/混合炸药，尤其在与 RDX 联合使用方面效果显著，NTO 可通过简单的两步法合成。比较有应用前景的钝感炸药还有 FOX-7(密度为 1.89g·cm^{-3})、FOX-12 和 TKX-50[8]。

　　除了上述已经进入工程化研究的钝感含能材料外，科研人员还在致力于发展更多低成本、绿色环保的新型钝感含能化合物。具有代表性的是氨基胍和杂环氨基胍盐，典型的氨基胍钝感含能离子盐结构如图 3-4，物理化学性能如表 3-2 所示。其中 ADNQ、ANG、DAUNO$_3$、DAODH-AT 和 TAG$_2$-DNAAT 分别代表二硝基胍铵、氨硝基胍、硝酸二硝基脲、二氨基-噁二唑-5-氨基四唑和三氨基胍二硝胺三唑。从表 3-2 可以看出，此类化合物的撞击感度都明显高于 RDX，尤其是 DAODH-AT 和 TAG$_2$-DNAAT 的撞击感度达到了 40J 以上，且理论爆速均超过 RDX。

　　此外，国内外还合成了以四嗪、四唑类为代表的钝感高氮含能化合物。这类含能材料具有高生成焓，不含(或少含)硝基，气体生成量及能量都较高，且感度较 RDX 低，是一类高能钝感、低特征信号的新型含能材料，典型代表有 3,6-二氨基均四嗪-1,4-二氧化物(LAX-114)、DAAT 和偶氮四唑胍盐(GZT)等。

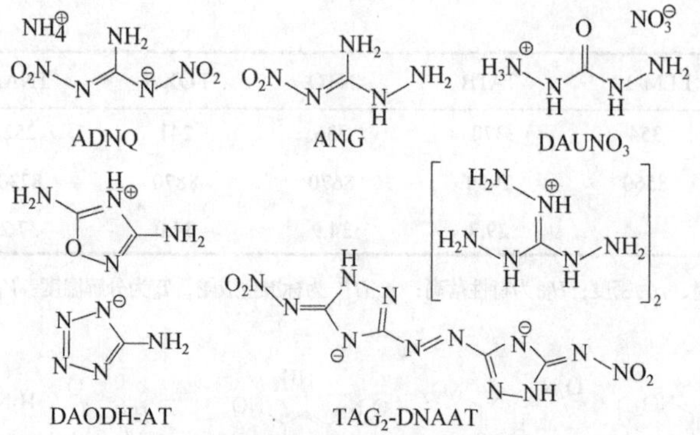

图 3-4　典型的氨基胍钝感含能离子盐结构

表 3-2　典型的氨基胍钝感含能离子盐的物理化学性能

化合物缩写	RDX	ADNQ	ANG	DAUNO₃	DAODH-AT	TAG₂-DNAAT
化学式	$C_3H_6N_6O_6$	$CH_6N_6O_4$	$CH_7N_5O_4$	$C_3H_7N_9O$	$C_8H_{14}N_{16}O_{10}$	$C_6H_{20}N_{24}O_4$
Fw/(g·mol⁻¹)	222.12	166.09	119.08	153.10	185.15	492.38
IS/J	7	10	20	9	>40	>40
FS/N	120	252	144	288	>360	>360
ESD/J	0.1～0.2	0.4	0.15	0.6	1.0	1.0
w_N/%	37.8	50.60	58.81	45.74	68.09	69.27
OB/%	−21.6	−9.63	−33.6	−15.67	−73.45	58.49
T_d/℃	210	197	184	242	170	212
ρ/(g·cm⁻³)	1.80	1.735	1.767	1.782	1.76	1.70
$\Delta_f H_m^{\ominus}$/(kJ·mol⁻¹)	70	−1.5	77	−180	680	260
$\Delta_f U$/(kJ·kg⁻¹)	417	81.0	770	−1048	4034	2332
$-\Delta_{EX} U$/(kJ·kg⁻¹)	6038	5193	4934	5014	4034	4681
T_{det}/K	4368	3828	3436	3480	3719	3213
P_{CJ}/kbar	341	327	323	317	348	300
V_{det}/(m·s⁻¹)	8906	9066	8977	8829	9382	8890
V/(L·kg⁻¹)	793	934	890	928	802	352

注: Fw 为摩尔质量; IS 为撞击感度; FS 为摩擦感度; ESD 为静电火花感度; w_N 为氮的质量分数; OB 为氧平衡系数; T_d 为分解温度; ρ 为密度; $\Delta_f H_m^{\ominus}$ 为标准生成焓; $\Delta_f U$ 为理论燃烧热; $-\Delta_{EX} U$ 为实验燃烧热; T_{det} 为爆温; P_{CJ} 为爆压; V_{det} 为爆速; V 为气体产物体积。

除上述化合物外,Zhang 等[9]通过氮氧化物(N—O)分子设计,成功制备了 3,3′-二硝胺基-4,4′-偶氮呋咱及其富氮盐,并通过光谱和元素分析确认了其分子结构。他们采用高效低成本的过氧化一硫酸钾作为氧化剂,氧化偶氮呋咱环上的氮,以此对分子结构进行钝感化。结合量子化学计算和实测密度,并在计算出生成焓的基础上,采用 EXPLO-V6.01 程序预估它们的能量性能(爆速、爆压和比冲等)。氨基呋咱氮氧化物的合成路线与分子结构见图 3-5。

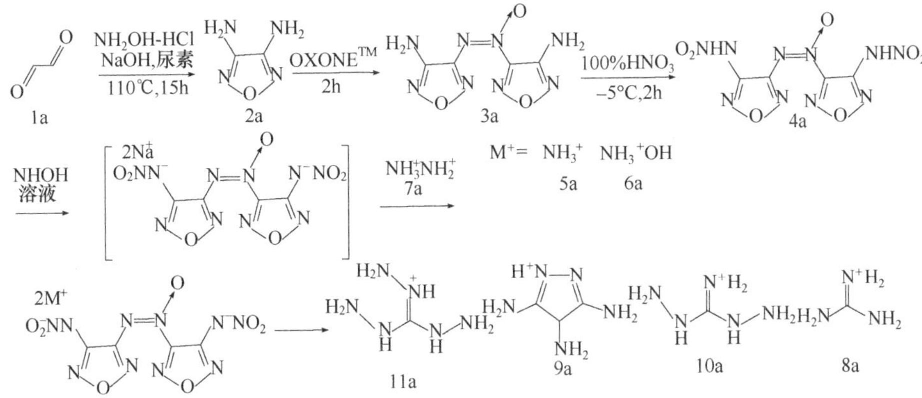

图 3-5　氨基呋咱氮氧化物的合成路线与分子结构

表 3-3 列出了几种氨基呋咱氮氧化物的物理化学性能,可以看出,这些新含能晶体堆积密度高、热稳定较好,撞击和摩擦感度、爆轰性能大部分优于 RDX,某些性能甚至达到了 HMX 的水平。其中,3,3′-二硝胺基-4,4′-偶氮呋咱在 173K 时的最高晶体密度达 2.02g·cm⁻³(298K 时实测密度为 1.96g·cm⁻³),是目前为止报道的氮氧化含能化合物的最高密度。另一个比较有前途的化合物是它的羟铵盐,其存在 4 种不同类型的 N—O 基团,其中一种的爆轰性能优于 CL-20。

表 3-3　几种氨基呋咱氮氧化物的物理化学性能

分子式	T_d/℃	OB/%	ρ/ (g·cm⁻³)	$\Delta H_f^{\ominus}$/ [kJ·mol⁻¹ (kJ·g⁻¹)]	V_{det}/ (m·s⁻¹)	P_{CJ}/ GPa	IS/J	FS/N	I_{sp}/s
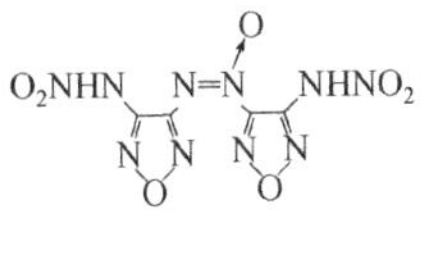	90	10.6	1.96	730.0(2.42)	9746	44.1	2	10	283

分子式	T_d/℃	OB/%	ρ/(g·cm⁻³)	$\Delta H_f^{\ominus}$/[kJ·mol⁻¹(kJ·g⁻¹)]	V_{det}/(m·s⁻¹)	P_{CJ}/GPa	IS/J	FS/N	I_{sp}/s
[NH₄]₂ 结构	148	−4.8	1.83 (1.88)	523.8(1.59)	9474	39.6	16	360	270
[NH₃OH]₂ 结构	177	4.3	1.90	651.8(1.77)	9511	42.2	19	120	286
[NH₃NH₂]₂ 结构	192	−8.7	1.84	863.1(2.36)	9459	39.3	15	60	280
胍盐结构	246	−19.0	1.74	564.6(1.34)	8585	29.2	35	360	240
三氨基胍盐结构	222	−19.7	1.75	1265.9(2.39)	8746	30.4	21	240	243
氨基胍盐结构	187	−23.3	1.84	1039.1(2.16)	9453	36.5	14	240	251
二氨基胍盐结构	168	−25.1	1.76	1259.5(2.47)	9227	33.6	17	120	256
RDX	210	0	1.82	80.0(0.36)	8748	34.9	7.4	120	258
HMX	280	0	1.91	104.8(0.36)	9320	39.5	7.4	120	266
CL-20	210	11.0	2.03	397.8(0.90)	9406	44.6	4.0	94	272

　　在二氨基三呋咱环氮氧化物(如 BAFF)的基础上,也可以合成三呋咱环并联的硝基化合物 3,4-双(4-硝基-1,2,5-噁二唑-3-基)-1,2,5-噁二唑-1-氧化物(3,4-bis(4-nitro-1,2,5-oxadiazol-3-yl)-1,2,5-oxadiazol-1-oxide, BNFF-1),其结构如图 3-6 所示。美国劳伦斯利弗莫尔国家实验室在 BAFF 和 BNFF-1 的基础上进一步合成了三呋咱环并联的氨基化合物 BAFF-1 和 ANEF-1(图 3-6),它们具有更好的安全性能,可用于钝感弹药[10]。ANEF-1 的密度比 TNT 高(1.782g·cm^{-3}),且熔点低(100℃),也可用作熔铸炸药的新型氧化剂。作为其同系物,BNFF-1 的摩擦感度为 0/10(36kg压力、0.64mm×0.57mm×0.43mm, BAM 标准)[11-14]。此外,感度测试结果表明,两个样品从三氯甲烷中重结晶后,具有相近的粒径分布和撞击感度,实测 50%起爆概率下落锤高度均大于 177cm(2.5kg 落锤)。

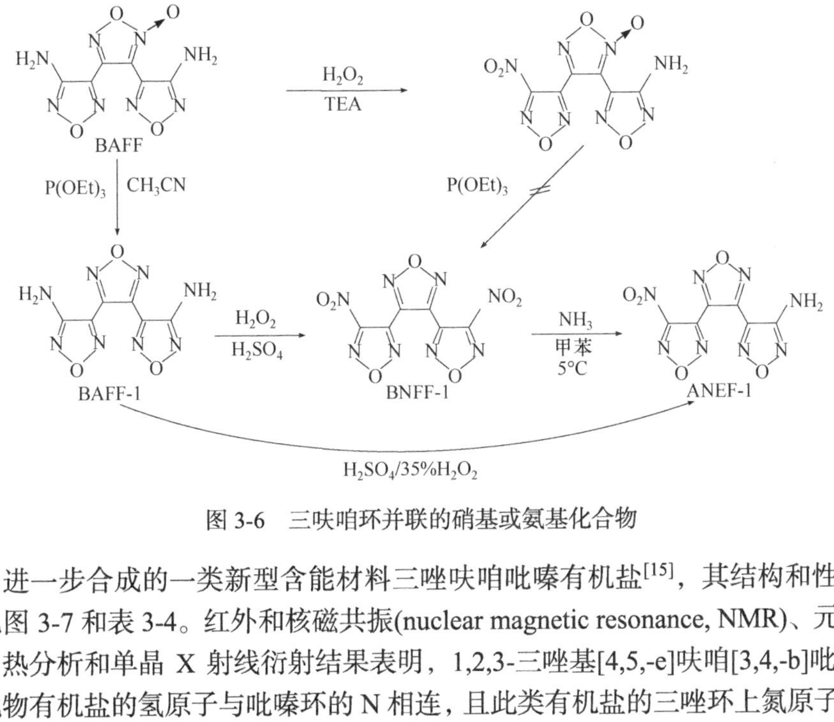

图 3-6　三呋咱环并联的硝基或氨基化合物

　　进一步合成的一类新型含能材料三唑呋咱吡嗪有机盐[15],其结构和性能分别见图 3-7 和表 3-4。红外和核磁共振(nuclear magnetic resonance, NMR)、元素分析、热分析和单晶 X 射线衍射结果表明,1,2,3-三唑基[4,5,-e]呋咱[3,4,-b]吡嗪-6-氧化物有机盐的氢原子与吡嗪环的 N 相连,且此类有机盐的三唑环上氮原子带负电。这些新材料具有高密度、高热稳定性和较高的生成焓,与 RDX 爆轰性能相当,最重要的是钝感。一般而言,将硝基等含能基团引入稠环化合物后即可制备高能炸药。稠环化合物具有良好的热化学性质,将稠环上的 N 原子氧化后得到的N—O 键结构是提高密度和稳定性的有效途径。因此,为了不断寻求高性能、低感度的绿色含能材料,人们一般以高氮含量的稠环化合物为基础,其中呋咱吡嗪环是构筑平面缩聚独特含能化合物分子的优良骨架。此外,这些化合物结构也显示出生物活性,可用作抗菌剂、除草剂和植物生长调节剂。在用作含能材料的同时又有生物用途，一举两得。

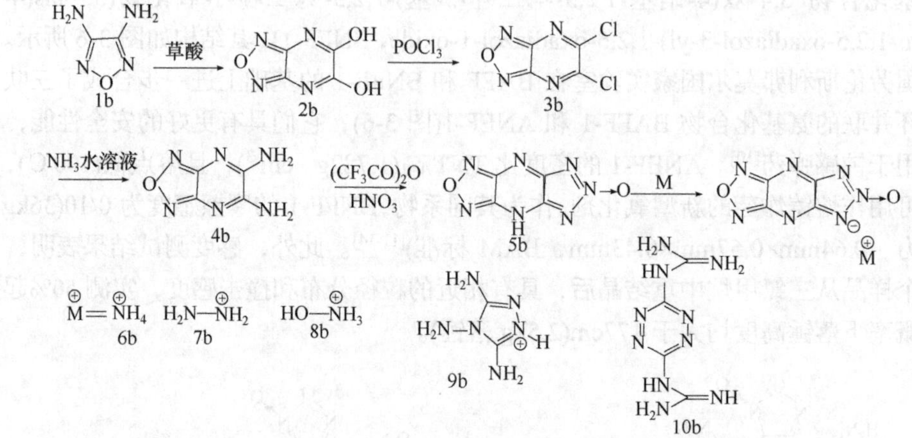

图 3-7　1,2,3-三唑基[4,5,-e]呋咱[3,4,-b]吡嗪-6-氧化物的合成路线及分子结构

表 3-4　1,2,3-三唑基[4,5,-e]呋咱[3,4,-b]吡嗪-6-氧化物的物理化学性能

分子式	T_d /℃	ρ /(g·cm^{-3})	$\Delta H_f^{\ominus}$ /[kJ·mol^{-1} (kJ·g^{-1})]	V_{det} /(m·s^{-1})	P_{CJ} /GPa	IS/J
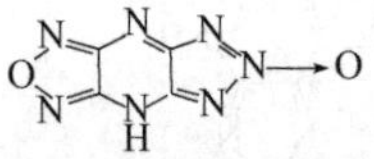	281	1.85	597(3.3)	8532	32.4	32
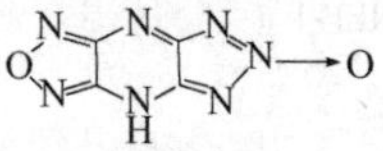	270	1.73	476(2.4)	8079	26.3	>40
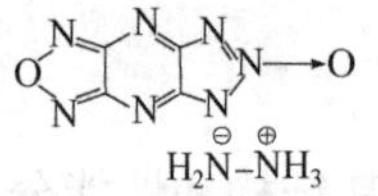	141	1.76	641(3.0)	8378	30.0	38
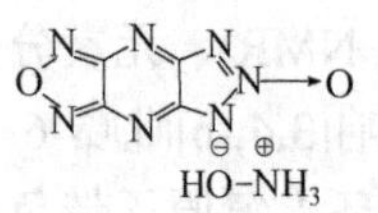	157	1.74	542(2.5)	8518	30.3	35
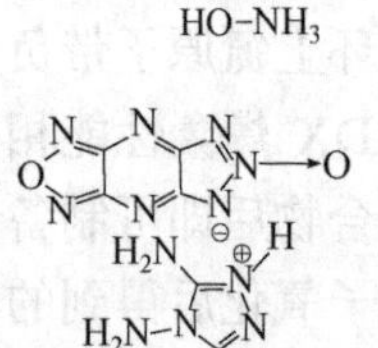	274	1.70	794(2.7)	7972	25.0	>40

续表

分子式	T_d /℃	ρ /(g·cm⁻³)	$\Delta H_f^{\ominus}$ /[kJ·mol⁻¹ (kJ·g⁻¹)]	V_{det} /(m·s⁻¹)	P_{CJ} /GPa	IS/J
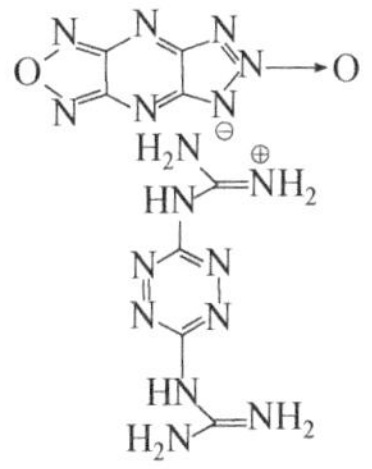	301	1.69	1070(2.8)	7871	24.0	>40
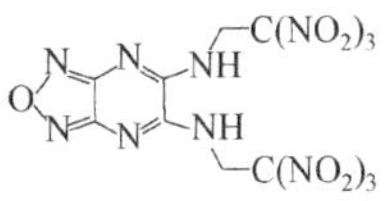	190	1.80	110(0.3)	8409	32.1	7
TNT	295	1.65	−67(0.3)	6881	19.5	15
PETN	150	1.77	−407(0.4)	8564	31.3	5
RDX	287	1.82	92(0.4)	8997	35.4	7.4

注：T_d 为氮气气氛下热分解开始温度(DSC 升温速率为 5℃·min⁻¹)；ρ 为气体比重计测试(25℃)下的密度；$\Delta H_f^{\ominus}$ 为计算生成焓[16]；V_{det} 为计算爆速(EXPLO-5)[17]；P_{CJ} 为计算爆压(EXPLO-5)[18]；IS 为撞击感度(BAM 落锤法)。

　　图 3-8 中，化合物 1c～5c 的生成焓、爆轰参数和撞击感度可通过理论计算与实验相结合的方法获得。其中，化合物 3c～5c 实测撞击感度为 20～32J，感度比 RDX 低得多。化合物 2c 静电火花感度较高，约 50mJ，其余化合物，如 3c、4c 和 5c 则比较钝感，其静电火花感度分别为 500mJ、750mJ 和 600mJ。

　　呋咱基氮氧化物的衍生离子化合物也是重要的钝感材料。部分呋咱基氮氧化有机离子化合物的合成路线与分子结构如图 3-8 所示[16]，它们的物理化学性能如表 3-5 所示。可通过 4-甲酰基-3-甲基呋咱与 1,5-氨基四唑缩合反应得到 4-(1-氨基-5-氨基四唑基)-甲胺-3-甲基呋咱(1c)，且收率较高。用 100%硝酸硝化 1c 可获得 4-(1-氨基-5-n 硝胺四唑基)甲胺-3-甲基呋咱(2c)。化合物 2c 的富氮盐可以通过 1-氨基-1,2,3-三唑(3c)，4-氨基-1,2,4-三唑(4c)和 3-氨基-1,2,4-三唑(5c)获得。它们的结构分别通过红外光谱(infrared spectrum, IR)、拉曼光谱、NMR 和元素分析进行了验证。研究发现，化合物 5c 的分解温度为 183℃，而 3c 和 4c 热稳定性较差，分别在 139℃和 164℃开始分解。

　　除了呋咱环外，吡唑环也是钝感含能材料的基础。研究人员还合成出一系列双吡唑环化合物，它们具有高氮钝感的特点[17]。图 3-9 和图 3-10 分别给出了基于

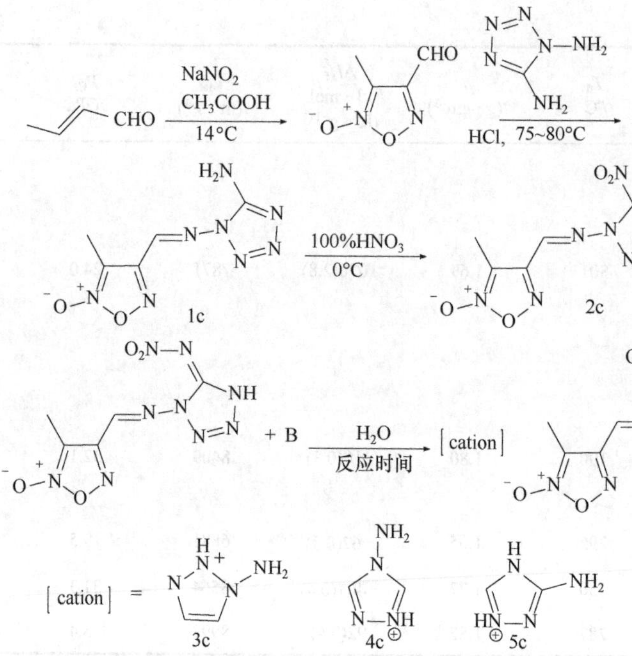

图 3-8　部分呋咱基氮氧化有机离子化合物的合成路线与分子结构

表 3-5　部分呋咱基氮氧化有机离子化合物的物理化学性能

分子式	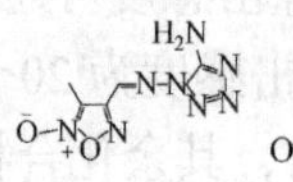 (1c structure)	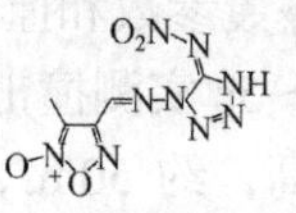 (2c structure)	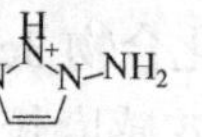 (3c structure)	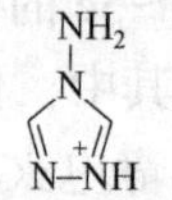 (4c structure)	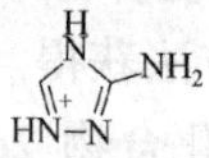 (5c structure)	TNT	RDX
$\rho/(\text{g} \cdot \text{cm}^{-3})$	1.546	1.712	1.663	1.663	1.681	1.65	1.816
$Q_{det}/(\text{J} \cdot \text{g}^{-1})$	4894	6441	5784	5508	5090	4271	—
$V_{det}/(\text{m} \cdot \text{s}^{-1})$	6980	8060	7690	7600	7501	6881	8977
P_{CJ}/GPa	19.65	27.94	25.01	24.41	23.98	19.50	35.17
$\Delta_f H_m^{\ominus}/(\text{kJ} \cdot \text{mol}^{-1})$	544.40	742.99	995.05	901.26	759.41	−295.00	92.60
$T_m/\text{℃}$	200	140	133	150	179	80	—
$T_d/\text{℃}$	205	146	139	164	183	295	205
ESD/J	0.18	0.05	0.50	0.750	0.60	—	0.1~0.2
IS/J	7.6	5.8	20	32	24	15	7.5

注：ρ 为气体比重计测试(25℃)下的密度；Q_{det} 为爆热；V_{det} 为爆速；P_{CJ} 为爆压；$\Delta_f H_m^{\ominus}$ 为物质生成焓；T_m 为熔点；T_d 为氮气气氛下热分解开始温度(DSC升温速率为5℃·min⁻¹)；ESD为静电火花感度；IS为撞击感度。

双吡唑环的钝感有机离子化合物合成路线与分子结构，表 3-6 列出了它们的物理化学性能参数。

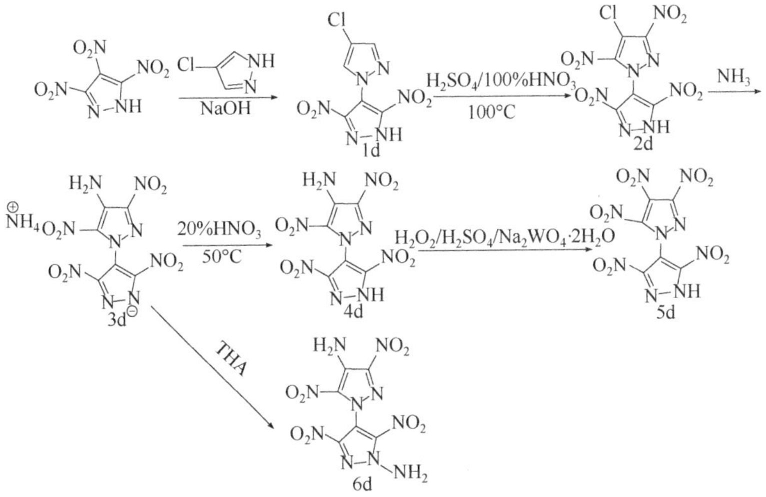

图 3-9　基于双吡唑环的钝感有机离子化合物合成路线

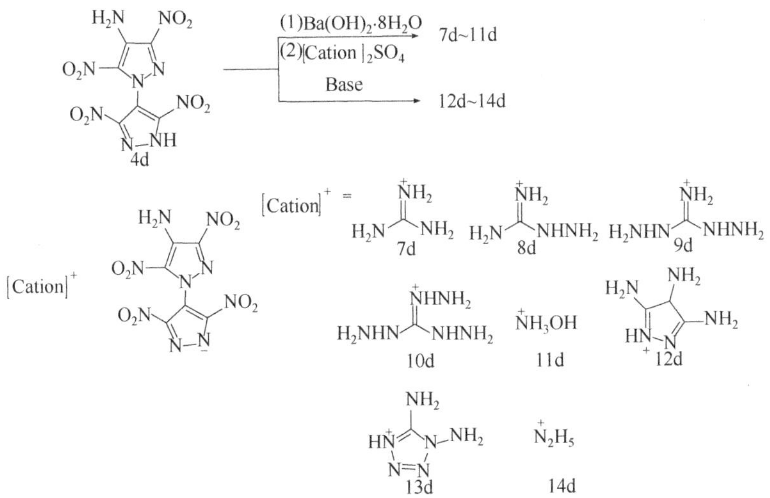

图 3-10　基于双吡唑环的钝感有机含能离子化合物分子结构

表 3-6　基于双吡唑环的钝感有机离子化合物物理化学性能参数

化合物	$T_m/°C$	$T_d/°C$	$\rho/$ (g·cm^{-3})	$\Delta H_f^\ominus$ /(kJ·mol^{-1})	$P_{CJ}/$ GPa	$V_{det}/$ (m·s^{-1})	IS/J	$T_{det}/°C$	$Q_{det}/$ (J·g^{-1})
	269	308	1.96	185.4	36.0	8724	>40	—	—
	Dec	262	1.88	274.7	34.6, 34.8, 33.3	8615, 8674, 8550	>40	4099	5614
	Dec	242	1.89	388.1	25.0, 35.9, 36.0	8600, 8789, 8626	>40	4595	6031
	158	297	1.82	824.2	37.0, 35.0, 36.0	8814, 8760, 8981	28	5921	7551
	250	284	1.87	477.9	35.1, 35.4, 33.9	8648, 8760, 8643	>40	4534	6086
	Dec	228	1.73	246.5	27.3, 28.4, 26.5	8041, 8019, 7817	>40	3772	5075
	249	272	1.67	506.4	27.1, 26.7, 26.1	8088, 7862, 7851	>40	4041	5567
	210	272	1.71	448.8	27.9, 28.2, 26.9	8201, 8014, 7914	>40	3826	5322
	212	266	1.72	558.0	29.0, 28.7, 27.8	8339, 8064, 8023	>40	3856	5454

续表

化合物	T_m/℃	T_d/℃	ρ/ (g·cm^{-3})	$\Delta H_f^{\ominus}$/ (kJ·mol^{-1})	P_{CJ}/ GPa	V_{det}/ (m·s^{-1})	IS/J	T_{det}/℃	Q_{det}/ (J·g^{-1})
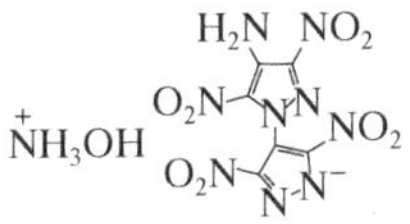 (结构式: NH₃OH⁺, H₂N NO₂, O₂N, NO₂, O₂N, N⁻)	Dec	259	1.75	331.2	31.1, 30.5, 30.3	8330, 8279, 8338	>40	4448	6024
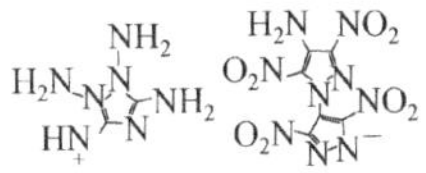 (结构式: NH₂/NH₂/HN, H₂N NO₂, O₂N, NO₂, O₂N, N⁻)	247	297	1.82	557.0	31.0, 31.7, 29.4	8449, 8348, 8113	>40	3807	5218
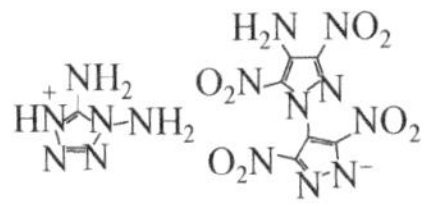 (结构式: NH₂/NH₂ 肼, H₂N NO₂, O₂N, NO₂, O₂N, N⁻)	166	261	1.72	700.4	28.9, 29.8, 37.8	8231, 8217, 8020	>40	4175	5569
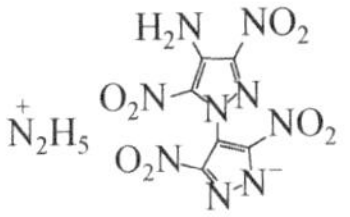 (结构式: N₂H₅⁺, H₂N NO₂, O₂N, NO₂, O₂N, N⁻)	Dec	260	1.80	428.1	32.8, 32.2, 31.5	8536, 8429, 8429	>40	4224	5862
TNT	81	295	1.65	−67.0	20.6, 22.9, 20.6	7001, 7314, 7002	15	3664	5223
TATB	—	330	1.93	−154.2	30.7, 32.9, 29.9	8275, 8380, 7902	50	3229	4445
RDX	Dec	230	1.82	92.6	35.1, 35.7, 35.4	8778, 8849, 8903	7	4207	6129

注：Dec 表示直接分解，没有明显熔点。

由于多硝基双吡唑具有较强的爆轰性能、优异的安全性和较低的毒性，有望成为新一代的耐热、钝感含能材料。从表 3-6 可以看出，几乎所有双吡唑环硝基化合物的撞击感度都接近 TATB，而化合物 2d 的热稳定性接近于六硝基芪(hexanitrostilbene，HNS)(T_d=316℃)。化合物 2d、3d、4d、5d 和 6d 的热稳定性、撞击感度、密度和爆轰性能都接近或者优于 RDX。尤其是化合物 5d 展示了优异的综合性能：爆速(8760～8981m·s^{-1})、爆热(7551J·g^{-1})都超过了 RDX，且分解温度高于 HMX(T_d=297℃)，毒性明显低于 TNT，有望成为新一代的耐热、钝感且绿色环保的高能量密度材料。

除了上述吡唑化合物外，北京理工大学也尝试合成了几种硝基苯酚三嗪盐，结构如图 3-11 所示，其感度较 RDX 低，且爆轰性能与之相当[18]。例如，三硝基苯酚具有一定酸性，可以作为阴离子，通过与碱性四唑哌嗪双环 1e 结合可以生成三种盐 2e、3e、4e。从表 3-7 可以看出，离子盐 2e 和 3e 的感度较低，而 4e 的感度与 PETN 相当，不适用于钝感弹药。因此，提高含能材料本质安全性的主要方法是引入多氨基结构和对杂环上的 N 原子氧化后得到 N—O 键。目前，对于氨基化合物，如 TATB 等的研究已经比较成熟，其感度低但能量密度一般，故硝基苯酚三嗪盐在保证能量和降低感度方面更为有效。

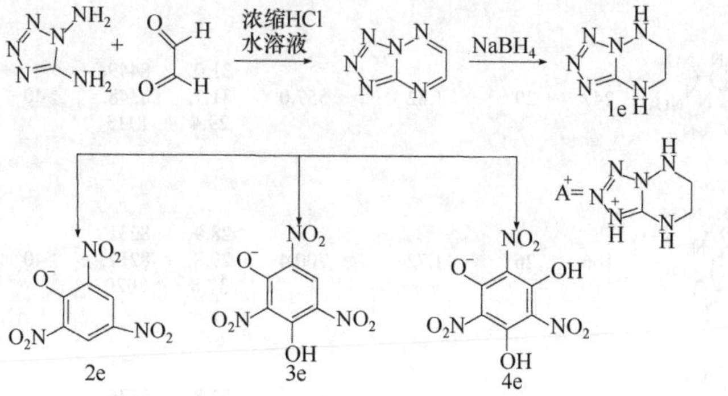

图 3-11　几种硝基苯酚三嗪盐的结构

表 3-7　几种硝基苯酚三嗪盐的性能参数

化合物	T_m/℃	T_d/℃	ρ/(g·cm⁻³)	OB/%	FS/%	ΔH_L/(kJ·mol⁻¹)	$\Delta_f H_m^{\ominus}$/(kJ·mol⁻¹)	P_{CJ}/GPa	V_{det}/(m·s⁻¹)	IS/J
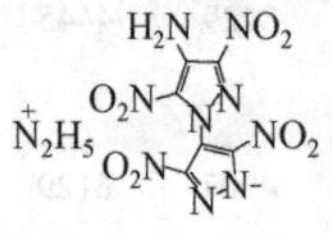 (2e)	131.8	152.0	1.730/1.698	−69.8	35.5	442.5	1483.0	29.7	8337	10.49
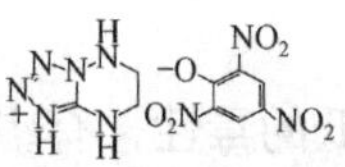 (3e)	132.2	153.1	1.780/1.733	−62.5	34.0	439.9	1443.3	31.7	8553	11.47
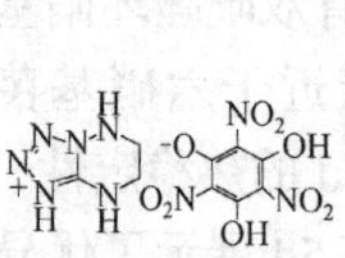 (4e)	116.5	131.8	1.813/1.775	−55.8	32.5	437.9	1145.0	32.6	8613	2.3
TNT	80.4	295.0	1.65	−74.0	18.5	—	95.3	19.5	6881	15
RDX	204.1	230.0	1.82	−21.6	37.8	—	83.8	34.9	8748	7.4

N-氧化物的合成在钝感含能化合物的开发中得到了广泛应用[19-24]。一方面，

N-氧化物 N—O 的键能较高，孤对氧原子的存在使其具有双键特征；另一方面，杂环 N-氧化物的形成会改变整个分子的电荷分布、增强环系统的芳香性，从而稳定了整个分子结构。图 3-12 给出了几种典型的 N-氧化物钝感含能化合物与其母体结构对比。

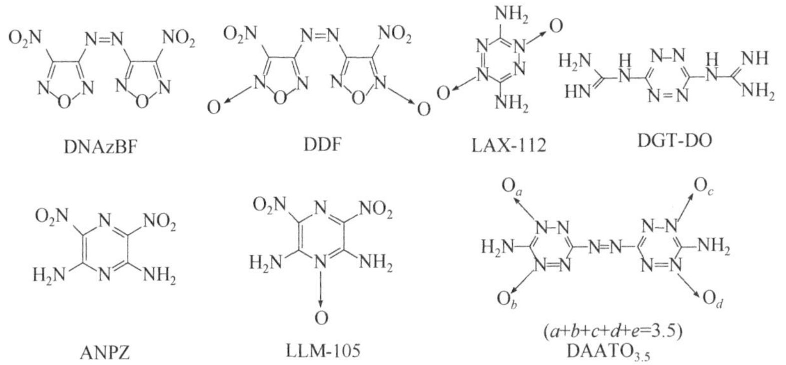

图 3-12　几种典型的 N-氧化物钝感含能化合物与其母体结构对比

图 3-12 中，4,4′-二硝基-3,3′-偶氮呋咱(4,4′-dinitro-3,3′-azofurazan，DNAzBF)(理论爆速为 8733m·s⁻¹，密度为 1.85g·cm⁻³)与 4,4′-二硝基-3,3′-二氧化偶氮呋咱 N-氧化物(4,4′-dinitro-3,3′-dioxyazofuran N-oxide，DDF)相比，后者密度高，爆轰性能优异(理论爆速达 10000m·s⁻¹，密度为 2.02g·cm⁻³)。ANPZ 的密度约为 1.84g·cm⁻³，理论爆速仅为 7892m·s⁻¹，而 LLM-105 的爆速则提高到 8516m·s⁻¹，密度为 1.92g·cm⁻³。

Wei 等[25]采用一步法合成了一系列氨基 1, 2, 4, 5-四嗪 N-氧化物钝感高能密度化合物，它们的性能参数见表 3-8，结构及合成路线如图 3-13 所示。通过将 1, 2, 4, 5-四嗪环上的氮原子部分氧化后与硝基三唑环结合，可获得近 20 种新型钝感化合物。通过 NMR、质谱(mass spectrum, MS)和元素分析表征确认 N-氧化物分子结构，并通过单晶粉末 X 射线衍射(powder X-ray diffraction, XRD)分析其晶体结构。

表 3-8　基于氨基 1,2,4,5-四嗪 N-氧化物的性能参数

化合物	T_d/℃	ρ/(g·cm⁻³)	OB/%	$\Delta H_f^\ominus$/[kJ·mol⁻¹(kJ·g⁻¹)]	V_{det}/(m·s⁻¹)	P_{CJ}/GPa	IS/J	FS/N
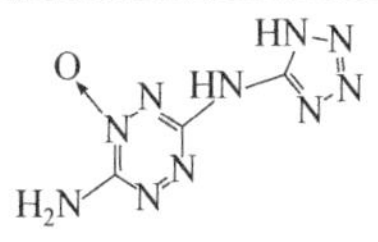	192	1.76	−32.6	351.8(1.79)	8429	27.3	35	360

化合物	$T_d/℃$	$\rho/$ (g·cm^{-3})	OB /%	$\Delta H_f^{\ominus}/$ [kJ·mol^{-1}(kJ·g^{-1})]	$V_{det}/$ (m·s^{-1})	P_{CJ} /GPa	IS/J	FS/N
	177	1.77	−18.6	627.8(2.92)	8580	29.1	26	360
	252	1.76	−68.1	347.6(1.56)	8180	23.6	35	360
	237	1.79	−45.1	427.0(2.19)	8304	26.4	27	360
	221	1.80	−32.4	448.6(2.29)	8438	27.7	24	360
	168	1.84	−12.5	430.6(1.68)	8707	32.0	17	240
	211	1.82	−41.7	328.3(1.23)	8413	27.5	19	360
	161	1.82	−20.2	781.7(3.29)	8731	30.9	8	60
	181	1.85	−20.3	539.4(2.73)	8884	32.4	14	120
	191	1.84	−21.3	378.6(2.46)	8635	31.3	15	240

续表

化合物	T_d/℃	ρ/$(g \cdot cm^{-3})$	OB/%	$\Delta H_f^{\ominus}$/$[kJ \cdot mol^{-1}(kJ \cdot g^{-1})]$	V_{det}/$(m \cdot s^{-1})$	P_{CJ}/GPa	IS/J	FS/N
(结构式: O—N—N—NO₂, H₂N, N, O)	110	1.92	9.2	225.7(1.29)	9316	39.4	3	10
(结构式: O—N, NH₂, NO₂, HN, O)	134	1.91	−7.4	325.5(1.50)	9157	37.5	20	240
TNT	295	1.65	−24.7	−67.0(−0.30)	6881	19.5	15	
RDX	210	1.82	0	80.0(0.36)	8748	34.9	7.4	120
HMX	280	1.91	0	104.8(0.36)	9320	39.5	7.4	120

从表 3-8 可以看出，四嗪 N-氧化物的密度比四嗪前驱体明显提高，这些化合物的爆轰性能大部分优于 TNT 和 RDX，甚至优于 HMX。图 3-13 中化合物 6f～9f 的机械感度测试表明，化合物 16f 是最敏感的化合物(撞击感度为 3J，摩擦感度为 10N)。其余化合物的感度均低于 RDX 和 HMX(8～35J)。化合物 17 与 16 的结构非常接近，但其感度明显低于 16f(撞击感度达到 20J，摩擦感度为 240N)，说明胍基比氨基更能有效降感。除化合物 13f 和 16f 外，所有化合物的摩擦感度均超过了 120N。

总之，化合物 6f、7f、8f、9f、10f、12f、14f、15f 和 17f 都可以作为潜在的钝感高能材料开展应用研究。但目前研究比较广泛的钝感高能材料仍主要是 FOX-7、FOX-12、LLM-105、NTO 和 TATB，其中 FOX-7、LLM-105 和 NTO 主要用于固体推进剂。在新型钝感含能材料发展方面，一些 N-氧化物的合成研究占主导地位，如氨基偶氮四嗪的氮氧化物[26]、胍基脲离子盐[27]和四唑三唑环铅盐等钝感化合物[28]等。

作为材料基因组计划在含能材料领域的首个成功范例，Wang 等[29]开发的钝感高能化合物 ICM-102(2,4,6-三氨基-5-硝基苯丙胺-1,3-二氧化硫)具有同石墨一样的晶体层状结构，实测密度为 1.95g·cm⁻³，热分解温度为 284℃，爆速为 9169m·s⁻¹，且机械感度非常低(撞击感度>60J，摩擦感度>360N，H_{50}=320cm)。此外，ICM-102 的静电火花感度也相当低(E=1.85J)，比 TATB(E=2.27J)稍弱，是满足钝感材料研制要求的高能量、高安全性新型含能材料。总之，目前我国对新型钝感含能化合物开创性工作不足，且发展速度明显落后于德国和美国，无法满足对钝感弹药发

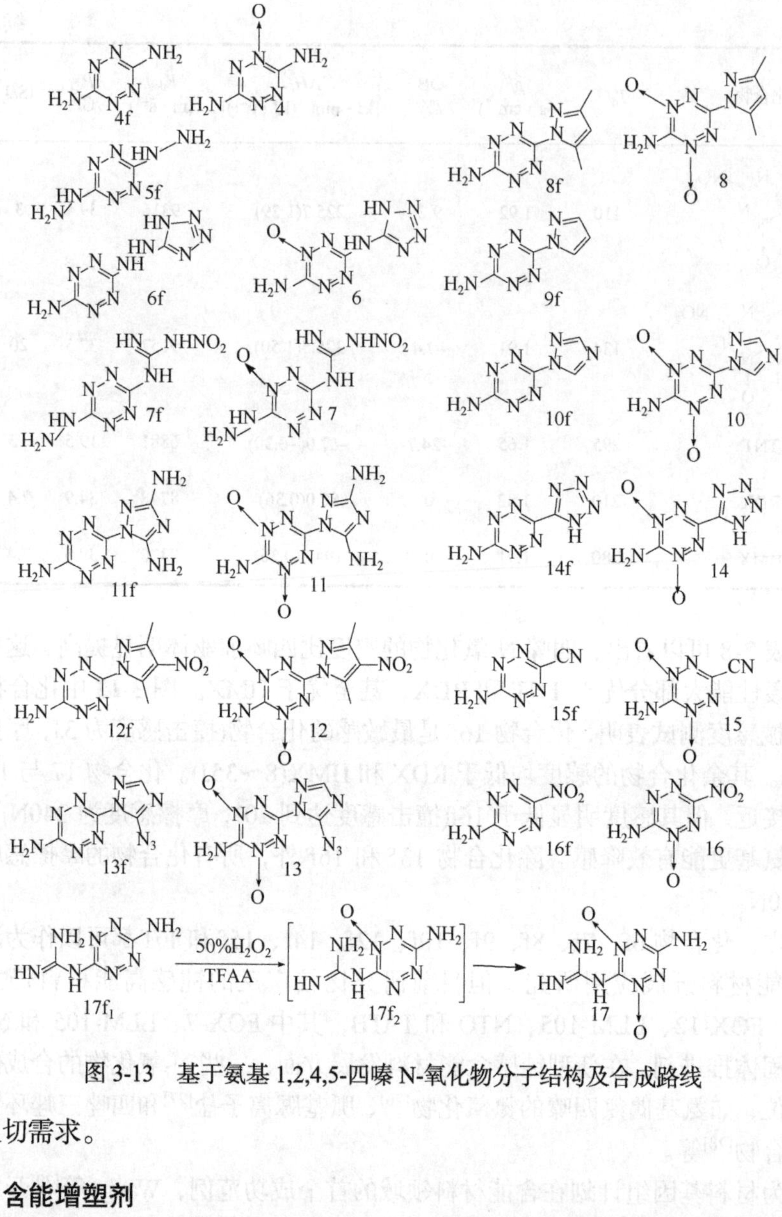

图 3-13　基于氨基 1,2,4,5-四嗪 N-氧化物分子结构及合成路线

展的迫切需求。

3.1.3　含能增塑剂

在含能材料研究领域，根据增塑剂分子中是否含有含能基团，增塑剂可以分为惰性增塑剂和含能增塑剂两类，早期降感最有效的方法是采用惰性黏结剂，但也会降低弹药和推进剂的能量。

早期研制的增塑剂只注重最基本的作用，即改善制备工艺和力学性能，对制备过程中的安全性、提高配方能量和氧平衡、改善燃烧速率和弹道性能等考虑较少。理想的增塑剂应具有如下性能：良好的物理性能，如较低的玻璃化温度、较低的黏度、良好的相容性、低迁移(低渗透、低挥发)等；良好的化学性能，如能量高、性能稳定、化学相容性好、安全性好；低成本、高纯度和低毒性。研制新型增塑剂的最有效方法是在聚合物和增塑剂分子上引入含能基团，如硝酸酯基($—ONO_2$)、硝基($—NO_2$)、硝胺基($—NNO_2$)、叠氮基($—N_3$)、二氟氨基($—NF_2$)和氟二硝甲基$[—CF(NO_2)_2]$等，不仅增加了能量，还改善了推进剂的氧平衡。按照含能基团的不同，可将含能增塑剂进行如下细分：①含有单一含能基团的增塑剂，含能基团可以是叠氮基、硝酸酯基、硝基或氟二硝甲基等；②含有两种含能基团的增塑剂，可能的组合有硝酸酯基+硝胺基、叠氮基+硝酸酯基、叠氮基+硝基、叠氮基+硝胺基、叠氮基+氟二硝甲基、氟二硝甲基+二氟氨基和氟二硝甲基+硝基。

1. 硝酸酯含能增塑剂

许多硝酸酯类化合物可用作含能增塑剂。最早使用的由硝化纤维素(NC)和硝化甘油(NG)组成的双基推进剂中，NG 起到了增塑剂的作用。根据相对分子质量的大小，已有的硝酸酯类含能增塑剂可分为小分子硝酸酯类含能增塑剂和低聚物硝酸酯类含能增塑剂。常用的硝酸酯含能增塑剂有三羟甲基乙烷三硝酸酯(trimethylol ethane trinitrate，TMETN)、三羟甲基甲烷三硝酸酯(trimethylol methane trinitrate，TMMTN)、二缩三乙二醇二硝酸酯(triethylene glycol dinitrate，TEGDN)、一缩二乙二醇二硝酸酯(diethylene glycol dinitrate，DEGDN)、乙二醇二硝酸酯(ethylene glycol dinitrate，EGDN)、1,2,4-丁三醇三硝酸酯(1,2,4-butanetriol trinitrate，BTTN)和一缩二甘油四硝酸酯(diglycerol tetranitrate，DGTN)等。

在各种硝酸酯含能增塑剂的制备工艺中，大多以其多元醇为原料，浓硝酸为硝化剂经低温直接硝化得到，其中 NG 的合成方法非常成熟，生产工艺已发展为人机隔离的自动化监控操作。尽管 NG 存在机械感度高等不足，但由于高能量、高氧平衡值及廉价的成本，一直沿用近百年。TMETN、TEGDN、DEGDN 和 BTTN 都与 NG 有着相似的分子结构，均具有优于 NG 的某些特性：TMETN 化学性质稳定、不溶于水、挥发度较低；TEGDN 具有良好的化学稳定性和低感度；DEGDN 的增塑效能远高于 NG，且能量较高；BTTN 在固体推进剂中常用来替代部分 NG，有助于提高体系的稳定性。

为了使复合推进剂配方具有较高的能量特征，一般要求增塑剂具有较低的玻璃化转变温度、低黏度、低迁移率、高氧平衡值、高热稳定性和低撞击感度。由于小分子增塑剂存在较高的迁移性和易挥发的特点，推进剂在贮存过程中会发生因增塑剂的不断溢出而使力学性能等不断下降的情况。因此，国内外研究机构以含能黏结剂的单体为原料，经聚合后制备出相对分子质量较小的低聚物，这类低聚物经改性处理后可作为相应含能增塑剂使用，如端硝酸酯基 PNIMMO 和

PGLYN 等低聚物,可在降低迁移性和玻璃化转变温度的同时,改善体系的物理化学相容性。此外,还能够起到改善推进剂力学性能和能量性能的作用。

叠氮硝酸酯(GN)低聚物是一种低相对分子质量的 GAP 与硝酸酯的混合物,其合成路线为先制得 GN 单体,然后以 HBF_4 为催化剂,以丁二醇为引发剂,GN 单体在二氯甲烷溶剂中聚合,通过改变 GN 单体/丁二醇的投料比来制得不同相对分子质量的端羟基 GN 聚合物[30,31]。将端羟基 GN 低聚物在二氯甲烷溶剂中用硝酸、乙酐硝化使端羟基转化为硝酸酯基团,得到端硝酸酯基 GN 低聚物。这种端硝酸酯基 GN 低聚物与常见小分子硝酸酯类增塑剂相比,具有黏度和迁移能力较低、燃烧热值高、爆轰性能好等优点。

2. 硝基含能增塑剂

根据硝基基团在增塑剂分子中的连接方式,硝基类含能增塑剂可以分为传统硝基类含能增塑剂(同一碳原子仅连接一个硝基)和偕二硝基类含能增塑剂(同一碳原子同时连接两个或两个以上硝基)。

为了在化合物中尽可能多地引入含能基团,同时又保证化合物或高聚物的力学性能和化学安定性,偕二硝基类化合物是最合适的选择。双 2,2-二硝基丙醇缩乙醛(BDNPA)和 2,2-二硝基丙醇缩甲醛(BDNPF)是偕二硝基类化合物的典型代表。美国对 BDNPF/A 含能增塑剂进行了广泛的研究,并将其应用到 M900 坦克炮弹、LOVA 发射药等配方中。

BDNPF/A 的合成由两部分组成,首先制备 DNPOH,其次将 DNPOH 分别与甲醛和乙醛缩合生成 BDNPF/A。美国洛克希德马丁等公司与匹克汀尼兵工厂已合作开发出环境友好的新合成方法:以铁氰化钾为催化剂,硝基乙烷在过硫酸盐氧化剂作用下与亚硝酸钠进行亚硝基取代反应,与甲醛进行羟甲基化反应,在酸性条件下用乙酸乙酯萃取得到 DNPOH;在无溶剂条件下 DNPOH 与甲醛缩合反应,用无氯溶剂乙酸乙酯或甲基叔丁基醚提取产物。BDNPF/A 的合成路线如图 3-14 所示。偕二硝基的特例是氟二硝甲基,氟原子使得这类物质在能量提高的同时,还有效改善了增塑剂的感度和安定性。因此氟二硝甲基化合物作为一种高能基团,其合成路线在国内外都有较多研究,但需要重点解决氟原子毒性及原材料成本问题。

瑞典国防研究局合成了另一种含偕二硝基的新型含能增塑剂 2,2-硝基-1,2-双硝氧丙烷(NPN),并对其进行了表征。NPN 具有较高的氧平衡(12.5%)和较低的玻璃化转变温度(−81.5℃)。加入 50%的 NPN,可将 PNIMMO 的玻璃化转变温度由−32℃降至−65℃,并有效降低交联后体系的黏度,是一种具有发展潜力的含能增塑剂。但 NPN 的热稳定性较差,在 65℃条件下放置 1 天就会开始分解,在使用时需要加入合适的稳定剂。

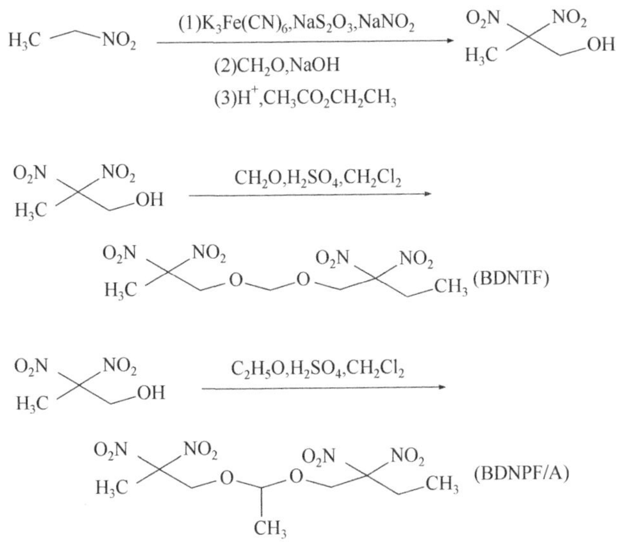

图 3-14　BDNPF/A 的合成路线

Cho 等[32]对 BDNPF/DNBPF 增塑剂的合成产物进一步研究发现，约占 10%的 2,2-二硝基丙醇二缩甲醛(BDNPDF)副产物可以有效防止 BDNPF 结晶析出，故提出了 BDNPF/BDNPDF 二元含能增塑剂。该二元含能增塑剂可形成低共熔混合物，且热稳定性和化学稳定性满足增塑剂的使用要求。BDNPF/BDNPDF 增塑剂混合物在约 20℃条件下放置 6 个月，没有结晶析出。因此在制备 BDNPF 时，不需要除去 BDNPDF 副产物，也可有效降低 BDNPF/BDNPDF 的制造成本。

3. 叠氮基含能增塑剂

由于叠氮基自身具有多项优异的性能，已被应用到含能黏结剂、含能增塑剂和含能氧化剂等方面，主要体现在以下几点：①能量很高，每摩尔可提供约 356kJ 的生成焓，既不影响氧平衡，又可提高体系总能量；②能够在不影响体系碳氢比的前提下，提高体系的氮含量，从而提高体系的气体生成量；③改善推进剂的燃烧，降低火焰温度，燃气满足低特征信号要求；④热安定性和化学安定性好。因此，将叠氮基引入增塑剂结构中，是目前含能增塑剂研究的重要方向。根据叠氮基增塑剂的相对分子质量，可以将叠氮基含能增塑剂分为叠氮基小分子含能增塑剂、叠氮基低聚物含能增塑剂和叠氮基树形含能增塑剂。其中，叠氮基小分子含能增塑剂又可细分为叠氮脂肪族增塑剂、叠氮缩醛类增塑剂和叠氮酯类增塑剂等。

叠氮基增塑剂随着叠氮黏结剂的发展而换代。由于含有叠氮功能基团的聚合物(如 GAP)，存在力学性能方面的不足，现有的含能增塑剂又与之物理不相容，最好的办法是在黏结剂配方中加入叠氮基增塑剂。具有代表性的叠氮基增塑剂有二叠氮乙酸乙二醇酯(EGBAA)、二叠氮乙酸一缩乙二醇酯(DEGBAA)、四叠氮乙酸季戊四醇酯(PETKAA)、三羟甲基硝基甲烷三叠氮乙酸酯(TMNTA)+硝基增塑剂，叠氮基增塑剂性能见表 3-9。叠氮缩醛类化合物自身具有良好的增塑性、相容性、热安定性和撞击感度等，同时制备所需的原材料易得、工艺简单。以 1,3-二叠氮基-2-丙醇缩甲醛(BDPF)为例，其制备过程为在硫酸催化作用下的二氯乙烷溶剂中，1,3-二氯-2-丙醇与三聚甲醛通过醇醛缩合反应得到 1,3-二氯-2-丙醇缩甲醛，然后在二甲基亚砜(DMSO)溶剂中，与叠氮化钠反应后制得 1,3-二叠氮基-2-丙醇缩甲醛，合成路线如图 3-15 所示。

表 3-9　叠氮基增塑剂性能

物理性质	EGBAA	DEGBAA	TMNTA	PETKAA
$\rho/(g \cdot cm^{-3})$	1.34	1.00	1.45	1.39
OB/%	−84.15	−99.92	−71.95	88.2
$\Delta H_f^{\ominus}/(kJ \cdot mol^{-1})$	−167.36	−328.86	−230.54	−215.2
$\Delta_f U/(kJ \cdot mol^{-1})$	3344.3	4540.5	5435.0	7202.0
黏度/(Pa · s)	0.0234	0.0292	1.288	2.88
$T_g/℃$	−70.8	−63.3	−34.1	−35.4
燃点(5℃ · min⁻¹)/℃	232	235	214	234
失重(90℃，80d)/%	0.9	0.48	0.25	—
IS/J	5.5	>10	16	60
FS/N	165	160	192	360

注：T_g 为玻璃化转变温度。

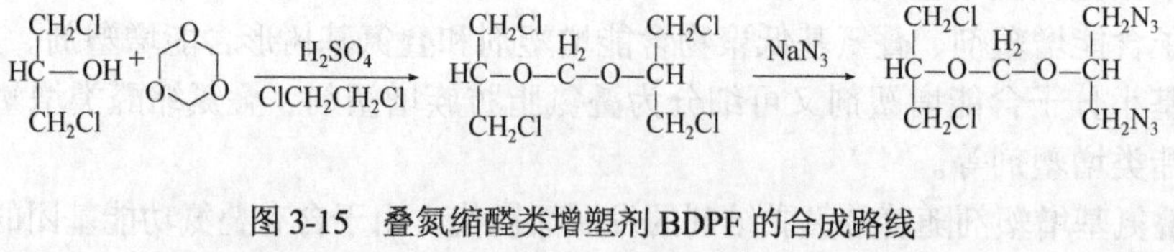

图 3-15　叠氮缩醛类增塑剂 BDPF 的合成路线

GAP 低聚物增塑剂由于具有感度低、含氮量高、不易析出等优点，逐渐成为当前低聚物含能增塑剂研究热点。根据端基官能团的不同，GAP 低聚物含能增塑剂可分为端羟基 GAP 低聚物增塑剂、端叠氮基 GAP 低聚物增塑剂(GAPA)、端酯基 GAP 低聚物增塑剂(GAPE)和端叠氮基端酯基 GAP 低聚物增塑剂(GAPAE)。低聚物官能团改性法是常见的 GAP 低聚物增塑剂制备方法：环氧氯丙烷(ECH)经阳离子开环聚合得到相对分子质量和官能度符合要求的低聚物聚环氧氯丙烷(PECH)；对 PECH 主链中的氧官能团进行叠氮化取代后得到相应的 GAP 低聚物增塑剂。

　　印度高能材料实验室开展了以不同多元醇为原材料制备端叠氮基树形聚酯增塑剂的研究[33,34]，并对产物进行了表征。采用的合成路线分别如图 3-16 和图 3-17 所示。

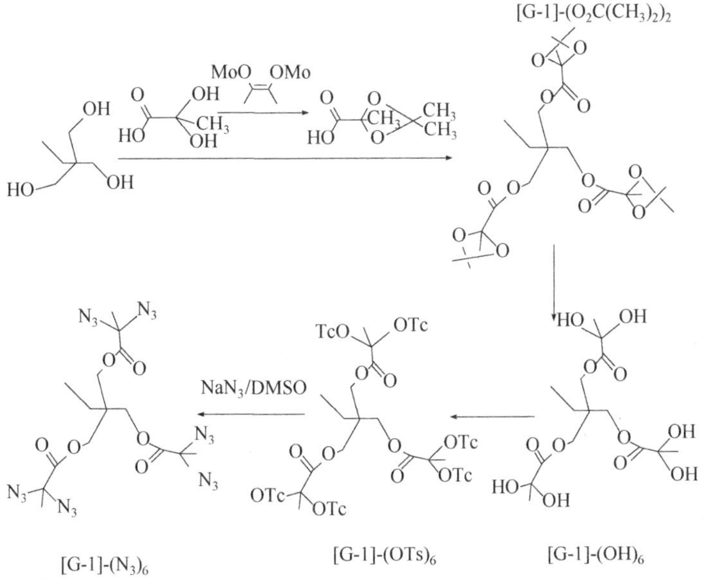

图 3-16　以 TMP 为核的端叠氮基树形聚酯增塑剂的合成路线

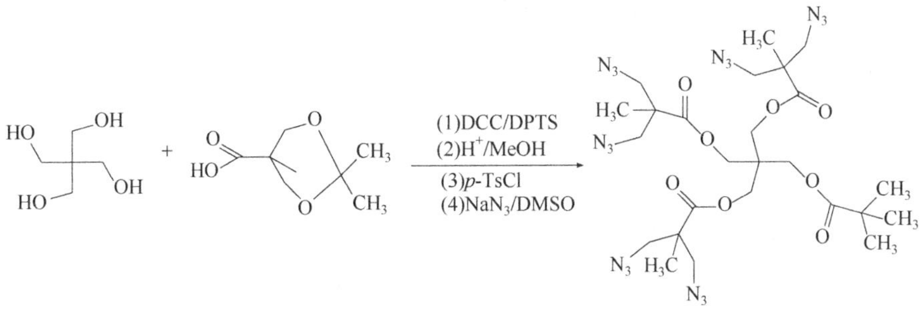

图 3-17　以季戊四醇为核的端叠氮基树形聚酯增塑剂的合成路线

端叠氮基树形聚酯增塑剂的合成方法是以三羟甲基丙烷或季戊四醇为中心核，先后经过酯化反应、羟基还原、磺化反应和叠氮化反应等合成出端叠氮基树形聚酯增塑剂。该方法存在合成反应步骤过多、反应周期长、产物成本高等问题。目前，端叠氮基树形聚酯增塑剂的研究还未成熟，其应用方面的研究未见报道。

3.1.4　含能催化剂

在推进剂燃烧过程中，当压强和初温一定时，影响燃速的主要因素为配方中各组分的性质，特别是燃烧催化剂，对改变推进剂的燃速、改善其燃烧性能效果十分明显。燃烧催化剂是调节和改善固体推进剂弹道性能不可缺少的组分之一，是其配方中非常关键的功能组分，也是火箭发动机稳定工作的重要保障。目前，工程上多采用对推进剂的能量有负面影响的无机铅盐或有机铅盐、铜盐与炭黑等惰性物质作为燃烧催化剂。为了能够在改善推进剂燃烧性能的同时不降低推进剂的能量，国内外十分重视含能催化剂的研究。含能催化剂一般是在有机金属盐催化剂分子中引入含能基团来制备含能盐或配合物，它们不仅能够调节推进剂的燃烧性能，还能够保持推进剂的能量水平，是燃烧催化剂的主要发展方向[35]。

NTO 金属盐是一类新型高能钝感含能催化剂，熔点为 238～241℃，生成焓为 -101.1kJ·mol^{-1}，密度为 1.93g·cm^{-3}，能量与 RDX 相当，安全性优于 TNT。因此，NTO 金属盐作为一种高能、致密、耐热且钝感的含能燃烧催化剂，是未来高能改性双基推进剂的重要组分之一。对于推进剂而言，该组分的加入将大幅提高燃速和比冲，并降低压强指数。制备 NTO 金属盐的方法：加热条件下，在水溶液中先使 NTO 与碱进行中和反应制得盐，再同其他无机金属盐进行复分解反应制得所需的各种 NTO 金属盐。

Singha 等[36]率先将 NTO 铜盐 $Cu(NTO)_2$ 和铁盐 $Fe(NTO)_3$ 与 CuO 和 Fe_2O_3 对 HTPB/AP 复合推进剂分解反应的影响进行了比较研究，发现 $Cu(NTO)_2$ 和 $Fe(NTO)_3$ 能对推进剂的稳定燃烧起到催化作用，$Cu(NTO)_2$ 和 $Fe(NTO)_3$ 燃烧产生的 CuO 和 Fe_2O_3 对催化作用的效果比直接使用氧化物更好，而纯 NTO 则不适合用作该类推进剂的催化剂。

四唑类化合物具有感度低，燃烧产物绿色环保，作为推进剂的组分时能够降低特征信号等优点。近年来，国内外对四唑类金属盐用作固体推进剂的含能催化剂进行了大量研究，并取得了很大进展。目前，四唑类含能催化剂的研究主要集中在高能钝感炸药取代 RDX 和 HMX 用于低特征信号低感度推进剂、新型无毒高效低温气体发生剂、新型观赏性微烟或无烟烟火剂、无焰低温灭火剂等含能材料领域[37]。

邓敏智等[38]和赵凤起等[39]通过合成 5-苯基四唑、5-亚甲基二四唑，制备了铅盐、铜盐、锶盐(合成路线如图 3-18 所示)，并研究了四唑类金属盐作为燃烧催化剂对微烟、含 RDX 改性双基推进剂燃烧性能的影响。

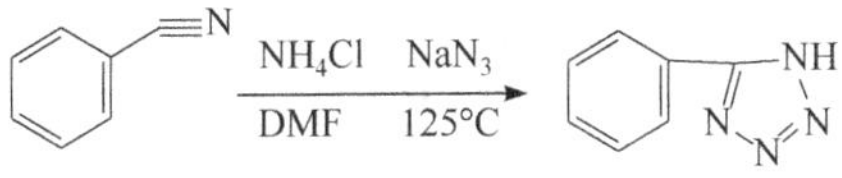

(a)5-苯基四唑的合成

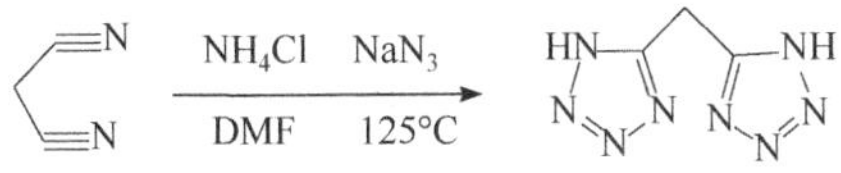

(b)5-亚甲基二四唑的合成

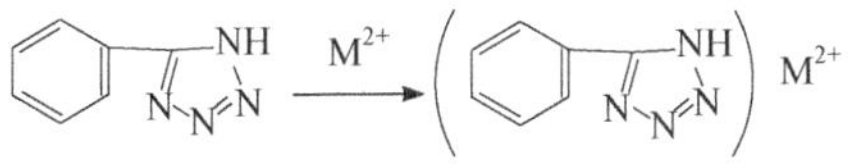

(c)5-苯基四唑盐的制备

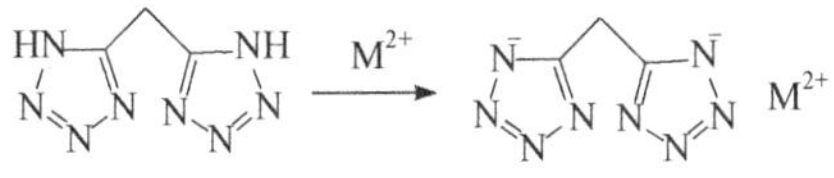

(d)5-亚甲基二四唑盐的制备

图 3-18　5-苯基四唑、5-亚甲基二四唑、5-苯基四唑盐、5-亚甲基二四唑盐的制备合成路线

(M^{2+}=Cu^{2+}、Pb^{2+}、Sr^{2+})

李志敏等[40]以 1,5-二氨基四唑(DAT)为配体，苦味酸为外界阴离子，钴、铜为中心离子合成出两种二氨基四唑含能配合物。Ilyushin 等[41]以 1,5-二亚甲基-1H-四唑(PMT)为配体，制备出系列的过渡金属高氯酸配合物，这些产物都能够提高推进剂的燃速，降低压强指数。目前已有的四唑类含能催化剂中，以四唑环结构 PMT 为配体的高氯酸铜化合物表现出最好的催化效果。为了获得更为环保的含能催化剂，也有采用高氮唑类衍生物代替传统的芳香和苯并唑类化合物制备新型高氮金属配合物的相关探索研究。

吡啶类和硝胺类化合物也可作为含能催化剂。多数硝基吡啶类化合物具有含氮量高、生成焓高和热稳定好的特点，国内外目前研究较多的主要有 ANPy 及其氧化物(ANPyO)、2,4,6-三氨基-3,5-二硝基吡啶(TANPy)及其氧化物(TANPyO)、2,4,6-三硝基吡啶(TNPy)及其氧化物(TNPyO)等。硝基吡啶、碳酰肼、硝基苯并氧化呋喃、乙二胺及含能黏结剂类物质都是含能材料领域的研究热点，具有高能和环保的特点，其自身及衍生物被广泛用于推进剂配方中。值得注意的是，作为燃烧催化剂，它们的金属化合物在安定性、相容性方面具有独特优势。在这类含能催化剂的研制和应用中,应注重与推进剂体系的配合,如 2,4-二硝基咪唑铅(PDNI)也可用作含能燃烧催化剂,其感度远低于 NTO 铅盐,热稳定性也优于 NTO 铅盐[42]。将 PDNI 用于固体推进剂中, 能在较宽压强范围内提高双基和改性双基推进剂的燃速,从而产生平台燃烧效应。但是, 2,4-二硝基咪唑铅合成过程中存在人员对中间体严重过敏的现象,给其生产及应用带来了极大困扰,导致该化合物的合成难以放大。

3.2 含能离子液体

3.2.1 唑类含能离子液体

离子液体(ionic liquids)作为一种"绿色"溶剂, 在含能材料合成领域有着广泛的应用。离子液体是一类由有机阳离子与无机阴离子(或有机阴离子)组成的、在水的沸点下呈液态的盐类化合物,具有蒸汽压低、极性强、溶解性好、稳定性好和性能可调等优点,作为一类环境友好溶剂具有很大的发展与应用潜力。离子液体的溶解性可通过改变阴离子或阳离子中烷基链的长短来实现,因此离子液体又称为"可设计合成的溶剂"。

含能离子液体是一个大家族,哪种类型的离子液体可看作含能离子液体是一个较难定义的概念。Nicolich 等[43]总结了常见含能离子液体阳离子和阴离子的化学结构式,如图 3-19 和图 3-20 所示。虽然这种总结并不完全,但已经涵盖了目前研究的绝大部分种类。一般而言,阳离子或阴离子之一有含能基团的离子液体就可以归属于含能离子液体。

含能离子液体的制备方法主要包括一步法和两步法两种。其中,一步法是指通过酸碱中和反应直接制得含能离子化合物的方法;两步法是指在制备出阳离子卤盐和阴离子金属盐的基础上,使阳离子卤盐与阴离子金属盐发生离子交换反应而制得含能离子液体的方法。一步法制备过程简单、没有副产物、产品易纯化;两步法可制备一步法难以得到的目标化合物。

唑类化合物根据氮原子取代数目的不同,可依次分为咪唑、三唑、四唑和五唑。从咪唑到五唑,氮含量逐渐增加,生成焓也逐渐增大。改变唑类化合物的取代基可以对唑类化合物的性能进行调节:在唑类化合物上连接甲基可降低化合物的能量,提高其稳定性;在唑类化合物上引入硝基可提高化合物的能量,但同时增加了其感度。目前,已经有一些唑类含能离子液体被合成出来。

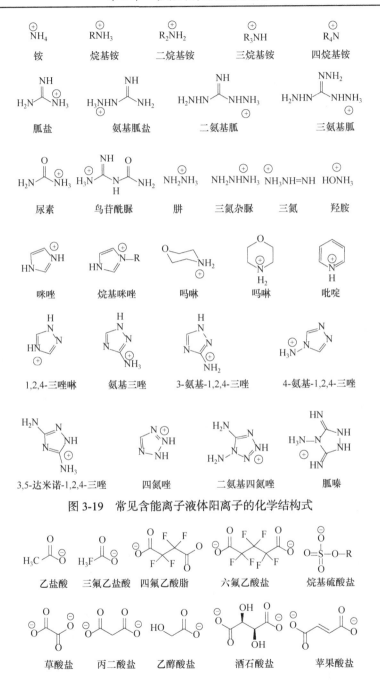

图 3-19　常见含能离子液体阳离子的化学结构式

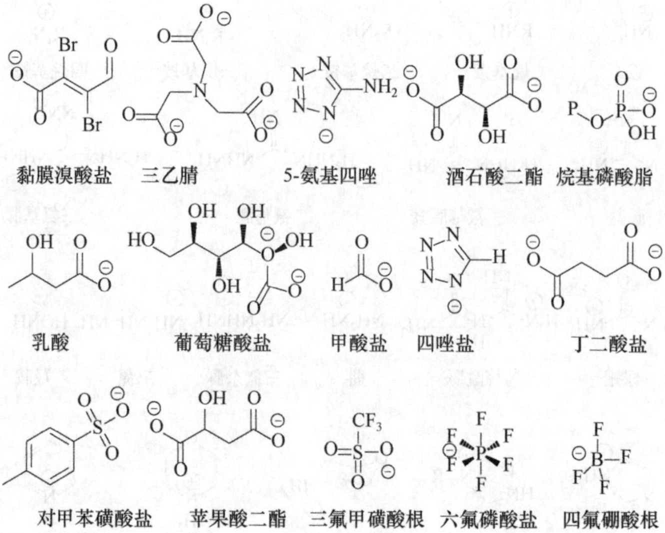

图 3-20　常见含能离子液体阴离子的化学结构式

1. 咪唑类含能离子液体

咪唑是分子结构中含有两个间位氮原子的五元芳香杂环化合物。咪唑类含能离子液体是一种重要的含能离子盐，这是由于咪唑类阳离子与含能阴离子通过复分解或酸碱中和反应形成的离子盐具有较好的稳定性和较高的能量[44-46]。含不同取代基的咪唑阳离子同硝基唑离子、叠氮根、5-氨基四唑离子、二氰胺离子和氰基硼氢离子均能形成含能离子化合物，部分化合物有望应用于高能炸药或推进剂配方。

刘跃佳等[47]和 Branco 等[48]先后以 N-甲基咪唑为原料，采用 2-氯乙醇为季铵化试剂，成功制备得到了两种 N-羟乙基咪唑氯化物。实验在无溶剂条件(即可高产率制备季铵盐产物)下进行，咪唑类原料和 2-氯乙醇物质的量的比为 1:1。停止反应后，向体系中加入少量乙醇并冷却至室温，倒入乙酸乙酯中搅拌一段时间除去未反应的原料，并将析出的白色晶体过滤收集。用发烟硝酸作为硝化剂和溶剂，将产物支链上的羟基转化为硝酸酯基，同时将氯离子置换为硝酸根，便可得到另外两种 N-硝酰氧乙基咪唑类含能离子液体。采用复分解反应，可将第一步所得产物中的氯离子置换为含能阴离子，进而得到 8 种 N-羟乙基咪唑类含能离子液体。

多硝基咪唑由于其较低的感度和可观的能量而备受重视，如 2,4-二硝基咪唑、4,5-二硝基咪唑、2,4,5-三硝基咪唑等[49-52]。Gao 等[53]以 2,4,5-三硝基咪唑为母体，分别与 8 种含氮有机阳离子化合，获得了相应的高氮有机含能离子液体。含能离子液体的溶解性是衡量其性能的重要参数，咪唑类含能离子液体能够溶解在乙腈和二甲基亚砜(DMSO)等强极性溶剂中，随着取代烷基链长度的增加，离子液体在较弱极性溶剂中的溶解度逐渐下降；但在加热条件下，大部分离子液体能溶于绝大多数极性有机溶剂中。

2. 三唑类含能离子液体

三唑是含有 3 个 N 原子的五元芳香杂环化合物，三个氮原子分别在环的 1,2,3-位或 1,2,4-位，三唑衍生物的离子化合物已被证实可用作含能材料。三唑类含能离子液体按照取代基的不同可分为未取代三唑类、氨基取代三唑类、叠氮基取代三唑类和硝基取代三唑类等含能离子液体。

1,2,3-三唑或 1,2,4-三唑显弱碱性，因此可直接与强酸反应生成离子液体。Drake 等[54]合成出三唑阳离子，并分别与硝酸、高氯酸和二硝酰胺阴离子反应得到离子液体。1,2,4-三唑和 1,2,3-三唑与浓硝酸、高氯酸和二硝酰胺反应分别生成最简单的 1,2,4-三唑硝酸盐或 1,2,3-三唑硝酸盐，1,2,4-三唑高氯酸盐或 1,2,3-三唑高氯酸盐，1,2,4-三唑二硝酰胺盐或 1,2,3-三唑二硝酰胺盐如图 3-21 所示。这是合成没有发生取代反应三唑含能离子液体的方法，其中所有的反应均为计量反应，产品纯度较高。

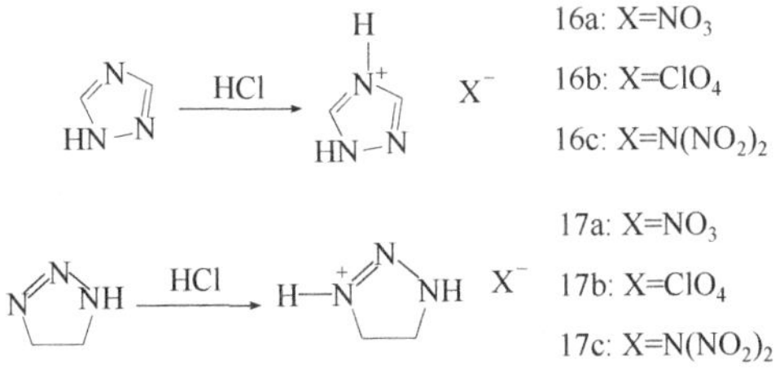

16a: X=NO₃
16b: X=ClO₄
16c: X=N(NO₂)₂

17a: X=NO₃
17b: X=ClO₄
17c: X=N(NO₂)₂

图 3-21　1,2,4-三唑和 1,2,3-三唑离子液体的合成路线

在唑环上引入氨基是增强其热稳定性的方法之一，该方法可以增强唑环对热、摩擦和撞击的耐受能力，使熔点降低、生成焓增大。唑环上引入的氨基是一个吸电子基团，使得唑环能够与硝酸、高氯酸或二硝酰胺反应生成含能离子液体。一系列具有较好热稳定性和氧平衡，以 3,4,5-三氨基-1,2,4-三唑为阳离子的含能离子液体也被成功合成，其中叠氮盐和偶氮四唑盐有望用作高能炸药。

叠氮三唑类化合物具有较高的生成焓，但感度很高。叠氮三唑与硝酸阴离子、高氯酸阴离子或偶氮阴离子可直接合成含能离子液体。如图 3-22 所示，1-甲基-3-叠氮基-1,2,4-三唑分别与浓硝酸或高氯酸反应生成 1-甲基-3-叠氮基-1,2,4-三唑硝酸盐或 1-甲基-3-叠氮基-1,2,4-三唑高氯酸盐，当 1-甲基-3-叠氮基-1,2,4-三唑用碘甲烷季铵化后可与 AgNO₃ 或 AgClO₄ 发生置换反应生成叠氮三唑盐。

国内外对三唑类高氮杂环化合物 NTO 基含能离子液体开展了大量研究，其分子结构与 3-硝基-1,2,4-三唑-5-酮和 5-硝基-1,2,4 三唑-3-酮互为同分异构体。NTO是一种低敏感性的含能材料，生成焓为负，能量与 RDX 相近，安全性优于 HMX、

RDX 和 TNT 等[55]。柴春鹏等[56]通过两步法制备了 NTO 烷基咪唑离子液体，合成路线如图 3-23 所示。第一步分别合成正丙基、丁基、戊基、己基取代的咪唑阳离子溴盐和 NTO 阴离子银盐，第二步通过离子交换得到 3-硝基-1,2,4-三唑-5-酮烷基咪唑含能离子液体。

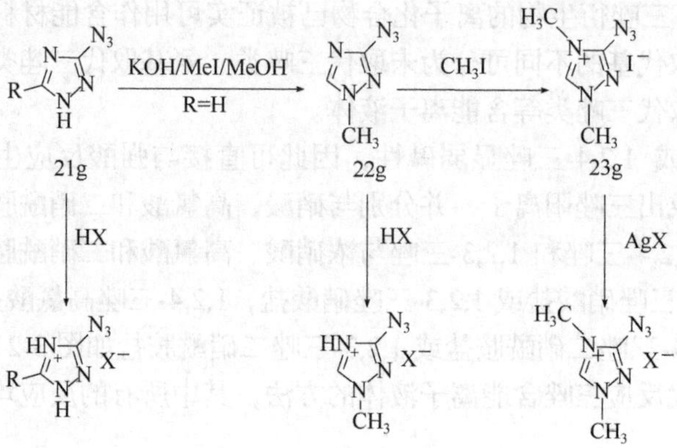

$24g_1$:R=H,X=NO_3
$24g_2$:R=H,X=ClO_4
$24g_3$:R=CH_3,X=NO_3
$24g_4$:R=N_3,X=NO_3

$25g_1$:X=NO_3
$25g_2$:X=ClO_4

$26g_1$:X=NO_3
$26g_2$:X=ClO_4

图 3-22　以含叠氮基的三唑为起始原料的叠氮三唑盐的合成路线

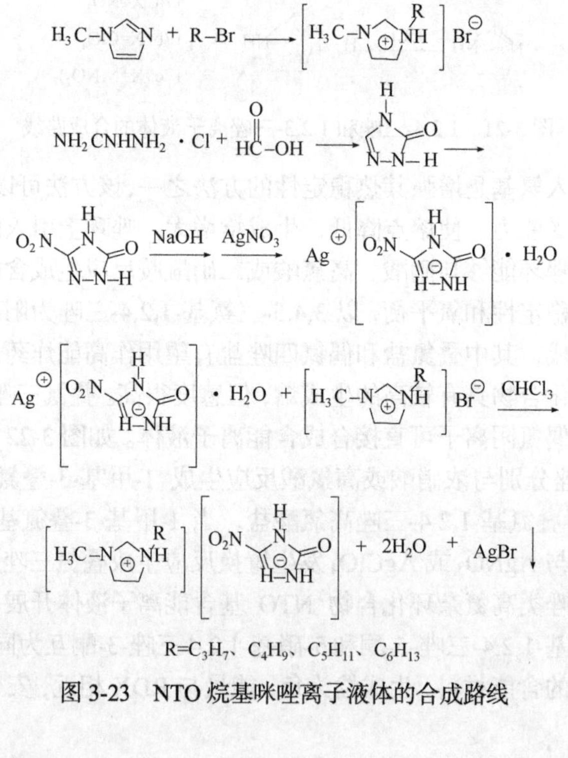

R=C_3H_7、C_4H_9、C_5H_{11}、C_6H_{13}

图 3-23　NTO 烷基咪唑离子液体的合成路线

3. 四唑类含能离子液体

四唑是含有四个氮的五元杂环化合物，也是除全氮化合物外氮含量最高的杂环化合物。四唑类氮杂环化合物具有生成焓高、密度高、氧平衡好等优点，在唑上连接不同的官能团生成的唑类衍生物具有较好的能量和爆轰性能。

目前，已合成的四唑类衍生物数量非常庞大，四唑类含能离子液体按照取代基可分为氨基取代($R—NH_2$)类、叠氮基取代($R—N_3$)类、硝基取代($R—NO_2$)类、硝酸酯基取代($R—O—NO_2$)类和硝亚氨基取代($R_2N—NO_2$)类等。氨基四唑氮含量很高，且生成焓较高，热稳定性也较好，应用价值较高。1,1-二氨基-2,2-二硝基乙烯属于推-拉型电子结构，推电子的氨基和拉电子的硝基共同作用使双键碳上的正负电荷稳定，且正电荷一端容易接受亲核试剂的进攻发生氨基取代反应。用 1-氨基-1-肼基-2,2-二硝基乙烯作为原料，可将肼基和氨基闭合形成环，制备四唑类化合物 1,4-二氨-5H-(二硝基亚甲基)-四唑，合成路线如图 3-24 所示[57]。

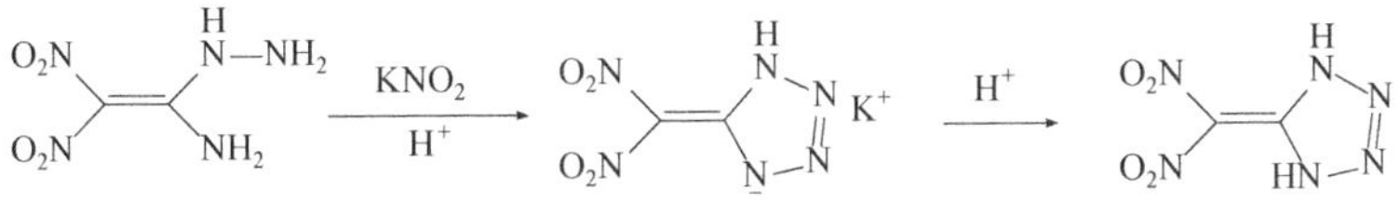

图 3-24　1,4-二氨-5H-(二硝基亚甲基)-四唑的合成路线

叠氮四唑虽然密度不高，但其氮含量和生成焓很高，作为高能炸药分子，叠氮四唑的爆速可达 9000 m·s^{-1} 以上。Klapotke 等[58]合成了 5-叠氮四唑系列含能离子液体，除了具有叠氮四唑的高氮含量和生成焓外，还具有较高的感度和起爆可靠性，可用作起爆药。

硝基取代含能盐是指分子中含有—NO$_2$取代基的一类物质，优越的性能使其成为含能材料领域的研究热点之一，在起爆药、推进剂、气体发生剂等方面都有广泛应用前景。将硝基引入四唑环可以大幅度提高四唑环的密度和能量，具有硝基的含能离子液体可充分改善氧平衡、提高爆热。Klapotke 等合成了 1,5-二氨基-4-甲基四唑-5-硝基四唑盐并研究了其安全性能，结果表明其撞击感度和摩擦感度均很低。对 5-硝亚氨基四唑含能离子液体进行研究发现[59-62]，这种离子液体具有较好的动力学和热力学稳定性，部分产物的机械感度较低、热稳定性好，燃烧时无烟雾产生，且对环境友好。

3.2.2　季铵盐类含能离子液体

季铵盐又称四级铵盐，是新型室温离子液体，由铵离子中的一个 H 或者多个 H 被羟基所取代而形成的化合物，季铵阳离子与多种无机阴离子或者有机阴离子结合即可形成各种各样的季铵盐类含能离子液体。对季铵盐类含能离子液体而言，可与季铵盐类阳离子复合的阴离子主要有两大类:一类是卤化盐,如 $AlCl_3$、$AlBr_3$;另一类是非卤化盐,如 BF_4^-、PF_6^-,也有 CF_3COO^-、$C_3F_7COO^-$ 和 $CF_3SO_3^-$ 等。

阳离子取代基的对称性和大小对季铵盐类含能离子液体熔点有很大影响,即离子液体的熔点随季铵阳离子对称性增高而增大,但随季铵阳离子体积增大而减小[63]。季铵盐类含能离子液体的黏度主要受到离子间范德华力、氢键作用、乙基阳离子体积大小的影响。季铵盐类含能离子液体的传统合成法也包括一步法和两步法。如前所述,两步法可以制得不添加任何反应介质的一步法难以得到的离子液体。近年来,在传统合成法的基础上,又发展出了一些新型的合成方法,包括超声波辅助合成法和微波辅助合成法等。

氯代-1-丁基-3-甲基咪唑含能离子液体与 $NH_4CF_3SO_3$、NH_4BF_4、NH_4PF_6 等盐的离子交换反应过程如图 3-25 所示[64]。通过对含能离子液体合成过程中混合物电导率的跟踪测定,证明使用超声波辅助合成离子液体能够有效缩短反应时间。若利用微波辅助合成法,通过温度控制微波照射时间,可实现密闭体系中离子液体的大规模一次性制备[65]。

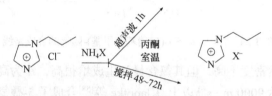

图 3-25　氯代-1-丁基-3-甲基咪唑含能离子液体的离子交换反应过程

以 1,1-二甲基-1-氰甲基联氨为阳离子,与硝酸根、高氯酸根、叠氮根、5-氨基四唑负离子、5,5'-偶氮四唑负离子和苦味酸负离子等阴离子进行组合,可合成一系列季铵盐类含能离子液体[66],如图 3-26 所示。这些离子液体的熔点较低,分解温度在 160℃左右,并具有良好的爆轰性能和较低的感度,在液体推进系统中具有较大的应用潜力。

3.2.3　其他含能离子液体

1. 四嗪类含能离子液体

四嗪又名四氮杂苯,是含 4 个氮原子的六元杂环化合物 $w_N=68.3\%$,是近年来国内外研究较多的一类新型高氮含能材料。由于其环上存在氮原子,环上电子云发生转移而密度降低,四嗪难以发生亲电取代反应,而较易发生亲核取代反应[67-69]。四嗪有 1,2,3,5-四嗪、1,2,3,4-四嗪和 1,2,4,5-四嗪三种同分异构体,它们的结构如图 3-27 所示。其中,1,2,4,5-四嗪(均四嗪)由于性质稳定而被广泛研究。目前,四嗪类高氮含能材料的研究集中在 3,6-二胼基-1,2,4,5-四嗪(DGTz)、3,6-二

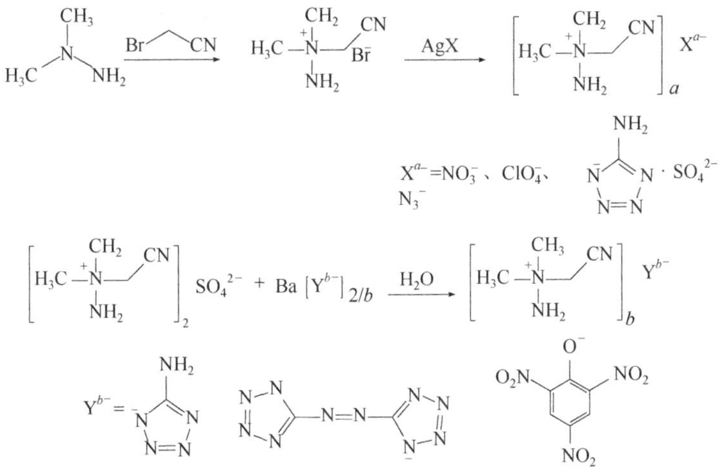

图 3-26　基于 1,1-二甲基-1-氰甲基联氨阳离子类含能离子液体的合成路线

硝基胍-1,2,4,5-四嗪(DNGTz)和 3,6-对(5-氨基四唑)-1,2,4,5-四嗪(BTATz)等对称均四嗪类化合物及其盐、氧化物的合成与性能表征上。其中，四嗪类含能离子液体 BHT 的爆轰性能比传统含能材料优越得多，具体见表 3-10。

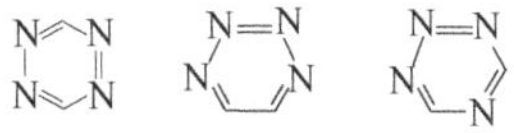

四嗪

图 3-27　1,2,3,5-四嗪、1,2,3,4-四嗪和 1,2,4,5-四嗪结构

表 3-10　四嗪类含能离子液体与传统含能材料的性能比较

化合物	$\Delta H_f^{\ominus}/(kJ \cdot mol^{-1})$	$\rho/(g \cdot cm^{-3})$	P_{CJ}/GPa	$T_0/℃$
DGTz	+197	1.72	20.78	>226
DAAT	+862	1.84	24.11	252
BHT	+536	1.69	39.20	140
BTATz	+883	1.76	22.41	264
TNT	−74	1.65	—	240
HMX	+88	1.91	40.13	275
RDX	+81	1.82	26.11	203

注：T_0 为失控化学反应温度。

1,2,4,5-四嗪类化合物的主要合成方法大致分为两种[70,71]。第一种方法是腈和

水合肼反应合成,如图 3-28 所示;第二种方法是以硝酸胍和水合肼为原料经胺化、成环和脱氢氧化反应合成得到重要中间体 3,6-二(3,5-二甲基吡唑)-1,2,4,5-四嗪(BT),如图 3-29 所示。第一种方法的原料成本低、合成步骤简单、反应产率较高,但原料的毒性大,得到的产物类型较单一;第二种方法的应用范围较广,是目前均四嗪类化合物的主要合成方法。

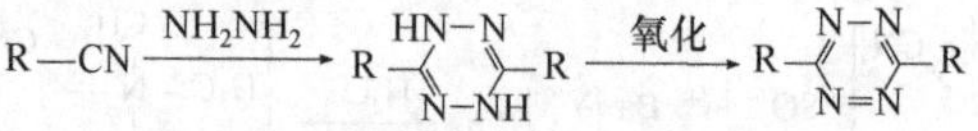

图 3-28 腈和水合肼的合成路线

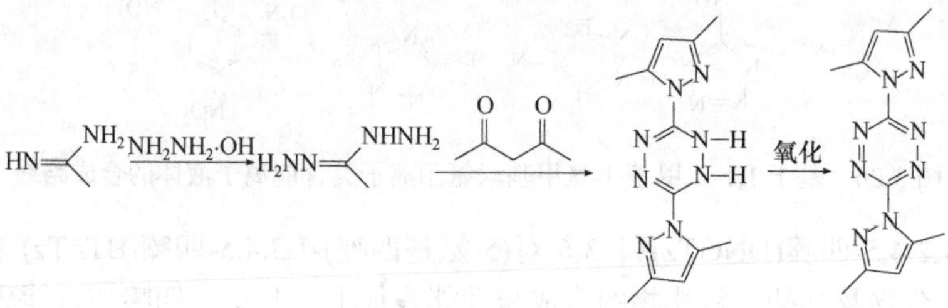

图 3-29 中间体 BT 的合成路线

目前,国内外已经合成出很多种四嗪类高氮含能化合物,其中大多数是以 BT 为重要中间体合成的,表 3-10 列出了部分四嗪类含能离子液体与传统含能材料爆轰参数的比较。可以看出,四嗪类含能离子液体具有优异的爆轰性能,以及一定应用前景。

2. 胍类含能离子液体

胍盐是一种重要的化合物,由于其特殊的结构使正电荷分布在 3 个氮原子和中心碳原子上,胍类含能离子盐的共轭结构如图 3-30 所示,阳离子中 3 个氮原子共轭,正电荷分布于 3 个氮原子和中心碳原子上,从而使分子具有较高的热力学稳定性,主要用作耐高温相转移催化剂[72,73]。胍基含能离子液体是一类含有胍基结构阳离子的含能离子液体。阳离子主要有胍、氨基胍、二氨基胍、三氨基胍和六烷基胍阳离子,其中六烷基胍阳离子液体的研究比较热门。胍基结构阳离子具有电荷分散程度高、热稳定性和化学稳定性好、3 个氮原子上的基团可调节等特点。胍类含能离子液体的阴离子主要为氮杂环(三唑、四唑和四嗪等)。胍类含能离子液体的研究虽然起步较晚,但具有独特的性质(化学和热力学稳定高、具有较高的燃烧热、Lewis 酸性强、相转移催化活性高)。目前,胍类含能离子液体的设计、合成和应用方面的相关研究受到了国内外学者的关注,随着研究的不断深入,胍盐的合成方法得到了拓展。

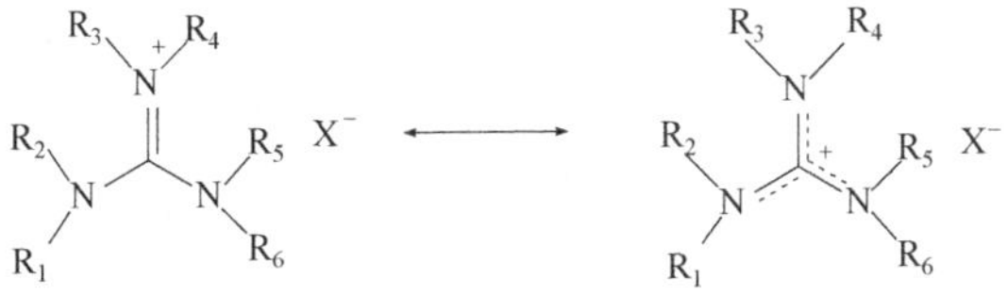

$R_1=R_2=R_5=R_6=CH_3$　　$R_3=R_4=H$　　$X=CH_3CH(OH)COO^-$

$R_1=R_2=R_3=R_4=R_5=R_6=CH_2CH_3$　　$X^-=Br^-$

$R_1=R_2=R_3=R_4=R_5=R_6=n\text{-}C_4H_9$　　$X^-=Cl^-$

图 3-30　胍类含能离子盐的共轭结构

可采用离子交换法合成四种六烷基胍 4,5-二氰基-1,2,3-三唑([C_n-guan] [TADC]，n=3，4，5，6)含能离子液体，合成路线如图 3-31 所示[74]。六烷基胍 TADC 含能离子液体([C_n-guan][TADC])在极性较大的有机溶剂中具有良好的溶解性，最高分解温度在 370℃左右，具有良好的热稳定性。[C_n-guan][TADC] (n=3，4，5) 在 DSC 的二次升温过程中经历了玻璃态、过冷态、结晶态和液态四种相态。在胍基中引入烷基能够使胍基化合物的稳定性大幅提高、熔点降低。在此基础上，将 [C_n-guan][NTO]代替部分 AP 加入丁羟推进剂中，对其爆热性能进行测试后发现，

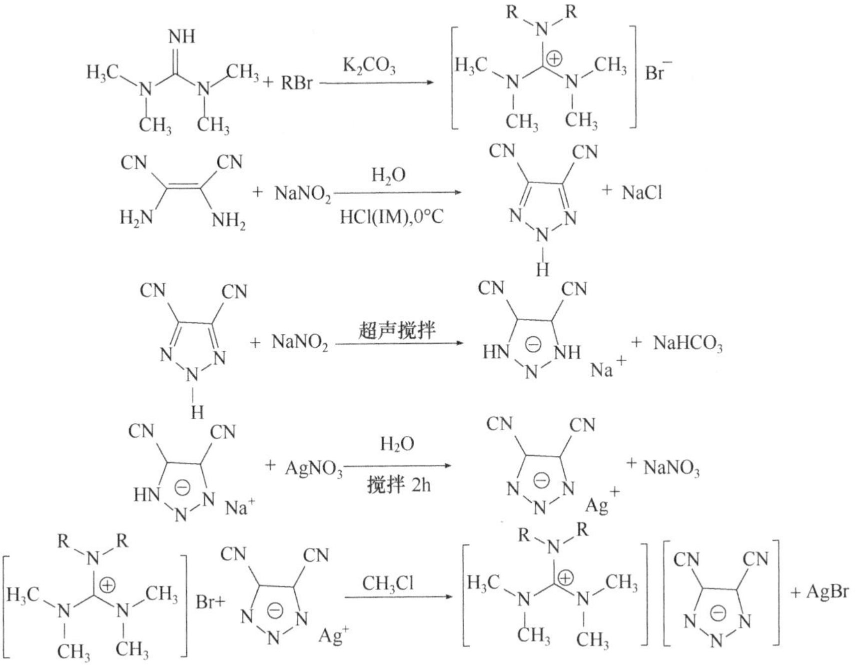

图 3-31　[C_n-guan][TADC]的合成路线

[C$_n$-guan][NTO]对 RDX、HMX 和 CL-20 的分解有促进作用，对 AP 的分解有抑制作用，丁羟推进剂的爆热随着[C$_n$-guan][NTO]加入量的增加而升高。

由于离子液体的"零蒸气压"特性，可用离子液体取代 TNT 作熔铸炸药的熔融介质，且更安全、更环保。在众多离子液体中，已尝试将三氟乙酸氨基胍(AG·TFA)和三唑类两种离子液体作为 TNT 的替代物。美国的研究者[75,76]发现，只有 AG·TFA 能够与 RDX、HMX、TNT、CL-20 和 NTO 相容，因此选用 AG·TFA 替代 TNT 作熔融介质制备熔铸炸药。将 AG·TFA 加热到高于其熔点后制成熔体，与其他组分混合浇注成型。结果表明，含能离子液体不仅可以用作熔铸炸药黏结剂，还兼具降感的作用。

3.3　高氮及全氮化合物

3.3.1　高氮化合物

高氮化合物是一种新型高能量密度材料，具有高氮含量、高生成焓、高密度、燃烧产物无污染等特点，在火箭推进剂、气体发生剂、烟火剂、高能钝感炸药等领域具有较好的应用前景。

高氮化合物以含碳和氮的杂环为主要骨架，其中氮元素的质量分数高于碳、氢元素，主要以氮杂环为主，其能量来源于本身所具有的 N—N 键和 C—N 键，因此生成焓很高。高氮化合物的主要组成单元可分为三类：结构单元、连接单元和取代基。结构单元主要有唑类和嗪类氮杂环等；连接单元主要有氨基(—NH—)、偶氮基(—N=N—)、肼基(—NH—NH—)和双偶氮基(—N=N—N=N—)等，其中氨基和偶氮基最为常见；取代基除了—NO$_2$ 和—NH$_2$ 以外，还有高能—N$_3$ 和配位氧。可以看出，大部分连接单元和取代基为高氮含量基团，因此该类化合物的氮含量主要取决于其基础结构单元中的氮含量。目前，德国慕尼黑大学、美国爱达荷大学、中国北京理工大学和南京理工大学在高氮化合物的研究方面处于领先地位。美国 Shreeve 和德国 Klapotke 两个团队分别制备了一系列硝基、叠氮四唑衍生物(图 3-32)。

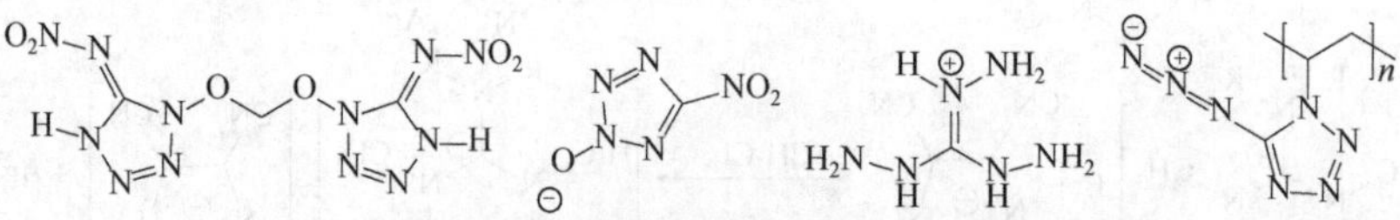

图 3-32　硝基、叠氮四唑衍生物

四唑环、四嗪环和呋咱环是典型的三种高氮、低碳氢含量的基础结构单元[77]。图 3-33 给出了由三嗪环、三唑环、四嗪环、四唑环和呋咱环构成的典型化合物的分子结构和氮含量对比。

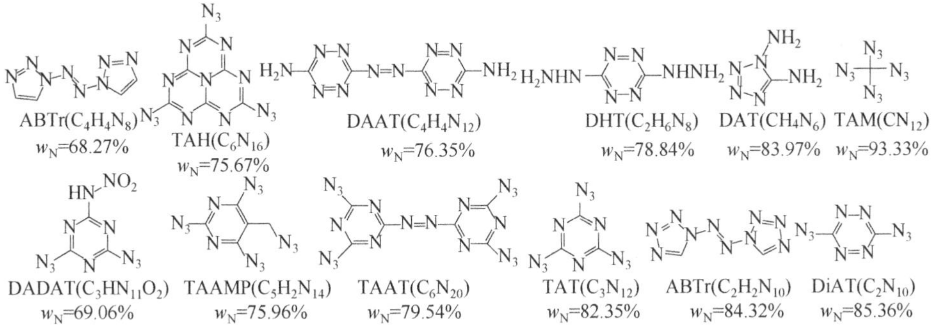

ABTr(C$_4$H$_4$N$_8$)$_3$　　TAH(C$_6$N$_{16}$)　　DAAT(C$_4$H$_4$N$_{12}$)　　DHT(C$_2$H$_6$N$_8$)　DAT(CH$_4$N$_6$) TAM(CN$_{12}$)
w_N=68.27%　w_N=75.67%　w_N=76.35%　w_N=78.84%　w_N=83.97%　w_N=93.33%

DADAT(C$_3$HN$_{11}$O$_2$) TAAMP(C$_5$H$_2$N$_{14}$) TAAT(C$_6$N$_{20}$) TAT(C$_3$N$_{12}$) ABTr(C$_2$H$_2$N$_{10}$) DiAT(C$_2$N$_{10}$)
w_N=69.06%　w_N=75.96%　w_N=79.54%　w_N=82.35%　w_N=84.32%　w_N=85.36%

图 3-33　常温常压下稳定存在的典型高氮化合物分子结构及其氮含量

　　四嗪环分子式为 C$_2$H$_2$N$_4$，氮含量为 68.3%，碳含量和氢含量分别为 29.3% 和 2.4%，结构符合 Hückel 规则，具有芳香性。其结构相当于苯环中的 4 个次甲基被 4 个叔胺基取代而形成的杂环化合物，叔胺基的引入使环的芳香性和碱性都增强。此外，环上的 π 电子云向氮原子转移，导致碳原子的 π 电子云密度降低，加之诱导效应，进一步使环上碳原子的 π 电子云密度降低。因此，四嗪环很难发生亲电取代反应，而较易发生亲核取代反应。

　　四唑环为含有 4 个氮原子的五元杂环结构，分子式为 CH$_2$N$_4$，氮含量为 80.0%，碳含量和氢含量分别为 17.2% 和 2.8%，是目前能够稳定存在的氮含量最高的结构单元。四唑环骨架为平面结构，具有芳香性，理论上四唑母环有三种异构体，即 1H—四唑(a)、2H—四唑(b) 和 5H—四唑(c)，其中(a)和(b)的存在已被实验所证实，(c)因能量较高难以单独存在。目前所报道的绝大部分四唑类含能化合物为 1H—四唑，为类似苯环离域或大 π 键的结构，机械感度较低，具有足够的安定性。

　　呋咱环也是一种含能基团，分子式为 C$_2$H$_2$ON$_2$，五元环结构中含有 2 个氮原子和 1 个氧原子，氮含量为 40%，碳含量和氢含量分别为 34.3% 和 2.9%。呋咱环不同于四嗪环和四唑环，其环内存在活性氧，可形成一种"潜硝基"内侧环结构，因此呋咱类高氮化合物密度和氧平衡普遍高于四嗪、四唑类化合物，但热稳定性稍差。大量研究表明：对含有 C、H、O、N 原子的高能量密度材料，呋咱环是一种非常有效的结构单元。例如，将一个氧化呋咱取代一个硝基基团引入含能化合物中，不仅可将密度提高 0.06～0.08g·cm^{-3}，爆速也将增加 300m·s^{-1} 左右。

1. 唑类高氮化合物

　　唑类高氮化合物的分子结构中含有大量的 N—N、C—N、N≡N、C≡N，使得化合物的生成焓大都为正值，有利于提高分子的爆热及用作推进剂组分时的比冲。同时，由于唑类高氮化合物所含的氮原子、氧原子的电负性较强，氮芳杂体系一般能形成类似苯环结构的大π键体系，使化合物通常还具有钝感和高热稳定性。

在四唑或其他高氮杂环化合物中引入 N-硝基可显著提高其爆炸性能，并满足绿色含能材料技术的发展要求。图 3-34 和表 3-11 分别为 N-硝基四唑及其甲基取代物与 RDX 结构和性能对比[78]。N-硝基四唑的密度和爆轰性能都优于 RDX，但感度较高。甲基邻位取代后感度明显降低，但爆轰性能比 RDX 差。

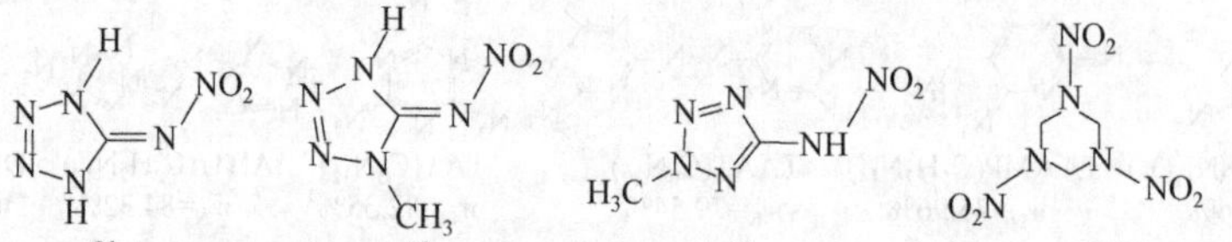

图 3-34　N-硝基四唑及其甲基取代物与 RDX 结构对比

表 3-11　N-硝基四唑及其甲基取代物、N-硝基四唑胺盐和 RDX 性能对比

化合物	IS/J	$\rho/(g \cdot cm^{-3})$	$\Delta H_f^{\ominus}/(kJ \cdot mol^{-1})$	P_{CJ}/GPa	$V_{det}/(m \cdot s^{-1})$
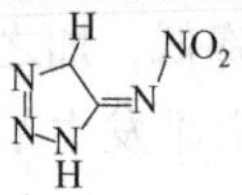	1.5	1.87	264	36.3	9173
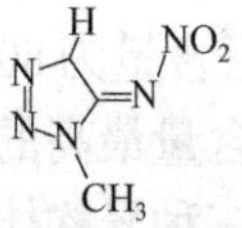	12.5	1.76	260	29.5	8433
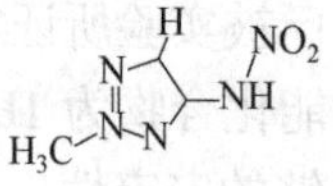	3.0	1.67	380	28.9	8434
RDX	7.5	1.80	70	34.1	8906
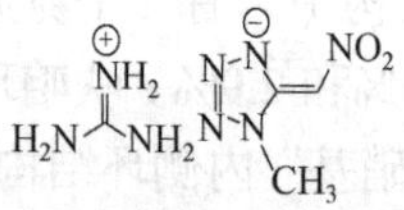	40.0	1.55	155	20.6	7747
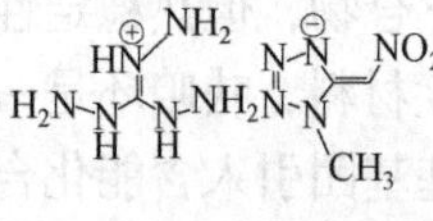	6.0	1.57	569	27.3	8770
母环	12.5	1.76	260	29.5	8433

含能盐是硝基四唑衍生物的重要存在形式，包括金属盐和非金属盐[79]。含能离子化合物包括含能离子液体和含能盐，通过设计阴、阳离子的化学结构，可使其具有较高的生成焓和密度、钝感、环境友好等优点。不同阳离子的引入

使得分子结构更加稳定，综合性能更为突出。硝基四唑的盐类化合物主要分为
碱金属盐、碱土金属盐、过渡金属盐、铵盐和高氮杂环阳离子盐。这些化合物
都具有含氮量高、生成焓高、产气量大、安定性与爆轰性能好等优点。但目前
合成工艺相对复杂，批量生产存在一定困难，因而在应用方面的系统研究还未
见报道。在大量制备此类化合物过程中存在的问题主要表现在三个方面：①反
应温度、搅拌速率、溶剂浓度和加料时间等因素对反应速率和最终产率都比较
敏感；②需大量使用浓硫酸、浓硝酸和有机溶剂，对环境产生严重影响；③原
料、中间体和目标产物大多为含能物质，在受到外界能量刺激时能放出较高能
量，生产过程存在一定的安全隐患。

N-硝基四唑铵盐氮含量高、热稳定性好、安全钝感，大部分性能与 RDX
相当，个别化合物性能可与 HMX、CL-20 相媲美。该类盐主要包括 N-硝基四
唑铵盐、肼盐、苦基盐、乙二铵盐、胍和氨基胍盐。硝基四唑铵盐性质稳定，
常被用作原料来制备其他硝基四唑类高氮化合物。同时，硝基四唑铵可以添加
到硝酸铵、太安等传统炸药中以弥补其缺点，提高炸药整体性能。从表 3-11 可
以看出，N-硝基四唑铵盐非常钝感，但由于密度较低，爆轰性能略低于 RDX。
N-硝基四唑的三氨基胍盐生成焓明显提高，爆轰性能和感度也与 RDX 相当。
此外，N-硝基四唑铵盐还可以通过 C—C 或 O—C—O 桥进行偶联，形成新型高
能化合物。

表 3-12 给出了 N-硝基四唑衍生物与 RDX、HMX 性能对比，图 3-35 为几种
典型 N-硝基四唑铵盐合成路线及分子结构。通过 C—C 桥偶联后的双 N-硝基四唑
衍生物具有与 HMX 相当的爆轰性能，且更加钝感，缺点是分解温度低于 RDX 和
HMX。除了 N-硝基四唑衍生物，氨基四唑衍生物也被广泛研究。杨红伟等以氨
基四唑为原料成功合成了的具有 N_{11} 链的化合物 $Cl_6 \cdot 2ATA$[80]，氨基四唑衍生物
$Cl_6 \cdot 2ATA$ 的合成路线如图 3-36 所示。

表 3-12　N-硝基四唑衍生物与 RDX、HMX 性能对比

化合物	IS/J	$\rho/(g \cdot cm^{-3})$	$T_d/℃$	OB/%	P_{CJ}/GPa	$V_{det}/(m \cdot s^{-1})$
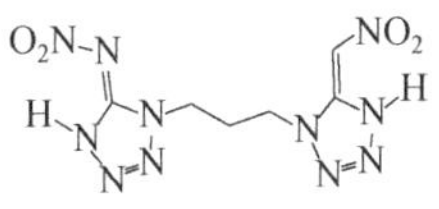	10	1.86	194	-39	38.2	9329
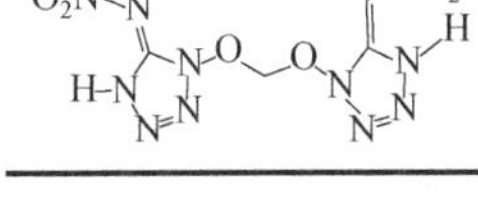	1	1.90	157	−11	46.7	9867

化合物	IS/J	$\rho/(g \cdot cm^{-3})$	$T_d/℃$	OB/%	P_{CJ}/GPa	$V_{det}/(m \cdot s^{-1})$
RDX	7.5	1.80	230	-22	34.1	8906
HMX	7.5	1.91	287	-22	39.6	9320

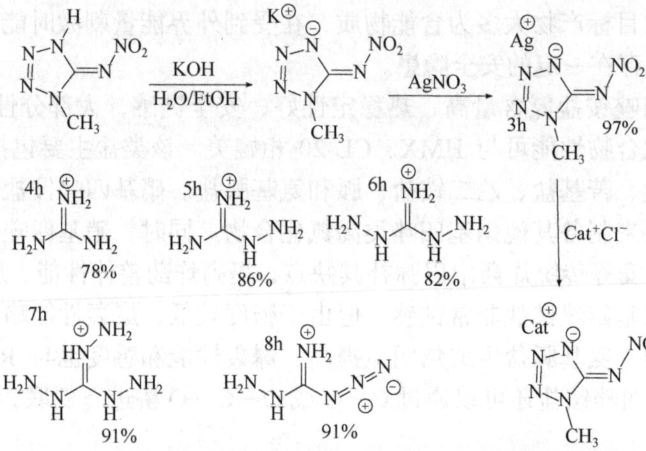

图 3-35　几种典型 N-硝基四唑铵盐合成路线及分子结构

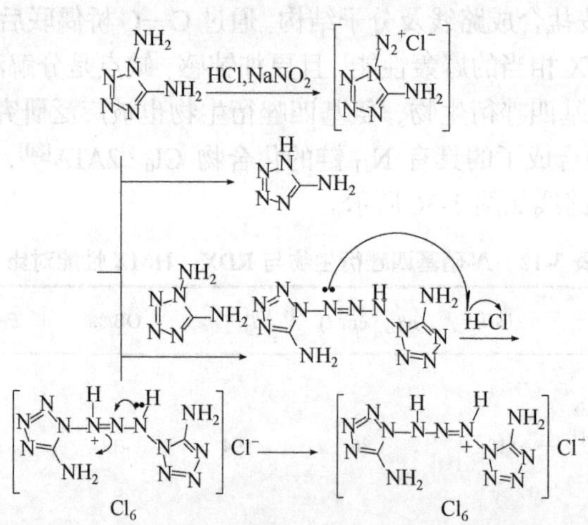

图 3-36　氨基四唑衍生物 $Cl_6 \cdot 2ATA$ 的合成路线

$Cl_6 \cdot 2ATA$ 是通过 1,5-二氨基四唑偶氮偶联反应得到的新型高能富氮盐，具有迄今为止最长的合成氮链(N_{11})。该化合物的合成开创了 N—NH₂ 重氮盐和胺衍生物之间偶氮反应的先例。此类 N—N 成键反应为新型富氮高能化合物的开发提供了新途径。

除了单硝基三唑、四唑化合物，美国爱达荷大学合成了一系列基于三硝乙基三唑环和基于偶氮三硝乙基三唑环的含能离子化合物[81]，其分子结构如图 3-37 和图 3-38 所示。从图 3-37 可以看出，这类化合物的合成方法简单、产率较高，其中化合物 10i 的产率可达 94%。多个硝基的引入提高了分子的能量，而氨基的引入降低了其感度，表 3-13 对比了基于三硝乙基三唑环的含能离子化合物与 RDX、TNT 的性能。

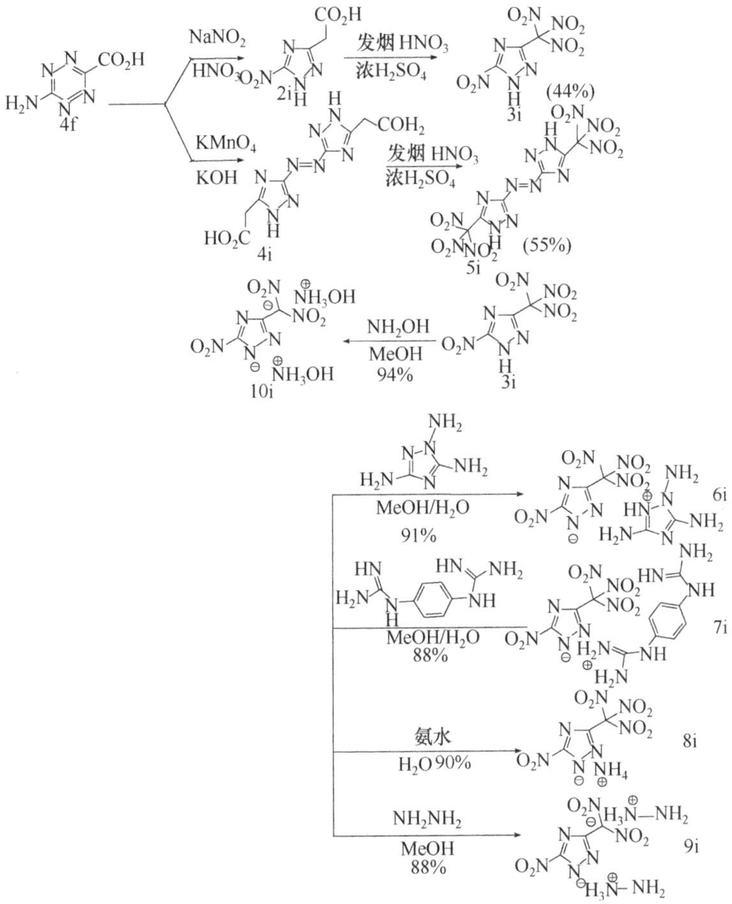

图 3-37 基于三硝乙基三唑环的含能离子化合物

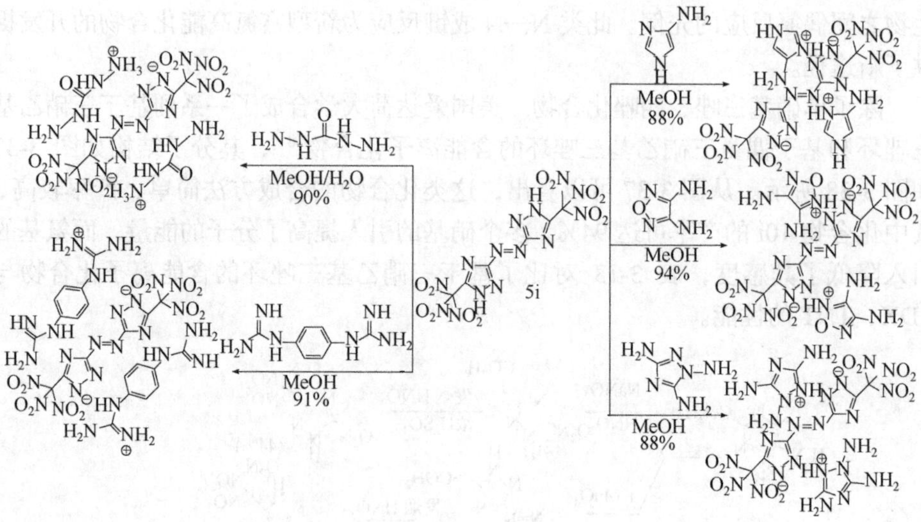

图 3-38　基于偶氮三硝乙基三唑环的含能离子化合物

表 3-13　基于三硝乙基三唑环的含能离子化合物与 RDX、TNT 的性能对比

化合物	T_d/℃	ρ/(g · cm^{-3})	晶格能/ (kJ · mol^{-1})	$\Delta H_f^{\ominus}$/ [kJ · mol^{-1} (kJ · g^{-1})]	P_{CJ}/GPa	V_{det}/(m · s^{-1})	IS/J	OB/%
1i	135	1.94	—	123.2(0.46)	35.5	8983	9.0	9.1
5i	150	1.83	—	555.1(1.20)	36.6	8964	1.5	−8.6
6i	145	1.80	442.3	358.6(0.95)	30.7	8306	9.5	−38.1
7i	132	1.81	421.7	626.4(1.36)	28.5	8197	10.0	−52.2
8i	130	1.78	475.7	74.0(0.26)	32.4	8475	4.5	−11.4
9i	156	1.82	1387.7	−541.4(−1.91)	30.8	8560	12.0	−56.7
10i	172	1.80	1404.7	−759.4(−2.67)	32.6	8575	10.5	−35.5
11i	117	1.70	994.4	928.2(1.47)	26.8	7916	12.5	−45.6
12i	140	1.76	988.7	1191.3(1.80)	30.3	8310	13.0	−38.6
13i	118	1.70	959.6	1105.6(1.60)	26.6	8053	15.0	−50.9
14i	111	1.80	1009.4	626.6(0.97)	32.1	8542	9.0	−39.8
15i	113	1.94	929.4	1630.2(1.90)	36.2	8997	14.5	−97.3
TNT	295	1.65	—	−67.0(0.30)	19.5	6881	15	−74.0
RDX	230	1.82	—	92.6(0.42)	35.1	8997	7.4	−21.6

注：T_d 为氮气气氛下热分解开始温度(DSC 升温速率为 5℃·min^{-1})；ρ 为气体比重计测试(25℃)；$\Delta H_f^{\ominus}$ 为生成焓计算值；P_{CJ} 为计算爆压(Cheetah 5.0)；V_{det} 为计算爆速；IS 为撞击感度；OB 为氧平衡系数。

由表 3-13 可以看出，这些化合物的撞击感度在 4.5～15.0J。DSC 结果表明所有的化合物均为固相分解(没有熔点)，以分子 3i 为基础的化合物分解温度为 130～172℃。双阴离子化合物 9i 和 10i 具有良好的热稳定性，而单阴离子化合物 6i、7i 和 8i 分解温度较低，由分子 5i 制备的化合物比由分子 3i 制备的化合物热稳定性差，其分解温度为 111～140℃。这些化合物的密度均较高(为 1.7～1.94g·cm^{-3})，可能是由阴离子的高对称性和分子间氢键引起的。除了基于单一杂环的化合物外，理论计算表明基于咪唑四唑多环并联的高氮含能化合物(图 3-39)也值得进一步研究[82,83]。其中，NTDNIMD、BNTNIMD、BNTIMD 和 TNTIMD 的爆速与爆压均略高于 HMX。

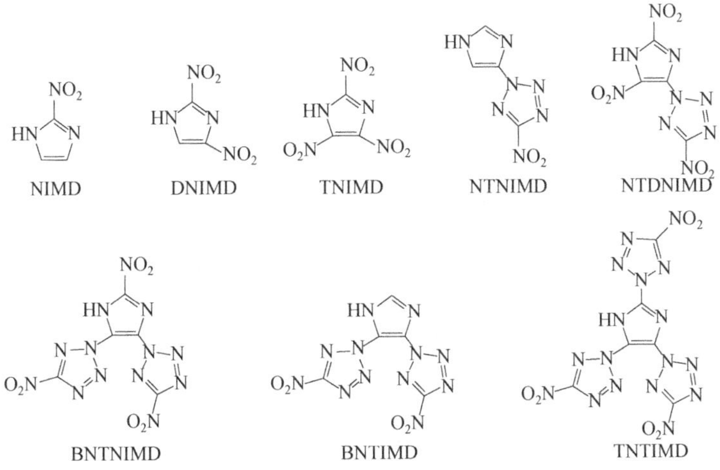

图 3-39　基于咪唑四唑多环并联的高氮含能化合物

除了呋咱、三唑、四唑和四嗪外，氮含量稍低的双恶二唑作为呋咱类同分异构体也受到了关注。图 3-40 列举了由 Klapotke 等[84]制备的 12 种基于双恶二唑(呋咱类同分异构体)非金属盐的分子结构及合成路线，表 3-14 列举了化合物 3k～8k 的物理化学性能对比。在爆速方面，只有化合物 5k、10k 和 12k 达到了基准炸药 RDX 的水平。由于化合物 5k 和 10k 的密度较高，其理论爆压超过 RDX，但化合物 5k 和 10k 的热稳定性差(化合物 5k 和 10k 的分解温度分别为 157℃和 149℃)，其他化合物爆速则与 PETN 相当。除了上述氮杂环化合物外，早在 1970 年，Gafurov 等[85]设计了双二硝乙基硝胺(BDNENA)，其合成路线如图 3-41 所示。北京理工大学的研究人员也合成了一系列基于双二硝乙基硝胺阴离子的高氮含能化合物[86]。

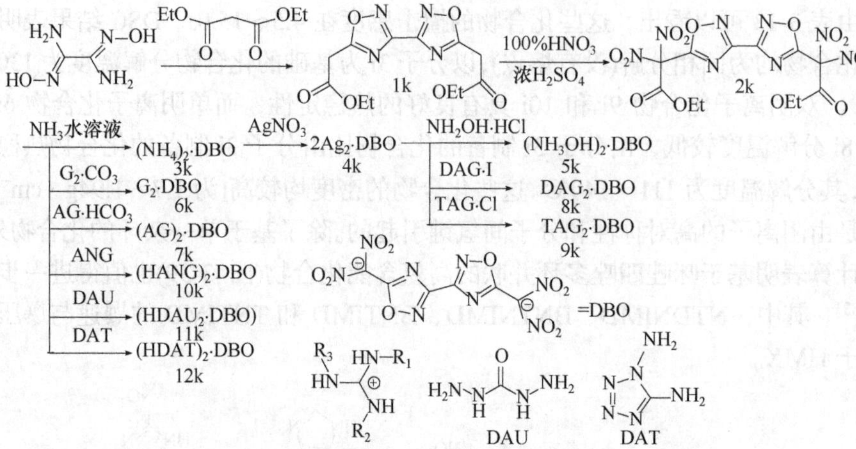

图 3-40　基于双恶二唑(呋咱类同分异构体)非金属盐的分子结构及合成路线

G：胍(R₁, R₂, R₃=H)；AG：氨基胍(R₁=NH₂, R₂, R₃=H)；DAG：二氨基胍(R₁, R₂=NH₂, R₃=H)；TAG：三氨基胍(R₁, R₂, R₃=NH₂)；ANG：氨基-硝基胍；HANG：氨基-硝基胍盐(R₁=NNO₂, R₂, R₃=H)；DAU：二氨基脲；HDAU：二氨基脲盐；DAT：1,5-二氨基四唑；HDAT：1,5-二氨基四唑盐。

表 3-14　基于双恶二唑(呋咱类同分异构体)的非金属盐的物理化学性能对比

分子式	$C_6H_8N_{10}O_{10}$	$C_6N_{10}O_{10}Ag_2$	$C_6H_8N_{10}O_{12}$	$C_8H_{12}N_{14}O_{10}$	$C_8H_{14}N_{16}O_{10}$	$C_8H_{16}N_{18}O_{10}$
$Fw/(\text{g} \cdot \text{mol}^{-1})$	380.19	559.85	412.19	464.27	494.11	524.33
IS/J	6	2	4	35	6	20
FS/N	252	60	108	360	360	288
ESD/J	0.15	0.07	0.35	0.60	0.20	0.3
$w_N/\%$	36.8	20.01	33.9	42.2	45.3	48.08
OB/%	−25.25	—	−15.53	−41.35	−42.08	−42.72
$T_d/℃$	223	273	156	239	141	197
$\rho_{173K}/(\text{g} \cdot \text{cm}^{-3})$	1.951	3.087	1.986	—	1.742	1.696
$\rho_{298K}/(\text{g} \cdot \text{cm}^{-3})$	1.90	3.01	1.946	1.75	1.70	1.66
$\Delta H_f^\circ/(\text{kJ} \cdot \text{mol}^{-1})$	−91.6	—	41.1	−73.4	148.6	386.3
$\Delta_f U/(\text{kJ} \cdot \text{kg}^{-1})$	−149.7	—	189.9	−61.9	400.9	840.6
$-\Delta U_{EX}/(\text{kJ} \cdot \text{kg}^{-1})$	5307	—	6124	4630	4899	5166
T_{det}/K	3858	—	4359	3408	3542	3641
P_{CJ}/kbar	350	—	394	270	266	263
$V_{det}/(\text{m} \cdot \text{s}^{-1})$	8618	—	8935	8038	8078	8108
$V/(\text{L} \cdot \text{kg}^{-1})$	689	—	682	721	747	769

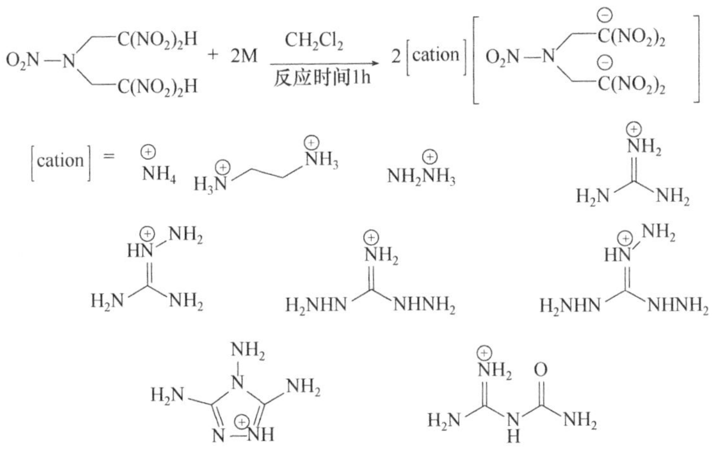

图 3-41　BDNENA 基盐的合成路线

除了有机唑类化合物，以唑环化合物为阴离子的无机化合物也可用作高能材料，如 N,N-二[1(2)氢-5-四唑基]胺非金属离子盐和基于双恶二唑的非金属盐就是典型例子。图 3-42 和图 3-43 共列举了 17 种常见的 N, N-二[1(2)氢-5-四唑基]胺非金属离子盐最有应用价值化合物的分子结构，相应的物理化学性能见表 3-15。

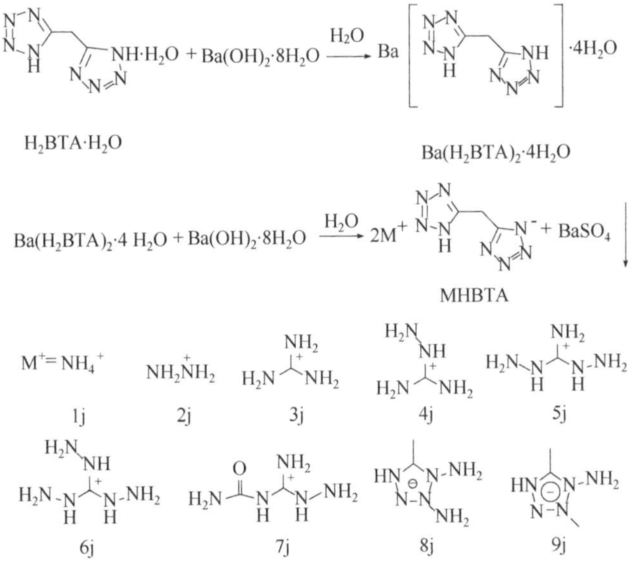

图 3-42　常见的 N,N-二[1(2)氢-5-四唑基]胺非金属离子盐

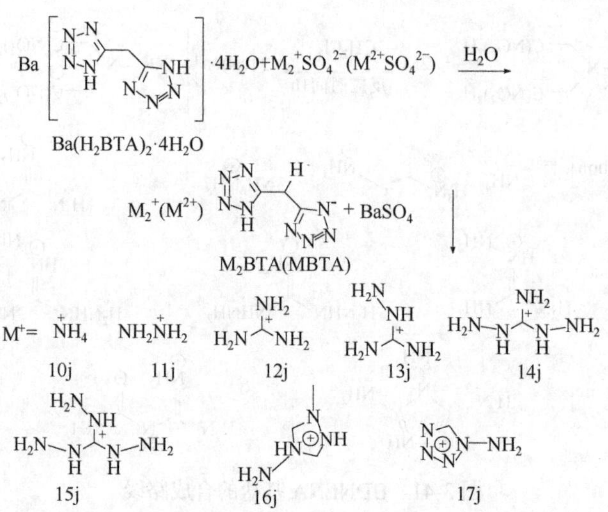

$$\mathrm{Ba}\left[\begin{array}{c} \text{四唑结构} \end{array}\right]\cdot 4\mathrm{H_2O} + \mathrm{M_2^+SO_4^{2-}}(\mathrm{M^{2+}SO_4^{2-}}) \xrightarrow{\ \mathrm{H_2O}\ }$$

Ba(H₂BTA)₂·4H₂O

$$\mathrm{M_2^+(M^{2+})}\left[\begin{array}{c} \text{四唑结构} \end{array}\right] + \mathrm{BaSO_4}\downarrow$$

M₂BTA(MBTA)

M⁺＝ ᴺH₄⁺　　NH₂NH₂⁺　　（结构12j）　　（结构13j）　　（结构14j）

10j　　　11j　　　12j　　　13j　　　14j

（结构15j）　　　（结构16j）　　　（结构17j）

15j　　　　16j　　　　17j

图 3-43　常见的 H₂(BTA)₂ 非金属离子盐

表 3-15　基于 *N,N*-二[1(2)氢-5-四唑基]胺非金属含能离子盐材料性能

阴离子	阳离子 M⁺	T_m/℃	T_d/℃	ρ/(g·cm⁻³)	$\Delta H_f^{\ominus}$/(kJ·mol⁻¹)	P_{CJ}/GPa	V_{det}/(m·s⁻¹)
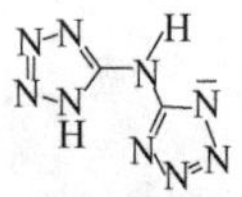	NH₄⁺	—	269	1.66	594	28.1	8936
	NH₂NH₂⁺	248	249	1.66	749	30.7	9257
	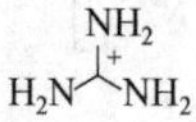 （胍基）	263	268	1.62	565	23.2	8343
	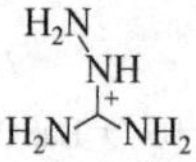 （氨基胍）	210	234	1.64	668	25.7	8696
	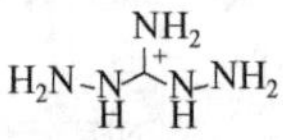 （二氨基胍）	205	213	1.55	792	24.0	8413
(HBTA)	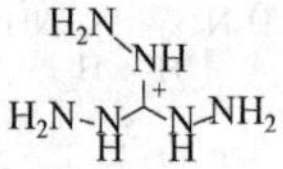 （三氨基胍）	211	213	1.58	900	26.3	8748
	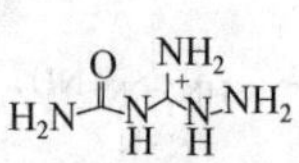 （脲基胍）	227	231	1.63	374	19.4	7677
	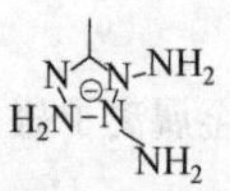 （三唑）	—	201	1.64	1002	24.7	8401
	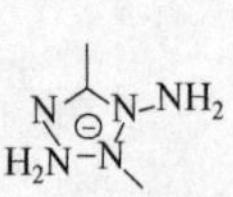 （三唑）	257	258	1.58	920	21.3	7860

续表

阴离子	阳离子 M⁺	T_m/℃	T_d/℃	ρ/(g·cm⁻³)	$\Delta H_f^{\ominus}$/(kJ·mol⁻¹)	P_{CJ}/GPa	V_{det}/(m·s⁻¹)
(BTA)	NH_4^+	142	230	1.56	356	21.6	8309
	$NH_2\overset{+}{N}H_2$	216	235	1.72	671	34.9	9926
	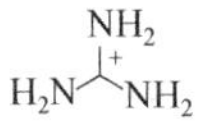 胍基 (H_2N, NH_2, $\overset{+}{N}H_2$)	259	260	1.52	465	17.5	7636
	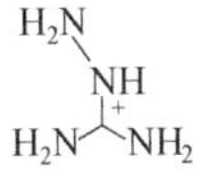 氨基胍	192	218	1.59	678	22.9	8486
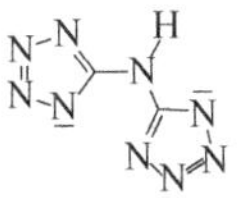	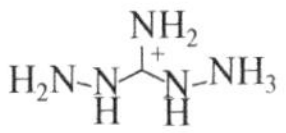 H_2N—肼基胍—NH_3	159	196	1.55	939	23.6	8560
	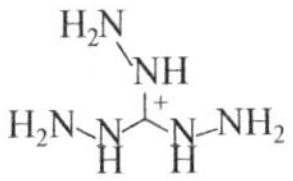 二肼基胍	164	165	1.51	1195	23.9	8572
	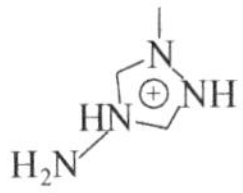 三唑鎓	170	180	1.58	1208	20.3	7814
	 四唑—NH_2	—	244	1.71	1293	29.3	9009

　　HBTA 和 BTA 化合物具有一定的酸性，通过 CH_2Cl_2 催化可与多种氨基阳离子结合，较合适的阳离子如图 3-43 所示。从表 3-15 可以看出，N,N-二[1(2)氢-5-四唑基]胺非金属离子盐具有良好的物理化学性能，密度均超过 1.5g·cm⁻³(1.5～1.72g·cm⁻³)，氮含量高(大于 70%)、生成焓高、热稳定性好(分解温度为 165～269℃)，计算爆速为 7636～9926m·s⁻¹，爆压为 17.5～34.9GPa，爆轰性能与 RDX 和 HMX 相当，且制备工艺简单。

　　此类化合物的研究已取得重要进展，但实际应用的却很少，需要进行一定的改进。可以考虑提高分子中氮和氧(含配位氧)的相对含量，以改善其氧平衡、提高密度。此外，可选择制备容易、结构简单、性能优异的上述化合物为研究对象，开展其在高能钝感炸药、固体推进剂、火工品和新型气体发生剂等领域的应用研究。

　　2. 嗪类高氮化合物

　　嗪类高氮化合物是指分子中含有多个氮原子的六元杂环，其氮含量偏高，是理想的高氮含能材料。嗪类高氮化合物主要包括三嗪、四嗪、五嗪及其衍生物，其中研究较多的是四嗪类高氮化合物，具有生成焓高、热稳定性好和感度较低等特点。

　　四嗪类高氮化合物是一类极为重要的高氮含能材料[87]，正在开展应用研究的四嗪类高氮化合物主要有 LAX-112、DHT、BTATz、DAAT 及其衍生物。LAX-112 是美国洛斯阿拉莫斯国家实验室系列炸药代号之一，其化学名称为 3,6-二氨基均四嗪-1,4-二氧化物，是较早合成的四嗪类钝感炸药。BTATz 是首个氮含量超过 80% 的钝感含能化合物，生成焓为 883 kJ·mol^{-1}，DSC 起始分解点为 264℃，热稳定性较好。在此基础上已合成出数十种四嗪类含能材料，部分化合物由于感度高等问题已放弃深入研究。

　　此外，由德国慕尼黑大学最新合成的四嗪类高氮化合物对三硝甲基氨基四嗪(BTAT)具有更好的爆轰性能。在含能材料领域有应用潜力的高性能四嗪类化合物有 3,6-对(5-氨基四唑)-s-四嗪(BTATz)、3,3-偶氮(6-氨基-s-四嗪)(DAAT)及其配位氧化物 DAATO$_n$(n<5)、LAX-112、3,6-二肼基-s-四嗪(DHTz)、3,6-二胍基-s-四嗪(DGTz)、3,6-二硝基胍-s-四嗪(DNGTz)及其三氨基胍盐(TADNT)等对称双四嗪类，基于 s-四嗪的多种高氮化合物的分子结构和合成路线参见图 3-44。

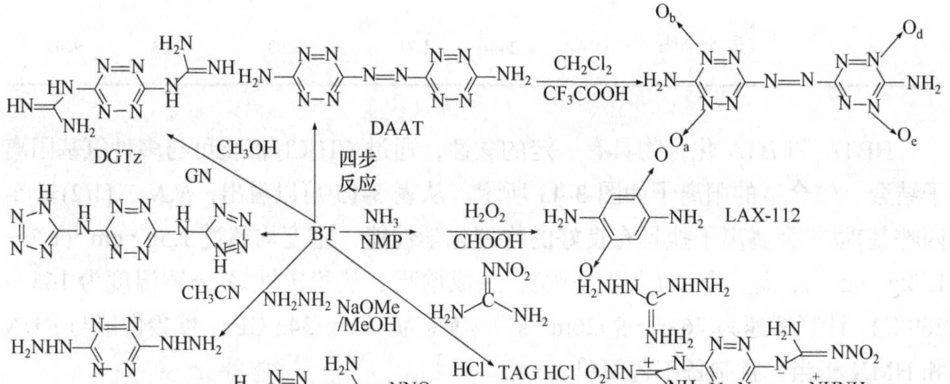

图 3-44　基于 s-四嗪的多种高氮化合物的分子结构和合成路线

　　此外，新合成的四嗪类化合物还包括三硝乙基取代的 BTAT。图 3-45 和表 3-16 列举了高氮化合物 BTAT、TAG$_2$-DNAAT、DAU-NO$_3$、(HA)$_2$-5,5′-BT、OXHYN 和 TKX-50 的分子结构与性能。

　　从表 3-16 可知，TKX-50 具有最佳的综合性能，BTAT 的爆轰性能与 HMX 相当，但感度较高。硝胺偶氮三唑三氨基胍盐(TAG$_2$-DNAAT)感度最低，爆轰性能和热稳定性都与 RDX 相当。

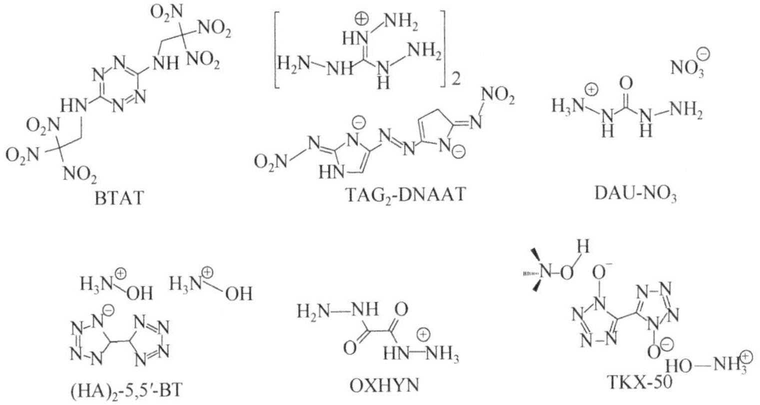

图 3-45　高氮化合物 BTAT、TAG$_2$-DNAAT、DAU-NO$_3$、(HA)$_2$-5,5′-BT、OXHYN 和 TKX-50 的分子结构

表 3-16　高氮化合物 BTAT、TAG$_2$-DNAAT、DAU-NO$_3$、(HA)$_2$-5,5′-BT、OXHYN 和 TKX-50 的性能

化合物	IS/J	FS/N	T_d/℃	V_{det}/(m·s^{-1})	P_{CJ}/kbar
BTAT	7	168	189	9261	389
TAG$_2$-DNAAT	>40	>360	212	8694	282
DAU-NO$_3$	11	>360	200	8829	317
(HA)$_2$-5,5′-BT	10	240	200	8858	343
OXHYN	11	>360	270	8655	327
TKX-50	20	120	221	9686	424

3. 呋咱类高氮化合物

呋咱类高氮化合物的母体结构为五元氮氧杂环,呋咱环上的氮若连接氧即为氧化呋咱,其氧含量和分子结晶密度更高。呋咱类高氮化合物的分子中由于含有大量 C—N、C=N 和 N=N 而具有很高的生成焓。呋咱类高氮化合物的氮原子、氧原子的电负性较高,使得其氮杂芳环体系能够形成类苯结构的大π键,具有钝感、热稳定性高的特点。与嗪类和唑类相比,呋咱环上的原子种类除了碳原子和氮原子外,还有一个内嵌的氧原子,使得呋咱类高氮化合物更易于实现氧平衡。呋咱

环的芳香性使得呋咱类高氮化合物的热稳定性增强，呋咱环的共面性使其具有较高的密度。

　　呋咱含能衍生物大多具有高能量密度、高标准生成焓($\Delta H_f^{\ominus}$)、氮含量高及优异的耐热性。引入硝基取代基后可得到如图 3-46 所示的呋咱类化合物，它们的能量水平和密度均较高，但也存在对撞击非常敏感的缺点。将多硝基、偶氮基和氧化偶氮基引入呋咱类化合物中，可进一步提高其密度和能量。若在呋咱类化合物分子中引入氧化呋咱基团替代硝基，其密度将提高 $0.06\sim0.08$g·cm^{-3}，爆速将提高 300m·s^{-1} 左右。

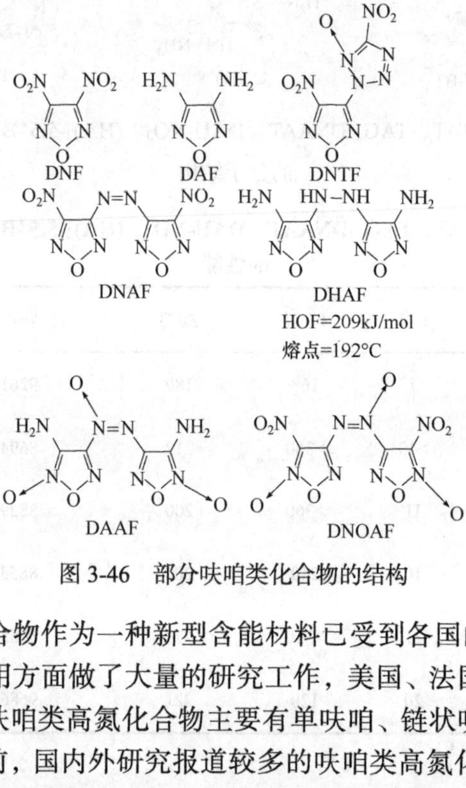

图 3-46　部分呋咱类化合物的结构

　　呋咱类高氮化合物作为一种新型含能材料已受到各国的广泛重视。俄罗斯在呋咱的合成与应用方面做了大量的研究工作，美国、法国、德国也竞相开展了这方面的工作。呋咱类高氮化合物主要有单呋咱、链状呋咱、大环呋咱和侧环呋咱四大类。目前，国内外研究报道较多的呋咱类高氮化合物主要为单呋咱和链状二呋咱类含能衍生物，如 3,4-二硝基呋咱(DNF)、3,3′-二氨基氧化偶氮呋咱(DAOAF)、3,3′-二硝基氧化偶氮呋咱(DNOAF)、4,4′-二硝基-3,3′-偶氮氧化呋咱(DNAF)和 3,4-二硝基呋咱基氧化呋咱(DNTF)。其中，DNAF 的密度为 2.02g·cm^{-3}，实测爆速可达 10km·s^{-1}，高于 CL-20(实测爆速为 9.38km·s^{-1})。DNOAF 的生成焓为 640kJ·mol^{-1}，爆压为 40GPa，具有无烟(或少烟)性能，可用作低特征信号推进剂的氧化剂。图 3-46 和表 3-17 分别给出了部分呋咱类化合物的结构及物理化学性质。

表 3-17 部分呋咱类化合物的物理化学性质

化学代号	DAAF	DAOAF	DNOAF	DNTF
分子式	$C_4H_4N_8O_2$	$C_4H_4N_8O_3$	$C_4N_8O_7$	$C_4N_8O_6$
相对分子质量	196.13	212.12	272.05	240.05
w_N /%	57.14	52.83	41.18	46.68
$\rho/(g \cdot cm^{-3})$	1.728	1.747	1.91	1.937
$\Delta H_f^\ominus/(kJ \cdot mol^{-1})$	+536	+443	+640	+644.3

3,4-二氨基呋咱(DAF)由 Coburn 等[88]通过二氨基乙二醇脱水缩合反应合成，是合成呋咱基含能化合物的重要前驱体，其活性氨基可被—NO_2、—N_3 等高能基团修饰，从而合成出多种高能基团取代的单呋咱含能化合物。DAF 经氧化、硝化可得到 3-氨基-4-硝基呋咱(ANF)、3,4-二硝基呋咱(DNF)。DAF 的两个取代氨基具有很强的活性，用单电子氧化剂和双电子氧化剂进行氧化，可分别得到用偶氮桥和氧化偶氮桥连接的二呋咱，也可以用来合成长链呋咱、大环呋咱和稠环呋咱等。Solodyuk 等[89]采用 30%H_2O_2、Na_2WO_4、$(NH_4)_2S_2O_8$ 和浓 H_2SO_4 混合氧化剂氧化 DAF 得到 ANF；Beal 等[90]采用 93% H_2O_2、H_2SO_4、Na_2WO_4 混合氧化剂氧化 DAF 得到 DNF，该产物的能量极高，但很不稳定，因此难以在实际中应用。

部分呋咱类含能衍生物具有高能量密度、高标准生成焓和优异耐热性等优点，其氮含量普遍低于四唑和四嗪类高氮化合物，但其密度和氧含量相对较高。DNAF 为完全零氧平衡，大多数呋咱类高氮化合物具有良好的爆轰性能。DAAF 和 DAOAF 均为热稳定性较好的钝感炸药，但能量不高，因此将 DAOAF 的两个氨基氧化成硝基，可得到无氯、高氮含量、能量密度较高的 DNOAF。

3.3.2 全氮化合物

1. 离子型全氮化合物

全氮化合物作为固体推进剂含能组分具有巨大的应用前景，将会带来推进剂性能的跨越性发展。全氮化合物的能量水平较高，其高能量来源于 N—N、N═N 与氮气分子(N≡N)平均键能间的能量差。1 个 N—N 的平均键能为 $159.0kJ \cdot mol^{-1}$，1 个 N═N 的平均键能为 $2 \times 209.2kJ \cdot mol^{-1}$，而 1 个 N≡N 的平均键能为 $3 \times 315.2kJ \cdot mol^{-1}$，因此含有 N—N 或 N═N 的全氮化合物的分解伴随较强的能量释放。理论计算表明：全氮化合物具有较高的生成焓(8000~

$20000 kJ \cdot kg^{-1}$），因此全氮化合物的应用将使固体推进剂的理论比冲大幅提升至$350\sim500s$，与液氢/液氧液体推进剂相当。固态全氮化合物的密度可达 $1.7\sim3.9g \cdot cm^{-3}$，是液氢的 50 倍左右，可使固体推进剂的体积能量密度(密度比冲)远高于液氢/液氧液体推进剂。此外，当全氮化合物作为一种含能组分加入推进剂中时，其燃烧产物只有氮气，可使推进剂特征信号大幅降低。

目前，已实验合成的全氮含能材料包括三种，分别是 N_3^-、N_5^+ 和 N_5^-，N_5^- 也称为五唑阴离子。化学家对五唑阴离子的制备历经了一百年的漫长历程。2017 年，由南京理工学的胡炳诚和陆明等率先实现这一壮举，他们在酸性溶液中切断了芳香五唑的 C—N 共价键，从而从母体中分离出五唑阴离子，相关工作发表在 *Science* 和 *Nature* 等顶级期刊。随后，人们对五唑阴离子的制备研究进入了一轮热潮，主要围绕用不同的阳离子作为配体去稳定 N_5^-。

离子型全氮化合物的合成路线主要包括三个步骤：①合成全氮阴离子；②合成全氮阳离子；③全氮阴离子与全氮阳离子反应合成离子型全氮化合物。全氮阴离子 N_3^- 可以通过叠氮化钠得到，合成叠氮化钠的方法主要有钠法、水合肼法、尿素法和硝基胍法，其中钠法是目前常用的生产方法，但由于成本高的缺点即将被淘汰，而水合肼法比较经济且技术更先进。

$$NaNH_2 + N_2O \xrightarrow[\text{钠法}]{210\sim220℃} NaN_3 + H_2O$$

$$H_2N\text{-}NH_2 + R\text{-}ONO + NaOH \longrightarrow NaN_3 + RHO$$

Vij 等[91]对五唑阴离子进行了研究。他们在苯环对位引入强供电子能力的取代基来增加五氮唑环的芳香性和稳定性，削弱 C—N 的强度，从而实现了电子向五氮唑环最大程度的转移。同时，在保持五氮唑 N—N 环完整性的前提下，选择性地裂解 C—N。利用负电喷雾质谱技术，发现在低碰撞电压下(–10V)五氮唑环分解释放氮气而形成叠氮化产物，在高碰撞电压下(–75V)C—N 断裂，出现了五氮阴离子特征峰，五氮阴离子分解释放的氮气形成叠氮阴离子。

N_3^+ 和 N_5^+ 是目前已合成出的全氮阳离子。N_5^+ 盐最先由美国空军研究实验室的 Christed 等合成，之后 Vij 等改进了 N_5^+ 盐的合成技术，得到了更为稳定的 N_5^+ 盐。理论计算表明，N_3^+ 可能是更好的 N_5^+ 代替物。目前，N_3^+ 的合成方法尚不成熟，只有超快光谱证实了 N_3^+ 的存在。

全氮化合物作为超高能密度材料在推进剂和炸药中均有广阔的应用前景，但现在还处于探索研究阶段。目前，全氮阳离子与全氮阴离子化合合成离子型全氮化合物尚未取得成功，$N_5^+ N_3^-$ 不稳定，在同一体系中自发分解。按照玻恩-哈伯循环理论，离子盐的稳定取决于高的晶格能、高的阳离子电子亲和能和高的阴离子第一电离能三个因素。此外，每个离子必须具备足够高的分解能垒。当前已合成的全氮阳离子，如 N_5^+ 和 N_3^+ 的电子亲和能较高，理论上对应的全氮阴离子应当具有足够高的第一电离能。但就目前已合成的全氮阴离子 N_3^- 和 N_5^- 而言，第一电离能较低，易失去 1 个电子而迅速分解。因此，合成离子型全氮化合物的难点在于全氮化合物的阴、阳离子难以在同一体系中共存，后续需要设计和合成电子亲和能更高的全氮阳离子和第一电离能更高的全氮阴离子。

2. 聚合氮

在全氮化合物中，聚合氮(poly-N)特别是立方偏转结构氮(cubic gauche nitrogen，cg-N)的能量最高，其理论密度为 $3.9\mathrm{g} \cdot \mathrm{cm}^{-3}$、比冲为 500s、爆速为 $30\mathrm{km} \cdot \mathrm{s}^{-1}$、爆压是 HMX 的 10 多倍。早在 2004 年，德国的 Eremets 和俄罗斯的 Gavriliuk 等报道了立方偏转结构氮的研究成果，他们通过金刚石对顶砧加压到 140GPa 及在 2000 K 高温下压缩氮气实验制得 cg-N，但在常温常压下无法稳定保存。聚合氮的链状结构没有相关实验方面的报道，只理论证实了由少量氮原子组成的全氮化合物，如存在于 $N_5^+AsF_6^-$ 中的 N_5^+，以及 Cacace 和 Emma 等检测到的中性、属于开链链状结构的 N_4，它们都不是聚合氮结构。

在已合成氮的所有非分子聚合体系中，cg-N 是最稳定的一种亚稳态结构，它代表了一类新的单键形式的氮材料，具有十分独特的物理性质：cg-N 和金属氢类似，是一类高能量物质，高聚氮立体网状结构形成的晶体为原子晶体，其他的聚合体系结构绝大多数是非分子相的混合结构。理论预测某些聚合氮的结构可能比 cg-N 更稳定。例如，在常压和室温下具有螺旋结构的顶梁网格氮(chaired web nitrogen,cw-N)比 cg-N 在热力学上更稳定；在 $p<15\mathrm{GPa}$ 条件下，锯齿形椅式结构的氮以金属态存在，比绝缘体的 cg-N 更稳定。然而，这些具备更稳定相态的聚合氮尚未得到实验证实。高氮化合物，如八硝基立方烷(ONC)、$N_4 \sim N_6$、N_8、N_{10}、N_{12}、N_{60}，其结构和性能如表 3-18 所示。

表 3-18　部分高氮化合物的结构与性能

化合物	分子结构式	$\rho/(\mathrm{g} \cdot \mathrm{cm}^{-3})$	$\Delta H_f^{\ominus}/(\mathrm{kJ} \cdot \mathrm{mol}^{-1})$	$V_{det}/(\mathrm{km} \cdot \mathrm{s}^{-1})$	P_{CJ}/GPa
N_4	$\overset{\ominus}{N}=\overset{\oplus}{N}=\overset{\oplus}{N}=\overset{\ominus}{N}$	1.75	1124	13.24	77.02
N_5	$\overset{\ominus}{N}=\overset{\oplus}{N}=\overset{\ominus}{N}=\overset{\oplus}{N}=\overset{\ominus}{N}$	1.85	1464	12.51	73.95
N_6	—	1.97	1446	14.04	93.32

续表

化合物	分子结构式	$\rho/(\mathrm{g \cdot cm^{-3}})$	$\Delta H_f^{\ominus}/(\mathrm{kJ \cdot mol^{-1}})$	$V_{\mathrm{det}}/(\mathrm{km \cdot s^{-1}})$	$P_{\mathrm{CJ}}/\mathrm{GPa}$
N_8		2.15	1702	14.86	108.4
N_{10}		2.21	1981	12.08	58.1
N_{12}	—	2.28	2426	12.53	64.1
N_{60}		2.67	2284	17.31	196.0
ONC	—	2.10	464	10.1	50.0

美国陆军研究实验室在 83GPa 的室温条件下制备出体积比为 2 : 1 的 N_2/H_2 聚合氮合金，显微照片见图 3-47。该合金能够在 0.5GPa 下维持 6 个月以上，化学成分没有任何变化；该合成路线与聚合氮的制备相比，压力和温度都大幅降低，这为聚合氮的探索和制备提供了一种新思路。但目前仍无法得到在室温下能长期稳定贮存的聚合氮。可以预见的是，若在常温环境下能够得到稳定的聚合氮，必将是含能材料领域里程碑式的飞跃[92,93]。

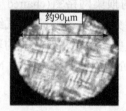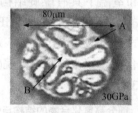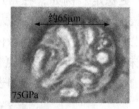

图 3-47　N_2/H_2 聚合氮合金的显微照片(室温下拍摄)

3. 氮原子簇

氮原子簇的概念于 1986 年提出，目前对氮原子簇的理论研究很多，也已经预测了多种稳定结构的氮原子簇化合物。氮原子数超过三个的氮原子簇化合物有如图 3-48 所示的多个同分异构体，部分较为稳定的氮原子簇化合物的性能预测列于表 3-19。

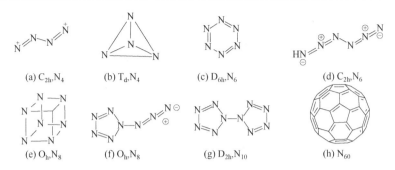

图 3-48　典型氮原子簇化合物的分子结构

表 3-19　部分较为稳定的氮原子簇化合物的性能预测

化合物	$\rho/(g \cdot cm^{-3})$	$\Delta H_f^{\ominus}/(kJ \cdot kg^{-1})$	$V_{det}/(km \cdot s^{-1})$	比冲/s
N_4	1.75	20083.2	13.24	461.7
N_6	1.97	17154.4	14.04	439.7
N_8	2.15	15271.6	14.86	424.0
N_{10}	2.21	7531.2	12.08	322.2
N_{60}	2.67	5615.0	10.97	282.5

　　与离子型全氮化合物不同,氮原子簇化合物仍然仅存在于理论研究阶段,化学合成的方法尚未见报道。通过理论计算,科研工作者已预测了多种能以亚稳态形式存在的多氮离子簇或全氮离子簇,即氮原子簇化合物在低温下也会迅速分解。碳纳米管提供了一个使氮原子簇稳定存在的势阱,若氮原子簇化合物沉积在碳纳米管(carbon nano tube,CNT)内部,则在常温、常压下能够稳定存在,从而可以制备内部沉积氮原子簇的碳纳米管(N_x/CNTs)[94]。可行的 N_x/CNTs 的制备方法主要有物理化学沉积法和电化学沉积法。

　　理论证明,叠氮基五氮唑是最有希望合成的氮原子簇化合物之一,另外一个有望合成的是双五氮唑。Hammerl 等[95]借鉴苯基五氮唑的合成方法,利用重氮基四唑与叠氮基进行反应,从而在低温下合成了四唑基五氮唑,合成路线如图 3-49所示。低温核磁共振证实了四唑基五氮唑的结构,但该结构很不稳定,温度一旦高于-50℃,很快就会分解为叠氮基四唑和氮气。

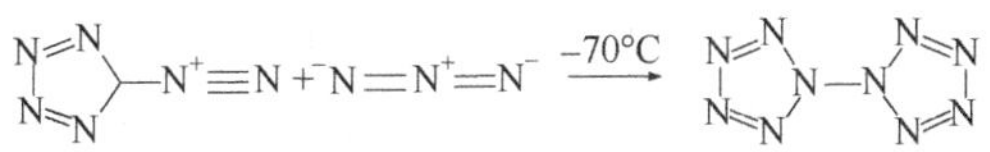

图 3-49　四唑基五氮唑合成路线

氮原子簇化合物的寿命较短，目前检测到的化合物基本处于1μs的水平。全氮型氮原子簇化合物的稳定结构数量有限，除了双五氮唑和叠氮基五氮唑可能存在外，其他结构可能均易分解。因此，对氮原子簇化合物的研究应当集中在制备稳定的氮原子簇化合物上，如在 CNTs、C_{60} 等内部沉积氮原子簇，发挥纳米阱对沉积氮原子簇的稳定作用，并改进已有的制备技术，增加 N—N 单键结构的氮含量。

全氮化合物对现有高能物质具有显著的能量密度优势，是未来高能复合含能材料配方的首选材料。近年来，全氮化合物在理论上和实验上均取得了重大进展，如果全氮化合物具有足够高的能垒，能够阻止其由亚稳态向稳态反应，则将具有足够的稳定性用以贮存和使用。全氮类物质的相关研究将直接推动超高能含能材料的研制水平，进而推动炸药、发射药和推进剂等领域的长足发展。

3.4　硝基芳烃化合物

3.4.1　离子液体中制备

国内外研究人员对芳烃硝化的硝化剂、硝化反应催化剂、硝化反应的基础理论都进行了大量研究。有机芳烃化合物与一种硝化剂(硝酸或其衍生物)进行反应，可生成硝基芳烃化合物，该过程为芳烃的硝化。硝基芳烃化合物主要通过硝化反应制备，是重要的精细化工中间体，被广泛应用于染料、医药、高能材料等的合成。随着环境问题日益突出，传统的生产方法和生产工艺面临着严峻挑战，近年来硝基芳烃化合物的绿色合成新技术受到了极大关注。目前，硝基芳烃化合物在绿色高效合成和选择性合成方面已经取得了一系列进展，这对芳香化合物硝化理论的完善和发展有重要价值,同时对于开发新的硝基芳烃类化合物具有指导作用。

芳香化合物的结构特殊，具有难加成、易取代的化学特性。硝化反应是芳香化合物的重要反应之一，广泛用于含能材料和其他精细化学品的合成。大量硝化反应动力学数据均显示芳香化合物的硝化反应为亲电取代反应，硝化反应过程随活化硝化剂的不同也不尽相同。通常认为硝化反应过程分为两步：首先，反应体系中活化硝化剂与芳香环作用形成Δ-络合物(wheland 络合物中间体)；然后，络合物中间体失去一个氢生成相应的硝基芳烃化合物。其中，硝化反应的控制步骤为硝基芳烃化合物的生成。

随着研究的进一步深入，π络合物学说、双π络合物学说等也被相继被提出。目前，芳香化合物的硝化研究主要集中在两个方向：①寻找更为高效、环境友好、经济性更好的合成路线及生产工艺；②研究芳香化合物的选择性硝化，通过对硝化反应新方法和新技术的研究，不断提高目标硝化产物的选择性，抑制硝化过程中副产物的生成。

在芳香化合物的硝化反应中，不同硝化体系的活化硝化剂不同，如强硝化剂含氟硝酰阳离子盐和硝硫混酸体系中，活化硝化剂为 NO_2^+。硝酸-乙酸酐硝化体系中，当硝酸的摩尔分数不超过 50% 时，活化硝化剂为乙酰硝酸酯；当硝酸的摩尔分数达 50%～90% 时，活化硝化剂为乙酰硝酸酯和硝酐的混合物；而当硝酸的摩尔分数超过 90% 时，活化硝化剂则是硝酐。此外，溶剂对硝化体系活化硝化剂的形成也有重要影响。近年来，硝基芳烃化合物的合成研究中引入了离子液体、固体酸、过渡金属及镧系金属盐、相转移催化剂等催化体系和微反应器等新技术，有力地推动了硝基芳烃化合物合成技术的发展。

Laali 等[96]首次将离子液体应用于芳香化合物的硝化反应研究中，使用的离子液体为 1-乙基-3-甲基咪唑盐系列离子液体[emim]$^+$[X]$^-$（X=OTf、CF_3COO、FSO_3、Al_xCl_y 和 NO_3）和 [HNEtPr$_2^i$]$^+$[CF$_3$CO]$^-$离子液体。采用硝化能力强的硝酰四氟化硼作硝化剂，在离子液体中对甲苯进行硝化，不同离子液体作用下甲苯的硝化反应结果见表 3-20。反应过程中 O_2NBF_4 和 [emim][Al$_x$Cl$_y$]发生离子交换反应(图 3-50)，生成一种黄色液体和 NO_2Cl 气体，研究证实这两种物质都是有效的硝化试剂。在 O_2NBF_4 和 [emim][OTf]、[emim][Cl]等离子液体中，也会发生类似的反应，生成[emim][BF$_4$]与 NO_2X。

表 3-20　不同离子液体作用下甲苯的硝化反应结果

硝化剂	离子液体	收率/%	邻位/对位
Cu(NO$_3$)$_2$/TFAA	[emim][NO$_3$]	59	0.92
AgNO$_3$/TF$_2$O	[emim][NO$_3$]	58	1.16
NH$_4$NO$_3$/TFAA	[emim][NO$_3$]	59	1.15
NH$_4$NO$_3$/TFAA	[emim][CF$_3$COO]	65	1.02
NH$_4$NO$_3$/TFAA	[HNEtPr$_2^i$][CF$_3$COO]	58	1.27

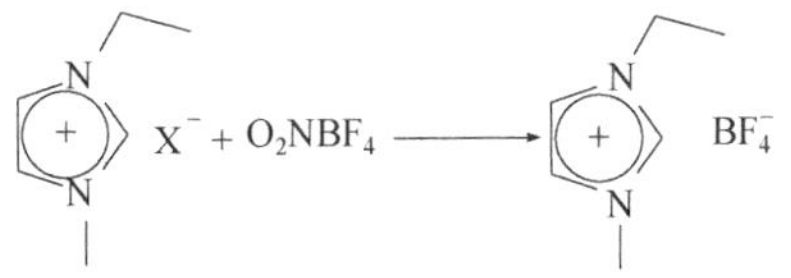

$X^- = Al_xCl_y (x=1.2;\ y=4.7)$, OTf, Cl

图 3-50　O_2NBF_4 与 [emim][Al$_x$Cl$_y$]发生离子交换反应过程

在过量的 O_2NBF_4 和[emim][BF_4]中进行甲苯硝化反应时，离子液体中的咪唑环会发生硝化反应而生成一种黏度较大的黄色油状物——[O_2N-emim][BF_4](图 3-51)，该产物能够与硝酰四氟化硼混合用于甲苯的硝化反应，硝化产物收率为 71%。

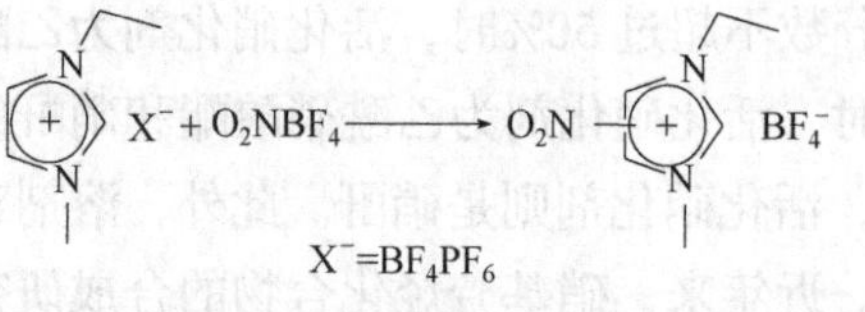

$$X^-=BF_4PF_6$$

图 3-51　离子液体中的咪唑环硝化反应过程

以 $M_x(NO_3)_y$/TFAA 为硝化剂，在不同离子液体中进行取代苯的硝化反应，结果如表 3-20 所示。可以看出，通过甲苯在离子液体中的硝化反应可以在短时间内得到高收率的硝化产物。离子液体在甲苯的硝化反应中既是良好的反应介质，又是有效的催化剂。离子液体相与硝化产物相在反应结束后分离，在减压、加热的条件下，离子液体能够纯化，从而实现反复使用。

离子液体中的阴、阳离子能够对芳香化合物的硝化反应产生重要影响。Lancaster 等[97]用离子液体代替有机溶剂，在硝酸/乙酸酐、硝酸盐/三氟酸酐体系中进行了甲苯的硝化反应，结果如表 3-21 所示。可以看到在硝酸/乙酸酐体系中，[bmpy][N(Tf)$_2$]离子液体的催化活性最高，单硝基甲苯的收率为 93%；在硝酸/TFAA 和硝酸盐/TFAA 体系中，单硝基甲苯的收率相对较低。

表 3-21　不同体系中甲苯的硝化反应结果

溶剂	硝化体系	收率/%	反应时间/h	邻位/对位
CH_2Cl_2	HNO_3-Ac_2O	35	1	1.4
[emim][BF_4]	HNO_3-Ac_2O	35	1	1.5
[Bmim][N(Tf)$_2$]	HNO_3-Ac_2O	42	24	1.5
[Bm2im][N(Tf)$_2$]	HNO_3-Ac_2O	63	1	1.4
[bmpy][N(Tf)$_2$]	HNO_3-Ac_2O	93	1	1.3
[bmpy][N(Tf)$_2$]	NH_4NO_3-TFAA	4	1	1.1
[bmpy][N(Tf)$_2$]	$Cu(NO_3)_2$-TFAA	18	1	1.3
[bmpy][N(Tf)$_2$]	$Fe(NO_3)_3$-TFAA	25	1	1.4
[bmpy][N(Tf)$_2$]	HNO_3-TFAA	32	1	1.0
[bmpy][N(Tf)$_2$]	HNO_3	<1	1	—

通过 FAB+MSF 对离子液体进行分析，发现离子液体在硝酸/乙酸酐中能够稳定存在是因为其具有较高的催化活性。将[bmpy][N(Tf)$_2$]离子液体用于其他芳烃的硝化反应时，结果如表 3-22 所示。

表 3-22　芳烃的硝化反应结果(25℃，反应 1h)

芳烃	[bmpy][N(Tf)$_2$]		二氯甲烷	
	收率/%	邻位/对位	收率/%	邻位/对位
1,3,5-三甲苯	63	—	85	—
甲苯	91[①]	1.5	33[②]	1.4
苯甲醚	89	2.0	96	2.7
溴苯	63	0.28	0	—
氯苯	50	0.28	0	—
硝基苯	<1[③]	—	<1[③]	—

注：① 含有 3%的 3-硝基甲苯；② 含有 1%的 3-硝基甲苯；③ 24 h，只有间二硝基苯。

对比芳烃在两种溶液中硝化反应的结果可以看出：对苯甲醚等较活泼的芳烃，在离子液体中的硝化反应结果与在二氯甲烷中的结果相似，硝化产物的收率均较高；对甲苯、溴苯和氯苯等不活泼芳烃而言，在离子液体中的硝化反应结果明显优于二氯甲烷，收率可达中等水平。因此，离子液体能有效催化在二氯甲烷中难以发生的反应，主要是离子液体特殊的溶剂效应所致。对于硝基苯等强致钝性芳烃，即便是在不同的介质中反应很长时间，收率均低于 1%。离子液体中不同阴、阳离子不但对催化活性有重要影响，而且选择性也不同，不同离子液体中会生成不同的产物。

己内酰胺通过季铵化成为阳离子，能够合成出己内酰胺离子液体[98]。在甲苯的硝化过程中，以占甲苯摩尔分数 20%的己内酰胺对甲苯磺酸盐[(CP)$_p$TSO]离子液体为溶剂，以等摩尔分数的 67%硝酸为硝化剂，在 55℃下反应 24h，硝基甲苯的收率为 37.1%，且具有一定的对位选择性[99]。不同阴离子与己内酰胺组成的离子液体与 NO$_2$/空气组成的硝化体系对苯甲醚的催化效果显著，硝化产物收率可达 91.3%[100]。己内酰胺型离子液体的催化活性不完全与酸性一致，除了离子液体的酸性外，极性和溶解性也是影响其催化活性的重要因素。

吡啶型离子液体也是一类重要的离子液体，包括丁基磺酸吡啶的硫酸氢盐[BSPy][HSO$_4$]、三氟甲烷磺酸盐[BSPy][OTf]和对甲苯磺酸盐[BSPy][pTSA]离子液体等。Hammett 法测定的三种离子液体的酸强度 H_0 均在 1～4。将其用于以"NO$_2$/

空气"为硝化剂的芳香化合物硝化反应中，由于富含电子，三种离子液体均可促进"NO₂/空气"对甲苯和氯苯的硝化作用，并提高邻位选择性，其中甲苯的转化率和收率最高。通过三种离子液体对同一底物硝化反应催化效果的对比发现，吡啶型离子液体的催化活性与其酸性保持一致，顺序为[BSPy][OTf]>[BSPy][HSO₄]>[BSPy][pTSA]。此外，直链烷基季铵盐离子液体也得到了广泛应用，已合成了五种带有磺酸基、不含卤原子的链状离子液体[101]，测得其酸强度 H_0 在 0～1。以 68%硝酸为硝化剂，将制备的系列离子液体用于对单取代卤苯的硝化反应。氟苯、氯苯和溴苯的单硝化产物选择性都接近 100%，对位选择性效果显著。

3.4.2　无机固体酸催化作用下制备

1. 硝基芳烃化合物的制备工艺

当前，国内外硝基芳烃化合物的制备方法有 HNO_3-H_2SO_4 硝化法、HNO_3-H_2SO_4-H_3PO_4 硝化法和硝酸-乙酸-酸酐硝化法，其中 HNO_3-H_2SO_4 硝化法是应用最为普遍的方法，早在 160 多年前就已经应用于工业生产中，工艺最为成熟，但仍存在诸多缺陷：①反应过程中会产生水，导致反应生成大量废酸，造成资源浪费和环境污染；②处理废酸需要大量人力、物力；③硝硫混酸硝化工艺反应较剧烈、不易控制，目标产物选择性较低，反应过程容易发生爆炸。正是由于 HNO_3-H_2SO_4 硝化工艺存在以上缺陷，开发绿色、无污染、新型可控工艺非常有意义。在 HNO_3-H_2SO_4 硝化法中，浓 H_2SO_4 是一种很强的酸，反应过程中可提高 HNO_3 中 N 的亲电性，抑制 HNO_3 电离，从而使 HNO_3 更容易电离出 NO_2^+(硝酰阳离子)。大量研究表明，混酸硝化法的反应机理为硝酰阳离子的亲电硝化机理，HNO_3 电离产生 NO_2^+ 的反应方程式如下所示：

$$HNO_3+H_2SO_4 \rightleftharpoons H_2NO_3^+ +HSO_4^- \rightleftharpoons NO_2^+ +HSO_4^- +H_2O$$

$$H_2O+H_2SO_4 \rightleftharpoons HSO_4^- +H_3O^+$$

$$HNO_3+2H_2SO_4 \rightleftharpoons NO_2^+ +2HSO_4^- +H_3O^+ (总反应式)$$

HNO_3-H_2SO_4 硝化法虽然具有反应速度快的特点，但是硝化反应产物的选择性基本不会发生改变。研究发现，当体系中引入磷酸，可很大程度上改变硝化产物的分布。通过研究氯苯在硝酸-硫酸-磷酸体系中的硝化反应，发现氯苯硝化产物中邻硝基氯苯和对硝基氯苯的选择性之比可达 87%。

对于硝化反应而言，若硝化剂中只含有硝酸，反应体系中的 NO_2^+ 较少，导致硝化反应较难进行；但如果在反应中加入硝酸酐，则硝化反应速度会明显加快。大量研究表明，硝酸和硝酸酐可能在反应体系中产生了新的反应中间体——硝酸乙酰，硝酸乙酰的硝化能力比硝酸更强。以下为硝酸与乙酸酐在反应体系中产生

NO_2^+的化学方程式：

$$(CH_3CO)_2O + HNO_3 \rightleftharpoons CH_3COONO_2 + CH_3COOH$$

$$(CH_3CO)_2O + H_2O \rightleftharpoons 2CH_3COOH$$

$$2CH_3COONO_2 \rightleftharpoons (CH_3CO)_2O + N_2O_5$$

$$N_2O_5 \rightleftharpoons NO_2^+ + NO_3^-$$

硝酸-乙酸-酸酐硝化工艺具有反应条件温和可控、产物选择性高、无氧化副反应等优点。硝化过程中，乙酸可以认为是反应的溶剂，使得反应在均相中进行。虽然该工艺具有许多优点，但反应中产生废酸的问题仍未解决。此外，在发烟硝酸中加入乙酸，以硝酸铜负载的蒙脱土为催化剂、四氯化碳为溶剂对芳烃的硝化具有很好的效果。

2. 固体酸催化剂增强硝化反应

近年来，固体酸催化剂因具有催化活性高、催化剂易与反应体系分离、可回收利用、不腐蚀设备等优点被广泛研究[102-105]。氢型沸石分子筛(如 Hβ、HZSM-5、HY 等)及其过渡金属改性分子筛、固体超强酸催化剂、固载型路易斯酸催化剂、黏土类催化剂(如蒙脱土、羟基磷灰石等)等，是芳烃硝化体系中较常用的固体酸催化剂。

β-沸石是芳香化合物选择性硝化反应的一种良好的固体催化剂，减小沸石尺寸能够提高对位选择性。在催化硝化反应中，适当的有机溶剂与β-沸石共沸蒸馏，能够将反应生成的水带出反应体系，对芳烃的硝化反应更为有利。采用 Hβ 分子筛可催化苯、烷基苯、卤代苯等与 HNO_3 和 Ac_2O 的反应，产物的对位选择性很高，其中甲苯的硝化产物中对硝基甲苯的选择性可达 79%，氟苯的硝化产物中对硝基氟苯的选择性可达 94%。Hβ-沸石在强酸性体系中能稳定存在，可保持较好的催化活性，具有更好的对位选择性。

分子筛在芳烃的硝化反应中具有良好的择形性，这是由于分子筛具有独特的孔道结构以及和芳烃化合物分子直径相当的孔径。Choudary 等[105]研究了以不同浓度的硝酸为硝化剂，以 Fe^{3+}、Al^{3+}改性的分子筛(ZSM-5、HY、TS-1、BEA)和黏土(蒙脱土、高岭土)为催化剂来制备硝化芳烃化合物，研究结果表明硝化过程高效，无废酸废水产生，且对位选择性较高。

HZSM-5 的孔道结构决定了它的高对位选择性。HZSM-5 分子筛的通道直径为 0.51～0.56nm，甲苯的动力学直径为 0.525nm，恰好能进入催化剂微孔道中，且硝酰阳离子作用时只能进攻甲苯的对位形成对硝基甲苯。因此，HZSM-5 对甲苯硝化反应具有很好的对位选择性催化作用。通过甲苯和 HNO_3 在 ZSM-5 催化下的硝化反应，发现 ZSM-5 分子筛中的硅铝比越高，产物中对硝基甲苯的选择性就越高，且在过渡金属(Mg、Fe、La)改性的分子筛催化下，产物的对位选择性会进一步提高[106]。甲苯在分子筛催化下，NO$_2$-O$_2$ 体系中的硝化反应结果也表明 HZSM-5 催化剂的孔径和芳烃化合物分子的直径相当，此时甲苯在孔道中只能沿甲基和甲基的对位方向扩散，因此甲苯硝化产物中对硝基甲苯的选择性能明显提高[107]。

黏土类催化剂由于自身特殊的孔道结构，容易制备和改性，被广泛应用于各类有机催化反应中。将 Fe(NO$_3$)$_3$ 或 Cu(NO$_3$)$_2$ 负载在 K10 蒙脱土上，催化硝化苯酚和甲苯，可提高对位选择性。Fe(NO$_3$)$_3$ 负载在 K10 蒙脱土上的苯酚硝化产物中二硝基和三硝基苯酚副产物较少，且 Cu(NO$_3$)$_2$ 易溶于反应体系，导致 Cu(NO$_3$)$_2$ 负载在 K10 蒙脱土上的催化剂容易失活，不能循环使用。吕春绪等[108]借鉴了负载型 K10 蒙脱土的催化剂制备方法，制备了不同硝酸盐改性的皂土催化剂，用来催化一系列烷基苯的硝化反应，结果表明催化剂的活性很高，而且催化剂具有一定的择形性。

杂多酸(heteropoly acid,HPA)是两种以上无机含氧酸复合(或配位)而成的无机多元酸，具有酸催化和氧化还原催化双重功能[109-114]。HPA 的酸性很强，酸强度通常强于硫酸、磷酸等普通无机酸，且可根据需要选择合适的酸强度。H$_3$PMo$_{12}$O$_{40}$、H$_3$PMo$_{11}$VO$_{40}$ 和 H$_3$PW$_{12}$O$_{40}$ 是常见的 Keggin 型杂多酸，酸强度的顺序为 H$_3$PW$_{12}$O$_{40}$ > H$_3$PMo$_{12}$O$_{40}$ > H$_3$PMo$_{11}$VO$_{40}$。在苯的硝化反应中，催化活性随酸强度的增大而升高[115]，故有如表 3-23 所示的不同 HPA 催化作用下苯的硝化反应结果。

表 3-23　不同 HPA 催化作用下苯的硝化反应结果

HPA	硝基苯收率/%
H$_3$PW$_{12}$O$_{40}$	50.2
H$_3$PMo$_{12}$O$_{40}$	42.0
H$_3$PMo$_{11}$VO$_{40}$	39.9

对非均相催化反应，将 HPA 负载到合适的载体上制得固体催化剂，有利于催化剂与反应体系的分离。利用 SiO$_2$、δ-Al$_2$O$_3$、5A 分子筛三种不同载体的 H$_3$PW$_{12}$O$_{40}$ 催化剂催化苯的硝化反应，三种载体的比表面积和孔性质见表 3-24，HPA 负载到 SiO$_2$ 上时催化效率最高，硝基苯收率最大达 60.6%(表 3-25)。

表 3-24　三种载体的比表面积和孔性质

载体	比表面积/(m^2·g^{-1})	孔容/(cm^3·g^{-1})	孔径/nm
SiO$_2$	454	1.11	9.6
δ-Al$_2$O$_3$	165.1	0.442	10.5
5A 分子筛	405.7	0.088	2.25

表 3-25 不同载体负载 HPA 催化苯的硝化反应结果

HPA	硝基苯收率/%
$H_3PW_{12}O_{40}$	41.6
$H_3PW_{12}O_{40}/SiO_2$	60.6
$H_3PW_{12}O_{40}/\delta-Al_2O_3$	52.7
$H_3PW_{12}O_{40}/5A$ 分子筛	47.3

对比表 3-24 和表 3-25 可知,载体的比表面积和孔容对催化剂的活性影响较大。有关研究表明,磷钨酸主要分散在载体孔道的内表面,比表面积越大,孔容越大,越有利于磷钨酸的分散,硝化反应中的催化活性也就越高。

采用金属阳离子对金属氧化物进行改性,可以制备出一系列改性金属氧化物催化剂,用于通过气相催化硝化苯制备硝基苯,结果表明催化剂的活性高,硝基苯收率可达 90.0%。将一系列金属氧化物负载硫酸的固体超强酸催化剂来催化苯的气相硝化,表明 TiO_2 和 ZrO_2 催化剂通过负载硫酸能够显著提高催化活性,且制备的固体超强酸催化剂活性稳定,尤其是硫酸改性的 $TiO_2(\mathbf{4})-MoO_3(\mathbf{1})$ 混合氧化物催化剂,活性在反应 528h 后基本不变,硝基苯收率达 87%。金属氧化物催化剂在 NO_2 硝化体系中的催化活性研究发现,WO_3 和 MoO_3 混合氧化物催化剂的催化性能最佳。由此设计出了复合物 MoO_3/SiO_2、WO_3/SiO_2、TiO_2/SiO_2 和 TiO_2-WO_3/SiO_2 负载型金属氧化物催化剂[116]。以 100%的浓硝酸为硝化剂,几种不同芳烃化合物的硝化结果表明:制备出的几种金属氧化物催化剂均能起到催化作用,其中负载量为 10%和 15%的 MoO_3/SiO_2 催化剂在邻二甲苯的硝化中活性最高,也具有择形催化效果。在采用 TiO_2 和 ZrO_2 负载硫酸的固体超强酸催化剂时,以 NO_2 或者 HNO_3 为硝化剂的氯苯硝化中,反应的选择性较高[117,118]。

3.4.3 过渡金属及镧系金属盐作用下制备

金属盐催化剂在硝化反应中具有较高的催化活性,且反应条件较温和,催化剂制备简单、成本低,具有重要的研究意义。其中,过渡金属和镧系金属盐作为催化剂广泛应用于各种有机反应,对芳香化合物的硝化反应也有较好的催化效果。

金属硝酸盐作为硝化剂可用于许多反应体系,如易于水解的硝酸盐在硝化过程中可以提供硝酸;苯可以在以硝酸铜或硝酸银为硝化剂、250~360℃下进行硝化;硝酸钛已用于在四氯化碳中硝化某些化合物,但产率较低,且定位反常。金属硝酸盐体系作为硝化剂在乙酸酐溶液中使用时,习惯将其称为 Menke 条件[119]。早期,吕春绪等[108]研究了 Menke 条件下的红外光谱和拉曼光谱,认为金属硝酸盐-乙酸酐体系中的活性硝化剂是硝酰阳离子和乙酰硝酸酯;Coomes 及其合作者利用 Zr(NO)₄、Fe(NO)₄NO 等过渡金属元素的硝酸盐对芳烃进行硝化，结果显示甲苯硝化中对位的选择性有所提升，对邻比可降低至 78%。

研究者们还将硝酸盐负载于载体上，得到的载体硝酸盐可用作硝化剂，研究了一系列路易斯酸催化剂对芳烃化合物硝化的影响，并对路易斯酸催化 NO₂ 硝化芳烃的反应机理做了推测。在室温下苯的硝化反应中，以二氯甲烷为溶剂，反应时间为 38～66h 时，转化率仅为 21%，该反应使用了有毒的溶剂，反应时间过长，限制了该反应的工业化。可将过渡金属硝酸盐与蒙脱土相结合制备一系列负载型催化剂，并应用于芳烃化合物的硝化，实验结果表明，该催化剂对甲苯的硝化具有较好的择形性。

通过路易斯酸，如氯化铋、氯化铝、氯化锌对二甲苯硝化反应的影响，发现氯化铋具有催化效果，但转化率提高并不明显[120]。也可采用含结晶水的金属硝酸盐，如硝酸铁、硝酸铬、硝酸铋、硝酸钇、硝酸镧、硝酸铈和硝酸铟等作硝化剂，该方法工艺简单、收率高，但硝化剂需要大幅过量，且反应过程会产生氮氧化物[121]。

可直接利用 Bi(NO₃)₃ 和 Fe(NO₃)₃ 等硝酸盐作为硝化剂来硝化芳烃，以甲苯作为反应底物、二氯甲烷为溶剂，在 100℃下反应 12h，硝基甲苯的收率达 85%。尽管该反应不使用强酸和催化剂，但反应需要溶剂，且反应时间较长。若使用硝酸锌和四氧化二氮的配合物进行硝化，也能取得不错的效果，在苯的硝化中，在 50℃下反应 15min，硝基苯的收率可达 84%[122]。在此基础上还可制备活性炭负载型的 Zn(NO₃)₂·N₂O₄ 配合物硝化剂，但该硝化反应的时间更长，约为 6h。

相比而言，使用 HZSM-5 负载型硝酸铁作硝化剂，在对酚类化合物进行硝化时，室温下硝化 30min 后，邻硝基苯酚的收率可达 75%。该方法反应时间短、选择性高，并且硝化剂的原料硝酸铁便宜易得，对设备没有腐蚀性[123]。但该工艺的缺点是所用的有机溶剂为有毒的二氯甲烷，因此还仅限于实验室研究。

以 69% 的 HNO₃ 为硝化剂，三氟甲基磺酸镧系盐为可循环利用催化剂，对邻硝基甲苯等芳烃化合物进行硝化，结果表明催化剂的催化活性高，稳定性很好。如果以 60% 的 HNO₃ 为硝化剂，全氟化辛基磺酸稀土金属盐为催化剂来硝化芳烃，其中 Sc(OPf)₃ 的催化效果最好，单硝基甲苯的收率可达 65%，但是对邻比较低，为 45 : 54[124]。还有研究制备了一系列 WO₃/SiO₂ 催化剂，并应用于以 70% 的硝酸为硝化剂的邻二甲苯、甲苯、苯酚等芳烃硝化中，其中在邻二甲苯的硝化中，转化率可达 74%，4-硝基邻二甲苯的选择性可达 54%[125]。

近年来，在芳香化合物的硝化反应中应用较多的催化剂主要是过渡金属的三氟甲烷磺酸盐、全氟烷基磺酸盐、苯磺酸及其衍生物盐、全氟磺酰亚胺盐及其配合物等。三氟甲磺酸镧系金属盐在用于活泼芳香化合物的硝化反应时，都有一定的催化作用，其中全氟辛烷磺酸镧系金属盐对芳香化合物的硝化反应有明显的催化作用。对不同阴离子的 Lewis 酸催化性能比较，发现催化活性顺序为全氟烷基磺酰亚胺盐>全氟烷基磺酸盐>>金属氯化物。催化活性差异主要来自离子效应，与阴离子性质有关。

氟两相催化(fluorous biphasic catalysis，FBC)是指在氟两相体系中进行的催化反应过程，是近年来发展起来的一种新型均相催化剂固定化(多相化)和相分离技术。该技术的原理是利用全氟烷烃的特殊性质，使分为两相的反应物和催化剂体系在一定条件下成为均相进行反应，反应完成后恢复至初始条件，实现产物和催化剂反应体系的分离。氟两相体系属于温控非水液-液两相体系，其特点是"高温均相反应，低温均相分离"，即在较高的温度下反应底物有机相和含催化剂的氟相互溶实现均相催化反应，而在低温或常温下反应产物有机相和氟相分层实现氟相的分离回收利用，因此温度是氟两相催化反应的关键[126]。

氟两相催化具有反应活性高、选择性高的特点，而且能在简单温和的条件下实现所用有机金属催化剂的分离和重复使用，因此在均相催化领域及环境友好过程方面有很好的应用前景[127,128]。氟两相体系用于芳烃硝化的研究近几年才渐渐发展起来，芳烃的氟两相催化硝化研究仍处于初级阶段，但初步研究显示，氟两相体系的硝化反应是一种具有良好应用前景的绿色生产工艺。

易文斌等[129]通过大量研究发现，全氟辛基磺酸镱［$Yb(OSO_2C_8F_{17})_3$］是芳香化合物硝化反应的良好催化剂。在该催化剂作用下，以全氟萘烷($C_{10}F_8$)为氟溶剂对不同芳烃进行的氟两相催化硝化反应具有强对位选择性硝化能力。氟化物在有机相中的溶解度、反应温度、氟相和有机相的体积比、体系中的含水量等是影响芳烃氟两相硝化选择性的因素。当硝化体系中加入 25%的水时，催化剂会失去活性。在氟相和有机相能够完全互溶的体系中增大氟相和有机相的体积比，有利于降低硝化产物中的对邻比，乙苯、溴苯和碘苯的对位硝化占比可分别提高 18%、15%和 16%。

氟两相催化在提高硝基芳烃得率的同时，还使芳香化合物的对位选择性提高，这是具有高反应选择性的氟代催化剂全氟辛基磺酸镱和具有低介电常数的溶剂全氟萘烷共同作用的结果。氟两相体系对硝基苯和萘的硝化效果较差，这是由于硝基苯中硝基的强吸电性会对催化剂造成影响；萘在常温下部分溶于全氟萘烷中，使得反应后氟相难以从有机相中分离出来，无法回收利用。

3.5　含能配合物

3.5.1　高氯酸类含能配合物

含能配合物是指具有强烈爆炸功能的一类配合物，是目前研究高能、钝感、环保型含能材料的一个重要方向，在起爆药、推进剂及其燃烧催化剂等领域有着广泛的应用前景。含能配合物用结构通式$[ML_n](X)_m$表示，式中，M 为中心离子，L 为含能配体，X 一般为酸根离子。含能配合物的配体必须满足两个条件：一是含碳量和含氢量少而含氮量高，这样配合物的密度较高且生成焓为正，因此更易达到氧平衡，能量也高；二是至少含一个能提供孤对电子的配位原子，如 N、O、S 等。在高氯酸类配合物中，高氯酸根的存在使配体极易与中心金属离子配位。高氯酸根是氧化性最强的含氧酸根，其配合物热稳定性、感度和爆轰性能均非常好。过渡金属的高氯酸盐与碳酰肼(CHZ)易形成多种配合物(如 CoCP、NiCP、ZnCP 和 CuCP)，它们的晶体结构及热分解行为已得到深入研究[130]，其中 CoCP、NiCP 和 ZnCP 热分解温度在 220～285℃，三者的活化能介于 140～180 kJ·mol^{-1}，CuCP 热分解温度较低(120℃)。因此，前三种物质的能量高，且对热稳定，可作为无铅引爆剂。

除了 CHZ，咪唑类化合物也可作为含能配合物的高氮配体，相关文献主要报道了六种高氯酸咪唑配合物(Cu、Co、Ni、Mn、Zn 和 Cd)[131-134]，咪唑环在这些配合物中作为单齿配体，均是以咪唑环上氮原子与中心金属离子配位，形成扭曲八面体结构。高氯酸咪唑配合物在 200℃以上开始分解放热，尽管反应过程剧烈，但对摩擦、撞击、火焰均不敏感，不适合作为起爆药剂。由于其燃烧热较高，可尝试在其他相关领域应用。咪唑和聚酰胺混合配体可合成以 Mn^{2+}为中心离子的系列含能配合物，如$[Mn(IMI)_2(H_2O)_4](PA)_2$ 和$[Mn(IMI)_6](PA)_2H_2O$[135]。它们均比较钝感，且燃烧热高于 HMX 和 RDX，可作为绿色含能添加剂，用于改善传统炸药的爆轰性能和推进剂燃烧性能。同样，通过咪唑和高氯酸盐反应可合成含能配合物$[Co(IMI)_6](ClO_4)_2$、$[Cu(IMI)_4](ClO_4)_2$ 和$[Zn(IMI)_4](ClO_4)_2$ 等，它们的分解放热峰温度分别为 173℃、152℃和 157℃，均低于 RDX[136]。

其他唑类配体包括 4-氨基-1,2,4-三唑(AT)，它与高氯酸铜在乙醇中反应，可得到配合物 $Cu(AT)_4H_2O(ClO_4)_2$(ATCP)，由于其热解产物主要为 CuO，一般用于推进剂含能燃烧催化剂[137]。研究发现，ATCP 能有效提高改性双基推进剂的燃速，是一种高效的燃烧催化剂。为了提高配体的能量，可采用 3,4-二氨基-1,2,4-三唑(DATr)和高氯酸的过渡金属盐反应，制备出更高能的配合物[138]，如$[Co_5(DATr)_{12}(H_2O)_6](ClO_4)_{10}$、$[Ni_5(DATr)_{12}(H_2O)_6](ClO_4)_{10}$、$[Zn_5(DATr)_{14}(H_2O)_2](ClO_4)_{10}·2H_2O$。它们分子结构中 DATr 的三唑环上的氮原子的配位模式既有单齿配位，又有桥联双齿配位。此类含能配合物具有很好的热稳定性，且一旦分解，放热速度很快。其中，钴配合物机械感度最高，锌配合物最低；三种配合物对火焰均不敏感，但都对激光刺激响应明显，配合物出现发火或起爆，说明这些配合物能作为光敏起爆药加以应用。

四唑类化合物属于高氮杂环化合物，单独四唑环的氮含量可达到 80%。四唑

类化合物含有大量生成焓较高的 N≡N、C—N，能量密度高，且燃烧产物大多为
N_2，是一种绿色高能配体。在高氮四唑环类化合物中，1,5-二氨基四唑(DAT)是可
量产且结构最稳定、氮含量最高的高氮配体。

　　目前，已经制备出了六配位 1,5-二氨基四唑高氯酸合锰、钴、锌和镉等配
合物[139-142]。这四种配合物具有类似的晶体结构，都属于三方晶系，中心金属离
子都是与来自 6 个 DAT 分子中环上氮原子中心离子配位，形成略微畸变的八面体
结构。高氯酸根的 4 个氧原子可与 4 个不同分子的 DAT 的氨基形成分子间氢键，
从而将不同的分子单元键合形成晶体结构。在这四种配合物中，只有
$[Zn(DAT)_6](ClO_4)_2$ 是先熔融再发生剧烈分解，其余三种配合物在加热到一定温度
时直接发生固相分解反应。它们的分解都分三步进行，其中第一步分解很剧烈，
并伴随快速的质量损失。根据第一个放热分解峰起始温度的高低，判定其热稳定
性由低到高的次序为 $[Zn(DAT)_6](ClO_4)_2 < [Mn(DAT)_6](ClO_4)_2 < [Co(DAT)_6](ClO_4)_2 <$
$[Cd(DAT)_6](ClO_4)_2$。四种高氯酸 DAT 配合物均有较高的机械感度，在起爆药中具
有潜在的应用前景。

　　前文提及的 CHZ 高氮配体，其分子中肼基 N 和羰基 O 与许多金属离子有
强配位能力，因此可形成金属配合物。CHZ 作为一种脂肪族高氮化合物获得了
深入广泛的研究，可作为含能材料的可燃剂及液体火药、混合炸药的组分。在
高氯酸 CHZ 系列配合物[143-147]中，三个 CHZ 配体分子的羰基 O 原子和肼基 N
原子分别参与配位，并呈双齿配位模式，且每个 CHZ 分子与中心离子配位形成
五元环螯合物。该五元环上的原子处于同一平面，而另一肼基游离于配合物结
构中，这决定了 CHZ 配合物分子结构上的柔韧性。两个高氯酸根作为配对离子，
通过静电力与配位离子形成结构稳定的配合物，从而增加了整个分子结构的稳
定性。另外，中心金属离子和六个配位原子形成扭曲的八面体结构，分子中存
在大量氢键，提高了配合物的熔点。除高氯酸 CHZ 合铁和高氯酸 CHZ 合铜的
初始分解温度为 152.7℃和 120.0℃外，其余高氯酸 CHZ 系列配合物的分解温度
均高于 240℃。在 16 种高氯酸含能配合物中，现已获大量应用的两种起爆药分
别为高氯酸 CHZ 合镉$[Cd(CHZ)_3](ClO_4)_2$(GTG)和高氯酸 CHZ 合锌$[Zn(CHZ)_3]$
$(ClO_4)_2$(GTX)。

　　人们对 CHZ 含能配合物合成及性能方面已开展了大量研究[148-151]，合成了
含 Cd、Co、Mn、Pb、Ni、Ca 等金属的配合物。配合物结构及配体的配位方式
说明，羰基 O 和肼基 N 均可参与配位，不仅可以双齿形式与中心离子配位形成
五元环螯合物，还可以三齿形式配位。结构解析发现，在所形成的配合物中，
成环的 5 个原子处于同一平面，从而使整个分子结构的稳定性增加。同时，因
分子中存在 N、H 体系，使得分子间存在大量氢键，这样一方面提高了配合物
的熔点，另一方面也提高了分子对机械刺激的稳定性，从而在安全性、耐热性

和相容性上得以提升。

在高氯酸碳酰肼配合物的研究中发现，高氯酸碳酰肼合铁[Fe(CHZ)$_3$](ClO$_4$)$_2$(GTT)的热分解 DSC 曲线上只有一个尖锐放热峰，峰温为 177.6℃，热安定性较差。在 70°摆角、1.23MPa 压力、干湿状态下，GTT 摩擦发火率都是 100%。在压制撞击感度和火焰感度测试用火帽时，会发生爆炸，对外界机械刺激极为敏感。另外，GTT 有自爆现象，说明该物质不易稳定存在，在微弱外界干扰下会发生快速分解乃至爆炸。

3.5.2　叠氮类含能配合物

叠氮类化合物由于氮含量高而有较高的生成焓(叠氮基团生成焓约为 356kJ·mol^{-1})，叠氮根的配位模式丰富，N$_3^-$ 与金属离子可以形成多维配合物，因此具有独特的稳定性和强烈的爆炸性[152]。但是由于叠氮类化合物的感度较高，目前仅有叠氮化铅与叠氮化银被广泛用于起爆药。

在叠氮类含能配合物的研究中，起初以硝酸镍、水合肼和叠氮化钠为原料合成叠氮肼镍[153]。该药剂具有较强的起爆能力和很高的火焰感度，机械感度也可满足工程雷管的使用要求。随后，又合成了高氯酸四氨双叠氮基合钴(III)[Co(NH$_3$)$_4$(N$_3$)$_2$](ClO$_4$)(DACP)。DACP 具有污染少、爆速高等特点，爆热和比容都比传统起爆药高，合成工艺比 BNCP 简单，可以代替叠氮化铅·史蒂芬酸铅共晶起爆药、碱式苦味酸铅·叠氮化铅复盐起爆药、二硝基重氮酚[C$_6$H$_2$(NO$_2$)$_2$N$_2$O]起爆药等用于工程雷管[154]。

以咪唑(IMI)、4-氨基-1,2,4-三唑(ATz)和 1,5-二氨基四唑(DAT)等唑类高氮杂环化合物为配体可获得六种叠氮类含能配合物产品和晶体[155-158]。叠氮根配位方式有 μ-1、μ-1,1 和 μ-1,3 三种模式。配体 ATz 以单齿模式或双齿模式与中心金属离子配位，配体 DAT 仅以单齿模式与中心金属离子配位，叠氮根以单齿模式或双齿模式与中心金属离子配位。例如，叠氮四咪唑合铜[Cu(IMI)$_4$(N$_3$)$_2$]和叠氮四咪唑合镍[Ni(IMI)$_4$(N$_3$)$_2$]的氮含量分别为 46.70%和 47.27%，燃烧热分别达到了 11090kJ·kg^{-1} 和 16710kJ·kg^{-1}，叠氮根为 μ-1 单齿配位方式。因此，叠氮四咪唑合镍的感度相对较低，其燃烧热比 RDX(9450kJ·kg^{-1})、HMX(9420～9860kJ·kg^{-1})和 TNT(15220kJ·kg^{-1})都高，作为推进剂含能催化剂具有较高的应用前景。另外，叠氮四咪唑合铜的感度数据显示：在 70°摆角、1.23MPa 压力下，摩擦感度发火概率是 100%；在 25cm 落高，2kg 落锤下，撞击起爆概率是 100%；火焰感度的 50%发火高度为 13.94cm，这些都说明叠氮四咪唑合铜具有较高的感度，在起爆药方面有应用前景。

此外，基于三唑衍生物、四唑衍生物和叠氮化钠，可合成 42 种叠氮含能配合物。该类配合物呈现出单核、多核、一维链状、二维平面、三维 MOFs 等不同的结构[159]。通过对含能配合物的 TG-DSC 和感度研究，发现随着含能配合物中氮含量的升高，其燃烧热降低、感度升高。有研究表明，金属叠氮化合物的感度决定于分子中相邻叠氮根上未配位氮原子之间的最小距离，该距离越小，配合物感度越高[160]。因此，引入辅助配体参与配位，加大相邻叠氮根上未配位氮原子之间的距离，有助于降低配合物的感度。其他叠氮类含能铜配合物包括 $Cu(Arg)_2(N_3)_2 \cdot 3H_2O(Arg$ 为 L-精氨酸)，该配合物的感度由于辅助配体的加入而降低，且该配合物氮含量较高，在不敏感起爆药方面有潜在的应用[161]。

以直链类高氮配体肼(HZ)、乙二胺(EN)和 CHZ 等为原材料，可得到 6 种叠氮含能配合物晶体，所用配体都呈现为双齿配位。以 $[Zn(HZ)_2(N_3)_2]_n$ 含能配合物为例，两个叠氮根具有线性和不对称的特点，肼分子与 Zn^{2+} 形成"Z"字形结构，Zn^{2+} 的配位模式为双齿配位[162]。含能配合物通过中心 Zn^{2+} 和两个肼基组成的六元环，形成了沿 a 轴方向以 Zn-Zn 金属离子为中心相互平行的一维链状结构，肼分子作为二齿配体与 Zn^{2+} 离子配位，形成"椅式"六元螯合环，这种形式的螯环张力最小、结构最稳定。由该类六元螯合环构成的一维链状结构，在很大程度上提高了分子结构的稳定性。叠氮肼锌的 DSC 分解曲线表现为一个明显的吸热峰和两个连续的放热分解峰。其中，吸热峰的峰温为 232.0℃，两个连续的放热峰的峰温分别为 286.7℃和 333.7℃。该含能配合物分子结构的解析结果明确地说明了肼分子在含能配合物中的结合形式问题，为设计和研究这类含能配合物提供了重要的结构信息。

3.5.3　硝酸类含能配合物

硝酸类含能配合物在水中溶解度大，很难得到结晶产品，故研究获得的这类配合物分子结构较少。同时，由于硝酸类含能配合物的爆炸威力弱，能够获得应用的品种很少。目前，只有硝酸肼镍(NHN)在生产使用，其是在强碱性条件下合成得到的一种碱式镍配合物，反应体系酸碱度对配合物的结构和组成、产物纯度和性能都有显著影响，至今没有获得硝酸肼镍的单晶，也未解析出分子结构。NHN 是一种淡玫瑰紫色结晶，具有机械感度低、耐压性好、综合经济效益好等特点，但其起爆能力偏低，对 RDX 的极限起爆药量约为 150 mg[163]。在咪唑类系列化合物的研究中，得到了硝酸咪唑镍$[Ni(IMI)_6](NO_3)_2$ 配合物的晶体结构，其中心 Ni^{2+} 和六个咪唑分子呈单齿配位，形成畸变的八面体构型[133]。其 DSC 分解曲线上有一个吸热峰和一个放热峰，峰温分别为 236℃和 408℃，感度性能测试结果表明其对外界机械作用不敏感。

在 CHZ 系列化合物的研究中，获得了硝酸碳酰肼锌$[Zn(CHZ)_3](NO_3)_2$ 和硝酸碳酰肼锰$[Mn(CHZ)_3](NO_3)_2$ 的晶体结构[164]。分子结构解析发现中心金属离子

Zn^{2+}、Mn^{2+} 均表现为六配位构型，CHZ 表现为双齿配体，通过羰基 O 原子和一个肼基端位 N 原子与中心离子配位，每个分子中有三个稳定的五元配位螯合环结构。这三个五元配位螯合环在空间上几乎呈 90°分布，相互之间的空间位阻最小，使分子具有较高的稳定性。$[Mn(CHZ)_3](NO_3)_2$ 配合物的 DSC 曲线放热峰温为 324℃，且对机械刺激不敏感。$[Zn(HZ)_2(NO_3)_2]_n$ 的两个肼分子配体的非氢原子具有良好的共面性，形成了稳定性好的椅式构型，该椅式构型以 Zn^{2+} 为结点，沿 c 轴方向延伸成一维链状构型，并通过分子内和分子间氢键、静电引力和库仑力构成三维的空间网状构型。硝酸肼锌的热分解由一个吸热过程和两个放热过程构成，吸热过程的峰温为 222℃，放热过程的峰温分别为 284℃和 295℃。硝酸肼锌具有较高的撞击和摩擦感度，其他性能还有待深入研究。

运用密度泛函理论对硝酸三碳酰肼合钴$[Co(CHZ)_3](NO_3)_2$、硝酸三碳酰肼合镍 $[Ni(CHZ)_3](NO_3)_2$ 和硝酸二碳酰肼合铜$[Cu(CHZ)_2](NO_3)_2$ 进行的计算表明，三种配合物中心离子均为六配位结构，在铜配合物中的硝酸根也参与配位。配体和金属离子间的相互作用，使配位氨基 N—H 上的成键轨道电子离域，导致氨基 N—H 键长增大、键级减小、伸缩振动频率红移，符合实测红外光谱变化规律。通过理论反应热预测到这些配合物的合成均为放热反应；由生成焓大小推测其稳定性次序由高到低为$[Ni(CHZ)_3](NO_3)_2 > [Co(CHZ)_3](NO_3)_2 > [Cu(CHZ)_2](NO_3)_2$，与实测结果完全吻合[165]。

对于 DAT 系列的研究，已制备得到了硝酸二氨基四唑合镉$[Cd(DAT)_6](NO_3)_2$ 配合物的晶体结构[166,167]。分子结构解析发现 DAT 分子的 4-位 N 作为配位原子，只表现为单齿配体，有 6 个 DAT 分子参与中心金属离子 Cd^{2+} 配位，形成畸变的六配位八面体构型。DAT 与 Cd^{2+} 形成的配阳离子与硝酸根结合成盐，形成稳定的分子结构，并且在单个分子结构内部不存在氢键作用，分子之间通过氢键形成空间三维的网状结构。$[Cd(DAT)_6](NO_3)_2$ 的 DSC 曲线上有两个尖锐的热效应峰，首先是一个尖锐的吸热峰，由$[Cd(DAT)_6](NO_3)_2$ 晶体熔化所致，该吸热峰的起始温度为 203℃，峰温为 216℃；放热峰在吸热峰结束时开始，峰温为 242℃，结束于 266℃。

3.5.4 硝基酚类含能配合物

在多硝基酚配合物中，主要有苦味酸(PA)配合物、斯蒂芬酸(TNR)配合物和三硝基均苯三酚(TNPG)配合物[168,169]。此类配合物常带有多个结晶水和/或配位水，直接影响配合物的热稳定性、相容性和感度。对不含结晶水和配位水的硝基酚类配合物，共同特点是热感度和火焰感度高、易发火，并且输出具有很高能量的火焰，主要用作点火药。

在所有多硝基酚配合物中，苦味酸钾(2,4,6-三硝基酚钾，KPA)和斯蒂芬酸铅(LTNR)是典型的、具有重要用途的硝基酚类配合物。KPA 是一种耐热炸药,也是性能良好的单质点火药、延期药和哨音剂[170]。其主要特点是耐热性好(分解温度高达 359℃)、火焰感度低(50%发火的火焰距离为 38cm)、静电火花感度低、燃烧稳定,与相关材料的相容性很好,可满足多种火工品和民用爆炸物品的使用要求,已获得了工业化生产使用。LTNR 是一种典型高感度和高危险性的弱起爆药,主要用作点火药、击发药组分,火焰感度低,但机械感度、静电火花感度和静电积累量都非常高。该药剂适合与叠氮化铅混合后用作雷管起爆药装药,还可在击发药、针刺药和电点火头中用于引燃。在单独使用时,要密切注意并防止由静电引起的意外爆炸。

以 CHZ、苦味酸和金属盐为原料,在水溶液中反应可制备出基于苦味酸碳酰肼合钴、铜、铅的含能配合物,如 $Co(CHZ)_4(PA)_2 \cdot 3H_2O$、$Cu(CHZ)_4(PA)_2 \cdot 4H_2O$ 和 $Pb(CHZ)_2(PA)_2 \cdot 4H_2O$[171]。这类配合物能降低 CL-20 的初始分解温度和峰温,同时含能配合物 $Cu(CHZ)_4(PA)_2 \cdot 4H_2O$ 和 $Co(CHZ)_4(PA)_2 \cdot 3H_2O$ 使 CL-20 的分解活化能由 $222.8kJ \cdot mol^{-1}$ 分别降低至 $186.6 \; kJ \cdot mol^{-1}$ 和 $183.0kJ \cdot mol^{-1}$。

制备硝基酚类配合物常用方法:先将碳酸金属盐粉末和硝基酚水悬浮液反应得到硝基酚金属盐水溶液,再将配体滴入硝基酚金属盐水溶液中,在一定温度和搅拌条件下反应得到目标配合物。目前,已经以碳酰肼、咪唑、4-氨基-1,2,4-三唑、5-氨基四唑和1,5-二氨基四唑为配体,制备得到了 25 种多硝基酚类配合物的分子和晶体结构。这类配合物分子和晶体结构中,通常带有大量的结晶水和配位水。这些结晶水和配位水受热易脱去,直接影响配合物的结构稳定性,即影响其使用性能。部分多硝基酚类含能配合物具有较好的火焰感度和较高燃烧热,特别是苦味酸咪唑合钴[Co(IMI)₄(PA)](PA)和苦味酸咪唑合铜[Cu(IMI)₄(PA)₂],这两种配合物中不含有毒重金属元素、结晶水和配位水,具有明显的结构优势,可进一步开展其在火工品领域中的应用研究[133,172]。

为探究硝基酚类配合物含有大量结晶水和配位水的原因,解析了苦味酸锰 $[Mn(H_2O)_6](PA)_2 \cdot 2H_2O$、苦味酸锌 $[Zn(H_2O)_6](PA)_2 \cdot 3H_2O$ 和斯蒂芬酸镁 $[Mg(H_2O)_6](HTNR)_2 \cdot H_2O$[173]的晶体结构,发现这些配合物的配位离子都是由中心金属离子和 6 个水分子配位形成的水合离子。在此类配合物中配体的配位能力弱,或空间效应而不能取代水合离子中的配位水,导致产物分子结构中存在多个配位水,同时这些配合物的晶体中存在不等量的结晶水。从分析结果也可以看出,配体需要与水分子进行竞争反应,取代水分子而形成多硝基酚类配合物。另外,在合成路线研究中,常规的方法只能得到苦味酸四水二咪唑合锰配合物[Mn(IMI)₂(H₂O)₄](PA)₂。若乙酸金属盐和配体咪唑先进行配位反应,再加入苦味酸锂溶液取代乙酸根,便可成功制备出一水合苦味酸六咪唑合锰 $[Mn(IMI)_6](PA)_2 \cdot H_2O$,该合成途径为制备其他多硝基酚类配合物提供了宝贵经验。

含能配合物类起爆药具有制备工艺简单、高能、钝感等优点，是新型起爆药发展的重要方向之一。为了更好地对所获得的含能配合物加以利用，不仅要从结构上研究能量密度及其配位性，而且要对各种性能进行综合分析，从理论上研究其热分解机理，为后续开发与应用提供依据。

3.5.5　配位中心的作用

相同配体和酸根条件下，中心金属离子不同时，含能配合物的性质和性能差别仍然较大。对于碱金属而言，K、Rb 和 Cs 形成的含能配合物具有良好的热感度、燃烧性能和点火能力，可作为点火药和短延期药使用。Li 和 Na 形成的含能配合物在水中的溶解度很高，不易得到具有良好晶形的产物，无法在工业级产品中使用，其水溶液主要作为反应中间体使用。碱土金属形成的含能配合物中，镁离子主要以六水合镁离子形式存在，各类镁盐在水中都具有非常高的溶解度和较大范围的低温度系数。因此，镁盐主要作为复分解反应中间体来制备其他含能配合物。以 Ca、Sr 和 Ba 为中心金属离子的含能配合物中，通常含有较多的配位水和结晶水，对含能配合物的结构稳定性和燃烧性能会产生负面影响，应用性差。其中，只有斯蒂芬酸钡具有实际应用价值，作为点火药、延迟药和击发药组分已获得了应用。

过渡金属形成的含能配合物主要形成六配位八面体构型的配位离子，以第四周期 B 族元素和Ⅷ族元素形成的含能配合物最具研究和应用价值。主要是由于这类金属对含氧酸根离子的快速分解、配体的燃烧具有选择性的催化作用，易使含能配合物的分解快速转为急剧的分解过程、燃烧过程或爆轰过程，实现爆轰波输出。其中，锰最易形成含能配合物，但其催化作用较弱，没有在含能材料产品中获得应用。铁是普遍存在且最常见的金属离子之一，但早期对铁元素含能配合物的研究较少。近年来，为了研制绿色环保型的含能配合物，对铁离子开展了较深入细致的研究，但发现铁离子易形成感度高、危险性大且不易控制的含能配合物，容易导致意外爆炸事故，在含铁离子含能配合物的研究过程中应切实注意安全问题。

钴具有两种价态，+2 价为常规稳定态，+3 价是通过特殊控制条件氧化 Co^{2+} 得到的高价氧化态，氧化反应工艺过程长、反应条件不易控制，故 Co^{3+} 的含能配合物不是重点发展方向。由于钴离子极易与多氮化合物形成含能配合物，在含能配合物研究和应用领域具有重要的作用。同时，钴离子对含能配体的分解过程具有显著的催化作用，钴类含能配合物爆炸威力大、做功能力强，但由于钴在自然界中丰度低、储量少、价格高，钴类含能配合物不适合工业化大批量生产使用。镍与具有孤电子对原子的化合物易形成含能配合物，但镍类含能配合物晶体生长过程不易控制、晶形不规则，导致产物的流散性差，不易满足火工药剂使用要求。

铜具有+1 价和+2 价两种价态，形成的配位离子有四配位平面构型(或偏四面体)和六配位八面体构型两种情况。由于铜的某些化合物在含能配体的热分解过程也具有很强的催化作用，使此类含能配合物的热分解过程极易转成燃烧过程和/或爆燃过程，表现为配合物的感度高、危险性大，在研究和探索新的铜含能配合物的过程中易发生意外爆炸，应切实注意安全防护问题。

锌易形成六配位八面体构型的含能配合物，锌对含能配合物分解催化作用较弱，锌的含能配合物大多没有爆炸能力，故对锌类含能配合物研究报道较少。但令人意外的是，GTX 含能配合物却表现出了超强的燃烧和爆轰性能，作为环保型起爆药已获得了工业应用。镉易于形成含能配合物，主要是六配位八面体构型，以叠氮化镉和高氯酸三酰肼合镉(GTG)为高能起爆药的典型代表，具有晶形好、流散性好、感度低、起爆能力强、输出爆炸威力大等特点。但是，考虑到镉元素的毒性和对环境的污染，含镉含能配合物的探索、研究和应用也受到了一定的影响。

重金属含能配合物中常用的且最重要的是铅离子和铋离子的含能配合物，这两种元素易形成配位聚合物，提高了含能配合物的密度和能量水平。同时由于这两种元素的化合物对燃烧和爆炸过程具有非常显著的催化作用，成为起爆药和含能催化剂中使用的重要元素。其中，叠氮化铅、斯蒂芬酸铅、雷索辛酸铅就是起爆药和含能催化剂的典型代表。但是，铅带来的毒性和严重的环境污染已经受到了人们的广泛关注，探索高性能的无铅含能配合物，彻底消除铅在含能材料的使用成为当前重要的研究任务。铋类含能配合物是近些年获得青睐的新材料，它在含能催化剂方面展现出了特殊的优越性能，已经在实践中获得了应用。虽然铋与铅是相邻的重金属元素，但铋却是无毒、无污染的重金属，并可应用在医药中。但是，由于铋的无机盐在水中的溶解度低，需要在极强酸性的溶液中才能完全溶解，严重地限制了铋类含能配合物的制备研究，所得到的铋类含能配合物的分子结构很少。

综上所述，每种金属离子形成含能配合物时都具有各自的特性。在设计含能配合物时，应以目标化合物的使用性能作为首要目标来选择合适的金属离子，其他的副作用只要能在使用和发展过程解决即可，这样才能不断发展出满足使用目标要求的新型含能配合物。

3.6　亚稳态分子间复合物

3.6.1　制备方法

作为典型的复合含能材料，亚稳态分子间复合物(metastable intermixed composites,

MICs)的制备工艺均基于氧化剂和燃料的复合(组装),常规制备采用氧化剂与燃料
的机械混合,而纳米结构复合含能材料的制备基于氧化剂与还原剂的纳米级组装,
可采用 SOL-GEL、骨架合成、溶液结晶、凝胶修复等方法,并结合其他技术措施
(如超声分散等)达到目的。当前已对由氧化剂和燃料组成的纳米结构复合物进行
了全方位的研究和探索,制备出 MICs(各种金属间氧化物与纳米铝的复合物)、
RF(间苯二酚-甲醛缩聚物)/AP 纳米级复合物、纳米 Fe_2O_3 等多种纳米结构复合含
能材料。

3.6.2　基于金属氧化物的 MICs

　　传统 MICs 广泛利用金属氧化物与金属发生氧化还原反应实现放热目的。
常用的金属氧化物包括 CuO、Fe_2O_3、Bi_2O_3、MoO_3、NiO、MnO_3 和 WO_3 等,
金属则包括 Al、Mg 等。在所有种类的 MICs 中,铝基 MICs 的种类最多,研究
也最为充分。常见铝基 MICs 包括 Al/CuO、Al/Fe_2O_3、Al/Bi_2O_3、Al/MoO_3、Al/NiO、
Al/MnO_3 和 Al/WO_3 等。由于氧化剂不同,不同 MICs 性质也有显著差异。Al/CuO
反应热量可达 $4kJ \cdot g^{-1}$,其反应活性能在较大范围内调控(燃烧速率为
$(1500\pm50)\sim(2400\pm100)m \cdot s^{-1}$;最大压力为$(22\pm3)\sim(70\pm10)MPa$;升压速率为
$362.5\sim826.5psi \cdot \mu s^{-1}$。相比之下,Al/$Fe_2O_3$ 反应热较低($2.1kJ \cdot g^{-1}$)。一般通过
溶胶-凝胶法制备多孔 Al/Fe_2O_3,由此燃烧速率大幅提升。为了进一步改善其性
能,可采用溶胶-凝胶法结合超临界干燥法制备纤维网络状结构 Fe_2O_3/Al 复合
物。其中,Al 的平均粒径为 40nm,比表面积达 $147.9m^2 \cdot g^{-1}$;骨架由粒径为
$10\sim20nm$ 的 Fe_2O_3 颗粒组成,Al 颗粒均匀分散在其中,孔径与空白 Fe_2O_3 气凝
胶相比明显下降,平均孔径为 8nm 且分布均匀。基于超细球状铝粉(UFG 铝粉)
的 MICs 与传统 MICs 相比,燃烧过程更为剧烈,热感度也更高。UFG 铝粉的
可燃极限取决于颗粒的物理形态,这类材料对机械撞击、静电火花和摩擦刺激
不敏感。

　　高反应活性纳米材料的研究进展可参见综述文献[174]。早在 2014 年,法国
在纳米含能材料研究方面取得了较大进展。通过研究化学组成和厚度对溅射多层
Al/CuO 纳米复合材料的反应活性和燃烧性能的影响,证明了该材料性能的可调节
性和在武器系统中集成的潜力。并在此基础上,采用不同配比的 NC 作为黏结剂,
制备了高性能纳米铝热剂推进剂。

　　为了减少 B_2O_3 和 H_3BO_3 等无定形硼粉末表面上存在的酸性杂质并改善硼粉
的燃烧速率,先用氢氧化钠(NaOH)溶液修饰无定型硼[175]。在 Al/B 二元纳米复
合材料的基础上,通过加入 Fe_2O_3 并采用高能球磨法制备出 Al/B/Fe_2O_3 纳米复合
含能材料,这种纳米 MICs 粒径为 3.89μm。随着 Al/B/Fe_2O_3 复合物中硼含量的

增加，放热也随之增大[176]。由此表明，铝热型 MICs 的加入可以有效提高 B 粉的燃烧效率。

除了高能球磨法，还可采用溶胶-凝胶法、湿浸渍法和溶剂-反溶剂法等，制备新型 AP/Al/Fe$_2$O$_3$ 三元 MICs[177]。扫描电子显微镜(scanning electron miscroscopy, SEM)、氮吸附-解吸、XRD 和 DSC 实验发现，AP 和纳米 Al 均匀分散于 Fe$_2$O$_3$ 气凝胶孔中，从而使比表面积大幅提高(为 84.72m$^2 \cdot$ g^{-1})。Al/Fe$_2$O$_3$ 纳米铝热剂对 AP 的热分解有极强的催化作用，AP 的加速分解使得铝热反应增强。该复合材料能量高，在微推力推进剂领域具有潜在应用价值。

表 3-26 对几种常见 MICs 的燃烧性能做了较为全面的比较。MICs 的反应活性取决于反应物的粒径、形态、制备工艺和环境因素等。金属铋的沸点为 1837 K，低于 Al/Bi$_2$O$_3$ 的燃烧温度，因而具有高的升压速率和燃烧速率(松散堆积条件下)，Al/MoO$_3$ 具有最高的反应热值。由表 3-26 还可以看出，Al/Bi$_2$O$_3$ 的峰压高于 Al/CuO、Al/MoO$_3$ 和 Al/WO$_3$，并且其升压速率比其他 MICs 高一个数量级以上，此时松散堆积对提高燃烧速率有积极作用。此外，在敞口坩埚中燃烧时，Al/AgIO$_3$ 燃速最高，而燃烧管(Bt)中 AlMoO$_3$ 的燃速最高，因此试验工况对 MICs 的反应速率的影响极大，应该根据不同应用场景来选择配方种类。

表 3-26　几种常见 MICs 的燃烧性能比较

MICs	铝颗粒粒径/nm	氧化剂粒径/nm	峰压/MPa	升压速率/(psi · μs^{-1})	燃烧速率/(m · s^{-1})	反应热/(J · g^{-1})
Al/CuO	80～150	240±50	16.7	24.9	340	1057
Al/Bi$_2$O$_3$	80～150	100～500	21.6	835.5	420	1541
Al/MoO$_3$	80～150	90～6000	7.4	5.1	100	1883
Al/CuO	50/80	<50	0.8	9.0	340	—
Al/Fe$_2$O$_3$	50/80	<100	0.09	0.017	—	—
Al/AgIO$_3$	50/80	270	2.04	57.0	630	—
Al/CuO	80	21×100 棒状	1.72(c)/13.10(Bt)	—	525/802(Bt)	—
Al/Bi$_2$O$_3$	80	长 25000	2.52(c)/53.45(Bt)	—	425/646(Bt)	—
Al/MoO$_3$	80	30×200 薄膜	1.66(c)/18.62(Bt)	—	320/950(Bt)	—
Al/WO$_3$	80	100×20 片状	1.79(c)/26.90(Bt)	—	260/925(Bt)	—
Al/CuO	—				280	1186.6

续表

MICs	铝颗粒粒径/nm	氧化剂粒径/nm	峰压/MPa	升压速率/(psi · μs^{-1})	燃烧速率/(m · s^{-1})	反应热/(J · g^{-1})
Al/MoO$_3$	—	—	—	—	362	915.1
Al/Fe$_2$O$_3$	—	—	—	—	30	839.3
Al/MoO$_3$	—	—	—	—	335	NA
Al/WO$_3$	—	—	—	—	412	815
Al/CuO	100	50	—	—	679(Bt)	763
Al/MoO$_3$	100	44	—	—	229(Bt)	2078

注: c 为样品池; Bt 为燃烧管。

除了种类, 金属氧化剂的微观形貌同样对 MICs 的性能具有较大影响。微观形貌的不同使氧化剂与金属界面特性产生差异, 进而对整个反应传热、传质产生影响。随着制备工艺的进步, 金属氧化剂的形貌逐渐出现多样化, 如一维纳米线、纳米棒、纳米面、纳米环、三维纳米壳、纳米胶囊等。这些材料都表现出极高的比表面积和反应活性, 对提高 MICs 的性能有着积极作用。如果采用海绵状的金属氧化剂 WO$_3$, 与铝复合后可形成一种多孔 MICs, 粉体状态下燃烧速率可达到 2.5 km · s^{-1}, 远高于传统 MICs。其原因是界面接触面积的改善对燃烧速率具有决定性作用, 同时, 体系中的大量孔洞提高了传质效率。将金属氧化物制备成三维多孔形状, 并与金属燃料进行复合得到三维多孔 MICs, 进一步证实了体系的传质效率对 MICs 的燃烧性能有重要影响。

3.6.3　基于氟聚物的 MICs

20 世纪 50 年代开始, 氟聚物开始作为氧化剂应用于照明弹、诱饵弹、点火药和推进剂中。铝/氟聚物 MICs 近年来也得到了越来越多的关注, 其原因在于氟具有强吸电子能力, 能够与氧化铝反应生成 AlF$_3$ 并放出大量热。氟聚物有望作为氧化剂少量替代 AP 用于固体推进剂中。铝/氟聚物 MICs 具有很高的单位体积放热量和火焰温度。文献报道铝/氟聚物 MICs 的单位体积放热量可达 21GJ · m^{-3}, 而普通单质炸药的单位体积放热量很难超过 12GJ · m^{-3}。此外, 氟聚物 MICs 的燃烧温度可达 3600K 以上。铝/氟聚物 MICs 的另一个特点是反应产物 AlF$_3$ 的沸点低于火焰温度, 因而在燃烧过程中, AlF$_3$ 以气体的形式存在, 这对提高燃烧速率、减少反应凝聚相产物生成具有重要作用。

铝颗粒在空气中氧化会在表面形成氧化膜, 极大地降低了其点火燃烧性能。特别是对于纳米铝粉, 氧化膜的影响更不可忽视。将氟聚物作为氧化剂的另一个优点在于它能和氧化膜发生预点火反应(pre-ignition reaction, PIR), 通过该反应将作为消极质量的氧化膜转变为能够放热的有效成分,这也是铝/氟聚物 MICs 得到广泛关注的另一个原因。通过氧化铝与氟聚物的反应过程分析,可间接证明 PIR 的存在,该反应对铝/氟聚物放热速度和效率起着至关重要的作用。例如,实验已证明预点火反应能使体系点火能降低[178],同时所释放的能量可促进氧化物进一步热解,使体系反应更加完全。但是,采用气相沉积、电磁溅射和原位生长技术制备的 Al/PTFE 则没有观察到 PIR 过程,可能的原因是样品中的 Al_2O_3 与 PTFE 接触紧密,预点火反应放出大量热直接触发 Al 与 PTFE 反应从而表现出一个重叠的放热峰。

铝和 PTFE 的制备及性能如表 3-27 所示。常见氟聚物氧化剂包括 PTFE、PVDF 和全氟聚醚等,制备方法有机械混合法、原位合成法和静电喷雾法等,多种氟聚物及其合成方法的确立为铝/氟聚物 MICs 的制备及应用拓宽了思路。此外,因为氟聚物的压电特性,铝/氟聚物在不同电流下表现出的燃烧特性迥异,这使铝/氟聚物的电控燃烧成为可能,此类 MICs 也可称为"智能含能材料"。

表 3-27 铝和 PTFE 的制备及性能

样品	粒径		制备方法	点火温度/℃	活化能/(kJ·mol⁻¹)	反应热/(J·g⁻¹)	燃烧速率/(m·s⁻¹)
	Al/Al_2O_3	PTFE					
Al_2O_3/PTFE	150μm	1μm	PM	657.80	265	204	NA
Al_2O_3/PTFE	15nm	200nm	PM	400/550	NA	NA	NA
Al/PTFE	50nm	200nm	PM	420/795	NA	NA	NA
核壳结构 Al/PTFE	100nm	10nm 30nm	CVD	410 386	NA	1810 2430	3.85
多层结构 Al/PTFE	50nm	150nm	磁控溅射	430	NA	3192	NA
Al/PTFE	50nm	200nm	PM	524	NA	1547	60.3

注:PM 为机械混合法;CVD 为化学气相沉积;NA 为无相关报道。

由于以上特点,相较于传统的金属氧化物 MICs,氟聚物 MICs 更适合在固体推进剂中应用。由于其具有高活性和高体积能量密度的特点,能够满足推进剂能量的需求,但同时也面临一些挑战。一方面,通过简易设备和简单工艺路线即可制备氟聚物基 MICs,但产物团聚问题没有得到很好的解决。原位合成法和静电喷雾法由于生产效率不高、生产工艺复杂等缺点,暂时难以得到工业化应用。因此,对新型制备方法的探索是实现铝/氟聚物在推进剂中应用的前提。另一方面,氟聚物 MICs 在获得高压力输出、高反应速度和燃烧转爆轰能力的同时,也面临着感度急剧增大带来的挑战。

3.6.4　基于碘氧化物或碘酸盐的 MICs

将碘引入 MICs 中，有两种方法，其一为将碘单质与 Al 形成合金，再与其他氧化剂，如 CuO 等形成 MICs；另一种方法是将碘酸盐/碘氧化物/碘酸与 Al 形成 MICs，这类 MICs 的报道较多。

1. Al-I_2 型 MICs

Al 与碘单质构成 MICs 将会面临一系列困难，一方面碘的加入会增大点火温度，甚至难以点燃；另一方面也会影响能量性能，使 MICs 的燃烧速度明显降低[179-181]。而且，制备的 Al-I_2 复合材料长期贮存稳定性差，主要原因是 I_2 易与纳米铝分离并分解，从而使纳米铝颗粒易氧化失活。这说明直接加入 I_2 构筑 MICs 的方法有一定的缺陷。

Zhang 等[182]通过冷冻球磨技术制备碘浓度为 10%～30% 的 Al-I_2 复合粉末(其 SEM 形貌照片见图 3-52)。使用电加热丝在 1273K，22000K·s^{-1} 的加热速率下对粉末的点火温度进行了测定，观察 I_2 浓度及其在 MICs 中的稳定性，以获得 Al-I_2 复合粉末的点火和燃烧特性。结果证实，较高的 I_2 浓度也会降低点火温度，但不会显著影响燃烧温度。与纯 Al 相比，单个 Al-I_2 复合颗粒的燃烧时间稍长、燃烧温度低。然而，含有 15% 和 20% 的 I_2 粉末的恒定体积爆炸试验中观察到升压速率和最大压力都有所提高。

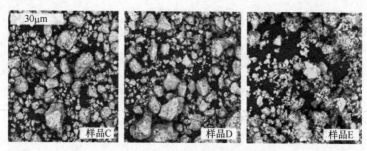

图 3-52　Al-I_2 复合物 SEM 形貌照片

在上述工作的基础上，可通过在室温下机械合金化制备稳定三组元 Al-B-I_2 复合材料。与需要冷冻研磨的二元 Al-I_2 复合材料相比，该制备方法更简单。结果表明，可以掺入 Al-B-I_2 复合材料中碘含量接近 15%，略低于低温研磨 Al-I_2 粉末能达到的含量。Al-B-I_2 粉末的点火温度也略高于 Al-I_2 复合物，但低于纯 Al。并且一旦点燃，纯纳米 Al 的燃烧速率最高，Al-B-I_2 颗粒的燃烧速率最低。

为了进一步改善传统金属氧化物型 MICs 的燃烧速率和应用范畴，可采用电喷雾组装方法制备含 5%～50% 质量分数 I_2 的 Al/CuO 微粒[183]。这类材料随着碘含量的增加，热反应性降低，而燃烧时间呈指数式增长。在 SEM 和飞行时间质谱仪(time-of-flight mass spectroscopy,TOF-MS)中进行的快速加热可观察到 I_2 在 300℃开始释放，从 670℃开始观察到第二次 I_2 释放，接近 Al/CuO 点火温度，表明加入碘不会显著阻碍该反应的发生。高温 I_2 释放归因于在制备电喷雾前驱体溶液时，纳米 Al 颗粒表面形成较厚的氧化铝外壳。此外，所采用的电喷雾工艺可在 Al/CuO 配方中引入更多 I_2。图 3-53 为不同 I_2 负载 Al/CuO 的复合物燃烧凝聚相产物的 SEM 和能量色散谱仪(energy dispersed spectroscopy,EDS)图。

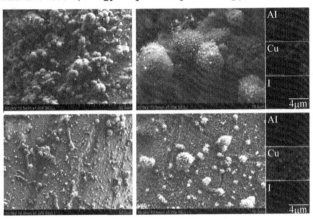

图 3-53　不同 I_2 负载 Al/CuO 的复合物燃烧凝聚相产物的 SEM 和 EDS 图

2. Al-碘氧化物型 MICs

碘氧化物一般包括 I_2O_7、I_2O_6、I_2O_5 和 I_4O_9[184]。I_2O_7 是碘的不稳定氧化物，较低温下就能分解，室温下难以长时间稳定存在。I_2O_6 极易吸湿，也不能运用于铝热剂体系。有研究曾尝试使用干燥方法合成 I_4O_9，该方法结合了元素氧和碘而不引入水合物，并将 I_4O_9 与 Al 反应形成 MICs[185]。在低温下，I_4O_9 放热转化为 I_2O_5，可见其并不稳定。I_2O_5 能在常温下稳定存在，且含 I_2O_5 的 MICs 具有诸多优良特性，如高反应热、高热导率和原材料廉价等。松散球磨纳米铝和纳米 I_2O_5(约为 10nm)所得复合物的燃速约为 2000m·s^{-1}[186]。I_2O_5 也有一个缺点，即虽然它的吸湿性不如 I_2O_6 强，但是具有一定的吸湿性，暴露于空气中容易因吸收水分而变质。研究人员已采取了一些防止其吸湿的方法，如对 I_2O_5 进行包覆等，但是结果还不尽人意。

通过研究不同粒径铝粉与 I_2O_5 的反应行为，已初步揭示了微米 Al 的单步反应机制和纳米 Al 的复杂多步反应机制。在 I_2O_5 分解后，氧化铝表面对碘离子的吸附过程是 Al/I_2O_5 反应的速率控制步骤。I_2 与氧化铝的预反应也是此类 MICs 独有的，且由于纳米铝比表面积较大，可为 I_2 提供足够的吸附位点。通过改进的气相辅助气溶胶法可在 I_2O_5 表面生长 Fe_2O_3 钝化层[187](图 3-54)，并可通过五羰基铁的受控热分解改变 Fe/I 物质的量比，进而调节其反应活性。透射电子显微镜 (transmission electron microscope,TEM) 实验表明，此类复合物由核－壳型 $I_2O_5@Fe_2O_3$ 纳米颗粒组成。产物的质谱检测结果发现了氧和碘的存在，由此证实复合材料内含有 I_2O_5。可将 $I_2O_5@Fe_2O_3$ 纳米颗粒与纳米 Al 复配成新型 MICs，通过反应活性评估确定最佳 Fe_2O_3 涂层厚度，此时测得的燃烧性能优于 Al/CuO。

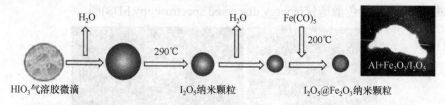

图 3-54　钝化处理 I_2O_5 过程示意图

　　一般，传统的 MICs 产气量有限，但基于铋氧化物和碘氧化物的纳米 MICs 可用作气体发生剂，并具有较高的燃烧增压效应(图 3-55)[188]。它们能快速释放气体且燃烧波传播很快。Al/Bi_2O_3 和 Al/I_2O_5 纳米系统燃烧过程中，蒸汽压力升高较快的原因是反应产物(铋或碘)分别在 1560℃和 184℃的温度下沸腾转化为气相。由于其具有较强的反应活性，此类 MICs 可用于推进剂、固体燃料、炸药等多个领域。

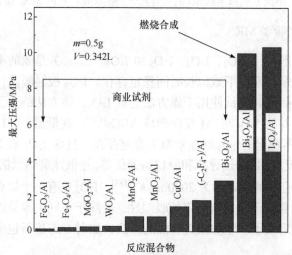

图 3-55　不同 MICs 燃烧时的最大压强对比

　　碳纳米材料(CB、CNT 和 FGS)可作为燃料加入上述碘基 MICs 中，以 Al/I_2O_5 和 Ta/I_2O_5 为例，碳纳米材料对这两种 MICs 点火温度影响显著[189]。其中，$CB/I_2O_5/Al$ 的点火温度远低于 Al/I_2O_5 和 Ta/I_2O_5。当 CB 用作添加剂时，I_2 释放的温度显著降低，其他碳纳米材料也得到类似的结果，主要原因是碳纳米材料能降

低 I_2O_5 的 I—O 键能(图 3-56)，从而使该凝聚相反应温度降低。因此，碳纳米材料可以用作 Al/I_2O_5 和 Ta/I_2O_5 等复合物的添加剂，以提高燃速和释 I_2 效率。

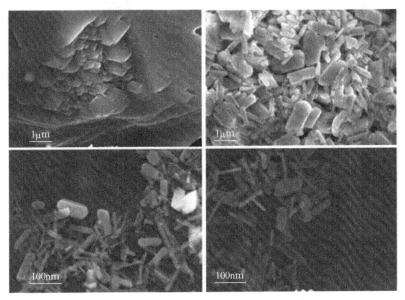

图 3-56　利用高能球磨法制备的 I_2O_5 形貌结构

3. Al-碘酸盐/碘酸型 MICs

金属碘酸盐/碘酸在贮存期间比较稳定、易于处理，且碘含量高，同碘氧化物一样与铝发生强放热反应并释放碘单质。通用金属碘酸盐的基本化学反应式如下：

$$2xAl + M\left(IO_3\right)_x \longrightarrow xAl_2O_3 + \frac{x}{2}I_2 + M + \Delta H$$

多种金属碘酸盐，如 $Al/Fe(IO_3)_3$、$Al/Cu(IO_3)_2$、$Al/Bi(IO_3)_3$ 和 $Al/Ca(IO_3)_2$ 等可供形成 MICs，也可使用微米金属碘酸盐与纳米铝组装得到 MICs，并加入一定量的产气含能组分以促进反应。金属碘酸盐基 MICs 显示出比常规金属氧化物基 MICs 更高的反应活性，应用更广泛，机械力化学法是较为简单可靠的制备这类超细 MICs 粉末的途径[190,191]。由该方法得到的典型金属碘酸盐超细粉体包括 $Fe(IO_3)_3$ 和 $Bi(IO_3)_3$[192]、$Cu(IO_3)_2$ 和 $Ca(IO_3)_2$ 等。与化学沉淀法相比，形成的粉体具有更小粒径和更窄的尺寸分布。如果以 5% 的 NC 作为黏结剂，可通过静电喷雾法将其与纳米铝结合应用到 MICs 中，NC 作为产气的含能组分，可增强碘基 MICs 的反应速度(图 3-57)。由此 Al/金属碘酸盐反应峰值压力和增压速率比相应的氧化物型 MICs 高几倍，各方面的性能都优于相应的金属氧化物型 MICs。

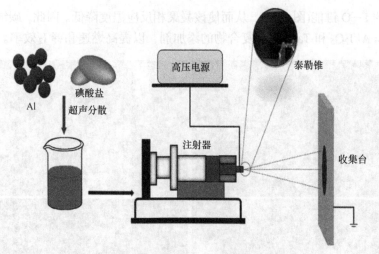

图 3-57　静电喷雾法制备 Al/金属碘酸盐过程示意图

　　为了保持 Al 的活性，可通过抑制反应球磨法制备碘基 MIC，以 Al/Ca(IO$_3$)$_2$ 和 B/Ca(IO$_3$)$_2$ 为例，两种材料的碘酸钙含量都为 80%[193]。暴露于室内空气中时，Al/Ca(IO$_3$)$_2$ 迅速老化并形成 Al(OH)$_3$ 包覆的致密颗粒，其在燃烧时形成光晕，表明该发光过程涉及硼亚氧化物的气相反应。若使用 CO$_2$ 激光束加热点燃 B/Ca(IO$_3$)$_2$ 和 Al/Ca(IO$_3$)$_2$，前者的燃烧速度更快，可产生明亮的、充满蒸汽的射流。从时间积分光谱获得 Al/Ca(IO$_3$)$_2$ 火焰温度约为 2140 K。B/Ca(IO$_3$)$_2$ 的燃速比 Al/Ca(IO$_3$)$_2$ 更快。

　　为了提高碘氧化物和碘酸盐的品质，可以碘酸为原料通过直接一步气溶胶法合成 I$_2$O$_5$[194,195]、HI$_3$O$_8$[196] 和 δ-HIO$_3$[197] 等物质，并用作 MICs 氧化剂以开展性能评估。研究表明，它们在高加热速率下都表现为一步分解反应过程。与纳米 Al 混合后的点火温度均为 650℃，低于铝熔点(660℃)。这表明铝核的熔融流动性主导点火反应速度，而碘基氧化剂初始分解释放的氧原子不参与点火，直到有熔融铝出现。与基于 n-Al 的 MICs 不同，n-Ta 基铝热剂的点火温度低于相应裸露氧化剂的氧气释放温度，此时为凝聚相反应过程控制点火速度。

　　综上所述，可采用不同方法得到不同类别的含碘 MICs，在能量上，Al/碘酸盐(碘酸)> Al/碘氧化物> Al/I$_2$。Al/I$_2$ 铝热剂不容易点燃，能量性能也差，燃烧速度明显低于其他种类，且制备的 Al/I$_2$ 复合材料长期存放不稳定，其中 I$_2$ 易与纳米铝分离并分解。Al/I$_2$O$_5$ 中的氧化剂 I$_2$O$_5$ 易吸湿，容易造成铝热剂变质且不稳定，尚未找到较好的方法以避免其吸湿，而 Al/碘酸盐(碘酸)中的金属碘酸盐/碘酸在贮存期间稳定、工艺简单、碘含量高，且能和 Al 发生强放热反应释放 I$_2$，是一类优异的复合含能材料。

3.7 金属有机框架含能材料

三维金属有机框架(3-dimensional metal organic framework，3D MOFs)含能材料是近年来发展起来的。它们具有高正生成焓、高热稳定性的特点，满足高能密度材料的应用要求，可用作固体推进剂和固体燃料的催化剂，以及起爆药组分等[198]。目前，使用较多的含能配体主要有三唑类、四唑类、偶氮类等，这些配体一般对撞击、摩擦和静电火花等外界刺激非常敏感。其中，四唑类物质感度高，并且以四唑类作为配体形成的配合物感度更高，限制了四唑 MOFs 的研究与应用[199]。

在唑类含能 MOFs 的制备、表征及其性能研究中，可将四唑化合物与呋咕环桥接，形成层状、网状结构，进而与金属离子络合形成较稳定晶体[200]。该结构稳定性好，属于高能钝感的新型三维含能 MOFs。还可先合成氮含量高、配位能力强的呋咕类配体，再选择 Mn、Zn、Cd 等金属离子为中心离子制备三维 MOFs 结构含能 MOFs[201]。

大孔径、高比表面积的特点使 MOFs 成为多微孔材料研究热点[202]。多孔特性为催化过程提供了极大的比表面积，并且可根据需要调控配体和金属离子，使其结构与功能呈现多样性。金属的不同价态、不同配位能力也导致了 MOFs 结构的多样性。一般含有不饱和金属位点的 MOFs 材料可作为燃烧反应的催化剂以促进氧化还原反应进程[203]。因此，若能将所制得的钝感含能 MOFs 应用于起爆药和固体推进剂的燃烧催化剂，则可提高起爆药和催化剂的安全性和热稳定性。

固体推进剂燃烧催化反应发生在催化剂的表面，其催化效果与比表面积大小息息相关。MOFs 作为比表面积大的多微孔材料，其金属离子可作为燃烧催化活性中心。对于固体推进剂中碳骨架的催化氧化，MOFs 中的金属离子可起到很好的催化作用；推进剂燃烧产生的高温会使 MOFs 分解，其分解产生的金属氧化物也能够起到催化剂的作用[204]。下文将从配体的带电特性分类阐述各种典型含能 MOFs 的结构及性能。

3.7.1 中性 MOFs

多数含能配体为阴离子或含有活泼氢的富氮化合物，与带正电荷的金属离子配位后易获得不带电荷的聚合物框架，这是最常见的 MOFs。表 3-28 给出了中性 MOFs 及其理化性能。

表 3-28　中性 MOFs 及其理化性能

编号	配体	ρ/(g·cm^{-3})	T_d/℃	$\Delta H_f^{\ominus}$/ (kJ·mol^{-1})	ΔH_{det}/ (kcal·g^{-1})	IS /J	FS /N
1	(COOH, O$_2$N, NO$_2$ 结构)	—	268.0	−10.93	—	23.5	>360
2	(NH$_2$ 四唑类结构)	1.83	258.0	—	15	>40	>360
3	(NH$_2$, H$_2$N, NH$_2$ 三嗪结构)	2.10	—	1788.7	10	钝感	钝感
4	(H$_2$N, O$_2$N, NO$_2$ 吡唑/三唑结构)	1.91	281.0	—		5	216
5	(NH$_2$ HOOC, NH$_2$ HOOC 结构)	1.88	—	−2475.0	—	—	—
6	(双四唑结构)	2.52	340.0	—	6	>40	>360
6′		3.51	318.0	—	1	>40	>360
7	(四唑-三唑结构)	1.89	345.0	—	9	>40	>360
7′		2.44	355.0	—	17	32	>360
7″		2.32	325.0	—	6	>40	>360
8	(H$_2$N, NH$_2$ 三唑结构)	2.48	503.2	5.94	6	—	—
9	(O$_2$N, NO$_2$, HOOC, OH 结构)	2.46	217.0	−21.4±3	4	38.6	>360
10	(双四唑结构)	1.98	300.0	—	—	>40	>360
10′		1.71	253.0	859.7	11	27	>360

编号	配体	$\rho/(g \cdot cm^{-3})$	$T_d/℃$	$\Delta H_f^{\ominus}/$ $(kJ \cdot mol^{-1})$	$\Delta H_{det}/$ $(kcal \cdot g^{-1})$	IS /J	FS /N
11		1.81	—	−37.5	—	4.25	—
11′		1.89	—	−1673	—	1.5	—
12		1.82	349.0	39.05	—	>40	>360
12′		2.02	355.0	251.1	—	—	—
13		1.70	256.0	58.3	—	>40	>360
14		1.98	284.0	182.9	10	36	360
15		1.94	270.0	—	6	>35	>360
16		3.82	309.0	—	4	7.5	26.08
17		3.25	614.9	—	5	>40	—
18		2.51	349.1	—	27	敏感	敏感

续表

编号	配体	$\rho/(\text{g}\cdot\text{cm}^{-3})$	$T_d/℃$	$\Delta H_f^{\ominus}/$ $(\text{kJ}\cdot\text{mol}^{-1})$	$\Delta H_{det}/$ $(\text{kcal}\cdot\text{g}^{-1})$	IS /J	FS /N
18′		2.29	334.8	—	9	钝感	钝感
18″		2.69	394.2	—	8	钝感	钝感
19		3.01	213.0	2187.7	3	2	120
19′		2.72	253.0	5436.7	4	14	360
20		1.90	250.0	529.5	5	5	8
21		2.09	221.5	−8.4	—	1~2	≤1
22		2.31	231.3	—	—	—	—
22′		2.13	218.9	−421.0	—	2	5

注：配位聚合物编号 **1-22** 的分子式分别为 **1**：Cu(3, 5-DNBA)(N₃)、**2**：[Co₅(3-atrz)₇(N₃)₃]、**3**：[Cu₃(MA)₂(N₃)₃]、**4**：[Cu(CPT)₂(H₂O)₂]、**5**：[Co₂(C₂H₅N₅)₂(C₇H₅NO₄)₂(H₂O)₂]·2H₂O、**6**：[Pb(Htztr)₂(H₂O)]ₙ、**6′**：[Pb(H₂tztr)(O)]ₙ、**7**：[Cu(Htztr)₂(H₂O)₂]ₙ、**7′**：[Cu(Htztr)]ₙ、**7″**：{[Cu(Htztr)]·H₂O}ₙ、**8**：[Cd₂(μ-Cl)₄Cl₂(DATr)]ₙ、**9**：[Cu₂(to)(dns)(H₂O)]ₙ、**10**：[Co₉(bta)₁₀(Hbta)₂(H₂O)₁₀]ₙ·(22H₂O)ₙ、**10′**：[Co₉(bta)₁₀(Hbta)₂(H₂O)₁₀]ₙ、**11**：[Cu(DAT)₂(PA)]、**11′**：[Cu(DAT)₂(HTNR)₂]、**12**：{[Na₂Zn(bta)₂(H₂O)₈]·H₂O}ₙ、**12′**：{[K₂Zn(bta)₂(H₂O)₄]}ₙ、**13**：[Na(Hbto)(H₂O)₂·2H₂O]ₙ、**14**：[Cu₄Na(Mtta)₅(CH₃CN)]ₙ、**15**：Cu(TZA)(DNBA)、**16**：[Pb(BTO)(H₂O)]ₙ、**17**：Pb(bta)·2H₂O、**18**：[CuBT(H₂O)]ₙ、**18′**：[Zn(BT)(H₂O)₂]ₙ、**18″**：[Cd(BT)(H₂O)₂]ₙ、**19**：[Pb(BT)(H₂O)₃]ₙ、**19′**：[Pb₃(DOBT)₃(H₂O)₂]ₙ·(4H₂O)ₙ、**20**：Na₂DNABT、**21**：K₂BDFOF、**22**：[Ag₂K₄(BDOFO)(BDFO)₂(H₂O)₆]ₙ、**22′**：[K₂(BDFO)]ₙ。

1. 叠氮基中性 MOFs

叠氮化钠曾被用作气体发生剂，N₃⁻是最稳定的全氮离子。由于 N₃⁻是线性结构，机械感度极高，用其合成的叠氮化铅是应用较广的起爆药。若要获得低感度叠氮基含能 MOFs，则需要辅助其他配体参与配位。Liu 等[205]采用常温挥发法合成三维 MOFs：$Cu(3,5\text{-}DNBA)_3(N_3)_2$。二价铜离子与两个叠氮离子和三个配体离子形成五配位正方金字塔结构，而硝基中的氧原子与铜离子也形成了罕见的配位键。$Cu(3,5\text{-}DNBA)_3(N_3)_2$ 的热稳定性好(268℃)且钝感，其撞击感度 IS=23.5J，摩擦感度 FS>360N；燃烧热($-10.93MJ \cdot kg^{-1}$)高于 RDX($-9.60MJ \cdot kg^{-1}$)和 HMX($-9.44\sim9.88MJ \cdot kg^{-1}$)，但低于 TNT($-15.22MJ \cdot kg^{-1}$)。随后，$Co_5(3\text{-}atrz)_7(N_3)_3$ 也被合成，该三维 MOFs 具有刚性结构框架[206]。密度泛函计算其爆热(Q_{det})为 $15.18kJ \cdot g^{-1}$，爆速(V_{det})、爆压(P_{CJ})、IS 和 FS 分别为 $8.749km \cdot s^{-1}$、34.32GPa、>40J 和>360N。由爆热可初步判定 $Co_5(3\text{-}atrz)_7(N_3)_3$ 是一种高能钝感含能材料。此外，采用热溶剂法合成的三维 $Cu_3(MA)_2(N_3)_3$，具有不同寻常的多壁管道结构[207]。氧弹量热计测得恒容燃烧热(Q_v)、燃烧焓、标准生成焓($\Delta H_f^{\ominus}$)、Q_{det}、P_{CJ}、V_{det} 的计算值分别为 $-9.73kJ \cdot g^{-1}$、$1788.73kJ \cdot mol^{-1}$、$10.34kJ \cdot g^{-1}$、35.32GPa、$8.47km \cdot s^{-1}$，其中 $\Delta H_f^{\ominus}$ 高于大部分含能 MOFs，且非常钝感。

2. 三唑基中性 MOFs

如 3.3.1 小节所述，三唑类化合物具有较高的氮含量和良好的稳定性，三唑环上的氮原子及含杂原子的取代基均可与金属离子配位。三唑环上的两个碳原子可以连接多种基团，包括三唑和四唑，从而形成丰富的三唑衍生物。采用挥发法可合成二维中性 MOFs，如 $Cu(CPT)_2(H_2O)_2$，其结构是由一个 Cu^{2+}、两个 CPT、两个 H_2O 分子和两个 MeOH 分子组成的不对称单元构成一维链，丰富的氢键使之形成三维超分子结构[208]。$Cu(CPT)_2(H_2O)_2$ 对撞击敏感(IS=5J，FS=216N)，但具有高密度、高氧平衡(-2.4%)、良好的热稳定性(281℃)，因此属于耐热炸药范畴。

采用常温挥发法也可合成双核三维 MOFs，如 $[Co_2(C_2H_5N_5)_2(C_7H_3NO_4)_2(H_2O)_2] \cdot 2H_2O$[209]。其标准摩尔生成焓为 $(-2475.0\pm3.1)kJ \cdot mol^{-1}$，化合物具有较高的热力学稳定性。同样该方法也可合成二维钝感 MOFs，如$[Pb(Htztr)_2(H_2O)]_n$ 和 $[Pb(H_2tztr)(O)]_n$，前者的分解温度、爆热、爆速和爆压分别为 340℃、$5.65kJ \cdot g^{-1}$、$7.715km \cdot s^{-1}$ 和 31.57GPa，后者分别为 318℃、$1.067kJ \cdot g^{-1}$、$8.122km \cdot s^{-1}$、40.12GPa。两种配合物均可作为钝感含能材料，其 IS>40J、FS>360N[210]。

2015 年，文献[211]又报道了$[Cu(Htztr)_2(H_2O)_2]_n$ 和 $[Cu(Htztr)]_n$ 两种新型三维 MOFs。前者的爆热、爆速和爆压分别为 $8.91kJ \cdot g^{-1}$、$8.18km \cdot s^{-1}$ 和 30.57GPa；而$[Cu(Htztr)]_n$ 则分别是 $16.56kJ \cdot g^{-1}$、$10.4km \cdot s^{-1}$ 和 56.48GPa。引入结晶水后，$\{[Cu(Htztr)] \cdot H_2O\}_n$ 的爆热、爆速和爆压分别变为 $5.52kJ \cdot g^{-1}$、$7.92km \cdot s^{-1}$ 和 31.99GPa。其他金属得到的一维 MOFs 有$[Cd_2(\mu\text{-}Cl)_4Cl_2(DATr)_2]_n$，其中心 Cd^{2+} 为六配位扭曲八面体结构，热分解温度高于 230℃,分解的平均活化能为 $166.5kJ \cdot mol^{-1}$，

表明该化合物稳定性较高，但该化合物含氯元素，其有一定的污染性[212]。

采用热溶剂法合成的三维[Cu$_2$(to)(dns)(H$_2$O)]$_n$中，不对称单元由两个 Cu^{2+}、一个 dns^{2-}配体、一个 to^{2-}配体和一个水分子组成，一个 Cu^{2+}呈现扭曲的正方棱锥几何配位，基平面由来自 dns^{2-}的羟基和羧基的两个氧原子、to^{2-}的一个氮原子和配位水分子的一个氧原子组成，顶点被来自另一个 dns^{2-}中硝基的一个氧原子占据；另一个 Cu^{2+}的配位几何形状与前一个相似，不同之处在于基平面中羟基的氧原子被另一个 to^{2-}中的氮原子替换，dns^{2-}连接不对称单元形成一维链，且 dns^{2-}的硝基氧原子和 to^{2-}的氮原子与相邻一维链中不同的 Cu^{2+}配位，形成三维框架结构[213]。同时，结构中还存在氢键，使三维结构更稳定。[Cu$_2$(to)(dns)(H$_2$O)]$_n$的生成焓为(-21.39 ± 3.21)kJ · mol^{-1}，且具有高密度、高热稳定性(T_d=217℃)和低感度(IS=38.6J，FS>360N)等特性，爆轰参数(Q_{det}=4.10kJ · g^{-1}，V_{det}=7.522km · s^{-1}，P_{CJ}=29.51GPa)高于 TNT 和其他已知含能 MOFs(如 CHHP 和 ZnHHP)。总之，多硝基配体在 MOFs 的构造中具有独特的优势，为了进一步提高 MOFs 的爆轰性能，应当使用具有更高氮含量和复杂结构的氮杂环配体。

3. 四唑基中性 MOFs

近年来，虽然 N$_5^+$和 N$_5^-$均已被报道，但二者只能在特殊条件下存在。除 N$_3^-$外，四氮唑及其衍生物仍是能稳定存在的氮含量最高的化合物。因而以四氮唑及其衍生物合成的 MOFs 具有丰富的结构和优良的能量性能。最早报道的三维四唑中性 MOFs 包括 [Co$_9$(bta)$_{10}$(Hbta)$_2$(H$_2$O)$_{10}$]$_n$ · (22H$_2$O)$_n$ 和 [Co$_9$(bta)$_{10}$(Hbta)$_2$(H$_2$O)$_{10}$]$_n$[214]。它们具有高的热稳定性(T_d=300℃和253℃)且钝感(前者的 IS>40J，FS>360N；后者的 IS=27J，FS>360N)。[Co$_9$(bta)$_{10}$(Hbta)$_2$(H$_2$O)$_{10}$]$_n$是由[Co$_9$(bta)$_{10}$(Hbta)$_2$(H$_2$O)$_{10}$]$_n$ · (22H$_2$O)$_n$热脱水获得，其$\Delta H^{\ominus}_f$、Q_{det}、P_{CJ}、V_{det}分别为(859.66 ± 1.64)kJ · mol^{-1}、11.39kJ · g^{-1}、32.18 GPa 和 8.657km · s^{-1}。相较而言，三维超分子 MOFs 的 Cu(DAT)$_2$(PA)$_2$ 和 Cu(DAT)$_2$(HTNR)$_2$ 的生成焓分别为-37.5kJ · mol^{-1}和-1673kJ · mol^{-1}，且撞击感度较高，分别为 4.25J 和 1.5J，有望用作高能起爆药[215]。采用原位反应法可合成三维双核异金属 MOFs，如[Cu$_4$Na(Mtta)$_5$(CH$_3$CN)]$_n$，可溶于水发生溶剂化效应，结构中的 CH$_3$CN 被 H$_2$O 取代，形成新的 MOFs，[Cu$_4$Na(Mtta)$_5$H$_2$O]$_n$[216]。[Cu$_4$Na(Mtta)$_5$(CH$_3$CN)]$_n$有较高热稳定性(T_d=335℃)，平均分解活化能为 165.2 kJ · mol^{-1}，其 IS=36J，FS>360N，$\Delta H^{\ominus}_f$、Q_{det}、V_{det} 和 P_{CJ}分别为(182.92 ± 2.16)kJ · mol^{-1}、10.13kJ · g^{-1}、7.225km · s^{-1} 和 24.43GPa。

碱金属 MOFs 比过渡金属 MOFs 的热稳定性更好，一维 MOFs，如{[Na$_2$Zn(bta)$_2$(H$_2$O)$_8$] · H$_2$O}$_n$ 和三维 MOFs，如{[K$_2$Zn(bta)$_2$(H$_2$O)$_4$]}$_n$，前者加热会经历四步复杂的分解过程，峰温为 349℃，而{[K$_2$Zn(bta)$_2$(H$_2$O)$_4$]}$_n$经过两步分解，分解起始

温度高达 355℃[217]。它们的燃烧热分别为−8123kJ·kg^{-1}和−6706kJ·kg^{-1}，生成焓分别为 39.05kJ·mol^{-1} 和 251.11kJ·mol^{-1}。后者的撞击感度和摩擦感度都不高(IS>40J，FS>360N)。此外，采用常温挥发法也可合成二维中性 MOFs，如[Na(Hbto)(H$_2$O)$_2$·2H$_2$O]$_n$，该化合物的燃烧热和生成焓分别为−9320kJ·mol^{-1} 和 58.3kJ·mol^{-1}，分解温度为 256℃，对外界刺激钝感(IS>40J，FS>360N)[218]。

利用微波法合成的一维 MOFs，如 Cu(TZA)(DNBA)[219]，其理论爆热(5.91kJ·g^{-1})高于 RDX，但低于 CL-20，爆速(7.655km·s^{-1})、爆压(27.157GPa)均高于 ZnHHP 和 CHHP 等传统起爆药，且更加安全(IS=35J，FS>360N)。主要原因是该化合物具有高热稳定性(T_d=270℃)，有望应用于环境友好型推进剂中。Shang 等[220]采用水热法合成三维 MOFs，如[Pb(BTO)(H$_2$O)]$_n$，该化合物拥有三维平行四边形多孔结构和可接受的感度(IS=7.5J)，其热稳定性好(T_d=309.0℃)，爆速(9.204km·s^{-1})和爆压(53.06GPa)高。爆热(4.18kJ·g^{-1})也高于 ZnHHP(3.21kJ·g^{-1})和 CHHP(2.93kJ·g^{-1})，但略低于 RDX(5.94kJ·g^{-1})和 HMX(5.65kJ·g^{-1})。水热法合成的三维 Pb(bta)·2H$_2$O 爆热更高(16.142kJ·cm^{-3})、感度较低(IS>40J)，且理论 P_{CJ}、U_{det} 分别为 43.47GPa 和 8.963km·s^{-1}，分解活化能约为 430kJ·mol^{-1}，均高于 RDX、HMX 和 CL-20，在含能材料领域应用价值更好[221]。

近年来，越来越多的新型高氮 MOFs 被设计制备出来，包括[Cu(BT)(H$_2$O)]$_n$(**18**)、[Zn(BT)(H$_2$O)$_2$]$_n$(**18′**)和[Cd(BT)(H$_2$O)$_2$]$_n$(**18″**)，[Cu(BT)(H$_2$O)]$_n$ 中的 Cu^{2+}与来自不同配体离子(BT^{2-})四个氮原子和水分子中两个氧原子配位，形成规则且紧密的三维框架结构[222]。这些分子结构中，Cu^{2+}以同样的方式形成六配位，双阴离子配体与三个不同的金属原子结合形成一维链结构，通过氢键紧密连接形成三维超分子网络结构。三种化合物的热分解温度都高于 340℃，其中，**18** 比较敏感，而 **18′**和 **18″**则不敏感。**18**、**18′**和 **18″**的理论爆热分别为 26.7267kJ·g^{-1}、9.2715kJ·g^{-1} 和 8.1357kJ·g^{-1}。由此可知，化合物 **18** 是所报道的含能 MOFs 中理论爆热最高的物质。此外，**18** 还具有高氮含量(w_N=51.46%)和高密度(2.51g·cm^{-3})特征。

重金属所形成 MOFs，如[Pb(BT)(H$_2$O)$_3$]$_n$ 和[Pb$_3$(DHBT)$_3$(H$_2$O)$_2$]$_n$·(4H$_2$O)$_n$ 都比较稳定。前者的 Pb^{2+}与来自两个配体的 4 个氮原子和 3 个水分子的氧原子配位，形成一维结构[223]。联四唑配体中存在丰富的未配位氢原子，一维聚合物链通过氢键进一步形成三维超分子网络。后者的 DHBT 配体与 Pb^{2+}采用两种不同的配位方式，形成三维多孔框架结构，其中晶格和配位水分子位于沿 c 轴的一维通道中。三维[Pb$_3$(DHBT)$_3$(H$_2$O)$_2$]$_n$·(4H$_2$O)$_n$ 比一维[Pb(BT)(H$_2$O)$_3$]$_n$ 的热稳定性更高、机械感度更低。氧弹量热计测得两种化合物的燃烧热分别为 9175.5J·g^{-1} 和 6993.6 J·g^{-1}，理论生成焓分别为 2187.7kJ·mol^{-1} 和 5436.7kJ·mol^{-1}。由实测燃烧热和热分析得到的分解产物计算得到的爆热表明，前者的爆热(4.23kJ·g^{-1})比后者(3.23kJ·g^{-1})

高 24%。

除了水热法和溶剂挥发法，还可采用阳离子复分解法合成含能 MOFs，如二维 Na_2DNABT[224]，其中钠原子通过两个氮原子、三个硝基氧原子和来自水分子的另外两个氧原子形成不规则的七配位。金属原子彼此相互作用进一步延伸成二维平面，大量的氢键网络导致形成三维不规则多孔结构。Na_2DNABT 的撞击感度和摩擦感度分别为 5J 和 8N，具有良好的热稳定性(T_d=250℃)、正氧平衡、高生成焓(529.5kJ·mol^{-1})和较高爆热(5080kJ·kg^{-1})。

4. 呋咱基中性 MOFs

呋咱环含有两个氮原子和一个氧原子，可分别与金属离子配位。呋咱环具有芳香性、生成焓高、热稳定性好、机械感度低等优点。氮原子、氧原子与同一种金属离子的配位能力不同，有助于合成复杂结构的 MOFs，因而其衍生物是良好的含能配体。Zhai 等[225]通过四步反应(氰基加成、重氮化、N_2O_5 硝化和 KI 消去)，原位合成三维 MOFs(K_2BDFOF)，其生成焓、爆速、爆压和平均表观活化能分别为-8.4kJ·mol^{-1}、8431m·s^{-1}、329kbar 和 148.35kJ·mol^{-1}。由于其感度高(IS=1～2J，FS≤1N)，可以用作起爆药。表 3-29 给出了多种阳离子 MOFs 及其理化性能。

表 3-29　多种阳离子 MOFs 及其理化性能

配位聚合物	配体种类	w_N/%	ρ/(g·cm^{-3})	T_d/℃	IS/J	FS/N
23：$NiN_{10}H_{20}O_8Cl_2$(NHP)	$H_2N—NH_2$	38.52	—	—	较低	较低
23′：$CoN_{10}H_{20}O_8Cl_2$(CHP)		33.50	—	—	0.5	24.5
24：$[Co_2(N_2H_4)_4(N_2H_4CO_2)_2][ClO_4]_2 \cdot H_2O$	$H_2N—NH_2$	25.27	2.00	231	0.8	49
24′：$[Zn_2(N_2H_4)_3(N_2H_4CO_2)_2][ClO_4] \cdot H_2O$	HN(NH₂)—COOH	24.98	2.12	293	2.5	49
25：$[Cu(atrz)_3(NO_3)_2]_n$		53.35	1.68	243	22.5	0
25′：$[Ag(atrz)_{1.5}(NO_3)]_n$		43.76	2.16	257	30	0
26：$Co_3[(DATr)_6(H_2O)_6](NO_3)_6 \cdot 2H_2O$		39.16	1.85	>260	21.35	88
26′：$Ni_3[(DATr)_6(H_2O)_6](NO_3)_6 \cdot 1.5H_2O$	NH₂/NH₂	39.22	1.87	>260	48.36	0
26″：$Zn_3[(DATr)_6(H_2O)_6](NO_3)_6 \cdot 2H_2O$		39.44	1.87	>260	>40	0

配位聚合物	配体种类	$w_N/\%$	$\rho/(g \cdot cm^{-3})$	$T_d/℃$	IS/J	FS/N
27: $[Mn_2(HATr)_4(NO_3)_4 \cdot 2H_2O]_n$		46.12	1.86	260	—	—
27′: $[Cd_2(HATr)_4(NO_3)_4 \cdot H_2O]_n$		41.40	2.02	295	—	—
28: $\{[Mn(HATr)_2](ClO_4)_2\}_n$		34.87	—	250	4	72
28′: $[Mn(HATr)_3]Cl(ClO_4)$		52.30	—	260	7	96
28″: $[Ni_2(HATr)_2(H_2O)_6](ClO_4)_4 \cdot 2H_2O$		18.94	—	256	3	6
29: $[Zn(H_2O)(TATOT)_3](NO_3)_2 \cdot 2H_2O$		51.60	1.83	234	>40	>360
29′: $[Zn(TATOT)_4](ClO_4)_2 \cdot 2H_2O$		48.89	1.83	274	35	>360
30: $[Ag_{16}(BTFOF)_9]_n \cdot [2(NH_4)]_n$		35.36	2.00	225	40	>360

2016 年，Zhai 等[226]报道了两种三维 MOFs：$[Ag_2K_4(BDOFO)(BDFO)_2$ $(H_2O)_6]_n$(**22**)和$[K_2(BDFO)]_n$(**22′**)，前者具有由两个独立的 Ag^+、四个 K^+、一个 $BDOFO^{2-}$配体、两个 $BDFO^{2-}$配体和六个配位水分子组成的不对称单元。其中两个 K^+与来自三个 $BDFO^{2-}$配体的六个氧原子、一个 $BDOFO^{2-}$配体的两个氧原子、水分子的一个氧原子共形成九配位；另一个 K^+与十个氧原子配位，有六个氧原子来自四个 $BDFO^{2-}$配体，三个氧原子来自两个 $BDOFO^{2-}$配体，另外一个氧原子来自水分子；Ag^+与两个 $BDFO^{2-}$配体的两个氧原子、两个水分子的氧原子和一个 $BDFO^{2-}$配体的一个氮原子形成五配位。

$BDFO^{2-}$配体对两个 K^+ 和 Ag^+ 采用桥接和螯合配位模式，$BDOFO^{2-}$配体对两个 K^+具有桥接和螯合配位模式，因此构建了三维骨架结构。化合物 **22**′的不对称单元由两个独立的 K^+和一个 $BDFO^{2-}$配体组成，其中一个 K^+与五个不同 $BDFO^{2-}$配体的八个氧原子配位，另一个 K^+与五个不同 $BDFO^{2-}$配体的八个氧原子和一个氮原子配位，而且 $BDFO^{2-}$配体和 K^+彼此连接形成三维 MOFs。两个化合物都具有较好的热稳定性(**22**，231.3℃；**22′**，218.9℃)，$[K_2(BDFO)]_n$有较好的爆轰性能，但比较敏感(IS=2J，FS=5N)，有望用作起爆药。

3.7.2　阳离子型 MOFs

不含活泼质子的中性配体与金属离子配位后通常得到阳离子 MOFs，为达到电荷平衡，MOFs 的孔道中通常有阴离子填充。用来合成阳离子 MOFs 金属盐的酸根离子通常填充在孔道中，主要有硝酸根离子、高氯酸根离子等，这些酸根离子提高了 MOFs 的氧平衡、氮含量，进而提高了其爆轰性能。此外，通过离子交换可以将指定的阴离子负载在 MOFs 的孔道中，从而获得需要的结构。

1. 肼基阳离子 MOFs

肼是氮含量高达 87.4% 的中性小分子，两个氮原子均可参与配位，是理想的含能配体。2012 年报道了一维肼 MOFs：$NiN_{10}H_{20}O_8Cl_2$(NHP) 和 $CoN_{10}H_{20}O_8Cl_2$ (CHP)[227]，NHP 的感度很低，爆热为 $5.87kJ \cdot g^{-1}$，而 CHP 的撞击感度和摩擦感度分别是 0.5J 和 2.5N，爆热是 $5.36kJ \cdot g^{-1}$。随后，又合成了二维阳离子型 MOFs：$[Co_2(N_2H_4)_4(N_2H_3CO_2)_2][ClO_4]_2 \cdot H_2O$ 和 $[Zn_2(N_2H_4)_3(N_2H_3CO_2)_2][ClO_4]_2 \cdot H_2O$[228]，二者的分解温度分别为 231℃ 和 293℃，撞击感度分别为 0.8J 和 2.5J，爆热分别为 $3.43kJ \cdot g^{-1}$ 和 $3.64kJ \cdot g^{-1}$。这是较早关于肼基阳离子 MOFs 的报道，但所用方法可能高估了其爆热。

2. 三唑基阳离子 MOFs

一般采用常温挥发法可制备得到三唑基阳离子 MOFs，如 $[Cu(atrz)_3(NO_3)_2]_n$ 和 $[Ag(atrz)_{1.5}(NO_3)]_n$，它们的热分解温度分别为 243℃ 和 257℃，撞击感度分别为 22.5J 和 30.0J，爆热分别为 $15.50kJ \cdot g^{-1}$ 和 $5.92kJ \cdot g^{-1}$，且二者都形成了填充 NO_3^- 的孔道，提高了氧平衡和爆热[229]。三唑基阳离子 MOFs 还有 $Co_3[(DATr)_6(H_2O)_6]$ $(NO_3)_6 \cdot 2H_2O$、$Ni_3[(DATr)_6(H_2O)_6](NO_3)_6 \cdot 1.5H_2O$ 和 $Zn_3[(DATr)_6(H_2O)_6](NO_3)_6 \cdot$ $2H_2O$[230]。前两个 MOFs 的分解温度达到 260℃ 以上，第一个三唑 MOFs 非常钝感(IS：不发火，FS=0N)，感度较高(IS=21.35J，FS=88N)。一维的三唑 MOFs，如 $[Mn_2(HATr)_4(NO_3)_4 \cdot 2H_2O]_n$(**27**) 和 $[Cd_2(HATr)_4(NO_3)_4 \cdot H_2O]_n$(**27′**)，每个中心金属与三唑环中两个氮原子、两个肼基末端的氮原子以及来自两个 HATr 配体的两个氮原子形成六配位扭曲的八面体结构[231]。结构中都有游离硝酸根离子，且硝酸根中所有的氧都是氢键的受体，进而形成二维超分子结构。它们的分解温度分别为 260 ℃ (**27**) 和 295 ℃ (**27′**)、生成焓分别为 $-1002.35kJ \cdot mol^{-1}$(**27**) 和 $-457.27kJ \cdot mol^{-1}$(**27′**)。如果将硝酸根替换成高氯酸根配体，可得 $\{[Mn(HATr)_2](ClO_4)_2\}_n$、$[Mn(HATr)_3]Cl(ClO_4)$ 和 $[Ni_2(HATr)_2(H_2O)_6](ClO_4)_4 \cdot 2H_2O$，

它们的撞击感度分别为 4J、7J 和 3J，摩擦感度分别为 72N、96N 和 6N，感度大幅提高，对应的热分解温度分别为 250℃、260℃ 和 256℃[232]。

　　三 维 [Zn(H$_2$O)(TATOT)$_3$](NO$_3$)$_2$ · 2H$_2$O(29) 和 [Zn(TATOT)$_4$](ClO$_4$)$_2$ · 2H$_2$O (29′)更加钝感，前者结构中心 Zn^{2+} 与三个配体分子和一个水分子配位形成强烈扭曲的四面体配位球，这是由于 Zn^{2+} 和非配位硝酸根阴离子之间的短距离具有近金字塔构型[233]。[Zn(TATOT)$_4$](ClO$_4$)$_2$ · 2H$_2$O 的中心 Zn^{2+} 与四个配体形成具有轻微扭曲的四面体配位球。它们的摩擦感度均大于 360N，撞击感度分别为>40J 和 35J，热分解温度分别是 234℃ 和 274℃，属于钝感含能材料。

3.7.3　阴离子型 MOFs

　　阴离子型 MOFs 较难合成，通常需要使用低价态金属离子。阴离子型 MOFs 的反离子主要有 NH$_2$NH$_3^+$、NH$_3$OH$^+$、NH$_4^+$等，这些离子提供氮、氢受体，不仅可提高氮含量，同时还能够提高材料的稳定性和不敏感度，以减少金属离子的使用，有望成为绿色高能材料。表 3-30 给出了多种阴离子型 MOFs 及其理化性能。

表 3-30　多种阴离子型 MOFs 及其理化性能

参考	化合物	配体	w_N/%	ρ/(g · cm^{-3})	T_d/℃	$\Delta H_f^{\ominus}$/ (kJ · mol^{-1})	IS/J	FS/N
39	**31**：4, 4′-双(二硝基甲基)-3, 3′-异唑烷酸钾		31.1	2.04	229	110.1	2	20
40	**32**：[Ni(DNBT)$_2$(H$_2$O)$_2$]$^{2-}$		44.54	1.71	—	—	—	—
	32′：[Cu^{I}Cu^{II}(DNBT)$_2$(H$_2$O)$_2$]$^-$		39.21	2.00	>300	—	—	—
41	**33**：{TAG[Li(BTO)(H$_2$O)]}$_n$		65.79	1.68	231.6	29.5	40	120

续表

参考	化合物	配体	w_N/%	ρ/(g·cm^{-3})	T_d/℃	$\Delta H_f^{\ominus}$/ (kJ·mol^{-1})	IS/J	FS/N
42	34: [(AG)$_3$(Co(btm)$_3$)]		68.65	1.68	268.1	519.7	>40	>360
	34′: {[(AG)$_2$(Cu(btm)$_2$)]}$_n$		65.41	1.83	212.5	783.9	>40	>360
43	35: [(NH$_3$OH)$_2$Na$_2$(bto)$_2$(H$_2$O)$_4$H$_2$O]$_n$		50.1	1.72	257	240.4	>40	>360
	35′: [(NH$_3$OH)Na(bto)(H$_2$O)$_2$]$_n$		51.47	—	—	—	—	—

1. 呋咱基阴离子 MOFs

采用水热法可合成三维填充 NH$_4^+$ 孔状结构 MOFs，如[Ag$_{16}$(BTFOF)$_9$]$_n$·[2(NH$_4$)]$_n$。该化合物具有良好的热稳定性(T_d=225℃)且钝感(IS=40J, FS> 360N)，但其爆热(3.65 kJ·g^{-1})较低，可能是化合物结构中金属离子过多导致的[234]。其标准生成焓、爆压、爆速分别为(9893.31±8.45)kJ·mol^{-1}、65.29GPa、11.81km·s^{-1}，高于多数已知 MOFs。

随后也合成了具有类似结构的三维 MOFs，如 4,4′-双(二硝基甲基)-3,3′-异唑烷酸钾，K$^+$ 被来自硝基的五个氧原子螯合，桥接硝基将 K$^+$ 中心连接成与 a 轴平行延伸的 K—O—N—O—K 链[235]。然而沿 b 轴，K$^+$ 桥接，这些链进一步通过偶氮唑烷部分连接以形成三维网络结构，其中形成不规则孔时，生成焓为 110.1kJ·mol^{-1}。该化合物显示出较高的热稳定性(T_d=229℃)，良好的爆轰性能(V_{det}=8138m·s^{-1}，P_{CJ}=30.1GPa)，但机械感度较高(IS=2J, FS=20N)。

2. 三唑基阴离子 MOFs

一般可采用热溶剂法合成三唑基阴离子 MOFs，主要包括[Ni(DNBT)$_2$(H$_2$O)$_2$]$^{2-}$(Ni-DNBT)和[Cu^{I}Cu^{II}(DNBT)$_2$(H$_2$O)$_2$]$^-$(Cu-DNBT)[236]。结构解析表明，Ni-DNBT 是离散的阴离子配位络合物，其中 Ni^{2+} 为八面体配位模式，被来自赤道位置的 DNBT 的两个二价阴离子螯合，轴向位点被水分子占据，其负电荷由 DMF 原位分解产生的二甲基铵阳离子补偿。

化合物 Cu-DNBT 是将一部分 Cu^{2+} 还原为 Cu^+ 得到，不同氧化态的铜离子具有不同的配位环境。每个 Cu^{2+} 呈现类似于在 Ni-DNBT 中用 Ni^{2+} 观察到的八面体配位模式。相反，Cu^+ 呈现四面体配位，且与两个相邻的八面体 Cu^{2+} 络合物 $\{[Cu^{II}(DNBT)_2(H_2O)_2]^{2-}\}$ 连接，形成高密度一维聚合物，其负电荷被存在于间隙中的二甲基铵阳离子平衡。两种配合物的爆热分别为 $1950J \cdot g^{-1}$ 和 $1980J \cdot g^{-1}$。Cu-DNBT 显示出优异的热稳定性，是少数具有高于 300℃ 热分解温度的高能材料之一。由于是一维聚合物材料，Cu-DNBT 在密度和热稳定性方面比 DNBT(ρ=1.903g·cm^{-3}) 或 Ni-DNBT 更好。值得注意的是，相关研究表明采用合适的配位模式，可以以现有含能化合物作为配体合成具有高密度和热稳定性的高能量密度材料。

3. 四唑基阴离子 MOFs

典型的四唑基阴离子 MoFs 包括一维 MOFs，如 $\{TAG[Li(BTO)(H_2O)]\}_n$，其分解温度、生成焓分别为 231.6℃、$29.5kJ \cdot mol^{-1}$，同时该材料对撞击钝感(IS=40J，FS=120N)[237]。更加稳定的两种钝感三维超分子 MOFs 目前也已合成，即 $[(AG)_3Co(btm)_3]$ 和 $\{[(AG)_2Cu(btm)_2]\}_n$，分解温度分别为 268.1℃ 和 212.5℃[238]。晶体结构分析表明，他们都是通过氢键形成了三维结构，即氢键提高了其稳定性和不敏感性。两者的理论生成焓分别为 $519.7kJ \cdot mol^{-1}$、$783.9kJ \cdot mol^{-1}$，爆速分别为 $10.21km \cdot s^{-1}$、$10.97km \cdot s^{-1}$，爆压分别为 44.45GPa、53.92GPa，爆热分别为 $19.87kJ \cdot g^{-1}$、$22.64kJ \cdot g^{-1}$，计算爆热值超过了多数已报道的 MOFs。同时对外界刺激钝感(IS>40J，FS>360N)，且氮含量高于多数含能化合物，因此这类 MOFs 可以显著降低金属离子含量，提升氮含量，从而提高爆轰性能。

在此基础上又合成了两种一维钝感 MOFs：$[(NH_3OH)_2Na_2(bto)_2(H_2O)_4H_2O]_n$ 和 $[(NH_3OH)Na(bto)(H_2O)_2]_n$，这两种化合物的结构相似，其中 $[(NH_3OH)_2Na_2(bto)_2(H_2O)_4H_2O]_n$ 通过氢键形成三维结构，NH_3OH^+ 离子有序地填充在层与层之间，提高了氮含量和生成焓；$[(NH_3OH)_2Na(bto)(H_2O)_2]_n$ 的分解温度、燃烧热、生成焓分别为 257℃、$-9589kJ \cdot kg^{-1}$ 和 $240.4kJ \cdot mol^{-1}$，并且非常钝感(IS>40J，FS>360N)，在高能炸药领域有潜在应用价值。

参 考 文 献

[1] 娄忠良，王鹏，孟文君，等. 1,3,5-三乙酰基六氢均三嗪的合成及其反应机理探讨[C].中国化学会第 26 届学术年会，天津，2008:1.

[2] CAGNON G, ECK G, HERVE G, et al. Process for the 2-stage synthesis of hexanitrohexaazaisowurtzitane starting from a primary amine: U.S. Patent 7, 279, 572[P]. 2007-10-09.

[3] SURAPANENI R, DAMAVARAPU R, DUDDU R, et al. Process improvements in CL-20 manufacture[C]. 31st International Annual Conference of the Fraunhofer ICT: Energetic Materi-

als, Karlrushe, 2006: 8-10.

[4] SYSOLYATIN S V, LOBANOVA A A, CHERNIKOVA Y T, et al. Methods of synthesis and properties of hexanitrohexaazaisowurtzitane[J]. Russian Chemical Reviews, 2005, 74(8): 757-764.

[5] RICE S F,SIMPSON R L.The unusual stability of TATB(1,3,5-tramino-2,4,6-trinitrobenzene):A review of the scientific literature[R].Technical Report,California,1990.

[6] PAGORIA P F, MITCHELL A R, SCHMIDT R D, et al. Synthesis and scale-up of new explosives[J]. Munitions Technology Development Program, 1999,31(3):215-235.

[7] RITTER H, LICHT H H. Synthesis and reactions of dinitrated amino and diaminopyridines[J]. Journal of Heterocyclic Chemistry, 1995, 32(2): 585-590.

[8] BECUWE A, DELCLOS A. Low-sensitivity explosive compounds for low vulnerability warheads[J]. Propellants, Explosives, Pyrotechnics, 1993, 18(1): 1-10.

[9] ZHANG J, SHREEVE J M. 3,3'-Dinitroamino-4,4'-azoxyfurazan and its derivatives: An assembly of diverse N—O building blocks for high-performance energetic materials[J]. Journal of the American Chemical Society, 2014, 136(11): 4437-4445.

[10] PAGORIA P, ZHANG M, RACOVEANU A, et al. 3-(4-Amino-1,2,5-oxadiazol-3-yl)-4-(4-nitro-1, 2, 5-oxadiazol-3-yl)-1, 2, 5-oxadiazole[J]. Molbank, 2014, 2014(2): M824.

[11] STEPANOV A I, DASHKO D V, ASTRAT′EV A A. Some chemical properties of 3,4-bis (4-nitrofurazan-3-yl) furoxan[C]//Proceedings of the 15th International Seminar New Trends in Research of Energetic Materials (NTREM), Pardubice, 2012: 301-308.

[12] PAGORIA P, HOPE M, LEE G, et al. "Green" energetic materials synthesis at LLNL[C]// Proceedings of the 15th International Seminar New Trends in Research of Energetic Materials, Pardubice, Czech Republic, 2012: 54-64.

[13] ZHOU W, ZHANG G, LIU Z. Kinetics of non-isothermal crystallizations of DNTF, TNT and DNTF-TNT eutectic system crystallization in RDX[J]. Chinese Journal of Energetic Materials, 2008, 16(3): 267-271.

[14] SINDITSKII V P, BURZHAVA A V, SHEREMETTEV A B, et al. Thermal and combustion properties of 3,4-bis (3-nitrofurazan-4-yl) furoxan (DNTF)[J]. Propellants, Explosives, Pyrotechnics, 2012, 37(5): 575-580.

[15] THOTTEMPUDI V, YIN P, ZHANG J, et al. 1,2,3-Triazolo[4,5,-e] furazano [3,4,-b] pyrazine 6-Oxide—A fused heterocycle with a roving hydrogen forms a new class of insensitive energetic materials[J]. Chemistry-A European Journal, 2014, 20(2): 542-548.

[16] TANG Y, YANG H, SHEN J, et al. 4-(1-amino-5-aminotetrazolyl) methyleneimino-3-methyl-furoxan and its derivatives: Synthesis, characterization, and energetic properties[J]. European Journal of Inorganic Chemistry, 2014(7): 1231-1238.

[17] LI C, LIANG L, WANG K, et al. Polynitro-substituted bispyrazoles: A new family of high-perfor mance energetic materials[J]. Journal of Materials Chemistry A, 2014, 2(42): 18097-18105.

[18] WU J T, ZHANG J G, YIN X, et al. Synthesis and characterization of the nitrophenol energetic ionic salts of 5,6,7,8-tetrahydrotetrazolo[1,5,-b][1,2,4] triazine[J]. European Journal of Inorganic

Chemistry, 2014 (27): 4690-4695.

[19] BONEBERG F, KIRCHNER A, KLAPOTKE T M, et al. A study of cyanotetrazole oxides and derivatives thereof[J]. Chemistry-An Asian Journal, 2013, 8(1): 148-159.

[20] DIPPOLD A A, IZSAK D, KLAPOTKE T M. A study of 5-(1, 2, 4-Triazol-C-yl) tetrazol-1-ols: Combining the benefits of different heterocycles for the design of energetic materials[J]. Chemistry-A European Journal, 2013, 19(36): 12042-12051.

[21] FISCHER D, KLAPOTKE T M, PIERCEY D G, et al. Synthesis of 5-aminotetrazole-1N-oxide and its azo derivative: A key step in the development of new energetic materials[J]. Chemistry–A European Journal, 2013, 19(14): 4602-4613.

[22] HAREL T, ROZEN S. The tetrazole 3-N-oxide synthesis[J]. The Journal of Organic Chemistry, 2010, 75(9): 3141-3143.

[23] WEI H, GAO H , SHREEVE J M. Corrigendum: N-oxide 1,2,4,5-tetrazine-based high-performance energetic materials[J]. Chemistry-A European Journal, 2015, 21(7): 2726-2727.

[24] BRINCK T. Energetic Tetrazole N-oxides[M]//KLAPOTKE T M,STIERSTORFER J. Green Energetic Materials. Hoboken:John Wiley & Sons, 2014.

[25] WEI H, GAO H, SHREEVE J M. N-oxide 1, 2, 4, 5-tetrazine-based high-performance energetic materials[J]. Chemistry-A European Journal, 2014, 20(51): 16943-16952.

[26] LUO Y, ZHOU Q, WANG B, et al. Synthesis and properties of energetic oxidizer N-oxides 3, 3'azo-bis(6-amino-1, 2, 4, 5-tetrazine)[J]. Chinese Journal of Energetic Materials, 2014, 22(1): 7-11.

[27] HUANG X, CHANG P, WANG B, et al. Synthesis and characterization of guanylurea salt of 3-nitro-1, 2, 4-triazol-5-one[J]. Chinese Journal of Energetic Materials, 2014, 22 (2): 192-196.

[28] WILLER R, STERN A G, DAY R S. Polyglycidyl nitrate plasticizers: U.S. Patent 5,380, 777[P]. 1995-01-10.

[29] WANG Y, LIU Y, SONG S, et al. Accelerating the discovery of insensitive high-energy-density materials by a materials genome approach[J]. Nature Communications, 2018, 9(1): 1-11.

[30] PROVATAS A. Characterisation and binder studies of the energetic plasticiser, GLYN oligomer[R]. Defence science and technology organisation salisbury (australia) systems sciences Laboratory, Salisbury, 2003.

[31] 陈中娥. PGN——高能量密度固体推进剂含能组分[J]. 化学推进剂与高分子材料, 2010, 8(1): 12-16.

[32] CHO J R, KIM J S, LEE K D, et al. Energetic plasticizer comprising eutetic mixture of bis (2, 2-dinitropropyl) formal, 2,2-dinitropropyl 2,2-dinitrobutyl formal and bis (2,2-dinitrobutyl) formal, and preparation method thereof: U.S. Patent 6, 620, 268[P]. 2003-09-16.

[33] PANT C S, WAGH R M, NAIR J K, et al. Synthesis and characterization of first generation dendritic azidoesters[J]. Propellants, Explosives, Pyrotechnics, 2007, 32(6): 461-467.

[34] PANT C S, WAGH R M, NAIR J K, et al.Dendtritic azido ester: A potential energetic additive for high energy material (HEM) formulations[J]. Journal of Energetic Materials, 2006, 24(4): 333-339.

[35] 张国涛, 周遵宁, 张同来, 等. 固体推进剂含能催化剂研究进展[J].固体火箭技术, 2011,

34(3):319-323.

[36] SINGHA G, FELIX S P. Studies on energetic compounds part 36: Evaluation of transition metal salts of NTO as burning rate modifiers for HTPB-AN composite solid propellants[J]. Combustion and Flame, 2003, 135(1-2): 145-150.

[37] 阳世清, 岳守体. 国外四嗪四唑类高氮含能材料研究进展[J].含能材料, 2003, 11(4): 231-235.

[38] 邓敏智, 杜恒, 赵凤起, 等. 四唑类盐的制备及其在固体推进剂中的应用初探[J].固体火箭技术, 2003, 26(3): 53-54,57.

[39] 赵凤起, 陈沛, 李上文, 等. 四唑类化合物的金属盐作为微烟推进剂燃烧催化剂的研究[J]. 兵工学报, 2004, 25(1): 30-33.

[40] 李志敏, 张建国, 刘俊伟, 等. 1,5-二氨基四唑含能配合物的制备, 表征及其催化性能研究[J]. 固体火箭技术, 2011, 34(1): 79-85.

[41] ILYUSHIN M A, TSELINSKY I V, BACHURINA I V, et al. Application of energy-saturated complex perchlorates[J]. AIP Conference Proceedings, 2006, 849(1): 213-217.

[42] 郑晓东, 崔荣, 李洪丽, 等. 2, 4-DNI 铅盐的合成及性能[J].火炸药学报, 2006, 29(6): 23-26.

[43] NICOLICH S M, PARASKOS A J, DOLL D W, et al. Precursor of an explosive composition including at least one ionic liquid and a method of desensitizing an explosive composition: U.S. Patent 8, 425, 702[P]. 2013-04-23.

[44] SMIGLAK M, REICHERT W M, HOLBREY J D, et al. Combustible ionic liquids by design: Is laboratory safety another ionic liquid myth?[J]. Chemical Communications, 2006(24): 2554-2556.

[45] SMIGLAK M, HINES C C, REICHERT W M, et al. Synthesis, limitations, and thermal properties of energetically-substituted, protonated imidazolium picrate and nitrate salts and further comparison with their methylated analogs[J]. New Journal of Chemistry, 2012, 36(3): 702-722.

[46] WANG R, GAO H, YE C, et al. Strategies toward syntheses of triazolyl-or triazolium-functionalized unsymmetrical energetic salts[J]. Chemistry of Materials, 2007, 19(2): 144-152.

[47] 刘跃佳, 张晓娟, 宁弘历, 等. 咪唑类含能离子液体的合成及性能研究[J]. 有机化学, 2016, 36(5): 1133-1142.

[48] BRANCO L C, ROSA J N, MOURA RAMOS J J, et al. Preparation and characterization of new room temperature ionic liquids[J]. Chemistry-A European Journal, 2002, 8(16): 3671-3677.

[49] 杨威, 姬月萍. 多硝基咪唑及其衍生物的研究进展[J].火炸药学报, 2008, 31(5): 46-50.

[50] CHO J, CHO S, KIM K, et al. A candidate of new insensitive high explosive MTNI[C]. Insensitive Munitions & Energetic Materials Technology Symposium, Enschede, 2000: 393-400.

[51] BRACUTI A J. Molecular structure of a new potential propellant oxidizer 4, 5-dinitroimidazole (45DNI)[R]. Army Armament Research Development and Engineering Center Picatinny Arsenal NJ Armament Engineering Directorate, Arsenal, 1996.

[52] 杨威, 姬月萍, 汪伟, 等. 1-甲基-2,4,5-三硝基咪唑(MTNI)的合成[J]. 精细化工中间体, 2005, 38(5): 30-33.

[53] GAO H, YE C, GPUTA O D, et al. 2,4,5-trinitroimidazole-based energetic salts[J]. Chemistry -A

Europe Journal, 2007, 13(14): 3853-3860.

[54] DRAKE G, HAWKINS T, BRAND A, et al. Energetic, low‐melting salts of simple heterocycles[J]. Propellants, Explosives, Pyrotechnics, 2003, 28(4): 174-180.

[55] SCHONBERG W P. Energy partitioning in high speed impact of analogue solid rocket motors[J]. The Aeronautical Journal, 1999, 103(1029): 519-528.

[56] 柴春鹏, 李娜, 甘志勇, 等. 3-硝基-1,2,4-三唑-5-酮烷基咪唑离子液体的合成与表征[J].火炸药学报, 2010, 33(6): 25-29.

[57] 佘剑楠, 徐抗震, 张航, 等. 1,4-二氢-5H-(二硝基亚甲基)-四唑(DNMT)的合成、晶体结构和热行为研究[J]. 化学学报, 2009, 67(23): 2645-2649.

[58] KLAPOTKE T M, STIERSTORFER J. The CN_7^- anion[J]. Journal of the American Chemical Society, 2008, 131(3): 1122-1134.

[59] XUE H, GAO H, TWAMLEY B, et al. Energetic salts of 3-nitro-1,2,4-triazole-5-one, 5-nitroaminotetrazole, and other nitro-substituted azoles[J]. Chemistry of Materials, 2007, 19(7): 1731-1739.

[60] KLAPOTKE T M, STIERSTORFER J, TARANTIK K R, et al. Strontium nitriminotetrazolates-suitable colorants in smokeless pyrotechnic compositions[J]. Zeitschrift Für Anorganische Und Allgemeine Chemie, 2008, 634(15): 2777-2784.

[61] 陈宁, 潘功配, 陈厚和. 黄铜粉中锌含量对红外消光性能影响研究[J]. 含能材料, 2005, 13(4): 246-251.

[62] KLAPOTKE T M, STIERSTORFER J, WEBER B. New energetic materials: Synthesis and characterization of copper 5-nitriminotetrazolates[J]. Inorganica Chimica Acta, 2009, 362(7): 2311-2320.

[63] KAZARIAN S G, SAKELLARIOS N, GORDON C M. High-pressure CO_2-induced reduction of the melting temperature of ionic liquids[J]. Chemical Communications, 2002, 12(12): 1314-1315.

[64] LEVEQUE J M, LUCHE J L, PETRIER C, et al. An improved preparation of ionic liquids by ultrasound[J]. Green Chemistry, 2002, 4(4): 357-360.

[65] KHADILKAR B M, REBEIRO G L. Microwave-assisted synthesis of room-temperature ionic liquid precursor in closed vessel[J]. Organic process research & development, 2002, 6(6): 826-828.

[66] SABATE C M, DELALU H, JEANNEAU E. Synthesis, characterization, and energetic properties of salts of the 1-cyanomethyl-1,1-dimethylhydrazinium cation[J]. Chemistry-An Asian Journal 2012, 7(5): 1085-1095.

[67] HISKEY M, CHAVEZ D. Progress in high-nitrogen chemistry in explosives, propellants and pyrotechnics[C]. Proceedings 27th International Pyrotechnics Seminar, Colorado, 2000: 3-14.

[68] HISKEY M, CHAVEZ D. Insensitive high-nitrogen compounds[R]. DE: 776133, 2001.

[69] 伍越寰, 李伟昶, 沈晓明. 有机化学[M]. 合肥:中国科学技术大学出版社, 2002.

[70] 江银枝, 胡惟孝. 对称 S-四嗪衍生物的合成及生物活性[J]. 合成化学, 2003, 11(2): 11-19.

[71] BOWIE R A, NEILSON D G, MAHMOOD S, el al. Studies on some symmetrically and unsymmetrieally 3,6-disubstituted 1,2-dihydro-1,2,4,5-tetrazines including their conversion into

the corresponding tetrazines and 3,5-disubstituted 4-amino-1,2,4-triazoles[J]. Journal of Chemistry society, 1972,59(15):2395.

[72] BRUNELLE D J. Phase transfer catalyzed preparation of aromatic polyether polymers: U.S. Patent 5,229,482[P]. 1993-07-20.

[73] SCHMIDHAUSER J C, BRUNELLE D J. Method for preparing aromatic polyether polymers: U.S. Patent 5, 830, 974[P]. 1998-11-03.

[74] 甘志勇, 柴春鹏, 罗运军, 等. 六烷基胍 TADC 含能离子液体的合成与表征[J].火炸药学报, 2012, 35(1): 19-22.

[75] WALDVOGEL S, SIERING C, LUBCZYK D. Method for detecting peroxide explosives: U.S. Patent 8, 765, 481[P]. 2014-07-01.

[76] PARASKOS A, DOLL D, LAUD G. Early development of melt-pour explosives: Desensitizing ionic liquid formulations[C]. IMEM Conference, Mianmi, 2007.

[77] 阳世清, 徐松林, 黄亨健, 等. 高氮化合物及其含能材料[J]. 化学进展, 2008, 20(4): 526-537.

[78] KLAPOTKE T M, STIERSTORFER J. Nitration products of 5-amino-1H-tetrazole and Methyl-5-amino-1H-tetrazoles-structures and properties of promising energetic materials[J]. Helvetica Chimica Acta, 2007, 90(11): 2132-2150.

[79] KLAPOTKE T M, STIERSTORFER J, WALLEK A U. Nitrogen-rich salts of 1-methyl-5-nitri minotetrazolate: An auspicious class of thermally stable energetic materials[J]. Chemistry of Materials, 2008, 20(13): 4519-4530.

[80] TANG Y, YANG H, WU B, et al. Synthesis and characterization of a stable, catenated N_{11} energetic salt[J]. Angewandte Chemie International Edition, 2013, 52(18): 4875-4877.

[81] THOTTEMPUDI V, SHREEVE J M. Synthesis and promising properties of a new family of high-density energetic salts of 5-nitro-3-trinitromethyl-1 H-1,2,4-triazole and 5,5′-bis (trinitro-methyl)-3, 3′-azo-1 H-1,2,4-triazole[J]. Journal of the American Chemical Society, 2011, 133 (49): 19982-19992.

[82] ZOHARI N, KESHAVARZ M H, SEYEDSADJADI S A. Some high nitrogen derivatives of nitrotetrazolylimidazole as new high performance energetic compounds[J]. Central European Journal of Energetic Materials, 2014, 11(3): 349-362.

[83] 高福磊, 陈斌, 范红杰, 等. N, N-二 (1 (2) 氢-5-四唑基) 胺及其衍生物的研究进展[J].含能材料, 2014, 22(5): 709-715.

[84] KLAPOTKE T M, MAYR N, STIERSTORFER J, et al. Maximum compaction of ionic organic explosives: Bis (hydroxylammonium) 5,5′-dinitromethyl-3,3′-bis (1,2,4-oxadiazolate) and its derivatives[J]. Chemistry-A European Journal, 2014, 20(5): 1410-1417.

[85] GAFUROV R G, SVIRIDOV S I, NATSIBULLIN F Y, et al. Synthesis of bis-(2-fluoro-2, 2-dinitroethyl) nitramine and tris-(2-fluoro-2,2-dinitroethyl) amine[J]. Russian Chemical Bulletin, 1970, 19(2): 329-332.

[86] SONG J, ZHOU Z, DONG X, et al. Super-high-energy materials based on bis (2, 2-dinitroethyl) nitramine[J]. Journal of Materials Chemistry, 2012, 22(7): 3201-3209.

[87] 熊鹰,舒远杰,王新锋, 等.四嗪类高氮化合物结构对热分解机理影响的理论研究[J].火炸药

学报,2008,31(1):1-5.

[88] COBURN M D . Picrylamino-substituted heterocycles. II . furazans[J]. Journal of Heterocyclic Chemistry, 1968, 5(1):83-87.

[89] SOLODYUK G D, BOLDYREV M D, GIDASPOV B V, et al. Cheminform abstract: Oxidation of 3,4-diaminofurazan by some peroxide reagents[J]. Chemischer Informationsdienst, 1981, 12(36):42.

[90] BEAL R W, BRILL T B. Thermal decomposition of energetic materials 77. behavior of N-N bridged bifurazan compounds on slow and fast heating[J]. Propellants, Explosives, Pyrotechnics, 2000, 25(5): 241-246.

[91] VIJ A, PAVLOVICH J G, WILSON W W, et al. Experimental detection of the pentaazacyclopentadienide (pentazolate) anion, cyclo-N5[J]. Angewandte Chemie International Edition, 2002, 41(16): 3051-3054.

[92] WANG X L, TIAN F B, WANG L C, et al. Structural stability of polymeric nitrogen: A first-principles investigation[J]. The Journal of Chemical Physics 2010, 132(2): 5021-5027.

[93] 雷力,蒲梅芳,冯雷豪,等.立方聚合氮(cg-N)的高温高压合成[J].高压物理学报, 2018, 32(2):15-19.

[94] LIU H, ZHANG Y, LI R, et al. Uniform and high-yield carbon nanotubes with modulated nitrogen concentration for promising nanoscale energetic materials[J]. International Journal of Energetic Materials and Chemical Propulsion, 2010, 9(1): 55-69.

[95] HAMMERL A, KLAPOTKE T M. Tetrazolylpentazoles: Nitrogen-rich compounds[J]. Inorganic Chemistry, 2002, 41(4): 906-912.

[96] LAALI K K, GETTWERT V J. Electrophilic nitration of aromatics in ionic liquid solvents[J]. The Journal of organic chemistry, 2001, 66(1): 35-40.

[97] LANCASTER N L, LLOPIS-MESTRE V. Aromatic nitrations in ionic liquids: The importance of cation choice[J] Chemical Communications, 2003, 35(22): 2812-2813.

[98] DU Z, LI Z, GUO S, et al. Investigation of physicochemical properties of lactam-based brnsted acidic ionic liquids[J]. The Journal of Physical Chemistry B, 2005, 109(41): 19542-19546.

[99] 程光斌, 钱德胜, 齐秀芳, 等. 己内酰胺对甲基苯磺酸离子液体中甲苯的选择性硝化反应[J]. 应用化学, 2007, 12(11): 1255-1258.

[100] QI X, CHENG G, LU C, et al. Nitration of simple aromatics with NO_2 under air atmosphere in the presence of novel brnsted acidic ionic liquids[J]. Synthetic Communications, 2008, 38(4): 537-545.

[101] FANG D, SHI Q R, CHENG J, et al. Regioselective mononitration of aromatic compounds using Brnsted acidic ionic liquids as recoverable catalysts[J]. Applied Catalysis A General, 2008, 345(2): 158-163.

[102] CORMA A, GARCIA H. Lewis acids: From conventional homogeneous to green homogeneous and heterogeneous catalysis[J]. Chemical Reviews, 2003, 103(11): 4307-4365.

[103] 罗向宁. 硅胶固载复合酸催化剂的制备与应用[D]. 天津:天津理工大学, 2013.

[104] CLARK J H. Solid acids for green chemistry[J]. Accounts of Chemical Research, 2002, 35(9): 791-797.

[105] CHOUDARY B M, SATEESH M, KANTAM M L, et al. Selective nitration of aromatic compounds by solid acid catalysts[J]. Chemical Communications, 2000, 31(1): 25-26.

[106] 彭新华, 吕春绪. ZSM-5 催化剂上甲苯硝酸硝化的区域选择性[J]. 精细化工, 2000, 17(1): 17-18.

[107] 蔡春,吕春绪. NO₂-O₂ 对甲苯硝化反应的影响[J].火炸药学报, 2003, 26(2):1-2, 21.

[108] 吕春绪, 彭新华. 酸性皂土催化剂上硝酸对烷基苯的区域选择性硝化[J]. 南京理工大学学报(自然科学版), 2000, 24(3): 207-209.

[109] YADAV G D, LANDE S V. Ecofriendly claisen rearrangement of allyl-4-tert-butylphenyl ether using heteropolyacid supported on hexagonal mesoporous silica[J]. Organic Process Research & Development, 2005, 9(5): 547-554.

[110] POPPL A, MANIKANDAN P, KOHLER K, et al. Elucidation of structure and location of V(IV) ions in heteropolyacid catalysts H₄PVMo₁₁O₄₀ as studied by hyperfine sublevel correlation spectroscopy and pulsed electron nuclear double resonance at W- and X-band frequencies[J]. Journal of America Chemical Society, 2001, 123(19): 4577-4584.

[111] ZHANG X, LI J, CHEN Y, et al. Heteropolyacid nanoreactor with double acid sites as a highly efficient and reusable catalyst for the transesterification of waste cooking oil[J]. Energy & Fuels, 2009, 23(9): 4640-4646.

[112] YAMADA M, HONMA I. Heteropolyacid-encapsulated self-assembled materials for anhydrous proton-conducting electrolytes[J]. The Journal of Physical Chemistry B, 2006, 110(41): 20486-20490.

[113] YAMAGUCHI S, SUMIMOTO S, ICHIHASHI Y, et al. Liquid-phase oxidation of benzene to phenol over V-substituted heteropolyacid catalysts[J]. Industrial & Engineering Chemistry Research, 2004, 44(1): 1-7.

[114] ZHU Z, YANG W. Preparation, charaterization and shape-selective catalysis of supported heteropolyacid salts K₂.₅H₀.₅PW₁₂O₄₀, (NH₄)₂.₅H₀.₅PW₁₂O₄₀, and Ce₀.₈₃H₀.₅PW₁₂O₄₀ on MCM-4l mesoporous silica[J]. The Journal of Physical Chemistry C, 2009, 113(39): 17025-17031.

[115] 韩岩涛, 赵新强, 刘择收, 等. 负载型杂多酸催化苯硝化反应研究[J]. 精细石油化工, 2005(5):1-4.

[116] MILCZAK T, JACNIACKI J, ZAWADZKI J, et al. Nitration of aromatic compounds on solid catalysts[J]. Synthetic Communications, 2001, 31(2): 173-187.

[117] 程广斌,吕春绪, 彭新华. 一硝基氯苯的区域选择性合成研究(Ⅰ)硝酸硝化[J].应用化学, 2002, 19(3): 271-275.

[118] 程广斌, 吕春绪,彭新华.一硝基氯苯的区域选择性合成研究(Ⅱ)NO₂ 硝化[J].应用化学, 2002, 19(2): 181-183.

[119] MELLOR J M, MITTOO S, PARKES R, et al. Improved nitrations using metal nitrate-sulfuric acid systems[J]. Tetrahedron, 2000, 56(40): 8019-8024.

[120] TANG B, WEI S, PENG X. Acid-catalyzed regioselective nitration of o-xylene to 4-nitro-o-xylene with nitrogen dioxide bronsted acid versus lewis acid[J]. Synthetic Communications, 2014, 44(14):2057-2065.

[121] SMITH K, ALMEER S, BLACK S J. Para-selective nitration of halogenobenzenes using a nitrogen dioxide–oxygen–zeolite system[J]. Chemical Communications, 2000(17): 1571-1572.

[122] IRANPOOR N, FIROUZABADI H, HEYDARI R, et al. Nitration of aromatic compounds by Zn(NO₃) 2·2N₂O₄ and its charcoal-supported system[J]. Synthetic communications, 2005, 35(2): 263-270.

[123] BIGDELI M A, HERAVI M M, FIROUZEH N. Mild and selective nitration of phenols by zeofen[J]. Synthetic Communications, 2007, 37(13): 2225-2230.

[124] SHI M, CUI S C. Perfluonnated rate earth metals catalyzed nitration of aromatic compounds[J]. Journal of Fluorine Chemistry, 2002, 113(2):207-209.

[125] KULAL A B, DONGARE M K, UMBARKAR S B. Sol-gel synthesised WO₃ nanoparticles supported on mesoporous silica for liquid phase nitration of aromatics[J]. Applied Catalysis B Environmental, 2016, 182:142-152.

[126] 杨玉川, 魏莉, 金子林. 液/液两相催化新进展——温控非水液/液两相催化[J]. 有机化学, 2004, 24(6):579-584.

[127] YI W B, CAI C. Rare earth (Ⅲ) perfluorooctanesulfonates catalyzed Friedel——Crafts alkylation in fluorous biphase system[J]. Journal of Fluorine Chemistry, 2005, 126(5): 831-833.

[128] YI W B, CAI C. Aldol condensations of aldehydes and ketones catalyzed by rare earth (Ⅲ) perfluorooctane sulfonates in fluorous solvents[J]. Journal of Fluorine Chemistry, 2005, 126(11-12): 1553-1558.

[129] 易文斌,蔡春. 甲苯的氟两相硝化反应研究(Ⅱ)[J].含能材料, 2006, 14(1): 29-31.

[130] TALAWAR M B, AGRAWAL A P, CHHABRA J S, et al. Studies on lead-free initiators: Synthesis, characterization and performance evaluation of transition metal complexes of carbohydrazide[J]. Journal of Hazardous Materials, 2004, 113(1-3): 57-65.

[131] 凡庆涛. 咪唑类含能化合物的研究[D]. 北京: 北京理工大学, 2008.

[132] 高福磊. 咪唑类配合物的制备、表征及性能[D]. 北京:北京理工大学, 2009.

[133] 张同来,武碧栋,杨利,等.含能配合物研究新进展[J].含能材料,2013,21(2):137-151.

[134] 任雁, 严英俊, 杨利, 等. [Mn(IMI)₆](C₁O₄)₂ 的合成、晶体结构及感度[J].火炸药学报, 2009, 32(6): 15-19.

[135] WU B D, LI Y L, LI F G, et al. Preparation, crystal structures and thermal decomposition of three energetic manganese compounds and a salt based on imidazole and picrate[J]. Polyhedron, 2013, 55: 73-79.

[136] LI Z M, ZHOU Z N, ZHANG T L, et al. Energetic transition metal(Co/Cu/Zn) imidazole perchlorate complexes: Synthesis, structural characterization, thermal behavior and non-isothermal kinetic analyses[J]. Polyhedron, 2012, 44(1): 59-65.

[137] 李娜,赵凤起,高红旭, 等. 4-胺基-1,2,4-三唑高氯酸铜配合物 Cu(AT)₄H₂0(ClO₄)₂ 的合成、表征及其燃烧催化作用[J].固体火箭技术, 2014, 37(1): 73-76.

[138] 金鑫. 激光敏感型 3,4-二氨基-1,2,4-三唑含能配合物的研究[D]. 北京:北京理工大学, 2015.

[139] 齐书元,张同来,杨利, 等. 1,5-二氨基四唑及其系列化合物研究进展[J].含能材料, 2009,

17(3): 486-490.

[140] 齐书元,张建国, 张同来,等. 含能配合物[Mn(DAT)₆](ClO₄)₂ 的合成、晶体结构、热行为及感度性质[J]. 高等学校化学学报, 2009, 30(10): 1935-1939.

[141] CUI Y, ZHANG J, ZHANG T, et al. Synthesis, structural investigation, thermal decomposition mechanism and sensitivity properties of an energetic compound [Cd(DAT)₆](ClO₄)₂ (DAT=1, 5-diaminotetrazole)[J]. Journal of Hazardous Materials, 2008, 160(1): 45-50.

[142] 崔燕. 1,5-二氨基四唑和 3-叠氮-1,2,4-三唑类含能配合物的研究[D]. 北京:北京理工大学, 2008.

[143] 张建国,张同来,魏昭荣, 等. [Mn(CHZ)₃](ClO₄)₂ 的制备、晶体结构和应用研究[J].高等学校化学学报, 2001, 22(6): 895-897.

[144] 吕春华,张同来,任陵柏, 等. [Co(CHZ)₃](ClO₄)₂ 的制备、分子结构及爆炸性能研究[J].火炸药学报, 2000, 23(1): 32-34.

[145] 孙远华,张同来, 张建国,等. 高氯酸碳酰肼钴、高氯酸碳酰肼镍快速热分解反应动力学[J]. 物理化学学报, 2006, 22(6): 649-652.

[146] 齐书元, 李志敏,张同来,等. 含能配合物[Zn(CHZ)₃](ClO₄)₂ 的晶体结构、热行为及感度性能研究[J].化学学报, 2011, 69(8): 138-143.

[147] 齐书元. 高氯酸三碳酰肼合锌的制备、性能及应用研究[D]. 北京:北京理工大学, 2010.

[148] 吕春华,张同来, 张建国,等. [Ni(CHZ)₃](TNR) · 5H₂O 的制备、晶体结构和热分解机理[J]. 高等学校化学学报, 2000, 21(7): 1005-1009.

[149] ZHANG T, LU C, ZHANG J, et al. Preparation and molecular structure of {[Ca(CHZ)₂(H₂O)](NTO)₂ · 3.5H₂O}ₙ [J]. Propellants, Explosives, Pyrotechnics, 2003, 28(5): 271-276.

[150] 张同来, 吕春华,张建国,等. {[Cd(NTO)₂(CHZ)] · 2H₂O}ₙ的合成、分子结构和热分解机理[J]. 无机化学学报, 2002, 18(2): 138-144.

[151] 杨永明,张同来, 张建国,等. {[Sr(CHZ)₂(H₂O)] · (NTO)₂ · 3.5H₂O}ₙ 的制备和晶体结构[J]. 结构化学, 2002, 21(3): 321-324.

[152] BHAUMIK P K, HARMS K, CHATTOPADHYAY S. Hydrogen bonding induced lowering of the intra-chain metal-metal distance in single end-on azide bridged one-dimensional copper (Ⅱ) complexes with tridentate Schiff bases as blocking ligands[J]. Polyhedron, 2014, 68(2): 346-356.

[153] 朱顺官, 徐大伟, 曹仕瑾, 等. 高威力配合物起爆药——叠氮肼镍[J].爆破器材, 2005, 34(5):17-19.

[154] 盛涤伦, 马凤娥, 张裕峰, 等. 钴(Ⅲ)配合物[Co(NH₃)₄(N₃)₂]ClO₄ 晶体结构剂激光化学感度[J].含能材料, 2009, 17(6):694-698.

[155] 康丽, 王潇敏, 屈媛媛. 含能配合物研究进展综述[J]. 天津化工, 2016, 30(1):12-15.

[156] 王士卫. 新型唑类配合物的制备、表征及性能研究[D]. 北京:北京理工大学, 2012.

[157] WU B, WANG S, YANG L, et al. Preparation, crystal structures, thermal decomposition and explosive properties of two novel energetic compounds M(IMI)₄(N₃)₂(M = Cuᴵᴵ and Niᴵᴵ, IMI = Imidazole): The new high-nitrogen materials (N>46%)[J]. European Journal of Inorganic Chemistry, 2011,2011(16): 2616-2623.

[158] TANG Z, ZHANG J, LIU Z, et al. Synthesis, structural characterization and thermal analysis of a high nitrogen-contented cadmium (Ⅱ) coordination polymer based on 1, 5-diaminoterrazole [J]. Journal of Molecular Structure, 2011, 1004(1): 8-12.

[159] 武碧栋, 李富刚, 张同来,等. 含能叠氮配合物[M(DAT) $_2$(N$_3$)$_2$](DAT=1,5-二氨基四唑)的制备、结构表征和性能研究[C]. 全国强动载效应及防护学术会议暨复杂介质/结构的动态力学行为创新研究群体学术研讨会, 呼和浩特, 2013: 393-398.

[160] CARTERIBHT M, WILKINSON J. Correlation of structure and sensitivity in inorganic azides I effect of non-bonded nitrogen distances[J]. Propellants, Explosives, Pyrotechnics, 2010, 35(4): 326-332.

[161] 范广, 张引莉. 叠氮类含能铜(Ⅱ)配合物的合成、结构及感度研究[J]. 化学世界, 2012, 12: 705-711.

[162] WU B, YANG L, WANG S, et al. Preparation, crystal structure, thermal decomposition and explosive properties of a novel energetic compound [Zn(N$_2$H$_4$)$_2$(N$_3$)$_2$]$_n$: New high-nitrogen material (N=65.60%)[J]. Zeitschrift Für Anorganische Und Allgemeine Chemie, 2011, 637(3-4): 450-455.

[163] ZHU S, WU Y, ZHANG W, et al. Evaluation of a new primary explosive: Nickel hydrazine nitrate (NHN) complex[J]. Propellants, Explosives, Pyrotechnics, 1997, 22(6): 317-320.

[164] 黄辉胜,张同来, 张建国,等. 硝酸碳酰肼合钴、镍、铜含能配合物结构和性质的理论研究[J]. 化学学报, 2010, 68(4): 289-293.

[165] LI Q, ZHAO K. Density functional theory study of hydrogen bonds of bipyridine with 1,3, 5 - benzenetricarboxylic acid[J]. Chinese Journal of Chemistry, 2009, 27(9): 1663-1667.

[166] ZHANG J G, LI J Y, ZANG Y, et al. Synthesis and characterization of a novel energetic complex [Cd(DAT)$_6$](NO$_3$)$_2$(DAT=1,5-diamino-tetrazole) with high nitrogen content[J]. Zeitschrift Für Anorganische Und Allgemeine Chemie, 2010, 636(6): 1147-1151.

[167] 臧艳. 1,5-二氨基四唑及其含能化合物研究[D]. 北京:北京理工大学, 2008.

[168] WU B D, ZHANG T L, TANG S M, et al. The environmentally friendly energetic salt (ATZ)(TNPG) based on 4-Amino-1,2,4-triazole (ATZ) and trinitrophloroglucinol (TNPG)[J]. Zeitschrift Für Anorganische Und Allgemeine Chemie, 2012, 638(14): 2347-2352.

[169] 唐时敏. 三硝基均苯三酚系列化合物研究(Ⅱ)[D]. 北京:北京理工大学, 2012.

[170] 汤崭, 杨利,严英俊,等. 晶形控制剂在苦味酸钾合成中的应用[J].火炸药学报, 2009, 32(16): 28-30,34.

[171] 张国涛,张同来, 刘俊伟,等. 苦味酸碳酰肼含能配合物的制备及其对 CL-20 热分解的影响[J]. 火炸药学报, 2010, 33(1): 38-42.

[172] WANG S W, WU B D, YANG L, et al. Synthesis, crystal structure, thermal decomposition and sensitive properties of a new complex[Cu(IMI)$_4$(PA)$_2$][J]. Chemical Research in Chinese Universities, 2012, 28(4): 585-589.

[173] 张建国,张同来,杨利, 等. [Mg(H$_2$O)$_6$](TNR$^-$)$_2$ · 2H$_2$O 的制备与分子结构研究[J].含能材料, 2001, 9(4): 179-182.

[174] 安亭,赵凤起,肖立柏. 高反应活性纳米含能材料的研究进展[J].火炸药学报, 2010,33(3): 55-62.

[175] SHEN L H, LI G P, LUO Y J, et al. Preparation of Al/B/Fe₂O₃ nano-composite energetic materials by high energy ball milling[J]. Journal of Solid Rocket Technology, 2014, 37 (2): 233-237.

[176] 宋雪雪. 纳米复合含能材料 RDX/Fe₂O₃-Al₂O₃ 的制备与表征[D]. 太原:中北大学, 2013.

[177] GAO K, LI G, LUO Y, et al. Preparation and characterization of the AP/Al/Fe₂O₃ ternary nano-thermites[J]. Journal of Thermal Analysis and Calorimetry, 2014, 118(1): 43-49.

[178] PUCHADES I , HOBOSYAN M , FULLER L F , et al. MEMS microthrusters with nanoenergetic solid propellants[C]. IEEE International Conference on Nanotechnology,Toronto, 2015: 83-86.

[179] LI Q, KORZA G, SETLOW P. Killing the spores of bacillus species by molecular iodine[J]. Journal of Applied Microbiology, 2017, 122(1): 54-64.

[180] OXLEY J C, SMITH J L, PORTER M M, et al. Potential biocides: Iodine‐producing pyrotechnics[J]. Propellants, Explosives, Pyrotechnics, 2017, 42(8): 960-973.

[181] TOYOHARA M, KANEKO M, MITSUTSUKA N, et al. Contribution to understanding iodine sorption mechanism onto mixed solid alumina cement and calcium compounds[J]. Journal of Nuclear Science and Technology, 2002, 39(9): 950-956.

[182] ZHANG S, BADIOLA C, SCHOENITZ M, et al. Oxidation, ignition, and combustion of Al·I₂ composite powders[J]. Combustion and Flame, 2012, 159(5): 1980-1986.

[183] WANG H, DELISIO J B, JIAN G, et al. Electrospray formation and combustion characteristics of iodine-containing Al/CuO nanothermite microparticles[J]. Combustion and Flame, 2015, 162(7): 2823-2829.

[184] SMITH D K, MCCOLLUM J, PANTOYA M L. Effect of environment on iodine oxidation state and reactivity with aluminum [J]. Physical Chemistry Chemical Physics, 2016, 18(16): 11243-11250.

[185] SMITH D K, PANTOYA M L, PARKEY J S, et al. Reaction kinetics and combustion dynamics of I₄O₉ and aluminum mixtures[J]. Journal of Visualized Experiments, 2016(117): 1-9.

[186] DREIZIN E L, SCHOENITZ M. Correlating ignition mechanisms of aluminum-based reactive materials with thermoanalytical measurements[J]. Progress In Energy and Combustion Science, 2015, 50:81-105.

[187] FENG J, JIAN G, LIU Q, et al. Passivated iodine pentoxide oxidizer for potential biocidal nanoenergetic applications[J]. ACS Applied Materials and Interfaces, 2013, 5(18): 8875-8880.

[188] MARTIROSYAN K S. Nanoenergetic gas-generators: Principles and applications[J]. Journal of Materials Chemistry, 2011, 21(26): 9400-9405.

[189] WU T, WANG X, DELISIO J B, et al. Carbon addition lowers initiation and iodine release temperatures from iodine oxide-based biocidal energetic materials[J]. Carbon, 2018, 130:410-415.

[190] WANG H, DELISIO J B, WU T, et al. One-step solvent-free mechanochemical synthesis of metal iodate fine powders[J]. Powder Technology, 2018, 324:62-68.

[191] WANG H, KLINE D J, REHWOLDT M, et al. Ignition and combustion characterization of Ca(IO₃)2-based pyrotechnic composites with B, Al, and Ti[J]. Propellants, Explosives,

Pyrotechnics, 2018, 43(10): 977-985.

[192] BENTRIA B, BENBERTAL D, BAGIEU-BEUCHER M, et al. Crystal structure of anhydrous bismuth iodate, Bi(IO₃)₃[J]. Journal of Chemical Crystallography, 2003, 33(11): 867-873.

[193] WANG S, LIU X, SCHOENITZ M, et al.Nanocomposite thermites with calcium iodate oxidizer[J]. Propellants, Explosives, Pyrotechnics, 2017, 42(3): 284-292.

[194] WU T, WANG X, ZAVALIJ P Y, et al. Performance of iodine oxides/iodic acids as oxidizers in thermite systems[J]. Combustion and Flame, 2018, 191:335-342.

[195] WU T, SYBING A, WANG X, et al. Aerosol synthesis of phase pure iodine/iodic biocide microparticles[J]. Journal of Materials Research, 2017, 32(4): 890-896.

[196] FISCHER A. Redetermination of HI₃O₈, an adduct of formula HIO₃·I₂O₅[J]. Acta Crystallographica Section E, 2005, 61(12): 278-279.

[197] WU T, ZAVALIJ P Y, ZACHARIAH M R. Crystal structure of a new polymorph of iodic acid, δ-HIO3, from powder diffraction[J]. Powder Diffraction, 2017, 32(4): 261-264.

[198] 宋宇. MOFs 材料的结构与合成概述[J]. 化工管理, 2013(10):119-123.

[199] ZHANG S, YANG Q, LIU X, et al. High-energy metal–organic frameworks (HE-MOFs): Synthesis, structure and energetic performance[J]. Coordination Chemistry Reviews, 2016, 307: 292-312.

[200] WU B D, LIANG J, WANG J Y, et al. Preparation, crystal structure and thermal decomposition of a 2D MOF high-nitrogen ($N\%$=43.3%) compound [Cd(H₂O)₂(AFT)₂]$_n$ (HAFT= 4-amino-3-(5-tetrazolate)-furazan)[J]. Main Group Chemistry, 2017, 16(1): 67-75.

[201] WANG Y N, ZHAO J, WANG H B, et al. A novel 3D pillar-layered Co(Ⅱ)-MOF with(4,8)-connected topology: Synthesis, structure and magnetic properties[J].结构化学, 2016, 35(5): 774-780.

[202] 张跃, 沈莉. MOFs——一种新型的多孔材料[J]. 科技信息(学术版), 2008(24):87-88.

[203] 杨燕京,赵凤起,仪建华, 等. MOFs 作为固体推进剂的燃烧催化剂和含能添加剂的研究进展[J].含能材料, 2016, 24(12): 1225-1232.

[204] 王岩. 金属有机框架与(改性)氧化石墨烯复合材料的合成与表征[D]. 北京：北京化工大学, 2011.

[205] LIU X, YANG Q, SU Z, et al. 3D high-energy-density and low sensitivity materials: Synthesis, structure and physicochemical properties of an azide-Cu (Ⅱ) complex with 3, 5-dinitrobenzoic acid[J]. RSC Advances, 2014, 4(31): 16087-16093.

[206] LIU X, QU X, ZHANG S, et al. High-performance energetic characteristics and magnetic properties of a three-dimensional cobalt (Ⅱ) metal-organic framework assembled with azido and triazole[J]. Inorganic Chemistry, 2015, 54(23): 11520-11525.

[207] ZHANG H, ZHANG M, LIN P, et al. A highly energetic N-rich metal-organic framework as a new high-energy-density material[J]. Chemistry-A European Journal, 2016, 22(3):1141-1145.

[208] LI C, ZHANG M, CHEN Q, et al. 1-(3,5-Dinitro-1H-pyrazol-4-yl)-3-nitro-1H-1,2,4-triazol-5-amine (HCPT) and its energetic salts: Highly thermally stable energetic materials with high-performance[J]. Dalton Transactions, 2016, 45(44): 17956-17965.

[209] GE J, YANG Q, XIE G, et al. Synthesis, structure and thermochemical study of a cobalt

energetic coordination compound incorporating 3,5-diamino-1,2,4-triazole and pyridine-2, 6-dicarboxylic acid[J]. The Journal of Chemical Thermodynamics, 2015, 80:1-6.

[210] GAO W, LIU X, SU Z, et al. High-energy-density materials with remarkable thermostability and insensitivity: Syntheses, structures and physicochemical properties of Pb(Ⅱ) compounds with 3-(tetrazol-5-yl) triazole[J]. Journal of Materials Chemistry A, 2014, 2(30):11958-11965.

[211] LIU X, GAO W, SUN P, et al. Environmentally friendly high-energy MOFs: Crystal structures,thermostability, insensitivity and remarkable detonation performances[J]. Green Chemistry, 2015, 17(2): 831-836.

[212] JIN X, XU C X, YIN X, et al. A 1D cadmium complex with 3,4-diamino-1,2,4-triazole as ligand: Synthesis, molecular structure, characterization, and theoretical studies[J]. Journal of Coordination Chemistry, 2015, 68(11): 1913-1925.

[213] YAN Q L, COHEN A, CHINNAM A K, et al. A layered 2D triaminoguanidine-glyoxal polymer and its transition metal complexes as novel insensitive energetic nanomaterials[J]. Journal of Materials Chemistry A, 2016, 4(47): 18401-18408.

[214] ZHANG S, LIU X, YANG Q, et al. A new strategy for storage and transportation of sensitive high-energy materials: Guest-dependent energy and sensitivity of 3D metal-organic-framework-based energetic compounds[J]. Chemistry-A European Journal, 2014, 20(26): 7906-7910.

[215] BI Y G, FENG Y A, LI Y, et al. Synthesis, structure, and thermal decomposition of two copper coordination compounds [Cu(DAT)2(PA)2] and [Cu(DAT)2(HTNR)2] with nitrogen rich 1,5-diaminotetrazole (DAT)[J]. Journal of Coordination Chemistry, 2015, 68(1): 181-194.

[216] LI F, ZHAO W, CHEN S, et al. Nitrogen-rich alkali metal salts (Na and K) of [bis(N,N-bis(1H-tetrazol-5-yl)amine)-zinc(Ⅱ)] anion: Syntheses, crystal structures, and energetic properties[J]. Zeitschrift Für Anorganische Und Allgemeine Chemie, 2015, 641(5):911-916.

[217] GUO W, ZHANG T, ZHANG B, et al. Studies on sodium polymers based on di(1H-tetrazol-5-yl) methanone oxime[J]. RSC Advances, 2016, 6(89): 85933-85939.

[218] FENG Y, LIU X, DUAN L, et al. In situ synthesized 3D heterometallic metal-organic framework (MOF) as a high-energy-density material shows high heat of detonation, good thermostability and insensitivity[J]. Dalton Transactions, 2015, 44(5): 2333-2339.

[219] YANG Q, GE J, GONG Q, et al. Two energetic complexes incorporating 3,5-dinitrobenzoic acid and azole ligands: Microwave-assisted synthesis, favorable detonation properties, insensitivity and effects on the thermal decomposition of RDX[J]. New Journal of Chemistry, 2016, 40(9): 7779-7786.

[220] SHANG Y, JIN B, PENG R, et al. A novel 3D energetic MOF of high energy content: synthesis and superior explosive performance of a Pb (Ⅱ) compound with 5,5′-bistetrazole-1, 1′-diolate[J]. Dalton Transactions, 2016, 45(35): 13881-13887.

[221] LIU Q, JIN B, ZHANG Q, et al. Nitrogen-rich energetic metal-organic framework: Synthesis, structure, properties, and thermal behaviors of Pb(Ⅱ) complex based on N,N-bis (1H-tetrazole-5-yl)-amine[J]. Materials, 2016, 9(8):681.

[222] CHEN S, ZHANG B, YANG L, et al. Synthesis, structure and characterization of neutral coordination polymers of 5, 5′-bistetrazole with copper (Ⅱ), zinc (Ⅱ) and cadmium (Ⅱ): A new route to reconcile oxygen balance and nitrogen content of high-energy MOFs[J]. Dalton Transactions, 2016, 45(42): 16779-16783.

[223] GUO Z, WU Y, DENG C, et al. Structural modulation from 1D chain to 3D framework: Improved thermostability, insensitivity, and energies of two nitrogen-rich energetic coordination polymers[J]. Inorganic Chemistry, 2016, 55(21): 11064-11071.

[224] HE P, ZHANG J G, WU L, et al. Sodium 1,1′-dinitramino-5,5′-bistetrazolate: A 3D metal-organic framework as green energetic material with good performance and thermo stability[J]. Inorganica Chimica Acta, 2017, 455:152-157.

[225] ZHAI L, FAN X, WANG B, et al. A green high-initiation-power primary explosive: synthesis, 3D structure and energetic properties of dipotassium 3,4-bis(3-dinitromethylfurazan-4-oxy) furazan[J]. RSC Advances, 2015, 5(71): 57833-57841.

[226] ZHAI L, QU X, WANG B, et al. High energy density materials incorporating 4,5-bis(dinitro methyl)-furoxanate and 4,5-bis(dinitromethyl)-3-oxy-furoxanate[J]. Chempluschem, 2016, 81(11): 1156-1159.

[227] BUSHUYEV O S, BROWN P, MAITI A, et al. Ionic polymers as a new structural motif for high-energy-density materials[J]. Journal of the American Chemical Society, 2012, 134(3):1422-1425.

[228] BUSHUYEV O S, PETERSON G R, BROWN P, et al. Metal–organic frameworks (MOFs) as safer, structurally reinforced energetics[J]. Chemistry-A European Journal, 2013, 19(5): 1706-1711.

[229] LI S, WANG Y, QI C, et al. 3D energetic metal-organic frameworks: Synthesis and properties of high energy materials[J]. Angewandte Chemie, 2013, 52(52):14031-14035.

[230] JIN X, ZHANG J G, XU C X, et al. Eco-friendly energetic complexes based on transition metal nitrates and 3,4-diamino-1,2,4-triazole (DATr)[J]. Journal of Coordination Chemistry, 2014, 67(19):3202-3215.

[231] XU C X, YIN X, JIN X, et al. Two coordination polymers with 3-hydrazino-4-amino-1,2, 4-triazole as ligand: Synthesis, crystal structures, and non-isothermal kinetic analysis[J]. Journal of Coordination Chemistry, 2014, 67(11):2004-2015.

[232] XU C, ZHANG J, YIN X, et al. Structural diversity and properties of M(Ⅱ) coordination compounds constructed by 3-hydrazino-4-amino-1,2,4-triazole dihydrochloride as starting material[J]. Inorganic Chemistry, 2015, 55(1): 322-329.

[233] KLAPOTKE T M, SCHMID P C, STIERSTORFER J, et al. Synthesis and characterization of tetrahedral zinc(Ⅱ) complexes with 3, 6, 7-triamino-7H-[1,2,4]triazolo[4,3-b][1,2,4]triazole as nitrogen-rich ligand[J]. Zeitschrift Für Anorganische Und Allgemeine Chemie, 2016, 642(5):383-389.

[234] QU X N, ZHANG S, WANG B Z, et al. An Ag(Ⅰ) energetic metal-organic framework assembled with the energetic combination of furazan and tetrazole: Synthesis, structure and energetic performance[J]. Dalton Transactions, 2016, 45(16):6968-6973.

[235] TANG Y, HE C, MITCHELL L A, et al. Potassium 4, 4′-bis(dinitromethyl)-3, 3′-azofurazanate: A highly energetic 3D metal-organic framework as a promising primary explosive[J]. Angewandte Chemie, 2016, 128(18):5655-5657.

[236] SETH S, MATZGER A J. Coordination polymerization of 5, 5′-dinitro-2H,2H′-3, 3′-bi-1, 2, 4-triazole leads to a dense explosive with high thermal stability[J]. Inorganic Chemistry, 2016, 56(1): 561-565.

[237] ZHANG Z B, XU C X, YIN L, et al. Synthesis, crystal structure and properties of a new 1D polymeric nitrogen-rich energetic complex {TAG [Li(BTO)(H$_2$O)]}$_n$ based on 1H,1′H-5,5′-bitetrazole-1,1′-diolate[J]. RSC Advances, 2016, 6(77): 73551-73559.

[238] FENG Y, BI Y, ZHAO W, et al. Anionic metal-organic frameworks lead the way to eco-friendly high-energy-density materials[J]. Journal of Materials Chemistry A, 2016, 4(20):7596-7600.

第4章 含能材料的释能规律

含能材料热分解动力学

4.1.1 基辛格法

一般以混合物形式存在的含能材料产品的固相反应比较复杂，其中可能涉及多步重叠反应过程。因此，对这种固相反应的动力学进行分析极具挑战。每个过程的动力学参数，如活化能(E_a)、指前因子(A)和动力学模型$f(\alpha)$，都要同时确定[1]。虽然有大量分析方法可用于计算简单化学反应的动力学参数，但针对复杂过程的可靠动力学分析方法却很少。半个多世纪以来，研究人员对非等温结晶、固化和分解反应过程都开展了大量的研究。这是由于非等温过程可由阿伦尼乌斯方程描述，它表示反应速率常数是负活化能除以气体常数和温度乘积的指数函数，如方程(4-1)所示：

$$k = A\exp\left[-E_a / (RT)\right] \tag{4-1}$$

式中，k为速率常数；A为指前因子或频率因子；E_a为活化能；R为摩尔气体常量(8.314J·mol⁻¹·K⁻¹)；T为温度。

方程(4-1)看起来很简单，但在实际应用过程中仍存在诸多挑战。动力学参数是描述化学反应、固化和结晶过程的必要参数。大多数现有方法是通过假设反应服从n级化学反应模型推导：

$$\frac{d\alpha}{dt} = k\left(1-\alpha\right)^n \tag{4-2}$$

式中，α为反应程度；t为反应时间；n为反应级数。对方程(4-1)和方程(4-2)求导便可得反应速率($d\alpha/dt$)，其在DSC曲线峰温(T_p)处达到最大值，此时需满足：

$$
\begin{aligned}
&d(d\alpha / dt) / dt = A\exp(-E_a / RT)(E_a / RT^2) \\
&(1-\alpha)^n dT / dt - n(1-\alpha)^{(n-1)} A\exp(-E_a / (RT))d\alpha / dt = 0
\end{aligned} \tag{4-3}
$$

进一步假设$n(1-\alpha)^{(n-1)}$接近常数，而$dT/dt=\beta$(升温速率)恒定，则

$$\ln\frac{\beta}{T_p^2} = \ln\frac{AR}{E_a} - \frac{E_a}{RT_p} \tag{4-4}$$

通过任意给定升温速率 β 下的 DSC 曲线或 DTG 曲线，可轻易获得最大反应速率所对应的峰温(T_p)；不同升温速率下可获得一组 DSC 曲线或 DTG 曲线，将各升温速率下获得的峰温值代入 $\ln(\beta/T_p^2)$ 和 $1/T_p$，二者线性相关性拟合作图。可通过所得直线的截距计算出活化能 E_a，根据斜率则可得到指前因子 A。

4.1.2 等转化率法

1. Friedman 方程

速率常数随温度的变化关系可通过阿伦尼乌斯方程代替 $k(T)$ 得到[2]

$$\frac{\mathrm{d}\alpha}{\mathrm{d}t} = A\exp\left(-\frac{E_a}{RT}\right)f(\alpha) \tag{4-5}$$

对方程(4-5)两边取对数，得到如下方程：

$$\ln\frac{\mathrm{d}\alpha}{\mathrm{d}t} = \ln A + \ln\left(f(\alpha)\right) - \frac{E_a}{RT} \tag{4-6}$$

在等转化率的前提条件下，函数 $f(\alpha)$ 可看作是特定常数。此时 $\ln(\mathrm{d}\alpha/\mathrm{d}t)$ 与 $1/T$ 呈线性关系，其斜率为 $-E_a/R$。

2. Ozawa-Flynn-Wall 方程

Ozawa、Flynn 和 Wall 试着把方程(4-6)改写成积分形式，然后用近似函数代替积分函数。通过这种近似得到了 Ozawa-Flynn-Wall(OFW)方程：

$$\ln\alpha = \ln\left(AE_a/R\right) - G(\alpha) - 5.3305 - 1.052\frac{E_a}{RT} \tag{4-7}$$

在等转化率条件下，函数 $G(\alpha)$ 也达到一个给定值，可看作一个常数。因此，$\ln\alpha$ 对 $1/T$ 作图可得一条直线，其斜率为 $-1.052E_a/R$。

3. Kissinger-Akahira-Sunose 方程

根据 Starink 公式，可以推导出能更准确估算 E_a 的 Kissinger-Akahira-Sunose (KAS)方程：

$$\ln\frac{\beta_i}{T_{\alpha,i}^{1.92}} = \mathrm{Const} - 1.0008\frac{E_a}{RT_\alpha} \tag{4-8}$$

与 OFW 方程相比，KAS 方程显著提高了 E_a 的求解精度[3]。实际上，动力学分析的目标是诠释所得动力学三因子的物理意义。动力学三因子分别对应于一个基础物理过程或参数：E_a 与能量势垒有关，A 与活化反应物的碰撞频率有关，而 $f(\alpha)$ 或 $G(\alpha)$ 则与反应机制和反应路径有关。

4.2　热分解反应物理模型计算方法

4.2.1　经验模型法

为了确定动力学模型，Málek 提出了一种比较实用的算法，又称经验模型法，该方法确定的动力学模型流程见图 4-1，其中 RO 表示多级化学反应模型，而 D2～D4 则为扩散模型[4]。该方法首先基于形状特征函数 $z(\alpha)$ 和 $y(\alpha)$，它们均由实验数据简单转换获得(图 4-1 和方程(4-9)、方程(4-10))。然后根据最大的 $y(\alpha)$ 和 $z(\alpha)$ 函数与相对应的 α_{max} 确定最合适的动力学模型。含能材料的转晶或分解过程可采用 John-Mehl-Avrami(JMA，方程(4-11))模型和自催化(auto catalytic，AC，方程(4-12))模型描述，后者也被称为 Šesták-Berggren(SB)模型[5]。

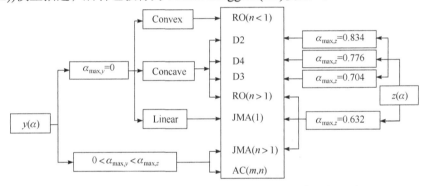

图 4-1　采用 $y(\alpha)$ 方程和 $z(\alpha)$ 方程确定的动力学模型流程图[4]

$$y(\alpha)=\left(\frac{\mathrm{d}\alpha}{\mathrm{d}t}\right)_{\alpha}\exp\frac{E}{RT_{\alpha}}=Af(\alpha) \tag{4-9}$$

$$z(\alpha)=\left(\frac{\mathrm{d}\alpha}{\mathrm{d}t}\right)_{\alpha}T_{\alpha}^{2}\left[\frac{\pi(x)}{\beta T_{\alpha}}\right]=f(\alpha)g(\alpha) \tag{4-10}$$

$$f(\alpha)=m(1-\alpha)[-\ln(1-\alpha)]^{[1-(1/m)]} \tag{4-11}$$

$$f(\alpha)=\alpha^{M}(1-\alpha)^{N} \tag{4-12}$$

式中，参数 m、M 和 N 可以根据式(4-13)～式(4-15)计算得到

$$m=\frac{1}{1+\ln(1-\alpha_{max,y})} \tag{4-13}$$

$$\frac{M}{N}=\frac{\alpha_{max,y}}{1-\alpha_{max,y}} \tag{4-14}$$

$$\ln\left(\varphi\exp\frac{E}{RT}\right)=\ln(\Delta H\cdot A)+N\cdot\ln\left[\alpha^{M/N}(1-\alpha)\right] \tag{4-15}$$

计算时将$y(\alpha)$和$z(\alpha)$函数最大时对应的α值代入即可。SB 模型仅为经验方程，本身及其参数无任何物理意义，只用来描述实验现象。对于大多数含能材料的热分解过程，$\alpha_{\max,z}>\alpha_{\max,y}$，且$\alpha_{\max,y}\neq0$。根据 Málek 算法，当$\alpha_{\max,z}$接近 0.632 时，可以选择 JMA 模型，否则选择 AC 模型。基于方程(4-13)和方程(4-14)，可以采用 JMA 模型计算，并分别描述$\alpha_{\max,y}$与 m 或 M/N 值之间的关系，也可计算相应的$z(\alpha)$方程。

对高能材料热分解过程而言，需要进一步拓展 Málek 算法。从图 4-2 中可以看出，在$\alpha_{\max,y}\neq0$的前提下，当$\alpha_{\max}>0.551(m>5$ 或 $m<0)$时，最好选择 AC 模型。指数 m 值在 0.5～5 才具有物理意义。事实上，当 $m>5$ 时，JMA 模型的形状对 m

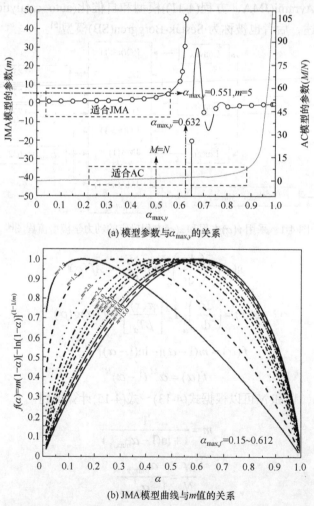

(a) 模型参数与$\alpha_{\max,y}$的关系

(b) JMA 模型曲线与m值的关系

图 4-2　JMA 模型和 AC 模型中 m 和 M/N 值与其$\alpha_{\max,y}$和$\alpha_{\max,z}$值的关系

不再敏感(图 4-2)。如果 $\alpha_{\max,y}<0.551$，那么它将取决于 $\alpha_{\max,z}$。当 $0.20<\alpha_{\max,y}<0.551$ 时，两个模型似乎都可用，且都具有较高的相关系数。JMA 模型的参数 m 较容易计算，然而在反应周期内，模型的参数 M 和 N 有时很难得到，导致其线性相关性的计算易出现错误(方程(4-16))。如果 $\alpha_{\max,y}$ 接近于 0，则可采用 Málek 算法选择其他模型，如多级化学反应模型和扩散模型(D2~D4)。在确定了动力学模型后，利用该模型拟合实验数据，即可确定指前因子 A。

4.2.2 联合动力学分析法

联合动力学分析法可以直接用于动力学计算，且比 Kissinger 法和 Málek 算法更方便[5,6]，可同时分析在不同加热条件下获得的实验数据。因此，只有理想的动力学模型(可采用方程(4-16)描述)才能同时满足所有升温条件下的实验数据(动力学参数不随加热条件而改变，即任意等温或非等温的任意升温速率下)，从而得到满足条件的唯一 $f(T)$ 函数。通过数值拟合求解方程(4-17)，可获得适用于理想模型的任意动态函数，且容许一定偏差。

$$f(\alpha)=c\alpha^{m_1}(1-\alpha)^{n_1} \tag{4-16}$$

基于以下等式的联合动力学分析：

$$\ln\frac{\mathrm{d}\alpha/\mathrm{d}t}{\alpha^{m_1}(1-\alpha)^{n_1}}=\ln(cA)-\frac{E}{RT} \tag{4-17}$$

求解方程(4-17)，需要同时代入不同温度 $T(t)$ 条件下得到的数据：转化率 α、反应速率 $\mathrm{d}\alpha/\mathrm{d}t$ 和温度 T。

一般认为最佳拟合参数是使方程(4-17)等号左边曲线和右边温度的倒数呈线性时的值。需要注意的是，m_1 和 n_1 都无物理意义，仅用来拟合实验曲线。然而，比较实验拟合所得的 $f(\alpha)$ 函数与其他理想 $f(\alpha)$ 模型，可得到与研究对象做分解反应最接近的理想物理模型。该方法已广泛应用于聚合物热降解机理研究，最近也逐步应用于高能材料热分解机理评估。复合含能材料的分解反应复杂，常见的几种物理模型(表 4-1)已无法准确描述其分解过程。通过上述方法确定的物理模型描述非理想过程，还需要利用动力学三因子来模拟实验数据，以验证其可靠性。

表 4-1 可描述固相反应动力学的典型物理模型

编号	反应模型	$f(\alpha)$	$g(\alpha)$
1	指数关系(P1)	$2\alpha^{1/2}$	$\alpha^{1/2}$
2	指数关系(P2)	$3\alpha^{2/3}$	$\alpha^{1/3}$
3	指数关系(P3)	$4\alpha^{3/4}$	$\alpha^{1/4}$
4	指数关系(P4)	$2/3\alpha^{-1/2}$	$\alpha^{3/2}$

续表

编号	反应模型	$f(\alpha)$	$g(\alpha)$
5	一维扩散(D2)	$1/2\alpha$	α^2
6	二维扩散(D3)	$[-\ln(1-\alpha)]^{-1}$	$\alpha+(1-\alpha)\ln(1-\alpha)$
7	三维扩散(D4)	$3(1-\alpha)^{2/3}[1-(1-\alpha)^{1/3}]^{-1}/2$	$[1-(1-\alpha)^{1/3}]^2$
8	反应级数($n=1$)(R1)	$1-\alpha$	$-\ln(1-\alpha)$
9	反应级数($n=1.5$)(R2)	$3(1-\alpha)[-\ln(1-\alpha)]^{1/3}/2$	$[-\ln(1-\alpha)]^{1/1.5}$
10	成核-核增长($n=2$)(A2)	$2(1-\alpha)[-\ln(1-\alpha)]^{1/2}$	$[-\ln(1-\alpha)]^{1/2}$
11	成核-核增长($n=3$)(A3)	$3(1-\alpha)[-\ln(1-\alpha)]^{2/3}$	$[-\ln(1-\alpha)]^{1/3}$
12	成核-核增长($n=4$)(A4)	$4(1-\alpha)[-\ln(1-\alpha)]^{3/4}$	$[-\ln(1-\alpha)]^{1/4}$
13	圆柱体收缩(C2)	$2(1-\alpha)^{1/2}$	$1-(1-\alpha)^{1/2}$
14	球体收缩(C3)	$3(1-\alpha)^{2/3}$	$1-(1-\alpha)^{1/3}$

4.2.3 样品受控热分析法

ESTAC 和 TMG 会议首次提出了"样品受控热分析"(sample controlled thermal analysis，SCTA)的概念，并引起业内人士广泛讨论。SCTA 法在 1996 年第 11 届 ICTAC 研讨会上得到了大力支持[7]。对于传统热分析，样品被预先设定的程序加热(通常是线性加热或等温处理)，同时监测该样品的一个或多个物理化学参数随时间的变化。区别于传统热分析，SCTA 研究过程一般采用反馈回路对升温速率进行控制，从而获得样品的受控分解反应过程。由 Rouquerol 和 Pauliks 独创的首个 SCTA 实验方法称为"等反应速率热分析"(constant rate thermal analysis，CRTA)法。该方法通过控制样品温度来保持反应速率常数稳定，同时大幅降低了传统线性加热体系中样品所处的温度和压力梯度，并在整个样品中实现热平衡。因此，CRTA 法测量的样品温度更可靠，进而提高了动力学参数和物理模型的精度。在新型热分析方面，最近开发的方法包括 Sorensen 的逐步等温分析(stepwise isothermal analysis，SIA)法和 TA 仪器公司开发的动态速率法等。恒定速率分解对于含能材料的起始反应活性研究至关重要。

4.3   含能材料热分解机理

4.3.1 分解机理研究方法

对于热分解化学反应机理，近年来也发展了很多新实验手段和方法，主要集中于确定气相产物和凝聚相产物随温度或时间的变化情况。20 世纪 90 年代以来，美国特拉华大学的研究团队一直专注于含能材料热分解研究，并发展了一种温度跃升–傅里叶变换红外光谱(T-Jump-FTIR)联用技术[8]，用来模拟燃烧条件下的快速加热过程中含能材料的分解化学过程。他们研究了多种含能材料单组分体系和多组分体系的热分解过程，获得了不同压力、升温速率条件下详细的分解机理和分解动力学参数。除了 T-Jump-FTIR 联用技术外，还采用了石英微探针提取气相样品，用三级四极杆质谱(three-stage quadrupole mass spectrometry，TQMS)、二维激光诱导荧光摄影法、UV 可见吸收光谱、自发光拉曼、TOF-MS 等先进技术分析热解或燃烧火焰中的气相产物。

有人认为探针质谱法是一种获得固体推进剂燃烧化学反应机理重要信息必不可少的方法。Lengelle 等[8]认为，只有提供大量的气相和凝聚相动力学、热特性等基础数据，才能明确给出推进剂燃烧机理。现在的主要难题在于发生在凝聚相的化学反应路径缺乏可靠的实验依据和理论指导，无法进一步构建含能材料燃烧模型。分析测试技术的发展，使模拟燃烧的热分解机理和动力学研究成为可能。探针质谱法、二维激光诱导荧光摄影法和自发拉曼分光光度计等技术可获得热分解瞬间实时气相产物，甚至火焰中各种物质浓度分布和温度的空间分布，大大促进了燃烧的气相反应和火焰结构的研究。固体推进剂的燃烧是一个以凝聚相和气相化学反应为基础的复杂多阶段过程，如果没有这些化学反应的信息，就不可能建立一个能准确预估固体推进剂燃速和弹道性能的实用燃烧模型。用上述方法可测定高压下双基推进剂燃烧产物，目前已报道了含 22 种物质和 81 个化学反应的多阶段机理。以此为基础计算的燃烧产物浓度和火焰温度分布与实测值很接近。近十几年来，国内已在高压 DSC、热分析与原位红外或 MS 联用技术的应用方面取得了一定进展，但对燃烧模拟，尤其是快速加热条件下实时跟踪分解测试方面与国外仍有一定差距。

4.3.2　推进剂分解产物与燃烧模型

硝胺和复合黏结剂基体作为固体推进剂的典型组分，它们的分解和燃烧机理已经得到广泛研究。对于典型硝胺分子，尽管 HMX 和 RDX 具有相似的气态分解产物，但凝聚相的变化历程和分流比截然不同。因此，它们有不同的燃烧特征，在低压和高温下，HMX 具有更高的燃速，在低压下，HMX 的燃速对温度更敏感。在 HMX 的燃烧表面观察到更多的甲醛，相比之下，RDX 燃烧产生的 NO_2 更多，这是由于 HMX 分解过程不完全是通过 N_2O/CH_2O 路径，而 RDX 主要通过 NO_2/HCN 路径进行。这些研究都表明，人们在重视气相反应的同时，已深入研究含能材料凝聚相的基元反应过程，这对完善燃烧模型具有重要意义。

由于推进剂体系的多组分特性，研究燃烧过程前必须要先研究各组分间的相互作用，一个能描述真实燃烧过程的较完善模型必须有各组分相互作用的基本动力学和热力学数据。在描述燃烧的物理—化学过程时，来自 AP 分解产生的氧化性产物与惰性黏结剂烷烃之间的相互作用产生火焰，提高了 AP 的燃速，并促进了惰性黏结剂的降解。同时，还发现低升温速率下(如 TG 或 DSC)获得的惰性黏结剂的裂解特征，其裂解机理是交联键和聚合物的热断裂，不受添加剂的影响，故可在燃烧条件下外推和应用。

近几年来，Brill 等已从单质含能材料的热分解研究向推进剂各组分相互作用的研究方向拓展。他们在高压、快速加热条件下研究了 AP/HTPB 混合体系不同压力下的气相产物，为深入阐述在近似燃烧条件下该混合体系的热行为提供了基本数据。比较 AP/HTPB 与 AP 气相分解(火焰)产物发现，在 AP/HTPB 混合体系中没有 AP 分解的中间产物 $HClO_4$ 存在。因此，认为 NH_3 和 HTPB 的分解产物与 $HClO_4$ 的分解产物发生氧化反应，是此类复合推进剂火焰中的主要反应，而且后者的氧化速率远快于前者，由此建立了一种 AP 复合推进剂的燃烧模型。硝胺分解产生的氧化性自由基与黏结剂气相产物之间存在复杂的相互作用，如 HMX/HTPB 气相(火焰)消耗了 HMX 单元推进剂中的能量，导致 HMX/HTPB 推进剂的燃速一般比 HMX 单元推进剂的燃速低。AP 与 HTPB 的相互作用，使得 AP/HTPB 推进剂的燃速高于 AP 单元推进剂。

4.3.3　热分解及燃烧机理的理论研究

除了实验研究含能材料热分解及燃烧机理，还可以采用量子化学和分子动力学模拟的方法进行辅助验证。含能材料的爆燃过程是以凝聚相和气相化学反应(含气固界面反应)为基础的多组分多阶段过程。描述爆燃的理论模型都是建立在含能材料热分解过程的质量和能量传输的基础上。上述的热分解化学实验研究为此提供了基本的动力学和热力学数据。由于受各种条件限制，不可能频繁地做复杂的爆轰实验，有些更极端的实验甚至无法开展。数值模拟方法是一个很好的解决途径[9]。

量子化学和分子动力学模拟结合统计物理方法、爆轰反应过程的质谱、光谱实时测量技术，是研究微观机理的主要手段。量子化学方法通过研究热分解过程各基元反应历程，建立反应物、过渡态(包括中间体)分子结构和产物之间的联系。近年来，第一性原理方法广泛应用于研究爆燃条件下的热分解基元反应，在探索氧化剂和黏结剂等组分之间的相互作用、氧化剂的黏度和相态变化对燃烧过程热分解的影响等方面均取得了重要进展[10]。例如，量子化学方法揭示氨基四唑的分解途径主要有两种方式[11]，一种是两处断键开环分解成 RN_3 和 NH_2CN；另一种是一处断键开环生成叠氮化物，该叠氮化物再产生一个 N_2 分子。前一种反应途径能垒较低，是最主要的分解途径。动力学模拟和密度泛函计算表明，5-硝基-1-氢-四唑衍生物热分解经过三条相关反应途径，包括直接开环途径和质子转移途径[12]。开环可由 N_1—N_2 断裂开环，也可以是 C_5—N_4 断裂开环；两个途径开环后都由另一个 N—N 断裂产生 N_2，但后者由于能垒较高，发生概率较小。连接在 N_1 上的 H 可以转移至相邻的富电子位置上，硝基上的 O 与 H 相互作用，形成分子内氢键，而 H 的弯曲振动最后导致质子在 N_1 和 O 之间转移，在相对低温时，这一反应途径会主导该热分解反应。

密度泛函理论计算表明[13]，FOX-7 不是通过 C—NO_2 直接断裂分解，而是通过硝基-亚硝基重排机理分解。硝基-亚硝基重排反应的活化能理论值为 247kJ · mol^{-1}，非常接近 FOX-7 分解的实测活化能 242kJ · mol^{-1}。密度泛函理论计算则表明，均四嗪的热分解机理为协同的三键断裂，此机理与文献[14]报道的四嗪光分解机理相似。DFT 方法计算 DAAF 结果发现其顺/反异构化比 C—N 断裂易发生，是导致其钝感的主要原因[15]。这些分解机理研究表明，HEDM 化学键断裂生成小分子碎片之前，有时会发生氢原子迁移、异构化或重排反应。

量子化学计算研究 HEDM 分解机理时，通常只考虑单分子过程，即将 HEDM 当作气相体系。显然，凝聚态中的邻近分子间相互作用在很大程度上影响甚至改变 HEDM 的分解历程。用 B3LYP/6-31G 计算气相 1,3,3-三硝基氮杂环丁烷(TNAZ)分解时，其 N—NO_2 和 C—NO_2 断裂能分别为 158.84kJ · mol^{-1} 和 171.38kJ · mol^{-1}，接近气相 TNAZ 分解活化能实验值 164.7kJ · mol^{-1}；与其对应的 HONO 消除反应活化能分别为 183.9kJ · mol^{-1} 和 188.1kJ · mol^{-1}，与固相分解活化能 194.8kJ · mol^{-1} 相近。由此推测气相分解主要是 N—NO_2 和 C—NO_2 断裂，而固相分解主要是 HONO 消除[16]。

随后 DFT 计算进一步证实，TNAZ 初始分解有 NO_2 断裂、HONO 消除和开环三个过程。NO_2 断裂的速率最大，但在固体中后两个过程也有重要作用，即固态下邻近分子间相互作用会影响反应历程[17]。用 B3LYP/6-31G(d,p)计算 NTO 二聚体分解过程得知，二聚体经历活化能为 367.0kJ · mol^{-1} 的基元反应步骤后，在总反应的第 2 步即生成 CO_2[18]；在单分子分解反应中 CO 是终产物之一，而非 CO_2[19]。类似地，采用 DFT-B3LYP 方法研究 5-氨基四唑(5-aminotetrazole，5-ATZ)的分解过程时发现，虽然 N_2 消去反应是单分子分解的主要反应途径，其氢键二聚体能显著地降低 HN_3 消去反应的活化能，使 HN_3 消去优先进行，与实验结果相一致[20]。

HEDM 分解时产生高温，一些分解过程必然以激发态形式进行，有时甚至占主导地位，特别是在反应后期体系温度很高时。探讨激发态反应过程，可揭示一些新的实验现象。例如，NO 是 RDX 激发态(经 226～258nm 光子激发)分解时唯一观测到的小分子产物[21]。S_1 态和 S_2 态的垂直激发能计算值分别为 5.6eV 和 6.1eV，表明 RDX 分子能吸收 226nm(5.5eV)～258nm(4.8eV)光子后被激发至第一激发态。量子化学 ONIOM[CASSCF-(10.7)/6-31G(d): UFF]计算水平结果表明，其激发态分解须经历 S_1/S_0 圆锥交叉点(conical intersections，CI)的 Nitro-Nitrite 异构化非绝热过程

(图 4-3，图中黑色箭头表示与相应过渡态相关的常规不稳定振动模式，为简洁仅画出 NO)[22]。第二垂直激发态 $S_{2,FC}$ 分解时，必然经历 S_2/S_1 圆锥交叉点$(S_2/S_1)_{CI}$，即从 S_2 态分解时，其最小能垒通道为 $S_{2,FC}(S_2/S_1)_{CI}(S_1/S_0)_{CI}S_0$, TS, NO-elimin。

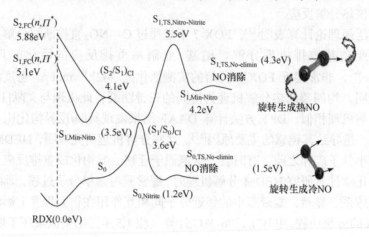

图 4-3　ONIOM[CASSCF-(10,7)/6-31G(d):UFF]计算水平下 RDX 势能面

此外，还发现两个协同的亚硝酸盐异构化过渡态，表明分解时将同时产生 3 个 NO 分子，与硝胺类分子激发态分解时 NO 离子信号强度正比于 N-NO_2 数量的实验结果相符。计算预测激发态 RDX 分解时，产生低转动温度和高振动温度的 NO。激发态 RDX 分解产生的 NO 会发生 $[A^2\Sigma^+ (\nu' = 0)X^2\Pi:(\nu'' = 0,1,2,3)]$ 跃迁，出现共振增强型多光子离子化光谱(resonance enhanced multiphoton ionization spectrum，REMIS)。图 4-4 中转动温度和振动温度分别为 20K 和 1800K[23]。计算结果与 REMIS 相吻合。

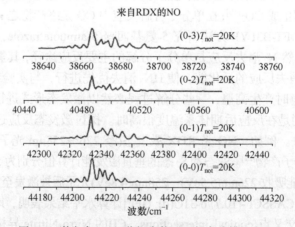

图 4-4　激发态 RDX 分解产物 NO 的高分辨 REMIS

高振动温度(1800K)产物 NO 的形成，表明激发态 RDX 经过势能面交叉点快速转变成基态，并沿基态势能面分解。理论计算结果表明，HMX 和 CL-20 的激发态分解与 RDX 相似，也产生低转动温度和高振动温度的 NO。与此相反，实验发现二甲硝胺经 226nm 光子激发并分解后，产生高转动温度(120K)的 NO，ONIOM[CASSCF(10,7)/6-31G(d): UFF]计算结果预测了上述现象[24]。量子化学方法从分子水平阐明了各基元反应途径及其相互关联，为实验现象提供清晰的微观图像，还能发现新现象、新规律。研究 HEDM 激发态的分解过程值得关注。

需要强调的是，由于无法实现 HEDM 反应势能面扫描，即无法确定势能面上所有的鞍点和能量极小点，不同文献对相同分子分解机理的分析有时不完全一致。当然，计算方法在少数情况下也会导致结果的差别。因此，用量子化学方法探讨反应机理时，应注重不同计算方法之间的相互比较和印证。HEDM 分解过程涉及温度压力变化和多分子多组分碰撞。量子化学无法揭示这些过程，需要借助分子动力学模拟方法进行补充和完善。后者不仅揭示温度和压力的影响，还给出中间产物、后续反应过程和各产物随时间的分布。从不同的层次阐明实验现象或发现新的爆炸机理。

对 RDX 在高冲击波压缩下的分子动力学模拟表明，低压缩比时 RDX 分解较少，但当压缩比大于 40%时 RDX 快速分解，并预测了中间产物(NO_2、NO、HONO 和 OH)和终产物(H_2O、N_2、CO 和 CO_2)的分布规律。基于量子力学多尺度分子反应动力学模拟研究了 TATB 受到 $9km \cdot s^{-1}$ 冲击波作用 0.43ns 和 $10km \cdot s^{-1}$ 冲击波作用 0.2ns 时的行为，结果表明在该条件下，TATB 形成富氮杂环分子簇，从而阻碍了 TATB 进一步分解[25]。可见分子动力学模拟不仅可对第一原理计算所得反应机理做补充和完善，还可得到不同温度和压力下的分解行为。

应用量子化学和分子动力学模拟方法研究微观反应机理不仅补充和完善了实验研究，还能揭示基元反应起爆或燃烧过程中详细的化学本质、反应步骤及活化能、催化剂的催化机理、主反应和次反应、产物分布、反应过程随温度和压力等外界因素变化规律等。今后，微观反应机理理论研究也将由单分子反应逐渐发展至多分子和多组分体系、由基态反应拓展到激发态反应、由单相体系拓展至多相体系(包括界面反应)，研究方法也由经典的分子动力学模拟过渡到反应力场分子动力学模拟，从单一研究方法发展至多种方法相结合。最终通过研究反应机理来实现对反应速率的调控。

从含能材料热分解反应的动力学行为、溶解过程的热力学性质和比热容三方面进行的总结中不难发现，大量高能量密度、低感度、环境友好且贮存寿命较长的新型含能材料，包括多种新型高能氧化剂、添加剂和含能离子盐等正在不断涌现。为了能够加速这些新材料的实际应用，必须尽快准确掌握这些材料的相关热力学性质和热动力学行为。对新型含能材料的研究越深入，越要求开发出更灵敏、更准确、分辨率更高的检测方法，同时也要求对不同类型含能材料已有测量数据进行深入分析总结，得出这一类材料热力学性质和热动力学行为的一般规律，进一步指导新材料的设计、合成与应用。相信该研究领域将会在新型含能材料的设计和应用中扮演越来越重要的角色，为它们的实际应用和发展提供更有力的理论支持。

4.4　含能材料燃烧特性

4.4.1　含能材料点火

固体推进剂点火理论和实验研究，是固体火箭发动机点火器设计的关键问题。他们可从中了解固体推进剂点火过程，获得点火器设计时需要考虑的影响因素和必要数据，以提高设计效率和质量，减少用全尺寸发动机试验来确定点火器性能的试验次数。随着点火器设计工作的深入及大型固体发动机的使用，开展点火研究工作就显得越来越迫切。一般来说，固体火箭发动机点火器开始工作后，点火瞬变由三个阶段组成：第一阶段，点火器燃气对推进剂燃面加热并使局部燃面被点燃；第二阶段，由于推进剂本身燃烧放热，火焰从局部点燃传播到整个燃面；第三阶段，整个燃面被点燃后，燃气继续充满燃烧室，建立发动机稳态燃烧的平衡压力。

固体推进剂点火性能研究始于 20 世纪 60 年代，固体推进剂点火过程对于揭示固体推进剂的燃烧机理具有非常重要的意义。点火过程的数据可为建立或验证点火模型提供基础，尤其是对后续固体推进剂燃烧的模拟仿真提供必要的数据。在固体推进剂点火性能方面已开展大量研究，包括点火理论、点火试验方法和点火影响因素等。研究固体推进剂点火的方法虽然有多种，但激光以其输出能量高且可调、点火时间与能量可控和无干扰等特点，可减少点火过程的非均匀效应和热损失，且不受环境因素，如推进剂表面的气相组分、初始温度和压力等的限制，逐渐成为研究固体推进剂点火性能的一种可靠手段。高功率激光器的出现，使激光点火技术应用于固体推进剂点火性能研究成为新的研究热点。采用激光点火法研究固体推进剂的性能比较容易实现，技术也相对成熟。

目前，还在发展的点火方式有等离子点火技术。虽然很多相关研究成果已经应用于推进剂，但很少将此技术用于起爆药。典型的研究例子包括半导体桥路等离子体点火装置，起爆药包括叠氮化铅(LA)、史蒂芬酸铅(LTNR)、叠氮化镍肼(NHA)、硝酸肼镍、四氮烯和铅苦味酸盐(LP)，重点探索其分子结构与点火延迟之间的关系[26]。实验结果表明，等离子点火能量与爆炸特性，如临界温度之间存在一定的相关性。通过比较研究等离子点火与常规点火，证明了等离子点火可提升推进剂燃烧性能的结论。通过等离子点火技术开展 SF-3 推进剂的燃烧熄火实验[27]，在带排气口的燃烧室中对比研究等离子点火和常规点火条件下的相关燃烧和熄火性能，发现等离子点火后推进剂的烧蚀表面存在许多微孔。微孔的存在增加了推进剂的燃烧面积，并导致 SF-3 推进剂的燃烧在一定程度上偏离了按几何规则燃烧的特性。这种差别表明 SF-3 推进剂的燃烧性能可能受到等离子体发生器中产生的高温 C 粒子和 Cu 粒子的影响。

此外，某些推进剂，如含能热塑性弹性体(energetic thermoplastic elastomer，ETPE)推进剂存在点火困难、延迟时间较长等问题。为了解决这些问题，南京理工大学的研究人员开发了高脉冲功率等离子体电弧点火技术[28]，并研究其对钝感ETPE 推进剂点火和燃烧特性的影响。实验表明，相比于普通激光点火，高脉冲功率等离子体电弧点火技术可明显提高 ETPE 推进剂的燃烧效率。由于等离子体流具有高温和高流速效应，点火的延迟时间显著缩短，且点火一致性得到了改善。这种效应可导致高能氧化剂填料，如 RDX 晶体越过吸热和熔融过程，直接开始分解和快速放热过程。为此，南京理工大学的研究人员还开发了一款基于半导体桥的点火模块，可以通过输入能量、粒料尺寸和等离子体温度获得点火延迟时间[29]。最后证明等离子点火可成功用于优化控制电控推进剂的点火。然而到目前为止，关于等离子体如何改进推进剂气体产生过程的机理还不明朗。许多学者试图通过一系列测试[30]，解释等离子与推进剂相互作用机理，这些测试结果为等离子内弹道点火机理的探索提供了一定的依据。

综上所述，对推进剂点火的研究已经非常成熟[31]。一般采用实验手段和理论分析相结合的方法研究点火和燃烧行为。例如，采用六通道瞬时光学高温计获得了两种推进剂在不同压力下点火时的燃烧温度[32]。同时，采用光学层析与多媒体计算机技术能可视化分析大气压力下含能液滴的点火过程[33]。此时能动态显示液滴从热分解到燃烧随时间变化的干扰图形，由此计算出了液滴的着火温度。在密闭爆发器的基础上研究含 RDX 的低易损性(low vulnerable，LOVA)推进剂点火和燃烧行为，并研究等离子体和 LOVA 推进剂的相互作用机理，由此阐明等离子体对电热化学(electrothermal-chemical，ETC)推进装药的燃烧增强效应。

西安近代化学研究所的研究人员对模块化装药的点火、火焰传播及内弹道周期也进行了实验研究和理论分析[34]。采用穿甲弹隔板进行实验研究冲击波对HTPB/ AP 复合推进剂爆轰性能的影响。结果表明，可以通过合理控制冲击波强度实现 HTPB/AP 复合推进剂的可靠点火[35]，这种方法也可以用于其他推进剂的引爆。为了设计类似的固体火箭发动机点火器，点火器外壳采用纤维素，黑火药作为引发剂，此时点火压力可作为点燃推进剂的标准[36]。西安近代化学研究所的研究人员设计了仿真燃烧器以获得点火器的点火峰、延迟时间和喷嘴封闭件的开口方式等特性，在不同点火试验条件下分别研究了起爆药点火和电雷管点火。随后几年对推进剂的点火材料进行了改进，如新配方 MgAlBa(x)$_n$308A 可取代黑火药提高点火效率[37]。点火剂配方中一般含有常用点火材料，如 NC、AP 和 BP 等，研究它们对硝胺推进剂点火能力的影响。通过此类单基推进剂点火模拟试验对比，发现新型点火剂配方可以改善硝胺推进剂点火性能。

北京理工大学的研究人员研究了枪管参数对飞片点火的影响，关键参数包括枪管材料、长度和口径等，确立了保证小飞片系统有效点火的枪管参数[38]。通过引入高装填密度下的两种点火方法，可降低大口径火炮的压力波[39]。第一种点火方法是在标准点火器上部的基础上添加一个横向点火器；第二种点火方法是使用低爆速点火器。对高装填密度推进剂的点火测试结果表明，两种方法均能满足可靠点火要求。与标准点火方法相比，第一种点火方法可立即完全点燃装药，但是枪管压力波很明显。第二种点火方法的火焰传播速度明显快于第一种点火方法，点火压力可以迅速确立，并且推进剂装药的点火延迟时间短。频谱分析表明，第二种点火方法可能会削弱和抑制高频振动并改善高密度装药的振动特性。

采用含能黏结剂可以提高发射药的点火和燃烧性能。通过比较采用不同黏结剂的两种 LOVA 发射药 L15A(RDX 占 76%、NC 占 4%、GAP 占 12%、DOP 占 8%)和 L13A(RDX 占 76%、NC 占 4%、CAB 占 12%、ATEC 占 8%)的点火和燃烧性能，包括密闭爆发器点火和燃烧试验，发现 LOVA 发射药点火困难，其点火性能可以通过添加 AP 改进。添加含能黏结剂的 LOVA 发射药比惰性黏结剂的点火能力更优。硝胺推进剂具有高能和少烟的优点，但这类推进剂存在低压点火难的问题。解决此问题，一般采用加入点火添加剂的方式。点火添加剂的筛选通常要经过大量实验才能完成，既消耗大量人力物力，又浪费时间。后来研究人员利用改装的透明燃烧器对硝胺推进剂燃烧时的火焰进行动态监测，探索添加剂对硝胺推进剂点火性能的影响，最终解决了硝胺推进剂低压点火难的问题[40]。总之，对于推进剂和发射药的点火研究还处在飞速发展阶段，不仅可从点火剂配方上改进，还可从点火方式对不同推进剂燃烧性能的影响方面着手。

4.4.2　铝粉氧化燃烧过程

1. Al-O 相变过程

由于氧化铝的热膨胀系数小于铝，当铝粉达到熔点后，铝发生了相变。铝粉膨胀使氧化膜局部破裂，铝粉因此相互熔联，并使铝粉表面氧化加剧[41]。表 4-2 给出了铝粉的基本物理化学性能，可以看出，铝粉虽然熔点很低，但点火温度和绝热火焰温度都较高，同时具有很高的燃烧热值，用于推进剂可以明显提高推进剂的能量密度[42-45]。其氧化物熔点和沸点分别为 2045℃和 3527℃，研究表明在铝粉氧化燃烧过程中，包括 Al_2O、AlO、Al_2O_2 和 NO 在内的气相氧化产物通过对流和扩散的方式反馈到燃烧的铝粉表面，为异质 Al-O 反应提供氧原子来源[46]。

表 4-2　铝粉的基本物理化学性能

性能	数值	性能	数值
分子量	26.98	汽化潜热	$293.72\,kJ \cdot mol^{-1}$
熔点	660℃	燃烧热	$838\,kJ \cdot mol^{-1}$
沸点	2480℃	点火温度	2054℃
固态密度	$2702\,kg \cdot m^{-3}$	绝热火焰温度	3732℃
液态密度	$2380\,kg \cdot m^{-3}$	燃烧常数 K^{oe}	$2.8 \times 10^{-3}\,cm^2 \cdot s^{-1}$
平均比热容	$1.045\,kJ \cdot kg^{-1} \cdot C^{-1}$	熔化潜热	$10.67\,kJ \cdot mol^{-1}$
发射率	0.3	——	——

图 4-5 给出了铝粉不同氧化燃烧途径的 Al-O 二元相图，从图中可以看出，熔融态的铝粉中溶解 1%氧气便形成了液相 L_1。因此，在铝粉燃烧初期，首先在铝粉的表面形成了 Al-O 溶液。从图中还可以看出，在 0.1MPa 下随着温度的降低，Al-O 溶液中的氧含量逐渐升高。随着氧含量的增大，该溶液的沸点也从纯铝的 2730K 下降到 Al-O 饱和溶液(饱和 L_1)的 2510K；在 2510K 时，相图上出现液相 L_1、气相和富氧液相 L_2。在阶段 Ⅱ，氧原子和饱和液相 L_1 开始反应形成了新液相 L_2，燃烧反应便由此开始。

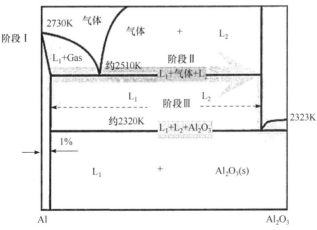

图 4-5　铝粉不同氧化燃烧途径的 Al-O 二元相图

$$L_1 + (Al_2O + AlO + Al_2O_2 + NO) \xrightarrow{\text{气态}} L_1 + L_2 + N_2 (2510\,K) \quad (4\text{-}18)$$

$$L_1 + L_2 \longrightarrow Al_2O_3 + L_1(2323\text{ K}) \tag{4-19}$$

由于存在反应(4-18)和反应(4-19)，固态的氧化铝从两种混合溶液中沉淀。在阶段 Ⅱ，随着氧化反应在一定温度下持续进行，不断生成非晶相 Al_2O_3。由于两种液相 L_1 和 L_2 不相融合，铝粉表面不均匀的蒸发作用使得铝粉发生旋转，最终两种液相分离。这种分离将直接导致生成的 Al_2O_3 形成一个整体外壳，而不是形成分散在 Al 表层的氧化夹杂物。这一机理足以解释很多研究者观察到的铝粉燃烧实验现象。

铝粉在高压燃烧时也有一些值得注意的问题，如在固体推进剂中燃烧。虽然反应(4-19)在 2323K 的温度下即可发生，与压强无关，但是随着压强的增大，$Gas\text{-}L_1\text{-}L_2$ 三相平衡温度将会提高[47]。因而在高温高压下，较大的辐射热损耗会导致铝粉或者液相 L_1 难以达到沸点。这就意味着 Al-O 二元相图中区分贫氧相和富氧相的气相区域在铝粉燃烧(1atm)时会被凝聚相所取代，该凝聚相中的氧浓度变化范围很大。高压下铝粉燃烧机理与其他金属(如 Zr 等)燃烧更为类似，燃烧主要发生在其表面，反应(4-19)中的偏晶反应占主导地位。

2. 铝粉氧化产物的多晶转变

铝粉氧化燃烧存在多种晶型的氧化产物，这与反应温度和气体环境有关。图 4-6 给出了三种纳米铝粉在 Ar 和 O_2 气氛中的 TGA 和 DSC 曲线，而图 4-7 则给出了铝粉氧化过程质量变化及四个阶段氧化铝对应晶型[48,49]。

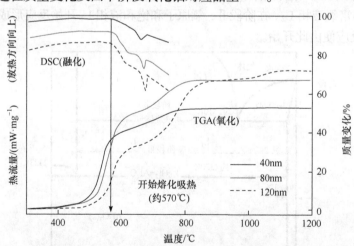

图 4-6　三种纳米铝粉在 Ar 和 O_2 气氛中的 TGA 和 DSC 曲线(升温速率为 $5℃ \cdot min^{-1}$)

从图 4-7 可以看出，铝粉的整个氧化过程可以分成四个阶段。每个阶段又由各种氧化铝相变过程组成。阶段 Ⅰ 中，由于低温缓慢氧化形成了无定形氧化铝，

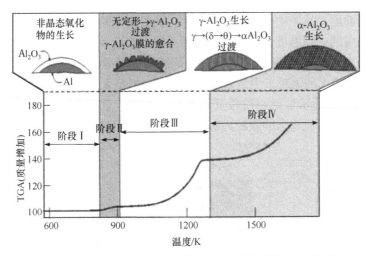

图 4-7　铝粉氧化过程质量变化及四个阶段氧化铝对应晶型

此时在氧化物-金属之间形成了一个相对稳定的界面，氧化铝膜厚度保持临界值，大约为 5nm[50,51]。当达到临界厚度后，或者温度升高到一定的程度，这种无定形氧化铝就会向 γ-Al$_2$O$_3$ 转变，γ-Al$_2$O$_3$ 的密度明显高于无定形氧化铝[52]，观察发现其最小的微晶尺寸大约为 5nm[53]。因而，如果没有至少 5nm 厚的无定形氧化铝膜存在，新生成的 γ-Al$_2$O$_3$ 就不会在铝粉表面形成一个连续完整的外壳。在阶段 Ⅱ 一开始，铝粉氧化速率迅速增大。如果是纳米级铝粉，还没进入阶段 Ⅱ 时就已经完全氧化。对大颗粒铝粉而言，即使到阶段 Ⅱ 结束，也只有铝粉表面少部分发生了氧化反应。随着温度的升高，氧化速率逐渐增大。

　　阶段 Ⅰ 表示铝粉的缓慢氧化和吸热熔融过程，该过程铝粉质量基本没有发生变化。在阶段 Ⅱ 末端便形成了 γ-Al$_2$O$_3$ 层。在阶段 Ⅲ，γ-Al$_2$O$_3$ 层将继续生长，但其速率受到了内部晶界氧离子扩散的限制[54,55]。同时，Levin 等[52]认为在 γ-Al$_2$O$_3$ 层生长过程中，常常伴随由于相变引起的晶型变化，主要是向 δ-Al$_2$O$_3$ 和 θ-Al$_2$O$_3$ 转化，该转化对铝粉氧化速率没有明显影响。在阶段 Ⅲ 末期，温度的升高使得氧化铝的多晶转变更加活跃，最终生成了致密且较稳定的 α-Al$_2$O$_3$。严格来讲，阶段 Ⅲ 又可以分为三个过程，即 γ-Al$_2$O$_3$ 层生长过程、δ-Al$_2$O$_3$ 与 θ-Al$_2$O$_3$ 晶型转化过程和高密度稳定相 α-Al$_2$O$_3$ 生成过程。阶段 Ⅳ 一开始，铝粉整体氧化速率迅速提高，直到所有 γ-Al$_2$O$_3$ 都转变成 α-Al$_2$O$_3$ 为止。

　　3. 铝粉的氧化燃烧过程

　　铝粉颗粒的燃烧主要集中在对单一铝粉颗粒多阶段燃烧过程的描述，包括由对称燃烧到不对称燃烧的转换、颗粒旋转和喷射等[56,57]。铝粉的脉冲微电弧点火燃烧可以分成三个阶段[58]。图 4-8 给出了铝粉在空气中燃烧时辐射强度、烟粒子

轨迹及其剖面图。从图中可看出在阶段Ⅰ，铝粉火焰辐射强度曲线光滑且火焰呈
球对称，此时的火焰温度通过高三色温测得数据接近 3000K。由于该温度超过了
铝粉的沸点(2730K)，更接近铝粉气相火焰区域的温度而不是铝粉燃烧表面的温
度。在阶段Ⅰ熄火的烟粒子中氧自由基浓度已经低至无法测量(大约为 1%)。辐射
强度的突然增大预示着燃烧阶段Ⅱ的开始，此时火焰温度也从 3000K 降到了
2800K 左右，此阶段熄火的颗粒内部组分也发生了明显改变。

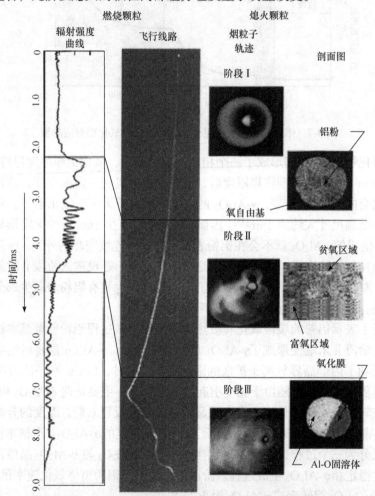

图 4-8　铝粉在空气中燃烧时辐射强度、烟粒子轨迹及其剖面图[16]

　　图 4-8 采用背散射电子成像技术标明了燃烧粒子中的富氧区域(w_O=10%)和贫
氧区域(w_O=1%)。在阶段Ⅱ，辐射强度曲线出现了很强的振动，火焰和烟雾的形
态也出现了扭曲。在阶段Ⅲ，辐射强度曲线仍然有较大的振动，但辐射强度明显
降低且保持在接近恒量的水平，同时温度也下降到了 2300K 左右。此外，颗粒在

飞行速度上发生了很大变化，熄火的烟粒子出现了明显的氧化膜。当铝粉燃烧行为与其内部组分的演化关系得以明确，可以推断火焰从阶段 I 到阶段 II 形状改变的主要原因在于铝粉颗粒内部有氧自由基存在。铝粉在 O_2/Ar 和 O_2/CO 混合物中的燃烧火焰则没有出现这一现象[56,57]，也恰恰证明了氧自由基对铝粉火焰结构的作用。

为了揭开对流和浮力的作用是否破坏了熔融铝粒子表面原有的对称扩散火焰这一谜团[58,59]，Dreizin[58]开展了铝粉在微重力场中的燃烧实验研究。该环境中对静止的铝颗粒点火燃烧以降低浮力和对流对其火焰的影响，然而铝颗粒的不对称火焰照常出现，说明浮力和对流对铝粒子火焰结构的影响甚微。

因此，在这些气氛中只有氧气被燃烧的铝颗粒吸收。氧气传输速率及其吸收率、氧化膜厚度都与气氛环境有关，气相火焰区所产生的含氧分子扩散和热迁移作用是氧传输的根本动力。对铝粉燃烧时含氧原子的气相物质进行评估分析得知，除了 Al_2O、AlO 和 Al_2O_2 等气相产物外，还有大量的 NO 生成，NO 的存在表明有大量的氧从火焰区向颗粒表面传输。相对于其他惰性气氛，铝粉在空气中燃烧会生成更厚的氧化物外壳。

4.4.3 铝粉燃烧效率影响因素

1. 铝粉粒度的影响

铝粉燃烧过程与其粒径有很大的关系，首先从其点火性能分析，单个铝颗粒的点火能与其粒度有如下关系：

$$E_{Al} = \int_{T_0}^{T_{Al,m}} m_{Al} C_{p,Al} \mathrm{d}T + m_{Al} \Delta H_{Al} + \int_{T_{Al,m}}^{T_{Al_2O_3,m}} m_{Al} C_{p,Al} \mathrm{d}T \qquad (4\text{-}20)$$

式中，E_{Al} 为铝粉颗粒的点火能，即铝粉颗粒由初始温度上升到 Al_2O_3 的熔点所需要的能量；$C_{p,Al}$ 为铝粉颗粒的定压热容；ΔH_{Al} 为铝粉颗粒的熔化热；m_{Al} 为温度从初始到熔点时铝粉颗粒的质量。式(4-20)表明，可以近似认为铝粉颗粒的点火能与颗粒的质量成正比。由于纳米铝具有很低的点火能和极高的氧化反应活性，来自激光辐射以及表面氧化反应传给其的热量将大于其本身所需的点火能，大部分纳米铝在推进剂燃烧表面附近就可以迅速达到点火温度，点火延迟时间自然会缩短。同时，由于点火阈值的降低，纳米铝粉也更加倾向单颗粒燃烧，可以提高铝粉的燃烧效率。

将纳米铝粉和微米铝粉在空气下进行热反应特性对比分析，发现纳米铝粉在550℃以下未见明显氧化现象，而微米铝粉在950℃以下不会出现明显氧化[60,61]；在 1050℃空气中煅烧 30min 后，纳米铝粉体表面氧化明显，生成 100nm 左右的 $\alpha\text{-}Al_2O_3$ 球形颗粒，几乎没有团聚。然而，添加适量纳米铝粉能在较宽的压强范围内显著提高推进剂燃速，这主要是由纳米铝粉的快速点火与放热特性决定[62]。

普通铝粉的点火阈值高，对于复合推进剂而言，其点火主要依赖于 AP 与黏结剂扩散火焰的高温。普通铝粉的点火燃烧区域距燃面较远，且易在推进剂燃面上发生凝聚，形成大的铝凝团，而铝凝团倾向在远离燃面处点火燃烧(图 4-9)，此时铝粉燃烧反馈回燃面的能量相应下降。纳米铝粉在 500～600℃低温下的氧化放热和扩散火焰的热量反馈大于普通铝粉的点火阈值，使纳米铝粉在距燃面较近的地方发生点火燃烧，增大了热反馈，促进了推进剂的燃烧。纳米铝粉的点火延迟时间短、燃烧时间短、燃烧效率高。

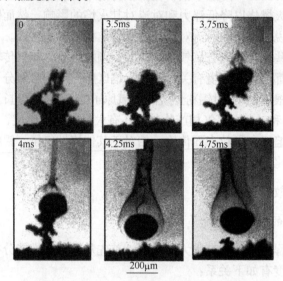

图 4-9　铝粉在推进剂燃烧表面团聚过程

推进剂燃烧过程中，普通铝粉在燃面上发生熔联、凝聚形成大的铝凝团[63]，依据前面的分析，铝粉团聚将增大铝的点火延迟与燃烧时间，不利于铝粉的热量反馈。含普通铝粉推进剂的火焰中存在大的铝凝滴(有团聚)，而含纳米铝粉推进剂的火焰中无明显铝凝滴，从而提高铝粉的燃烧效率。通过考察不同类型纳米铝粉的能量性能及对复合推进剂燃烧性能的影响，发现纳米铝粉的活性铝含量低于普通铝粉，随着活性铝含量的降低，纳米铝粉的燃烧热值降低[64,65]，纳米铝粉呈现出与普通铝粉截然不同的热氧化特性。同时，研究了纳米铝粉对复合推进剂的燃烧性能与能量性能的影响，结果表明，纳米铝粉可提高推进剂的燃速和降低压强指数，有利于改善推进剂的燃烧性能，但纳米铝粉的低活性铝含量会导致推进剂的爆热值降低。

2. 推进剂组分的影响

与铝粉燃烧相关的两个常见问题是不完全燃烧和残渣沉积(未燃烧完全的颗

粒撞击发动机内壁并聚集)。这些问题与发动机中铝颗粒尺寸分布密切相关,而铝颗粒的尺寸分布与离开推进剂表面的尺寸密切相关。影响推进剂表面铝颗粒尺寸的主要过程是团聚,其可使推进剂表面的铝颗粒尺寸比原始尺寸大。铝粉的团聚过程只发生在推进剂的表面,当颗粒从推进剂表面脱离进入气相时,团聚过程终止。铝团聚的程度是一个重要的固体推进剂燃烧性质,团聚过程受推进剂组分变化和燃烧条件变化的影响。关于推进剂组分对铝粉燃烧效率的影响,国内外已经开展了大量的研究工作。

Glotov[66]研究了不同粒度的铝粉在含不同氧化剂的推进剂中燃烧凝聚相产物。在 0.1～6.5MPa 压强下收集了含 HMX(490μm)和 RDX(380μm)的推进剂从燃烧表面到 100mm 之间熄火的铝粉团聚物,并分析了其粒度分布和金属铝含量,结果表明凝聚相产物粒度最小为 1.2μm,RDX 推进剂团聚较为严重,铝粉不完全燃烧程度大。相同条件下,与 RDX 和 HMX 相比,含 AP 的推进剂铝粉团聚尺寸小,且燃烧比较完全。以上结果表明,团聚尺寸是影响铝粉燃烧效率的直接原因。西安近代化学研究所的研究人员通过燃烧残渣含量对比研究了 AP 含量和 Mg/Al 比对富燃料推进剂燃烧效率的影响[67]。燃烧残渣是指未能伴随气态产物喷出燃烧室的推进剂燃烧产生的凝聚相产物。研究表明,随着 AP 含量增加,凝聚相产物质量降低,Al 粉燃烧效率提高;当 Mg/Al 比小于 3/5 时,凝聚相中 Mg 和 Al 凝聚相产物占其总量的摩尔分数最低,有利于降低燃烧室残渣,提高燃烧效率。

为了进一步提高铝粉的热释放效率,可将铝粉与其他金属氧化物复合使用,形成一种新型的含能材料——MICs[68]。此类材料的特征已经在 3.6 节中详细介绍,在此不再赘述,对于其推进剂应用方面,也初见成效。总之,无论是单质铝粉燃烧,还是 MICs 的燃烧,都是铝粉氧化反应的结果,只是铝热剂中的铝粉氧化燃烧所需要的氧源于与其复配的金属氧化物,而不是气氛中的氧,该方法简化了氧迁移过程,大幅提高了铝粉的燃烧效率。

3. 燃烧室压强的影响

对于压强对铝粉燃烧团聚的影响规律,图 4-10 给出了铝粉在不同压强下燃烧团聚程度。从图中可以看出,铝粉团聚的百分数随团聚颗粒直径的增大而增加。不同研究者所得结果之间的差异可归因于推进剂配方和测试方法的不同。有些试验数据有大量的偏离,可能是熄火距离太大(40mm)导致的[69],但主要趋势还是较明显的。有些研究表明,铝粉在较高的压力下燃烧时团聚较小[70,71]。

压力效应对团聚的影响比较复杂,主要取决于推进剂配方,尤其是细 AP 的尺寸,因此将分别讨论与 AP 尺寸有关的压力效应。研究发现普通复合推进剂中铝粉团聚尺寸的影响因素主要是 AP 的粒径[72]。实验研究了一种含 AP 的复合推进剂(AL1)燃烧时铝粉团聚尺寸和持续燃烧时间。该推进剂由 60%的 200μmAP、

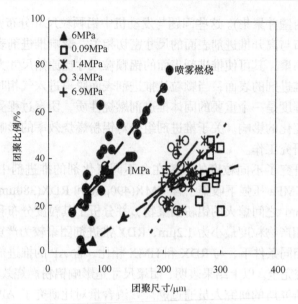

图 4-10　铝粉在不同压强下燃烧团聚程度

10%的 10μmAP、18%的 30μm 铝粉和 12%的黏结剂组成,测试压力在 0.2~4MPa,测试结果见表 4-3。

表 4-3　AL1 推进剂中铝粉持续燃烧时间、团聚尺寸和燃速数据

压力/MPa	燃烧时间/ms	团聚尺寸/μm	燃速/(mm·s⁻¹)
4.0	2.40	125	7.00
3.0	2.81	138	6.35
1.5	3.54	150	5.00
0.2	4.60	170	2.70

从表 4-3 可以看出,随着压力的增大,团聚尺寸逐渐变小,铝粉在火焰中的驻留时间也变短,说明铝粉燃速明显提高,此时推进剂的燃速也成倍上升。

4. 氧化剂 AP 粒度及级配的影响

通过研究 AP 粒度和 Al 粉含量对铝粉团聚尺度的影响发现,当 AP 粒度小于 50μm 时,随着 AP 粒度的增大,团聚尺寸明显减小。然而,当 AP 粒度大于 50μm 时,对铝粉团聚尺寸影响较小,随着 AP 粒度的增大,铝粉团聚尺寸略有增大,低压下甚至大于含细 AP 的配方[73]。在含相同 AP 粒度推进剂中,团聚尺寸随 Al 粉含量增大而增大。铝粉含量较大时,AP 粒度对铝粉团聚影响更加明显[74,75]。粗细 AP 的比例对铝粉团聚影响的研究发现,当粗细 AP 比例为 9:1,且燃烧压力

为 0.4MPa 时，铝粉团聚粒度最大[69]；在 2MPa 时，铝粉团聚尺寸最小；随着压力继续增大，团聚尺寸无明显变化。当粗细 AP 比例为 7：3 时，有最大的敛集率，此时压力对团聚的影响较小，尤其是在高压段。当粗细 AP 比例为 9：1，压力对团聚尺寸的影响最大。

铝粉在推进剂中的燃烧主要发生在气相区，不同粒度的铝粉在火焰区滞留的时间不同。铝粉的燃烧效率与其是否容易点火有关，而点火难易程度取决于点火阈值和环境热反馈(热反馈与气相区温度和压强密切相关)。从铝粉氧化过程及团聚因素分析，影响铝粉燃烧效率的主要因素及影响规律如下：①铝粉粒度和含量，随着粒度和含量的提高，铝粉燃烧效率降低；②氧化剂种类，随着氧化剂热值的提高，气相区的温度升高，铝粉燃烧效率相对较高，如相同条件下，含氧化剂 AP、HMX 和 RDX 的推进剂中铝粉燃烧效率依次降低；③氧化剂粒度及级配，对于细 AP($d<50\mu m$)，随着粒度的增大，铝粉团聚尺寸下降，燃烧效率明显增大，对于粗 AP($d\geqslant50\mu m$)，其粒度对铝粉燃烧效率影响较小，粒度越大，铝粉燃烧效率相对较低；④环境压力，随着压力的提高，铝粉燃烧效率增大，但对于不同推进剂体系，压力的作用程度不同，对于含粗 AP 的推进剂或铝粉含量较高的推进剂，压力对铝粉燃烧效率的影响较明显。

4.4.4　固体推进剂燃烧性能调控

固体推进剂和发射药的燃烧性能调节是实现其工程化应用的重要基础[76]。它们包含氧化剂和燃料组分，不需要空气供给氧化剂。固体推进剂的燃烧可分为均相燃烧和异质燃烧。在燃烧室完成点火后发生剧烈化学反应，产生的做功介质通过喷管膨胀做功，这些介质可以是气体、液体、等离子体或固体颗粒。推进剂有固体、液体和凝胶三类。固体推进剂有三种：单基推进剂、双基推进剂和复合推进剂。李上文等[76]指出，对推进剂燃烧性能的研究主要是分析各种燃烧催化剂对双基、含硝胺改性双基、EMCDB、NEPE 微(少)烟推进剂燃烧性能影响规律。双基推进剂中加入适量的铅催化剂可以实现平台或麦撒燃烧特性，该技术从 20 世纪 50 年代发展至今已达到相当成熟的地步[77]。

根据工作压力范围，可以把双基推进剂平台或麦撒燃烧特性初步区分为低压平台(麦撒)燃烧和中、高压平台(麦撒)燃烧两类。最早应用于型号中的平台推进剂为美国 2.75 寸空射火箭——"巨鼠"。它采用 N-5 双基推进剂[78]，爆热为 $3532J \cdot g^{-1}$，加入 1.2%的水杨酸铅和 1.2%的二乙基己酸铅组成复合燃烧催化剂，采用压伸成型工艺制造，在 5～9MPa 压力范围内出现平台或麦撒燃烧，平台区燃速约为 $11mm \cdot s^{-1}$。为了避免破坏负压力指数性能，消焰剂一般不加入推进剂配方，而是包裹在发动机内置的金属共振棒表面。

苏联 K-13 空空导弹燃气发生器(ГГ-6)采用的 НДП-2 螺压双基推进剂以 1.6%

的苯二甲酸铅、0.4%的氧化铜作为燃烧催化剂，在 6～9MPa 压力范围内出现平台燃烧特性。平台区燃速约为 5.4mm·s^{-1}。苏联的赛格(Sagger)反坦克导弹起飞发动机装药和 ПГ-7 反坦克火箭弹均采用 РНДСИ-5К 双基推进剂，采用的催化剂为 PbO、Co$_2$O$_3$ 和 CaCO$_3$。其 10MPa 压力下的燃速为 12mm·s^{-1}，压力 4～10MPa 的压强指数 $n=0.235$。美国的陶式(TOW)反坦克导弹增速发动机装药是一种典型的高压平台双基推进剂，其基础配方：NG 为 50.3%、NC 为 34.4%、2-NDPA 为 2.72%、TA 为 8.3%、β-雷索辛酸铅为 3.1%、CB 为 0.33%、K$_2$SO$_4$ 为 0.51%，爆热为 3891J·g^{-1}，密度为 1.648g·cm^{-3}。其平台燃烧压力区为 12～20MPa，平台燃速约为 12.5mm·s^{-1}，需注意配方中加 K$_2$SO$_4$ 是为了消焰。法国响尾蛇地-空导弹采用一种高压麦撒双基推进剂(SDTT-1136)，其主催化剂为碱式碳酸铅和质量分数为 1.86%的炭黑。16MPa 下燃速为 18mm·s^{-1}，在 16～20MPa 压力范围内，压力指数为-0.4。配方中没有加入燃烧稳定剂。其燃烧稳定性由两节装药之间一个不饱和聚酯抑振节流环保证。我国从 20 世纪 60 年代起开展了平台(麦撒)双基推进剂的研制，取得了比较显著的成果，使我国双基推进剂性能超越了苏联 ФСГ-2、НМФ-2、РНДСИ-5К、НДП-2 等典型双基推进剂性能。平台(麦撒)效应和宽平台效应的双基推进剂陆续被研制出来并付诸应用。

1. 低燃速、低燃温燃气发生剂

一般把 7MPa、20℃ 下燃速低于 5mm·s^{-1} 的推进剂称为低燃速推进剂，而燃温在 1500～2100K 的推进剂称为低燃温推进剂。集低燃速和低燃温于一身的推进剂主要作为燃气发生剂，又称气体发生剂，常用于各种燃气发生器中，该装置产生的燃气可作为辅助能源，在导弹、飞机上得到了广泛的应用。所谓低燃速、低燃温推进剂必须具有气体生成率高，无毒、无腐蚀性气体，凝相产物含量少，燃烧稳定，长贮性好，成本低等特性。双基推进剂符合这种需要。

以 NC、NG 和 TA 为基础配方[79]，可加入有效的降速降温剂，如聚甲醛(POM)、蔗糖八乙酸酯(SOA)或聚甲基丙烯酸甲酯(PMMA)等组成推进剂，配合以适当的燃烧催化剂，可使燃温为 1700K、爆热为 2700J·g^{-1} 的燃气发生剂配方在 20℃、6MPa 下燃速可降低到 2.7～3.5mm·s^{-1} 水平，且在 5～8MPa 压力范围内，出现平台或麦撒燃烧效应。

试验已知，含 SOA 配方的降速效果比含 POM 配方的好，这与理论计算相符，即相同含量时，SOA 降速效果比 POM 好，而且燃温低，燃速通常也低。研究表明，SOA 和 POM 复合使用时，随 SOA 占比降低和 POM 占比增大，燃速逐渐降低，到一定值后，POM 占比再增大，燃速又逐渐回升。从对压力指数的影响看，随 POM 含量增大，4～7MPa 时的压力指数逐渐增大，麦撒效应越来越弱，麦撒燃烧区越来越窄；从试验结果可知，4~7MPa 时的压力指数最小。

可见，SOA 与 POM 复合使用对配方燃烧性能影响较大。含 POM 和含 SOA 配方麦撒效应不同的原因在于两者化学结构和物性的差异。在 NC/NG·TA/POM·SOA 体系中，选用无机铅/Z-Cu 为催化剂，组成分解热 $Q=2717J·g^{-1}$、密度 $\rho=1.542$ 的具有麦撒效应且燃速 $u=3.2mm·s^{-1}$ 的双基缓燃低燃温燃气发生剂。此配方在 5MPa 时燃速温度系数 $\sigma_p=0.19\%·℃^{-1}$；6MPa 时 $\sigma_p=0.06\%·℃^{-1}$；7MPa 时 $\sigma_p=0.32\%·℃^{-1}$。若在 NC/NG·TA/POM·SOA 基础配方中，加质量分数为 15%~30%的 DNP(二硝基哌嗪)，爆热、爆温均有不同程度下降，爆温从 1700K 降到 1100~1300K，其在 7MPa 时，u 为 2.5~3.3mm·s^{-1}，n 也在 0.17~0.32 的可接受范围内。

2. 硝胺-CMDB 微烟推进剂

微烟推进剂是当前战术火箭导弹发动机首选的推进剂品种。双基推进剂能量较低，而含 AP 和 Al 的改性双基推进剂(modified double-base propellant，CMDB)有烟，因此用各种硝胺炸药(RDX 或 HMX)代替 AP 和 Al，是实现双基系推进剂提高能量和消除烟的重要技术途径。但是含硝胺的 CMDB 推进剂基础配方具有压力指数居高不下(0.8)和燃速较低的缺点，是硝胺-CMDB 推进剂燃烧性能调节的技术关键。李上文[80]在研究 Al-RDX-CMDB(GP-19)推进剂时发现：采用芳香铅盐–芳香铜盐–炭黑复合催化剂时，由于它们的"协同作用"可使热值为 5439J·g^{-1} 的 GP-19 推进剂在等压力段 10~15MPa，n 值从 0.8 下降到 0.3 以下；还发现了随着炭黑和铜盐含量增加，低压力指数区向高压区移动，以及铅盐含量增加，低压力指数区向低压区移动的规律，此规律与低能双基推进剂相似，其原因可能与双基和 RDX-CMDB 两种推进剂燃烧波结构相似有关。这也启示了对双基推进剂燃烧催化有效果的有机铅、铜盐和炭黑，在 RDX-CMDB 推进剂中对降低 n 和调节 u 也仍然有效。

叠氮有机化合物以其高生成焓和对 NC 的良好增塑性引起了国内外学者对其在推进剂中应用的关注。李上文等[81]和郑伟等[82]曾先后用三种直链叠氮硝胺和一种叠氮硝酸酯进行配方的探索。庞军等[83]合成的 DNTF 是能量优于 HMX 而接近 CL-20 的高能量密度化合物。其爆热为 6054J·g^{-1}，密度为 1.937g·cm^{-3}，可溶于 NG 中，对 NC 有一定增塑作用，熔点为 110℃，感度适中，化学安定，且制备工艺简单。CL-20 是众所周知的高能量密度化合物，能量比 HMX 高，密度为 2.0g·cm^{-3}，是最热门的高能添加剂之一。FOX-12 是新近出现的能量与 RDX 相当的钝感含能化合物。这些化合物在微烟推进剂中的应用有广阔的发展前景。为此，赵凤起等[84]采用无溶剂双基工艺，用吸收-压延的方法制造含上述新化合物的 CMDB 推进剂样品并开展了相关性能测定。

为提高 RDX-CMDB 推进剂能量，在某些应用场合允许加入适量 Al 粉(如 5.0%)，这就组成了一种少烟推进剂，其能量因加入 Al 粉而提高，但此时燃烧性能却因 Al 粉的加入而恶化。因此，RDX-Al-CMDB 推进剂配方的燃烧性能调节比 RDX-CMDB 推进剂困难得多。科研人员采用 NC/NG·DINA/HMX(21%)/Al(5%) 的基础配方，配合 5%燃烧催化剂，探索了该推进剂的燃烧性能[85]。曾用 β-雷索辛酸铅/邻苯二甲酸铜/CB 组合催化剂，但 n=0.45；改用甲基水杨酸铅/邻苯二甲酸铜/CB 组合催化剂后，n=0.42。最后改用 $PbSnO_4$/TDI 热解产物与芳香酸铜 B/CB 组成复合催化剂，达到了 u=29mm·s^{-1}，n<0.35 的研制要求。在此基础上对催化剂配比进行优化试验。如前所述，在微烟推进剂中加入 18%~56%的硝胺(RDX、HMX)可增加能量，弥补其能量偏低的不足。但若加入适量的铝粉，在保持少烟水平的基础上，推进剂能量有望得到进一步提升。综合能量、工艺、特征信号和燃烧性能调节等要求，CMDB 配方中铝粉的含量一般在 5%左右为宜。

上述基础配方采用的催化剂为 DB 和 RDX-CMDB 推进剂中广泛使用的铅-铜-炭催化剂。其中，B-Pb、N-Pb、F-Pb 为芳香酸或杂环类有机铅盐；B-Cu、S-Cu、J-Cu、N-Cu 和 F-Cu 等均为有机酸铜盐；CB$_1$~CB$_5$ 为不同规格的工业炭黑。李笑江[86]在 EMCDB 基础配方中研究了燃烧性能的调节规律：双基黏结剂约为 40%，RDX 约为 50%，PEG 为 4%~9%，燃烧催化剂为 2%~3%。采用的制备工艺为粒铸成型工艺。如同螺压 RDX-CMDB 推进剂中加入三元铅-铜-炭复合催化剂能很好地调节推进剂的燃烧性能一样，含 RDX 的 EMCDB 推进剂采用复合催化剂同样也可以达到良好的平台燃烧效果，再次证明了铅-铜-炭复合催化剂的"协同效应"。例如，采用 A-Pb/A-Cu/CB 复合催化剂时，在 5MPa 开始出现超速燃烧，5~12MPa 压力范围内出现 n<0.2 的平台燃烧，平台区燃速为 10~12mm·s^{-1}。

若选择黏结剂(含量为 8%~10%)/NG(含量为 23%~30%)/NC(含量为 1.5%~2.0%)/RDX(含量为 55%~60%)的微烟 NEPE 推进剂为基础配方，对近 40 种燃烧催化剂研究发现，三种铅盐(LF、LP 和 LC)对 NEPE 推进剂交联反应影响较小，并能有效调节该类推进剂的燃烧性能[87]。具体实验过程：采用配浆浇铸工艺制成方坯，切成药条，用靶线法测其燃速 u 和压强指数 n。这里 LF 是一种含能铅盐，具有环状结构，对固化交联影响较小。LF 对无烟 NEPE 推进剂燃烧性能的影响见表 4-4。由表 4-4 可知，LF 的加入使 NEPE 推进剂在 5MPa 下出现超速燃烧，在 3~5MPa 下从空白配方的 n=1.31 降到 0.39~0.45，在 5~12MPa 下从空白配方的 n=1.08 降到 0.18~0.46。由于 LF 分解后会产生各种促进表面放热反应的活性中间产物(如 NO_2、LP 和 PbO 等)，有助于增加表面放热量的催化效应，促使 3~5MPa 下出现超速燃烧。

表 4-4　LF 对无烟 NEPE 推进剂燃烧性能的影响

样品	LF 质量分数 /%	燃速/(mm·s⁻¹)				$n(3\sim5\text{MPa})$	$n(5\sim12\text{MPa})$
		3MPa	4MPa	5MPa	12MPa		
1	0	2.20	3.07	4.30	11.07	1.31	1.08
2	1.0	6.85	7.76	8.61	12.85	0.45	0.46
3	1.2	8.50	9.64	10.40	13.64	0.39	0.31
4	1.8	8.55	9.67	10.53	12.33	0.41	0.18

燃烧技术作为基础学科，与此相关的研究很多。关于推进剂的燃烧，除了燃速压力指数的催化调节，还包括金属燃料对推进剂燃烧性能的影响、推进剂燃烧模型的建立与数值模拟、燃烧反应动力学、火焰结构、燃烧波、气相和凝聚相产物分析、不稳定燃烧和燃烧转爆轰等诸多热门研究课题。由于篇幅问题，不能一一展开论述，下面仅着重阐述含能材料燃烧转爆轰的相关研究进展。

4.5　含能材料燃烧转爆轰

燃烧转爆轰(deflagration to detonation transition，DDT)是含能材料的一个重要特征[88,89]，也是含能材料工作过程危险性的一项重要指标[90]。燃烧转爆轰是系统由燃烧发展为稳定爆轰过程中出现的一个复杂的物理化学反应，它广泛存在于推进剂和发射药的燃烧，爆破器材的起爆以及炸药的生产、贮存和使用过程中[91]。苏联科学家 Andreev 在 20 世纪 40 年代首次开展了对此问题的研究[92]。随后经过科技工作者的不断探索，在 DDT 试验及理论方面取得了一定进展[93]。随着人们对 DDT 认识的不断加深，从 20 世纪 50 年代中叶起，开始了大规模、系统性的研究工作，国外从事 DDT 研究工作的主要机构有美国海军水面武器中心、洛斯阿拉莫斯国家实验室、圣迪亚国家实验室、斯坦福实验室、海克里斯公司、俄罗斯科学院化学物理所、法-德联合研究所、英国的装备研究和发展机构等[94]，同时国内外学者也持续开展对炸药、推进剂、发射药、烟火剂等含能材料的燃烧转爆轰研究[95-108]。

目前，DDT 机理已经被应用于科研生产实际中，除了用来指导含能材料的配方设计、性能控制和安全防护措施的制订外[109]，科研人员还把燃料-空气炸药(fuel air explosive，FAE)燃烧转爆轰过程中产生的高温、高压燃气用作脉冲发动机的动力源[110-113]，以克服传统发动机能量输出效率低下的不足，且被认为是最具发展前景的动力装置之一[114-117]。文献报道的研究结果表明，人们已对含能材料燃烧转爆轰的研究方法、影响因素和过程机理有了较全面的了解。本节将对其中有代表性的研究成果进行详细介绍，以期为火炸药的燃烧转爆轰特性研究、配方设计、安全控制和成果应用等提供参考。

4.5.1　燃烧转爆轰的研究方法

1. DDT 的实验研究

实验研究法目前主要包括 DDT 管法、动态压缩法。DDT 管法是含能材料燃烧转爆轰现象研究最常用的方法之一，动态压缩法常用作 DDT 机理研究。研究含能材料的 DDT 管通常有强约束和弱约束两种[118]，强约束一般为厚壁金属管，其优点是强度大、约束力强，容易实现由燃烧到爆轰的转变。弱约束一般为有机玻璃管或塑料管，其优点是具有良好的可视性，有利于观察整个 DDT 过程燃烧波的传播规律和药床的密度分布，缺点是强度差、易变形。因为侧向稀疏波的作用，在有限长管内较难实现由燃烧到爆轰的转变，所以塑料管或玻璃管仅用于容易发生燃烧转爆轰的材料。普通含能材料 DDT 管布局图如图 4-11 所示，而新型 FAE 的 DDT 实验装置如图 4-12 所示[119]。

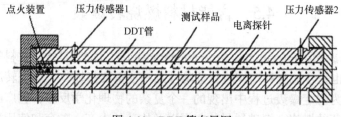

图 4-11　DDT 管布局图

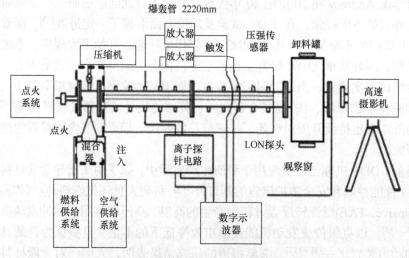

图 4-12　新型 FAE 的 DDT 实验装置图

由于 DDT 过程是一个强烈的动态压缩过程，为深入研究 DDT 机理，Sandusk

等[120]设计了高压气源驱动的压缩实验、活塞撞击压缩实验、用螺旋形装药推动活塞的装置和间隙实验装置分别模拟了多种含能材料多孔药床的 DDT 过程。他们在活塞压缩过程中首次观察到了致密波,使得药粒床孔隙率发生变化的行进波即为致密波[121]。燃烧转爆轰的发生与致密波作用密切相关。Sandusk 等的研究结果表明,当活塞撞击多孔床的速度小于 $300 \mathrm{m \cdot s^{-1}}$ 时,形成的稳态致密波速度低于 $600 \mathrm{m \cdot s^{-1}}$。当活塞撞击速度足够大时,致密波速度加快,药粒床孔隙率急剧变化引发燃烧,这一过程满足方程:$\tau^2 \Delta t =$常数,式中 τ 为所测被压缩固相中的应力;Δt 为药床从被撞击到出现火焰的时间间隔。

对 DDT 过程的测试手段主要有测压和测速两个方面。测压方法有应变片法、管内痕迹显示法、验证板法、轴向机械探针法[122]、锰铜压阻计法[123]等。管内痕迹显示法一般用于 DDT 过程分析,陈晓明等[124]利用管内痕迹显示法分析了发射药在燃烧转冲击波(deflagration to shock transition,DST)和冲击波起爆(SDT)两个阶段管内壁的变化情况,如图 4-13 所示。应变片法是将应变片贴在 DDT 管外表面,通过测量 DDT 管的变形来反映管内压缩波或冲击波的传播规律。该法的缺点是测量误差偏大,优点是能够得到强压缩波到达各应变片所处位置的相对时间。测速方法有高速摄影法、脉冲 X 射线法、光纤记录法、电离探针法、轴向电阻丝法[122]等,其中电离探针法和光纤记录法以其经济、简单等优点被广泛应用。电离探针法主要依靠含能材料发生化学反应时产生的正负离子导通,当火焰波小于 $500 \mathrm{m \cdot s^{-1}}$ 时,探针很难测到波速,光纤记录法所用探针的工作依靠热和光的辐射,即使在较低的燃烧速度下也能测到燃烧波速度。因此,通常采用电离探针和光纤探针相结合的手段测量燃烧波速度,高速段用电离探针,低速段用光纤探针。董树南等[125]采用电离探针和光纤探针记录了含 ACP 改性双基推进剂的燃烧与爆轰波阵面的位置-时间关系曲线图,如图 4-14 所示。

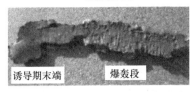

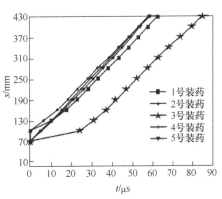

图 4-13　DDT 不同阶段管内壁的状态图　　　图 4-14　含 ACP 改性双基推进剂的燃烧与爆轰波阵面的位置-时间关系曲线图

除上述实验技术外，在含能材料 DDT 研究中用到的其他技术还有微波干涉仪、声像法、反转多幅闪光技术[126-129]等。判断燃烧转爆轰与否或其倾向大小的方法一般根据具体条件而定，从简单、便宜到复杂、昂贵的研究方法目前都在应用[118]，如验证板法，即在 DDT 管下方固定一块钢板，通过观察钢板上留下的痕迹(压痕)判断是否发生燃烧转爆轰。该方法的优点是简单、直接、廉价，缺点是人为因素较大，经常由于实验现场见证板被抛射无法找到而存在误判、漏判的情况。现阶段，比较精确的方法是采用高速摄影技术观察燃烧转爆轰过程，或在 DDT 管中安装传感器测试燃烧波及压力波的传播情况，从燃烧波阵面和压力波阵面的相对位置来分析燃烧转爆轰过程[118]。其缺点是实验流程复杂、成本昂贵，存在设备被毁坏的潜在危险。比较经济、可靠的做法是通过观察见证板、样品管的破坏程度等综合判断是否发生了燃烧转爆轰[129]。

2. DDT 的数值模拟

在含能材料 DDT 的数值模拟计算方面，由于燃烧转爆轰边界影响因素多，包含了能量转换、相变、压缩、冲击波形成与叠加、稳态爆轰等复杂过程[130]，这给 DDT 数值模拟带来了一定的难度。尽管如此，国内外学者在 DDT 的数值模拟方面还是取得了不少成绩，数值仿真模拟法已成为 DDT 研究的有力工具。目前，对含能材料 DDT 过程的数值模拟主要采用两相流模型。最早采用两相流模型研究燃烧问题的是 Kuo 等[131]和 Gough 等[132]，但他们未考虑固相的压缩性和颗粒间的相互作用，因此只进行了低速、低压下的数值模拟。

为了克服该缺点，可通过在两相流模型中引入体积分数守恒方程进一步完善该模型[133]。研究人员已经用一维两相流的燃烧转爆轰动力学模型及其数值计算方法成功地预示了燃烧转爆轰的全过程[134-137]。利用一维两相流反应模型可建立NEPE 高能推进剂燃烧转爆轰数学模型[138]，而用 Mac-Cormack 差分格式进行数值求解便可得出 NEPE 推进剂燃烧转爆轰的内因。研究发现，存在于药粒床中的压缩波和燃烧波的相互作用，导致了 NEPE 推进剂的 DDT 转变。若采用一维分离两相流反应模型和变步长跳步差分计算格式，也能模拟固体推进剂的燃烧转爆轰过程，由此建立确定诱导爆轰距离的方法[139]。该方法所得的诱导爆轰距离值与实验值误差小于 15%。同理，也可采用一维分离两相流反应模型等对推进剂多孔床中不同速度的致密波进行计算，由此得到致密波区内的参数分布[140-143]。

在二维模拟方面，有人采用 Leapfrog 法求解了二维炸药床的 DDT 问题[144]，由此发现 Leapfrog 法对非黏性流体控制方程是适用的，但不适合求解含有黏性力二阶偏导数的方程组，主要原因是在物理量突变区之前产生了严重的数值振荡。为了克服这一缺点，便提出了 SIMPLE 和 IPSA 数值解法[145]。SIMPLE 数值解法较好地克服了数值解的严重振荡问题，而 IPSA 数值解法则能够较好地解决多相流动过程和燃烧过程的数值分析。若参考应用 IPSA 数值解法求解全黏性方程，结合燃烧转爆轰的具体物理特性和初边条件，可对跨音速流动和压力校准方程进行特殊处理[130]。在此基础上建立含能材料密实颗粒床的燃烧转爆轰全黏性欧拉二维非定常两相流反应的控制方程组，成功地模拟了无起爆药雷管的起爆流场。

对于气液两相燃烧转爆轰过程的数值模拟，大多采用了 Lax-Wendrof 格式[88]和 Mac-Cormack 差分格式[146]，但其都不能处理激波间断问题，且稳定性条件苛刻。对此不足，国内外对于 PDE 气液两相燃烧转爆轰的模拟大多未考虑黏性影响。林玲等[147]在前人研究的基础上，将二维黏性 CE/SE 方法应用到等离子体射流点火的多相爆轰模型中。他们分别以 N-S 方程和 Euler 方程为控制方程，比较了等离子体射流点火条件下黏性作用对爆轰参数的影响，发现提高初始射流点火的温度和时间，可以显著缩短诱导爆轰距离。可将诱导爆轰距离定义为冲击波和爆轰波的交点距装药初始点火端的距离。

DDT 现象更适合于通过三维模型进行数值模拟。但由于 DDT 过程中最后阶段(冲击波转变为爆轰阶段)各状态变量瞬变剧烈，需要开展相当数量的系统实验研究以提供三维数值模所需的物理参数，DDT 实验研究所需投入很大，这给三维数值模拟带来了诸多困难。尽管国内外研究人员在 DDT 三维数值模拟方面已开展了一些研究工作，如 20 世纪 80 年代，在"热点"起爆方面已开展简单的三维数值模拟[148]；1991 版的 DYDA 程序具有处理三维问题的功能[149]，但这些三维数值模拟仅限于燃烧转爆轰过程某个阶段的简单模拟，还不能预示燃烧转爆轰的全过程。因此，对 DDT 三维数值模拟还需进一步完善。

4.5.2 燃烧转爆轰影响因素

燃烧转爆轰的影响因素主要有装药密度、约束条件、材料的物理与化学性质、点火强度与点火方式、温度等。

1. 装药密度的影响

装药密度一般采用理论最大装药密度的百分数表示。董贺飞等[150]以两相流模型为基础，采用 CE/SE 方法模拟装药密度对 HMX 炸药燃烧转爆轰的影响，此时气相产物状态方程采用基于统计物理类 CHEQ 的计算结果。研究发现，在相同的试验条件下，爆轰成长距离在一定范围内随装药密度呈"U"形变化。"U"形曲线表明，存在某含能材料最容易出现由燃烧转向爆轰的装药密度，在该密度两侧随着装药密度的增加或减小都不易发生 DDT 转变。"U"形曲线的最底部为含能材料在该装药密度下的最小诱导爆轰距离 L_{min}。L_{min} 越小则越易发生 DDT 转变，温度-诱导爆轰距离曲线越宽，也越易出现 DDT 转变。同时，该结果也得到了试验的验证[118,140,151]。

2. 约束条件的影响

约束条件包括强约束条件和弱约束条件，强约束条件如厚壁钢管，弱约束条件如薄壁铝管、铜管及有机玻璃管、塑料管、玻璃管等。在不同约束条件下(DDT管长 420mm，壁厚分别为 10mm、20mm)，数值模拟计算结果表明 PBXC03 压装炸药只有在强约束下(壁厚 30mm)才能够发生燃烧转爆轰，而弱约束下(壁厚 5mm)管体破坏引起气体泄漏和压力降低是限制炸药燃烧转爆轰的主要原因[152]。

如果约束的壳体厚度为 4mm 和 9mm，以 RDX-CMDB 推进剂、6/7 药型双基发射药、叠氮发射药和三基发射药为研究对象，燃烧转爆轰试验结果[124,130]与上述 PBXC03 模拟的结果相同。在弱约束条件下几种火药未发生燃烧转爆轰，而在强约束条件下发生了燃烧转爆轰。此外，研究 DDT 管材料对颗粒状 RDX 基底 DDT 过程的影响发现[153]，DDT 管材料对颗粒状 RDX 诱导爆轰距离影响不大，但对 DDT 机理过程有一定影响，DDT 管材为钢时，RDX 的 DDT 过程为突变模式；DDT 管材为铝时，RDX 的 DDT 过程为连续转变模式。

如果改变样品管长度，以压装高密度 HMX 塑性炸药为研究对象，实验发现随着 DDT 管长度的增加，装药发生燃烧转爆轰的概率也增大[154]。增强约束条件易于燃烧转爆轰的发生，约束越强，破坏 DDT 管所需的压力越大，有利于药床燃烧产生燃气压力的聚集而形成强大的冲击波，进而诱发药床由燃烧转为爆轰。弱约束条件容易发生侧向膨胀形变而产生稀疏波，稀疏波能够减小管内的 dp/dt(压力-时间梯度)，相对延迟了药床由燃烧向爆轰的转变，而 DDT 管的壁厚与反应激烈程度无较大关联[29]。

3. 材料的物理与化学性质的影响

影响含能材料 DDT 过程的主导内在因素是材料本身的物化性能，如材料的化学组成、冲击波感度和质量燃耗率等。减少火药配方中 NG、叠氮硝胺(DA)和 RDX 等组分含量可降低其燃烧转爆轰能力，法国火炸药公司(SNPE)通过含硝胺炸药(RDX 或 HMX)的改性双基推进剂的爆轰研究证实了这一点[155,156]。对 HTPB/AP/HMX 推进剂的燃烧转爆轰特性研究发现在相同装药密度下，AP/HMX 丁羟基复合推进剂的诱导爆轰距离远低于不含 HMX 的复合推进剂[157]。含能材料的冲击波感度越大，越易发生燃烧转爆轰。这是由于冲击波感度越大，其吸收冲击波能量转化为热能越容易，在冲击波作用下更易分解放热，形成热点而引发爆轰。

此外，质量燃耗率是影响含能材料 DDT 反应的决定性因素。含能材料的质量燃耗率越大，其发生燃烧转爆轰的进程越快。影响含能材料质量燃耗率大小的主要因素有以下几点。

(1) 配方氧平衡。一般越接近零氧平衡的装药，越易实现 DDT。因为零氧平衡的装药燃烧充分，火焰温度高，药粒表面处的温度梯度也大，药粒的线燃速增大，质量燃耗率增大[151]。

(2) 装药的渗透性。渗透性越大，高温燃气渗入装药内部越容易，使对流火焰传播速度提高，从而质量燃耗率增大。在同一孔隙度条件下，颗粒越小、粒形越不规则的装药渗透性越大。因此，粉状或粒状装药易发生 DDT 反应[157]。

(3) 推进剂的燃速压强指数。推进剂的燃速压强指数越高，其质量燃耗率受管内压力的波动增幅越大，爆轰就越易形成。炸药的压力指数都较高，因此推进剂、发射药配方中炸药组分含量越高，越易发生 DDT 反应[158]。

(4) 添加剂的类别及含量。炸药、推进剂、发射药配方中添加的钝感剂、降速剂等惰性组分一般包覆于含能材料的表面，可延缓含能材料初始质量燃耗率。这一点已通过钝感剂包覆 HMX 试验予以证明[159]。

(5) 装药内部缺陷。试验发现，受撞击损伤的推进剂和内部存在孔洞的推进剂更易发生燃烧转爆轰现象[94,105]。这是由于装药内部存在气孔、裂纹等缺陷时，装药初始燃面增大，装药的质量燃耗率增加。

4. 点火强度与点火方式的影响

点火强度也是影响含能材料燃烧转爆轰的一个重要因素。点火强度越大，点火初期产生的点火峰压越高，形成局部高压区，对药床产生一定压缩作用。有些高能点火药中含有金属粉，燃烧时产生大量炽热燃烧粒子，在压力作用下，这些炽热的粒子将会冲击装药的燃面，造成局部燃面增大，未燃药在压缩和冲击作用下，燃烧加剧，诱导爆轰距离缩短。

研究高能点火药对太安燃烧转爆轰的影响，发现改性后的硼系高能点火药 BKF2 使太安燃烧转爆轰的概率远大于未改性的 BKF1[160,161]。通过研究点火方式对颗粒状装药 HMX 燃烧转爆轰的影响，发现颗粒状 HMX 在点火药直接点火时，在药床 73.4mm 处发生爆轰，在活塞驱动点火时，在药床 35mm 处发生了爆轰[162]。该研究说明两种点火方式点火时，炸药的 DDT 过程不完全相同。活塞改变了 DDT 管的封闭条件，对炸药的 DDT 带来一定影响。

5. 温度的影响

国内外研究人员关于温度对含能材料 DDT 的影响也进行了相关研究[163-165]，发现初始温度虽然不能影响含能材料 DDT 响应类型，但会影响含能材料发生 DDT 后对环境的破坏程度。例如，通过分析初始温度对 PBX-2(HMX 基炸药) 燃烧转爆轰的影响，发现在其他实验条件均相同的条件下，85℃下 PBX-2 的反应激烈程度比室温下弱[165]。这是由于较高温度下，黏结剂发生融化和流动使得体系孔隙率减少，不利于高温燃气渗入装药内部，延缓了 DDT 反应的时间和能量释放速率。

4.5.3　燃烧转爆轰机理

由于含能材料的 DDT 过程非常复杂，且 DDT 现象具有随机性，对其产生机理的阐述至今仍莫衷一是，没有一个满意的解释。出现了众多有关 DDT 机理的解释，可以将它们大致归纳为两类：一类是"冲击波成长学说"；另一类是"局部热爆炸学说"。"冲击波成长学说"的代表是 Bernecker 等[166]。他们将 DTT 过程分为点火前、点火/传导燃烧、对流燃烧、压缩(热点)燃烧、冲击波形成、冲击波作用下的压缩燃烧和爆轰波形成 7 个阶段，并非在所有的 DDT 过程中都存在这 7 个阶段，其会随着外界条件的变化而在不同的区域发挥主导作用。例如，杨涛等[167]将发射药在强约束条件下的 DDT 过程分为低速对流燃烧、快速对流燃烧和稳态爆轰 3 个阶段。"冲击波成长学说"可以解释绝大部分含能材料的 DDT 现象。"局部热爆炸学说"的代表是 Korotkov 等[168]和 Price 等[169]，他们认为在点火初始阶段，药床的燃烧速度与管内压力增加都比较平缓，但药床颗粒间的压实现象依然严重，压力波阵面处的孔隙被急剧压缩形成固相应力波，当压力波阵面处的孔隙完全消失后，固相应力波继续发展，在压力波阵面处形成了密实区。文献[170]中形象地将该密实区称为"塞子"(plug)，药床燃烧产生的热量不能以对流的形式穿过塞子，而应力波却可以穿越塞子，不断加强的应力波使某处药床在某时刻突然发生热爆炸形成强烈冲击波，冲击波强度达到某一临界值则诱发爆轰。目前，这两类机理可以解释绝大部分含能材料的 DDT 现象。但在冲击波的形成方式、相对位置等方面还存在一些争议，有待于现代测试技术与燃烧技术发展后做进一步研究，燃烧转爆轰机理要从含能材料燃烧特征和爆轰性能两方面进行分析研究。

总之，燃烧转爆轰是亚稳态含能材料的重要特征之一。随着人们对安全性、可靠性问题的关注，研究含能材料的燃烧转爆轰特性，对于弹药安全性、可靠性提高具有重要意义。今后应加强燃烧转爆轰研究试验条件与方法的规范化、标准化，开展多方面跨学科的技术交流与合作，加强燃烧转爆轰研究成果的共享；针对含能材料开展系统的试验研究工作，为建立燃烧转爆轰数学模型积累实验数据；将燃烧转爆轰成果应用于钝感弹药及新型含能材料的开发与研究。加强含能材料燃烧爆炸学、流体力学理论、光谱学、量子化学、计算机模拟仿真技术及数值方法的交叉融合，建立完善的全面考虑含能材料反应引起的边界问题、含能材料理化特性、几何效应等的三维 DDT 数学模型。

4.6　极端条件下含能材料的响应

4.6.1　极端条件的分类

1. 极端能量束环境

在高能粒子和高光子通量极端环境下工作的材料是必不可少的，它在开发安全、经济、可靠的能源方面功不可没。这些材料的应用范围包括核裂变和核聚变反应堆、长寿命的辐射废物体、核储备材料、光电系统、太阳能集热器、激光应用，以及用于计算机和通信的纳米电子器件。这些系统的性能受到在高能粒子和光子束作用下材料降解和失效的限制。例如，制造高光子通量激光器的瓶颈不是缺乏产生高光子通量本身，而是生产出能够传输高通量光子束的透明光学材料。核反应堆的运行温度和效率受到结构材料的限制，它们必须能够承受高温和高腐蚀性环境的中子损伤。太阳能光伏发电装置必须承受阳光直射几十年的恶劣环境，不会因降低其高表面吸收率而失去光电转换功能或因严重的热应力而开裂。

此外,基于高密度等离子体弧光子源已经实现了材料在原子尺度的可操控性。这些光源具有面积大(高达 $10^3\mathrm{cm}^2$)、能提供可控热通量(高达 $20\mathrm{kW \cdot cm^{-2}}$)与材料表面的脉冲速率下降到 1ms，且加热和冷却速率达到 $10^4\sim10^5\mathrm{K \cdot s^{-1}}$ 的数量级等特点。在含能材料领域，这些高能束技术，如激光和等离子体技术早已广泛用于固体推进剂和起爆药的点火，并且目前正在大力发展激光武器。因此，研究新型含能材料在这些高能束作用下的响应颇具现实意义。

2. 极端化学环境

化学反应极端环境多存在于先进发电系统，如燃料电池、核反应堆和太阳能电池，它们是实现未来可持续发展的关键。下一代能源系统要求材料能在日益极端的条件下，包括暴露于水相或非水相液体和气体环境并进行可靠的服役。面临的重大挑战是越过现有材料在化学反应极端环境不能可靠运行的障碍，以满足未来对新能源的需求。目前所欠缺的是没有完全在原子级别了解清楚材料在极端化学环境下的热力学和动力学响应过程。

新兴计算和实验工具的融合为了解此类材料在极端化学环境响应过程提供了极好的手段。例如，在纳米尺度了解材料在极端化学环境如何响应，可以为下一代材料的设计提供理论支撑。研究极端条件下的化学原理也将对具备优异性能，如高强度、高硬度、高化学惰性、强导电性、强耐焊和高能量存储能力的新材料合成提供理论基础。

　　化学反应极端环境在很多情况下能遇到，一种材料的极端反应性，无论是固体、液体或气体，都源于温度或压力的升高(如超临界蒸汽)或诱发电位。此外，有些良性的宏观条件下的空间约束也可能会导致极端化学环境。目前，含能材料在极端环境下的变化还处于研究前沿，这一领域的深入研究，有利于发现新一代含能材料。

3. 极端热机械环境

　　研究高温或低温、高压、高应力-应变、高应变率等热机械极端环境下材料的行为已成为很多领域的热点。可以承受更高温度和应力而不失效的新材料是发展下一代高效喷气发动机、蒸汽机和核电厂用涡轮和换热器的基础。同样，还需要高强轻质材料以减少未来交通系统的能源消耗。目前，人们还未在原子和分子水平全方位弄清楚导致材料失效的物理化学过程。为了满足未来能源技术的要求，需要设计能承受极端热机械环境的新材料。实现这一目标的主要途径是获得材料在静态、准静态和动态热机械等极端条件下的响应。有了这些信息，可设计出满足未来能源技术发展的新材料。

　　此外，在某些极端条件下还可以合成革命性的新材料。尤其是在含能材料领域，高应力、高应变率随处可见，如弹药的过载和战斗部装药冲击目标的过程。高压则表现在含能材料冲击波起爆方面。含能材料晶体在高压下会发生晶型变化，部分高能材料，如金属氢和聚合氮需在超高压条件下才能合成并稳定存在。因此，含能材料在极端热机械环境下的响应已经成为目前研究的热点，研究其在极端条件下的物理化学变化有利于理解含能材料的全方位响应特性，为设计新一代低易损弹药打下基础。

4. 极端电磁环境

　　目前，全球电力约占一次能源的 40%，且预计到 2030 年这一需求会增加到50%。在未来 50 年这些需求将进一步膨胀，当太阳能、风能、先进核能和其他成熟技术取代碳基燃料发电以后，也许会达到 70%以上。如今，大部分的电力技术是 20 世纪中叶发展起来的，当时电力需求低，且可靠性和电能质量不太重要，因此安全标准也不太严格。

　　如果要满足电力在未来 50 年间实现可靠性、质量和安全的需求，需要开发能够在极端电场和磁场下可靠服役的新材料。这些材料包括新型绝缘体，它们需承受用于发电机和电动机的极端电场；可承载更大电流和产生更高磁场的新型导体，用于发电机、电动机、变压器和低压线圈的永磁材料。这样的材料将使得高容量电力基础设施需要更小的封装空间，具有高可靠和高质量的操作标准。探索和了解这些新材料在极端电场和磁场作用下的响应，可揭示和控制电子新关联行为。这些新型绝缘体、导体和磁性材料的性能取决于其原子和纳米缺陷渗透结构控制，如导体材料碳钢在 30T 磁场中的相图与无磁场作用时完全不同。

强电场和强磁场对材料的性能结构有极大影响。关于强电磁场对含能材料的合成、结构和性能的研究还处于空白。今后武器需要在复杂强电磁作战环境下服役，因此研究强电磁场对含能材料分子结构的影响迫在眉睫。综上所述，针对材料在极端条件下响应的科学问题，重要研究方向：①材料达到极限时的性能参数；②新材料在极端条件下的制备与合成；③基于原子、分子相互作用理论的材料表征；④材料的极限性能预估和模拟。

虽然很多材料已经广泛应用于极端环境下，但人们对材料在这些条件下如何响应及其原因知之甚少。其复杂性导致对材料破坏及响应机理了解不够深入。例如，不锈钢的化学腐蚀是大量化学反应导致的，这些反应取决于温度、压力、表面结构的变化和化学成分。这种复杂的环境永远无法达到平衡和完美，其中每个变量都是独立的。一般只能研究理想隔离控制条件下的化学过程，而极端条件下对材料的认知具备更广阔空间。在此条件下可以探索：①固体、液体和玻璃体之间的独特转换；②分子碎裂与重组、新型电磁现象；③新化学反应(压力从低到高)；④新型可重复使用材料。总之，阐释材料在极端环境，如高能光子和辐射流、化学反应性环境、高温和高压、深度机械变形和强电磁场下的响应行为，可实现新基础理论的革命性发展。

4.6.2 超高压制备技术

如上所述，目前用于含能材料制备和性能测试的最广泛技术是高压技术，下面将重点叙述该技术。Bridgman[171]在高压技术领域做了开创性工作，他在 20 世纪 30 年代最先获得了可控高压达 7000 个大气压(0.7GPa)，而后更是实现了 2GPa 的压力条件。在这种压力条件下，常见物质开始出现有趣的性质，如固体 H_2O 转化成其冰-Ⅳ型结构，这种结构的熔化温度变为约 373K。

随着高压技术的进一步发展，出现了对顶砧高压单元装置，它能产生 5~10GPa 的有效压力，而布里奇曼对钻石砧单元的发明使得这一技术获得了重大突破[172]。该精密设备将在后续部分进行详细介绍，最新改进后可产生 100GPa 以上的高压，同时还可对材料在原位进行衍射和光谱特性表征。对于高压试验技术的发展和工业化应用历程，可参考综述文献[173]。此外，矿物学和地球化学中一系列晶体特性物料(由小分子到矿物)在极端条件下的光谱学表征可参考文献[174]和[175]，在此不再赘述。下面从高压技术的试验方法入手，简单介绍其在含能材料领域的应用及意义。

1. 超高压技术国内发展现状

高压结构科学特别依赖与其他检测技术联用，以实现对新材料结构的精确原位表征。此外，该技术领域的进展是高温、高压等极端环境下样品结构变化与该环境下光谱和衍射数据收集分析技术共同发展的结果。这项工作采用了一系列的压力/温度条件、X射线衍射(单晶或粉末)、中子衍射和拉曼光谱的联合分析技术，可用于鉴定和表征多相结构。实验普通高压可以通过美林-巴塞特(Merrill-Bassett)钻石砧装置(diamond anvil cell，DAC)[176]或巴黎-爱丁堡装置(Paris-Edinburgh)获得[177]。

我国超高压条件下的化学结构研究也经历了一个比较艰难的发展历程，现在仍处于快速上升阶段。过去二十多年，我国高压化学的研究水平与国际先进水平的差距仍然较大。2004年以来，在徐如人和冯守华的大力倡导与支持下，吉林大学无机合成与制备化学国家重点实验室为缩短与国际同类研究水平的差距，引进了国外先进的超高压化学研究设备和优秀的超高压化学研究人才。这无疑为超高压化学研究在国内的开展搭建了一个良好的平台，为我国超高压化学研究的发展创造了必要的条件。高压科学有着极其丰富的物理和化学内容，高压科学向前发展的动力来源于与之相关的各学科的交叉互补，其中尤以物理学、化学和地学之间的结合最为重要。下面将从高压试验技术细节，阐述其在含能材料研究领域的发展及应用现状。

2. 美林-巴塞特钻石砧单元

高压X射线衍射法和高压拉曼分光研究都是用DAC实现的，因为这个设备相对简单。将样品放置在两个菱形面之间，并推动一对砧受高压时开始工作。在这项工作中使用的DAC由美林-巴塞特在1974年发明，它尺寸小(直径为5cm)且简单易用，因此应用非常灵活，适用于高压X射线衍射研究。在DAC技术出现之前，高压实验仅限于块状布里奇曼型液压或活塞-缸单元的应用，需要专门的实验室，且实验过程中存在很多安全隐患[178]。美林-巴塞特DAC的外观及其结构如图4-15所示。虽然美林-巴塞特DAC已经在高压领域获得了广泛的认可，但最初的设计灵感来自1940年代末Lawson和Tang用其裂解金刚石与钻石，它仅能产生2.0GPa的高压[179]。

美国国家标准局的科学家同时探索了采用两个宝石级的钻石作为砧，改进了布里奇曼的对顶砧装置，而没选用钢或碳化钨(WC)作为冲头材料[180]。后来开发了可以用螺旋控制压力的宝石级钻石砧座，更有利于观测各种材料在高压下的相变(如KNO_3和AgI)[181]。该装置能直接观测样本，具有很多实际应用价值，主要是便于监测砧对偏移状况和材料相变甚至重结晶现象。钻石对大部分电磁频谱的透明性允许原位分析样品的光学和光谱特性，因此它是X射线衍射研究的理想砧

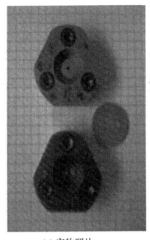
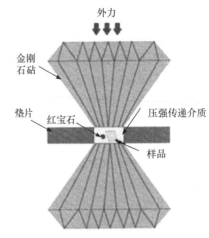

(a) 实物照片　　　　　　　　　(b) 结构材质及样品位置

图 4-15　美林-巴塞特 DAC 的外观及其结构示意图

材料。低原子序数(具有最小 X 射线的吸收)，以及宝石级钻石晶体完整性意味着它可最小化对样品衍射的干扰。但需要注意的是，由于钻石含有氮杂质，用它进行荧光光谱研究不切实际。

上述美林-巴塞特 DAC 的显著特征是实现了小型化，因此它可安装在标准测角计头部。需在两个衬背板(压板)之间的小区中安装钻石砧，如图 4-16 所示。目前采用的钻石砧底尖面积为 $600cm^2$ 或 $400cm^2$，以分别获得 10GPa 或 25GPa 的最大压力。最初设计的美林-巴塞特 DAC 采用拉伸强度和 X 射线透明度均满足要求的铍(Be)作为底座，用来固定钻石砧。由于该金属的多晶性对 X 射线衍射产生能量环，从而干扰正常实验衍射图像。此时，有必要采取高通量和低发散的同步加速器 X 射线束，因为 Be 线强度更高且看起来"参差不齐"[182]。此外，Be 具有毒性，因此处理和操作该装置时必须非常小心。

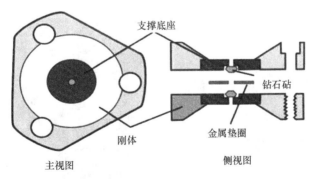

图 4-16　美林-巴塞特 DAC 的剖面结构图

为了改进 Be 底座钻石砧的不足，改进的美林-巴塞特 DAC 采用了碳化钨作为底座，不存在明显安全隐患。这些材料对 X 射线不透明，避免了污染样品衍射图案。但同样存在一些问题，如吸收大部分衍射光束，因此高压试验中可获得的倒易空间结构受到了严重限制。为了克服该问题，将碳化钨底座设计成一个圆锥形广角开口以嵌入 Böhler-Almax 金刚砧[183]。这种结构使钢底座利用充分角度作为高压的支撑(20GPa)，同时又保证了 X 射线的完全通透。关于该试验样品的放置、X 射线单晶衍射和粉末衍射的联用、压力传感器的设置等在此不再赘述。以上关于高压装置的信息主要是为后续含能材料晶体的高压实验结果和讨论做铺垫。

此外，还有另一种高压砧装置被称为巴黎-爱丁堡钻石砧(图 4-17)。由于最近发展了一种样品温度控制器，其测试能力进一步增强，可以很好地将温度控制在 110~500K。采用液氮管路冷却样品和碳化钨砧，并且嵌入 240W 电阻丝加热器控制升温(图 4-18)。该装置减少了被加热或冷却的体积，可以使温度响应时间最

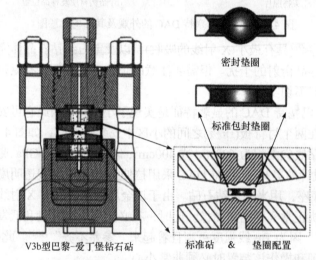

V3b型巴黎-爱丁堡钻石砧　　　　　　标准砧 & 垫圈配置

密封垫圈

标准包封垫圈

图 4-17　巴黎-爱丁堡钻石砧(V3b)和标准包封垫圈的横截面比较[186]

图 4-18　可变温度巴黎-爱丁堡高压单元

小化。此前不得不用液氮对整个装置进行冷却，从室温冷却至 120K 需要 4～5h，而最新的控温模块调试表明，45min 内即可冷却到 100K 或加热到 473K。因此，这种改进不仅开创了在高压下开展可变温度中子衍射实验的先河，同时也为高温和高压下多晶型材料快速淬火并在常压下恢复提供了新途径[184]。

上面提到的中子衍射实验要求样品体积大约比 X 射线粉末衍射的要求大 10^6 倍，从而排除了使用钻石砧的可能。因此，高压中子衍射实验一直受到限制，直到 1992 年巴黎-爱丁堡高压单元的出现，且压力也扩展到了 10～20GPa 的范围。压力互换腔(pressure exchange chamber，PEC)的普及源于其便携式轻量设计——它重约 50kg，而曾经具备相同样品容量的设备重达 1t 左右。和美林-巴塞特 DAC 一样，PEC 也是对置砧座结构。在这种结构中，样品经过碳化钨或钻石砧进行压缩(图 4-18)。下面将叙述高压装置在新型含能材料制备及其分子结构随压力变化研究方面的进展。

4.6.3 含能材料高压响应

含能材料的极限响应主要是指其在高温高压下的物理化学变化[185]，以及高压下新型含能材料的制备与合成。这里的压力包括静态压力和动态压力两种，静态压力主要来自上述钻石砧或压力杆，而动态压力主要来自冲击波或撞击。静态高压下材料的结构会发生明显变化，如压缩氢气或氮气会产生金属氢和聚合氮，这两种材料都可以用作高能量密度材料。图 4-19 给出了氢气在高温高压下的相变，在高于 300GPa 的压力下，氢气能以金属的形式存在。

高压除了对单原子分子排列有影响外，还对分子结构有重大影响[186]。分子结构可用其构型加以描述，即按照拓扑学、键长、键角的观点描述。分子结构各方面都可通过施压改变，但变化最大的是内旋角度。这是由于阻止内旋转的力通常比阻止键长和键角变化的力小得多。内旋转在化学各方面都非常重要，天然和合成聚合物的柔韧性依赖于分子内旋角，内旋转还会控制蛋白质和 DNA 等物质的行为特性。研究压力对其影响将有助于理解这些物理化学现象。

分子构象与压力也有一种对应关系，因为压力既可以改变分子构象异构体之间的平衡，又可以改变内旋转角及角度的变化。图 4-20 给出了碳原子的几种常见同素异形体，可以在不同条件下获得相应的结构。目前，人们对三维 C_{60} 聚合体比较关注，主要有两方面原因：①它是一种新型超硬材料；②可用于对碳包合物的探索。因为 C_{60} 单体与二维聚合体 C_{60} 结构层间存在弱范德华力，所以 C_{60} 单体和二维聚合体 C_{60} 晶体都很软。三维 C_{60} 聚合体则由于强共价键的存在变得很坚硬，甚至可以在金刚石表面留下划痕，被称为极硬和超硬富勒烯，这种超硬材料在高压下可以制备。

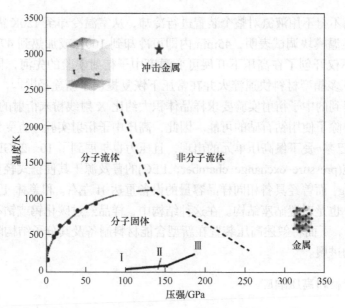

图 4-19　氢气在高温高压下的相变

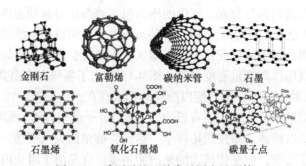

图 4-20　碳原子的几种常见同素异形体

　　此外，超高压下也可以制备聚合氮(cg-N)，已在前文介绍新型含能材料时提过。cg-N 是一种坚硬的物质，其体模量>330GPa，这也是强共价型固体的典型特征。研究发现所有氮的非分子聚合体系中，cg-N 仅在高压下稳定，常压下是亚稳结构。除了研究在高压下新型含能材料的制备，含能晶体在高压下的物理化学变化也成为目前的研究热点。其研究的意义主要表现在以下几个方面：①可以提高对爆轰能力的认识；②认识高压相的新特性，发掘新型高能量密度结构；③探索含能多晶性与固-固相变的内因；④指导改进含能材料冲击波安全性能；⑤探讨爆炸或冲击波作用下的材料相变问题；⑥通过含能材料在高压下响应的研究可以更好地预测和控制其多晶转变，并为极端条件下高能材料的模拟提供有用数据。

　　下面以 RDX、CL-20 和 AN 为例，简要总结含能材料在高压下响应的相关研究成果。首先了解 RDX 在高温高压下晶体变化的研究进展情况。RDX 具有两种常见晶型，即α和γ，2008 年才获得后者的准确结构信息，这两种晶型之间的转换发生在 4GPa 左右[187]。在高温高压下，这两种晶型都会变成另外一种晶型，刚开始这种晶型被称为新高温高压(HP-HT)相。也有人称这一新相为β-RDX，其在常压下也可存在[188]。

据报道，HP-HT 相在 RDX 高温高压下分解起到了关键性作用，了解该条件下 RDX 分解行为对研究其冲击波起爆有很大意义。因此，有必要详细表征 RDX 的 HP-HT 相，其已经取得了较大进展[189]。主要集中在以下几个方面：①确定了 HP-HT 相分子振动模式；②评估了该相与γ-RDX 的联系；③绘制了 RDX 的精确 PT 相图(图 4-21)；④研究了 HP-HT 相稳定性和分解过程；⑤对比了其在静态压缩与冲击波压缩响应的结果。

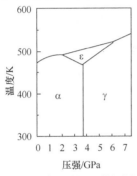 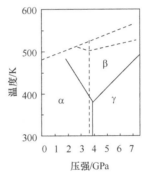

(a) 目前比较认可的精细化相图　　　(b) 实线与虚线是存在争议的两种相图结果

图 4-21　两个版本的 RDX 相图

从 RDX 精细化相图可以看到，ε-RDX 仅在压力为 2.2～6.0GPa 且温度略高于 465K 的有限范围内存在。由于此相的化学稳定性有限，很容易获得其热分解动力学参数。通过关联拉曼光谱强度与分解反应深度，发现分解过程服从自催化反应模型。采用 Prout-Tompkins 模型对数据拟合计算多个压力和温度下的全局分解速率，所得速率随温度升高而增大，而随压力升高而下降。研究表明，ε-RDX 分解活化体积为正值，而α-RDX 则为负值。

为了区分 RDX 在常压和超高压下的分解机理，对比研究了冲击波作用条件下 RDX 分解拉曼光谱与静力压缩下γ-RDX 和ε-RDX 的拉曼光谱(图 4-22)。冲击波压缩时的光谱相对其他光谱采用的是单脉冲激光，因此信噪比明显较低。

尽管这样，还是发现冲击波压力作用下的几个特征峰，如 3000cm⁻¹ 区域、小于 400cm⁻¹ 和高于 1000cm⁻¹ 的区域与γ-RDX 更类似，而区别于ε-RDX。说明冲击波起爆时 RDX 是以γ-晶型分解的[190]，这一发现对模拟 RDX 的冲击波起爆意义重大。

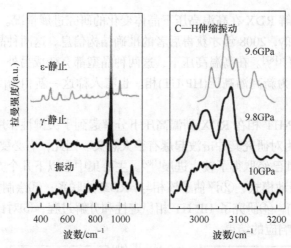

图 4-22　冲击波作用条件下 RDX 分解拉曼光谱与静力压缩下γ-RDX 与ε-RDX 的拉曼光谱

由于 AN 在常压下存在 5 种不同的晶型，其高压响应更为复杂。众所周知，AN 有吸湿性和相变特性，室温下发生的 AN-Ⅳ～AN-Ⅲ相变是造成粉状炸药出现结块现象的主要原因。这种现象影响了炸药的爆轰性能和贮存性能。常压下，AN 的 5 种晶型在一定条件下可相互转变，室温下发生的 AN-Ⅳ～AN-Ⅲ相变伴随较大的体积变化。研究表明，AN 在 15GPa 以上又出现了新相(图 4-23)。这一发现表明，AN 的冲击波起爆机理异常复杂，主要取决于冲击波的压力峰值。

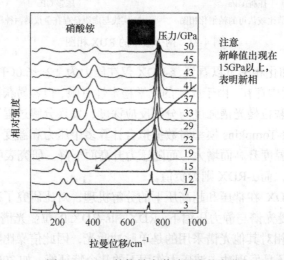

图 4-23　AN 的拉曼光谱随压力的变化

ε-CL-20 是常压下热力学最稳定的晶型。据文献报道，目前已开展了一些关于ε-CL-20 在高压下的响应研究。尽管 Sorescu 等[191]通过理论计算了β-CL-20 的高压响应情况，但α-晶型或β-晶型的压缩响应实验迄今未见报道。多个课题组对ε-CL-20 的压缩进行了研究，采用的表征方法主要有 X 射线粉末衍射和拉曼光谱。

　　Gump[192]采用衍射实验在常温和 5.6GPa 以下没有观察到ε-CL-20 相变。ε-CL-20 晶胞各轴向压缩并不均匀，在整个压力范围内，b 轴可压缩率比其他方向高 2%以上。样品温度在 348K 和 413K 时，ε-晶型在 5GPa 以下都能保持稳定。在高温时样品一直处于 0.4GPa 环境下，可防止在温度达到 348K 和 413K 时发生ε晶型→γ晶型转变。后来，Ciezak 等[193]拓展了实验压力范围，研究了ε-CL-20 压缩到27GPa过程中的振动光谱。振动模式的强度随压力的变化和不连续性表明，ε晶型到γ晶型的转变出现在 4.5～6.4GPa。他们还指出，在 14.8GPa 附近开始出现另一种晶型转变，直到 18.7GPa 转化完全。这种相变的结果使 CL-20 获得了第五种晶型，即ζ-CL-20。如果采用γ-CL-20 作为原材料，这种高压ζ晶型可以在更低压力下获得。

　　为了使γ-CL-20 在极端条件下的行为获得更充分的研究，Russell 等[194]使用光学显微镜和红外光谱联用方法，获得了 CL-20 的全部五种晶型的稳定性区域以及多晶转变的可逆区域，并绘制了压力/温度相图(图 4-24)。

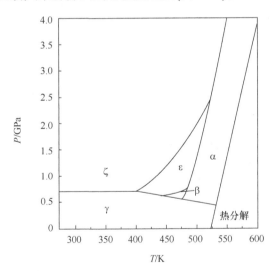

图 4-24　γ-CL-20 的压力/温度相图
采用γ-CL-20 作为起始材料，压缩后根据 FTIR 和偏光显微镜测得

　　此外，利用能量分散型 X 射线粉末衍射研究γ-CL-20 向ζ晶型转变的过程[195]，采用光学显微镜进一步观察发现γ单晶可以在 0.7GPa 时快速可逆地转换为ζ晶型，且晶体完好无损。与其他几种晶型α-、β-和ε-的红外光谱对比发现，确实存在第五种晶型ζ-CL-20。这种晶型的红外光谱更少，且分子构象具有更高的对称性。该实验结果与这几种晶型 CL-20 的 DFT 计算结果一致，其中高压ζ晶型中 CL-20 所

有的硝基都朝外取向[196]。Gump 等[197]也发现了类似的结果，即 0.7GPa 压力可引起ε-CL-20 晶型转变成ζ型。

参 考 文 献

[1] MIURA K. A new and simple method to estimate $f(E)$ and $k0(E)$ in the distributed activation energy model from three sets of experimental data[J]. Energy & Fuels, 1995, 9(2): 4-7.

[2] PEREZ-MAQUEDA L A, CRIADO J M, SANCHEZ-JIMENEZ P E. Combined kinetic analysis of solid-state reactions: A powerful tool for the simultaneous determination of kinetic parameters and the kinetic model without previous assumptions on the reaction mechanism[J]. The Journal of Physical Chemistry A, 2006, 110(45): 12456-12462.

[3] SANCHEZ-JIMENEZ P E, PEREZ-MAQUEDA L A, PEREJÓN A, et al. A new model for the kinetic analysis of thermal degradation of polymers driven by random scission[J]. Polymer Degradation and Stability, 2010, 95(5): 733-739.

[4] MÁLEK J. A computer program for kinetic analysis of non-isothermal thermoanalytical data[J]. Thermochimica Acta, 1989, 138(2): 337-346.

[5] PEDRO E, SANCHEZ-JIMENEZ P E, LUIS A, et al. An improved model for the kinetic description of the thermal degradation of cellulose[J]. Cellulose, 2011, 18(6):1487-1498.

[6] SANCHEZ-JIMENEZ P E, PEREZ-MAQUEDA L A, PEREJÓN A, et al. Generalized kinetic master plots for the thermal degradation of polymers following a random scission mechanism[J]. The Journal of Physical Chemistry A, 2010, 114(30): 7868-7876.

[7] PEREZ-MAQUEDA L A, CRIADO J M, SANCHEZ-JIMENEZ P E, et al. Applications of sample-controlled thermal analysis (SCTA) to kinetic analysis and synthesis of materials[J]. Journal of Thermal Analysis and Calorimetry, 2015, 120(1):45-51.

[8] LENGELLE G, DUTERGUE J, TRUBERT J F. Physico-chemical mechanisms of solid propellant combustion[J]. Progress in Astronautics and Aeronautics, 2000(185):287-334.

[9] BDZIL J B, STEWART D S. The dynamics of detonation in explosive systems[J]. Annual Review of Fluid Mechanics, 2007, 39: 263-292.

[10] 刘子如, 张腊莹. 含能材料燃烧过程中热分解化学的研究进展[J].火炸药学报, 2005, 28(4): 72-75.

[11] 冯丽娜,张建国, 张同来,等. 氨基四唑化合物异构和分解反应的研究进展[J]. 含能材料, 2009,17: 113-118.

[12] 霍冀川, 吴瑞荣, 舒远杰, 等. 氮杂环类含能材料热分解研究进展[J]. 爆破, 2007, 24(4): 21-25.

[13] 王新锋, 舒远杰. 新型高能炸药热分解研究进展[J]. 化学研究与应用, 2004, 16(3): 305-308.

[14] 熊鹰, 舒远杰, 周歌, 等. 均四嗪热分解机理的从头算分子动力学模拟及密度泛函理论研究[J]. 含能材料, 2006, 14(6): 421-424.

[15] WANG L, TUO X, YI C, et al. Theoretical study on the trans–cis isomerization and initial decomposition of energetic azofurazan and azoxyfurazan[J]. Journal of Molecular Graphics and Modelling, 2009, 28(2): 81-87.

[16] ALAVI S, REILLY L M, THOMPSON D L. Theoretical predictions of the decomposition

mechanism of 1,3,3-trinitroazetidine (TNAZ)[J]. The Journal of Chemical Physics, 2003, 119(16): 8297-8304.

[17] ZHAO Q,ZHANG S,LI Q S. A direct ab initio dynamics study of the initial decomposition steps of gas phase 1, 3, 3-trinitroazetidine[J]. Chemical Physics Letters,2005, 412(4-6): 317-321.

[18] KOHNO Y, TAKAHASHI O, SAITO K. Theoretical study of initial decomposition process of NTO dimer[J]. Physical Chemistry Chemical Physics, 2001, 3(14): 2742-2746.

[19] WANG Y M, CHEN C, LIN S T. Theoretical studies of the NTO unimolecular decomposition[J]. Journal of Molecular Structure Theochem, 1999, 460(1-3): 79-102.

[20] KISELEV V G, GRITSAN N P. Theoretical study of the 5-aminotetrazole thermal decomposition[J]. The Journal of Physical Chemistry A, 2009, 113(15): 3677-3684.

[21] GUO Y Q, GREENFIELD M, BHATTACHARYA A, et al. On the excited electronic state dissociation of nitramine energetic materials and model systems[J]. The Journal of Chemical Physics, 2007, 127(15): 154301.

[22] BHATTACHARYA A, BERNSTEIN E R. Nonadiabatic decomposition of gas-phase RDX through conical intersections: An ONIOM-CASSCF study[J]. The Journal of Physical Chemistry A, 2011, 115(17): 4135-4147.

[23] BHATTACHARYA A, GUO Y, BERNSTEIN E R. Nonadiabatic reaction of energetic molecules[J]. Accounts of Chemical Research, 2010, 43(12): 1476-1485.

[24] BHATTACHARYA A,GUO Y Q, BERNSTEIN E R. Experimental and theoretical exploration of the initial steps in the decomposition of a model nitramine energetic material: Dimethylnitramine[J]. The Journal of Physical Chemistry A, 2009, 113(5): 811-823.

[25] DING W, ZHANG N. Relation between plasma ignition energy and some chemical characteristics of primary explosives[J]. Chinese Journal of Explosives & Propellants, 2010, 33(1):87-90

[26] ZHANG Y, LI Q,ZHANG J, et al. Interrupted combustion experiment of SF-3 propellant with plasma ignition[J]. Chinese Journal of Explosives & Propellants, 2009, 32 (3):75-78.

[27] ZHAO X, YU B,ZHANG Y, et al. Combustion characteristics of ETPE propellant with plasma ignition [J]. Chinese Journal of Explosives & Propellants, 2009, 32(5):75-78.

[28] LIU M, ZHANG X. Establishment of semiconductor bridge ignition model and its numerical simulation [J]. Chinese Journal of Explosives & Propellants, 2008(5):87-90.

[29] DAI R, LI B M, ZHANG J Q. Study of plasma ignition single propellant[J]. Chinese Journal of Explosives and Propellants, 2001, 24(1): 60-61.

[30] YANG C, ZHAO B, LI B. Ignition and combustion behavior of a type of LOVA solid propellant[J]. Chinese Journal of Explosives & Propellants, 2004, 27(2): 31-34.

[31] YU B, DU C. Study on the temperature determination technique for ignition and combustion of propellants[J]. Chinese Journal of Explosives & Propellants, 2001, 24 (2): 28-31.

[32] YU Y, JIN Z, LIU F,et al. Experimental research on the ignition process of energetic droplet[J]. Chinese Journal of Explosives & Propellants, 2001, 24 (2): 35-36.

[33] YU B. Experimental study on Ignition and flame spreading of modular charge[J]. Chinese Journal of Explosives & Propellants, 2002, 25 (4): 69-70.

[34] LEI W, WU Q, WEI G. Research of HTPB/AP composite propellant shock wave ignition[J]. Chinese Journal of Explosives and Propellants, 2005(3):34-36, 51.

[35] ZHANG Q, WANG N, TIAN W. Design and experiments of aft-ignition for small solid rocket motor[J]. Chinese Journal of Explosives and Propellants, 2006, 29(2): 51.

[36] DU C. Ignition agents suitable for nitramine propellants[J]. Chinese Journal of Explosives and Propellants, 2002, 25(3): 69-72.

[37] TAN Y. Parametes design of the barrel of a small flyer initiating system[J]. Chinese Journal of Explosives and Propellants, 2001, 24(3): 51-52.

[38] XIAO Z. Experimental study on reducing the pressure wave of gun propelling charge with high loading density[J]. Chinese Journal of Explosives and Propellants, 2001, 24(1): 7-10.

[39] ZHANG Y, YANG L,JIANG S. Ignition and combustion behaviors of LOVA gun propellant[J]. Chinese Journal of Explosives and Propellants, 2004, 27(2): 41-43.

[40] 刘德辉, 吴文清. 硝胺推进剂点火性能研究[J].含能材料, 1997, 5(1): 31-34.

[41] 严启龙, 张晓宏, 李宏岩, 等. 固体推进剂中铝粉氧化过程及其燃烧效率影响因素[J].化学推进剂与高分子材料, 2011, 9(4): 20-26.

[42] 黄辉, 黄勇, 李尚斌. 含纳米级铝粉的复合炸药研究[J]. 火炸药学报, 2002, 25(2): 1-3.

[43] 王长喜. 固体推进剂中铝粉的燃烧行为[J]. 飞航导弹. 1992(7): 49-52.

[44] 徐景龙, 阳建红, 王华. 含纳米金属粉高能推进剂热分解性能和燃烧火焰结构分析[J]. 飞航导弹, 2006, 12: 47-49.

[45] MASSALSKI T B. Binary Alloy Phase Diagrams[M]. Materials Park: ASM International, 1990.

[46] LEVINSKIY Y V.P-T-X binary phase diagrams of metal systems[M]. Moscow: Metallurgia, 1990.

[47] WRIEDT H A. The Al-O(aluminum-oxygen)system[J]. Bulletin of Alloy Phase Diagrams, 1985, 6: 548-553.

[48] TRUNOV M A, UMBRAJKAR S M, SCHOENITZ M, et al. Oxidation and melting of aluminum nanopowders[J]. The Journal of Physical Chemistry B, 2006, 110(26): 13094-13099.

[49] TRUNOV M A, SCHOENITZ M, DREIZIN E L. Effect of polymorphic phase transformations in alumina layer on ignition of aluminium particles[J]. Combustion Theory and Modelling, 2006, 10(4): 603-623.

[50] LEVINSKY Y, EFFENBERG G, ILENKO S. Pressure Dependent Phase Diagrams of Binary Alloys: Ag-Co-H-Na[M]. Cleveland: ASM International, 1997.

[51] JEURGENS L P H, SLOOF W G, TICHELAAR F D, et al. Structure and morphology of aluminium-oxide films formed by thermal oxidation of aluminium[J]. Thin Solid Films, 2002, 418(2): 89-101.

[52] LEVIN I, BRANDON D. Metastable alumina polymorphs: Crystal structures and transition sequences[J]. Journal of the American Ceramic Society, 1998, 81(8): 1995-2012.

[53] DWIVEDI R K, GOWDA G. Thermal stability of aluminium oxides prepared from gel[J]. Journal of Materials Science Letters, 1985, 4(3): 331-334.

[54] JEURGENS L P H, SLOOF W G, TICHELAAR F D, et al. Growth kinetics and mechanisms of aluminum oxide films formed by thermal oxidation of aluminum[J]. Journal of Applied Physics,

2002, 92(3):1649-1956.

[55] RUANO O A, WADSWORTH J, SHERBY O D. Deformation of fine-grained alumina by grain boundary sliding accommodated by slip[J]. Acta Materialia, 2003, 51(2):3617-3634.

[56] KUBOTA N, PRENTICE J L. Combustion of pulse-heated single particles of aluminum and beryllium[J]. Combustion Science and Technology, 1970, 1(5):385-398.

[57] Fundamentals of Solid-Propellant Combustion[M]. Reston: American Institute of Aeronautics and Astronautics, 1984.

[58] DREIZIN E L. NASA conference publication 10194[C]. The 4th International Microgravity Combustion Workshop, NASA, Cleveland, 1997: 55-60.

[59] TRUNOV M A, SCHOENITZ M,ZHU X, et al. Effect of polymorphic phase transformations in Al_2O_3 film on oxidation kinetics of aluminum powders[J]. Combustion and Flame, 2005, 140(4): 310-318.

[60] 卢红霞, 侯铁翠, 曾昭桓, 等. 纳米铝粉及微米铝粉的氧化特性研究[J].轻合金加工技术, 2007, 35(10), 69-72.

[61] 卢红霞, 曾昭桓, 侯铁翠,等. 纳米 Al 粉热反应特性的研究[J].人工晶体学报, 2007, 36(3): 41-44.

[62] 江治, 李疏芬,赵凤起,等. 纳米铝粉和镍粉对复合推进剂燃烧性能的影响[J]. 推进技术, 2004, 25(4): 368-372.

[63] 夏强,李疏芬,王桂兰, 等. 超细铝粉在 AP/HTPB 推进剂中的燃烧研究[J].固体火箭技术, 1994(4): 35-42.

[64] 高东磊, 张炜, 朱慧, 等. 纳米铝粉在复合推进剂中的应用[J].固体火箭技术, 2007, 30(5): 72-76.

[65] 刘磊力, 李凤生、杨毅, 等. 纳米金属和复合金属粉对 AP/HTPB 推进剂热分解的影响[J]. 推进技术, 2005, 26(5): 458-461.

[66] GLOTOV O G. Condensed combustion products of aluminized propellants. IV. Effect of the nature of nitramines on aluminum agglomeration and combustion efficiency[J]. Combustion Explosion and Shock Waves, 2006, 42(4): 436-449.

[67] 胥会祥, 赵凤起. 镁铝富燃料推进剂燃烧残渣影响因素理论分析[J].固体火箭技术, 2006, 29(3): 200-203.

[68] 周超, 李国平, 罗运军. 纳米铝热剂的研究进展[J]. 化工新型材料, 2010, 38(S1): 4-7.

[69] LIU T K, PERNG H C, LUH S P, et al. Aluminum agglomeration in AP/RDX/Al/HTPB propellant combustion[C]. 27th Joint Propulsion Conference, Sacramento, 1992: 1870.

[70] BABUK V A, VASILYEV V A, MALAKHOV M S. Condensed combustion products at the burning surface of aluminized solid propellant[J]. Journal of Propulsion and Power, 1999, 15(6): 783-793.

[71] BECKSTEAD M W. An overview of aluminum agglomeration modeling[C]. Tel-Aviv and Haifa: 50th Israel Annual Conference on Aerospace Sciences, Provo, 2010: 834-861.

[72] DUTERQUE J. Experimental studies of aluminum agglomeration in solid rocket motors[J]. International Journal of Energetic Materials and Chemical Propulsion, 1997, 4(1-6): 693-705.

[73] SAMBAMURTHI J K, PRICE E W, SIGMANT R K. Aluminum agglomeration in

solid-propellant combustion[J]. Aiaa Journal, 1984, 22(8): 1132-1138.

[74] CHURCHILL H, FLEMING R W, COHEN N S. Aluminum behavior in solid propellant combustion[R]. Air Force Rocket Propulsion Laboratories Report TR-74-13, 1974.

[75] GRIGOR'EV V G, ZARKO V E, KUTSENOGII K P. Experimental investigation of the agglomeration of aluminum particles in burning condensed systems[J]. Combustion Explosion and Shock Waves, 1981, 17(3): 245-251.

[76] 李上文,赵凤起, 徐司雨.低特征信号固体推进剂技术[M]. 北京:国防工业出版社, 2013.

[77] 刘萌, 李笑江, 严启龙, 等. 新型燃烧催化剂在固体推进剂中的应用研究进展[J].化学推进剂与高分子材料, 2011, 9 (2): 29-33.

[78] 陆安舫, 李顺生, 薛幸福. 国外火药性能手册[M]. 北京:兵器工业出版社, 1991.

[79] 秦能, 汪亮, 王宁飞. 低燃速低燃温双基推进剂燃烧性能的调节[J].火炸药学报, 2003, 26(3): 16-19.

[80] 李上文. 关于硝胺推进剂研制的几点看法[J]. 火炸药, 1980(Z1):19-30.

[81] 李上文, 王江宁. 直链叠氮硝胺对双基推进剂燃烧性能的影响[J].推进技术, 1995, 16(4): 61-65.

[82] 郑伟, 王江宁, 周彦水. 含 DNTF 的改性双基推进剂燃烧性能[J].推进技术, 2006, 27(5): 469-472.

[83] 庞军,王江宁,张蕊娥, 等. CL-20、DNTF 和 FOX-12 在 CMDB 推进剂中的应用[J].火炸药学报, 2005(1):19-21.

[84] 赵凤起, 陈沛, 罗阳, 等. 含 3,4-二硝基呋咱基氧化呋咱 (DNTF) 的改性双基推进剂[J].推进技术, 2004, 25(6): 570-572.

[85] 潘文达, 马水嬗, 常景湘, 等. 燃温对平台双基缓燃药燃烧性能的影响[J]. 火炸药学报, 1995(2): 11-13, 24.

[86] 李笑江. 粒铸 EMCDB 推进剂制备原理及性能研究[D]. 南京: 南京理工大学, 2007.

[87] 樊学忠, 张伟, 李吉祯, 等. 铅盐对无烟 NEPE 推进剂燃烧性能的影响[J].火炸药学报, 2005(1):9-11.

[88] 张超, 马亮,赵凤起, 等. 含能材料燃烧转爆轰研究进展[J].含能材料, 2015, 23(10): 1028-1036.

[89] 黄毅民, 冯长根, 龙新平, 等. JOB-9003 炸药燃烧转爆轰现象研究[J]. 火炸药学报, 2002, 51: 54-56.

[90] 张端庆. 固体火箭推进剂[M]. 北京:兵器工业出版社, 1991.

[91] 段宝福, 宋锦泉, 汪旭光. 炸药燃烧转爆轰(DDT)研究现状[J]. 有色金属(矿山部分), 2003, 55(1): 31-35.

[92] ANDREEV K K. The problem of the mechanism of the transition from burning to detonation in explosives[J]. Jounal of Physical Chemistry, 1944, 17: 533-537.

[93] MACEK A. Transition from deflagration to detonation in cast explosives[J]. The Journal of Chemical Physics, 1959, 31(1): 162-167.

[94] 张泰华, 白以龙, 王世英, 等.推进剂的掩击损伤状态对其燃烧转爆轰的影响[J]. 力学学报, 2000, 32(5) : 532- 539.

[95] POPOV V A. On the pre-detonation period of flame propagation[J]. Symposium (International)

on Combustion, 1958, 7(1): 799-806.

[96] BRINKLEY JR S R, LEWIS B. On the transition from deflagration to detonation[J].Symposium (International) on Combustion, 1958, 7(1): 807-811.

[97] 彭培根. 固体复合推进剂燃烧转爆轰的临界直径的理论预测[J].火炸药学报, 1980(5):1-14.

[98] 曲作家, 于津平, 高耀林, 等.粒状硝胺火药燃烧转爆轰的研究[J]. 南京理工大学学报(自然科学版), 1989, 2:14-20.

[99] 金志明, 杨涛, 袁亚雄, 等.粒状火药床燃烧转爆轰的研究[J].爆炸与冲击, 1994, 14(1): 66-72.

[100] 夏秋. 新型含能材料的燃烧转爆轰[J].含能材料, 1994, 2(1): 21-23.

[101] 杨涛, 金态明. 发射药颗粒床中对流燃烧的实验研究[J]. 航空动力学报, 1994, 9(4): 282-286.

[102] 郝新红. 烟火剂 DDT 研究[J].火工品, 1999, 3:16-21.

[103] 雷卫国, 武杰灵. 破碎燃烧高能气体压裂装药损伤对 DTT 行为的影响[J]. 火炸药学报, 2003, 26(3): 32-34.

[104] 刘鹏, 张怀智, 郭胜强, 等. 废炸药燃烧转爆轰的原因分析及对安全销毁炸药的启示[J]. 爆破器材, 2009, 38(1): 31-34.

[105] 秦能, 廖林泉, 范红杰. 几种典型固体推进剂的危险性能实验研究[J].含能材料, 2010, 18(3): 324 -329.

[106] 张新明, 吴艳青, 黄风雷.炸药颗粒床中致密波状态方程研究[J]. 北京理工大学学报, 2011, 31(7):761-764.

[107] 于津平. 火炸药燃烧转爆轰的机理假说综述[J].弹道学报, 1991(1):71-75, 41.

[108] 杨涛, 张为华. 高能固体推进剂燃烧转爆轰(DDT)研究综述[J]. 推进技术, 1996, 17(3): 76-82.

[109] 张泰华, 卞桃华. 高能推进剂燃烧转爆轰的实验和数值研究[J].弹道学报, 2001, 13(3): 58-62.

[110] KESSLER D A, GAMEZO V N, ORAN E S. Simulations of flame acceleration and deflagration-to-detonation transitions in methane–air systems[J]. Combustion and Flame, 2010, 157(11): 2063-2077.

[111] LIU Q, BAI C, JIANG L, et al. Deflagration-to-detonation transition in nitromethane mist/aluminum dust/air mixtures[J]. Combustion and Flame, 2010, 157(1): 106-117.

[112] PETERSON J R, WIGHT C A. An Eulerian–Lagrangian computational model for deflagration and detonation of high explosives[J]. Combustion and Flame, 2012, 159(7): 2491-2499.

[113] 李小东, 刘庆明, 白春华, 等. 铝粉-空气混合物的燃烧转爆轰过程[J].火炸药学报, 2009, 32(6): 58-61.

[114] 王宁飞, 刘昶秀, 魏志军. 固体燃料超燃冲压发动机燃速研究进展[J].航空动力学报, 2014, 29(3):727-736.

[115] DEAN A. A review of PDE development for propulsion applications[C]. 45th Aiaa Aerospace Sciences Meeting and Exhibit, Reno, Nevada, 2007: 985.

[116] 严传俊, 何立明, 范玮, 等. 脉冲爆震发动机的研究与发展[J].航空动力学报, 2001, 16(3): 212-217.

[117] 王杰, 翁春生. 脉冲爆震发动机管外复杂波系的数值计算[J]. 推进技术, 2008, 29(5): 545-551.

[118] 赵孝彬, 蒲远远, 陈教国, 等. NEPE 推进剂的燃烧转爆轰特性[J]. 火炸药学报, 2007, 30(1): 4-8.

[119] ASATO K, MIYASAKA T, WATANABE Y, et al. Combined effects of vortex flow and the Shchelkin spiral dimensions on characteristics of deflagration-to-detonation transition[J]. Shock Waves, 2013, 23(4): 325-335.

[120] SANDUSK H W, BERNECKER R R. Compressive reaction in porous beds of energetic materials[C].Eighth International Symposium on Detonation, Albuquerque NM , 1985: 881-891.

[121] POWERS J M, STEWART D S, KRIER H. Analysis of steady compaction waves in porous materials[J]. Journal of Applied Mechanics, 1989, 56(1): 15-24.

[122] 王建,文尚刚,何智, 等.压装高能炸药的燃烧转爆轰实验研究[J].火炸药学报, 2009, 32(5):25-28.

[123] MCAFEE J M, ASAY B W, CAMPBELL A W, et al. Deflagration to detonation in granular HMX [C]// Proceeding of 9th Symposium(Int.) on Detonation, Arlington Va, 1989: 265-279.

[124] 陈晓明, 赵瑛, 宋长文, 等. 发射药燃烧转爆轰的试验研究[J].火炸药学报, 2012, 35(4):69-72.

[125] 董树南, 王世英, 朱晋生, 等. 含 ACP 改性双基推进剂的燃烧转爆轰实验研究[J].火炸药学报, 2007, 30(4): 17-20.

[126] STANTON P L, VENTURINI E L, DIETZEL R W. Microwave interferometer techniques for detonation study[R]. Sandia National Laboratory, Albuquerque NM, 1985.

[127] LIU C T. Measurement of damage in a solid propellant by acoustic imaging technique[J]. Materials Evaluation, 1989, 47: 746-752.

[128] HELD M, NIKOWITSCH P. Inverse multi-streak-techniqce[C]. Proccedings of Seventh Symposium(Int.) on Dctonation, Annapolis, Maryland, 1981: 751-758.

[129] 秦能,廖林泉,金朋刚, 等. 典型固体推进剂燃烧转爆轰实验研究[J].火炸药学报, 2010, 33(4): 86-89.

[130] 姜羲, 王苏源. 含能材料密实床燃烧转爆轰的数值模拟[J].爆炸与冲击, 1992, 12(2): 97-104.

[131] KUO K K, VICHNEVETSKY R, SUMMERFILED M. Theory of flame front propagation in porous propellant charges under confinement [J]. AIAA Journal, 1973, 11(4): 444-451.

[132] GOUGH P S, ZWARTA F J. Modeling heterogeneous two-phase reacting flow[J]. AIAA Journal, 1979, 17(1):17-25.

[133] PASSMAN S, NUNZIATO J W, WALSH E K. Theory of Multiphase Mixtures[M]. New York: Springer, 1984.

[134] STARIKOVSKIY A, ALEKSANDROV N, RAKITIN A. Plasma-assisted ignition and deflagration-to-detonation transition[J]. Philosophicall Transactions Series A, Mathematical, Physical, and Engineering Sciences, 2012, 370(1960): 740-773.

[135] BAER M R, NUNZIANTO J W. An experimenal and theoretical study of deflagration-to-

detonation tran sition(DDT) in thegranular explosive CP[J]. Combustion & Flame, 1986, 65:15-30.

[136] BAER M R, NUNZIANTO J W. A two-phase mixture theory for the deflagration-to-detonation transition (DDT) in reactive granular materials [J]. Int Journal of Multiphas Flow, 1986, 12:861-889.

[137] POWERS J M, STEWART D S, KRIER H. Theory of two-phase detonation-part: Modeling[J]. Combustion & Flame, 1990, 80:264-279.

[138] 秦根成, 侯晓, 陈林泉, 等. 高能固体推进剂燃烧转爆轰的数值模拟[J].固体火箭技术, 2006, 29(3):186-189.

[139] 刘德辉, 彭培根, 杨东民. 固体推进剂燃烧转爆轰模拟计算研究[J].推进技术, 1993(1): 57-65.

[140] 贾祥瑞, 李冬香, 孙锦山, 等. 高能固体推进剂燃烧转爆轰数值模拟[J].兵工学报, 1997, 18(1): 46-51.

[141] 贾祥瑞, 孙锦山. 含能材料多孔床中致密波分析[J].兵工学报, 2000, 21(3): 212-216.

[142] 贾祥瑞,孙锦山,李世才, 等. 高能推进剂多孔床中致密波研究[J].北京理工大学学报, 1997, 17(1):19-24.

[143] 杨涛. 多孔推进剂装药的动态压缩过程的数值研究[J]. 推进技术, 1995, 16(1): 68-74.

[144] KRIER H, DAHM M R, SAMUELSON L S. A fully viscous two-dimensional unsteady flow analysis applied to detonation transition in porous explosives[R]. Illionis University at Urbana-Champaign Department of Mechanical and Industrial Engineering, 1985.

[145] SPALDING M J, KRIER H, BURTON R L. Boron suboxides measured during ignition and combustion of boron in shocked $Ar/F/O_2$ and $Ar/N_2/O_2$ mixtures[J]. Combustion and Flame, 2000, 120(1-2): 200-210.

[146] HOFFMAN S J, KRIER H. Fluid mechanics of deflagration-to-detonation transition in porous explosives and propellants[J]. Aiaa Journal, 1981, 19(12): 1571-1579.

[147] 林玲, 翁春生. 等离子体射流点火对燃烧转爆轰影响的二维数值计算[J]. 兵工学报, 2014, 35(9):1428-1435.

[148] MADER C L. Numerical Modeling of Explosives and Propellants[M]. Berkeley: University of California Press, 1979.

[149] HALLQUIST J O. LS-DYNA3D Theoretical Manual[M]. Livermore: Livermore Software Technology Corporation, 1994.

[150] 董贺飞, 赵艳红, 洪滔. HMX 炸药燃烧转爆轰数值模拟[J]. 高压物理学报, 2012, 26(6):601-606.

[151] 文尚刚, 王胜强, 黄文斌, 密度对压装 B 炸药燃烧转爆轰性能的影响[J]. 火炸药学报, 2006, 29(5): 5-8.

[152] 陈朗, 王飞, 伍俊英, 等. 高密度压装炸药燃烧转爆轰研究[J].含能材料, 2011, 19(6): 697-704.

[153] 赵同虎, 张寿齐, 张新彦. DDT 管材料对颗粒状 RDX 床燃烧转爆轰影响的实验研究[J]. 高压物理学报, 2000, 4(2): 99-103.

[154] LEURET F, CHAISS F, PRESLES H N, et al. Experimental study of the low velocity

detonation regime during the def-lagration to detonation transition in a high density explosive[C]. Proceedings of 11th International Symposiumon Detonation, Snowmass, Colorado, 1998:693-701.

[155] CHARLES E H. An insensitive nitrocellulose base high performance minimum smoke propellant[C]. Proceeding of Insensitive Munitions Technology Symposium, Williamsburg, VA, 1994: 221-228.

[156] LEROY M, HAMA'T'DE S S B. SNPE methodology for insensitive rocket motors development[C]//Proceeding of Insensitive Munitions Technology Symposium, Williamsburg, VA, 1994: 439-448.

[157] 刘德辉,彭培根,王振芳, 等. AP/HMX 丁羟复合推进剂燃烧转爆轰研究[J].兵工学报, 1994, 15(1): 32-36.

[158] 刘德辉, 潘孟春, 彭培根, 等. 模型与真实 AP/硝胺推进剂燃烧转爆轰的比较[J]. 推进技术, 1992, 13(5): 74-77.

[159] 王建, 文尚刚. 以 HMX 为基的两种压装高密度炸药的燃烧转爆轰实验研究[J]. 高压物理学报, 2009, 23(6): 441-445.

[160] 荣光富, 黄寅生, 崔晨晨, 等. 硼系高能点火药对太安燃烧转爆轰的影响[J]. 爆破器材, 2007, 36(2): 13-14.

[161] 荣光富, 黄寅生. 两种高能点火药对炸药燃烧转爆轰的影响[J]. 爆破器材, 2008, 37(5): 20-22.

[162] 赵同虎, 张新彦, 李斌, 等. 颗粒状 RDX、HMX 的燃烧转爆轰实验研究[J]. 含能材料, 2003, 11(4): 187-190.

[163] HARE D E, FORBES J W, GARCIA F, et al. A report on the deflagration-to-detonation transition (DDT) in the high explosive LX-04[C]//Proceedings of International Symposium on Detonation, Livermore: Lawrence Livermore National Laboratory, 2004(1): 1-29.

[164] SANDUSKY H W, GRANHOLM R H, BOHL D G, et al. Deflagration to detonation transition in LX-04 as a function of loading density, temperature,and confinement [C]//Proceedings of 13th International Symposium on Detonation, Norfolk, VA, 2006:1-9.

[165] DAI X G, WEN Y S, HUANG F L, et al. Effect of temperature, density and confinement on deflagration to detonation transition of an HMX‐based explosive[J]. Propellants, Explosives, Pyrotechnics, 2014, 39(4): 563-567.

[166] BERNECKER R R, SANDUSKY H W. Compressive reaction in Porous beds of energetic materials[C]. Proceeding of 8th Symposium(Inter) on Detonation Albuquerque, Maryland, 1985: 881-891.

[167] 杨涛, 夏智勋, 雷碧文. 发射药在强约束条件下的燃烧转爆轰特性[J].推进技术, 1995, 16(6): 66-73.

[168] OBMENIN A V, KOROTKOV A I, SULIMOV A A, et al. Propagation of predetonation regimes in porous explosives[J]. Combustion Explosion and Shock Waves, 1969, 5(4): 317-322.

[169] BERNECKER R R, PRICE D. Burning to detonation transition in porous beds of a high-energy propellant[J]. Combustion and Flame, 1982, 48: 219-231.

[170] KRIER H,CUDAK C A, STEWART J R, et al. A model for shock initiation of porous propellants by ramp-induced compression processes[C]. Proceedings of the Eighth Symposium (International) on Detonation, Albuquerque, 1985, 985: 962-971.

[171] BRIDGMAN P W. The Physics of High Pressure[J]. Review Science Instrument, 1980, 51: 1577.

[172] BRIDGMAN P W. The Resistance of 72 Elements, Alloys and Compounds to 100,000 kg · cm²[M]. Cambridge: Harvard University Press, 2013.

[173] KATRUSIAK A. High-pressure crystallography[J]. Acta Crystallographica Section A: Foundations of Crystallography, 2008, 64(1): 135-148.

[174] HAZEN R M, Downs R T. High-Temperature and High Pressure Crystal Chemistry[M]. Berlin: Walter de Gruyter GmbH &Co KG, 2019.

[175] MERRILL L, BASSETT W A. Miniature diamond anvil pressure cell for single crystal X-ray diffraction studies[J]. Review of Scientific Instruments, 1974, 45(2): 290-294.

[176] BESSON J M, NELMES R J, HAMEL G, et al. Neutron powder diffraction above 10GPa[J]. Physica B: Condensed Matter, 1992, 180: 907-910.

[177] BRIDGMAN P W. Physics of High Pressure[M]. New York: Dover Publications, 1971.

[178] LAWSON A W, TANG T Y. A diamond bomb for obtaining powder pictures at high pressures[J]. Review of Scientific Instruments, 1950, 21(9): 815.

[179] BASSETT W A. Diamond anvil cell, 50th birthday[J]. High Pressure Research, 2009, 29(2): 163-186.

[180] VAN VALKENBURG A. Visual observations of high pressure transitions[J]. Review of Scientific Instruments, 1962, 33(12): 1462-1462.

[181] MOGGACHS A, ALLAN D R, PARSONS S, et al. Incorporation of a new design of backing seat and anvil in a Merrill–Bassett diamond anvil cell[J]. Journal of Applied Crystallography, 2008, 41(2): 249-251.

[182] BOEHLER R. New diamond cell for single-crystal X-ray diffraction[J]. Review of Scientific Instruments, 2006, 77(11): 115103.

[183] MARSHALL W G, FRANCIS D J. Attainment of near-hydrostatic compression conditions using the Paris–Edinburgh cell[J]. Journal of Applied Crystallography, 2002, 35(1): 122-125.

[184] PEIRIS S M, PIERMARINI G J. Static Compression of Energetic Materials[M]. New York: Springer, 2008.

[185] DAVID I A. Millar, Energetic materials at extreme conditions[D]. Edinburgh: University of Edinburgh, 2010.

[186] 刘晓畅. 高压化学[J].化学进展, 2009, 21(78): 1373-1387.

[187] DAVIDSON A J, OSWALD I D H, FRANCIS D J, et al. Explosives under pressure—the crystal structure of γ-RDX as determined by high-pressure X-ray and neutron diffraction[J]. CrystEngComm, 2008, 10(2): 162-165.

[188] MILLER P J, BLOC S, PIERMARINI G J. Effects of pressure on the thermal decomposition kinetics, chemical reactivity and phase behavior of RDX[J]. Combustion and Flame, 1991, 83(1-2): 174-184.

[189] MILLAR D I A, OSWALD I D H, BARRY C, et al. Pressure-cooking of explosives—the crystal structure of ε-RDX as determined by X-ray and neutron diffraction[J]. Chemical communications, 2010, 46(31): 5662-5664.

[190] DREGER Z A, GUPTA Y M. Raman spectroscopy of high-pressure-high-temperature polymorph of hexahydro-1,3,5-trinitro-1,3,5-triazine (ε-RDX)[J]. The Journal of Physical Chemistry A, 2010, 114(26): 7038-7047.

[191] SORESCU D C, RICE B M. Theoretical predictions of energetic molecular crystals at ambient and hydrostatic compression conditions using dispersion corrections to conventional density functionals (DFT-D)[J]. The Journal of Physical Chemistry C, 2010, 114(14): 6734-6748.

[192] GUMP J C. Phase stability of epsilon and gamma HNIW (CL-20) at high-pressure and temperature[J]. APS shock Compression of Condensed Matter Meeting, 2007, 955(1): 127-132.

[193] CIEZAK J A, JENKINS T A, LIU Z. Evidence for a high-pressure phase transition of ε-2,4,6,8,10,12-hexanitrohexaazaisowurtzitane (CL-20) using vibrational spectroscopy[J]. Propellants, Explosives, Pyrotechnics, 2010, 32(6): 472-477.

[194] RUSSELL T P, MILLER P J, PIERMARINI G J, et al. Pressure/temperature phase diagram of hexanitro-hexaazaisowurtzitane[J]. The Journal of Physical Chemistry, 1993, 97(9): 1993-1997.

[195] 牛诗尧, 高红旭, 曲文刚, 等. CL-20 晶型转变行为及转晶机理研究进展[J]. 火炸药学报, 2017, 40(5):1-7.

[196] KHOLOD Y, OKOVYTYY S, KURAMSHINA G, et al. An analysis of stable forms of CL-20: A DFT study of conformational transitions, infrared and Raman spectra[J]. Journal of Molecular Structure, 2007, 843(1-3): 14-25.

[197] GUMP J C, PEIRIS S M. Phase transitions and isothermal equations of state of epsilon hexanitrohexaazaisowurtzitane (CL-20)[J]. Journal of Applied Physics, 2008, 104(8): 083509.

第5章　含能材料的改性

5.1　含能材料颗粒的表面改性

5.1.1　晶体的表面无缺陷处理

RDX 和 HMX 等高能炸药的机械感度比较高，给其应用、贮存和运输都带来了很大的安全隐患。炸药的感度不仅与分子结构特性相关，还受晶体内部物理微结构、粒度分布和晶体形貌等影响[1]。

科研人员探索了 RDX 晶体尺寸、晶体表面状态与形状及其晶体内部缺陷尺寸大小和数目对浇注炸药冲击波感度的影响。研究表明，RDX 晶体内部缺陷是引起爆炸的热点源，随着缺陷数量增加和尺寸增大，其冲击波感度也相应增大。炸药晶体的品质对 PBX 的冲击波感度有明显的影响。使用较完整、缺陷少的单质炸药晶体可以降低冲击波感度。因此，可通过改善结晶工艺、减少晶体缺陷、降低或消除结晶中的化学杂质和多相性等提高炸药晶体的品质，由此降低含能材料的感度、提高其安定性。基于低成本的硝胺炸药 RDX 和 HMX 的晶体改性，可在能量、感度和成本之间达到极好的平衡。

因此，各国已竞相开发钝感化 RDX 和 HMX 产品。法国火炸药公司(SNPE)在钝感 RDX(I-RDX)的开发中率先取得了突破，目前已建成两条 I-RDX 生产线。以 SNPE 提供的 I-RDX 取代水下炸药 FOX-7 中的 RDX，可获得一种极不敏感炸药配方 FOXIT。按照联合国系列测试方法对该配方进行实验，并测试了临界尺寸、爆速等。发现 FOXIT 符合低易损弹药分级标准，具有较大的临界直径和对强脉冲撞击钝感的特性。挪威也生产了代号为 RS-RDX 的钝感 RDX，表明使用 RS-RDX 有利于通过殉爆(sympathetic detonation)和重破片撞击试验考核。

澳大利亚则生产了代号为 Grade A-RDX 的钝感 RDX，生产的 A 级 RDX 在配方 PBXW-115、PBXN-109 中应用后显著降低了冲击波感度并增大了临界直径。美国在 2000 年开始这方面的研究，启动了一项评价 SNPE I-RDX 的计划。荷兰TNO 集团在 2002 年指出应把研究焦点集中在改进已有含能材料的晶体品质上。德国 ICT 研究所和荷兰 TNO 集团从 1995 年便开始合作研究 RDX 和 HMX 晶体缺陷，通过激光共聚焦显微镜结合扫描电子显微镜对 HMX 晶体的包覆物状态进行了研究。

荷兰 TNO 集团的钝感 RDX 计划曾涉及 6 家炸药生产公司，其钝感 RDX 产品代号列于表 5-1。这些产品经过进一步晶体解剖质量检测可以分为三个等级。其中，最差的是 K3、K4 和 K6，K1 和 K7 则处于中等水平，最好的是 K2 和 K5。这主要是通过 SEM 检查晶体断裂面是否有夹杂物或缺陷存在。

表 5-1   钝感 RDX 生产商及代号

代号	生产商	型号
K1	BAE-RO	Ⅰ型(Per MIL-DTL-398D)
K2	Dyno Nobel	RS RDX
K3	HSAAP	Ⅱ型(Per MIL-DTL-398D)
K4	Eurenco	MI-RDX
K5	Eurenco	I-RDX
K6	Dyno Nobel	Ⅱ型
K7	ADI	A级

我国早在 2002 年就突破了高品质钝感 RDX 和高品质钝感 HMX 的制备技术，获得了钝感 RDX(代号钝-RDX 或 D-RDX)和钝感 HMX(代号钝-HMX 或 D-HMX)的中试放大技术。通过一系列基础研究，实现了 D-RDX 和 D-HMX 晶体形貌、内部缺陷、颗粒密度和粒径大小的精细化控制。同时，基本建立了炸药晶体品质表征体系，包括：①开发了效果极佳的折光匹配光学显微测试技术；②研制了先进且具有自主知识产权的测量炸药晶体颗粒表观密度的密度梯度仪；③在国际上率先提出了压缩刚度法，用于评价晶体颗粒凝聚强度。以上这些工作都是通过改善含能材料晶体表面缺陷降低其感度。

5.1.2   晶体表面惰性包覆

除上述晶体表面缺陷修饰之外，也可以通过钝感包覆的途径降低其机械感度。常用的钝感包覆剂有硬脂酸、石蜡和石墨等。一般可用物理气相沉积(physical vapor deposition，PVD)技术在 RDX 表面上包覆一层硬脂酸薄膜。测试结果表明，随着硬脂酸含量的增加，其机械感度也相应降低，并指出蒸镀前硬脂酸的含量为9%时，能明显降低机械感度。运用超临界溶液快速膨胀(rapid expansion of supercritical solution，RESS)技术也可对硝胺炸药颗粒进行包覆，包覆剂仍是硬脂酸，包覆后的撞击感度也明显降低。RESS 工艺是一种安全性较高的绿色环保工艺，不需要水和有机溶剂，但是该方法处于初始研究阶段，包覆工艺还不成熟。

包覆薄膜的形成模式有三种：岛状生长模式、层状生长模式和中间生长模式。硬脂酸和石蜡为低熔点固体，热塑性较好，硬度较小，易于均匀包覆。若以

BAMO-THF 共聚醚为黏结剂，甲苯-2, 4-异氰酸酯(TDI)为固化剂，二甲基亚砜和丁内酯为溶剂，可采用原位结晶包覆的方法对 HMX 进行改性处理，得到 BAMO-THF 共聚醚包覆 HMX 复合颗粒[2]。此时，溶剂的种类、温度、非溶剂的加入方式、滴加速度、超声波和表面活性剂种类等实验条件均对 HMX 复合颗粒包覆质量有影响。可选择十六烷基三甲基溴化铵为表面活性剂，采用正加法以每秒 1 滴的速度向混合溶剂中加入反溶剂水(超声波分散)，从而对 HMX 进行原位结晶包覆改性。该实验表明，得到的 HMX 复合颗粒晶体仍为β晶型，表面包覆了一层叠氮含能聚氨酯物质，包覆 HMX 复合颗粒形貌好，颗粒边缘无明显棱角，粒度分布均匀，流散性好，无黏结团聚的现象，撞击感度和摩擦感度分别从 88%、92%降到了 24%、40%。

除了钝感包覆外，也可以运用表面活性剂提高含能材料颗粒的分散性，并降低其吸湿性。随着超细化技术的发展，超细 RDX、HMX 已经得到广泛应用，但在应用过程中通常存在分散性差的问题。为了解决此类问题，南京理工大学国家特种超细粉体工程技术研究中心的研究人员做了大量研究，发现表面活性剂的种类和用量对表面改性的效果有很大影响，并通过优化设计得到了分散性良好的超细 RDX。其主要方法是把 RDX 超细粉放入去离子水中混合成浆状液，加入表面活性剂，在超声波分散下形成稳定体系，然后脱水干燥，继而得到分散良好的超细 RDX。此种方法工艺简单，是目前对超细 RDX 表面处理的主要方法。

表面活性剂对硝胺类炸药的作用机理可能是通过氢键、色散力等作用对炸药表面进行改性，合适的表面活性剂能极大地降低水的表面张力，使炸药与水的亲和性增大，改善润湿性。同时，使 Hamaker 常数减小，降低了粒子之间的吸附能，形成了有效的空间位阻，导致粒子之间的排斥能上升，故极大地提高了粒子之间的分散性。还可以采用自组装法对金属燃料颗粒表面进行改性。例如，自组装单分子膜(self-assembled membranes, SAMs)技术在丁羟和聚醚推进剂中铝粉表面改性的应用[3]。研究发现，设计合成的 DX 系列和 DZ 系列活性剂能有效提高含铝推进剂的延伸率，且对推进剂的其他性能无不良影响。此外，多羟基醇类(LBA-22、LBA-201)、海因/三嗪类(CBA)、中性聚合物类(NPBA)和取代酰胺类(LTAIC)键合剂也可用于 RDX 表面处理，并已应用于 RDX-CMDB 推进剂[4]。结果表明，CBA 与 RDX 间的接触角为 35.2°，黏附功为 135.01mN · m^{-1}。RDX 经键合剂表面改性后，推进剂高温最大抗张强度从空白配方的 1.02MPa 提高到 2.01MPa，低温延伸率提高了 140%。

除了降低感度和提升力学性能，表面处理还可以改善含能材料的吸湿性。为降低 AP 的吸湿性，可采用聚苯乙烯(PS)和十二氟庚基丙基三甲氧基硅烷(氟硅烷，FAS：$C_{13}F_{12}H_{18}SiO_3$)对其表面包覆[5]。将 AP 和 PS 复合，再用 FAS 处理得到 AP/PS/FAS 粒子和复合薄膜。研究发现，AP/PS/FAS 复合薄膜的吸湿率最小，而未处理

AP 的接触角为 0°，AP/PS/FAS 复合薄膜与水的接触角为(113±2)°。AP/PS/FAS 复合薄膜表面具有类似荷叶表面的微观形貌结构，其表面含有氟硅烷分子，有利于 AP 疏水表面的形成。总之，含能材料的表面改性要根据实际需要，采用不同的途径。最终获得工艺性能优异、钝感安全和力学性能良好的产品。

在包覆工艺改进方面，美国劳伦斯利弗莫尔国家实验室首次报道用溶胶-凝胶法制备纳米复合含能材料以来[6]，采用溶胶-凝胶法制备纳米复合含能材料的方法获得了广泛应用。若采用溶胶-凝胶法以纳米 AP 为核、间苯二酚-甲醛树脂(RF)为壳制备纳米复合含能材料，纳米 AP 晶体分散在凝胶的纳米网格结构中与基体紧密结合[7]，此时基体的纳米微孔结构在 AP 周围形成了一个保护屏障，降低了外界的热、冲击力等刺激作用，其感度与简单混合后的含能材料相比明显降低。若以间苯二酚-甲醛树脂和纳米 RDX 为原料进行溶胶-凝胶法制备，可将 RDX 在RF 形成的纳米网格中结晶，制备出 RDX/RF 纳米复合含能材料。实验表明，RDX/RF 纳米复合含能材料中的 RDX 平均晶粒度为 38nm，且随着 RDX 含量的增加，纳米复合含能材料的比表面积、总孔体积变小，平均孔径变大；与同组分的机械混合物相比，RDX/RF 纳米复合含能材料的热分解峰前移约 25℃，机械感度降低[8,9]。

此方法还被用来制备 HMX/AP/RF 纳米复合含能材料。研究表明，HMX/AP/RF 纳米复合含能材料具有纳米网孔结构，比表面积为 $27.13m^2/g$，相比空白 RF气凝胶明显下降[10]；HMX/AP/RF 纳米复合含能材料中晶体的平均晶粒度为 48～93nm，HMX/AP/RF 纳米复合含能材料的热分解峰较原物质 HMX 相比有所前移。该方法还制备出了 RDX/SiO_2 纳米复合含能材料[11]。此时，RDX 含量为 45% 的 RDX/SiO_2 纳米复合含能材料的 DSC 分解峰前移了 15.4℃。SiO_2 凝胶基体可以降低 RDX 的撞击感度，并且随 SiO_2 基体含量的增大，降低幅度增大。此外，可采用该方法将 NC 包覆在纳米 CL-20 晶体表层，制备出以 CL-20 为核、NC 为壳的 CL-20@NC 纳米复合含能材料[12]。其热分解特性与 CL-20 和 NC 的含量比有关，撞击感度也与单独的 CL-20 或 NC 不同。这为制备惰性核壳材料包覆高能核材料的纳米复合含能材料，实现含能晶体高能钝感化改性提供了一种切实可行的方法。

5.2 含能材料的掺混改性

5.2.1 金属氧化物掺混含能复合物

一般采用搅拌磨法制备核壳型亚铬酸铜/AP 纳米复合粒子，AP 包覆在亚铬酸铜的表面，使 AP 的放热峰明显前移，同时还提高了其高温和低温分解速率[13]。该方法主要用于催化剂和含能材料的复合，在高能球磨机的处理下，催化剂均匀黏附于含能材料表面，与含能材料较紧密的结合，以便发挥更好的催化效果。采用溶剂-非溶剂法也能制备出核壳型亚铬酸铜/AP 纳米复合粒子[14]。该法首先将纳米级亚铬酸铜和 AP 混合均匀后加入乙醇溶液中，采用超声分散，配制成乙醇的悬浮液，AP 完全溶解，而亚铬酸铜纳米粒子悬浮于其中；其次缓慢将此悬浮液滴加入盛有乙酸乙酯的烧杯中，使 AP 析出并包覆于亚铬酸铜纳米粒子表面；最后通过真空干燥得到复合粒子。这种方法的关键是通过调节溶剂(乙醇)与反溶剂(乙酸乙酯)的浓度比来可控制备不同粒径的复合粒子。所制备复合粒子的平均粒径为 100nm 左右，呈球形且分散性较好。复合后亚铬酸铜对 AP 的催化效果明显提高，即 AP 热分解反应温度区间发生前移，热分解反应速率也显著提高。

纳米 CuO 粒径小、比表面积大、反应活性中心多，对固体推进剂中的氧化剂组分 AP 起到催化热分解的作用，从而提高推进剂燃速。然而，纳米 CuO 的易团聚性阻碍了催化作用的充分发挥，影响了其在推进剂中的应用。采用溶剂-非溶剂法，可轻易将 AP 包覆在纳米 CuO 的外表面，制备以 CuO 为核、AP 为壳的纳米 CuO/AP 复合粒子[15]。此时纳米 CuO/AP 复合粒子中，AP 的高温分解峰温度较 CuO/AP 的简单混合物降低了 $5.6℃$，而且复合粒子中 AP 的低温分解峰消失，直接进入了高温分解阶段，这为改善推进剂燃速提供了一条可行途径。

若利用溶胶-凝胶法，通过引入 1,2-环氧丙烷作为 Fe^{3+} 的水解促进剂，制备纳米 AP/Fe_2O_3 的湿凝胶，经超临界干燥后可得到 AP/Fe_2O_3 纳米复合氧化剂的气凝胶[16]。该复合氧化剂具有纳米尺寸，其中 AP 粒度在 $50\sim90nm$，Fe_2O_3 粒度约为 20nm。AP/Fe_2O_3 撞击感度普遍高于纯 AP 撞击感度，但其摩擦感度低于纯 AP 摩擦感度。另外，AP/Fe_2O_3 分解放热峰温度较纯 AP 有很大程度降低，放热量也显著增加，其中含 90% AP 的纳米复合氧化剂高温和低温分解峰较纯 AP 分别前移了 $125.0℃$ 和 $113.0℃$，放热量增加了 438.9%。

人们也尝试采用正硅酸乙酯为前驱体、硝酸为催化剂，应用溶胶-凝胶法制备 $RDX/AP/SiO_2$ 复合含能材料[17]。结果表明，$RDX/AP/SiO_2$ 复合含能材料是以 SiO_2 为凝胶骨架，AP 与 RDX 进入凝胶孔洞形成的。$RDX/AP/SiO_2$ 中 AP 的分解温度大幅前移，几乎与 RDX 同时分解，且分解热提高了 $603.7J\cdot g^{-1}$。这是由于 RDX 分解时释放的 NO_2 等气体能促进 AP 分解，同时 AP 分解提供的氧能使 RDX 分解产物进一步分解。采用本方法结合超临界 CO_2 流体干燥技术，可以制备 $Fe_2O_3/Al/RDX$ 纳米复合含能材料[18]，其 RDX 占比为 85%、粒度为 $50\sim150nm$。对比测试了样品和原料 RDX 撞击感度、摩擦感度，样品的特性落高比原料 RDX 提高了 27.7cm，其爆炸百分数降低了 88%。压装密度为 $1.55g\cdot cm^{-3}$ 时，实测爆速为 $7185m\cdot s^{-1}$，是一种理想的钝感高能纳米复合炸药。若配制一定比例的 SiO_2 溶胶，在形成凝胶的同时滴加 RDX 的丙酮溶液，最后用玻璃基片提拉干燥得到 RDX 与

SiO_2 质量比为 4:1 的复合膜。由此可探讨温度和溶胶陈化时间对复合膜质量的影响[19]。研究发现，在温度恒定并且黏结剂含量一定时，溶胶陈化时间越短，所得薄膜较平整且厚度越小，但黏性越小，干燥后越易脆裂；RDX/SiO_2 复合膜中的 RDX 和 SiO_2 分布均匀，且组分含量可调，在微型火工品中具有潜在应用价值。除了一般的纳米复合材料外，还有很多其他类型的纳米级掺混复合材料，比较典型的有核壳型复合材料，具体可参见文献[20]。

总之，随着纳米含能材料研究范围的拓展和研究工作的深入，也许会发现更多独特的性质，不仅使纳米含能材料的研究内容更加丰富，还会在相应领域中形成更多的技术增长点。

5.2.2　杂化复合含能晶体

一般可采用喷雾干燥法制备杂化复合含能晶体，如超细 TATB/BTF 核-壳型复合粒子。首先在 BTF 溶液中加入含有超细 TATB 粒子的悬浮液，使得 BTF 缓慢结晶沉积在超细 TATB 粒子表面，以获得超细核-壳型复合粒子[21]。该方法的主要原理是通过 BTF 在 TATB 粒子表面结晶沉积，达到对超细 TATB 粒子进行包覆的目的。TATB 和 BTF 以超细粒子的形式复合在一起，改善了炸药的性能，同时达到了对超细 TATB 粒子表面修饰的目的，进而有效地降低了超细 TATB 粒子的团聚现象。

西南科技大学的研究人员以细菌纤维素为原料成功合成了 NBC，并在此基础上添加高能炸药 RDX 制备了 NBC/RDX 纳米复合含能材料[22]。通过系统研究反应温度、反应时间、硝硫混酸比、固液比对 NBC 氮含量的影响，发现硝硫混酸比是影响 NBC 氮含量的主要因素。在此基础上采用溶剂-非溶剂法制备出了 NBC/RDX 纳米复合含能材料。观察发现其呈纤维相互交织的立体网状结构，RDX 则在网状 NBC 纤维上沉积生长，晶粒度皆在 100nm 以下。随着复合含能材料中 RDX 含量的增加，其晶粒度呈增大趋势。NBC 拥有较高分解活化能，使得产品不易发生分解，安定性能优异；制备出的复合含能材料达到纳米尺度，使它的分解活化能有所降低。

近年来，受蚌类化学黏附力强的启发，许多研究表明，贻贝中黏附蛋白对不同底物的高黏附强度与高浓度多巴胺单元有关，多巴胺单元在界面处富含儿茶酚基团。文献[23]～[25]报道了贻贝中黏附蛋白的组成，在环境条件下能在各种表面上自聚合，从而制备黏附性聚多巴胺(PDA)涂层。多巴胺的主要优点是容易沉积在大多数无机物表面，以及有机衬底，包括超疏水表面，具有可控的膜厚和持久稳定性[26]。此外，PDA 可促进纳米填料在聚合物基体中的分散和改善界面相互作用，从而显著改善其机械和电学性能[27]。因此，聚多巴胺为含能材料的包覆改性开辟了一条新的途径。例如，PDA 改性黏土使其与基体之间产生的强界面相互作用，不仅有利于黏土在基体中的分散，而且加强了界面应力传递，从而大大改善了材料的力学性能[28,29]。此外，用 PDA 包覆多壁碳纳米管(multi-walled carbon nanotubes，MWCNTs)，所得复合物 D-MWCNTs 的分散性和界面相互作用显著增强，从而提高了力学性能和热物理化学性能[30]。

此外，研究人员还采用多巴胺的简单非共价原位聚合方法包覆了 TATB 晶体。对所得 PDA 包覆 TATB(pTATB)核-壳颗粒进行了深度表征，发现在 TATB 晶体表面均匀地包覆有致密的类石墨结构 PDA。通过优化反应时间、pH 和温度，对 TATB 晶体上 PDA 层的形貌和厚度进行了纳米级的精细控制[31]。然后，将 pTATB 进一步用作典型 PBX 固体填料。实验表明，含 pTATB 的 PBX 由于在 PDA 中间层的强界面相互作用，其拉伸和压缩强度、应变、抗蠕变性能均显著提高。更重要的是，通过增加 PDA 含量，可进一步改善机械性能。由此可见，PDA 对含能填料的表面改性可提升结晶颗粒与黏结剂之间的界面相互作用，从而改善装药的力学性能。

5.3　含能材料的重结晶与共晶

5.3.1　材料晶体学基本理论

晶体生长涉及的领域非常广，各种功能晶体的生产、薄膜和纳米材料的制备、各种地质体的成矿作用和生命体系等都与晶体生长相关。晶体生长最早是一门实验工艺。直到 1878 年吉布斯提出"论复相物质的平衡"，晶体生长才从实验走向理论研究。但由于晶体生长过程是非平衡过程，结晶理论发展较慢。

早期的研究工作是以晶体形态和晶面花纹与晶体结构的关系间接推测晶体生长过程和微观机理为主，如布拉维法则(Bravs' law)、完整光滑界面的二维成核生长模型(又称 Kossel-Stranski 模型)、非完整光滑界面的螺旋生长模型(又称 BCF 模型)、PBC 理论。在引入与外因有关的热力学状态等因素后，人们认为晶体生长界面的结构不仅与晶面结构(如 F 面、K 面等)有关，还与外界流体层的热力学状态有关。例如，过饱和度会使结构粗糙的界面平滑化或结构平滑的界面粗糙化，在此基础上又建立起一些生长模型，如粗糙界面理论模型(又称双层模型)、扩散界面理论模型(又称弥散界面模型或多层模型)。

20 世纪 70 年代，结合热量、质量传输和界面稳定性研究，将晶体生长的微观与宏观机制结合起来，给出了有关生长模型的动力学规律，晶体生长进入了一个新的发展阶段。80～90 年代还有许多生长模型被建立起来，如刃位错及层错机制、孪晶机制、重入角生长和粗糙面生长的协同机制。之后又提出了负离子配位多面体生长基元理论模型，将晶面结构与流体中生长基元的大小、维度联系起来，研究生长基元在不同晶面上黏结的难易程度，研究介质的过饱和度对生长基元维度的影响。这一模型得到了实验观察验证，并解释了极性晶体生长中传统理论模型不能解释的问题。

　　尽管晶体生长理论已有一百多年的发展历程，但有关晶体生长的理论并不完善，现有的晶体生长模型还不能完全用于指导晶体生长实践，在晶体生长过程中仍有许多问题尚待解决。因此，晶体生长理论目前还在发展中。成核是一个相变过程，即在母液相中形成固相小晶种，若体系中的空间各点出现小晶种的概率相同，则在晶核形成的涨落过程中不考虑外来杂质或基底空间的影响，这种过程称为均匀成核，否则为非均匀成核。均匀成核较少发生，但它的基本原理是加深理解非均匀成核的必要理论基础。在相界表面上，如在外来质点、容器壁和原有晶体表面上形成晶核，称为非均匀成核。在非均匀成核的体系中，其空间各点成核的概率不同。

　　雨、雪、冰、雹等自然形成过程都属于非均匀成核。在钢铁工业中的铸镜，机械工业中的铸件，制盐、制糖工业结晶等也都属于非均匀成核。在单晶生长，特别是薄膜外延生长等方面，一般也是非均匀成核。形成晶核后，就形成了晶体-介质的界面，界面状态将直接影响界面上发生的晶体生长过程。晶体生长最重要的过程是界面过程，涉及生长基元如何从母液相传输到生长界面以及如何在界面上定位成为晶体的一部分。几十年来，人们提出了许多不同的生长机制或模型来描述这一过程。

5.3.2　含能材料重结晶技术

　　重结晶是提纯固体有机物的重要方法之一[32]。重结晶常分为溶剂法和溶剂-非溶剂法。溶剂法是指将含有杂质或晶形缺陷的固体有机物在加热条件下溶解在适宜的溶剂中，使之成为饱和溶液，趁热过滤，去除其中的不溶物后冷却，使被提纯的有机物重新结晶。重结晶一般包括两个过程：晶核形成和晶体生长。通过改变重结晶的工艺条件(溶剂、温度、浓度和搅拌速率等)可以控制重结晶产品的品质(晶型、纯度、形态和内部缺陷度)。例如，硝胺类含能化合物由于在不同溶剂中的析晶点和析晶速率不同，产生晶核的形状、大小、数量和品质及晶体生长方式和速率也不同，从而产生不同的结晶体系，导致晶体品质差别较大。

　　由于晶面具有对不同溶剂的选择性吸附作用，一方面改变了晶体的相对生长速率，促使晶体形态发生改变，甚至产生晶体缺陷；另一方面改变了晶面的表面张力，可控制晶体某些晶面的生长速率；使各方向生长速率趋于一致而形成球状颗粒，减少了外界刺激下"热点"产生的概率。由于重结晶中物质溶解于溶剂中，此时只需对溶液进行操作，就可改变物质重结晶品质，比直接对物质进行机械操作更方便和安全。因此，重结晶法在含能材料钝感化方面有广泛的应用前景。

利用乙酸乙酯-石油醚体系对合成的γ-CL-20 进行重结晶，可得ε-CL-20[33]。通过控制工艺条件，可得到外观形貌不同的ε-CL-20。晶体外形对 CL-20 的机械感度有明显的影响。近似平行四边形、颗粒均匀、碎晶少的 CL-20 感度低；而颗粒细小、细针状、晶体缺陷多的 CL-20 感度高。由此可采用重结晶方法，通过控制相关工艺参数，对普通 CL-20 晶体品质进行改善[34]。光学显微镜观察到的颗粒形状和内部缺陷表明，降感 CL-20 颗粒形状较规整，呈宝石状，颗粒分散性好，而普通 CL-20 呈梭形，颗粒粘连和聚集较多；降感 CL-20 颗粒的平均粒径减小，粒度分布变窄，晶体内部孔隙率低，缺陷减少，撞击感度明显降低。除了 CL-20，HMX 性价比更高，但其安全性能较差，感度较高。以二甲基亚砜为溶剂，糊精为表面活性剂，采用反溶剂正加法可制备出球形 HMX，其感度较原料降低了 28%[35]。采用硝酸-水(溶剂-非溶剂法)也可重结晶得到β-HMX，通过工艺条件优化能制备出高能低感度球形化 HMX[36]。此时，重结晶法制备的 HMX 颗粒孔隙率较小，球形化程度较高，撞击感度较低。对 HMX 的重结晶工艺进行研究发现，减小非溶剂加入速率有利于 HMX 形成规则、球形度高、晶面光滑的晶体，并且有利于降低 HMX 的撞击感度[37]；通过溶剂-非溶剂重结晶法制备了粒径分别为 0.472μm、6.266μm、36.75μm 的三种不同 HMX 颗粒，并对其机械感度进行了研究。HMX 撞击感度随粒径减小而逐渐降低，并且在粒径降至亚微米级时形成强烈的突变；摩擦感度并不随粒径减小而逐渐降低，而是先升高后降低，拐点出现在 1~10μm 处。通过最优条件重结晶得到的 HMX，其撞击特性落高 H_{50} 为 22.91cm。

RDX 制备成本低、综合性能优异，是目前应用最广泛的炸药之一。现有工业级 RDX 颗粒存在一定缺陷，导致其感度较高，不能满足武器装备对安全性的更高要求。如果采用冷却结晶法对 RDX 进行重结晶，所得产品表面形貌极为规整，表面形态趋于球形化，粒度分布窄，内部缺陷少，晶体密度高[38]。采用二甲基亚砜作溶剂对普通 RDX 进行重结晶，也能改善晶体形状和品质，获得内部质量较好、外部形状较完整的晶体，从而达到降感目的[38]。如果以乙酸乙酯为溶剂，三氯甲烷为非溶剂，重结晶制备的太安(季戊四醇四硝酸酯，PETN)晶体表观透亮。通常所得结晶颗粒的外观越规则、棱角越少、球形化程度越高、表面缺陷越少，在外界刺激作用下，"热点"越难以形成和发展，撞击感度就越低；其撞击特性落高为 14.6cm，粒径为 200~350μm，晶体密度达 1.776g·cm^{-3}。

除了硝胺和硝酸酯化合物，耐热含能化合物也可以通过重结晶提高其安全性能。例如，3-硝基-1, 2, 4-三唑-5-酮(3-nitro-1, 2, 4-triazol-5-one，NTO)是一种能量接近 RDX、感度接近 TATB 的高能低感炸药，制备工艺简单易行、价格便宜。然而，直接制得的 NTO 呈棒状结构，对冲击波刺激敏感，且成型性差。采用水和 N-甲基-2-吡咯烷酮为溶剂对 NTO 进行重结晶，得到了类球形 NTO 晶粒，粒子表面完整密实无裂纹，粒径为 200μm 左右[39,40]。类球形 NTO 颗粒的撞击感度(起爆概率)为 0%~10%，而回收 NTO 颗粒的撞击感度为 20%左右。柴涛等[41]采用丙酮对 NTO 进行了重结晶，通过控制真空度和溶液过饱和度，使其平均粒径<1μm，粒度分布均匀。细化后的 NTO 颗粒撞击感度明显降低。此外，2,6-二苦氨基-3,5-二硝基吡啶(2,6-dipyridine-3,5-dinitropyridine，PYX)是目前耐热性能最好的炸药之一，具有适当的机械感度和较低的静电火花感度。超细 PYX，尤其是亚微米级、纳米级，除了保留普通 PYX 颗粒的优点外，还具有爆炸能量释放完全、更安全且爆轰波传播更快、更稳定等特点。可采用喷射重结晶法制备高纯度且粒度分布均匀的片状亚微米级 PYX 样品[42]，中位径 D_{50} 为 0.945μm，比表面积达 9.3m^2·g^{-1}。细化后 PYX 分解放热峰温度和 5s 爆发点有所降低，但均在 374℃以上，仍有良好的热安定性；撞击感度从 68%降至 12%，摩擦感度从 36%增至 60%。若以二甲基甲酰胺为溶剂，蒸馏水为非溶剂，采用溶剂-非溶剂重结晶技术可制备平均粒径为 1.06μm 的 PYX[43]。细化后 PYX 的 5s 爆发点降低了 98%，撞击感度降低了 156.6%。如果采用乙酸乙酯-石油醚(溶剂-非溶剂法)在 60kHz 超声波处理，可制备出平均粒径在 1μm 左右、粒度分布窄的超细 CL-20。该产品的撞击感度(5kg 落锤)为 23.4cm，冲击片起爆感度为 0.53J[44]。

在钝感弹药方面，可采用溶液急冷重结晶和溶剂-非溶剂重结晶相结合的方法，如 HNS 高纯纳米颗粒的制备[45,46]。纳米化后，HNS 的颗粒形貌更为圆滑，粒度分布处于 58.9~231.6nm，纯度由 90.1%提高到 99.44%，比表面积为 19.27m^2·g^{-1}。撞击感度测试结果表明，纳米 HNS 的撞击感度较原料 HNS 有所降低，冲击波感度提高。2,6-二氨基-3,5-二硝基吡嗪-1-氧化物(LLM-105)的能量比 TATB 高 20%，是一种综合性能优良的新型钝感高能炸药。若采用二甲基亚砜-热水法对 LLM-105 进行重结晶，所得产物具有纯度高(质量分数为 97.82%)、撞击感度低(H_{50}=108.3cm)的优点[47]。与未重结晶的 LLM-105 相比较，撞击感度显著降低(H_{50}值提高近一倍)。

5.3.3　含能材料共晶技术

大量研究表明，采用新型合成技术和传统晶体改性技术仍然不能有效解决含能材料安全性和高能密度之间的矛盾[48-50]。含能材料的性能与其分子结构密切相关，若能从分子水平上对含能材料进行有序修饰和调控，形成均一化的共晶(图 5-1)，有望制备出具有预定结构和预期性能的含能材料。

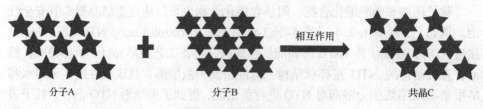

分子A　　　　　分子B　　　　　共晶C

图 5-1　共晶形成过程

　　单质炸药的能量与安全性之间存在固有矛盾。将两种性质不同的炸药结合成一个单一有序的共晶,是弥补单质炸药缺陷并赋予其优异性能的重要途径[51]。共晶的制备方法有多种,如传统的溶剂挥发法(图 5-2 所示的喷雾闪蒸法)、冷却结晶法、研磨法和溶剂-非溶剂法等。溶剂挥发法是将共晶各组分按照化学计量比溶解于溶剂中,随着溶剂的缓慢挥发得到共晶。溶剂挥发法制备共晶主要针对溶解度随温度变化不大的物质,该方法能够有效控制结晶的形貌和尺寸大小,但耗时较长。冷却结晶法是将原料晶体溶解于一种溶剂中,然后利用降温冷却的方法使溶液达到过饱和状态,从而进一步使溶质分子结晶析出并长大。研磨法一般分为干磨法和溶液研磨法两种。干磨法是将一定比例的两种或两种以上组分混合均匀后,利用研钵或球磨机将混合成分经过一段时间的处理后制备共晶。溶液研磨法是将少量的溶剂添加到制备晶体的混合体系中,在溶剂浸润保护、局部溶解条件下研磨混合体系。该方法避免了溶剂的过量使用,很少有副产物生成且不需考虑各组分的溶解度问题,体系组成简单,原子利用率高,但不能有效控制结晶形貌。

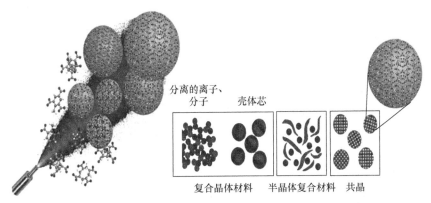

分离的离子、分子　　壳体芯

复合晶体材料　　半晶体复合材料　　共晶

图 5-2　喷雾闪蒸法喷雾过程及所得典型三类产物的复合结构[52]

　　溶剂-非溶剂法是依据物质的溶解度原理,先把物质溶解于某一溶剂中,然后对溶液进行搅拌等一系列操作,最后加入非溶剂将物质以晶体形式析出或包覆在其他物质表面析出的一种方法。其中,溶剂、非溶剂均针对所制备的晶体而言。由于溶剂-非溶剂法中的物质溶解于溶剂中,一般只需对溶液进行操作,就可改变溶质重新析出后的形态或形状,比直接对物质进行操作更方便、简单和安全。由于含能材料对热、电、摩擦、冲击波和撞击等刺激十分敏感,出于安全性考虑,一般情况下含能材料共晶用溶液体系制备,而不采用研磨法等非溶液体系制备。

　　基于非共价键的跨尺度协同,中国工程物理研究院化工材料研究所的研究人员成功制备了 BTF、CL-20 和 AP 系列新型共晶,深入分析了共晶与单相结晶的竞争机理，筛选了具有高能低感特性的共晶炸药，有效降低了 AP 的吸湿性，为共晶炸药的设计和制备提供了新思路[53]。他们利用溶剂蒸发法制备得到了 BTF 与 CL-20、三硝基苯胺(trinitroaniline, TNA)、三硝基苯甲胺(trinitrotrimethylamine, MATNB)、三硝基甲苯(trinitrotoluene, TNT)、三硝基苯(trinitrobenzene, TNB)、间二硝基苯(*m*-dinitrobenzene, DNB)、二硝基苯甲醚(dinitroanisole, DNAN)和三氮杂环丁烷(triazacyclobutane, TNAZ)八种新型 BTF 基共晶炸药，共晶中两组分的物质的量比均为 1 : 1。

　　一般可利用 DSC、粉末 XRD 和 IR 等手段对所得样品进行表征分析以确定共晶的存在，并利用单晶 X 射线衍射测试晶胞结构。此类 BTF 基共晶具有相似的晶体结构，共晶的形成主要依靠 BTF 缺电性六元环与多硝基炸药负电性硝基之间的 p-π 堆积作用，形成了构成共晶的重复单元。然后这种重复单元又进一步利用相邻分子间的氢键相互作用以及 BTF 自身的π-π相互作用连接在一起，共同构成了超分子共晶。

　　对部分 BTF 共晶进行性能测试和分析发现，形成共晶后熔点、密度和安全性能均发生了明显的改变。由敏感炸药 BTF 与钝感炸药 TNT 和 TNB 所形成的共晶与 BTF 自身相比具有较好的安全性，尤其是 BTF/TNB 共晶感度优于常用的 RDX 炸药，且其密度高于 RDX，说明能量性能优于 RDX，是一种综合性能优异的共晶炸药。充分说明可以利用共晶技术改善含能材料的物理化学性能，得到综合性能较好的炸药。还可采用溶剂挥发法制备共晶的方式，制备 CL-20/TNT、CL-20/DNB、CL-20/对苯醌和 CL-20/萘醌系列共晶炸药，其外观形貌如图 5-3 所示。

 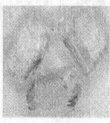  

(a) CL-20/TNT　　　　(b) CL-20/DNB　　　　(c) CL-20/对苯醌　　　　(d) CL-20/萘醌

图 5-3　四种典型 CL-20 共晶的显微照片

　　共晶形成后，粒度明显不同于原料组分，表明通过共晶不但可以修饰晶体的形貌特征，还可以同时调控晶体尺寸大小。借助单晶 X 射线衍射确认了共晶结构特征，该类共晶均以 1 : 1 的比例结合，通过分子间 C—H···O 氢键和 NO₂-π键的相互作用形成，进一步分析形成共晶前后晶体间相互作用力的变化情况，获得了 CL-20 系列共晶分子间相互作用的形式和规律(图 5-4)；并且发现由一个氢键受体和两个氢键给体形成的环状合成分子，"手拉手"在空间无限延伸形成 CL-20 与醌类共晶，对指导其他 CL-20 共晶结构的理论设计具有重要意义。

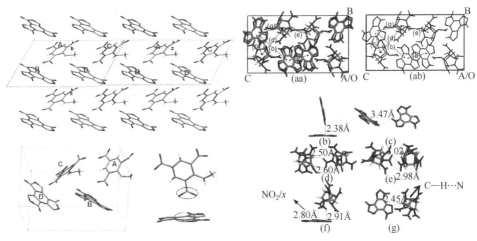

图 5-4　CL-20 系列共晶分子间相互作用变化分析

　　热分析表明共晶的熔点和分解温度较原料组分发生了明显变化。例如，CL-20、TNT 和 CL-20/DNB 共晶的熔点均在 130℃，较原料 TNT 的 81℃ 和 DNB 的 95℃ 均有大幅度提高。撞击感度测试表明，CL-20 与低感的 TNT 和 DNB 形成共晶后，其 H_{50} 达 55cm，是纯 CL-20 的三倍左右，表明 CL-20 感度得到有效降低，有望用于新型钝感弹药。CL-20/DNB 共晶的理论爆速为 8434m·s^{-1}，较 DNB 提高 44% 以上。由此可知，通过共晶手段能全方位有效调控炸药的理化、安全和爆轰性能，从而为炸药的结构与性能的本征控制提供科学依据和技术支撑。

　　美国密歇根大学的 Matzger 小组围绕共晶含能材料也做了一系列工作[54]。2010 年，他们将蒽、二苯并噻吩等 17 种非含能有机芳香分子与 TNT 结合分别形成共晶体系[55]。对这些共晶体系表征发现其大部分性质介于两组分之间，偶有异常性质超出此范围。同时，还研究了共晶形成的机理，他们认为 π 电子给体与受体之间的 π-π 相互作用是形成共晶的主要动力，即 TNT 苯环上碳原子形成大 π 键。环上侧链硝基具有强吸电子作用，苯环处于缺电子态，因此对蒽、二苯并噻吩等富电子环产生静电引力，从而由 π-π 堆积形成共晶。在此共晶形成过程中，氢键的作用体现较少，只在 TNT 与氨基苯甲酸等的结合过程中体现。这项研究的对象是 TNT 与其他非含能物质的共晶，为其他含能材料的共晶原理与技术提供了技术参考。

　　此外，Matzger 等还对 HMX 与不同化合物所形成共晶的构象进行了研究，结果表明在形成共晶时，HMX 主要有三种构象，在某种共晶中 HMX 具体以哪种构象存在，由电子云分布特性和与之形成共晶的物质特性决定[56]。结构表征显示

HMX 的共晶较单质 HMX 感度明显降低，并实现了性能的优化。随后 CL-20 和 TNT 物质的量比为 1 : 1 的含能共晶也被制备出来，该共晶的形成机理主要是由硝基氧原子和 C—H 上氢原子的氢键作用，为进一步合成其他含能共晶材料提供了理论基础[57]。此共晶密度接近 CL-20，但远高于 TNT，感度则远低于 CL-20。在高能化共晶方面，Bolton 等[58]制备了 CL-20 和 HMX 物质的量比为 2 : 1 的含能共晶，性能检测显示其爆速比β-HMX 高，且感度与之相近(远低于 CL-20)，表明这种共晶可作为β-HMX 的钝感化替代物。

为了证明卤素原子与硝基的相互作用同样适用于含能共晶的合成，Matzger 等利用 DADP 与 TATB 的两种卤代衍生物 TCTNB(氯化物)、TBTNB(溴化物)分别试验，发现它们同样可以形成共晶，且共晶中的相互作用仍为 DADP 中富电子过氧基团上的氧原子与缺电子的硝基化芳香环之间的静电作用力。芳环的卤代没有影响这种相互作用力的产生，且卤素的取代明显提高了共晶密度，从而提高了含能化合物的综合性能，这也为共晶含能材料的研究提供了一个新的方向。值得注意的是，同为 TATB 卤代衍生物，TCTNB 与 DADP 的共晶较易合成且稳定，而 TBTNB 与 DADP 的共晶则只能通过动力学生长的途径合成，且产物易自发转化[59-61]。

在共晶设计方面，可利用分子模拟软件构筑 HMX 与 TATB 共晶结构模型，并研究溶剂对 TATB 晶析的影响[62]。理论计算表明，在共晶结构中 HMX 与 TATB 分子间的作用力主要是氢键和范德华力，TATB 分子更易进入 HMX 自由能低的晶面，通过分子间的氢键作用得到结构稳定的共晶，从而使 HMX 变得钝感[63]。对 TNT 与 CL-20 共晶体系中分子间相互作用进行进一步研究表明，这一共晶体系中主要有三种相互作用。一是 CL-20 硝基氧原子与 TNT 芳环氢原子之间的氢键作用；二是 TNT 的缺电子芳环与 CL-20 富电子硝基之间的相互作用；三是 TNT 与 CL-20 中一系列硝基之间的相互作用。由此证明氢键并非共晶形成的唯一动力[60]。

以此为理论基础，制备了 CL-20 与二甲基甲酰胺、1,4-二氧杂环己烷、六甲基磷酰胺和γ-丁内酯的共晶。结果表明共晶材料感度显著下降，且 CL-20 的分子构型在去溶剂化后发生了明显改变。由此提出了一种新的共晶应用方向，可用于晶型筛选。同样采用溶剂挥发法制备 CL-20 与 TNT 的共晶，此时 CL-20 与 TNT 以物质的量比为 1 : 1 形成氢键结合成正交共晶体系。其爆速较 CL-20 有所下降，但远高于 TNT 和 TNT 与 CL-20 的机械混合物。熔点比 TNT 提高了 50℃，实测撞击感度显示共晶感度较 CL-20 下降了 87%，有效改善了原料炸药的性能[64]。在此基础上为了提高共晶的产率，他们进一步改进制备工艺，在乙酸乙酯和 CL-20、TNT 的混合溶液中加入一定量的糊精，产率可以达到 85%，得到的共晶产物表征结果与之前相差不大，爆速可达到 8426m · s^{-1}，同时满足了低感度的要求[65]。也可利用溶剂挥发法合成 CL-20 与 1,3-二硝基苯(1,3-dinitrobenzene，DNB)共晶[51]。

单晶结构分析表明，共晶体系由 CL-20 与 DNB 以物质的量比为 1∶1 结合而成，为正交晶系，且共晶中 DNB 分子以错位方式面对面平行排列，整个晶体结构较 CL-20 与 TNT 的共晶体系更为密实，因此密度显著提高。他们未对共晶的爆轰性能进行测试，只是预测其感度比 CL-20/TNT 共晶更低。

除了 CL-20，还能在室温下利用溶剂-非溶剂方法制备 HMX/TATB 共晶，共晶撞击感度测试结果表明，含 10% TATB 的 HMX/TATB 共晶撞击感度明显低于 HMX[64]。对该共晶结构分析表明，HMX 中的硝基与 TATB 中的氨基之间可形成 3 种类型的 N—O…H 氢键，依靠氢键相互作用结合形成共晶，与之前分子动力学理论模拟方法设计的 HMX/TATB 共晶结构吻合。采用分子动力学模拟可分析共晶形成的可能性，如根据最终模拟出的 HMX/FOX-7 结构模型进行其结合能和 XRD 图谱计算，证明了不同共晶模型的 XRD 衍射峰位置和强度均有别于单组分 HMX 或 FOX-7。说明晶胞参数发生了相应的改变，并直接影响共晶的形成。此外，对 HMX/NTO 共晶形成的可能性模拟研究表明，二者可形成热力学稳定的共晶。

溶剂挥发法也可将 BTF 与 TNT、TNB、TNP、ATNP、TNA、MATNB 和 TNAZ 炸药制成共晶[66]，目前并无有力的证据表明这 7 种体系均形成了均匀单一的共晶体系[67]。后来将炸药分子聚焦到 TNT、TNB、TNA、MATNB 和 TNAZ 5 种，并得到了有效的单晶 X 射线衍射数据，它们均能与 BTF 以物质的量比为 1∶1 形成共晶。共晶的形成主要受 p-π堆积作用、π-π堆积作用和氢键作用影响。试验表明，BTF 与 TNT、TNB 形成的共晶感度较 BTF 有大幅下降，获得了感度低于 RDX，但爆轰性能与 RDX 相近的新型复合炸药。此外，还报道了制备物质的量比为 5∶1 的 CL-20/CPL(己内酰胺)共晶[68]，单晶 X 射线衍射结果显示，共晶由两种分子间强烈的氢键作用形成，具有较低的感度，但熔点和密度也均较低，仍有待改善。值得注意的是，该共晶体系的制备必须在低湿度空气条件下，否则空气中的水分会强烈影响结晶过程，导致形成 CL-20 单晶而非 CL-20/CPL 共晶。利用溶剂-非溶剂法也能制备离子盐和中性分子的共晶，如 HMX/AP 共晶[69]。单晶 X 射线衍射结果显示，HMX 分子与 AP 分子间的氢键是共晶形成的基础。溶解度测试结果表明，共晶在 26℃下溶解度仅为 0.034g·100mL^{-1}，说明吸湿性得到了改善。南京理工大学的研究人员对含能材料共晶研究主要基于对 HMX 的改性[70]。此外，还报道了另外三种 HMX 共晶，包括两种苦味酸共晶和 1-硝基萘共晶。理论研究表明，它们与 HMX 形成的共晶结合能较大、热稳定性好，且共晶的带隙较大，说明感度较低[71]。

共晶在含能材料领域中的应用才刚起步，现有共晶炸药的研究体系仍比较单一，制备出的很多共晶缺少单晶 X 射线衍射数据，且存在表征手段少、形成机理不明等问题。因此，未来在这些方面仍有许多工作要做。将其他领域对于共晶形成和设计的机理应用到含能共晶的合成中，可以尝试利用氢键、π-π堆积作用等非键分子间相互作用力自组装形成共晶。同时考虑含能材料的特殊性，在现有成熟的共晶技术基础上加以完善和改进，积极探寻适合制备含能共晶的安全高效且实用性强的方法，推进共晶形成的基础理论研究，从原子和分子层面对共晶的形成加以模拟和设计。总之，共晶技术在含能材料领域的应用前景广阔，利用共晶技术对现有的单质高能炸药加以改性，制备出高能钝感新型炸药，对低易损性武器系统的发展有重要意义。

5.4　含能材料的纳米化改性

5.4.1　纳米含能材料的优势

在含能材料的发展中，人们会重点关注其分子构型、晶体结构、密度等对性能的影响，并致力于寻找新型含能化合物。同其他领域中纳米尺度材料的研究一度被忽视类似，纳米含能材料的性能和规律研究也曾被忽视。随着纳米材料研究的迅猛发展，纳米含能材料的独特性能才逐步引起人们的注意，并发现了一些极其重要的现象。添加纳米铝粉可提高推进剂的燃速，改变含能材料爆炸性能，如增加某些炸药的爆速和爆压；纳米 AN 和 RDX 分解时的最大能量释放温度明显降低；纳米复合含能材料感度降低和燃速明显提高等。

纳米含能材料新特性的发现也进一步激发了人们对纳米尺度含能材料研究的兴趣。纳米尺度含能材料的新特性是纳米材料特有的性质所引起的。目前，纳米材料的研究主要集中在纳米金属、纳米半导体和纳米陶瓷材料，发现的新特性也多是针对这些材料提出的，但纳米材料的性能变化必然有其共同点，纳米材料所具有的表面效应、小尺寸效应、量子尺寸效应和宏观量子隧道效应同样有可能引起含能材料性质的改变。

(1) 表面效应：纳米微粒尺寸小，表面积大，位于表面的原子占相当大的比重。随着粒径的减小，表面积急剧变大，引起表面原子数迅速增加。由于表面原子数增多，原子配位不足和表面能较高，表面原子具有高活性，极不稳定，很容易和其他原子结合等特点。例如，金属的纳米粒子在大气中会燃烧；无机材料的纳米粒子暴露在大气中会吸附气体，并与气体反应。表面原子活性高的原因在于它缺少近邻配位的表面原子而极不稳定，这种表面原子的活性不但引起了纳米粒子表面原子输运和构型的变化，同时也引起了表面电子自旋构象和电子能谱的变化。

(2) 小尺寸效应：当超细微粒的尺寸与光波波长、德布罗意波长和超导态的相干长度或透射深度等物理特征尺寸相当或更小时，晶体周期性的边界条件将被破坏；非晶态纳米颗粒的颗粒表面层附近的原子密度减小，导致声、光、电、磁、热、力等特性呈现新的小尺寸效应。

(3) 量子尺寸效应：当粒子尺寸下降到某一数值时，金属费米能级附近的电子能级由准连续能级变为离散能级的现象，纳米半导体微粒存在不连续的最高被占据的分子轨道能级，使能隙变宽的现象均称为量子尺寸效应。能带理论表明，金属费米能级附近的电子能级一般是连续的，且只在高温和宏观尺寸情况下才成立。当能级间距大于热能、磁能、静磁能、静电能、光子能量或超导的凝聚能时，必须考虑量子尺寸效应，这会导致纳米微粒磁、光、声、热、电以及超导电性与宏观特性有着显著的不同。

(4) 宏观量子隧道效应：微观粒子具有贯穿势垒的能力，称为隧道效应。近年来人们发现一些宏观量，如微粒的磁化强度、量子相干器件中的磁通量和电荷等也具有隧道效应，它们可以穿越宏观系统的势垒而产生变化，故称为宏观量子隧道效应，曾用于解释超细镍微粒在低温继续保持顺磁性。宏观量子隧道效应的研究对基础研究及实际应用都有重要意义。

在纳米材料的四种主要效应中，表面效应有可能引起含能材料性能的巨大改变，位于表面的原子数、分子数增加和表面能提高，导致了这些位于表面的原子和分子具有高的活性，可能对含能材料的感度、燃烧和爆轰特性产生巨大的影响。当含能材料超细微粒的尺寸很小时，出现的小尺寸效应有可能引起含能材料的热、电等性能的变化，也可能直接影响纳米含能材料的能量释放性能。

含能材料的微观结构强烈影响其燃烧和爆轰特性，这种影响可以被归结为热、质传输速率影响了能量释放速率。热、质传输速率受多种因素影响，但含能材料的颗粒尺寸、各组分混合均匀程度是最主要的影响因素。达到分子尺度的混合均匀时，反应不受热、质传输速率控制，可以达到受动力学过程控制的最大能量释放速率。在均匀混合下，超细颗粒尺寸有利于转换平衡远离输运过程控制，接近化学反应动力学控制。

随着纳米材料科学的发展，含能材料的超细化和纳米化逐渐引起了人们的重视，国外研制出了亚微米、纳米粉体炸药，同时进行着超细化的研究，开辟了新的应用领域。例如，高能低感传爆药、起爆药，安全、准确、高可靠度的多点起爆元件等，显示了超细炸药的价值。超细和纳米尺度炸药的研究对于爆轰理论和炸药技术的发展具有重要意义。

大量理论和实验研究表明，含能材料的能量释放过程(激发、燃烧与爆轰)、效能与其微观结构(氧化剂与燃料的分散-结合尺度)密切相关，单质含能材料和复合含能材料性能特点的巨大差异就是有力证明[72]。改善复合含能材料体系的微观结构、尽量降低其中各组分的分散-结合尺度、提高主要组分的分散均匀性一直都是获得高性能配方的主要技术思路。高分散性在显著增强传质效率、降低质量传递过程对其性能的影响、改善反应性能使其能量释放效率和速率可根据需要调节等方面有理论和实践依据。常规复合含能材料制造工艺中的许多技术手段是该思路的体现。

对于含能材料氧化剂与燃料组分(基团)间的分散-结合尺度,单质含能材料所具有的分子-原子级结合无疑是最理想的。但理论和实践证明,要实现各种理想氧/燃比下的氧化剂-还原剂的分子-原子水平组装是不现实的。复合含能材料领域的大量实践也表明,常规工艺(物理混合)下组分间的分散-结合尺度大都在微米级以上(均质火药是个例外),不能达到更小的尺度。因此,含能材料氧化剂与燃料的纳米级($1\sim100nm$)尺度组装的技术思路便应运而生,在物质基础层面,该思路为发展高性能含能复合材料提供了理论保证。通过氧化剂与燃料在纳米级复合,可实现高能量密度与高威力(高能量释放速率和效率)的双重优势。

5.4.2 纳米单质含能材料

美国 Monsanto 公司的 Mound 实验室和美国能源部的相关报告(DE88012863)表明,采用溶剂-非溶剂法可对 PETN、HMX 和 TATB 炸药进行高效超细化。此方法属于气相法,在制备过程中化合物首先被蒸发形成存在于气相中孤立的分子,再在冷凝器上冷凝出纳米尺度的颗粒。科研人员采用此法获得了 AN、RDX 和 AN/RDX 的复合物纳米颗粒[73]。气相法制备纳米颗粒具有纯度高、颗粒小且均匀的特点。还可采用射流撞击粉碎法,已使用高速射流撞击法制备出超细炸药 HMX 和 RDX,其中超细炸药 HMX 的比表面积为 $2.65m^2 \cdot g^{-1}$、$D_{50}=1.45\mu m$,超细炸药 RDX 的比表面积为 $2.62m^2 \cdot g^{-1}$、$D_{50}=1.52\mu m$。这两种超细炸药的撞击感度和军用标准品相比大幅下降。还有一种是微乳液法,目前非常流行用该方法制备纳米材料。此种方法已被用来制备纳米单体炸药或亚微米炸药,需要采用专用表面活性剂改善炸药颗粒表面特性,在分子尺寸上实现超细化,在微乳液中结晶、破乳、洗涤和干燥,最后得到纳米粉体。刘大斌等[74]用反胶团法(或 W/O 型微乳液法)制备出了纳米 RDX 和 HMX 炸药,并对粉体进行表征。目前,还存在其他几种制备超细炸药的方法,主要包括自组装法、机械研磨法、超临界流体法和重结晶法等,但这些方法通常只能将含能材料细化到微米量级,在此不再赘述[75]。

制备纳米含能材料的常用方法中,对自组装法的研究相对较少,而自组装法特别是大分子自组装法在其他纳米材料制备领域得到了深入研究和快速发展。这些方法如果可以移植到纳米含能材料的自组装研究中,必将为纳米含能材料颗粒的分散、结构调控等研究提供新的思路[76]。但由于影响自组装的因素较多,自组装的形态控制变得非常复杂且困难。再加上研究含能体系的危险系数较高,因此这种新思路还需要更多的实验、理论和模拟研究,将其应用于发展纳米含能材料还需要科研人员的不懈努力。

此外,还有其他方法可用于单质炸药超细化处理,如超临界溶液快速膨胀

RESS 技术[77]、压缩流体反溶剂沉淀(antisolvent precipitation of compressed fluid, PCA)技术、反溶剂重结晶技术(在液态和超临界状态)、惰性气体热升华沉积法、射流对撞法和重结晶法等。制备的超细单质炸药包括 RDX、HMX、HNS、NTO、TNT、TATB、CL-20 和 AN 等。后来也有人提出了采用汽化溶剂-反溶剂法制备纳米 RDX 的方案，并研究了实验参数对 RDX 粒径和形态的影响。经过这些方法处理后，有的粒径达到了纳米级，但有的仅能达到亚微米级，整体均匀度不高。总之，反溶剂重结晶技术和 RESS 技术可制备出粒径和颗粒形态可调、粒径分布窄的纳米单质硝胺炸药。初步研究表明，所得晶体产品的缺陷和孔隙少，有利于降低配方的感度。

5.5　碳纳米材料改性含能材料

5.5.1　碳纳米管基含能材料

1. 碳纳米管的制备新工艺

碳纳米管(carbon nanotubes，CNTs)可以看作是由 sp^2 碳杂化蜂巢晶格结构的石墨烯片层卷曲而成，如图 5-5(a)所示，部分 CNTs 管体的两端会封闭[78]。按照组成的石墨烯片层数不同，CNTs 可分为直径约为 0.4nm 的单壁 CNTs(single-walled carbon nanotubes，SWCNTs)和由 2～30 个同心管层层嵌套而成的多壁 CNTs (multi-walled carbon nanotubes，MWCNTs)，MWCNTs 的外径为 5～100nm 不等，如图 5-5(b)～(d)。CNTs 的结构依据其对称指数可分为三种类型：锯齿型(zigzag)、扶手椅型(armchair)和手性型(chiral)。

一般在石墨烯阳极的炭黑材料中可以发现大量的 MWCNTs，它比 SWCNTs 更加具有应用前景。合成 CNTs 的方法有很多，包括电弧放电法、激光烧蚀法和 CVD 法。CVD 法仍是主要合成手段，该方法能以液态碳、固态碳或气态碳作为原材料。CVD 法需与合适的催化剂结合使用，并且催化剂需在不同基底的薄膜上预沉积[79,80]，或以气态添加到反应物中[81]。

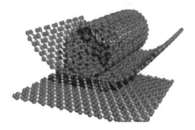

(a) 单层蜂窝状石墨烯及卷曲形成CNTs　　　　　(b) 单层CNTs的TEM及其概念图

(c) 双层蜂窝状石墨烯及卷曲形成CNTs   (d) MWCNTs的TEM及其概念图

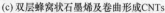

图 5-5   CNTs 的层状结构

CNTs 管体的两端可被纳米 Cu 或 Fe 颗粒封堵，提升其能量水平和催化效果，如图 5-6 所示，其中图 5-6(a)为一端被 Cu 粒子封闭的 CNTs；图 5-6(b)为互相嵌套 CNTs；图 5-6(c)为长度为十几微米的分段 CNTs；图 5-6(d)为末端具有结晶 Fe 粒子的 T 型结构 CNTs。大规模生产高纯度 SWCNTs、双壁碳纳米管(double-walled CNTs，DWCNTs)和 MWCNTs 十分必要，通过精确控制 Fe 催化剂的厚度，可制备长度最大为 2.2 mm 的 DWCNTs 线，其取代选择性为 85%。很多存在有序结构

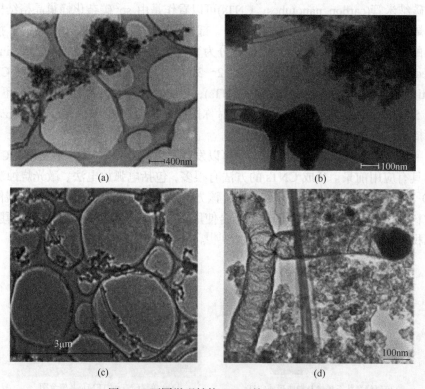

图 5-6   不同微观结构 CNTs 的 TEM 照片

的 CNTs 是在非导电基体上生长获得的，这限制了 CNTs 在需要导电基体或导电触点材料中的应用。为了解决该问题，Novoselov 等[82]在 Inconel 600 金属合金上直接制备有序结构 MWCNTs，并采用气相催化剂进行催化。这样的受控合成方法使制得的 MWCNTs 管径分布集中，且具有特定直径的 CNTs 在所有样品中的占比较高[83,84]。

碳纳米管具有径向纳米级、纵向微米级的结构和独特孔隙[85,86]，使其与 AP 复合时，不仅可以改善 AP 的燃烧性能，还可抑制超细 AP 的团聚。一般可采用溶剂蒸发法制备 CNTs/AP 复合粒子[87]，由 CNTs 掺杂的 AP 晶体不仅感度降低，热分解性能也得到了催化改善，主要是该体系的能量释放率增加，AP 高温分解峰温后移 113.9℃，与简单机械混合物相比，其表观分解热增加了 274.7J·g^{-1}。

除了 AP 氧化剂外，有人采用重结晶法与中和反应法将 KNO$_3$ 负载于 CNTs 外表面上，负载量可达 17.27%和 28.89%，负载后的复合材料平均粒径分别为 30.3nm 和 35.7nm[88,89]。它比纯 CNTs 的比表面积分别降低了约 113.9m^2·g^{-1} 和 138.7m^2·g^{-1}。重结晶法制备 CNTs/KNO$_3$ 复合材料的过程属于物理吸附，因此 CNTs 没有影响 KNO$_3$ 热物理性质，而中和反应法制备的复合材料中，CNTs 和部分纳米 KNO$_3$ 粒子间接触面积较大，使得 CNTs/KNO$_3$ 界面间的热损失较小。热分解实验发现该复合材料的热分解第一峰温降低了 28℃，说明 CNTs 对 KNO$_3$ 热分解具有明显的催化效果。

研究发现在高氮化合物——三叠氮氰酸盐(triazine cyanate，TAT)的爆轰过程中可形成 CNTs，但其中含有少量的氮原子。元素分析表明，以 C/N 材料为前驱体进行制备时，产物中的氮含量小于 3%[90,91]。CN$_x$ 纳米管中的氮原子会不均匀地分布在富集碳的表面[92]。所有用镍、铜或钢作为催化剂制备的 CNTs 都是多壁结构，其形貌和产率取决于催化金属的种类。在采用 Ti 基催化剂制备的产物中，未检测到 CNTs，这说明 Ti 对 CNTs 的形成没有催化作用。除了 TAT 之外，聚氮嘧啶和金属/氟碳吡咯也可用于制备 CNTs[93,94]。有 Ni(ClO$_4$)$_2$ 存在时，可选 2, 4, 6-三叠氮嘧啶(2, 4, 6-triazido pyrimidine, TAP)及其衍生物作为制备 CNTs 的优质前驱体。TAP 在催化爆轰过程中容易生成 CNTs，其 SEM 和 TEM 照片如图 5-7 所示。

从图 5-7 可以看到具有空腔结构的 CNTs，长度为 3～20μm，直径为 60～80nm，其产率超过 90%，形态类似竹子。这些"分区金属化 CNTs"被金属催化剂分割成长度均匀的小段，每段长约 90nm。除了爆轰合成法外，在以聚氟碳化合物(PMF，CF$_x$)$_n$ 为基的富含 Mg 的含能材料燃烧残渣中，也发现了 MWCNTs 和碳纳米卷(carbon nano-carpet rolls, CNCR)[95]，但含能材料燃烧过程中，CNTs 的形成机理还有待进一步研究。

CNTs 还可用于合成许多增强型定制结构，如一维纱线结构、纤维结构、绳

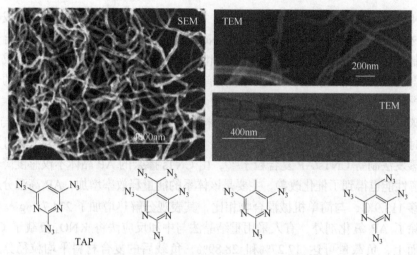

图 5-7　TAP 及其衍生物制备 CNTs 的形貌结构

索结构、刷子结构、二维片层结构、"巴基纸"结构、三维泡沫结构和海绵结构等。在过去 20 多年里，一维含氮 CNTs(1-D NCNTs)由于其独特的物理化学性质被公认为是极具应用前景的碳纳米材料，并在现代材料技术领域仍有广泛的应用前景。这里的 CNTs 或含氮 CNTs 材料可通过以下几种形式应用于含能材料领域：①与聚合物黏结剂结合功能化；②与烟火剂结合使用；③作为燃烧催化剂载体；④与金属燃料结合；⑤金属基团官能化。

2. 高聚物黏结剂功能化碳纳米管

利用高能聚合物黏结剂功能化 CNTs 提高相应 PBX 的力-热性能是一种极具应用前景的方法。一般以羟基化 CNTs(CNT-OH)为交联剂，甲苯二异氰酸酯(TDI)为固化剂[96]，GAP 为基体，可制备改性高能纳米黏结剂薄膜。当 CNT-OH 含量为 1%、NCO 和 OH 的物质的量比为 1.4∶1 时，所得含能黏结剂薄膜的拉伸强度为 7.2MPa，断裂延伸率为 375%，远高于未改性 GAP 黏结剂基体。此外，其热稳定性也得到了提升，薄膜的玻璃化温度(T_g)降至–40℃以下。

随后在此基础上，又通过 CNTs 共价键修饰的方法合成了另一种类似的含能黏结剂——聚 3,3′-双叠氮基甲基氧杂环丁烷-3-叠氮基甲基-3′-甲基己烷(3,3′-bis-azidomethoxyheterocyclobutane-3-azidomethyl-3′-methylhexane，BAMO-AMMO)[97]，CNTs 官能化 BAMO-AMMO 无规共聚物(TME)分子网络制备过程示意图和不同 CNTs 含量的 CNTs/BAMO-AMMO 热固性聚氨酯弹性体 SEM 形貌分别如图 5-8 和图 5-9 所示。在制备过程中，将 BAMO-AMMO 无规共聚物加入氮气气氛下的反应器中，与 TDI 和二月桂酸二丁酯(dibutyl dilaurate，DBD)混合，然后将混合均匀的反应物在 60℃条件下恒温保持 7 天。与 GAP-CNTs 复合材料性能类似，使用 1%的 CNT-OH 且 NCO 和 OH 的物质的量比为 1.4∶1 时，所得 CNTs/BAMO-AMMO 薄膜的断裂延伸率高达 380%，抗拉强度为 10.4MPa，较传统的三甲氨基甲酸乙酯(ethyl trimethylcarbamate，TME/BAMO-AMMO)高能黏结剂提高了 82.5%。然而，CNTs/BAMO-AMMO 薄膜的玻璃化温度为–34℃，较 GAP-CNTs 薄膜的略高。

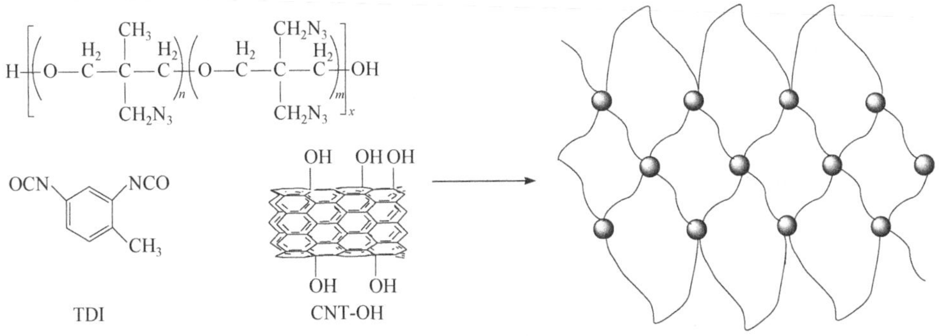

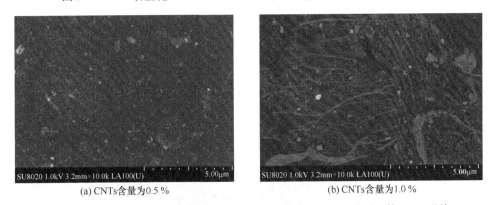

图 5-8　CNTs 官能化 BAMO-AMMO 无规共聚物分子网络制备过程示意图

(a) CNTs 含量为 0.5 %　　　　　　　　(b) CNTs 含量为 1.0 %

图 5-9　不同 CNTs 含量的 CNTs/BAMO-AMMO 热固性聚氨酯弹性体 SEM 形貌

　　除了上述与高能聚合物结合外，CNTs 还可以用于提升惰性聚合物的性能。例如，对于 PBXs 的重要黏结剂氟聚物[98,99]，PBXs 的机械强度直接决定了其应用效能。采用熔融共混法可以制备 MWCNTs/氟聚物(F2314)复合材料[100]，并采用动态力学分析(dynamic mechanical analysis，DMA)法研究表明，在 80℃和 0.1MPa 的实验条件下，当 MWCNTs 含量从 2%增加到 20%时，MWCNTs/F2314 复合材料的蠕变恒速率应变降低了 84.7%。此外，也可采用三氮唑类化合物通过“点击”化学法官能化 MWCNTs。

3. 碳纳米管在烟火剂中的应用

　　早在 2009 年就有人使用水和丙酮混合法，首次将 CNTs 引入到高氯酸钾

(potassium perchlorate，KP)和硝酸钾(potassium nitrate，KN)烟火剂中[101]，使 KP 的最小反应速率增加到 $8.2min^{-1}$，较单纯的 KP 反应速率提升了 4 倍。同时，其最大反应速率降至 $52.1min^{-1}$，比不含 CNTs 的烟火剂低 56.4%。然而，CNTs 对于 KP 烟火剂的反应改善没有同 KN 那样明显。通常，采用水混合法获得的样品会更好，但是无论是用水混合还是用酒精混合，都无法使 CNTs 与 KN 在分子水平上充分混合接触。

为了达到分子级混合水平，科研人员提出了一种新的湿化学方法，将 KNO_3 嵌入 CNTs 中[102,103]，形成一种新型的均匀混合的 KNO_3/CNTs 纳米含能材料。这种材料可集成到玻璃基底铜薄膜微起爆桥(copper thin-film microbridge，CTFM)上。CNTs 管内可充满 KNO_3 晶体，且其在整个微型点火器表面分布均匀，几乎无团聚。和单层 CFM 相比，这种微型点火器比不含 CNTs 的微型点火器电爆炸更加剧烈。此外，由于 CNTs 的热量增强作用，含有 CNTs 的微型点火器具有更长的电爆炸持续时间和更高峰温。基于 CNTs 的微型点火器的分解热约为 $876.1J \cdot g^{-1}$(峰温为 386.8℃)。微型点火器点火过程的高速摄影表明在电爆炸过程中，由于 CNTs 的快速化学反应，材料体系释放出更多的热量。此外，电泳沉积(electrophoretic deposition，EPD)法也能用来制备 KN/CNTs 纳米含能材料，所得产物的 TEM 照片和微型点火器截面、表面形貌的 SEM 照片如图 5-10 所示。图 5-10(a)为 Cu 薄膜微桥显微照片；图 5-10(b)为 EPD 法制得的微型点火器显微照片；图 5-10(c)为 EPD 制得的微型点火器截面 SEM 照片；图 5-10(d)为 SEM 表面形貌照片。

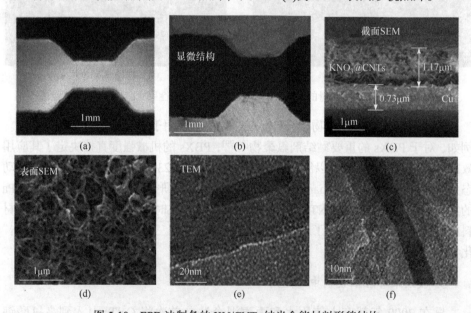

图 5-10　EPD 法制备的 KN/CNTs 纳米含能材料形貌结构

从图 5-10 可以看出，KN 晶体均匀地填充在 CNTs 管内，且 CNTs 外壁上无杂质。根据 TEM 图像估算，CNTs 和 KN 晶体的平均比例约为 10∶1。KN 的堆积密度为 2.11g · cm^{-3}，CNTs 的堆积密度一般与 KN 接近。从图 5-10 还可以清晰看到 KNO$_3$/CNTs 紧密黏附在 CTFM 表面，分布均匀且无明显团聚。由于 CNTs 阵列具有优异的电子场发射特性[104]，当 KNO$_3$/CNTs 含能材料与沉积在陶瓷基底上的 CTFM 集成后，其电爆性能得到极大提升[105]。这说明由于 CNTs 具有优良的导电和导热性能，可增强 KNO$_3$/CNTs 含能材料的化学反应速率，该设计也有利于电烟火剂的小型化。已有一些关于含能材料与电子或微机电系统(micro-electro-mechanical systems，MEMS)芯片集成技术的报道，包括对大块基体材料的修饰、薄膜沉积和基体表面 CNTs 生长等[106]。

除了在微型点火器方面的应用，CNTs 还可以用于高感度"绿色"起爆药的降感。目前使用的起爆药，如叠氮铅(lead azide，LA)和苯乙烯酸铅(lead styrylate，LS)都有一定毒性。如今越来越多的新型环保含能材料被研发出来以取代 LA 和 LS，但是很多材料因为感度太高而无法使用。例如，将叠氮化铜(copper azide，CA)封装在导电容器中，如阳极氧化铝(anodized alumina，AAO)-镀 CNTs 可以降低其感度[107]。CA/AAO-CNTs 复合含能材料的制备过程及相关中间产物的形貌如图 5-11 所示，其中的关键步骤为填充 CuO 纳米胶体到有碳涂层的氧化铝孔隙；随后与强碱反应生成铜离子，再被 H$_2$ 还原成 Cu，最终与叠氮酸反应原位生成 CuN$_3$。

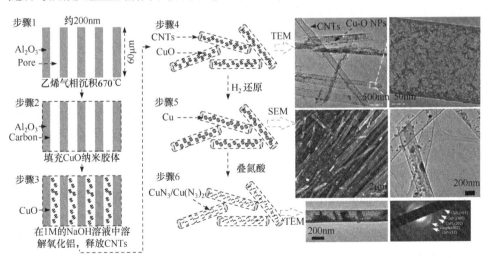

图 5-11　CA/AAO-CNTs 复合含能材料的制备过程及相关中间产物的形貌

如图 5-11 所示，采用模板合成法将直径约为 5nm 的铜氧化物胶体颗粒(nano CuO)填充到直径约为 200nm 的 CNTs 中。随后，CNTs 内部的 CuO 被氢气还原成单质铜，并与叠氮酸气体反应生成叠氮化铜。实验发现，点火后分解气体沿着 60μm

长的直线型两端开口的 CNTs 管路通道行进，而不破坏纳米管壁。这些新型材料作为纳米雷管和"绿色"起爆药具有潜在的应用价值。起爆药高氯酸四氨双(5-硝基四唑)合钴(Ⅲ)(BNCP)也是如此，既可以与 CB 组合，也可被 CNTs 封装(图 5-12)。

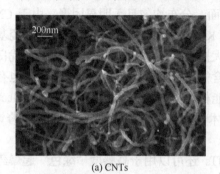

(a) CNTs　　　　　　　　　　　　　(b) BNCP/CNTs

图 5-12　CNTs 原料及其掺杂 BNCP 所形成的复合物形貌

一般封装材料应选择导电材料，目的是消除电荷以避免静电累积引起的爆炸。如果 CNTs 是直线型的并且两端开口，那么纳米管道可能会沿着其管路方向驱动冲击波，从而提高二次爆炸的引发效率，通常将起爆药颗粒保持在 CNTs 内[108]。除了起爆药以外，闪光弹和固态激光泵中烟火剂的性质也可用 CNTs 修饰。例如，为了提高 Zr/KClO$_4$ 烟火剂的泵效，可引入具有较强吸附能力的高强度 CNTs[109]。此时，CNTs 的引入对材料的热性能和光辐射能有较大影响，当 CNTs 含量为 0.5%时，烟火剂总辐射能量可达 1830J · g^{-1}。

4. 作为燃烧催化剂载体的碳纳米管

燃烧催化剂是一种通过提供具有较低活化能的反应路径，从而改变反应机理以影响自由基化学反应的化合物[110]，燃烧反应前后催化剂含量保持不变。凝聚相催化剂可催化在其表面上发生的气相化学反应。为了增强催化剂的表面活性，催化剂应该具有多孔或纳米尺寸。对于应用于推进剂中的燃烧催化剂，一方面它应当在推进剂生产过程中保持自身活性，即催化剂要与推进剂中的各种成分化学相容[111,112]；另一方面催化剂粒度的比表面积要高，且能均匀分散在推进剂基体中。

纳米催化剂和添加剂在提高推进剂燃烧性能方面具有广阔的应用前景，但其比表面积高，难以分散，因此需要负载到容易分散的碳纳米材料上，其中将纳米催化剂负载到 CNTs 是有效解决方案之一。例如，以 CNTs 为载体，采用液相还原沉积法制备 Cu/CNTs 纳米复合催化剂(图 5-13)。制备过程以 CuCl$_2$ · 2H$_2$O 为铜离子来源，KBH$_4$ 为还原剂，加入乙二胺四乙酸和 PVP 作为表面活性剂和络合剂，反应在 50℃条件下进行。

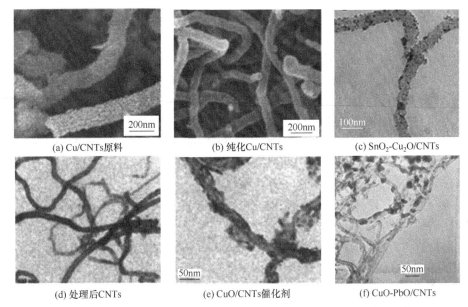

(a) Cu/CNTs原料 (b) 纯化Cu/CNTs (c) SnO$_2$-Cu$_2$O/CNTs

(d) 处理后CNTs (e) CuO/CNTs催化剂 (f) CuO-PbO/CNTs

图 5-13 处理后 CNTs、Cu/CTNs 和 CuO/CTNs 等燃烧催化剂的形貌

实验发现 Cu/CNTs 能显著降低 AP/HTPB 推进剂的分解峰温(T_p)。同样,CuO 催化剂也可用 CNTs 负载,形成一种新型 CuO/CNTs 复合材料(黑色粉末,如图 5-13 所示)[113]。还可采用乙酸铜和 CNTs 为反应物,在常压 100℃条件下通过溶剂灌注法制备 CuO/CNTs 催化剂。实验表明,这种催化剂对 FOX-12 的催化效果非常好,且所得复合材料具有优良的热稳定性和较低感度。除了上述复合材料外,金属燃料和催化剂也可以被封装在 CNTs 内。SWCNTs 被认为是高能纳米金属粒子的最佳保护涂层,也是推进剂燃烧催化剂的基础材料。目前,已经开发出了一种先进的技术用于制备金属化 CNTs,即使用 CO$_2$ 激光烧蚀复合石墨靶[114]或在 MWCNTs 顶部无电沉积[115],所得产物的 XRD 图谱及其 SEM、TEM 照片如图 5-14 所示。

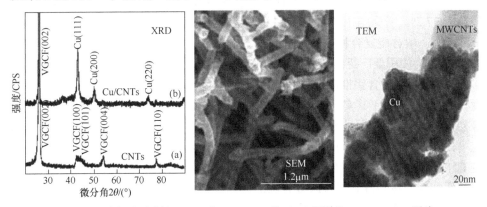

图 5-14 电沉积法制备 CNTs 和 Cu/CNTs 的 XRD 图谱和 SEM、TEM 照片

从图 5-14 可以看出，平均厚度为 40nm 的铜层沉积在 MWCNTs 的表面上，为制备金属粉末包覆的 CNTs 复合材料提供了有效的手段。基于此原理，可利用熔融 $Fe(NO_3)_3 \cdot 9H_2O$ 为前驱体，采用温和物理吸附法制备 Fe_2O_3/MWCNTs 复合粒子[116]。实验发现，大量赤铁矿相 Fe_2O_3 均匀地填充在 MWCNTs 内，其中 Fe_2O_3 的质量分数约为 25.8%。这种制备策略也适用于二元催化剂。例如，使用 $CuCl_2 \cdot 2H_2O$、$SnCl_4 \cdot 2H_2O$ 和 CNTs 作为反应物，采用基于液相沉积的综合灌注法制备 SnO_2-Cu_2O/CNTs 复合催化剂[117]。此时 SnO_2 和 Cu_2O 纳米颗粒均匀地附着在 CNTs 上，这些金属颗粒呈椭圆形，且沉积厚度为 5～10nm。这种催化剂和 CuO/CNTs 对 FOX-12 的分解都具有正催化作用。

还有一种广泛用于固体推进剂的二元催化剂 $CuO \cdot PbO$，也可以通过加入 CNTs 进行改性。例如，通过微乳液法可制备粒径小于 50nm 的 $CuO \cdot PbO$/CNTs 复合材料[118]。除了铜和铅的氧化物外，钴和铝的氧化物也可沉积在 CNTs 上以提高催化活性。Co-Al 层状双氢氧化物/CNTs 复合前驱体可用于合成 Co-Al 合金氧化物/CNTs(CoAl-MMO/CNT)[119]。在该纳米复合材料中，氧化钴纳米粒子和含钴尖晶石型复合金属氧化物都能均匀地分散在 CNTs 表面，并形成 CoAl-MMO 和 CNTs 的异质结构，这种材料对 AP 等氧化剂具有很强的催化作用。

5. 碳纳米管改性金属燃料或高能炸药填料

金属燃料是 PBX 和高能推进剂的重要组分，推进剂和温压型 PBX 中广泛应用的金属燃料有 Al、B 和 Mg[120,121]。研究表明，PBX 中的铝粉比其他金属燃料更有效，特别是应用在温压型 PBX 中，而将 CNTs 添加到金属燃料中可显著提高其二次燃烧效率。通过尝试多种机械复合的方法将金属燃料与 CNTs 结合，成功制备了 CNTs 增强型金属新型燃料[122]。将 Ag 和 Al 颗粒通过物理沉积负载在 CNTs 上，并研究该产物的点火性能。Ag · CNTs 复合物还可通过银镜反应或水热法制备，但这两种方法获得的 Ag · CNTs 复合物中的碳含量不同[123,124]。前者碳的质量分数为 37.2%，平均粒径为 29.3nm，而后者碳的质量分数仅为 8.1%，平均粒径为 35.4nm。一般含能复合物中的惰性组分，如 CNTs 含量越低，材料能量水平越高。

Al 作为使用最广泛的金属燃料，研究人员对其氧化和燃烧特性都进行了深入研究，这些特性对含铝推进剂和爆炸物的性能有较大影响。控制铝的氧化速率和温度，以及反应焓对于其实际应用非常重要。由于 CNTs 具有超强拉伸强度(150GPa)，最初被引入到 Al 粉中是为了提高材料的机械强度[125-127]。但后续研究表明，CNTs 也可以调控材料的热行为[128]，因此 CNTs 的加入具有多功能调控特性。可通过改变 CNTs 含量和官能团控制 Al 颗粒形态，从而改善含改性铝 PBX 力-热耦合行为和起爆特性。在制备 Al/CNTs 复合物的过程中，发现不同球磨阶段，其形态也不同(图 5-15)。随着球磨时间的增加，Al/CNTs 复合物的形态发生显著变化。它的形态变化可以分为三个阶段：阶段 I，Al 颗粒被 CNTs 包覆且球形 Al 颗粒被扭曲成片晶结构；阶段 II，Al 颗粒被分解成更小的尺寸，CNTs 被部分嵌入其中；阶段 III，Al/CNTs 颗粒聚集成较大的尺寸，其中 CNTs 均匀地分散在 Al 颗粒内部，整体形状结构类似海胆。

(a) 阶段 I：球磨30min　　(b) 阶段 II：球磨30min　　(c) 阶段 III：球磨30min

图 5-15　Al/CNTs 复合物形态与球磨时间的关系

6. 含能官能化碳纳米管

一般可直接通过电化学诱导法制备硝基团官能化 SWCNTs。硝化过程首先要酸化 CNTs 以在其表面上嫁接羧基，然后使所得中间体先后与亚硫酰氯和 4-硝基苯胺反应[129]。除了 NO$_2$ 基团，CNTs 中还可以引入许多其他含能基团，如通过重氮化反应制备四唑改性单壁碳纳米管(SWCNTs-CN$_4$)，此过程中形成的共价键保持了五元环的结构，且 SWCNTs-CN$_4$ 材料中的氮含量约为 14.8%，四唑相对碳原子含量约为 4.9%[130]。同样，在重氮化基础上，可利用微波辐射实现硝基苯反应官能化 SWCNTs[131]。即使采用共价键形式官能化也会引入一些缺陷，导致材料电导率降低，但燃烧仍然会沿高氮燃料包覆的纳米管快速传播，由此能产生电势差发电。

图 5-16 给出了三硝基苯修饰 SWCNTs 的反应过程、产物拉曼光谱、热分析曲线及硝基苯衍生物分子结构与官能化过程。显然火焰前端化学反应产生的能量可以通过 CNTs 进行一维传播，并在引发波阵面分子发生化学反应。因此，高能基团官能化的 SWCNTs 在高温分解时会产生巨大的热量。从图 5-16 中的热分解曲线可以看出，在等速率加热过程中，除了 BrP-SWCNTs 外，MNP-SWCNTs、DNP-SWCNTs 和 TNP-SWCNTs 都在 300～330℃发生了分解放热反应。

除了采用含能基团以共价键形式官能化 CNTs 外，含能化合物还可通过掺杂或吸附等非共价键方式与 CNTs 复配降感。例如，可用 CB 或 CNTs 掺杂 BNCP，

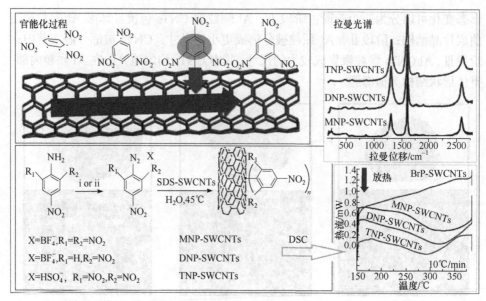

图 5-16　三硝基苯修饰 SWCNTs 的反应过程、产物拉曼光谱、热分析曲线及硝基苯衍生物分子结构与官能化过程

且 CNTs 可物理吸附 TATB[132]。当 TATB 以非共价键形式附着在 CNTs 表面，尤其是在 CNTs 内壁时，TATB 的变形较大，且 CNTs 的直径决定了内部 TATB 分子的变形程度，但对外部吸附的 TATB 分子变形影响不大。由于吸附能量为负，TATB 与 CNTs 的非共价结合过程放热。在 CNTs 内壁上吸附 TATB 的效果比在外部吸附 TATB 的效果更好。无论哪种吸附，其吸附效果都随着纳米管直径的增加而更加稳定。

　　理论研究内吸附或外吸附 3,3′-二氨基-4,4′-呋咱的 SWCNTs 的结构、吸附能和初始解离反应过程[133]，发现直径较大的 SWCNTs 的吸附过程会放热，且在热力学上是有利的，这表明呋咱可以在 CNTs 内部自组装结晶。基于上述理论，CNTs被认为是今后高能全氮或高氮化合物常温稳定化结晶的优良载体。例如，以 CNTs (10, 10)为纳米载体，可采用 CVD 法制备氮掺杂 CNTs 以负载 3,3′-偶氮-二(6-氨基-1, 2, 4, 5-四嗪氧化物)，简称 DAATO，如图 5-17 所示，结果表明平均每个 DAATO 分子内含有 3.2～3.6 个氧原子，使得每个分子的氧原子定点和定量存在五种可能性[134]。

　　这些新型 CNTs 杂化含能材料的直径、生长速率与合成温度关系密切。单个直径为 60nm 的 N-CNTs 制备温度需达 980℃，而当制备温度为 800℃时，其直径只有 30nm 左右(氮含量为 10.4%)。温度降低将导致催化剂团聚程度变小，形成了更薄的 N-CNTs。这也表明较低合成温度通常导致石墨层的卷曲和无序，较高合

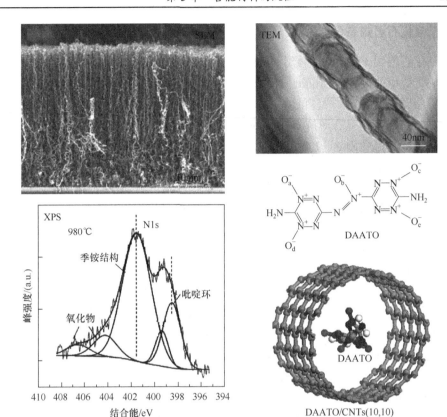

图 5-17　阵列 N-CNTs 的结构形貌、DAATO 分子结构及其嵌入 CNTs 后的结构示意图

成温度有利于形成更规整的层状石墨结构[135]。除了四嗪以外，三唑类化合物也可以通过"点击"化学官能化 MWCNTs[136]，并通过原位聚合将该产物成功引入到聚氨酯(PU)基体中，以增强其与聚氨酯聚合物的相互作用。由于三唑类化合物的引入，聚氨酯/MWCNTs 纳米复合材料的分解放热明显增加。

　　由于 CNTs 具有较低的能量和较高的催化活性，大多数官能化 CNTs 被用作推进剂催化剂或含能添加剂。其中一些可用作烟火剂组分，如铝热剂和点火药。这些材料的制备过程通常比较简单，方法包括微乳液法、水热法、还原沉积法、超声法、CVD 法和直接化学反应法。CNTs 与高感度含能材料的复合，是改善含能材料感度和性能的重要途径。此外，通过氮掺杂可以在 CNTs 表面上产生分布更好的高活性位点[137]。当 CNTs 中充满高能材料(如氮链聚合物)时，在 CNTs 表面与氮链之间以最小的碳-氮距离产生有效电场，这种掺杂过程可稳定常规条件下无法稳定的高能多氮链，该方法有助于高度不稳定的高张力键能含能材料的应用。

5.5.2　氧化石墨烯基含能材料

氧化石墨烯(GO)是石墨经化学氧化及剥离后的产物。氧化石墨可以在水中水解形成带负电的薄片，Brodie[138]认为这种薄片是"极薄"态，最薄的氧化石墨薄片由单层碳原子组成[139]。目前，单层氧化石墨的存在被广泛认可，并被命名为GO。GO可以看作是在单层石墨烯的表面和边缘修饰了含氧官能团。由于是单原子层结构，其厚度为1~1.4nm，因为表面有含氧官能团和吸附分子存在，GO比理想的单层石墨烯厚约0.34nm。GO的最大直径取决于最初石墨晶体的大小，但平均大小可以通过氧化过程或超声处理过程调整。氧化石墨的剥离一般可以借助超声搅拌或快速加热，但是过度的超声剥离会破坏氧化石墨的直径。由于位于GO边缘的羧基会发生电离，GO可以在水、醇和某些不含表面活性剂的有机溶剂中形成一个稳定的胶态悬浮体。

因为GO表面含有羧基、羟基、羰基和环氧基等基团，所以目前已有很多关于GO改性的研究，即通过一定的方法将一些化学物质化学嫁接在GO的表面，形成新的功能化GO(FGO)复合材料，以满足特定的需求。它可以通过在氧化剂存在的条件下，将石墨在单一或混合浓酸中处理后获得。这种方法是150年前由英国化学家Brodie率先提出，即在发烟硝酸中，以KClO$_3$为氧化剂对石墨反复进行氧化而获得氧化石墨。后来又有多位研究学者对Brodie的制备方法进行了改进，其中包括Staudenmaier[140]在1898年提出的Staudenmaier法，这种改进方法使用了硝硫混酸和氯酸钾。1958年，Hummers等[141]提出了一种更安全且更高效制备GO的方法(Hummers法)。其主要是将石墨粉和无水硝酸钠置于冰浴浓硫酸中，以高锰酸钾为氧化剂进行氧化反应，利用质量分数为30%的过氧化氢还原剩余氧化剂，再过滤、洗涤和真空脱水等获取GO。近年来，也有其他研究人员对GO的制备方法做了一些改进，但以上三种方法仍然是目前制备GO最为常用的制备方法。其他方法，如电化学氧化法制备GO也有相关报道[142]。氧化石墨烯及其配合物对于推进剂的安全性能和热分解性能均有非常好的促进效果。

作为GO掺杂改性含能复合物的典型，Al和Bi$_2$O$_3$颗粒能在功能化石墨烯片(FGS)上自组装，其自组装过程及化学键结构如图5-18所示[143]。这种纳米复合结构形成于胶体悬浮液中，最终凝结形成超致密MICGO/Al/Bi$_2$O$_3$(GO含量为5%)，其中Al和Bi$_2$O$_3$纳米颗粒的TEM和SEM如图5-19所示。在该过程中，Al粒子上的羟基氧原子被GO上的羧基氢原子取代，形成了GO上的羧酸阴离子(图5-18)。其中GO对Al有静电吸附作用，GO/Al共价键结合可形成稳定的分散液。GO/Al对Bi$_2$O$_3$的静电吸附作用，为Bi$_2$O$_3$在GO/Al上的非共价键自组装提供了条件。图5-18还给出了两种共价键结构：①GO和Al粒子表面的羟基发生化学反应形成C—O—Al共价键；②GO表面的羧基和Al粒子表面的羟基发生化学反应形成 O=C—O—Al 共价键。Al 和 GO，Bi$_2$O$_3$ 和 GO 骨架之间不存在共价键。

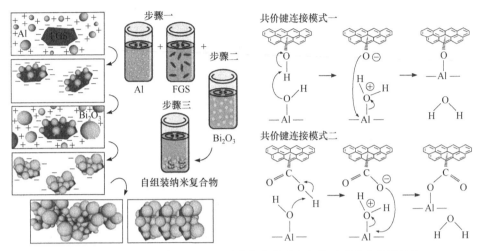

图 5-18　功能化 GO 与 Al/Bi$_2$O$_3$ 纳米复合物的自组装过程及化学键结构

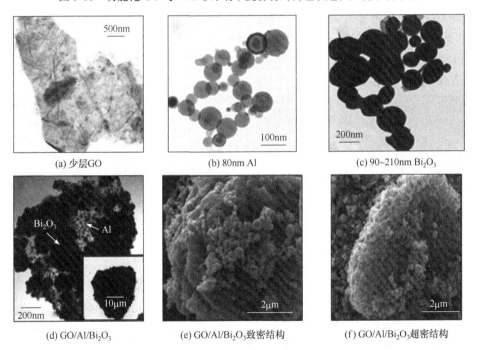

图 5-19　自组装 GO/Al/Bi$_2$O$_3$ 纳米复合物形貌

图 5-19 展示了 GO/Al/Bi$_2$O$_3$ 的纳米结构取向，这种结构的形成是由双粒径模式驱动的，其中较小尺寸 Al/Bi$_2$O$_3$ 形成随机取向的宏观结构，而平面化 GO/Al/

Bi_2O_3 趋于凝聚成分层组装的结构。分层组装可能是较大二维 $GO/Al/Bi_2O_3$ 的主要特征，并且由于范德华力的相互作用，它们在结构上互相对齐。无论其结构如何，$GO/Al/Bi_2O_3$ 纳米复合材料与简单混合的 Al/Bi_2O_3 相比，其燃料和氧化剂接触得更加紧密，从而反应活性得到了提高。这种新型复合材料的反应热为 $739\sim$ $1421J \cdot g^{-1}$，远超普通 Al/Bi_2O_3 机械混合物的反应热。

　　相比于石墨烯，GO 更适合也更易于与含能材料通过功能化复合。GO 本身可看作是含能物质。由于 GO 上的碳平面上含氧官能团(羰基、羟基和环氧基)和边缘的羧基有大量含氧官能团，能剧烈分解并放出热量[144]。不完全还原所得 rGO 仍保留了一些含氧官能团，因此 rGO 同样具有一定的化学能。DSC 结果表明，rGO 需要 $0.8kJ \cdot g^{-1}$ 的热量触发它的脱氧反应。由于大量惰性石墨烯的添加会降低复合含能材料的能量密度，所以 GO 与 rGO 更适合用作高能复合材料的钝感添加剂。

　　GO 和 rGO 作为润滑剂可降低液体含能材料的黏性，以提高其低温流动性。然而，石墨烯的类型与离子液体特殊的官能度匹配是实现其功能最优化的关键。GO 和 rGO 还可提高含能高分子和自燃离子液体等燃料的点火和燃烧特性。例如，采用 Nd:YAG(1064nm，20ns)激光对掺杂 GO 的硝化棉薄膜在低温下进行点火，发现 GO 能够显著提升微米级 NC 膜的点火和燃烧特性[145]。未掺杂与掺杂 GO 的 NC 薄膜的 SEM 图与原子力显微镜(atomic force microscope，AFM)图如图 5-20 所示。纯 NC 薄膜是连续光滑且均质的，如图 5-20(a)所示，将 GO 加入 NC 薄膜后表面变得十分粗糙。

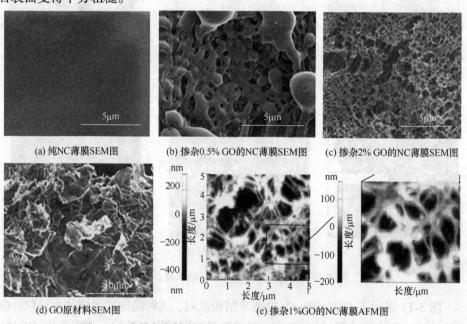

(a) 纯NC薄膜SEM图　　　　(b) 掺杂0.5% GO的NC薄膜SEM图　　　　(c) 掺杂2% GO的NC薄膜SEM图

(d) GO原材料SEM图　　　　　　　　(e) 掺杂1%GO的NC薄膜AFM图

图 5-20　未掺杂与掺杂 GO 的 NC 薄膜的 SEM 图与 AFM 图

此外，随着 GO 含量增加，NC 薄膜会形成多孔结构(图 5-20)。利用 AFM 对
GO 含量分别为 0.5%和 1%的 NC 薄膜观察，发现后者具有更大的孔径，孔径为
0.5~3μm。除了可以提高燃速，GO 还能降低含能材料感度。为了提高 HMX 的
安全性，人们通过溶剂-反溶剂法将 GO 包覆到 HMX 晶体，HMX/GO 复合物的
制备过程如图 5-21 所示[146]。

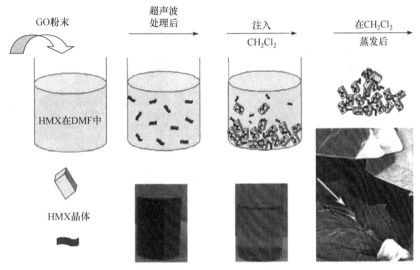

图 5-21　HMX/GO 复合物的制备过程

首先可在 40℃将 HMX 溶解于 DMF 中，然后加入 GO(质量分数约为 2%)。
通过超声法将 GO 完全分散在 HMX 的 DMF 溶液中，再向混合溶液中加入
CH_2Cl_2(GO 仅分散其中)。经过滤、洗涤和 40℃烘干，得到了 HMX/GO 复合物。
材料的 SEM 图如图 5-22 所示，可以看出 GO 没有改变 HMX 的晶体形状。HMX
和 HMX/GO 的表面形态差异很大，未经改性的 HMX 晶体表面光滑且纯净，而在
HMX/GO 复合物表面观察到了一些褶皱，这些 GO 褶皱的存在显著提高了 HMX
的安全性。此外，GO 薄膜具有比 C_{60} 和 CNTs 更好的降感作用。

除了对高能晶体的简单包覆外，GO 还能采用含能化合物进行功能化改性。
首先用于含能官能化 GO 的物质为四嗪衍生物(tetrazine derivatives，Tz)，它们可以
通过亲核取代的方式共价接枝到 GO 上，形成一种新型含能复合材料(FGs-Tz)[147]。
如图 5-23 所示，氯代四嗪接枝采用的 GO 中碳原子和氢原子的个数比为 2∶1。
氯代四嗪与 GO 完全反应需 48h 以上，且反应温度较高(约 120℃)。实验结果表明，
未改性的 GO 在 230℃附近具有一个强放热峰，对应于 GO 的脱氧还原生成水和
CO_2，该放热过程没有出现在 FGs-Tz 复合物中，表明 GO 在与氯代四嗪的反应过
程中由于温度过高被还原成石墨烯。FGs-Tz3 和 FGs-Tz4 两种四嗪功能化石墨烯

图 5-22　HMX 和 HMX/GO-2 在低倍率(a)、(b)和高倍率(c)、(d)下的 SEM 图

在 300℃以上才发生分解放热反应。因此，最终产物四嗪功能化石墨烯的热稳定性比纯四嗪衍生物有显著提升。

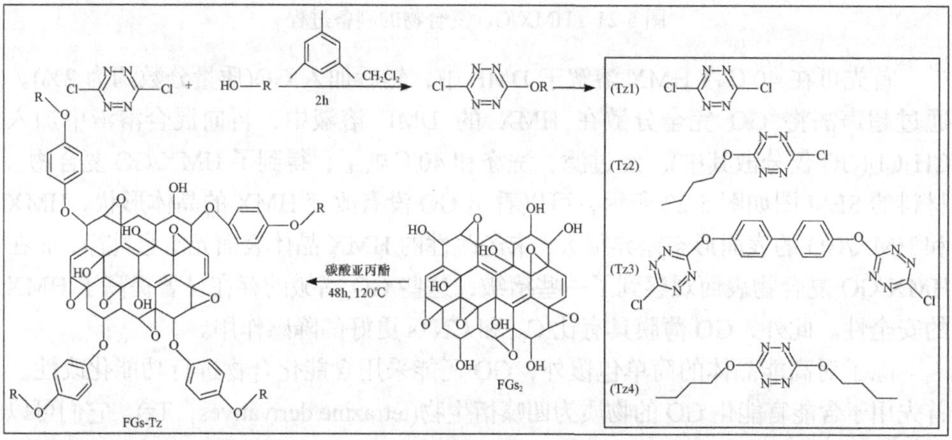

图 5-23　氯代四嗪及其衍生物接枝 GO 生成 FGs-Tz 的合成路径

　　但通过改性所得的 FGs-Tz 是否能被看作高能材料还没有定论。与 GO 接枝后的四嗪相比，纯四嗪的稳定性较差，这表明 GO 可以提高嗪类化合物的热稳定性。此外，石墨烯或其气凝胶可与催化剂或氧化剂相结合。溶胶-凝胶法已经广泛应用于制备这些材料。如前文所述，纯 GO 和 rGO 都有一定能量，但是除了其与 HMX、NC 和 FOX-7 的复合物外，基于它们的纳米含能复合材料还少有报道。这

些含能成分实际上既可沉积在 GO 的骨架上,也可以被 GO 或 rGO 片层材料包覆。上面提及的都是已报道的新型含能复合材料,有望成为含能催化剂或含能添加剂。

　　此外,通过共价键功能化,可制备出石墨烯基含能配位聚合物(energetic coordination polymer,ECP)。Michael 等以 5, 5′-偶氮-1, 2, 3, 4-四唑(azatetrazole,TEZ)和 4, 4′-偶氮-1, 2, 4-三唑(4, 4′-azo-1, 2, 4-triazole,ATRZ)为配体,与 GO-Cu^{2+} 配合物和额外的金属离子反应得到了多种三维 ECP[148]。首先需要将 GO 与 $Cu(NO_3)_2$ 在水溶液中反应获得 GO-Cu^{2+} 配合物。反应温度控制在 60℃ 以上时,产率更高。其典型 ECP 产物结构和反应途径如图 5-24 所示。为了验证该方法的普适性,Yan 等[149]基于该思路合成了三氨基胍偶联 GO 基高能钝感 ECPs,并研究了它们的热反应性、稳定性、爆轰性能与机械感度。

　　以上三种为石墨烯在杂化含能材料领域内的应用状态。就现有研究情况来看,石墨烯配位聚合金属离子的方式更能实现推进剂高能钝感的要求,也是目前比较热门的研究方向。

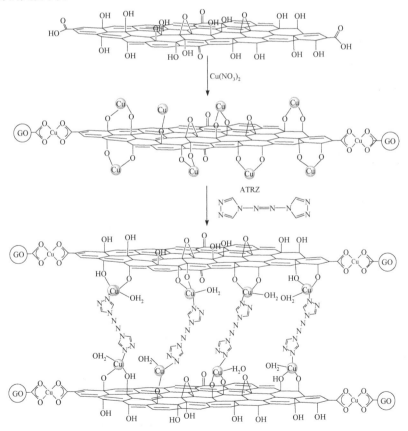

(a)

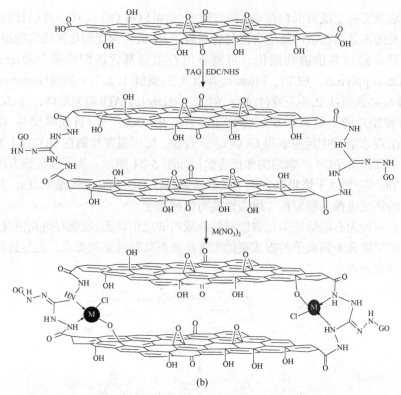

图 5-24　应用三氨基胍制备 GO-Cu²⁺-ATRZ(a)和 GO-TAG-M(b)的反应途径

5.5.3　石墨烯基含能材料

　　功能化石墨烯可以作为多齿配体调控其表面金属颗粒或金属离子状态[150]，铜和镍是最常用于与功能化石墨烯配位的金属离子[151,152]。石墨烯配体的结构类似于金属卟啉、金属酞菁和金属菲咯啉配合物，可以与含能材料结合或被含能基团功能化。最早关于这方面的理论研究表明，石墨烯可以作为单分子层掺杂钝感炸药 TATB，这是由于在石墨烯分子层和 TATB 之间存在较强的π-π相互作用。TATB/石墨烯复合物的理论爆热为 $1.61kJ \cdot g^{-1}$、密度为 $2.1g \cdot cm^{-3}$、爆压和爆轰速度分别为 $10.5GPa$ 和 $2.40km \cdot s^{-1}$。石墨烯的润滑性明显优于石墨，通过调整石墨烯和 TATB 两种分子层的比例和顺序可得到一系列性能可调的含能复合物。在实际应用中，含能材料也要具备较好的安全性能，即使对于起爆药也适用。为了降低苯乙烯酸铅(lead phenylacetate，LS)的静电火花感度，可通过向反应溶剂中添加石墨烯纳米片(graphene nanoplatelets，GNP)或采用 GNP 包覆 LS 的方式获得钝感石墨烯纳米片——苯乙烯基复合物(graphene nanoplatelet-lead styphnate composites，GLS)。该复合物具有优异的抗静电性能，因此不易静电累积，静电火花感度较低[153]。尽管苦味酸钾(potassium picrate，KPA)的能量特性不如 LS，但它具有很多重要的应用。KPA 具有较高的冲击波感度，甚至比原苦氨酸更敏感。如果 KPA 在有限空间被点燃，很容易发生燃烧转爆轰。一般可采用晶型调控剂制备一种超细 KPA 晶体，实验结果表明掺杂石墨烯可以提高其热稳定性。掺杂大比表面积石墨烯纳米颗粒可以一定程度阻碍 KPA 颗粒间的有效碰撞并加速散热，由此降低 KPA 的机械感度。

除起爆药外，高能固体推进剂的安全性能也需进一步提高。尤其是作为高能复合推进剂主要组分的 AP，为了使其具有更高的安全性，其表面性能也需要改善。有人采用溶胶-凝胶法制备了一种基于氧化剂 AP 和石墨烯气凝胶的纳米复合材料 AP/GA[154]。该纳米复合材料与 GA 结构类似，内部仍有许多孔洞。其比表面积高达 $49.2 m^2 \cdot g^{-1}$，大量 AP 颗粒(平均粒径为 69.4nm)可附着在石墨烯骨架上(图 5-25)。EDS 结果表明，该材料中 AP 含量可达 94%，AP/GA 在推进剂中有广泛的应用前景[155]。基于 AP/GA 纳米复合材料，结合溶胶-凝胶法和二氧化碳超临界干燥技术，可制备一种新型的 $GA/Fe_2O_3/AP$ 纳米结构含能材料[156]。实验结果表明，Fe_2O_3 和 AP 均匀地分散在纳米石墨烯气凝胶层中，除了钝感效应，Fe_2O_3 对 AP 的热分解还具有催化作用。

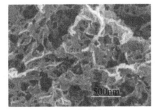 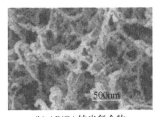 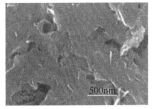

(a) 石墨烯气凝胶 　　　　(b) AP/GA纳米复合物 　　　　(c) AN/GA纳米复合物

图 5-25 GA、AP/GA 和 AN/GA 纳米复合物的 SEM 图

图 5-26(a)和(b)是 GA 和 $GA/Fe_2O_3/AP$ 纳米复合含能材料的 SEM 图，从中可明显观察到 GA 的形态非常均匀，并呈现出随机取向的片状结构和三维网络结构，具有皱纹和丰富的分层孔隙。$GA/Fe_2O_3/AP$ 与 AP/GA 的结构非常相似，大量 AP 在 GA 网络骨架上结晶并覆盖其表面。图 5-26(c)和(d)给出了 GA 和 $GA/Fe_2O_3/AP$ 的氮吸附-解吸附等温线，可以看出该材料具有开放楔形的中孔结构，这是片层石墨烯的存在导致的[157]。GA 和 $GA/Fe_2O_3/AP$ 纳米复合含能材料的比表面积分别达到了 $717 m^2 \cdot g^{-1}$ 和 $123 m^2 \cdot g^{-1}$，采用 BJH(Barret-Joyner-Halenda)法测定 GA 和 $GA/Fe_2O_3/AP$ 的孔隙率(V_{tot})分别为 $3.37 cm^2 \cdot g^{-1}$ 和 $0.46 cm^2 \cdot g^{-1}$。用 AP 填充 GA 后，复合材料的比表面积和 V_{tot} 都显著降低。

除了 AP，石墨烯也可以用来改性 AN，一般可用作推进剂和乳化炸药的氧化剂。AN/GA 纳米复合物可用溶胶-凝胶法制备前驱体，然后通过超临界 CO_2 干燥

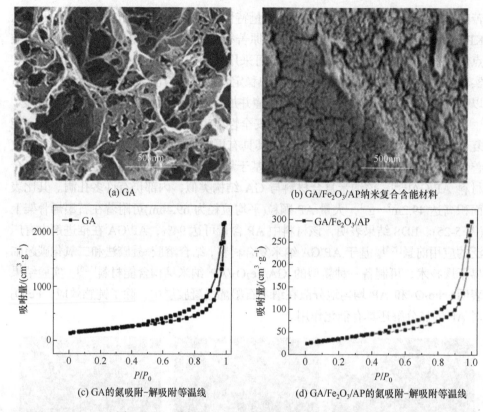

(a) GA

(b) GA/Fe₂O₃/AP纳米复合含能材料

(c) GA的氮吸附-解吸附等温线

(d) GA/Fe₂O₃/AP的氮吸附-解吸附等温线

图 5-26　一种新型 GA/Fe₂O₃/AP 纳米复合含能材料

获得[158]。结果表明，纳米尺寸的 AN 均匀地分散在石墨烯中，其颗粒平均直径为 71nm，质量分数为 92.7%。上面提到的所有材料都是 MICs，正如 3.6 节所述，MICs 的优异性能使其广受关注。金属氧化物型 MICs 研究最为广泛，石墨烯官能化 MICs 是利用其远程静电性和近程共价键的相互作用，通过纳米级氧化剂和燃料的分层微观自组装而成的高活性宏观结构，形成多功能含能复合材料。

5.5.4　热解碳改性含能材料

可以将热解碳(pyrolytic carbon, PyC)涂层引入到 Al₂O₃-SiO₂ 体系中，利用 AN 的热解原位氧化得到 PyC，在 AN 分解过程中生成的氮氧化物可使 PyC 在相对较低的温度下氧化[159]。通过这种方法，很容易将 PyC 涂层引入到三维氧化物增强纤维复合材料中。对于不含 PyC 涂层的 N440/AS 复合材料(图 5-27(a))，断口表面非常均匀，几乎没有纤维拉出。如图 5-27(a)所示，纤维被基体紧密包裹，没有发生纤维/基体的脱黏情况，界面黏接强度高。但由于基体的化学腐蚀，在纤维表面分布了大量的微孔。对于具有 PyC 涂层界面的复合材料，由于相对较弱的界面黏接程度，可以看出其具有明显的纤维拉伸现象(图 5-27(b))。这表明多孔涂层有利于纤维/基体的脱黏，从而改善其力学性能。

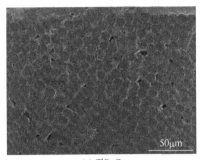
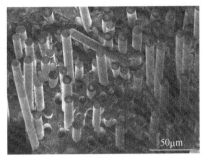

(a) 无PyC　　　　　　　　　　　　　(b) 有PyC

图 5-27　两种界面状态下 N440/AS 复合材料的断面

为了获得性能最佳、能量释放可控和感度较低的含能材料，其配方和性能调控是必不可少的环节。针对这一目标，有人已成功制备了一种相对钝感的 FDU-15 包覆炸药 1,1-二氨基-2,2-二硝基乙烯(FOX-7)[160]。他们在 100～110℃条件下将 FOX-7 在 N-甲基-2-吡咯烷酮中实现完全浸渍，并且在 FOX-7/FDU-15 复合材料中，FOX-7 的最大质量分数可达 43.8%。

5.5.5　功能化富勒烯含能材料

1. 基于富勒烯的功能材料介绍

C_{60} 在其功能化及相关应用领域具有非常广阔的研究前景[161]，其应用取决于官能化反应的方式，包括以下几种：通过添加电子加氢还原，富勒烯自由基阴离子与亲电试剂的反应，亲核加成，亲核取代，形成有机金属衍生物、聚合物、树枝状及相关结构[162]。富勒烯材料在催化反应领域有诸多应用，如单线态氧化、非金属固氮、石墨-金刚石转变和含能材料的燃烧等。

利用分子催化已经发现几种新的官能化反应。例如，①有机硼接入富勒烯；②C—H 烯丙基化和羟基富勒烯的芳基化；③裂解炔基-羟基富勒烯中的 C—H/C—C；④富勒烯区域选择性四烯化；⑤氮丙啶富勒烯亲核取代；⑥炔烃环加成到氮丙啶富勒烯[163]。当超分子化学和富勒烯相互交叉时，产生了一个新的跨学科领域，借此设计和构建了诸多基于富勒烯的新型超分子结构[164]，如轮烷、索烃、自组装配位化合物、液晶包合物和光活性超分子器件[165-169]等。

采用双冠醚受体和双胺富勒烯配体即可合成稳定的超分子复合物[170]。富勒烯具有较强的协调碳笼内、外部金属原子的能力[171]，目前已经合成了许多外表面化合物，如金属钯或铱元素与富勒烯的复合物，这些复合物中，富勒烯配体与烯烃的作用方式相似(图 5-28)[172,173]。表面功能化金属富勒烯的合成为制备各种新型高能材料和燃烧催化剂提供了新的途径。采用低至 100W·cm^{-2} 强度的各种激光辐射富勒烯便能实现激光诱导点火,用低强度连续激光辐射即可将某些含能功能化富勒烯加热至其点火温度[174]。

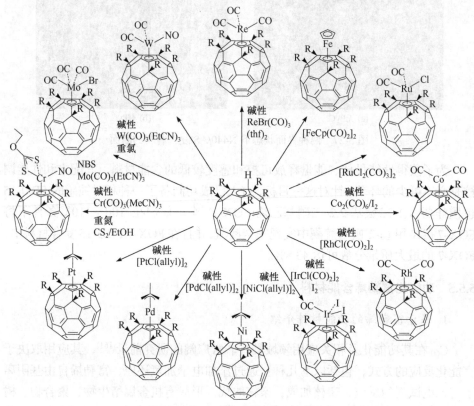

图 5-28 外表面功能化金属富勒烯配合物的合成反应途径

如图 5-29 所示的功能化富勒烯的激光诱导转化机制,其中过程 a 表示激光诱导官能团裂解会引发冲击波,或以其他形式赋予富勒烯一定的动能;过程 b 表示高能富勒烯间互相碰撞,造成其骨架聚结或瓦解;过程 c 表示激光产生的热量,官能团的裂解放热凝聚,此时裂解官能团及其缺陷对纳米结构具有催化作用,能促进单壁碳纳米管聚结成尺寸更大的单壁碳纳米管和多壁碳纳米管,或洋葱碳结构;过程 d 则表示另外一种情况,即富勒烯解体为单壁碳纳米管和多壁碳纳米管以及为后续洋葱碳结构的形成提供碳原子,而整个富勒烯骨架充当成核位点。裂解的官能团和富勒烯骨架上存在的缺陷可同时催化生成不同结构的碳纳米材料。

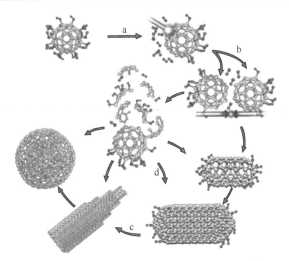

图 5-29　功能化富勒烯的激光诱导转化机制

2. 富勒烯的官能化

含能富勒烯的合成起源于 20 世纪 90 年代，文献报道的第一种相关化合物是通过三硝基氯苯与叠氮化钠反应形成的三硝基苯基 C_{60} 的衍生物(Cp-1，TNPF)[175](图 5-30)。直到 2006 年，才有另一种新型富勒烯衍生物问世。

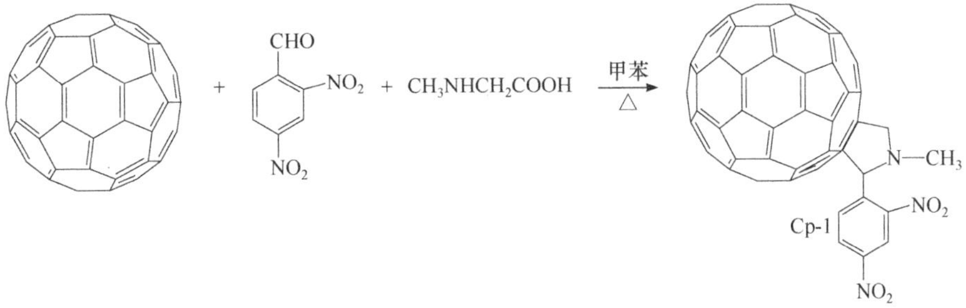

图 5-30　TNPF 的制备过程[176]

西南科技大学科研团队首次发现了富勒烯与 2,4-二硝基苯甲醛和 N-甲基甘氨酸三个反应物之间的最佳物质的量比是 1 : 2 : 6，且反应须在 95℃条件下进行 40h[177]。富勒烯含能衍生物的制备已成为近年来的研究热点，也有越来越多新型富勒烯含能化合物被合成出来，该类化合物的典型代表有 C_{60} 硝基苯等含能衍生物取代物和微波辐射法制备的含能烷烃衍生物(图 5-31 和图 5-32)。其中，Cp-1～Cp-5 化合物由 1,3-偶极环加成得到，而 Cp-6 和 Cp-7 化合物则由 Cp-2 通过亲核取代制备得到。

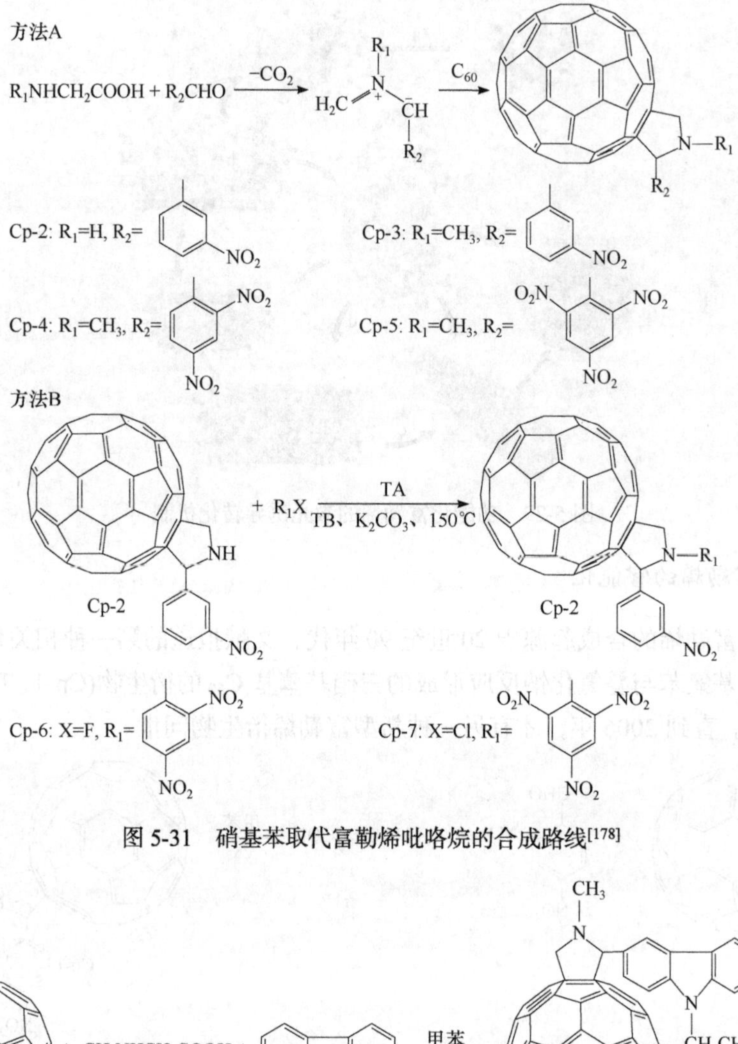
方法A
R1NHCH2COOH + R2CHO
−CO2
R1
N
H2C
CH
R2
C60
N—R1
R2
Cp-2: R1=H, R2=
NO2
Cp-3: R1=CH3, R2=
NO2
Cp-4: R1=CH3, R2=
NO2
NO2
Cp-5: R1=CH3, R2=
O2N
NO2
NO2
方法B
+ R1X
TA
TB、K2CO3、150℃
NH
Cp-2
NO2
N—R1
Cp-2
NO2
Cp-6: X=F, R1=
NO2
NO2
Cp-7: X=Cl, R1=
O2N
NO2
NO2

图 5-31　硝基苯取代富勒烯吡咯烷的合成路线[178]

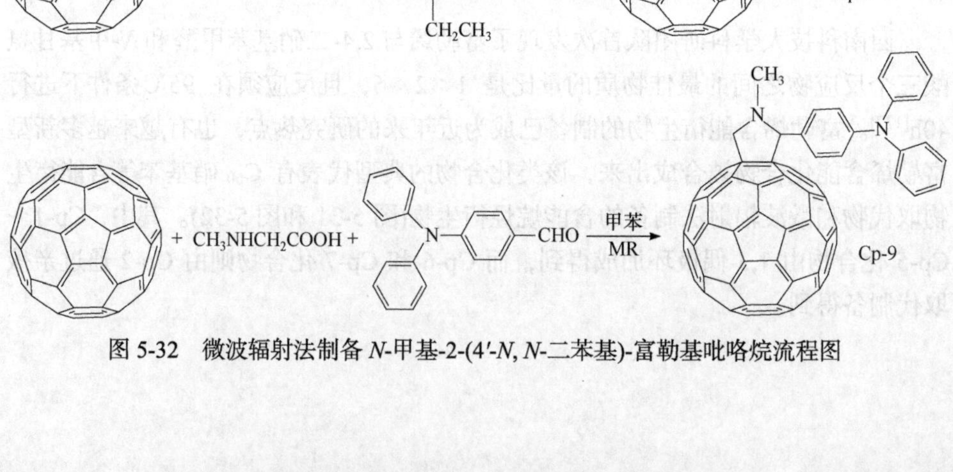
+ CH3NHCH2COOH +
N
CH2CH3
甲苯
MR
CH3
N
N
CH2CH3
Cp-8
+ CH3NHCH2COOH +
N
CHO
甲苯
MR
CH3
N
N
Cp-9

图 5-32　微波辐射法制备 *N*-甲基-2-(4′-*N*, *N*-二苯基)-富勒基吡咯烷流程图

　　HMX 与 1% 的 N-甲基-2-(3-硝基苯基)富勒烯吡咯烷(N-methyl-2-(3-nitrophenyl) fullerene pyrrolidine，MNPFP，Cp-3)混合后，其机械感度大幅降低。此外，还可通过微波辐射法合成 N-甲基-2-(N-乙基咔唑)-富勒烯吡咯烷(MECFP，Cp-8)和 N-甲基-2-(4'-N, N-二苯基氨基苯基)-富勒烯吡咯烷(MDPAFP, Cp-9)[179]，采用纳秒激光光解技术研究 C_{60} 向咔唑基团的光诱导分子内电子转移过程，探索了 N-甲基-3-(2′, 4′, 6′-三硝基苯)-富勒烯吡咯烷的性能(MTNBFP, Cp-5)，合成路线见图 5-33。

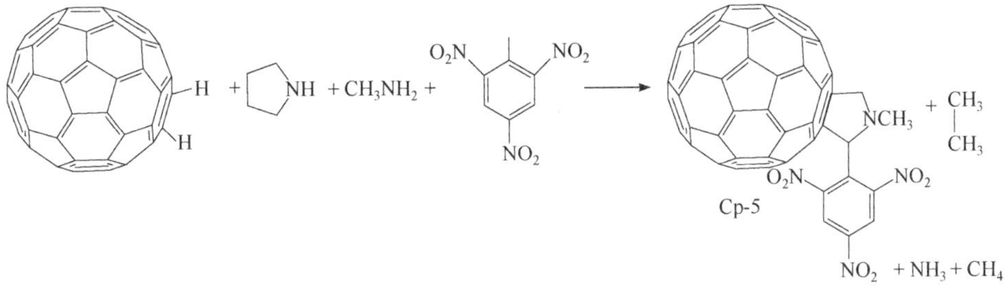

图 5-33　Cp-5 的合成路线

　　理论研究表明,Cp-5 的生成焓为 2782.2kJ·mol^{-1},爆速和爆压分别为 3282km·s^{-1} 和 4.443GPa[180]。完全燃烧后，由于碳含量高，Cp-5 的总燃烧热高达 2.17×10^5kJ·mol^{-1}。虽然该化合物可能无法用作炸药或推进剂的主要成分，但可以作为含能添加剂。为了提高富勒烯衍生物的能量水平，在富勒烯骨架上还可引入更多的硝基。

　　Cataldo 等[181]尝试在含有高浓度 N_2O_4 的苯中长时间硝化 C_{60}，制备了高氮衍生物 $C_{60}(NO_2)_{14}$(FP, Cp-10)，并对其性能进行了表征。然而，Cp-10 的热稳定性较差，当它在氮气或空气中被加热到 170℃以上时会发生爆燃，并释放出巨大的热量。这种化合物能否作为一种猛炸药取决于其感度，关于其感度的研究还尚未报道。除了富勒烯的硝基衍生物外，还有一些富勒烯硝酸盐也可作为含能燃烧催化剂。其中，富勒烯乙二胺硝酸盐(fullerene ethylenediamine nitrate，FEDN，Cp-11)就是一个典型的例子，可通过富勒烯与乙二胺在稀硝酸中反应得到(图 5-34)[182]。

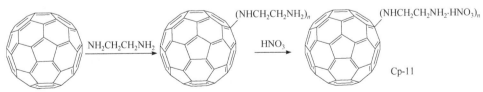

图 5-34　Cp-11 的合成路线

　　研究表明，Cp-11 在 100℃左右开始分解，其分解过程可以分为三个阶段。含能富勒烯催化剂替代传统惰性催化剂可提高固体推进剂的比冲，同时降低其压力指数。还有另一种基于富勒烯的聚合物催化剂，即富勒烯衣康酸共聚物铅盐(lead salt of fullerene itaconic acid copolymer，FIAL，Cp-12)，它对燃烧有较好的催化效果[183]。Cp-12 以 C_{60}、衣康酸和硝酸铅为原料，经两步反应制得，Cp-12 的合成路线如图 5-35 所示。

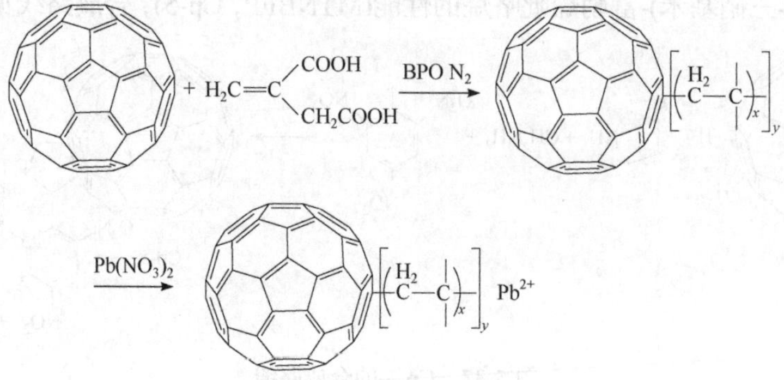

图 5-35　Cp-12 的合成路线

对于 Cp-12 的制备，其反应时间和温度对最终的铅含量基本没有影响。制备 Cp-12 的最佳温度为 25℃，pH 为 6.9。在该条件下制备的 Cp-12 催化剂具有较高的热稳定性，其分解峰温为 304℃。在富勒烯乙二胺硝酸盐(fullerene ethylenediamine nitrate，FEND，FN，Cp-11)的基础上，通过其与二硝酰胺铵离子发生反应，即可获得能量更高的衍生物——富勒烯乙二胺二硝酰胺(fullerene ethylenediamine dinitramide，FED，Cp-13)，其产率为 84%(图 5-36)[184]。

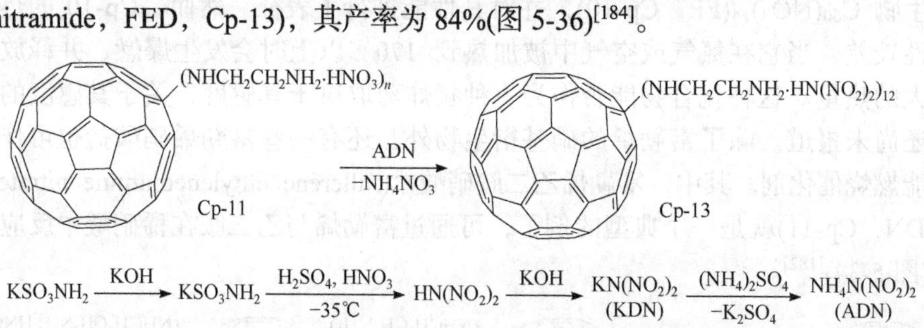

图 5-36　Cp-13 及 ADN 的合成路线

Cp-13 为淡黄色固体，通过 UV-vis、FT-IR、EDS 和 XPS 等技术对其结构分析表明，Cp-13 的分子式为 $H_{12}C_{60}[NHCH_2CH_2NH_2 \cdot HN(NO_2)_2]_{12}$，显然可用作固体推进剂的氧化剂。为了结合富勒烯和铅盐作为推进剂催化剂的优点，人们尝试制备了另一种基于富勒烯苯丙氨酸的铅盐(FPL，Cp-14)[185,186]。Cp-14 可以通过与

Cp-12 类似的方法制备，其中铅阳离子来自 Pb(NO₃)₂(图 5-37)。

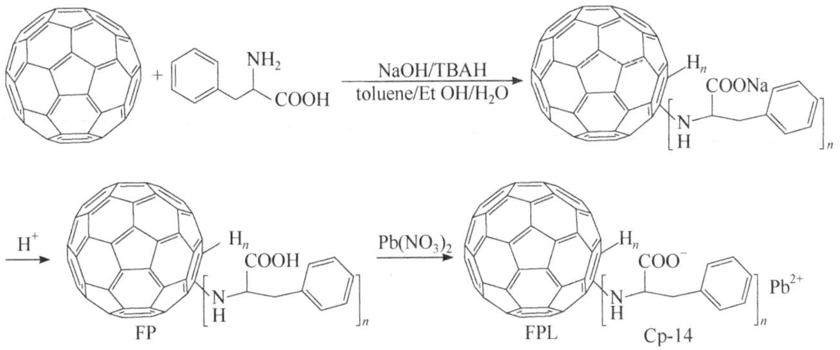

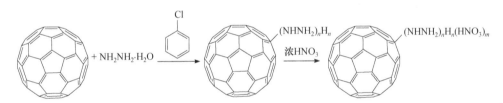

图 5-37 Cp-14 合成路线

一方面，FPL 对 RDX 的分解有显著的催化作用，可作为固体推进剂的燃烧催化剂；另一方面，在上述合成方法的基础上，还可制备另一种新型含能燃烧催化剂——富勒烯肼硝酸盐(fullerene hydrazine nitrate，FHN，Cp-15)[187]。其以富勒烯和水合肼为原料先制备富勒烯肼(fullerene hydrazine，FH)，产率为 84%，然后将得到的 FH 与浓硝酸反应形成 FHN，化合物 Cp-15 合成路线如图 5-38 所示。

图 5-38 化合物 Cp-15 合成路线

元素分析结果显示，FH 中 C、N 和 H 的含量分别为 69.38%、26.86%和 3.76%，由此可推测在该反应条件下制得的 FH 分子式为 $C_{60}(NHNH_2)_{10}H_{10}$，对应的 FHN 化学式应为 $C_{60}(NHNH_2)_{10}H_{10} \cdot 4HNO_3$，其中氧含量为 14.9%。$C_{60}$ 不仅可以与上面提到的含能基团结合，也可以被含能聚合物功能化。有文献报道了 C_{60}-聚硝酸缩水甘油酯(C_{60}-glycidyl trinitrate，C_{60}-PGN，Cp-16)和 C_{60}-缩水甘油基叠氮化物两种新型富勒烯基含能聚合物[188,189]。前者是在二甲基亚砜中溶解氨基酸的前提下，C_{60} 与溴代丙二酸 PGN 酯通过改进 Bingel 反应合成的。后者的制备同样采用了 Bingel 反应，只是反应物是 C_{60} 和溴代丙二酸缩水甘油基叠氮化物，两种聚合物的制备过程如图 5-39 所示。Cp-16 和 Cp-17 的热稳定性都在 200℃以上，可作为固体推进剂含能黏结剂。

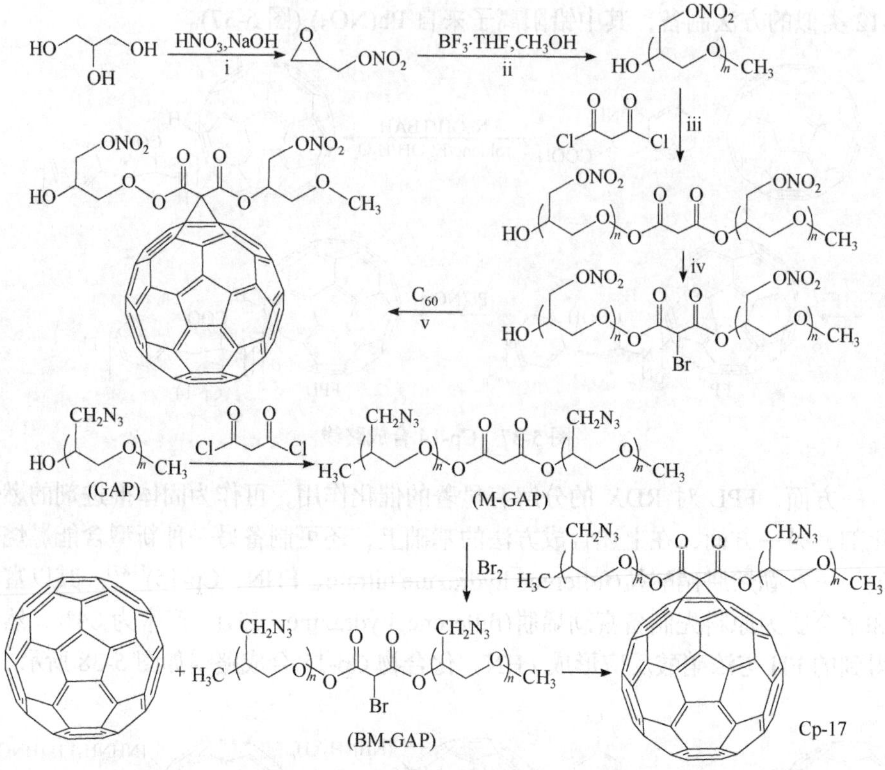

图 5-39　C_{60}-PGN 和 C_{60}-GAP 的合成路线

参 考 文 献

[1] 聂福德. 高品质炸药晶体研究[J]. 含能材料, 2010, 18(5): 481-482.

[2] 边桂珍. 奥克托今(HMX)表面包覆技术及其性能研究[D]. 南京: 南京理工大学, 2014.

[3] 吕公连, 张小平, 杜磊, 等. 自组装单分子膜技术在推进剂中的应用[J]. 推进技术, 2001, 22(5): 426-428, 440.

[4] 李江存, 焦清介, 任慧, 等. 不同键合剂与 RDX 表界面作用[J]. 含能材料, 2009, 17(3): 274-277.

[5] 吴昊, 李兆乾, 裴重华, 等. 高氯酸铵疏水表面的制备及表征[J]. 含能材料, 2014, 22(4): 482-486.

[6] PARKER A. Nanoscale chemistry yields better explosives[J]. LLNL Science and Technology Review, 2000, 10: 19-21.

[7] TAPPAN B C, BRILL T B. Very sensitive energetic materials highly loaded into RF materials by sol-gel method[C]. The 33th International ICT conference, Karsruhe, 2002: 78-79.

[8] 郭秋霞, 聂福德, 杨光成, 等. 溶胶-凝胶法制备 RDX/RF 纳米复合含能材料[J]. 含能材料, 2006, 14(4): 268-271.

[9] 郭秋霞, 聂福德, 李金山, 等. RDX/RF 纳米结构复合含能材料的孔结构研究[J]. 含能材料, 2007, 15(5): 478-481.

[10] 张娟, 聂福德, 曾贵玉, 等. HMX/AP/RF 纳米复合含能材料的 sol-gel 法制备[J]. 火工品, 2008, 3: 8-11.

[11] 池钰, 黄辉, 李金山, 等. 溶胶-凝胶法制备 RDX/SiO₂ 纳米复合含能材料[J]. 含能材料, 2007, 15(1): 16-18, 22.

[12] TAPPAN B C, BRILL T B. Thermal decomposition of energetic materials 86. cryogel synthesis of nanocrystalline CL-20 coated with cured nitrocellulose[J]. Propellants, Explosives, Pyrotechnics, 2003, 28(5): 223-230.

[13] 张付清, 李凤生. 亚铬酸铜/高氯酸铵超细复合粒子研究进展[J]. 化工新型材料, 1999, 27(5): 325.

[14] 张汝冰, 刘宏英, 李凤生. 含能催化复合纳米材料的制备研究[J]. 火炸药学报, 2000, 23(3): 9-12.

[15] 陈爱四, 李凤生, 马振叶, 等. 纳米 CuO/AP 复合粒子的制备及催化性能研究[J]. 固体火箭技术, 2004, 27(2): 123-125.

[16] 宋小兰, 李凤生, 张景林, 等. 纳米 AP/Fe₂O₃ 复合氧化剂的制备及其机械感度和热分解特性[J]. 固体火箭技术, 2009, 32(3): 306-309.

[17] 陈人杰, 李国平, 孙杰, 等. 溶胶-凝胶法制备 RDX/AP/SiO₂ 复合含能材料[J]. 固体火箭技术, 2010, 33(6): 667-669, 674.

[18] 王瑞浩, 张景林, 王金英, 等. 纳米复合 Fe₂O₃/Al/RDX 的制备与性能测试[J]. 含能材料, 2011, 19(6): 739-742.

[19] 吴志远, 胡双启, 张景林, 等. 溶胶-凝胶法制备 RDX/SiO₂ 膜[J]. 火炸药学报, 2009, 32(2): 17-20.

[20] 严启龙, 张晓宏, 齐晓飞, 等. 纳米核-壳型含能复合粒子的制备及应用研究进展[J]. 化工新型材料, 2011, 39(11): 36-38.

[21] 杨光成, 聂福德, 曾贵玉. 超细 TATB/BTF 核-壳型复合粒子的制备[J]. 火炸药学报, 2005, 28(2): 72-74.

[22] 杨强. NBC/RDX 纳米复合含能材料的制备及表征[D]. 绵阳: 西南科技大学, 2011.

[23] ZHAO J, FANG C, ZHU Y, et al. Manipulating the interfacial interactions of composite membranes via a mussel-inspired approach for enhanced separation selectivity[J]. Journal of Materials Chemistry A, 2015, 3(39): 19980-19988.

[24] YANG L, KONG J, YEE W A, et al. Highly conductive graphene by low-temperature thermal reduction and in situ preparation of conductive polymer nanocomposites[J]. Nanoscale, 2012, 4(16): 4968-4971.

[25] HEBBAR R S, ISLOOR A M, ANANDA K, et al. Fabrication of polydopamine functionalized halloysite nanotube/polyetherimide membranes for heavy metal removal[J]. Journal of Materials Chemistry A, 2016, 4(3): 764-774.

[26] QU Y, HUANG R, QI W, et al. Interfacial polymerization of dopamine in a pickering emulsion: Synthesis of cross-linkable colloidosomes and enzyme immobilization at oil/water interfaces[J]. Acs Applied Materials & Interfaces, 2015, 7(27): 14954-14964.

[27] PODSIADLO P, LIU Z, PATERSON D, et al. Fusion of seashell nacre and marine bioadhesive analogs: High-strength nanocomposite by layer-by-layer assembly of clay and l-3,4-

dihydroxyphenylalanine polymer[J]. Advanced Materials, 2007, 19(7): 949-955.

[28] YANG L, PHUA S L, TEO J K H, et al. A biomimetic approach to enhancing interfacial interactions: Polydopamine-coated clay as reinforcement for epoxy resin[J]. Acs Applied Materials & Interfaces, 2011, 3(8): 3026-3032.

[29] PHUA S L, YANG L, TOH C L, et al. Reinforcement of polyether polyurethane with dopamine-modified clay: The role of interfacial hydrogen bonding[J]. Acs Applied Materials & Interfaces, 2012, 4(9): 4571-4578.

[30] WANG H, WU C, LIU X, et al. Enhanced mechanical and thermal properties of poly(L-lactide) nanocomposites assisted by polydopamine-coated multiwalled carbon nanotubes[J]. Colloid and Polymer Science, 2014, 292(11): 2949-2957.

[31] HE G, YANG Z, PAN L, et al. Bioinspired interfacial reinforcement of polymer-based energetic composites with a high loading of solid explosive crystals[J]. Journal of Materials Chemistry A, 2017, 5(26): 13499-13510.

[32] 刘萌, 李笑江, 严启龙, 等. 硝铵类高能炸药重结晶降感技术研究进展[J]. 化学推进剂与高分子材料, 2011, 9(6): 54-56.

[33] 金韶华, 于昭兴, 刘进全, 等. 六硝基六氮杂伍兹烷的机械撞击感度[J]. 火炸药学报, 2004, 27(2): 17-19, 22.

[34] 李洪珍, 徐容, 黄明, 等. 降感 CL-20 的制备及性能研究[J]. 含能材料, 2009, 17(1): 125.

[35] 王元元, 刘玉存, 王建华, 等. 重结晶制备降感 HMX 技术研究[J]. 火工品, 2009(1): 16-18.

[36] 周小伟, 王相元, 王建龙, 等. 硝酸-水重结晶 HMX 工艺研究[J]. 天津化工, 2009, 23(1): 16-18.

[37] 李伟明, 冉再鹏, 周小伟, 等. HMX 结晶工艺对其撞击感度的影响研究[J]. 应用化工, 2008, 37(9): 1054-1056.

[38] 朱勇, 王伯周, 葛忠学, 等. 冷却结晶法制备不敏感 RDX 研究[J]. 含能材料, 2010, 15(5): 501-504.

[39] 郁卫飞, 聂福德, 黄辉, 等. 类球形 NTO 的制备及其表征[J]. 含能材料, 2005, 13(增刊): 4-6.

[40] 耿孝恒, 王晶禹, 张景林. 不同粒度 HMX 的重结晶制备和机械感度研究[J]. 山西化工, 2009, 29(3): 22-25.

[41] 柴涛, 张景林. 丙酮重结晶超细化 NTO 的晶形及粒度控制研究[J]. 火工品, 2007(4): 10-12.

[42] 刘兰, 王平, 曾贵玉, 等. 亚微米 PYX 的制备及性能[J]. 火炸药学报, 2009, 32(6): 44-47.

[43] 王保国, 张景林, 陈亚芳. 超细 PYX 的制备和性能测试[J]. 含能材料, 2007, 15(3): 198-200.

[44] 王培勇, 史春红, 贺清彦, 等. 超细 CL-20 的制备与测试[J]. 火工品, 2009(1): 19-21.

[45] 谢瑞珍, 卢斌, 赵久宏, 等. 超细 HNIW 机械感度的研究[J]. 火工品, 2006(5): 24-26.

[46] 王晶禹, 黄浩, 王培勇, 等. 高纯纳米 HNS 的制备与表征[J]. 含能材料, 2008, 16(3): 258-261.

[47] 李海波, 程碧波, 刘世俊, 等. LLM-105 重结晶与性能研究[J]. 含能材料, 2008, 16(6): 686-688.

[48] 封雪松, 赵省向, 李小平. 重结晶降低 RDX 感度研究[J]. 火炸药学报, 2007, 30(3): 45-47.

[49] 王相元, 李伟明, 周小伟, 等. 重结晶工艺对太安撞击感度的影响[J]. 火炸药学报, 2009, 32(2): 37-40.

[50] YANG Z, LI H, ZHOU X, et al. Characterization and properties of a novel energetic-energetic

cocrystal explosive composed of HNIW and BTF[J]. Crystal Growth & Design, 2012, 12(11): 5155-5158.

[51] 刘可, 张皋, 陈智群, 等. 共晶含能材料研究进展[J]. 化学分析计量, 2014(5): 139-142.

[52] SPITZER D, RISSE B, SCHNELL F, et al. Continuous engineering of nano-cocrystals for medical and energetic applications[J]. Scientific Reports, 2014, 4: 6575.

[53] SUN T, XIAO J J, ZHAO F, et al. Molecular dynamics simulation of compatibility, interface interactions and mechanical properties of CL-20/DNB cocrystal based PBXs[J]. Chinese Journal of Energetic Materials, 2015, 23(4): 309-314.

[54] MATZGER A, BOLTON O. Crystalline explosive material: U. S. Patent 9, 096, 530[P]. 2015-08-04.

[55] LANDENBERGER K B, MATZGER A J. Cocrystal engineering of a prototype energetic material: Supramolecular chemistry of 2,4,6-trinitrotoluene[J]. Crystal Growth & Design, 2010, 10(12): 5341-5347.

[56] LANDENBERGER K B, BOLTON O, MATZGER A J. Two isostructural explosive cocrystals with significantly different thermodynamic stabilities[J]. Angewandte Chemie International Edition, 2013, 52(25): 6468-6471.

[57] BOLTON O, MATZGER A J. Improved stability and smart-material functionality realized in an energetic cocrystal[J]. Angewandte Chemie, 2011, 123(38): 9122-9125.

[58] BOLTON O, SIMKE L R, PAGORIA P F, et al. High power explosive with good sensitivity: A 2: 1 cocrystal of CL-20: HMX[J]. Crystal Growth & Design, 2012, 12(9): 4311-4314.

[59] LI H, SHU Y, GAO S, et al. Easy methods to study the smart energetic TNT/CL-20 co-crystal[J]. Journal of Molecular Modeling, 2013, 19(11): 4909-4917.

[60] ALDOSHIN S M, ALIEV Z G, GONCHAROV T K, et al. Crystal structure of cocrystals 2, 4, 6, 8, 10, 12-hexanitro-2, 4, 6, 8, 10, 12-hexaazatetracyclo[5. 5. 0. 0 5. 9. 0 3. 11]dodecane with 7H-tris-1, 2, 5-oxadiazolo (3, 4-b: 3′, 4′-d: 3′, 4′-f) azepine[J]. Journal of Structural Chemistry, 2014, 55(2): 327-331.

[61] MILLAR D I A, MAYNARD-CASELY H E, ALLAN D R, et al. Crystal engineering of energetic materials: Co-crystals of CL-20[J]. Crystengcomm, 2012, 14(10): 3742-3749.

[62] 卫春雪, 段晓惠, 刘成建, 等. 环四甲撑四硝胺/1, 3, 5-三氨基-2, 4, 6-三硝基苯共晶炸药的分子模拟研究[J]. 化学学报, 2009, 67(24): 2822-2826.

[63] WEI C, HUANG H, DUAN X, et al. Structures and properties prediction of HMX/TATB co-crystal[J]. Propellants, Explosives, Pyrotechnics, 2011, 36(5): 416-423.

[64] SHEN J P, DUAN X H, LUO Q P, et al. Preparation and characterization of a novel cocrystal explosive[J]. Crystal Growth & Design, 2011, 11(5): 1759-1765.

[65] YANG Z, LI H, HUANG H, et al. Preparation and performance of a HNIW/TNT cocrystal explosive[J]. Propellants, Explosives, Pyrotechnics, 2013, 38(4): 495-501.

[66] GUO C, ZHANG H, WANG X, et al. Crystal structure and explosive performance of a new CL-20/caprolactam cocrystal[J]. Journal of Molecular Structure, 2013, 1048: 267-273.

[67] 郭长艳, 张浩斌, 王晓川, 等. 7种BTF共晶的制备与表征[J]. 含能材料, 2012, 20(4): 503-504.

[68] ZHANG H, GUO C, WANG X, et al. Five energetic cocrystals of BTF by intermolecular hydrogen bond and π-stacking interactions[J]. Crystal Growth & Design, 2013, 13(2): 679-687.

[69] 陈杰, 段晓惠, 裴重华. HMX/AP 共晶的制备与表征[J]. 含能材料, 2013, 21(4): 409-413.

[70] 林鹤, 张琳, 朱顺官, 等. HMX/FOX-7 共晶炸药分子动力学模拟[J]. 兵工学报, 2012, 33(9): 1025-1030.

[71] LIN H, ZHU S G, ZHANG L, et al. Intermolecular interactions, thermodynamic properties, crystal structure, and detonation performance of HMX/NTO cocrystal explosive[J]. International Journal of Quantum Chemistry, 2013, 113(10): 1591-1599.

[72] 莫红军, 赵凤起. 纳米含能材料的概念与实践[J]. 火炸药学报, 2005, 8(3): 79-82.

[73] 张小宁, 徐更光, 王廷增. 高速撞击流粉碎制备超细 HMX 和 RDX 的研究[J]. 北京理工大学学报, 1999, 19(5): 646-650.

[74] 彭加斌, 刘大斌, 吕春绪, 等. 反相微乳液-重结晶法制备纳米黑索今的工艺研究[J]. 火工品, 2004(4): 7-10.

[75] 赵凤起, 姚二岗, 安亭. 纳米多孔硅基复合含能材料的研究进展[J]. 火炸药学报, 2013, 36(1): 1-8.

[76] 兰元飞, 李霄羽, 罗运军. 石墨烯在含能材料中的应用研究进展[J]. 火炸药学报, 2015, 38(1): 1-7.

[77] ROSSI C. Two Decades of research on nano-energetic materials[J]. Propellants, Explosives, Pyrotechnics, 2014, 39(3): 323-327.

[78] REN Z F, HUANG Z P, XU J W, et al. Synthesis of large arrays of well-aligned carbon nanotubes on glass[J]. Science, 1998, 282(5391): 1105-1107.

[79] FAN S, CHAPLINE M G, FRANKLIN N R, et al. Self-oriented regular arrays of carbon nanotubes and their field emission properties[J]. Science, 1999, 283(5401): 512-514.

[80] HATA K, FUTABA D N, MIZUNO K, et al. Water-assisted highly efficient synthesis of impurity-free single-walled carbon nanotubes[J]. Science, 2004, 306(5700): 1362-1364.

[81] TERRONES M, GROBERT N, OLIVARES J, et al. Controlled production of aligned-nanotube bundles[J]. Nature, 1997, 388(6637): 52-55.

[82] NOVOSELOV K S, FAL V I, COLOMBO L, et al. A roadmap for graphene[J]. Nature, 2012, 490(7419): 192-200.

[83] MOROZOV S V, NOVOSELOV K S, KATSNELSON M I, et al. Giant intrinsic carrier mobilities in graphene and its bilayer[J]. Physical Review Letters, 2008, 100(1): 016602.

[84] SUTTER P W, FLEGE J I, SUTTER E A. Epitaxial graphene on ruthenium[J]. Nature Materials, 2008, 7(5): 406-411.

[85] CONSAEA J P. Bonding agent for composite propellants: U. S. Patent 4, 944, 815[P]. 1990-07-31.

[86] 顾克壮, 李晓东, 杨荣杰. 碳纳米管对高氯酸铵燃烧和热分解的催化作用[J]. 火炸药学报, 2006, 29(1): 48-51.

[87] 崔平, 李凤生, 周建, 等. 碳纳米管-AP复合粒子的制备及热分解性能[J]. 火炸药学报, 2006, 29(4): 25-29.

[88] 黄琨, 向明, 周德惠, 等. 核壳式无机-高分子纳米复合粒子的制备与表征[J]. 化工新型材料, 2002, 30(10): 8-11.

[89] 崔庆忠, 焦清介, 刘帅. CNTs/KNO₃纳米粒子制备及表征[J]. 含能材料, 2009, 17(6): 685-688.

[90] UTSCHIG T, SCHWARZ M, MIEHE G, et al. Synthesis of carbon nanotubes by detonation of 2,4,6-triazido-1,3,5-triazine in the presence of transition metals[J]. Carbon, 2004, 42(4): 823-828.

[91] KROKE E, SCHWARZ M, BUSCHMANN V, et al. Nanotubes formed by detonation of C/N precursors[J]. Advanced Materials, 1999, 11(2): 158-161.

[92] SHEARER S J, TURRELL G C, BRYANT J I, et al. Vibrational spectra of cyanuric triazide[J]. The Journal of Chemical Physics, 1968, 48(3): 1138-1144.

[93] YE C, GAO H, BOATZ J A, et al. Polyazido pyrimidines: High-energy compounds and precursors to carbon nanotubes[J]. Angewandte Chemie, 2006, 118(43): 7420-7423.

[94] KOCH E C. Metal/fluorocarbon pyrolants: VI. combustion behaviour and radiation properties of magnesium/poly(carbon monofluoride)pyrolant[J]. Propellants, Explosives, Pyrotechnics, 2005, 30(3): 209-215.

[95] CIRIC-MARJANOVIC G, PASTI I, MENTUS S. One-dimensional nitrogen-containing carbon nanostructures[J]. Progress in Materials Science, 2015, 69: 61-182.

[96] ZHANG C, LI J, LUO Y, et al. Preparation and properties of carbon nanotubes modified glycidyl azide polymer binder film[J]. Materials Science & Engineering, 2013, 29: 105-108.

[97] ZHANG C, LI J, LUO Y J, et al. Preparation and property studies of carbon nanotubes covalent modified BAMO-AMMO energetic binders[J]. Journal of Energetic Materials, 2015, 33(4): 305-314.

[98] YAN Q L, ZEMAN S, ELBEIH A. Thermal behavior and decomposition kinetics of Viton A bonded explosives containing attractive cyclic nitramines[J]. Thermochimica Acta, 2013, 562: 56-64.

[99] YAN Q L, ZEMAN S, ZHANG T L, et al. Non-isothermal decomposition behavior of fluorel bonded explosives containing attractive cyclic nitramines[J]. Thermochimica Acta, 2013, 574: 10-18.

[100] YAN Q L, GOZIN M, ZHAO F Q, et al. Highly energetic compositions based on functionalized carbon nanomaterials[J]. Nanoscale, 2016, 8(9): 4799-4851.

[101] QIAN X M, DENG N, WEI S F, et al. Catalytic effect of carbon nanotubes on pyrotechnics[J]. Chinese Journal of Energetic Materials, 2009, 17(5): 603-607.

[102] GUO R, HU Y, SHEN R, et al. A micro initiator realized by integrating KNO3@ CNTs nanoenergetic materials with a Cu microbridge[J]. Chemical Engineering Journal, 2012, 211: 31-36.

[103] HU Y, GUO R, YE Y, et al. Fabrication and electro-explosive performance of carbon nanotube energetic igniter[J]. Science and Technology of Energetic Materials, 2012, 73(3): 116-123.

[104] TAN Q L, HONG W L, XIAO X B. Preparation of Bi2O3/GO and its combustion catalytic performance on double-base propellant[J]. Nanosci Nanotechnol, 2013, 106: 22-27.

[105] GUO R, HU Y, SHEN R, et al. Electro-explosion performance of KNO3-filled carbon nanotubes initiator[J]. Journal of Applied Physics, 2014, 115(17): 174901.

[106] CURRANO L J, CHURAMAN W, BECKER C, et al. Energetic materials for integration on chip[C]. Proceedings-14th International Detonation Symposium, Idaho, 2010: 30-36.

[107] PELLETIER V, BHATTACHARYYA S, KNOKE I, et al. Copper azide confined inside templated carbon nanotubes[J]. Advanced Functional Materials, 2010, 20(18): 3168-3174.

[108] CHOI W, HONG S, ABRAHAMSON J T, et al. Chemically driven carbon-nanotube-guided thermopower waves[J]. Nature Materials, 2010, 9(5): 423-429.

[109] 刘黎明, 康晓丽, 易勇, 等. 碳纳米管对 Zr/KClO₄ 烟火剂的热行为和光辐射性能的影响[J]. 含能材料, 2014, 22(1): 75-79.

[110] LABHSETWAR N, DOGGALI P, RAYALU S, et al. Ceramics in environmental catalysis: Applications and possibilities[J]. Chinese Journal of Catalysis, 2012, 33(9-10): 1611-1621.

[111] DONG X F, LI Y, XIONG X F, et al. Preparation and performance of copper-lead-carbon composite burning rate catalyst[J]. Chinese Journal Explosives Propellants, 2011, 34: 69-73.

[112] VAN DEVENER B, PEREZ J P L, JANKOVICH J, et al. Oxide-free, catalyst-coated, fuel-soluble, air-stable boron nanopowder as combined combustion catalyst and high energy density fuel[J]. Energy & Fuels, 2009, 23(12): 6111-6120.

[113] LIU X, HONG W, ZHAO F, et al. Synthesis of CuO/CNTs composites and its catalysis on thermal decomposition of FOX-12[J]. Journal of Solid Rocket Technology, 2008, 5: 19.

[114] ASSOVSKIY I G, BERLIN A A. Metallized carbon nanotubes[J]. Inter national Journal of Energetic Material Chemical Propulsion, 2009, 8(4): 281-289.

[115] WANG F, ARAI S, ENDO M. Metallization of multi-walled carbon nanotubes with copper by an electroless deposition process[J]. Electrochemistry Communications, 2004, 6(10): 1042-1044.

[116] WANG R, LI Z, MA Y, et al. Preparation of high filling ratio Fe₂O₃/MWCNTs composite particles and catalytic performance on thermal decomposition of ammonium perchlorate[J]. Mico & Nano Letters, 2014, 9: 787-791.

[117] ZHANG J X, HONG W L, ZHAO F Q, et al. Synthesis of SnO₂-Cu₂O/CNTs catalyst and its catalytic effect on thermal decomposition of FOX-12[J]. Chinese Journal Explosives Propellants, 2011, 34: 47-51.

[118] REN H, LIU Y Y, JIAO Q J, et al. Preparation of nanocomposite PbO · CuO/CNTs via microemulsion process and its catalysis on thermal decomposition of RDX[J]. Journal of Physics and Chemistry of Solids, 2010, 71: 149-152.

[119] FAN G, WANG H, XIANG X, et al. Co-Al mixed metal oxides/carbon nanotubes nanocomposite prepared via a precursor route and enhanced catalytic property[J]. Journal of Solid State Chemistry, 2013, 197: 14-22.

[120] PANG W, FAN X, ZHAO F, et al. Effects of different metal fuels on the characteristics for HTPB-based fuel rich solid propellants[J]. Propellants, Explosives, Pyrotechnics, 2013, 386: 852-859.

[121] WU X G, YAN Q L, GUO X, et al. Combustion efficiency and pyrochemical properties of micron-sized metal particles as the components of modified double-base propellant[J]. Acta Astronautica, 2011, 68(7-8): 1098-1112.

[122] DESILETS S, BROUSSEAU P, GAGNON N, et al. Flash-ignitable energetic material: U. S. Patent 0, 040, 637[P]. 2004-03-04.

[123] AN T, CAO H Q, ZHAO F Q, et al. Preparation and characterization of Ag/CNTs nanocomposite

and its effect on thermal decomposition of cyclotrimethylene trinitramine[J]. Acta Physico-Chimica Sinica, 2012, 28(9): 2202-2208.

[124] JEONG H Y, SO K P, BAE J J, et al. Tailoring oxidation of Al particles morphologically controlled by carbon nanotubes[J]. Energy, 2013, 55: 1143-1151.

[125] RAI A, LEE D, PARK K, et al. Importance of phase change of aluminum in oxidation of aluminum nanoparticles[J]. The Journal of Physical Chemistry B, 2004, 108(39): 14793-14795.

[126] BLOBAUM K J, REISS M E, PLITZKO J M, et al. Deposition and characterization of a self-propagating CuOx/Al thermite reaction in a multilayer foil geometry[J]. Journal of Applied Physics, 2003, 94(5): 2915-2922.

[127] ESAWI A M K, MORSI K, SAYED A, et al. Effect of carbon nanotube(CNT)content on the mechanical properties of CNT-reinforced aluminium composites[J]. Composites Science and Technology, 2010, 70(16): 2237-2241.

[128] WANG Y, MALHOTRA S, IQBAL Z. Nanoscale energetics with carbon nanotubes[J]. MRS Online Proceedings Library Archive, 2003, 800: 351-359.

[129] FOROHAR F, WHITAKER C M, UBE I C, et al. Synthesis and characterization of nitro-functionalized single-walled carbon nanotubes[J]. Journal of Energetic Materials, 2012, 30(1): 55-71.

[130] JI X T, BU J H, GE Z X, et al. Preparation and characterization of tetrazolyl-functionalized single walled carbon nanotubes[J]. Chinese Journal Energetic Materials, 2015, 23: 99-102.

[131] ABRAHAMSON J T, SONG C, HU J H, et al. Synthesis and energy release of nitrobenzene-functionalized single-walled carbon nanotubes[J]. Chemistry of Materials, 2011, 23(20): 4557-4562.

[132] WANG L, YI C, ZOU H, et al. Adsorption of the insensitive explosive TATB on single-walled carbon nanotubes[J]. Molecular Physics, 2011, 109(14): 1841-1849.

[133] WANG L, WU J, YI C, et al. Assemblies of energetic 3, 3′-diamino-4, 4′-azofurazan on single-walled carbon nanotubes[J]. Computational and Theoretical Chemistry, 2012, 982: 66-73.

[134] ZHONG Y, JAIDAN M, ZHANG Y, et al. Synthesis of high nitrogen doping of carbon nanotubes and modeling the stabilization of filled DAATO@ CNTs(10, 10)for nanoenergetic materials[J]. Journal of Physics and Chemistry of Solids, 2010, 71(2): 134-139.

[135] TANG C, BANDO Y, GOLBERG D, et al. Structure and nitrogen incorporation of carbon nanotubes synthesized by catalytic pyrolysis of dimethylformamide[J]. Carbon, 2004, 42(12-13): 2625-2633.

[136] HUANG K, PISHARATH S, NG S C. Preparation of polyurethane-carbon nanotube composites using 'click'chemistry[J]. Tetrahedron Letters, 2015, 56(4): 577-580.

[137] JIANG K, EITAN A, SCHADLER L S, et al. Selective attachment of gold nanoparticles to nitrogen-doped carbon nanotubes[J]. Nano Letters, 2003, 3(3): 275-277.

[138] BRODIE B C. On the atomic weight of graphite[J]. Philosophical Transactions of the Royal Society of London, 1859, 149: 249-259.

[139] BOEHM H P, CLAUSS A, FISCHER G O, et al. Thin carbon leaves[J]. Zeitschrift für

Naturforschung, 1962, 17: 150-153.

[140] STAUDENMAIER L V. Verfahzen zur darstellung der graphitsure[J]. Berichte der Deutschen Chemischen Gesell Schaft, 1898, 31(2): 1481-1487.

[141] HUMMERS W S, OFFEMAN R E. Preparation of graphitic oxide[J]. Journal of the American Chemical Society, 1958, 80(6): 1339-1339.

[142] 王慧. 氧化石墨烯及其功能化改性材料富集水中重金属离子机理研究[D]. 长沙: 湖南大学, 2016.

[143] GARCIA J C, LIMA D B, ASSALI L V C, et al. Group IV graphene-and graphane-like nanosheets[J]. The Journal of Physical Chemistry C, 2011, 115(27): 13242-13246.

[144] MCCRARY P D, BEASLEY P A, ALANIZ S A, et al. Graphene and graphene oxide can "lubricate" ionic liquids based on specific surface interactions leading to improved low-temperature hypergolic performance[J]. Angewandte Chemie, 2012, 124(39): 9922-9925.

[145] ZHANG X, HIKAL W M, ZHANG Y, et al. Direct laser initiation and improved thermal stability of nitrocellulose/graphene oxide nanocomposites[J]. Applied Physics Letters, 2013, 102(14): 141905.

[146] LI R, WANG J, SHEN J P, et al. Preparation and characterization of insensitive HMX/graphene oxide composites[J]. Propellants, Explosives, Pyrotechnics, 2013, 38(6): 798-804.

[147] LI Y, ALAIN-RIZZO V, GALMICHE L, et al. Functionalization of graphene oxide by tetrazine derivatives: A versatile approach toward covalent bridges between graphene sheets[J]. Chemistry of Materials, 2015, 27(12): 4298-4310.

[148] COHEN A, YANG Y, YAN Q L, et al. Highly thermostable and insensitive energetic hybrid coordination polymers based on graphene oxide-Cu(Ⅱ) complex[J]. Chemistry of Matericls, 2016, 28 (17): 6118-6126.

[149] YAN Q L, COHEN A, PETRUTIK N, et al. Highly insensitive and thermostable energetic coordination nanomaterials based on functionalized graphene oxides[J]. Journal of Materials Chemistry A, 2016, 108(10): 111-117.

[150] YAMADA Y, MIYAUCHI M, KIM J, et al. Exfoliated graphene ligands stabilizing copper cations[J]. Carbon, 2011, 49(10): 3375-3378.

[151] YAMADA Y, SUZUKI Y, YASUDA H, et al. Functionalized graphene sheets coordinating metal cations[J]. Carbon, 2014, 75: 81-94.

[152] LI Z M, ZHOU M R, ZHANG T L, et al. The facile synthesis of graphene nanoplatelet-lead styphnate composites and their depressed electrostatic hazards[J]. Journal of Materials Chemistry A, 2013, 1(41): 12710-12714.

[153] LIU R, ZHAO W, ZHANG T, et al. Particle refinement and graphene doping effects on thermal properties of potassium picrate[J]. Journal of Thermal Analysis and Calorimetry, 2014, 118(1): 561-569.

[154] WANG X B, LI J Q, LUO Y J. Preparation and thermal decomposition behaviour of ammonium perchlorate/graphene aerogel nanocomposites[J]. Chinese Journal Explosives Propellants, 2012, 35: 76-80.

[155] WANG X, LI J, LUO Y, et al. A novel ammonium perchlorate/graphene aerogel nanostructured

energetic composite: Preparation and thermal decomposition[J]. Science of Advanced Materials, 2014, 6(3): 530-537.

[156] LAN Y, JIN M, LUO Y. Preparation and characterization of graphene aerogel/Fe₂O₃/ ammonium perchlorate nanostructured energetic composite[J]. Journal of Sol-Gel Science and Technology, 2015, 74(1): 161-167.

[157] YANG S, FENG X, MULLEN K. Sandwich-like, graphene-based titania nanosheets with high surface area for fast lithium storage[J]. Advanced Materials, 2011, 23(31): 3575-3579.

[158] LAN Y F, LUO Y J. Preparation and characterization of graphene aerogel/ammonium nitrate nano composite energetic materials[J]. Chinese Journal Explosives Propellants, 2015, 38: 15-18.

[159] WANG Y, LIU H, CHENG H, et al. Corrosion behavior of pyrocarbon coatings exposed to Al₂O₃–SiO₂ gels containing ammonium nitrate[J]. Corrosion Science, 2015, 94: 401-410.

[160] CAI H, TIAN L, HUANG B, et al. 1,1-Diamino-2,2-dintroethene(FOX-7) nanocrystals embedded in mesoporous carbon FDU-15[J]. Microporous and Mesoporous Materials, 2013, 170: 20-25.

[161] BIRKETT P R, PRASSIDES K. Fullerene chemistry[J]. Annual Reports Section" A"(Inorganic Chemistry), 1998, 94: 3367-3371.

[162] PRATO M. Fullerene chemistry for materials science applications[J]. Journal of Materials Chemistry, 1997, 7(7): 1097-1109.

[163] ITAMI K. Molecular catalysis for fullerene functionalization[J]. The Chemical Record, 2011, 11(5): 226-235.

[164] MARTIN N, SOLLADIE N, NIERENGARTEN J. Advances in molecular and supramolecular fullerene chemistry[J]. Cheminform, 2007, 15(2): 29-33.

[165] LI K, SCHUSTER D I, GULDI D M, et al. Convergent synthesis and photophysics of [60]fullerene/ porphyrin-based rotaxanes[J]. Journal of the American Chemical Society, 2004, 126(11): 3388-3389.

[166] NAKAMURA Y, MINAMI S, IIZUKA K, et al. Preparation of neutral [60]fullerene-based [2] catenanes and [2]rotaxanes bearing an electron-deficient aromatic diimide moiety[J]. Angewandte Chemie, 2003, 115(27): 3266-3270.

[167] CARDINALI F, MAMLOUK H, RIO Y, et al. Fullerohelicates: A new class of fullerene-containing supermolecules[J]. Chemical Communications, 2004, (14): 1582-1583.

[168] FELDER D, HEINRICH B, GUILLON D, et al. A liquid crystalline supramolecular complex of C₆₀ with a cyclotriveratrylene derivative[J]. Chemistry-A European Journal, 2000, 6(19): 3501-3507.

[169] GULDI D M, MARTIN N. Fullerene architectures made to order; biomimetic motifs—design and features[J]. Journal of Materials Chemistry, 2002, 12(7): 1978-1992.

[170] HAHN U, ELHABIRI M, TRABOLSI A, et al. Supramolecular click chemistry with a bisammonium-C₆₀ substrate and a ditopic crown ether host[J]. Angewandte Chemie-International Edition, 2005, 44(33): 5338-5341.

[171] SOTO D, SALCEDO R. Coordination modes and different hapticities for fullerene organometallic complexes[J]. Molecules, 2012, 17(6): 7151-7168.

[172] OSUNA S, SWART M, SOLA M. The reactivity of endohedral fullerenes. What can be learnt from computational studies?[J]. Physical Chemistry Chemical Physics, 2011, 13(9): 3585-3603.

[173] YANG S, LIU F, CHEN C, et al. Fullerenes encaging metal clusters—clusterfullerenes[J]. Chemical Communications, 2011, 47(43): 11822-11839.

[174] MATSUO Y, KANAIZUKA K, MATSUO K, et al. Photocurrent-generating properties of organometallic fullerene molecules on an electrode[J]. Journal of the American Chemical Society, 2008, 130(15): 5016-5017.

[175] 王乃兴, 李纪生. 三硝基苯基氮杂 C_{60} 衍生物的合成研究[J]. 兵工学报, 1996, 17(2): 116-118.

[176] WANG N, LI J, JI G. Synthesis of trinitrophenyl C_{60} derivative[J]. Propellants, Explosives, Pyrotechnics, 1996, 21(6): 317-318.

[177] JIN B, PENG R, SHU Y, et al. Study on the synthesis of new energetic fullerene derivative[J]. Chinese Journal of High Pressure Physics, 2006, 20(2): 220.

[178] JIN B, PENG R, TAN B, et al. Synthesis and characterization of nitro fulleropyrrolidine derivatives[J]. Chinese Journal of Energetic Materials, 2009, 3: 11.

[179] WANG T, ZENG H. Synthesis, charge-separated state characterization of N-methyl-2-(4'-N-ethylcarbozole)-3-fulleropyrrolidine and its derivatives[J]. Frontiers of Chemistry in China, 2006, 1(2): 161-169.

[180] TAN B, PENG R, LI H, et al. Theoretical investigation of an energetic fullerene derivative[J]. Journal of Computational Chemistry, 2010, 31(12): 2233-2237.

[181] CATALDO F, URSINI O, ANGELINI G. Synthesis and explosive decomposition of polynitro [60]fullerene[J]. Carbon, 2013, 62: 413-421.

[182] CHEN B L, JIN B, PENG R F, et al. Synthesis and characterization of fullerene-ethylenediamine nitrate[J]. Chinese Journal Energetic Materials, 2014, 22: 186-191.

[183] LIU Q Q, JIN B, PENG R F, et al. Preparation and characterization of fullerene itaconic acid copolymer lead salt[J]. Chinese Journal of Explosive. Propellants, 2013, 36: 64-69.

[184] CHEN B L, JIN B, PENG R F, et al. Synthesis, characterization and thermal decomposition of fullerene-ethylenediamine dinitramide[J]. Chinese Journal Energetic Materiols, 2014, 22: 467-472.

[185] GUAN H J, PENG R F, JIN B, et al. Preparation and thermal performance of fullerene-based lead salt[J]. Bulletin of the Korean Chemical Society, 2014, 35(8): 2257-2262.

[186] HU Z, ZHANG C, HUANG Y, et al. Photodynamic anticancer activities of water-soluble C_{60} derivatives and their biological consequences in a HeLa cell line[J]. Chemico Biological Interactions, 2012, 195(1): 86-94.

[187] GUAN H J, JIN B, PENG R F, et al. The preparation and thermal decomposition performance of fullerene hydrazine nitrate[J]. Acta Armamentarii, 2014, 35(11): 1756-1764.

[188] GONG W, JIN B, PENG R, et al. Synthesis and characterization of [60]fullerene-poly (glycidyl nitrate) and its thermal decomposition[J]. Industrial & Engineering Chemistry Research, 2015, 54(10): 2613-2618.

[189] HUANG T, JIN B, PENG R F, et al. Synthesis and characterization of [60]fullerene-glycidyl azide polymer and its thermal decomposition[J]. Polymers, 2015, 7(5): 896-908.

第6章 复合含能材料的配方设计及应用

6.1 高能固体推进剂

6.1.1 NEPE 高能固体推进剂

固体推进剂发展的最主要目标是提高能量，因此不断提出新概念和新方法合成新型高能材料成为该领域的主要研究课题。在当前高能材料面临种类少、批量生产困难、价格昂贵、感度高等瓶颈问题存在的背景下，未来固体推进剂的主要发展目标为在高性能、高可靠性的基础上进一步降低成本，减少对环境的污染，开发研制高能低特征信号推进剂，且在高能化的进程中，已经从单一着眼于能量到注重以能量为主的综合性能指标转变。

固体推进剂的配方设计是根据发动机总体要求，在满足推进剂各项性能指标的基础上对原材料种类和含量进行确定。固体推进剂性能通常包括能量性能、燃烧性能、力学性能、工艺性能、安全性能、贮存性能和经济性，对于有特殊要求的固体推进剂还要考虑特征信号、环境友好性等。传统的固体推进剂配方设计方法主要依靠试验尝试，一个配方的研究周期(从概念提出到工程应用)为15～20年，甚至更长。每个周期的研究都需要巨额经费，同时还伴随有较高的危险性。由于不能够事先预示配方性能，当代高能固体推进剂的发展面临挑战，为了解决该问题，国内外均在探索计算机辅助设计—模拟计算—试验验证的新研究模式。

国外对固体推进剂配方计算机辅助设计和性能预示的研究较早，并取得了一些重要进展。例如，美国布鲁克海文国家实验室(Brookhaven National Laboratory, BNL)成功开发了具有反向推理能力的固体推进剂配方设计专家系统；俄罗斯经过全面细致的研究，形成了推进剂配方计算机辅助设计系统等比较完整的理论模拟手段；德国弗劳恩霍夫化学技术研究所(Fraunhofer ICT)运用动力学方法建立了一系列化学动力学模型，推动了固体推进剂单项性能预示的进步；荷兰 PrinsMaurite 研究所开发出了基于半经验公式，能够同时预示推进剂多项性能的计算机软件系统。国内的相关研究比较分散，还未形成完善的固体推进剂配方设计系统，目前主要集中于利用国外开源软件开展单项性能的模拟计算等。

硝酸酯增塑聚醚(NEPE)推进剂[1]是当今世界上已获应用的比冲最高，且集复合与双基推进剂优点于一体的推进剂，比冲较丁羟四组元推进剂提高了 2～5s，标准理论比冲达 2646N·s·kg^{-1}，密度达 1.86g·cm^{-3}。AP 与硝胺并用可显著提高推进剂的比冲，降低使用 AP 时的特征信号和对环境的污染，含有 RDX 和 HMX 的 NEPE 推进剂都属于无烟(少烟)推进剂。正是由于 NEPE 推进剂的优异性能，其系列产品已开始在战略、战术导弹上获得了应用。

NEPE 推进剂是高能推进剂研究的重大突破，其主要技术创新是在比较成熟的原材料基础上打破常规思路，将炸药组分引进固体推进剂中，充分利用大剂量含能增塑的聚醚黏结剂体系具有优异力学性能的特点，创造出了一条打破炸药与火药界限、综合双基与复合推进剂优点的新思路。随后，通过提高新型含能增塑剂含量及改善黏结剂性能，使 NEPE 推进剂的能量和力学性能得到不断提高。在能量和燃速均与 HTPB 推进剂相同的情况下，NEPE 钝感推进剂在慢速烤燃方面的性能较好，而且具有较低的撞击感度和冲击波感度。此外，NEPE 推进剂在较宽温度范围内具有极好的力学性能，且在较大温度范围内与衬层间具有良好的黏接能力。

美国、法国、德国和日本等相继投入大量人力、财力开展叠氮低特征信号 NEPE 推进剂研究。在已有的报道中，法国将 GAP/CL-20 作为当前推进剂研究的重点，美国已进入了含 CL-20 的 NEPE 推进剂发动机验证阶段。法国和德国均研制出了含 GAP/CL-20 的高能少烟 NEPE 推进剂，不仅能量水平较高，且综合性能优良。俄罗斯和美国在含 ADN 的 NEPE 低特征信号推进剂的研究中居于领先地位，美国海军空战中心武器分部研制的一种基于 ADN/NEPE 的高能低特征信号推进剂，能量显著高于如今美国装备的低特征信号推进剂。总的来说，国外对 NEPE 低特征信号推进剂研究已达到实际应用水平，但详细信息仍然严格保密。从已有的研究报道可以看出，新型含能材料在 NEPE 低特征信号推进剂中的应用研究是如今国外低特征信号推进剂发展的核心。

国外在 NEPE 等高能固体推进剂成功应用之后，广泛开展了进一步提高推进剂能量水平的研究，概括起来有如下几个方面[2]。

(1) 新型高能量密度物质分子的设计、合成及应用。具有代表性的高能物质有笼形富氮张力环化合物，如 ONC、多硝基金刚烷、高氮高氧杂环化合物等；高氮化合物，如 TAZ、DNAF、DNTF、四硝基双吡唑、二硝基双三唑和硝基双氮-氧化-三唑-四唑等；激发态、亚稳态和原子簇、分子簇化合物，如 $N_5^+(AsF_6)^-$、O_6、N_4、N_8、N_{60}、ClF_5O、MgC_2、Li_3H、B_2Be_2、N_2CO、NF_4^-等；富氢化合物，如 AlH_3；氟氮化合物或高分子，如 FN_3、NF 类黏结剂等。

(2) 先进高能固体推进剂配方探索研究。典型的推进剂配方组成有 NEPE/ADN/AlH$_3$、GAP 或 BN-7/ADN 或 HNF/Al、TAZDN/GAP/Al、HAZDN/ONC/AlH$_3$、BN-7/TAZ、HNFX、硝基呋咱类、硝基唑类/Al 或 AlH$_3$ 推进剂等。

(3) 新型高能推进剂的成型工艺探索和应用领域拓展。典型的技术途径有低温凝固液体推进剂技术、膏体或凝胶推进剂技术、高能富燃料推进剂技术等；典型的技术思路是突破传统的"炸药与火药""双基与复合""固体与液体""富氧与富燃"等界限，形成了相互交融、优势互补的高能固体推进剂品种。

国内也对 NEPE 推进剂进行了大量的研究：朱伟等[3]和王广等[4]对 NEPE 推进剂进行了分子模拟；邓剑如等对 NEPE 推进剂的黏结剂体系进行了配方设计研究[5,6]；侯竹林等[7]对 NEPE 推进剂的力学性能、燃烧性能等进行了研究。目前，NEPE 推进剂已在国内部分战术和战略导弹中得以应用，在国防领域发挥着不可取代的重要作用。

6.1.2 CL-20 高能固体推进剂

目前，很多国家在大力开展高能量密度材料(HEDM)的研制和应用研究，以提高或改进固体推进剂和炸药的性能。CL-20 是该研究领域的一个重大突破，由 CL-20 与不同黏结剂组成的新型推进剂具有较高的密度比冲和优异的燃烧性能，因此格外引人注目。目前，研究开发的 CL-20 推进剂配方大都是以下一代战术导弹为应用背景的新型推进剂，黏结剂主要是 GAP 聚合物，通常其他新型黏结剂也与 CL-20 具有很好的相容性。CL-20 推进剂配方的燃速一般为 $9 \sim 20 \mathrm{mm} \cdot \mathrm{s}^{-1}$(7MPa)，有些配方的压力指数可以降到 0.5，甚至更低，同时燃速温度敏感系数也较低。

近年来，美、英、法、德等国对以 CL-20、GAP 和 ADN 为主要原材料的新型推进剂进行了研究，集诸多优异性能为一体的固体推进剂最近已成功通过了火箭发动机试验。与高能氧化剂 HNF、ADN、AP、RDX 相比，CL-20 单元推进剂能量性能突出。从表 6-1 中可以看出，CL-20 单元推进剂的理论比冲最高，为 $2666.4 \mathrm{N} \cdot \mathrm{s} \cdot \mathrm{kg}^{-1}$，密度高达 $2.04 \mathrm{g} \cdot \mathrm{cm}^{-3}$。另外，与 HMX 相比，CL-20 的爆热高 9.2%，密度高 7%，爆速高 5%，因此在不同黏结剂体系中，用 CL-20 代替 HMX 可使比冲值提高。以 HTPB、聚乙二醇(PEG)和 GAP 为黏结剂，分别以 CL-20 和 HMX 为氧化剂，几种含能材料单元推进剂的比冲如图 6-1 所示。

表 6-1 几种含能材料单元推进剂的能量特性

能量特性	CL-20	AP	RDX	HNF	ADN
$\rho /(\mathrm{g} \cdot \mathrm{cm}^{-3})$	2.04	1.95	1.82	1.86	1.82
$I_{\mathrm{sp}} /(\mathrm{N} \cdot \mathrm{s} \cdot \mathrm{kg}^{-1})$	2666.44	1550.82	2602.80	2487.10	2003.17
特征速度 $C^* /(\mathrm{m} \cdot \mathrm{s}^{-1})$	1639.21	990.30	1645.62	1545.64	1282.60
燃烧温度 T_c/K	3591	1434	3284	3088	2100
平均相对分子质量 M_c	29.15	28.92	24.68	27.12	24.81

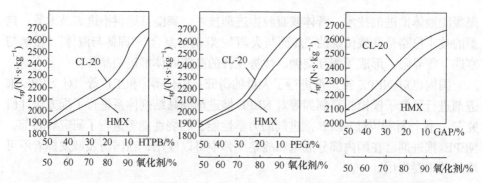

图 6-1 HTPB/CL-20(HMX)、PEG/CL-20(HMX)、GAP/CL-20(HMX)比冲曲线

法国火炸药公司对 CL-20 在推进剂中的应用研究已有数年历史, 研制了以 GAP/CL-20 为基体的交联改性双基推进剂, 配方组成: CL-20 为 60%, GAP、增 塑剂 TMETN/BTTN 和弹道改良剂为 40%。GAP/CL-20 推进剂具有低特征、微烟 和低毒性等优点, 与 RDX 推进剂相比, 体积比冲提高了 10%, 同时表现出高燃 速、低压力指数和低温度敏感系数的优势, 可满足大多数火箭发动机的要求, 且 通过了发动机点火实验[8]。以 BDNPF/A 为增塑剂的 GAP/CL-20 推进剂与同类 HMX 推进剂的感度相当, 而采用 TMETN/BTTN 增塑体系的 CL-20/GAP 配方比 同类 RDX 配方的比冲提高 10s 左右(实测比冲可达 251s), 且易损性级别保持在 3 级。部分 CL-20/GAP 配方及其燃烧性能与同类别 HMX、RDX 配方的对比见 表 6-2。

表 6-2 部分 CL-20/GAP 配方及其燃烧性能与同类别 HMX、RDX 配方的对比

配方组成	燃速/(mm·s⁻¹)	压力指数 n
60%的 CL-20; 40%的 PGA	11.5~23(7~15MPa)	0.92
60%的 HMX; 40%的 PGA	6~11(7~15MPa)	0.89
60%的 CL-20; 40%的 GAP	13.4~27.2(7~15MPa)	0.94
60%的 HMX; 40%的 GAP	7.2~13.6(7~15MPa)	0.91
60%的 CL-20; 40%的 GAP(加弹道改良剂)	20.0~32.4(7~20MPa)	0.48(5~25 MPa)
60%的 RDX; 40%的 GAP(加弹道改良剂)	14.6~21.4(7~20MPa)	0.37(4~20 MPa)

此外, 研究表明 CL-20 和 FOX-7 的联用, 可在提高推进剂比冲的同时降低其 感度。

6.1.3 HNF 高能固体推进剂

硝仿肼 $N_2H_5C(NO_2)_3$, 又称 HNF, 为黄色晶态化合物, 分子中含有大量有效

氧，其化学结构为肼与三硝基甲烷的加成化合物，在适当条件下对两者进行混合可得 HNF，其物理化学性质如表 6-3 所示。HNF 推进剂具有高比冲和低特征信号两大优点。对 HNF/GAP 配方计算结果表明，固含量为 85%时能量最高，标准理论比冲可达 2973N · s · kg^{-1}，密度为 1.91g · cm^{-3}。

表 6-3　HNF 的物理化学性质

分子式	摩尔质量/(g · mol^{-1})	密度/(kg · m^{-3})	熔点/℃	生成焓/(kJ · mol^{-1})	分解热/(kJ · kg^{-1})	OB/%
N$_2$H$_5$C(NO$_2$)$_3$	183.09	1870	121~123	−72	4700	13.1

HNF 推进剂的研究工作已有很多公开报道，受工艺的影响，推进剂样品的固体质量分数仅可达 80%左右，但仍较含 AP 配方的比冲高 7%。研究 HNF 推进剂的首要问题是 HNF 与某些固化剂(如异氰酸酯、环氧化合物)和黏结剂预聚物中某些基团(如 HTPB 中的双键和 PGLYN 的端基)之间的反应性。目前，HNF 与 HTPB、GAP、PNIMMO、PGLYN 四种聚合物的反应性问题基本得到了解决，并成功进行了实验室级别的推进剂样品试制[9]。

美国、荷兰等国经多年研究，已将生产的高纯度 HNF 用于饱和含能黏结剂(如 GAP 等)，制成的固体推进剂在安全、感度、毒性等方面均无严重问题[10]。欧洲航天局和荷兰航空航天局做了大量推进剂配方研究，表明 HNF/GAP/Al 推进剂能量高、感度低且对环境无污染。

新型 GAP/HNF/Al 推进剂一般由 59%~70%的 HNF、0%~18%的 Al 和 19%~20%的 GAP 及添加剂(固化剂和燃速催化剂)组成[11]。推进剂在 0.1~10MPa 下的实测燃速为 1~40mm · s^{-1}，燃速催化剂的加入使压力指数从 0.81 降至 0.58，该配方系列推进剂的燃速与压力关系式为 $r=5.75P_c^{0.81}$(不含燃速催化剂)，$r=9.86P_c^{0.58}$(含 4%的燃速催化剂)。将含燃速催化剂的 GAP/HNF/Al 推进剂药柱(直径为 100 mm，长为 10mm)在 2~7MPa 下进行发动机试验，并与相同试验条件下 AP/Al/HTPB 推进剂的燃速进行了比较，结果见表 6-4。除上述结果外，还发展了一种低 HNF 含量的浇铸配方(35%~47%的 HNF，43%~47%的 GAP，5%~8%的固化剂)，它的燃速接近含 Al 推进剂。

表 6-4　不同推进剂的燃速

推进剂	燃速/(mm · s^{-1})	燃速压力关系式	特征速度 C^*/(m · s^{-1})
GAP/HNF/Al	11~28	$r=7.062P_c^{0.6436}$	1532~1656
AP/Al/HTPB	6~9	$r=4.5523P_c^{0.3315}$	1455~1559

以 HNF 为氧化剂的含 Al 复合推进剂及改性双基推进剂，其理论性能与以 AP

为氧化剂的推进剂比较见表 6-5[12]。

表 6-5　不同氧化剂的复合推进剂理论性能

氧化剂	燃烧火焰温度 T_f/℃	燃气平均相对分子质量 M_c	C^*/(m·s^{-1})	I_{sp}/(N·s·kg^{-1})
AP	3499	30.11	1572	2617
HNF	3399	26.49	1646	2727

注：推进剂配方，氧化剂为 66%，Al 为 19%，HTPB 为 7.5%，DOA 为 5%，TDI 为 1.5%，Fe_2O_3 为 1%。

从表 6-5 可知，推进剂中 66% 的 AP 被 HNF 取代后，特征速度 C^* 和比冲 I_{sp} 分别提高了 74m·s^{-1} 和 110N·s·kg^{-1}。在 CMDB 推进剂中，HNF 取代 18% 的 AP 后，C^* 和 I_{sp} 分别提高了 25m·s^{-1} 和 40N·s·kg^{-1}。在这两类推进剂配方中，HNF 取代 AP 时可显著提高能量性能(表 6-6)。

表 6-6　不同氧化剂的 CMDB 推进剂理论性能

氧化剂	燃烧火焰温度 T_f/℃	燃气平均相对分子质量 M_c	C^*/(m·s^{-1})	I_{sp}/(N·s·kg^{-1})
AP	3646	31.29	1573	260.8
HNF	3661	30.08	1601	264.8

注：CMDB 配方，NC(12.2% 为 N)为 27%，NG 为 30.19%，Carbamite 为 0.81%，DEP 为 6.3%，2NDPA 为 0.7%，氧化剂为 18%，Al 为 17%。

HNF 易溶于水，也有作为液体推进剂的相关研究，如将 35% 的水、50% 的 HNF 与 15% 的甲醇用于小型推进器中[13]。HNF/肼、HNF/甲醇、HNF/氨气或 HNF/硝基甲烷等单元推进剂性能，与肼单元推进性能的对比结果如表 6-7 所示[14](表中列出了作为参考的不加燃料的 HNF 水溶液的数据)。

表 6-7　HNF/肼、HNF/甲醇、HNF/氨气或 HNF/硝基甲烷水溶液与肼单元推进剂性能对比

HNF(质量分数/%)	N_2H_4(质量分数/%)	燃料(质量分数/%)	C^*/(m·s^{-1})	真空 I_{sp}/s	燃温/K
0	100	—	2265	231	1311
50	—	—	1783	182	1100
50	—	CH_3OH(5)	2185	223	1567
50	—	CH_3OH(10)	2207	225	1516
50	—	CH_3OH(20)	2248	229	1412
50	—	NH_3(5)	2194	224	1556
50	—	NH_3(10)	2227	227	1503
50	—	NH_3(20)	2294	224	1411
50	—	CH_3NO_2(16.67)	2563	262	2157
50	—	CH_3NO_2(20)	2631	268	2285
50	—	CH_3NO_2(25)	2728	278	2446

注：测试条件中喷管膨胀比 A_e/A_t=50，燃烧室压强 P_c=1MPa。

6.1.4 ADN 高能固体推进剂

ADN 是一种高能有机氧化剂(主要物理化学性质见表 6-8)[15]，可替代目前常规推进剂配方中大量使用的 AP，在推进剂配方中加入 ADN 时，其综合性能可达到甚至优于 HTPB/AP 推进剂。ADN 分子中不含氯和碳，氧和氮的质量分数较高，氧平衡为正，有利于提高推进剂的比冲，并能够使 Al 粉高效燃烧，更为重要的是 ADN 推进剂燃烧时不产生有毒的 HCl 气体，因此推进剂配方中使用 ADN 可大大减少由 HCl 成核作用造成烟雾较大的问题。环保特性研究结果证实，与常规 AP 推进剂相比，ADN 推进剂气体产物对环境的危害要小得多。因此，ADN 推进剂已成为一种较为理想的推进剂。

表 6-8 ADN 的物理化学性质

外观	F_W	OB/%	T_M/℃	生成焓/(J·g^{-1})	ρ/(g·cm^{-3})
无色片状或针状晶体	124.07	25	93~94	−1209	1.82~1.84

目前，俄罗斯、美国和瑞典等国家都致力于含 ADN 的高能、低特征信号战术和战略导弹用固体推进剂研究。美国海军航空作战中心武器分部(Naval Air Warfare Center Weapons Division, NAWCWD)报道，其研制的 ADN 推进剂标准理论比冲为 2600N·s·kg^{-1}，远高于常规低特征信号推进剂的比冲值，该推进剂还具有独特的高压燃烧稳定性(实验测试)，在高压强火箭发动机中具有较好的应用前景[16]。ADN 推进剂还具有高燃速特性，且燃速随 ADN 含量的增大而升高，如 PCL/ADN 配方的燃速为 18mm·s^{-1}(7MPa)，GAP/ADN 配方的燃速为 23~33mm·s^{-1}(7MPa)。

瑞典防务局发现 ADN 吸湿性强，在相对湿度大于 70%的环境中会迅速潮解。目前，文献报道的改善 ADN 吸湿性的有效途径主要有两种：一种是在 ADN 造粒过程中加入防吸湿剂以降低吸湿性；另一种是对 ADN 进行表面包覆以降低吸湿性[17]。此外，也可将 ADN 溶解在水中，并添加适当燃料，制备成无毒、无污染的液体推进剂，这样则巧妙地将 ADN 强吸湿性的缺点转化为优点，为 ADN 的应用提供了新的思路。

考虑到 ADN 作为推进剂氧化剂组分的优点，国内外进行了大量 ADN 在固体推进剂中的应用研究。俄罗斯专家声称他们已经有 ADN/AlH_3 推进剂的导弹系统服役。美国学者认为俄罗斯将大量精力投入到 ADN 研究主要基于以下考虑：①使美国天基预警系统在没有氯化氢下光谱检测失效；②弥补 AP 产能不足；③进一步提高推进剂能量；④ADN 作为氧化剂应用于中程导弹后可达到洲际弹道导弹(intercontinental ballistic missile, ICBM)的射程，但该技术违反了《中程导弹条约》；⑤使导弹发射第一阶段快速完成，降低美国的拦截反应时间。

美国早在 2005 年便发明了新一代高能推进剂,该推进剂以 AP、AN 或 ADN 为氧化剂,LHA(Li$_3$AlH$_6$)或 LHB(LiB$_2$H$_6$)为燃料,聚合物如聚双环戊二烯(PDCPD)、聚乙烯、聚苯乙烯或低分子量聚乙烯为黏结剂的高能推进剂,其中燃料以微胶囊形式封装后加入到固体推进剂黏结剂基体,以保证其相容性和能量[18]。

美国锡奥科尔公司的一项专利报道了以 PGN 为黏结剂的 ADN 推进剂,具体配方:PGN/Al/ADN/固化剂或稳定剂=24.4/13/59/3.6;燃烧性能:燃速 r= 19.3mm · s^{-1}(6.86MPa);压力指数 n=0.67(3.4~12.4MPa);安全性能:静电火花感度为零,撞击感度与危险等级为 1.3 级的复合固体推进剂相同,摩擦感度稍高于危险等级为 1.3 级的复合固体推进剂[19]。

当推进剂配方中的 Al 和 ADN 含量变化时,分别用 AP 和 AN 取代部分 ADN 后,几种 ADN 推进剂的配方和性能见表 6-9[20]。

表 6-9　几种 ADN 推进剂的配方和性能

组成及性能	配方 1	配方 2	配方 3	配方 4	配方 5
w(Al)/%	13.00	5.00	18.00	13.00	13.00
w(AP)/%	0	0	0	14.75	0
w(AN)/%	0	0	0	0	20.00
w(ADN)/%	59.00	67.00	54.00	44.25	39.00
黏结剂：固化剂/%	28.00	28.00	28.00	28.00	28.00
ρ/(g · cm^{-3})	1.738	1.694	1.766	1.758	1.722
比冲增益/s	8.24	4.17	9.15	5.70	3.06
密度 I_{sp} 增益/[(g · cm^{-3})$^{0.75}$ · s]	0.14	−0.58	0.50	0.19	−0.35
T_c/℃	3263	2997	3410	3272	3100
羽流中 w_{HCl}/%	0	0	0	4.49	0

由表 6-9 可以看出,与配方 1 相比,当配方中 Al 含量降低时(配方 2),燃烧速度和火焰温度略降低;当 Al 含量增加时(配方 3),配方性能较好,压力指数也较低;当用 14.75%的 AP(200μm)替代相同质量分数的 ADN 时(配方 4),推进剂排气羽流中含有约 4.49%HCl,比标准的 AP 推进剂降低很多;当用 20%的 AN 替代同等量的 ADN 时(配方 5),燃速降低,但其成本低、安全性好,且排气羽流中不含 HCl。

因此,无论 ADN 全部代替还是部分代替 AP,甚至在降低金属添加剂的情况下(Al 含量为 13%与 Al 含量为 18%的推进剂配方),都不会降低推进剂的性能。最重要的是,ADN 可消除或降低推进剂排气羽流中 HCl 的含量。因此 ADN 是低特征信号推进剂可选氧化剂之一。

此外，5-氨基四唑肼盐(Hy-At，氮含量达 83.7%)也可与 ADN 混合作为推进剂组分。当30%的 ADN 被 Hy-At 取代时，密度从 $1.78g \cdot cm^{-3}$ 下降到 $1.57g \cdot cm^{-3}$。然而，火焰温度从 2563K 增加到 2903K，比冲则从 221s 大幅提高至 251s。但随着 Hy-At 含量的持续增加，能量逐渐降低。因此，通过 Hy-At 和 ADN 的组合可以明显提高复合推进剂和双基推进剂的比冲。同时，研究表明 HNF/ADN 组合再配合高能黏结剂，如 GAP、P-BAMO 和 P-NIMMO，推进剂的理论比冲可以达到 300s 量级以上(计算结果见表 6-10 和表 6-11)，但还需要进一步的实验验证，这是由于实测数据还与装药结构和发动机效率有关。

表 6-10　Hy-At/ADN 推进剂弹道性能理论计算结果

配方组成及质量分数/%	$\rho/(g \cdot cm^{-3})$	OB/%	T_c/K	I_{sp}/s
ADN(60~10),Hy-At(40~90)	1.704~1.573	−14.6~−65	2903~1857	251~220
ADN(90~70),Hy-At(10~30)	1.782~1.730	−15.7~−4.5	2563~3063	221~251
CP(AP:70, Al:30)	2.178	−2.9	4199	232
DBP(NC:50, NG:50)	1.63	−13.3	3287	248
TBP(NC:25, NG:25, NQ:50)	1.70	−22	2663	235

表 6-11　新型氧化剂 ADN 和 HNF 与含能黏结剂组成的固体推进剂理论比冲(单位：s)

氧化剂	黏结剂			
	GAP	P-BAMO	P-NIMMO	PGN
ADN	310	312	309	360
HNF	314	317	313	310

此外，德国 ICT 制备了两种黏结剂体系的 ADN 推进剂，分别是 ADN/GAP 基推进剂和基于 D2200 黏结剂的 ADN/D2200 推进剂，配方中均以 Al 粉和 HMX 为固体填料，并进行了 ADN 与增塑剂(BDNPA-F、TMETN)和固化剂(BPS、N100 和 N3400)等的相容性分析，将配方和同种黏结剂体系下的 AP 推进剂进行了力学性能对比，具体信息见文献[21]和[22]。

以 GAP 为基体的推进剂既可以采用 ADN/HMX 复合氧化剂，也可以用 ADN/AP 复合氧化剂。含不同复合氧化剂的 GAP 推进剂配方及其质量分数分别如表 6-12 和表 6-13 所示。其中，GAP 由丁二酸双丙炔(BPS)固化，丁二炔衍生物由琥珀酸与炔丙醇酸酯反应得到[22]。只有配方 AP-14 采用三官能异氰酸酯 Desmodur-N100(HDI 缩二脲)固化体系。BDNPA-F 和 TMETN 可加入到 AP-GAP 推进剂中作为增塑剂。所有 GAP 配方均以 AkarditII、MNA 和沸石混合物作为稳定剂，该稳定剂可参见文献[23]。

表 6-12　含 ADN 和 HMX 的 GAP 推进剂配方及其质量分数

组分	ADN-V127	ADN-V128	ADN-V129	ADN-V130
球形 ADN(106μm)/%	56.00	56.00	56.00	59.20
HMX(5μm)/%	——	——	10.00	10.00
微米级 Al(8μm)/%	10.00	5.00	——	——
纳米级 Al(100~200nm)/%	——	5.00	——	——
GAP-diol/%	18.58	18.58	18.58	14.51
GAP-triol/%	3.625	3.625	3.625	2.830
BDNPA-F/%	8.10	8.10	8.10	10.22
稳定剂/%	1.60	1.60	1.60	1.60
BPS/%	2.095	2.095	2.095	1.640
固含量/%	66.00	66.00	66.00	69.20
增塑剂/%	25.00	25.00	25.00	35.00
R_{eq}(C=C/OH)	1.00	1.00	1.00	1.00
ρ/(g·cm^{-3})	1.653	1.653	1.653	1.636
OB/%	−30.01	−30.01	−23.28	−17.17

表 6-13　含 ADN 和 AP 的 GAP 推进剂配方及其质量分数

组分	ADN-V142	ADN-V144	AP-11	AP-12
球形 ADN(106μm)/%	56.00	56.00	——	——
AP(45μm)/%	——	——	18.66	18.66
AP(200μm)/%	——	——	37.34	37.34
HMX(5μm)/%	10.00	——	——	10.00
μAl(8μm)/%	——	10.00	10.00	——
Desmophen D2200/%	17.42	17.42	17.42	17.42
TMETN+0.5% 2-NDPA/%	10.80	10.80	10.80	10.80
HX-880/%	0.14	0.14	0.14	0.14
稳定剂/%	1.60	1.60	1.60	1.60
Desmodur N3400/%	4.04	4.04	4.04	4.04
固含量/%	66.00	66.00	66.00	66.00
增塑剂/%	33.33	33.33	33.33	33.33
R_{eq}(NCO/OH)	1.00	1.00	0.99	0.99
ρ/(g·cm^{-3})	1.589	1.628	1.689	1.646
OB/%	−30.89	−37.63	−26.27	−32.97

ADN-GAP 推进剂的所有配方具有相同的当量比，AP-GAP 推进剂则存在一定差异。在固化过程中，BPS 分子中的碳碳三键与 1,3-偶极环发生加成反应 (胡伊斯根反应)，与 GAP 的叠氮基团发生三唑交联网络的固化反应，也称三唑固化。ADN 与 BPS 相容性和热稳定性均满足要求，固化过程中的细节变化可参考文献[24]。

6.1.5　含储氢材料的高能固体推进剂

高能固体推进剂中通常要加入金属燃料作为添加剂，以提高推进剂的爆热与密度，进而大幅提高推进剂的能量水平。同时金属燃料对推进剂的燃烧性能、特征信号等也有重要影响，其燃烧产物还可抑制不稳定燃烧。不同推进剂对金属燃料的理化性质有不同要求，由于单一金属燃料的理化性质固定不变，对某些特殊种类推进剂，常见的如 Al、Mg 和 B 等金属燃料并不能很好地满足使用要求。

合金是金属燃料的一个重要品种，可分为非储氢合金和储氢合金两类。合金具有单质所不具备的物理化学特性，且其物理化学性质在一定范围内可通过调节组分比例来实现。例如，熔点可根据需要调节，且点火性能、燃烧效率、与氧化剂的反应活性等通常优于常见的单质 Al，能更好地满足新型推进剂的研制需求。此外，储氢合金燃料的能量远高于普通金属燃料，也是一种很有潜力的推进剂高能燃料。

国外学者对合金燃料在推进剂中的应用研究较多，但研究的成果比较有限，主要涉及 Al-Li、Al-Mg 和 Al-B 等非储氢金属合金燃料在推进剂中的应用。表 6-14 列举了俄罗斯高能推进剂配方组成[25]。表 6-15 则列举了含 Zr 和 ZrH_2 燃料高能推进剂配方的弹道性能对比，该配方涉及多种氧化剂组合和黏合剂体系。

表 6-14　俄罗斯高能推进剂配方组成

配方组成	名称/化学式	$\Delta H_f^\ominus/(kJ \cdot kg^{-1})$	$\rho/(g \cdot cm^{-3})$	α
氧化剂	高氯酸羟胺(HAP) $NH_4O+ClO_4^-$	−2063	2.07	3.33
	高氯酸铵(AP) $NH_4^+ + ClO_4^-$	−2489	1.95	2.7
	二硝酰胺铵(ADN) $NH_4O+N_3O_4^-$	−1130	1.82	2.0
	半水合肼高氯酸盐(HHP) $N_2O_5^+ClO_4^- \cdot 0.5H_2O$	−2310	1.94	2.0
	羟肼硝酸甲酯(HN) $N_2O_5^+[C(NO_2)_3^-]$	−1590	1.91	1.33
	奥克托今(HMX)$C_4H_8N_8O_8$	+293	1.92	0.67

续表

配方组成	名称/化学式	$\Delta H_f^{\ominus}/(kJ \cdot kg^{-1})$	$\rho/(g \cdot cm^{-3})$	α
黏结剂	碳氢化合物(HB)$C_{73.17}H_{120.9}$	−389	0.92	0
	活性黏结剂(AB)(20%的硝化甘油和 2,4-二硝基二氮杂戊烷混合物增塑的聚维尼罗四唑 $C_{18.96}C_{34.64}N_{19.16}O_{29.32}$)	−757	1.49	0.53
含能组分	Al	0	2.7	0
	Zr	0	6.49	0
	ZrH_2	−1904	5.6	0

表 6-15 含 Zr 和 ZrH_2 燃料高能推进剂配方的弹道性能对比

配方组成	$\rho/(g \cdot cm^{-3})$	T_c/K	燃烧产物中的 C 含量/%		I_{sp}/s	$F=0.27L \cdot kg^{-1}$		$F=0.54L \cdot kg^{-1}$	
			质量分数	体积分数		I_{eff}/s	ΔI_{eff}/s	I_{eff}/s	ΔI_{eff}/s
20%Al+AP+HB	1.847	3605	37	17.5	250.9	250.9	0	250.9	0
46%Zr+AP+HB	2.571	3820	62.1	27.9	215.9	281.2	30.4	271.6	20.7
40%Zr+ADN+HB	2.451	3690	62.1	26.6	224.7	282.0	31.1	273.8	22.9
40%Zr+HAP+HB	2.529	3900	54.0	23.9	222.2	285.8	34.9	277.5	26.6
40%Zr+HN+HB	2.376	3685	54.0	22.4	233.6	286.2	35.3	280.8	27.9
40%Zr+HHP+HB	2.408	3490	54.0	22.7	225.5	279.1	28.2	271.5	20.6
37%Zr+AP+AB	2.507	3804	50.0	21.9	212.0	270.8	19.9	202.3	11.4
34%Zr+ADN+AB	2.322	3760	45.9	18.6	227.6	273.8	22.9	267.6	16.7
37%Zr+ADN+AB	2.390	3844	50.0	20.9	225.1	277.0	26.1	269.6	18.7
34%Zr+HMX+AB	2.411	3783	45.9	19.3	236.0	292.4	41.5	284.4	33.5
37%Zr+HMX+AB	2.480	3830	50.0	21.6	233.3	295.6	44.7	286.6	35.7
37%Zr+HAP+AB	2.612	3850	50.0	22.8	210.9	278.2	27.3	268.2	17.3
34%Zr+HN+AB	2.394	3907	45.9	19.2	231.8	285.6	34.7	277.9	27
40%Zr+HHP+AB	2.571	3843	54.0	24.3	218.3	284.4	33.5	274.7	23.8
46%ZrH2+AP+AB	2.654	3687	60.8	28.2	211.4	282.2	31.4	271.6	20.7
49%ZrH2+AP+AB	2.730	3707	64.8	30.9	209.2	285.4	34.5	273.8	22.9
49%ZrH2+ADN+AB	2.621	3646	64.8	29.6	218.0	288.3	37.4	277.9	27.0
37%ZrH2+HMX+AB	2.423	3340	48.9	20.7	229.7	285.7	34.8	277.7	26.8
49%ZrH2+HAP+HB	2.662	3490	64.8	30.1	217.0	290.5	39.6	279.4	28.5
55%ZrH2+HN+AB	2.856	3675	75.5	37.7	211.7	299.0	48.1	285.9	34.6
52%ZrH2+HAP+AB	2.907	3885	71.4	36.3	207.3	296.8	45.9	282.8	31.9

实验结果表明，如果推进剂体积与发动机壳体质量之比 F 小于 $1.4L \cdot kg^{-1}$，采

用 Zr 或 ZrH$_2$ 替换 Al 后可明显增加导弹射程(或有效载荷)，氧化剂可选择 AP、ADN 和 HMX。为了更好地进行对比，表 6-15 还列出了其他氧化剂，如 HN、HHP 和 HAP 的相关研究成果，这三种氧化剂均存在各自的缺点，还未见应用报道。

从表 6-15 可以看出，对于 F 接近 0.5L·kg^{-1} 的导弹系统，只有用 Zr 或 ZrH$_2$ 取代 Al 粉才能显著增加弹道效率。Al 粉被取代后既有有利因素也有不良后果。不良的后果包括超细 Zr 粉的易点火特性，导致其制备和使用成本较高且存在较大危险性。若要获得更高的能量，可以选择 ZrH$_2$ 为燃料，但是 ZrH$_2$ 的着火点更低。此外，使用 Zr 或 ZrH$_2$ 作为高能固体推进剂燃料，可以获得密度高达 2.3～2.5g·cm^{-3} 的推进剂装药。

因此，在使用 Zr 或 ZrH$_2$ 替代 Al 粉时，要注意以下几点：①确保推进剂装药体积与发动机壳体质量比值小于 1.0～1.4L·kg^{-1}；②Zr 或 ZrH$_2$ 燃料的质量分数比达到 35%～45% 才能获得最佳弹道效率；③含 Zr 与含 ZrH$_2$ 配方的能量几乎相当，前者适用于搭配低氧含量氧化剂，而后者则适用于高氧含量配方。

6.2　绿色液体推进剂

6.2.1　绿色单组元液体推进剂

1. 硝酸羟胺基单组元液体推进剂

欧洲航空航天局将绿色单组元液体推进剂定义为能够降低推进剂毒性和燃气污染，大量节省用于空间发射费用的单组元液体推进剂，并相继在 2001 年、2004 年、2006 年召开的绿色推进剂会议上讨论了绿色推进剂的发展[26]。新一代绿色单组元液体推进剂的研究大都以替代肼为目标，具体目标包含：①在推进性能方面，比冲和密度比冲都应比上一代推进剂(肼)有所提高；②在毒性方面，原料和产品的毒性应尽量小且不致癌，搬运和贮存的危险系数应降低；③在环境方面，单组元液体推进剂对地面环境(生产设备、试验台、发射场)、大气(臭氧消耗、温室效应)和太空(光学传感器、太空服)的污染应降低；④在成本方面，应降低推进剂的生产、运输和贮存成本。

硝酸羟胺(hydroxylamine nitrate，HAN)基单组元推进剂是硝酸羟胺、燃料(如醇类、甘氨酸、硝酸三乙醇胺等)和水复配形成的氧燃共存体系，也是一种新型离子液体推进剂，最初被美国军方用作液体火炮发射药。在美国 NASA 执行的一项"先进单元推进剂计划"中，发现 HAN 基单组元推进剂具有冰点低、密度比冲高、安全无毒的特点，且在常压下不敏感、贮存安全，无着火与爆炸危险，运输和贮存过程安全性较好，因而 HAN 作为新一代的无毒单组元推进剂被 NASA 进行了

较多研究。HAN 基单组元推进剂的主要性能见表 6-16,其中 HAN/甘氨酸/水体系
(水的质量分数为 26.0%)配方已用于 Spartan Lite 卫星轨道上升系统中[27]。

表 6-16　HAN 基单组元推进剂的主要性能

单组元推进剂	含水量/%	冰点/℃	$\rho/(g \cdot cm^{-3})(21℃)$	I_{sp}/s	$T_c/℃$
HAN/甘氨酸/水	14.7	-20.0	1.5	230.5	1704
HAN/甘氨酸/水	21.2	-54.0	1.4	210.9	1399
HAN/甘氨酸/水	26.0	-35.0	1.4	189.3	1093
HAN/硝酸三乙醇胺/水	25.0	-42.5	1.4	230.5	1649

基于美国陆军对 HAN 基液体发射药在环境、健康、安全、性能、密度和热控
制等方面的已有研究,NASA 在 TOMS-EP、TRMM 和 MAP 三个推进器发射项目
上对 HAN 基单组元推进剂和肼单组元推进剂进行了对比研究。结果表明,HAN
基单组元推进剂比肼单组元推进剂的用量平均少 17.5%,燃料体积少 41.8%,推
进剂贮箱体积降低 38%,推进剂贮箱质量降低 35%。

传统典型 HAN 基单组元推进剂主要包括:以 TEAN 为燃料的 LPl845 系列和
LPl846 系列液体单组元推进剂,以 HEHN 为燃料的 AF-315 系列液体单组元推进
剂。近年来,国内外学者陆续探索研制了 HAN 基凝胶推进剂和 HAN 基固体推进
剂,拓展了 HAN 基推进剂的应用范围。

Aerojet 公司为雷声公司(Raytheon)研制了一种专门用于拦截弹道导弹的
AIM-120 改型产品,该空基反导平台被称为"具备网络中心战能力的空基弹道导
弹防御单元"。该导弹第二级轴向推进火箭发动机和四个小型矢量转向火箭发动
机均采用 HAN 基推进剂。2006 年 12 月,Aerojet 公司已经完成了 NCADE 二级
轴向推进火箭发动机的地面试验,试验显示其推力超过 68kgf(1kgf=9.80665N),燃
烧时间为 25s。2008 年 4 月,Aerojet 公司成功完成其新型轴向 HAN 推进器的全部
研发试验[28]。

美国空军在高性能 HAN 基单组元液体推进剂研究基础上,主导开发了 AF-315
系列单组元推进剂[29]。AF-315 液体推进剂是由 HAN、羟乙基肼硝酸盐(HEHN)和
水组成的混合物,通过改变配比可制得各种组成的单组元推进剂。该推进剂与比冲
相近的普通 HAN 单组元推进剂相比,具有更低的点火温度和绝热燃烧温度。据资
料报道 AF-M315E 推进剂(质量分数为 44.5%的 HAN、44.5%的羟乙基肼硝酸盐和
11%的水混合物),比肼单组元推进剂的比冲高 11%,密度比冲高 70%[30]。

2. 二硝酰胺铵基单组元液体推进剂

ADN 的 CAS 号 140456-78-6,最早由苏联于 20 世纪 70 年代合成,起初用作

固体火箭推进剂的氧化剂,常温下为白色固体[31],瑞典于 20 世纪 90 年代为 ADN 的合成方法申请了专利。ADN 是一种优良的固体氧化剂,其特点包括:①ADN 与推进剂常用的大部分配方组分具有较好的相容性;②用 ADN 替代常规氧化剂 AP,可以大幅提高推进剂的比冲;③加入 ADN 后,推进剂的燃速增大,压力指数也增大;④要得到 80%以上固体含量的 ADN 复合固体推进剂,必须解决推进剂药浆的工艺问题。

ADN 具有较好的溶解性能,更适合作液体氧化剂。ADN 推进系统作为单组元推进系统的新成员,具有结构简单的特点,其组件包括储箱、自锁阀、压力传感器、过滤器、电磁阀门、推力器组件和管路等。ADN 推进剂在储箱中贮存,发动机工作时,电磁阀门打开,在挤压气体作用下,ADN 推进剂经过电磁阀到达推力室内,燃烧生成的高温高压燃气经喷管喷出,为整个航天器提供推力。

ADN 具有较高的能量密度,意味着相较于传统的肼推进剂,同等质量的 ADN 推进剂具备更高的能量,对航天器减重和提高运力大有裨益。与双组元推进器中需安装 100 多个零部件相比,ADN 单组元推进器组件要简单许多,更有利于在中低轨道敏捷小卫星和应急卫星中的安装,并可提高系统可靠性。

欧空局与瑞典航天公司签署了一系列合同来研究一种基于 ADN 的可储存液体单组元推进剂。2010 年 2 月,欧洲空间研究和技术中心在《技术/创新日》上公布了项目(用于航天应用的 1-N ADN 推进剂)细节。燃料的正式名称为 LMP-103S,是 ADN 与水、甲醇、氨的混合物。欧空局推进工程部负责人表示 ADN 的性能比肼类燃料高出 30%,毒性也小很多。与肼类燃料不同,ADN 可通过飞机安全运输,工作人员可以在正常着装条件下工作,而不需要防护服,显然安全成本更低。此外,可将装满推进剂的卫星从工厂中运出,而不是发射前最后一刻加注推进剂[32]。2010 年 6 月 15 日,瑞典发射了“镜”技术实验卫星,ADN 基推进剂 1-N 发动机系统在该卫星系统上进行了技术演示验证。

欧空局一直通过“通用支持技术计划”(general support technology plan, GSTP)支持高能绿色推进剂研制,GSTP 的目的是将实验室里的原型机转化为飞行就绪硬件。2010 年底,开始开展新型推进系统的验证,新的推进器计划用于欧空局编队飞行测试任务 Proba-3 中[33]。

瑞典国防研究局开发了 ADN 基液体单组元推进剂 FLP-106,由质量分数为 64.6%的 ADN、23.9%的水和 11.5%的低挥发性碳氢燃料组成。表 6-17 比较了肼、FLP-106 和 LMP-103S 的理论真空 I_{sp} 和密度真空 I_{sp}。

由表 6-17 可以看出,FLP-106 的理论真空比冲和密度真空比冲都超过了肼和 LMP-103S。FLP-106 具有相当低的蒸气压,25℃下为 2.13kPa,蒸气中含有质量分数为 99.8%的水和 0.2%的燃料。FLP-106 毒性低,白鼠口服的 LD50 为 1270mg·kg^{-1},在处理期间可不需要呼吸保护,只需穿戴正常的工作服并佩戴手

表 6-17 肼、FLP-106 和 LMP-103S 的理论真空 I_{sp} 和密度真空 I_{sp}

推进剂	理论真空 I_{sp}/s	ρ/(g·cm^{-3})	密度真空 I_{sp}/(s·g·cm^{-3})
肼	230	1.004	231
FLP-106	260	1.357	353
LMP-103S	252	1.238	321

套和眼罩就能操作。FLP-106 对冲击和摩擦不敏感,不属于 1.1 级危险品。

中国航天科技集团有限公司五院 502 所在空间推进领域取得了新的突破——成功研制出 ADN 推进器组件,标志着我国成为继瑞典之后,世界上第二个成功应用 ADN 无毒推进剂的国家,表明我国空间无毒推进技术已经达到了国际先进水平。2014~2016 年,日本 Carlit 公司先后发表了 3 项专利,公开了 ADN 基离子液体推进剂配方,主要组成为 ADN、降冰点剂和燃料[34-36]。研究人员进行了大量的配方性能测试工作,结果见表 6-18。

表 6-18 ADN 基离子液体推进剂性能

氧化剂(质量分数/%)	降冰点剂(兼燃料)(质量分数/%)	燃料(质量分数/%)	水(质量分数/%)	ρ/(g·cm^{-3})	I_{sp}/s
ADN(60)	葵二酸(40)	—	—	1.492	295.7
ADN(50)	葵二酸(50)	—	—	1.457	285.1
ADN(40)	葵二酸(60)	—	—	1.452	281.6
ADN(60)	邻苯二甲酸(40)	—	—	1.505	268.1
ADN(60)	二甲基乙酰胺(40)	—	—	1.489	280.1
ADN(60)	尿素(40)	—	—	1.481	247.9
ADN(60)	邻苯二甲酸(30)	硝酸铵(10)	—	1.549	297.6
ADN(60)	二甲基乙酰胺(30)	硝酸铵(10)	—	1.532	294.1
ADN(60)	尿素(30)	硝酸铵(10)	—	1.553	272.0
ADN(60)	—	甘油(10)	水(30)	1.420	238.3
ADN(50)	—	甲醇(20)	水(30)	1.324	225.0
ADN(60)	—	硝酸铵(30)	水(20)	1.410	234.2

日本宇宙航空研究开发机构(Japan Aerospace Exploration Agency, JAXA)和 Carlit 公司开发了以 ADN、硝酸钾铵(MMAN)、尿素为原料的 ADN 基离子液体推进剂。该推进剂组分在室温下为固体,由于凝固点降低,其混合物变成液体。这

种推进剂主要有以下优点：①组分可调节，ADN、MMAN 作为氧化剂和燃料，尿素作为冰点调节剂；②由于燃烧室的材料限制，可以方便优化推进剂配方组成；③燃烧效率可能高于溶液型 ADN 基推进剂。

这种推进剂的主要缺点是不易挥发、不能长时间进行燃烧。表 6-19 列出了 ADN 基离子液体推进剂的配方和性能[37]。受限于燃烧室材料，日本 Carlit 公司仅对配方为 $w_{ADN}：w_{MMAN}：w_{尿素}＝30：50：20$ 的推进剂进行了测试，表明其点火温度约为 723K，还开展了相应的燃烧试验。

表 6-19　ADN 基离子液体推进剂的配方和性能

质量分数/%			I_{sp}/s	T_{ad}/K	$\rho/(g \cdot cm^{-3})$	密度 $I_{sp}/(s \cdot g \cdot cm^{-3})$	T_f/K
ADN	MMAN	尿素					
60	30	10	282	2631	1.50	423	283
40	50	10	269	2286	1.47	396	273
50	30	20	262	2214	1.49	390	273
40	40	20	250	1976	1.49	372	243
30	50	20	237	1743	1.45	343	243
30	40	30	213	1425	1.45	309	243

注：T_{ad} 为绝热火焰温度，T_f 为冰点温度。

3. 硝仿肼基单组元液体推进剂

在过去的几年中，空间飞行器使用“绿色推进剂”的候选物中还出现了 HNF 基单组元推进剂。相比 HAN 和 ADN 基单组元推进剂(配方和性能如表 6-19 所示)，HNF 作为氧化剂比冲最高，制备方法比 ADN 简单、不吸湿，且有较高的密度和熔点。水、水合肼和硝仿肼在一定条件下进行混合便可成功制备出 HNF 基单组元液体推进剂，其密度也比肼高 30%～40%。HNF 基单组元推进剂可与肼采用相同的催化分解点火系统，原料成本比无水肼大幅降低，处理成本也极大降低，再加上毒性较低，没有处理肼的高危险性，特别适合取代肼单组元推进剂用于小型卫星。

HNF 基单组元推进剂需要含有一定量的水来呈现液体，另外推进剂中应含有尽量多的 HNF 以保证比冲，综合考虑 HNF 质量分数在 25%～95%[38]。推进剂系统的比冲应尽可能高，以延长卫星的寿命，因此除了 HNF 溶于水的方案，还有一个方案是另加一定量的有机溶剂，如低级醇(甲醇、乙醇、丙醇或丁醇等)来改善推进剂的氧平衡。醇在溶液中的质量分数最好为 0%～70%，且优先考虑甲醇和乙醇。一种具有较好前景的推进剂系统包含质量分数为 25%～75%的 HNF、5%～50%的水和 0%～25%的低级醇。推进剂系统中也可以含其他添加物，如增溶剂、蒸汽压降低剂和性能改善剂等。

表 6-20 是在喷管膨胀比为 50、燃烧室压强为 1MPa、无环境压力、达到化学平衡条件下，质量分数为 50%的 HNF 和 ADN 水溶液与各种单组元推进剂系统的比冲对比。从表 6-20 中看出，HNF 水溶液与过氧化氢和肼相比，真空比冲略低，但由于生产、运输、贮存、操作和废弃的程序简化，成本的降低可在一定程度上弥补性能的差距。

表 6-20 不同液体单组元推进剂系统的比冲对比

原料	真空比冲/(m · s⁻¹)	
	质量分数为 50%的水溶液	纯氧化剂
HNF	1754	2950
ADN	1267	2319
H_2O_2		1972
N_2H_4		2265

HNF 和 ADN 溶于水可制得不同浓度的水溶液，以及 HNF、乙醇和水的混合物。加入质量分数为 10%乙醇的 HNF 水溶液性能优于不加燃料的 HNF 水溶液，且随着溶解于水的 HNF 含量增加，性能会有提高。荷兰普林斯莫里茨实验室、代尔夫特理工大学和 APP 公司合作研究的推进剂命名为 APPML21 和 APPML22，APPML 是 advanced propellant prins maurits laboratory 的缩写[39]。表 6-21 中概括了它们的性能数据。从表 6-21 中看出，两种推进剂分别可贮存于 0℃和 10℃以上且蒸气压很低，在真空比冲和密度比冲方面也较高，目前已经开始实验室规模的生产，而且最低贮存温度已被实验验证。APPML21 和 APPML22 的密度分别为 1.38g · cm⁻³ 和 1.42g · cm⁻³，预计 20℃的蒸气压约为 50Pa(水为 2400Pa)，黏度约为 2mPa · s，推进剂燃烧产物主要成分为氢气、氮气和水。

表 6-21 新型 HNF 单组元推进剂的低贮存温度与良好性能

推进剂	真空 I_{sp}/(m · s⁻¹)	密度 I_{sp}/(kg · m⁻² · s⁻¹)	T_c/℃	最低贮存温度/℃
APPML21	2345	3.13×10⁶	1345	0
APPML22	2454	3.40×10⁶	1572	10

注：测定真空比冲和密度比冲时的喷管膨胀面积比 A_e/A_t=50。

6.2.2 绿色双组元液体推进剂

1. 过氧化氢基双组元液体推进剂

目前，我国使用的液体推进剂大都是硝基氧化剂/肼类燃料自燃双组元推进剂，这类推进剂属于剧毒化学品(《剧毒化学品目录》(2002 年版))，因此研制无毒推进剂取代有毒推进剂已势在必行，这也是当今火箭推进剂研究领域的发展方向之一。过氧化氢是一种环境友好的液体推进剂，其分解产生氧气和水，既可用作氧化剂，又可用作单组元推进剂。当作为氧化剂使用时，与之匹配的燃料选择比较广泛，如肼类、醇类、烃类、有机胺类等。高浓度过氧化氢与醇类或高比冲非致癌自燃燃料(competitive impulse non-carcinogenic hypergol, CINCH)配对，是两种最有希望的未修级绿色推进剂组合[40,41]。

过氧化氢/醇类双组元推进剂的研究以美国海军空战中心(Naval Air Walfare Center, NAWC)为代表，目标是用于"转向与姿态控制系统"(divert and attitude control system, DACS)。无毒自燃混合燃料(non-toxic hypergolic miscible fuel, NHMF)是 NAWC 现已研制出的能与过氧化氢自燃的燃料。美国海军空战中心研制了代号为 block 0 的甲醇基燃料和代号为 block 1 的丁醇基燃料，使用被称为 SSR 的可溶性、含张力的环状化合物作为添加剂，采用锰基化合物作为催化剂。发动机试验结果表明，高浓度过氧化氢/醇基推进剂比冲是常规推进剂的 93%，密度比冲是常规推进剂的 102%[42]。过氧化氢/醇类燃料的性能见表 6-22。

表 6-22 过氧化氢/醇类燃料的性能

氧化剂/燃料	质量比	I_{sp}/s	密度 I_{sp}/(s · g · cm^{-3})	T_c/℃
NTO/甲基肼	2.10	313.0	372.2	3044
98%H$_2$O$_2$/乙醇	3.79	288.9	367.7	2491
98%H$_2$O$_2$/甲醇	2.81	284.3	363.9	2412
98%H$_2$O$_2$/1-丙醇	4.29	291.2	374.9	2528
98%H$_2$O$_2$/2-丙醇	4.30	290.6	372.8	2520
98%H$_2$O$_2$/1-丁醇	4.60	292.4	378.6	2547
98%H$_2$O$_2$/2-丁醇	4.61	291.9	377.9	2541
98%H$_2$O$_2$/叔丁基醇	4.62	291.0	375.8	2534

注：燃烧室压力为 500Pa，喷管膨胀面积比为 10，添加质量分数为 20%MnO · 4H$_2$O。

俄罗斯研究人员报道了均相催化过氧化氢技术的研究成果[43]。他们先将活性催化剂(羰基锰化合物)溶于苯或二甲基苯胺中，然后再与煤油或乙醇混合，研究发现催化剂质量分数超过 3%时，对点火延迟期影响不大。催化剂质量分数为 3%的燃料配方与质量分数为 96%的过氧化氢组合的点火延迟期约为 20ms，与质量分数为 94%的过氧化氢组合在 200N 小推力发动机的热试车结果表明，在 1MPa 室压及采用喷管膨胀面积比为 3 的短喷管时，特征速度 C^*=1507m · s^{-1}，燃烧效率 ψ_c=0.92，外推到喷管膨胀面积比为 72 时，真空比冲为 282s。

某些催化剂能使煤油或醇类燃料与过氧化氢发生自燃反应，这些催化剂是由锰、钴、铜和银的脂肪族有机酸盐(如乙酸盐、内酸盐、丁酸盐或二乙基己酸盐等)、1,3-二酮(如乙酰内酮、3,5-庚二酮等)的螯合物或羰基化合物(如八羰基二钴、甲基三羰基环戊二烯基三羰基锰等)与烷基取代的二胺或三胺(如四甲基乙二胺、N,N,N',N'-四甲基-1,3-丁二胺、N,N'-二甲基乙二胺或 N,N,N',N',N''-五甲基二乙烯三胺等)反应后得到的。炔类(如 1-辛炔、环丙基乙炔等)或共轭炔类化合物(如 1,4-二环丙基-1,3-二炔)能够增强催化剂的稳定性和催化活性。

中国航天液体推进剂研究中心对过氧化氢/醇类双组元推进剂进行了较为深入的研究，找到了合适的添加剂和催化剂，通过热力学计算、点火延滞期的测定、理化性能测定、稳定性试验和发动机点火试验等确定了过氧化氢/丁醇配方。试验结果表明，过氧化氢/丁醇配方具有自燃特性、点火延滞期短(17ms)、廉价、环保、高能、低冰点(-58℃)、高沸点(117℃)、贮存稳定等优点，但相关添加剂的应用研究在国内外尚未报道。

2. 一氧化二氮双组元液体推进剂

以往研制无毒推进剂都首选过氧化氢，但过氧化氢化学稳定性较差，遇热或杂质易于分解，贮存及使用过程中都存在安全隐患，从安全角度，其不是最理想的选择。一氧化二氮(N_2O)，俗称笑气，可用于冷气推进、单组元推进、双组元推进、固液推进和电阻加热推进等推进系统，具有以下优点：①无毒，作为吸入麻醉剂，不以工业毒物论；②安全，属于高压液化气体，只能助燃，本身不会燃烧；③材料相容性比较好，与发动机常用结构材料都能相容，对材料没有特殊要求；④已大规模工业生产，成本低；⑤饱和蒸汽压高，具有自增压能力；⑥贮存密度(液态密度)比较高，液态密度为 $1.2g \cdot cm^{-3}$ 左右；⑦可以长期贮存。

采用 N_2O 作为推进剂的发动机推力可以从毫牛顿级到牛顿级甚至千牛顿级，主要应用于小卫星、微小卫星、纳米卫星、飞船等。N_2O 无毒推进剂应用广泛，必将能加速我国姿轨控推进系统的无毒化，在国防及航天事业上都极具发展前途。

N_2O 作为氧化剂的双组元推进技术研究较为分散，而且公开的内容并不多。可用作燃料的有乙烷、丙烷和酒精等。其中，N_2O/丙烷或丙烯组合的报道最多，真空比冲为 280～320s，混合比较高(5～8)，基于 N_2O 推进剂的推进系统简图如图 6-2 所示。

美国小推力推进系统项目的关键技术是研制 N_2O/丙烷火箭发动机(NOP)，将这种推进剂组合替代空间推进系统使用的自燃或低温液体推进剂和固体推进剂。该项目涉及两个方面：一是用 N_2O/丙烷火箭发动机进行演示验证来评估发动机性能；二是用催化分解的 N_2O 点火。具体工作也按两方面并行开展，若两方面工作都能完成，就可对火箭发动机的实际工作情况进行演示。

日本对 N_2O 作为双组元推进剂的研究主要集中在 N_2O/乙醇双组元液体推进

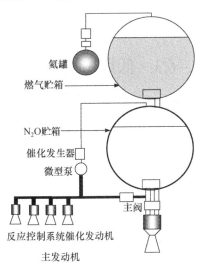

图 6-2　基于 N₂O 推进剂的推进系统简图

剂，九州技术研究院的研究者还利用电弧释放辅助 N₂O/乙醇双组元液体推进剂的燃烧，并对常压下的推力室进行了设计和测试，研究的 N₂O/乙醇混合比为 0.86~5.8。

6.2.3　高能原子液体推进剂

原子液体推进剂是将原子氢、原子碳、原子硼等原子贮存在固氢颗粒中，用液氢来带动固氢流动，与液氧配对，从而形成原子氢、原子碳、原子硼等高能原子液体推进剂[44]。采用原子液体推进剂能使空间飞行器的结构更加紧凑，起飞质量减少 80%，有效载荷可以提高 264%~360%。例如，火箭采用含有 50%(质量分数)原子硼的推进剂，有效载荷可以从 $9.6×10^4$kg 增加到 $1.7×10^5$kg；采用含有 50%(质量分数)原子氢的推进剂，有效载荷可以从 $9.6×10^4$kg 增加到 $4.75×10^5$kg。有效载荷增加意味着一枚重型火箭就可以将载人星际航天器发射入轨，而且采用原子液体推进剂可以使火箭从地面直接飞到太阳系。与通常的氢氧发动机相比，采用原子液体推进剂能够大幅提高有效载荷，这是由于该推进剂的使用可使发动机的比冲提高几百秒。例如，美国宇宙神运载火箭上面级半人马座采用液氢/液氧发动机，比冲为 446.4s，若采用原子氢/液氧，发动机比冲可以达到 750.0s。但是，原子液体推进剂研究会遇到很多难点，如原子态在原子液体推进剂中的含量必须高；原子态必须能够稳定地贮存在固氢颗粒中；必须建立有效的推进剂供应系统，形成数以百万计的固氢颗粒，并能使固氢颗粒可靠地从推进剂贮箱流向燃烧室。原子液体推进剂进入燃烧室以前，固氢必须保持 3~4K 的温度，并有效地防护高能火箭发动机产生的高热通量。目前，制备、贮存和使用原子液体推进剂最关键的是取得低温技术的重大突破。

6.3　低烟焰发射药

6.3.1　低焰发射药

随着身管武器对内弹道性能要求的提高，通常采用高能发射药和高装填密度装药结构实现较高的炮口动能，但往往会随之带来严重的炮口烟焰。炮口烟焰的出现会导致极大的危害：一方面，炮口烟焰易暴露武器发射阵地；另一方面，炮口烟焰和烟会影响制导武器光电系统的探测、锁定和目标跟踪功能，严重影响武器系统的作战效能。

目前，降低装药炮口烟焰的主要方法是向发射药中加入碱金属化合物，如冰晶石、硫酸钾、硝酸钾等消焰剂，或者是将硝酸钾、硫酸钾等钾盐消焰剂作为装药组件之一装入药筒进行消焰[45,46]。但是这些消焰剂吸湿性很强，在装药过程中容易吸收空气中的水分而结块，影响消焰效果[47-50]。

为了寻求更为适用的消焰剂，20 世纪 70 年代以来，不少国家竞相开展研究并已取得较大进展。1977 年，瑞典博福斯公司在比利时获授权的一项专利中报道了"在发射药中加入含碱金属离子的聚合物——用离子交换剂消除炮口烟焰"的研究成果。同年，美国弗兰克福兵工厂的研究者在 *Journal of Ballistics* 上发表了题为"包胶组分的燃烧"的文章。被包胶的组分为富氮化合物——乙二酰二胺。这种物质不溶于冷水，即使在热水中也只有微量溶解。把它作为消焰剂混入发射药后得到了相当满意的预期效果。弹道实验和光测数据表明，这种消焰剂对发射药燃烧性能毫无影响，并在膛内分解后对发射药燃气产生"冷却"作用而达到消焰目的[51]。

作为一种理想的消焰剂，不但要具有较好的消焰效果，而且要满足一系列特定要求。例如，配入消焰剂后不能损害发射药的化学安定性和药粒的物理均一性。再如，燃烧时消焰剂不能促使或直接产生有损武器的腐蚀性气体和对人员有害的毒性气体，具有良好消焰性能的 $Pb(C_2H_5)_4$ 由于产生有毒气体而被淘汰。消焰剂的吸潮问题也是发射药贮存和使用中的一大问题，对于球形药的制造及在采用溶剂法制造工艺时，特别要求消焰剂具有不溶或难溶于水的性能。值得注意的是，一些钾盐对推进剂的燃速和平台特性有破坏作用，这也限制了其作为消焰剂的应用。

1. 无机消焰剂

发射药中加入少量的消焰剂是抑制和消除炮口烟焰的有效方法之一。无机钾盐虽然具有可靠的消焰效果，但存在较大弊端且难以克服[52]：①配入发射药后均以晶体分散其内，明显影响药粒的胶体结构和物理均一性。不但对发射药的化学安定性不利，而且显著增大了发射药的温度敏感系数；②无机钾盐在水中的溶解度大，对于球形药制造和需经浸渍处理的溶剂法工艺难以适用。虽然羽流的有效抑制基团是 K^+，但钾盐的类型影响抑制效率，这可能是由于钾盐燃烧产物不同，以及生成的含钾凝相粒子大小与气相钾的性能不同所致。英国的试验表明，不同钾盐对火焰抑制的最小用量不同，但是由于保密原因没有透露所试钾盐的具体名称。

国内一般采用硝酸钾、硫酸钾、新型有机消焰剂 K-LXG 和 K-Rn 4 种不同的钾盐作为消焰剂，通过球磨机研磨和过筛处理，制成不同粒度的消焰剂样品[53]。以 30mm 弹道炮为试验平台，以单基发射药为试验样品，通过三因素四水平的正交试验，分析对比了这 4 种消焰剂及其粒度和加入量对发射装药炮口烟焰的影响。研究结果表明：①消焰剂的加入对炮口火焰有着明显的抑制效果，而消焰剂的种类在影响消焰效果的三个因素中起主导作用；②随着消焰剂粒度的减小，对炮口火焰和炮口烟雾的抑制效果增加，随着消焰剂粒度的减小，其消焰效果有上限值；③消焰剂加入量增大，炮口火焰逐步减少，炮口烟雾总量有一定程度的增多，因此消焰剂加入量应综合考虑炮口烟雾总量和炮口火焰大小。

同时，国内还通过在发射药中引入硝酸铵来降低炮口火焰的研究[54,55]，相关研究中采用吉布斯最小自由能法计算发射药燃烧的气体组成，通过密闭爆发器-气相色谱法分析燃气的组成与含量，并用高速摄影仪进行炮口火焰拍摄，在此基础上可分析出炮口火焰面积、炮口火焰最大直径、炮口火焰平均直径和积分光密度的变化。在计算过程中，采用氮含量为 12.9%的硝化棉，二苯胺为安定剂，硝酸铵含量在 0%～70%，按照 10%递增，共 8 种配方，每种配方中二苯胺含量为 1.5%，剩余为硝化棉。研究结果表明：在发射药中加入硝酸铵，可使氧平衡系数增大，明显降低燃烧产物中可燃气体含量；与制式发射药相比，混合发射药的炮口火焰面积、炮口火焰最大直径、炮口火焰平均直径和积分光密度都减小。当硝酸铵含量为 70%时，可燃性气体含量比单基药降低了 98.4%；混装发射药中硝酸铵含量达到 25%时，与制式药相比，炮口火焰面积减小了 47.7%，最大直径减小了 31.4%，积分光密度减小了 44.7%。

2. 有机消焰剂

据报道，近年来国外研究的几种有机消焰剂效果良好。例如，瑞典博福斯公司提出的六羟基锑酸钠和含有碱金属的离子交换树脂。乙二酰二胺是美国提出的，这种消焰剂不溶于冷水，即使在热水中也只有微量溶解[56]。

随着各国研究的不断深入，就目前报道来看，主要有以下几种有机消焰剂：①含有碱金属离子的离子交换剂；②山梨酸钾；③硬脂酸钾；④邻苯二甲酸钾；

⑤草酰胺；⑥六羟基锑酸钠。上述哪种物质效果最佳，尚需进一步验证。

法国火炸药公司在多项专利中报道了如下三种效果较佳的有机消焰剂：邻苯二甲酸钾、硬脂酸钾和山梨酸钾。这三种物质具有如下共同点：它们混入发射药后不呈晶体形式存在；对药基具有增塑作用，胶化良好，质地均一；制成的发射药具有良好的化学安定性和较小的温度敏感系数。同时，这些有机钾盐不但消焰效果好，而且具有较强的"耐浸渍力"，适用于单、双、三基药的任何工艺。

美国专利公布了另一种新型的发射药消焰剂——六羟基锑酸钠[NaSb(OH)$_6$]。其微溶于水，适用于球形药工艺和其他需经浸渍加工的单、双、三基药的制造，这种消焰剂不影响发射药的化学安定性和燃烧性能，也不引起或加重燃烧气体对武器身管的腐蚀氧化。发射药内只要有 1.5%的消焰剂，就足以完全消除炮口的闪光。

我国也对有机消焰剂进行了大量研究，如有机钾盐 AK 和 BK。虽然它们不存在吸湿的情况，但由于其分子结构中低氧高碳氢含量，在使用中产生的烟雾比较大，从而影响了实际应用[57]。

二羟基乙二肟钾(DHGK)也是国内研制的一种消陷剂[58]，DHGK 以盐酸羟胺为原料，通过肟化成盐得到。已经制备出了含 DHGK 的发射装药，采用高速摄影法、烟箱法和氧弹法测试了其枪口烟雾和燃烧残渣，并用 5.8mm 射击试验研究了其内弹道性能。结果表明，用 DHGK 替代制式消焰剂硫酸钾和硝酸钾，可使枪口火焰面积减少 70.7%，火焰温度降低 400K，枪口烟雾较少，燃烧残渣量减少，说明 DHGK 有良好的抑制枪口烟焰效果。而且，添加 DHGK 的发射装药能够提高弹丸的枪口初速，并具有较好的内弹道稳定性。

高氮化合物 PZT 作为消焰剂具有良好的消焰效果，该化合物以 5-氨基四唑为原料合成，经红外光谱、元素分析等手段获得的分子式为 $C_2N_{10}K_2 \cdot 3H_2O$。热重和差示扫描量热分析表明，在 315～350K，PZT 发生吸热反应，失去结晶水，放热峰温为 539.3K。在枪口初速为 912m·s^{-1}，膛压为 279.4MPa 时，2%的 PZT 用量可使火焰面积减少 71.4%，枪口火焰温度下降近 400℃。与制式消焰剂 K_2SO_4 相比，在枪口火焰面积相当的情况下，火焰温度低 108℃，且枪口烟雾也比 K_2SO_4 减少。

我国更为系统的一项研究是采用单幅放大彩色摄影法、微热电偶测温法和双光路透射率系统，研究硫酸钾、硝酸钾和新型有机钾盐等对发射药燃烧时的火焰形貌、火焰峰温、烟雾可见光透过率的影响，其中新型有机钾盐是指二羟基乙二肟钾(DHGK)、二元酸钾(HK)、一元酸钾(LK)、偶氮四唑钾(PK)和二元酸钾钠(JK)等[59]。研究结果发现，无机钾盐 K_2SO_4 对发射药静态燃烧火焰大小和峰温的抑制效果最好，但会使发射药静态燃烧时的烟雾可见光透过率大大降低；高氧含量的新型有机钾盐 DK、HK 和 LK 对发射药静态燃烧火焰大小和峰温有较好的抑制效果，含 DK、HK 和 LK 发射药的烟雾可见光透过率均大于 50%；钾盐的粒径从 104μm 减小到 5μm 时，消焰效果得到提高，但烟雾可见光透过率的变化规律并不一致。因此，设计高效低烟雾消焰剂的方向是寻找具有较高钾含量、氧含量和较强吸热性的物质。

近年来，南京理工大学和西安近代化学研究所的研究人员研究了几种钾盐消焰剂对固体推进剂燃烧性能的影响[60]。研究结果表明，原有无机钾盐消焰剂的加入会严重地破坏推进剂的平台燃烧效应，消焰效果并不理想，而有机钾盐消焰剂则对平台的破坏作用较小，即对推进剂压力指数影响较小。西安近代化学研究所的研究人员在开展二次火焰抑制剂对 RDX-CMDB 推进剂压力指数影响的研究中指出，碱金属盐的含量越高，对燃速的不利影响越大，而非金属化合物的不利影响则很小。因而，寻找非金属化合物作为二次火焰抑制剂将是低信号推进剂研究的一个技术途径。

6.3.2 低烟发射药

现代枪弹的发射药均是无烟药，主要分为单基发射药、双基发射药两类。单基发射药是指主体只有硝化纤维素(nitrocellulose, NC)的发射药；双基发射药含有硝化纤维素和硝化甘油(nitroglycerin, NG)两种主要成分。单基发射药燃烧速度稍慢，一般用于大容量的弹壳，如狙击枪弹。双基发射药主要用于一些要求燃烧快，能量高的武器，如手枪弹。火炮的发射药还有三基药，其是在 NC 和 NG 的基础上，再加上硝基胍(nitroguanidine, NQ)制得。硝基胍爆温低，而且生成大量不可燃的氮气，有利于提高武器寿命，还对炮口闪光有很好的抑制作用。生产三基药的技术难点在于控制硝基胍的结晶尺寸和降低药粒的脆性。

早期的双基发射药爆温高、烧蚀大，如今的双基发射药中硝化甘油含量不高，并可通过对药粒尺寸和表面处理控制发射药的燃烧性能，使火焰温度降低。表面处理是指在药粒表面覆盖具有吸热性的阻燃剂，控制发射药的燃烧。常见的阻燃剂成分包括：二硝基甲苯、甲基中定剂、乙基中定剂、苯二甲酸二丁酯、苯二甲酸二苯酯等。

现代军用发射药主要是指扁球状双基发射药，是 20 世纪 60 年代发展的。当时使用大量苯二甲酸二丁酯对扁球状药进行钝感化，以降低火焰温度，提高装填密度，改善燃烧性能和弧厚均一性，并明显改善弹道性能。同时，用吸热性更大的甲基中定剂处理挤压成型的单基发射药，也能够大幅提高武器的寿命。

为了使发射药能够长时间存放而不变质，需要向发射药中添加安定剂和中定剂，常用的安定剂有二苯胺和 N-苯基苯胺等。中定剂分为 1 号中定剂(也称乙基中定剂，即二乙基二苯脲，熔点为 72.4℃)；2 号中定剂(也称甲基中定剂，即二甲基二苯脲，熔点为 121℃)；3 号中定剂(也称甲乙基中定剂，即乙基甲基二苯脲，熔点为57℃)。为了降低火药的机械感度，还会采用钝感剂，主要包括：樟脑、二硝基甲苯或者它和甲基中定剂、乙基中定剂的混合物、苯二甲酸二丁酯和苯二甲酸二苯酯。另外，火炮发射药还包括缓蚀剂、除铜剂等添加成分。

　　美国球形药的基本配方如下：WC846中的硝化纤维素(氮含量为13.16%)占81.40%，硝化甘油占10.39%，苯二甲酸二丁酯占5.61%，二苯胺占0.97%，石墨占0.12%，碳酸钙占0.09%，硫酸钠占0.12%，总挥共1.3%。WC870中的硝化纤维素(氮含量13.11%)占81.09%，硝化甘油占9.94%，苯二甲酸二丁酯占5.68%，二苯胺占0.95%，石墨占0.10%，碳酸钙占0.79%，硫酸钠占0.19%，总挥共1.26%。比利时克莱门球形药厂生产的PRB球形药一般含有硝化二苯胺、乙酸乙酯、硫酸钠、硫酸钾和二氧化锡等[61]。

　　以下是典型的枪弹发射药配方。

　　(1) 12号霰弹SR 7325单基发射药：98.15%的硝化纤维素，0.9%的二苯胺，0.4%的石墨，0.55%的二硝基甲苯。

　　(2) 12号霰弹Hercules双基发射药：71.5%的硝化纤维素，20%的硝化甘油，1%的硝酸钾，1%的硝酸钡，6.5%的乙基中定剂。

　　(3) 美军5.56mm枪弹，WC844双基球形药：(配方1)83.05%的硝化纤维素，10%的硝化甘油，0.5%的硫酸钠，0.25%的碳酸钙，1.3%的二苯胺，0.4%的石墨，4.5%的邻苯二甲酸二丁酯；(配方2)83%的硝化纤维素，10%的硝化甘油，0.5%的硫酸钠，0.25%的碳酸钙，1.1%的二苯胺，0.4%的石墨，4.75%的邻苯二甲酸二丁酯。

　　(4) 美军5.56mm枪弹，IMR 8208-M单基发射药：93.2%的硝化纤维素，0.55%的硫酸钾，0.85%的二苯胺，0.4%的石墨，5%的乙撑二甲基丙烯酸酯。

　　(5) 美军5.56mm枪弹，HPC-13：66.1%的硝化纤维素，28.5%的硝化甘油，0.75%的硫酸钾，4.25%的乙基中定剂，0.4%的石墨。

　　(6) 美军22LR、5.6mm运动弹，WRF360：83.34%的硝化纤维素，15%的硝化甘油，0.06%的水分，1%的二苯胺，0.5%的聚己二酸酯，0.1%的石墨。

　　(7) 美国.30-06、(7.62×63)mm弹，HPC-5：79.67%的硝化纤维素，15%的硝化甘油，0.93%的二苯胺，4%的乙基中定剂，0.4%的石墨。

　　(8) 美国.30-06、(7.62×63)mm弹，WC852：81.18%的硝化纤维素，9.5%的硝化甘油，0.5%的硫酸钠，1%的碳酸钙，0.8%的硫酸钾，1.12%的二苯胺，0.4%的石墨，5.5%的邻苯二甲酸二丁酯。

　　(9) 美国.30-06、(7.62×63)mm弹，WC BLK：85.46%的硝化纤维素，10%的硝化甘油，1.51%的邻苯二甲酸二丁酯，1.13%的二苯胺，1%的碳酸钙，0.5%的硫酸钠，0.4%的石墨。

　　(10) 美国.30-06、(7.62×63)mm弹，IMR 4895：91.18%的硝化纤维素，7%的二硝基甲苯，0.55%的硫酸钾，0.4%的石墨，0.87%的二苯胺。

(11) 9mm Para. (9×19)mm 手枪弹, 美国 HPC-33: 85.45%的硝化纤维素, 7%的硝化甘油, 0.95%的二苯胺, 0.6%的石墨, 2%的硝酸钾, 4%的松香皂树脂。

(12) 美军的 ACP 柯尔特自动手枪弹, SR 7970: 96.24%的硝化纤维素, 2.5%的二硝基甲苯, 0.86%的二苯胺, 0.4%的石墨。

(13) (7.62×51)mm NATO 弹, WC818: 87.95%的硝化纤维素, 8%的硝化甘油, 0.75%的二苯胺, 1.5%的邻苯二甲酸二丁酯, 1%的碳酸钙, 0.3%的石墨, 0.5%的硫酸钠。

(14) (7.62×51)mm NATO 弹, SR 8231: 92.45%的硝化纤维素, 5%的二硝基甲苯, 1.25%的二苯胺, 0.3%的石墨, 1%的硫酸钾。

(15) (7.62×51)mm NATO 弹, WC846: 82.97%的硝化纤维素, 9.5%的硝化甘油, 1.13%的二苯胺, 5.25%的邻苯二甲酸二丁酯, 0.25%的碳酸钙, 0.4%的石墨, 0.5%的硫酸钠。

(16) (7.62×51)mm NATO 弹, type Ⅱ: 89.3%的硝化纤维素, 9%的二硝基甲苯, 0.9%的二苯胺, 0.65%的碳酸钙, 0.15%的硫酸钠。

(17) (7.62×51)mm NATO 弹, IMR 4895: 91.2%的硝化纤维素, 7%的二硝基甲苯, 0.85%的二苯胺, 0.4%的石墨, 0.55%的硫酸钾。

(18) 50 BMG、(12.7×99)mm, WC860: 78.67%的硝化纤维素, 9.5%的硝化甘油, 1.13%的二苯胺, 8%的邻苯二甲酸二丁酯, 1%的碳酸钙, 0.4%的石墨, 0.8%的硝酸钾, 0.5%的硫酸钠。

(19) 50 BMG、(12.7×99)mm, WC150: 86.48%的硝化纤维素, 9.5%的硝化甘油, 1.12%的二苯胺, 1%的碳酸钙, 1%的邻苯二甲酸二丁酯, 0.5%的硫酸钠, 0.4%的石墨。

(20) 50 BMG、(12.7×99)mm, IMR 5010: 89.92%的硝化纤维素, 8.25%的二硝基甲苯, 0.88%的二苯胺, 0.55%的硫酸钾, 0.4%的石墨。

(21) 50 BMG、(12.7×99)mm, HI SKOR 700X: 67.4%的硝化纤维素, 30%的硝化甘油, 1.5%的乙基中定剂, 0.5%的石墨, 0.5%的硝酸钾, 0.1%的乙醇。

(22) 美军(40×46)mm 榴弹, M9: 58.02%的硝化纤维素, 39.84%的硝化甘油, 0.4%的石墨, 1.49%的硝酸钾, 0.25%的乙基中定剂。

(23) 美军(40×46)mm 榴弹, M2: 77.21%的硝化纤维素, 19.44%的硝化甘油, 0.6%的石墨, 0.75%的硝酸钾, 0.6%的乙基中定剂, 1.4%的硝酸钡。

(24) 美军 20mm 机关炮, WC872: 86.5%的硝化纤维素, 8.5%的硝化甘油, 1.17%的氧化锡, 1.13%的二苯胺, 1%的碳酸钙, 0.5%的硫酸钠, 0.8%的硝酸钾, 0.4%的石墨。

(25) 苏联(5.45×39)mm 枪弹, 装 1.45g 钝化扁球双基发射药: 81%的硝化纤维素, 11.6%的硝化甘油, 5.3%的乙基中定剂, 0.9%的二硝基甲苯, 0.12%的不确定的有机物，1.08%的其他成分。

　　法国开发的硝酸铵低烟发射药，采用硝化纤维素包覆硝酸铵颗粒防止吸湿结块，硝酸铵和硝化纤维素各占一半，并有一个配方中加入了 Al 粉调节爆热。该发射药可用于手枪弹。

6.4　聚合物炸药

6.4.1　聚合物炸药概述

　　炸药及其装药是武器战斗部核心，也是战斗部实现高效毁伤的重要基础。聚合物炸药(PBX)是爆炸威力大、工艺与力学性能好、安全可靠性高的一类新型炸药，可广泛应用于反坦克导弹战斗部、水雷、鱼雷、激光制导航空炸弹和核战斗部起爆装置中，我国已于二十世纪五六十年代首次成功研发该类炸药，并逐步在部分型号武器中获得应用。目前，PBX 炸药仍处于全面发展阶段。作为新型高能炸药，PBX 的安全性能是影响其实际应用的关键，安全性能包括：化学安定性、相容性、热稳定性、感度(主要指撞击感度、摩擦感度、冲击波感度和静电火花感度)和易损性(主要指子弹射击、快速烤燃、慢速烤燃等性能)，其中易损性一般针对整体装药。

　　PBX 主要由高能炸药填料和聚合物基体经过混合、塑化或压装成型来制备。高能炸药填料最初是以 PETN、TATB、RDX 和 HMX 等常见炸药为主，部分配方也可引入 Al 粉等金属填料；聚合物基体主要采用丁腈橡胶(NBR)、氟橡胶(Viton A)和丁苯橡胶(SBR)等。目前，正在研发的主要高能钝感 PBX 炸药的填料包括：ICM-102、LLM-105、FOX-7、FOX-12、NTO 和 TKX-50 等；新型聚合物基体包括：硅橡胶(甲基乙烯基硅橡胶、甲基苯基乙烯基硅橡胶、氟硅和腈硅橡胶)和含能聚合物(GAP、BAMMO 和 NIMMO)等。

6.4.2　基于 RDX 的 PBX

　　美国洛斯阿拉莫斯国家实验室于 1947 年首先开发出 PBX，采用聚苯乙烯黏结剂。1952 年，他们采用邻苯二甲酸增塑聚苯乙烯为基体，发展了以 RDX 为填料的 PBX 产品，由于其安全性能和热稳定性较好，PBX 从此走上快速发展的道路，出现了各种新型聚合物基体，如氟聚物、聚氯乙烯(PVC)和端羧基聚丁二烯(CTPB)等。RDX 在炸药领域主要用于替代 TNT，在军民领域都有广泛应用[61]，同时 RDX 也是多种 PBX 炸药的主要组分，其民用还包括烟火、建筑拆迁、加热燃料等。RDX 也通常与 HMX 等混合使用，以提高其性价比，这样的配方已用于至少 75 种炸药产品中[62]。

RDX 通常与其他炸药或燃料混合使用作为填料，包括 PETN、油或蜡的混合物，如最常见的炸药 Semtex-H(原 Semtex 炸药仅含 PETN)。该炸药具有贮存稳定性好、爆轰性能优异的特点，是一类理想的军用炸药。RDX 还可以与增塑剂和聚异丁烯(PIB)混合得到 C-4 炸药。如表 6-23 所示[63]，以 RDX 为基的常见军用炸药包括 A 炸药、B 炸药和 C 炸药，所用的聚合物基体包括单硝基苯、石蜡、二硝基甲苯和聚异丁烯。然而，在新型 PBX 中，RDX 已完全取代 TNT，聚苯乙烯、Kel-F(偏二乙烯-三氟氯乙烯的共聚物)、聚氨酯橡胶和尼龙等都是其常用的聚合物黏结剂。

表 6-23　一些基于 RDX 的 PBX 配方及用途

名称	配方	性能	用途
Semtex-H	RDX 与 PETN 混合物，经 SBR 增塑	一般	第二次世界大战和海湾战争
A 炸药	RDX 与石蜡熔融	不吸湿，具有较好的贮存性能	开矿、2.75 英寸和 5 英寸火箭弹、防空导弹等
B 炸药	RDX 与 TNT 和石蜡混合物，如 59.5%的 RDX，39.5%的 TNT 和 1%的石蜡	较好，具有战术优势	军用开矿、火箭弹等
C 炸药	RDX 与非含能增塑剂混合，如 C3：77%的 RDX，3%的特屈儿，4%的 TNT，1%的 NC，5%的 MNT 和 10%的 DNT；C4：91%的 RDX，2.1%的聚异丁烯，1.6%的机油和 5.3%的癸二酸二异辛酯	随着增塑剂质量增加，在很宽的温度范围内保持塑性且不会渗油	聚能装药战斗部
PBX 9007	RDX 90%，聚苯乙烯 9.1%；DOP 0.5%；树脂 0.4%	—	用途不明
PBX 9010	RDX 90%，聚三氟氯乙烯 10%	高爆速	核武器
PBX 9205	RDX 92%，聚苯乙烯 6%，DOP 2%	—	用途不明
PBX 9407	RDX 94%，FPC461 6%	—	用途不明
PBX 9604	RDX 96%，聚三氟氯乙烯 4%	—	用途不明
PBXN-106	RDX，聚氨酯橡胶		海面武器
PBXN-3	RDX 85%，尼龙	—	阵风导弹
PBXN-109	RDX 64%，Al 20%，HTPB 7.35%，DOA 7.35%，IPDI 0.95%		海面武器

6.4.3　基于 HMX 的 PBX

HMX 具有较高的熔点，对于含 HMX 的 PBX 配方，其能量相对较高。以聚四氟乙烯为基体的 HMX 在二十世纪六七十年代被开发，用于枪炮和月球地震实验[64]。过去几十年,含 HMX 的炸药和推进剂配方得到了广泛研究,但由于与 HMX 军事用途的相关信息有限,只能从公开文献获得少量配方数据[65]。表 6-24 列举了一些基于 HMX 的 PBX 配方及用途。主要有 EDC、LX、PBX 和 PBXN 等系列,其中 LX 系列以美国劳伦斯利弗莫尔国家实验室命名,得到了世界各国的广泛关注和研究[66]。

表 6-24 一些基于 HMX 的 PBX 配方及用途

名称	配方	性能	用途
EDC-29	95%的β-HMX,5%的 HTPB	—	英国武器
EDC-37	91%的 HMX/NC,9%的聚氨酯橡胶	—	用途不明
LX-04-1	85%的 HMX,15%的 Viton-A	高爆速	核武器
LX-07-2	90%的 HMX,10%的 Viton-A	高爆速	核武器
LX-09-0	93%的 HMX,4.6%的 BDNPA,2.4%的 FEFO	高爆速	核武器
LX-09-1	93.3%的 HMX,4.4%的 BDNPA,2.3%的 FEFO	高爆速	核武器
LX-10-0	95%的 HMX,5%的 Viton-A	高爆速	核武器,取代 LX-09
LX-10-1	80%的 HMX,20%的 Viton-A	—	用途不明
LX-11-0	94.5%的 HMX,5.5%的 Viton-A	高爆速	核武器
LX-14-0	95.5%的 HMX,4.5%的 Estane,5702-Fl	—	用途不明
PBX 9011	90%的 HMX,10%的 Estane,5703-Fl	高爆速	核武器
PBX 9404	94%的 HMX,3%的 NC,3%的 CEF	高爆速	核武器,广泛应用
PBX 9501	95%的 HMX,2.5%的 Estane,2.5%的 BDNPA-F	高爆速	用途不明
PBXN-5	95%的 HMX,5%的氟橡胶	—	海军武器
PBXN-9	92%的 HMX,2%的 Hytemp,6%的 DOA	—	多用途
X-0242	92%的 HMX,8%的聚合物	—	多用途
HHD	96%的 HMX,1%的 Hytemp,3%的 DOA	密度为 1.79g·cm^{-3},爆速为 8792m·s^{-1}	用途不明
HHT	66.8%~72.1%的 HMX,20%的 HTPB	密度为 1.58~1.62g·cm^{-3},爆速为 8.03~8.11km·s^{-1}	多用途
HTX	32%的 HMX,48%的 TEX	密度为 1.56g·cm^{-3}	用途不明
PBXIH-135	HMX/Al/HTPB	密度为 1.68g·cm^{-3}	温压炸药

续表

名称	配方	性能	用途
PBXIH-135EB	HMX/Al/PCP-TMETN	密度为 1.79g·cm⁻³	用途不明
PBXIH-136	HMX/Al/AP/PCP-TMETN	密度为 2.03g·cm⁻³	用途不明
HAS-4EB	HMX/Al/PCP-TMETN	密度为 1.73g·cm⁻³	用途不明
PBXIH-18	HMX/Al/Hytemp-DOA	密度为 1.92g·cm⁻³	用途不明
HAS-4	HMX/Al/HTPB	密度为 1.65g·cm⁻³	用途不明

常用于 HMX 的聚合物基体包括 Viton A(偏氟二乙烯-六氟丙烯共聚物)、FEFO[双-(2-氟-2,2-二硝乙基)]、BDNPA[双(2,2-二硝基)缩醛]和 Estane(聚氨酯嵌段共聚物)。实际上,Estane 5702-F1 和 Estane 5703-F1 都是 ABA 型嵌段共聚物结构,其中嵌段 A 包括脂肪族/芳香族聚氨酯链段,而嵌段 B 则包括脂肪族聚酯链段[67]。5702 和 5703 聚合物的明显区别是它们含有不同的抗凝结剂(5702 含有硬脂酸钙,5703 则使用羟基硅酸镁)。

作为 HMX 的同系物,双环 HMX,即 BCHMX 可通过两步连续法合成。它的理论密度为 1.86g·cm⁻³、理论最大爆速为 9050m·s⁻¹,爆压和爆热分别为 37GPa、6518MJ·kg⁻¹,有替代 RDX 的应用潜力[68,69]。研究表明,BCHMX 替代 Semtex 炸药中的 PETN 后得到新型聚合物炸药 Semtex 10,替代后炸药摩擦感度降低,爆轰参数和热稳定性增强,而撞击感度没有变化[70]。

C4 基体(由癸二酸二辛酯和油性物质塑化的聚异丁烯)、Viton A、Semtex 10 基体(惰性增塑剂塑化的丁腈橡胶)都已成功应用于含 BCHMX 的聚合物炸药中[71-73]。比 HMX 更加优异高能的填料是 CL-20,作为下一代高能材料现已经成为研究热点,其密度高(ρ>2.0g·cm⁻³)、生成焓高($\Delta H_f^\ominus$=418kJ·mol⁻¹),威力比 HMX 高 20% 左右[74]。研究表明,CL-20 比现有含能组分(TNT、RDX 和 HMX)能量输出高很多,如果采用特殊惰性聚合物,其冲击波感度可满足工程应用要求[75]。

6.4.4 基于 CL-20 的 PBX

虽然 CL-20 的能量水平较高,但纯 CL-20 的感度和安全性仍然是个问题,工业级别的 CL-20 撞击感度一般为 2.0～4.5J[76]。CL-20 有多种晶型,其中α-、β-、ε-和γ-晶型在常压下存在。这几种晶型的撞击感度也不同,据文献报道:ε-晶型为 13.2J、α-晶型为 10.1J、β-晶型为 11.9J,而γ-晶型则为 12.2J[77]。目前可以通过控制 CL-20 晶体的形貌,降低其杂质和缺陷来降低其感度。例如,文献[78]报道的降感 rs-CL-20,其感度可达 12J 以上,但这种 rs-CL-20 与极性塑化剂不相容,在制备 PBX 的工艺过程中容易发生转晶,从而恶化其热稳定性和感度[79]。

采用纳米化 CL-20 手段有望解决诸多工艺问题，并降低 CL-20 的危险性[80]。CL-20-PBX 的密度和爆速高于 HMX-PBX，如果忽略高生产成本，极有可能广泛替代 HMX 用于军用炸药。目前，正在探索低成本 CL-20 的合成方法，但要想达到与 HMX 接近的成本还需要一些时间。现有含 CL-20 的 PBX 配方及性能见表 6-25，它们的爆速比相应 HMX 配方高 12%~15%。

表 6-25　含 CL-20 的 PBX 配方及性能

代号	配方	密度	爆轰性能
CLD-1	96%的 CL-20，1%的 Hytemp，3%的 DOA	$1.901\text{g} \cdot \text{cm}^{-3}$	$9.02\text{km} \cdot \text{s}^{-1}$
RX-39-AA 和 AB	95.5%~95.8%的 CL-20，由聚氨基甲酸乙酯纤维增强	$1.942\text{g} \cdot \text{cm}^{-3}$	$9.21\text{km} \cdot \text{s}^{-1}$
PBXC-19	95%的 CL-20，5%的 EVA	$1.896\text{g} \cdot \text{cm}^{-3}$	$9.083\text{km} \cdot \text{s}^{-1}$
PATHX-1	88%~95%的 CL-20，聚氨基甲酸乙酯纤维	$1.868\sim1.944\text{g} \cdot \text{cm}^{-3}$	$8.89\sim9.37\text{km} \cdot \text{s}^{-1}$
PATHX-2	92%~95%的 CL-20，聚氨基甲酸乙酯纤维	$1.869\sim1.923\text{g} \cdot \text{cm}^{-3}$	$8.85\sim9.22\text{km} \cdot \text{s}^{-1}$
PATHX-3	85%~94%的 CL-20，聚氨基甲酸乙酯纤维	$1.871\sim1.958\text{g} \cdot \text{cm}^{-3}$	$8.91\sim9.50\text{km} \cdot \text{s}^{-1}$
LX-19	95%的 CL-20，聚氨基甲酸乙酯纤维	$1.959\text{g} \cdot \text{cm}^{-3}$	$9.44\text{km} \cdot \text{s}^{-1}$
PBXCLT-1	49%~70%的 CL-20，48%~27%的含能组分 HNJ，3%的聚合物基体 PVB	$1.835\text{g} \cdot \text{cm}^{-3}$	$8.79\text{km} \cdot \text{s}^{-1}$
PBXCL-1	97%的 CL-20，3%的 PVB	$1.921\text{g} \cdot \text{cm}^{-3}$	$9.10\text{km} \cdot \text{s}^{-1}$
CHT	66.8%~72.1%的 CL-20，20%的 HTPB	$1.648\sim1.710\text{g} \cdot \text{cm}^{-3}$	$8.325\sim8.470\text{km} \cdot \text{s}^{-1}$
CTX	32%的 CL-20，48%的 TEX	$1.595\text{g} \cdot \text{cm}^{-3}$	—

注：Hytemp 和 PVB 是黏结剂的代号。

HTPB 和 GAP 都可作为 CL-20 浇注型 PBX 的黏结剂，而热塑性弹性体(TPE)，如 ESTANE/乙烯乙酸乙烯酯(EVA)可用于压装 PBX[81]。聚乙二醇酯(PGA)和 GAP 通常采用双二硝基丙醇缩甲醛/乙醛混合物(BDNPF/A)和三羟甲基乙基三硝酸酯(TMETN)为增塑剂。目前，已有采用 85%~90%的 CL-20 替代当今使用最广泛的 HMX 基聚合物炸药 LX-14 的报道。经过一段时间的改进，CL-20 基 PBX 有望应用于自锻弹头[82]。还有以 CL-20 为基础的系列配方报道，证实了其在高度加速制导战术导弹(HVMS 或 HFKs)中的应用前景[83]。

6.4.5　基于 TATB 的 PBX

为改善武器综合性能，PBX 炸药除了通过使用高能化合物提高爆速和毁伤能力外，降感也是其主要发展目标之一，这就催生了诸多钝感化合物的发展，但仅有 TATB 广泛应用到配方中[84]。耐热性是钝感炸药必备的条件之一，TATB 的高热稳定性有利于它在军事和民用领域使用。TATB 还可用于生产重要化工中间体，以及合成铁磁有机盐和新型环状分子,如 2,3,6,7,10,11-六氰基-1,4,5,8,9,12-六氮杂苯并菲(HAT)[85]。

TATB 由于能量相对较低,通常与其他高能炸药混合使用应用于 PBX,以获得具有优异综合性能的钝感炸药[86]。通过研究 TATB 与 Kel-F 800 的界面黏接性能及受溶剂的影响规律,发现聚合物基体一般不能通过改善 TATB 的表面性能而提高黏接强度[87,88]。为了增强聚合物与 TATB 晶体之间的相互作用力,也可采用各种溶剂将 TATB 与 Kel-F 800 进行混合[89,90]。此外,研究表明 TATB/Kel-F 800 的质量比为 9∶1 时综合性能最好,当采用 5%的 Kel-F 800 作为黏结剂时,在不同温度下(298K 和 323K)TATB 与 HMX 粒度均对爆轰性能有影响,但对炸药挠性的影响非常小[91]。常见的基于 TATB 的 PBX 典型配方与应用领域见表 6-26。

表 6-26　基于 TATB 的 PBX 典型配方与应用领域

名称	配方	性能	应用领域
PBX 9502	95%的 TATB, 5%的 Kel-F 800	高爆速,钝感	美国核武器
PBX 9503	80%的 TATB, 15%的 HMX, 5%的 Kel-F 800	—	用途不明
LX-17	92.5%的 TATB, 7.5% Kel-F 800	高爆速,钝感	核武器(B83、W84、W87、W89)

从表 6-26 可知,只有劳伦斯利弗莫尔国家实验室的 LX-17 和洛斯阿拉莫斯国家实验室的 PBX 9502/03 基于 TATB,属于钝感弹药范畴。事实上,LX-17 是通过更换 LX-15 中的 HNS 得到的。有研究报道了含超细 TATB 的 LX-17 炸药的拐角特性和冲击波感度,所建立的模型与实验数据基本吻合[92]。有报道采用超小角度 X-射线散射技术研究了包括 Kel-F 800 在内的不同黏结剂对超细 TATB 在 218～343K 温度循环性能的影响[93]。

由于篇幅有限,还有许多炸药填料和聚合物基体不在此全部列举,总体来说,TNT、RDX、HMX 和 TATB 基 PBX 已经被广泛工程化应用,含有新型含能材料,如 CL-20、NTO、FOX-12 和 BCHMX 的 PBX 还在实验室设计阶段。

6.5　火 工 药 剂

6.5.1　火工药剂概述

火工药剂在本质上是含能材料的一种,既具有发射药的燃烧特性,又可能具有炸药的爆炸性能,是一种特殊的含能材料,一般情况下主要由氧化剂、可燃剂和黏结剂组成。

实际上，火工药剂配方类似于炸药或推进剂。炸药以极高的反应速率生成气体产物，而推进剂的反应速率比炸药低。至于火工药剂，则是以一定速率反应并生成固体残渣或大量气体，火工药剂的两个主要特征如下。

(1) 火工药剂由不同的化学品，主要是无机化合物混合而成。通常情况下，大多数火工药剂只燃烧而不爆炸，但如果在密闭空间内被错误地引发或者被过度地强烈刺激，则可能发生爆炸。

(2) 不同于猛炸药和推进剂的反应效果，火工药剂用于产生特种效应。根据火工药剂的特性，对它产生的特殊效应进行分类，表 6-27 列出了火工药剂的特殊效应、名称/器件、应用，主要用于点火、照明、延期和产生烟雾等。

表 6-27　火工药剂的特殊效应、名称/器件、应用

特殊效应	名称/器件	用途/应用
光	照明 照明弹	对目标进行观测、识别和定位的单一光源
	摄影闪光	用于摄影的单闪光
	信号弹	提供多种信号
	曳光弹	用于观测飞行中的导弹和炮弹的运行轨迹
热	燃烧弹 点火器	点燃可燃目标 为点燃炸药和推进剂的引信提供热量
时间	延期药	连续两次爆炸间的间隔
烟雾	信号弹 屏蔽弹	用于提供信号和观测 用于屏蔽/伪装
声	模拟弹	模拟真实战场典型武器产生的声光效果，但主要用于训练

6.5.2　点火药

点火药是一种用于点燃主装烟火药(如照明剂、发烟剂等)或其他药剂(如推进剂等)的火工药剂。在烟火学中，点火药也称引燃药，其作用是将需要点燃的药剂局部加热到发火点，并促使其稳定可靠地燃烧下去。现在的枪炮发射装药主要采用黑火药作为点火药，但是其吸湿性大，而且燃烧后产生大量的烟雾和燃烧残渣，严重影响武器装备的发射安全性和作战效能。因此，国内外都在积极研制高防潮性、低烟雾、低燃烧残渣的新型点火药。

点火药的品种较多，有黑火药、硅系点火药、硼-硝酸钾点火药、锆系点火药、镁-聚四氟乙烯点火药、镁-二氧化碲钝感点火药等。黑火药虽然存在缺陷，但由于燃烧时生成气体量大，易于建立起点火压力，弹道性能较好，且应用历史悠久，暂时难以被取代。硅系、硼-硝酸钾、锆系等点火药的优点是燃烧产物温度高，用量少。例如，某火箭发动机用 2 号小粒黑火药点火时，点火药量为 300g，如果用 30%的 Mg、30%的 Al、40%的聚四氟乙烯作为点火药，则只需 60g。此外，大多数点火药燃烧性能受环境压力变化影响小，点火稳定性好，应用范围广。

点火药的氧化剂选择原则是能在较低温度下成为电子受体，只有这样才能保证点火药的发火点在 500℃以下。氯酸盐一般都能在较低温度下成为电子受体，如 $KClO_3$ 在 352℃时开始分解放出氧气，但它有较高的机械感度。考虑到安全性，通常选用 KNO_3、BaO_2、$Ba(NO_3)_2$ 等作为点火药的氧化剂。点火药的可燃剂选择原则是易于氧化，通常选用 Mg、S、C、虫胶、酚醛树脂等易燃物质。高能点火药的可燃剂必须选用易燃金属粉，如 Mg、Zr、Sb 稀土合金等，使用含镁点火药时，镁的含量只有在不低于 20%的情况下才能可靠点燃。

根据主装药种类和点火要求，点火药组分的选择也不同。例如，在某些情况下点火药必须产生熔渣而不是气体，而在另外一些情况下则要求产生气体不需要熔渣；有时点火需要缓慢定时，或者只需刹那间的点火引燃；有时可能要求点火是以炽热的粒子碰撞到主装药上来实现。因此，点火药的成分选择要考虑具体使用场景，几种用于点火药的火工品配方如表 6-28 所示。

表 6-28 几种用于点火药的火工品配方

配方	组分	应用的火工品
1	$Ba(NO_3)_2$ 为 44%、KNO_3 为 34%、C 为 15%、虫胶 11%	照明剂
2	硅为 20%、氢化铝为 15%、4-硝基咪唑为 10%、硝酸钡为 50%、聚酯树脂为 5%	105 榴弹、M314 照明弹
3	过氧化钡为 80%、镁为 18%、黏结剂为 2%	曳光剂
4	过氧化钡为 30%、硝酸钡为 48%、镁为 13%、酚醛树脂为 9%	曳光剂
5	黑火药为 75%、硝酸钾为 12%、锆为 13%	曳光剂
6	硝酸钾为 48%、锆为 52%	曳光剂
7	硅为 40%、硝酸钾为 54%、木炭为 4%	发烟剂
8	硅为 26%、硝酸钾为 35%、四氧化三铁为 22%、木炭为 4%、Al 为 13%	发烟剂(碳氢化合物组成)
9	硼为 6.6%、硝酸钾为 70.7%、聚酯树脂为 5.7%	—
10	硼为 6.6%、二氧化碲为 88.4%、黏结剂为 5.0%	—
11	镁粉为 50%、聚四氟乙烯为 50%(美国)	固体推进剂
12	镁粉为 51%、聚四氟乙烯为 34%、聚合物为 15%(德国)	固体推进剂
13	锆为 70%、高氯酸钾为 5%、硫为 20%、黏结剂为 5%	高空/超音速飞行
14	锆(粗)为 20%～50%、锆(细)为 25%～10%、二氧化铅为 10%～50%、硝酸钡为 10%～50%、泰安为 10%～50%、石墨为 0.2%～10%、三硝基间苯二酚为 0.2%～5%	航空炮弹底火(抗静电)

高性能武器的发展，要求点火药不但向高能、钝感方向发展，还要在产生高

温残渣的同时有一定量的气体产生。一般高能点火药在满足能量需求时,燃烧产物中残渣量较大,气体量却较少,因此需要寻找新配方以适应使用要求。高能点火药配方中的可燃剂一般为镁粉、铝粉或硼粉等,氧化剂常选用高氯酸钾($KClO_4$)、硝酸钾(KNO_3)、硝酸钠($NaNO_3$)等。其特点是能量高,燃烧温度一般在 3000K 以上,燃烧产物中固体微粒含量高、气体量少。

文献[94]中报道了一种含 HMX 的新型高能点火药,用燃烧热值高的 Mg-Al 合金粉作为可燃剂,有效氧含量高的 $KClO_4$ 作为氧化剂,以保证高能点火药的能量和安全性需求,点火药的配方组成如表 6-29 所示,化学反应方程式如式(6-1)和式(6-2)所示:

$$2Mg-Al+5/4KClO_4 \longrightarrow 2MgO+Al_2O_3+5/4KCl \tag{6-1}$$

$$C_4H_8N_8O_8+2O_2 \longrightarrow 4CO_2+4H_2O+4N_2 \tag{6-2}$$

表 6-29　典型镁基点火药的配方组成

配方	质量分数/%		
	Mg-Al	$KClO_4$	HMX
1	37.2	62.8	0
2	35.4	59.8	4.8
3	33.8	57.1	9.1

一般来讲,随着 HMX 含量的增加,点火药输出能量变化小,残渣量略有减少,同时药剂比容明显增大。HMX 与 Mg-Al 合金粉、$KClO_4$ 具有良好的相容性,加入 HMX 后点火稳定性增强,且 HMX 含量从 5%增加至 10%时,点火药的撞击感度增大,而摩擦感度与火焰感度无显著变化。

文献[95]以 Mg 粉为主要燃烧剂,$KClO_4$ 为氧化剂,利用过量氧化剂(粒度为 67.1μm)、镁粉(200 目)、硝化棉(NC)和硝化二乙二醇(DEGDN)等原材料的有机组合,设计出新型点火药配方,见表 6-30。通过与黑火药在吸湿性、燃烧性能、安全性能和输出特性等方面的对比试验,从理论上分析该点火药的性能特点。和黑火药相比,这种新型点火药的爆热高、吸湿性小、燃烧后残渣量少、组分相容性良好,并且点火的瞬时性和点火强度优于黑火药。

表 6-30　硝化棉改性典型镁基点火药的配方组成

配方	质量分数/%		
	Mg	$KClO_4$	NC/DEGDN/其他
DHY-1	5.5	31.9	62.6
DHY-2	5.5	46.95	47.55
DHY-3	6.4	61.9	31.7

将金属粉末与氢通过一定工艺制备成金属氢化物可克服超细金属粉末活性高、容易被氧化的缺陷。含有金属氢化物的火工药剂燃烧时，金属与氢可同时参与反应，释放出很高的能量，有利于提高单位质量药剂的点火能力。美国陆军部开展了将 MgH_2、TiHP 作为可燃剂应用于点火药剂的研究，美国桑迪亚国家实验室研究了 $ZrH_2/KClO_4$ 对推进剂点火的影响。

文献[96]以 TiHP 为可燃剂、$KClO_4$ 为氧化剂，根据氧平衡计算设计了一种高能点火药配方，TiHP 与 $KClO_4$ 的质量比为 29∶72。为了提高点火药的流散性，保持药剂混合的均匀性，降低药剂的机械感度等，可加入黏结剂氟橡胶。点火药在作用过程中主要发生以下反应：

$$TiHP+KClO_4 \longrightarrow KCl+TiO_2+H_2O \tag{6-3}$$

与同等条件下以 Ti 粉为可燃剂的点火药爆热和感度对比表明，采用 TiHP 作为可燃剂时，点火药爆热提高了 13%，摩擦感度下降了 10%。

6.5.3　照明剂

在夜晚，黑暗是妨碍军事行动的重要因素，因此夜晚进行有效军事活动的第一需求是有足够的照明弹。在夜晚进行的军事战斗中，照明弹可照亮敌人的活动区域，清楚地观察敌人的动向和靶标。为了得到强光，可利用降落伞将照明弹的弹筒悬挂在空中，令照明弹从管状弹壳或特殊的投射器中发出强光。火工药剂的光效应也可用于弹药筒、曳光弹和信号火箭的照明。持续时间长的白光适用于照明弹，持续时间短的强烈白光适用于晚间的空中摄影，彩色光适用于曳光弹和信号弹。

照明剂一般由多种成分组成，氧化剂和可燃剂仍是其基础成分。在计算确定照明剂各成分含量时，可将多种成分视为由数个同一氧化剂的二元混合物所构成的整体。照明剂燃烧时，既可以利用氧化剂中的氧燃烧，又可以部分借用空气中的氧燃烧。从提高照明剂有效装药载荷和提高发光效率考虑，希望药剂中的氧化剂尽量少，因此确定成分含量时，配方设计以负氧平衡为原则，负氧程度的大小一般要兼顾发光强度和燃速。照明剂在一定范围内的发光强度随负氧程度的增大而提高，燃烧时间随之变长，反之，发光强度下降，燃烧时间缩短。这是由于负氧程度较大时，照明剂成分中的可燃剂相应增多。照明剂中氧化剂和可燃剂含量的确定要充分考虑到其含量不同时所带来的热效应和发光示性数的变化。

照明剂各成分含量除了经验确定外，多采用计算确定。但必须指出，照明剂的燃烧反应相当复杂，不仅与原材料及其配比有关，还与燃烧时的环境、温度等因素相关，以致计算结果往往不够准确。因此，经计算获得的各成分含量尚需通过性能试验才能最后确定。表 6-31 和表 6-32 分别给出了白光和黄光照明剂配方。

表 6-31　白光照明剂配方

序号	各组分/质量分数/%							燃烧辐射性能		
	硝酸钡	钝化2号镁粉	清油	石墨	铝粉	氟硅酸钠	氯化聚醚	发光强度 I/cd	燃速 /(mm · s^{-1})	质量光量 Q_m/(lm · s · g^{-1})
1	55	35	3	2	5	—	—	$2.3×10^4$	2.2	$16.25×10^4$
2	54	40	4	2	—	—	—	$2.7×10^4$	2.3	$17.5×10^4$
3	60	33	5	2	—	—	—	$1.9×10^4$	1.8	$16.25×10^4$
4	47	43	4	2	—	2	2	$1.8×10^4$	1.9	$15.0×10^4$
5	48	40	4	2	—	2	4	$1.4×10^4$	1.8	$12.5×10^4$

表 6-32　黄光照明剂配方

序号	各组分/质量分数/%							燃烧辐射性能		
	硝酸钠	钝化2号镁粉	清油	石墨	六次甲基四胺	树脂胶	氯化聚醚	发光强度 I/cd	燃速 /(mm · s^{-1})	质量光量 Q_m/(lm · s · g^{-1})
1	54	40	4	2	—	—	—	$5.0×10^4$	1.7	$50.0×10^4$
2	51	44	5	—	—	—	—	$5.0×10^4$	1.6	$50.0×10^4$
3	39	53	3	—	—	—	2	$5.2×10^4$	1.4	$71.25×10^4$
4	53	40	3	—	2	—	—	$3.8×10^4$	1.1	$60.0×10^4$
5	40	54	—	—	—	6	—	$5.1×10^4$	1.4	$63.75×10^4$

　　发光信号剂用于装填发光信号弹和器材,供远距离传递信号。最常用的发光信号剂是红、黄(或白)、绿三种火焰颜色,因为在夜间这三种火焰颜色最易识别。发光信号剂与照明剂的主要区别在于发光信号剂燃烧必须产生有色火焰,虽然二者都需要有高的发光强度,但发光信号剂中颜色是首要指标,发光强度为次要指标。对发光信号剂的技术要求包括:火焰具有鲜明的色彩和好的比色纯度,以避免和其他不同颜色信号相混淆;燃烧时需要有一定的发光强度,以使其可以产生能明显识别的信号;此外,还需有足够的燃烧时间。在设计发光信号剂时需针对以上条件选择适当的氧化剂、可燃剂、黏结剂、使火焰着色的染焰剂等。表 6-33 列出了美军黄光信号剂配方。

表 6-33　美军黄光信号剂配方

配方	质量分数/%								
	Al	Mg	KNO_3	$Sr(NO_3)_2$	$Ba(NO_3)_2$	$Na_2C_2O_4$	S	蓖麻油	松香
1	3.4		15.0	15.0	61.8			1.9	2.9
2	3~20	0~11	—		63~67	8~17	4~5	2~3	—

曳光剂用于制造各类曳光装置或曳光管，显示炮弹、火箭弹和导弹的运动轨迹，修正射击方向。设计曳光弹时先要考虑在旷野环境下能够清楚地观察到目标，红色因在白天和黑夜时都具有最好的可见性能而成为首选。曳光弹的持续发光时间取决于射弹使用时的战术需要。曳光弹火工药剂配方主要由氧化剂、金属可燃剂和添加剂组成，配方中的添加剂主要用于调节燃速、颜色、辐射功率、机械强度和感度。曳光剂相对较难点火，需要在曳光弹的引信端添加较易点火的点火药。常用白光和红光曳光剂配方及性能如表 6-34 所示。

表 6-34　常用白光和红光曳光剂配方及性能

光色	白光	白光	白光	红光	红光
各组分/质量分数/%	$Ba(NO_3)_2$/65，Mg/25，酚醛树脂/10	$Ba(NO_3)_2$/49，Mg/36，虫胶/15	$Ba(NO_3)_2$/39，BaO_2/3，Mg/44，$Na_2C_2O_4$/8，黏结剂/6	$Sr(NO_3)_2$/60，Mg/30，干性油/10	$Sr(NO_3)_2$/62，Mg/22，Mg-Al/2，PVC/8，黏结剂/6
燃速/$(mm \cdot s^{-1})$	3.1	4.0	4.7	3.1	2.8
质量光量 Q_m/$(lm \cdot s \cdot g^{-1})$	55000	81250	87500	55000	50000

红外照明弹是一种在近红外区辐射强度极高而在可见光区发光强度极低的火工药剂，用于制造各类红外照明弹和红外照明器材，使红外夜视仪和微光夜视仪的视距提高，扩大视野。与可见光照明剂一样，红外照明剂也是由氧化剂、可燃剂和黏结剂等混合而成。红外照明剂组分选择的原则是可见光输出尽可能低，而红外区辐射强度应足够高。表 6-35 列出了一些红外照明弹的配方及特征。

表 6-35　一些红外照明弹的配方及特征

照明弹	配方/质量分数/%	红外线输出量		燃烧时间/s	最终用途
		波长/μm	光强/lm		
用于 SS11B1 的红外照明弹(法国导弹)	Mg(IV 级)/45，BaO_2/20，Fe_2O_3/31，PVC/1，木炭/1，NC 或 EC/2	1.5～2.5	490～540	21～22	跟踪导弹
用于 MILAN 的红外照明弹(法国导弹)	Mg(V 级)/45，Fe_2O_3/35，ZrO_2/3，Si/6，特氟纶/8.5，酚醛树脂/2.5	2.0～2.4	120	10	跟踪导弹

续表

照明弹	配方/质量分数/%	红外线输出量		燃烧时间/s	最终用途
		波长/μm	光强/lm		
用于 RM3B 的红外照明弹(俄罗斯导弹)	Mg(V 级)/22,Ba(NO₃)₂/52,Zr/18,木炭/2,酚醛树脂/6	1.5~2.5	95~180	34	跟踪导弹
用于 Pied Piper 的红外诱骗照明弹(英国导弹)	Mg(V 级)/60,特氟纶/35,萘或蒽/5	1.5~2.5	10000	10	诱骗导弹

6.5.4 延期药

　　军用炸弹在连续两次爆炸间有一定的时间间隔,被称为"延期药",一般从几毫秒到几秒不等。通常情况下,在设计弹药时应配有烟火延期装置以实现延期。弹药被引爆后发生第一次爆炸,延期药的引信则会继续经历一定时间的稳定燃烧,直至发生第二次爆炸,从而实现延期。例如,手榴弹通过延期实现了投掷与爆炸间的时间间隔。在军事上,延期从几毫秒到持续几分钟不等,并广泛应用于各种弹药中[97]。

　　为适应武器装备和工程爆破技术的需要,毫秒延期药及其相应制品——毫秒延期雷管应运而生,常采用硅系延期药和硼系延期药。这是由于硅的燃烧热值高,粉碎容易,被制成延期药时,燃速较高,段数不多时可调延期范围较广,延期精度较高。从国外获悉的文献资料可知,在 25~700 ms 时段,硼系延期药的应用普遍较好,这恰好是我国毫秒延期药存在问题的时段。常用的毫秒级硅系延期药和硼系延期药的配方如表 6-36 和表 6-37 所示。

表 6-36　硅系延期药的配方

配方	质量分数/%			
	Si	PbO₂(或 PbCrO₄)	Pb₃O₄(或 PbO₂)	BaCrO₄(或 PbCrO₄)
1	6.5~50	50~93.5	—	—
2	7~65	—	35~93	—
3	10~40	—	—	60~90

表 6-37　硼系延期药的配方

配方	质量分数/%			
	B	Pb₃O₄	DLP	BaCrO₄
1	0.5~3	99.5~97	—	—

续表

配方	质量分数/%			
	B	Pb₃O₄	DLP	BaCrO₄
2	0.5～3	22～74.5	25～75	—
3	2.5, 3, 3.5, 4, 5, 10～14, 19	—	—	97.5, 97, 96.5, 96, 95, 90, 86, 81

0.1～10s 级延期药主要包括锰系延期药和钼系延期药。锰系延期药的研究资料较多，美国还制定了军用标准，有很好的应用前景。但该延期药贮存性能往往不佳，这主要是因为：①锰的微晶尺寸变化对长贮性能有明显影响；②锰的表面氧化程度对长贮性能也有重要影响。

钼系延期药延时精度高，可调范围广，从数十毫秒至数千毫秒，在−65～165F(−54～71℃)内，时间误差低至 15%，如果延期体设计合理，精度还可提高。钼的化学安定性好，不受空气侵蚀，我国的钼储量丰富，可以考虑实际应用。锰系延期药和钼系延期药的配方分别如表 6-38 和表 6-39 所示。

表 6-38　锰系延期药的配方

配方	质量分数/%			
	Mn	BaCrO₄	PbCrO₄	硅藻土
1	44	3	53	—
2	39	14	47	—
3	33	31	36	—
4	37	20	43	—
5	27	58	10	5
6	58	32	5	5

表 6-39　钼系延期药的配方

配方	质量分数/%			燃速/(ms·cm⁻¹)
	Mo(4μm)	BaCrO₄	KClO₄	
1	80～90	—	10～20	4～16
2	80	10	10	40
3	55	40	5	790
4	35	55	10	2360
5	30	65	5	7000

长秒量($1\sim10^2$s)延期药研究中钨系延期药较多，主要组分包括钨、高氯酸钾、铬酸钡等。我国的钨产量丰富，该延期药的燃烧和工艺性能均优，有较好应用前景。

6.5.5　烟雾剂

烟雾剂可造成人工烟雾屏障，用以隐蔽己方部队的行动和其他目标，妨碍敌人的观察和射击，还能对光学、电子技术器材的观测、瞄准等构成无源干扰。烟雾剂按战术用途，分为迷茫、迷惑、遮蔽三类。许多化学物质可通过多种方法制成烟雾剂，但只有少数物质和方法能满足军用烟雾剂的特殊要求。

目前，制造烟雾剂的常用原材料为磷、氯烃和金属氯化物。磷可氧化形成五氧化二磷，而五氧化二磷极易吸湿，可很快从大气中吸收水分并形成水合磷酸的气溶胶烟幕。以氯烃为原材料的遮蔽剂，反应产物金属氯化物是组成烟幕的主要物质，散布在空气中的金属氯化物与空气中的水分反应，生成水合氧化物或氢氧化物和盐酸，从而达到遮蔽效果。常用的烟雾剂配方如表6-40所示。

表 6-40　常用的烟雾剂配方

配方	组分/质量分数/%	特征
1	CCl_4/45，Zn 粉/20，ZnO/28，硅藻土/7	对湿度敏感
2	红磷/51，MnO_2/35，Mg/8，ZnO/3，亚麻子油/3	燃速可控
3	红磷/50，C_6Cl_6/25.2，Mg 粉/16.8，氟碳氢化合物/8	燃烧成烟
4	红磷/10.9，NH_4Cl/45.1，KNO_3/34.2，石蜡/5，氯化石蜡/4.8	燃烧成烟
5	Mn/13，ZnO/37.8，C_2Cl_6/49.2(火焰温度为 884℃)	火焰温度低
6	Mn/8.5，ZnO/42.5，CCl_4/49(火焰温度为 723℃)	火焰温度低
7	ZnO/27.6，C_2Cl_6/34，NH_4ClO_4/24，Zn 粉/6.2，聚酯树脂/8.2	屏蔽能力强

抗红外发烟剂是构成抗红外烟幕的物质及其混合物的统称，用以遮蔽、干扰工作波段由可见光扩展至红外直至毫米波的光电器材和制导武器。这类发烟剂是通过混合组分燃烧而生成烟的，其中包括改进型 HC 发烟剂、赤磷基发烟剂、钛粉基发烟剂等。常用抗红外发烟剂配方如表6-41所示。

表 6-41　常用抗红外发烟剂配方

类型	配方组成
改进型 HC 发烟剂	C_6Cl_6 为 54%，Mg 粉为 14%，含能黏结剂 GAP 为 32%； C_2Cl_6(或 C_6Cl_6)为 50%~85%，Mg 粉为 15%~25%，萘为 0%~30%，聚偏氯乙烯为 5%~20%； Zn 粉为 31%，ZnO 粉为 12%，$KClO_4$ 为 16%，C_2Cl_6(或 C_6Cl_6)为 31%，氯丁橡胶为 10%； Mg 粉为 15%~25%，工业氟萘为 50%~90%，聚 1,1-二氟乙烯为 8%~10%，碳纤维为 0%~2%； $KClO_4$ 为 40%，蒽为 30%，C_2Cl_6 为 30%

续表

类型	配方组成
赤磷基发烟剂	赤磷粉(无定型)为 80%，$NaNO_3$ 为 14%，环氧树脂为 6%(二氧化硅为 1.5%)； 赤磷(无定型)为 95%，丁苯橡胶(含 9%的炭黑)为 5%； 赤磷为 53%，Fe_3O_4 为 34%，Mg 粉为 10%，亚麻子油为 3%； 赤磷粉为 30%～50%，锆镍合金粉为 3%～15%，硼粉为 5%～25%，铯化合物为 5%～25%，Al 粉为 3%～20%，聚丁二烯为 10%
钛粉基发烟剂	钛粉为 40%，活性炭粉为 15%，黑火药为 45%； 钛粉为 32%，活性炭粉为 16%，黑火药为 47%，乔木树脂为 4%，硝酸钾为 1%

参 考 文 献

[1] 辛振东, 刘亚青, 付一政, 等. 几种高能固体推进剂的研究进展[J]. 现代制造技术与装备, 2008(2): 74-76.

[2] 庞爱民, 郑剑. 高能固体推进剂技术未来发展展望[J]. 固体火箭技术, 2004, 27(4): 289-293.

[3] 朱伟, 刘冬梅, 肖继军, 等. NEPE 推进剂/衬层结构-性能 MD 模拟(Ⅱ)——复杂体系组分分子迁移和配方设计示例[J]. 固体火箭技术, 2014, 37(5): 678-683.

[4] 王广, 侯世海, 武文明, 等. 基于相容性选择 NEPE 推进剂固化剂的分子模拟[J]. 固体火箭技术, 2015, 38(5): 684-688.

[5] 邓剑如, 张习龙, 徐婉, 等. NEPE 推进剂粘合剂配方设计方法[J]. 固体火箭技术, 2014, 37(2): 238-240.

[6] 徐婉. NEPE 推进剂固化体系研究[D]. 长沙:湖南大学, 2010.

[7] 侯竹林, 韩盘铭. NEPE 固体推进剂动态力学性能的研究[J]. 固体火箭技术, 1999, 22(2): 37-39, 51.

[8] 雷永鹏, 徐松林, 阳世清, 等. 国外高能材料研究机构及主要研究成果概况[J]. 火工品, 2006(5): 45-50.

[9] 张晓宏, 莫红军. 下一代战术导弹固体推进剂研究进展[J]. 火炸药学报, 2007, 30(1): 24-27.

[10] 庞维强, 张教强, 国际英, 等. 21 世纪国外固体推进剂的研究与发展趋势[J]. 化学推进剂与高分子材料, 2005, 3(3): 16-20.

[11] 丁黎, 陆殿林. 硝仿肼及其推进剂的研究进展[J]. 火炸药学报, 2003(3): 36-39.

[12] DENDAGE P S, SARWADE D B, ASTHANA S N, et al. Hydrazinium nitroformate (HNF) and HNF based propellants: A review[J]. Journal of Energetic Materials, 2001, 19(1): 41-78.

[13] YETTER R, YANG V, MILIUS D, et al. Development of a liquid propellant microthruster for small spacecraft[C].Chemical and Physical Processes in Combustion, Hilton Head, 2001: 377-380.

[14] SCHOYER H, VELTMANS W, LOUWERS J, et al. Overview of the development of hydrazinium nitroformate-based propellants[J]. Journal of Propulsion and Power, 2002, 18(1): 138-145.

[15] 于剑昆. 新型高能氧化剂二硝酰胺铵 (ADN) 的稳定化和造粒技术[J].化学推进剂与高分子材料, 2000 (2): 1-6.

[16] MAY L C. Properties of AND propellants[C]. The Fifth International Symposium on Special

Topics in Chemical Propulsion: Combustion of Energetic Materials, New York, 2000, 18(2): 12-17.

[17] 何利明, 肖忠良, 经德齐, 等. ADN 氧化剂的合成及其在推进剂中的应用[J]. 2003, 11(3): 170-173.

[18] 范敬辉, 张凯, 吴菊英, 等. 超细含能材料的微胶囊化技术[J]. 材料导报, 2006, 20(22): 293-295.

[19] HINSHAW C J, WARDLE R B, HIGHSMITH T K. Propellant formulations based on dinitramide salts and energetic binders: U. S. Patent 5, 498, 303 [P]. 1998-04-21.

[20] HIGHSMITH T K, MCLEOD C S, WARDLE R B, et al. Thermally-stabilized prilled ammonium dinitramide particles, and process for making the same: U.S. Patent 6, 136, 115[P].2000-10-24.

[21] CERRI S, BOHN M A, MENKE K, et al. Aging of HTPB/Al/AP rocket propellant formulations investigated by DMA measurements[J]. Propellants, Explosives, Pyrotechnics, 2013, 38(2): 190-198.

[22] CERRI S, BOHN M A, MENKE K, et al. Characterization of ADN/GAP-based and ADN/desmophen®-based propellant formulations and comparison with AP analogues[J]. Propellants, Explosives, Pyrotechnics, 2014, 39(2): 192-204.

[23] MENKE K, HEINTZ T, SCHWEIKERT W, et al. Formulation and properties of ADN/GAP propellants[J]. Propellants, Explosives, Pyrotechnics, 2009, 34(3): 218-230.

[24] PONTIUS H, BOHN M A, ANIOL J. Stability and compatibility of a new curing agent for binders applicable with ADN evaluated by heat generation rate measurements[C]. 6th International Heat Flow Calorimetry Symposium on Energetic Materials, Pfinztal ,2008: 247-280.

[25] CHAVEZ D E, HISKEY M A, NAUD D L, et al. Synthesis of an energetic nitrate ester[J]. Angewandte Chemie, 2008, 120(43): 8431-8433.

[26] ANFLO K, GRONLAND T, BERGMAN G. Development testing of l-newton ADN-based rocket engines[C].2nd Conference an Green Propellants for Space Propulsion, Sardinia, 2004: 326-331.

[27] 贺芳, 方涛, 李亚裕, 等. 新型绿色液体推进剂研究进展[J]. 火炸药学报, 2006, 29(4): 54-57.

[28] 陈兴强, 张志勇, 滕奕刚, 等. 可用于替代肼的 2 种绿色单组元液体推进剂 HAN, ADN[J]. 化学推进剂与高分子材料, 2011, 9(4): 63-66.

[29] 王宏伟, 王建伟. AF-315 液体单元推进剂研究进展[J]. 化学推进剂与高分子材料, 2010, 8(5): 6-9.

[30] SACKHEIM R L. Overview of United States space propulsion technology and associated space transportation systems[J]. Journal of Propulsion and Power, 2006, 22(6): 1310-l333.

[31] 姜小存, 刘肖, 司燕, 等. 瑞典 ADN 基单组元液体绿色推进器的研究进展[J]. 飞航导弹, 2012, 6: 79-83.

[32] 鲍立荣, 汪辉, 陈永义, 等. 硝酸羟胺基绿色推进剂研究进展[J]. 含能材料, 2020, 28(12): 1200-1210.

[33] 陈兴强, 王学敏, 许华新, 等. ADN 基液体单组元推进剂配方国外研究进展[J]. 化学推进剂与高分子材料, 2018, 16(1): 19-23.

[34] IWAI K, NOZOE K. Liquid propellant: EP 2927204B1 [P]. 2014-06-05.

[35] IWAI K, NOZOE K. Liquid propellant: US 20150299063A1 [P]. 2015-10-22.

[36] TAKAHASHI T, IWAI K. Liquid propellant and production method therefor: JP2016069228 [P]. 2016-05-09.

[37] IDE Y, TAKAHASHI T, IWAI K, et al. Potential of ADN-based ionic liquid propellant for spacecraft propulsion[J]. Procedia Engineering, 2015, 99: 332-337.

[38] VAN D B, RONALD P, ELANDS P, et al. Monopropellant system: US 006755990B1[P]. 2004-05-13.

[39] MAREE A, MOEREL J, WELLAND-VELTMANS W, et al. Technology status of HNF-based monopropellants for satellite propulsion[C]. 2nd Conference on Green Propellants for Space Propulsion, Cagliari, Sardinia, 2004: 107-112.

[40] ANFLO K, GRONLAND T, WINGBORG N. Development and testing of ADN-based monopropellants in small rocket engines[C]. 36th AIAA/ASME/SAE/ASEE Joint Propulsion Conference and Exhibit, Huntsville, Alabama, 2000: 3162.

[41] GERMAN B J, BRANSCOME E C, FRITS A P, et al. An evaluation of green propellants for an ICBM post boost propulsion system[C]. Missile Sciences Conference, Monterey, 2000: 1-13.

[42] LORMAND B M, PURCELL N L. Development of nontoxic hypergolic miscible fuels for homogereousdecompostition of rocket grade hydrogen peroxide:U.S. 6, 419, 772[P]. 2002-07-16.

[43] KOZLOV A A, ABASHEV V M, BASANOVA I A. Investigation of the working progress in liquid rocket engine of small thrust at high concentration hydrogen peroxide with kerosene or alcoholwithcatalyst[C]. Sino-russian-ukrainianworkshop on Space Propulsion, Xi'an, 2002.

[44] 齐琳琳, 孟洪波, 岳广涛. 原子氢推进剂研究进展[J]. 导弹与航天运载技术, 2013 (3): 31-34.

[45] 路德维希-施蒂弗尔. 火炮发射技术[M]. 北京: 兵器工业出版社, 1993.

[46] 吉丽坤, 张丽华. 高分子消焰剂聚(N-丙烯酰基-甘氨酸钾)的合成及表征[J]. 化学推进剂与高分子材料, 2010, 8(3): 46-48.

[47] 王泽山, 何卫东, 徐复铭. 火药装药设计原理与技术[M]. 北京: 北京理工大学出版社, 2006.

[48] 赵凤起, 陈沛, 杨栋, 等. 含钾盐消焰剂的硝化棉基钝感推进剂燃烧性能研究[J]. 火炸药学报, 2000, 23(1): 10-13.

[49] 熊立斌, 应三九, 罗付生. 一种新型增燃球扁药的研究[J]. 火炸药学报, 2001, 24(4): 10-11.

[50] 陈天云, 吕春绪. 表面活性剂和添加剂降低硝酸铵吸湿性研究[J]. 火炸药学报, 1998, 21(4): 19-21.

[51] 崔艳丽, 马宏伟, 李观涛. 关于炮口焰测试的研究[J]. 弹道学报, 1996(2): 52-55.

[52] 杨荣杰, 乔海涛. 有机酸钾盐对气溶胶发生剂的消焰降温作用研究[J]. 火炸药学报, 2000(3): 35-37.

[53] 李强, 闫光虎, 严文荣, 等. 消焰剂对炮口烟焰的影响[J]. 四川兵工学报, 2013(7): 133-136.

[54] 贺增弟, 刘幼平, 何利明, 等. 硝酸铵对炮口焰的影响研究[J]. 中北大学学报, 2008(6): 538-541.

[55] 刘佳, 贺增弟, 程山, 等. 单基硝酸铵发射药的炮口焰研究[J]. 火工品, 2013(5): 40-42.

[56] 张瑞庆. 火药用原材料性能与制备[M]. 北京: 北京理工大学出版社, 1995.

[57] 刘波, 郑双, 刘少武, 等. 消焰剂降低枪口火焰的研究[J]. 含能材料, 2012, 20(1): 80-82.

[58] 陈斌, 刘波, 姬月萍, 等. 二羟基乙二肟钾在钝感发射药中的应用[J]. 火炸药学报, 2014(4): 87-90.

[59] 何昌辉, 王琼林, 魏伦, 等. 钾盐对发射药静态燃烧烟焰性能的影响[J]. 火炸药学报, 2017(3): 102-106.

[60] 杨栋, 李上文. 二次火焰抑制剂对 RDX-CMDB 推进剂压力指数影响的实验研究[J]. 火炸药学报, 1994(2): 16-19.

[61] 江祚峣, 毕晨良, 张权鹏. 浅谈轻武器发射药的配方和工艺[J]. 化工设计通讯, 2017, 43(4): 81.

[62] VADHE P P, PAWAR R B, SINHA R K, et al. Cast aluminized explosives review[J]. Combustion Explosion and Shock Waves, 2008, 44(4): 461-477.

[63] SINGH H. Current trend of R&D in the field of high energy materials (HEMs)—an overview[J]. Explosion, 2005, 15(3): 120-133.

[64] LIANG Y, ZHANG J, JIANG X. HMX content in PBX booster measured by visible spectro-photometric method[J]. Chinese Journal of Energetic Materials, 2008, 16: 531-534.

[65] CHEN L. New explosive charge of warhead[J]. Chinese Journal of Explosives and Propellants, 2002, 25(3): 26-27.

[66] NOUGUEZ B, MAHE B, VIGNAUD P O. Cast PBX related technologies for IM shells and warheads[J]. Science and Technology of Energetic Materials, 2009, 70(5): 135-139.

[67] COCCHIARO J E, DINOIA T P, MCHUGH M A, et al. Supercritical carbon dioxide based processing of PEP binder polymers[R]. Army Research Laboratory Aberdeen Proving Ground, Washington D.C., 1997.

[68] GILARDI R, FLIPPEN-ANDERSON J L, EVANS R. cis-2, 4, 6, 8-Tetranitro-1H, 5H-2, 4, 6, 8-tetraazabicyclo [3.3.0] octane, the energetic compound 'bicyclo-HMX'[J]. Acta Crystallographica Section E: Structure Reports Online, 2002, 58(9): 972-974.

[69] KLASOVITY D, ZEMAN S, RUZICKA A, et al. cis-1, 3, 4, 6-Tetranitrooctahydroimidazo-[4, 5-d] imidazole (BCHMX), its properties and initiation reactivity[J]. Journal of Hazardous Materials, 2009, 164(2): 954-961.

[70] ELBEIH A, PACHMAN J, TRZCINSKI W A, et al. Study of plastic explosives based on attractive cyclic nitramines part I. detonation characteristics of explosives with PIB binder[J]. Propellants, Explosives, Pyrotechnics, 2011, 36(5): 433-438.

[71] ELBEIH A, PACHMAN J, ZEMAN S, et al. Replacement of PETN by Bicyclo-HMX in Semtex 10[C]. Internation Armament Conference on Sientific Aspect of Armament and Safety Technology, Paltusk, Poland, 2010: 7-16.

[72] ELBEIH A , ZEMAN S , JUNGOVA M , et al. Effect of different polymeric matrices on some properties of plastic bonded explosives[J]. Propellants Explosives Pyrotechnics, 2012, 35: 1-9.

[73] ELBEIH A, PACHMAN J, ZEMAN S, et al. Advanced plastic explosive based on BCHMX compared with Composition C4 and Semtex 10[C]. 14th seminar on New Trends in Research of Energetic Materials, Pardubice, 2011: 119-126.

[74] JIANG X B, JIAO Q J, REN H, et al. Preparation and sensitivity of mixture explosive of polymer

bonded ε-CL-20[J]. Chinese Journal of Explosives & Propellants, 2011, 34(3): 21-24.

[75] CHEN J, WANG J, BAI C, et al. Preparation and characterization of ε-CL-20 Booster Explosive [J]. Chinese Journal of Explosives & Propellants, 2010, 33(4): 14.

[76] SIMPSON R L, URTIEW P A, ORNELLAS D L, et al. CL-20 performance exceeds that of HMX and its sensitivity is moderate[J]. Propellants, Explosives, Pyrotechnics, 1997, 22(5): 249-255.

[77] OU Y X, WANG C, PAN Z L, et al. Sensitivity of hexanitrohexaazaisowurtzitane[J]. Energetic Materials, 1999, 7: 100-102.

[78] CHEN H, LI L, JIN S, et al. Effects of additives on ε-CL-20 crystal morphology and impact sensitivity[J]. Propellants, Explosives, Pyrotechnics, 2012, 37(1): 77-82.

[79] ELBEIH A, HUSAROVA A, ZEMAN S. Path to ε-CL-20 with reduced impact sensitivity[J]. Central European Journal of Energetic Materials, 2011, 8(3): 173-182.

[80] LI H, XU B, HUANG M, et al. Preparation and properties of reducedsensitivity CL-20[J]. Journal of Energetic Materials, 2009, 17(1): 125-126.

[81] ELBEIH A , ZEMAN S , JUNGOVA M , et al. Effect of different polymeric matrices on some properties of plastic bonded explosives[J]. Propellants Explosives Pyrotechnics, 2012, 37(6): 676-684.

[82] MEZGER M J, NICOLICH S M, GEISS D A. Performance and hazard characterization of CL-20 formulations[C].1998 Insensitive Munitions & Energetic Materials Technology Symposium, San Diego, 1999.

[83] EISELE S, MENKE K. About the burning behaviour and other properties of smoke reduced composite propellants based on AP/CL-20/GAP[C].International Annual Conference-Fraunhofer Institut Fur Chemische Technologie, Berghausen, 2001: 149.1-149.18.

[84] DOBRATZ B M. The insensitive high explosive triaminotrinitrobenzene(TATB): Development and characterization, 1888 to 1994[R]. Los Alamos National Laboratory, Los Alamos, 1995.

[85] YANG G, NIE F, HUANG H, et al. Preparation and characterization of nano‐TATB explosive[J]. Propellants, Explosives, Pyrotechnics, 2006, 31(5): 390-394.

[86] SHOKRY S A, SHAWKI S M, ELMORSI A K. TATB plastic-bonded compositions[C]. Proceedings of the 21st International Annual Conference on ICT, Karlsruhe, 1990: 1-16.

[87] HALLAM J S. TATB formulation study[R]. California Univ., Livermore(USA), Lawrence Livermore Lab., 1976.

[88] KOLB J R, PRUNEDA C O. Surface chemistry and energy of untreated and thermally treated TATB and plastic bonded TATB composites[R]. California Univ., Livermore(USA), Lawrence Livermore Lab., 1979.

[89] AGRAWAL J P. Recent trends in high-energy materials[J]. Progress in Energy and Combustion Science, 1998, 24(1): 1-30.

[90] PRUNEDA C O, BOWER J K, KOLB J R. Polymeric coatings effect on energy and sensitivity of high explosives[J]. Organic Coatings and Plastics Chemistry, 1980, 42: 588-594.

[91] MITCHELL A R, CONBURN M D, SCHMIDT R D, et al. Advances in the chemical conversion of surplus energetic materials to higher value products[J]. Thermochimica Acta, 2002, 384(1-2): 205-217.

[92] TARVER C M. Corner turning and shock desensitization experiments plus numerical modeling of detonation waves in the triaminotrinitrobenzene based explosive LX-17[J]. The Journal of Physical Chemistry A, 2010, 114(8): 2727-2736.

[93] WILLEY T M, VANBUUREN T, LEE J R I, et al. Changes in pore size distribution upon thermal cycling of TATB-based explosives measured by ultra-small angle X-ray scattering[J]. Propellants, Explosives, Pyrotechnics, 2006, 31(6): 466-471.

[94] 易乃绒, 史春红, 吕巧莉. 一种含 HMX 的新型高能点火药[J]. 火工品, 2004(3): 9-12.

[95] 韩冰, 魏伦, 郑双, 等. 一种新型点火药的性能研究[J]. 火工品, 2015(2): 22-25.

[96] 王寅, 史春红, 王丽霞, 等. TiHP/KClO₄ 高能点火药研究[J]. 火工品, 2011(6): 34-36.

[97] 吴幼成, 宋敬埔. 延期药技术综述[J]. 爆破器材, 2000, 29(2): 23-27.

第7章 含能材料的安全与环保要求

7.1 感　　度

7.1.1 机械感度

感度主要包括热感度、机械感度、冲击波感度、静电火花感度、光感度等，其中机械感度主要是指撞击感度和摩擦感度，也是含能材料最受关注的安全参数。感度不仅与材料本身的结构和物理、化学性质有关，还与材料的物理状态、装药条件等因素有关，因此影响机械感度的因素很多。从理论上建立感度与含能材料组分和结构之间的关系，可阐明含能材料起爆机理，揭示影响感度的关键因素，实现对感度的调控，指导新型含能材料的设计和开发。

研究炸药感度与结构的关系一直是含能材料领域的热点问题。自 20 世纪 70 年代末，人们依据构效关系模型及其主要建模参数，相继提出以下撞击感度判据：氧平衡、激发态电荷梯度($\Delta C^*/L$)、最小键级、静电势、活化能、键离解能和化学位移等。除早期的氧平衡判据外，其他感度判据均为量子化学参数，并且仅针对撞击感度。

撞击感度是评估含能材料安全性最快速可靠的方法，检测仪器为撞击感度仪。目前，市售撞击感度仪的落锤质量通常为 1kg、2.5kg、5kg 和 10kg，落锤高度通常为 0～100cm，并且是否设置撞击后防止回跳装置，使检测结果可能不尽相同。HWP18-10S 撞击感度仪可测量物质对落锤撞击的敏感度，并能确定物质是否过于危险而对运输形式予以规范，适用于固态和液态物质。该仪器符合联合国《关于危险货物运输的建议书-试验和标准手册》TDG13.4.2 试验 3a 所述内容。

试验过程中，装了试样的撞击装置居中放置在冲击砧上，落锤从所需的高度释放，人工观察试样测试现象，根据是否出现"爆炸""无反应"和"分解"判定结果。后来德国的研究人员在此基础上设计了更加精确的 BAM 落锤仪，制定了相关测试标准，并在我国推广应用。

美国矿务局开发了新一代撞击感度仪，以满足更高精度测试要求。该试验装置的主要结构和测试原理没有变化，只是实现了自动化判断和数据记录，引爆的判据主要有烟、火或声波，同时还采用红外线气体分析仪检测反应产物。该测试可模拟撞击条件下的炸药加工过程，以及爆炸性材料受到加工设备冲击、挤压或碰撞时的粉碎过程，而且固体、液体或粉末状材料均可通过该装置进行测试。此外，俄罗斯也在一直发展自己的测试装置，工作原理基本相同，其最新发展的装置 Kozlov K-44-Ⅱ采用三导杆设计，撞击角度更水平且误差小。几种测试装置的外观见图 7-1。

图 7-1　MBOM 撞击感度仪(左)、Kozlov K-44-Ⅱ(中)和 BAM 撞击感度仪(右)

目前，比较认可的撞击感度表征方法为 H_{50} 的撞击能量值，可通过一组实验获得一条概率分布曲线，并经推算得到。研究表明，当两种炸药的撞击起爆概率分布曲线(斜率变化不同)得到的 H_{50} 非常接近时，它们的安全性范围可能大不一样。当第一种炸药的撞击能量 H_{50} 处切线斜率大于第二种炸药时，显然撞击能量大于 H_{50} 时，第二种炸药更加安全，也更符合实验结果。但是如果撞击能量小于该数值，则第一种炸药更加安全。这里可以看出，如果两种炸药的撞击起爆概率曲线的振幅或切线斜率变化规律不一样，不能简单通过 H_{50} 比较两种炸药的安全性能。因此，需要得到比较理想的概率分布曲线，即尽可能地将振幅控制在很小的范围内，这就要求在样品制备、设备操作和起爆判据等方面进行完善。

关于样品砧的设计，研究人员曾尝试过多种方案。德国 BAM 撞击感度仪是目前使用最广泛的样品砧，也是重复性最好的一种。俄罗斯的研究人员通过对比研究发现，样品砧结构对实验结果影响很大[1]。对于有足够流动和形变空间设计的一般样品会获得更高的 H_{50}(高估撞击起爆能量)，而约束性强的样品砧则会低估 H_{50}。图 7-2 给出了俄罗斯采用的两种撞击感度样品砧外观。

有关起爆反应的判据，一直存在争议。对于 BAM 实验方法，比较认可的判据为发生化学反应(产生气体、发出响声或者样品颜色发生改变等)[2]。因此，很难采用自动化方法判别起爆化学反应是否发生。目前，美国最新采用的是痕量气体检测方法，而俄罗斯则是采用声波和压力曲线双重判别方法。

(a) 高约束样品砧

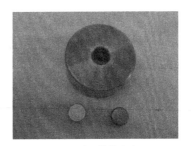
(b) 侧壁开槽样品砧

图 7-2　俄罗斯采用的两种撞击感度样品砧外观

7.1.2　静电火花感度

静电火花感度是指在静电放电作用下，含能材料发生燃烧或爆炸的难易程度。这里有两层含义：一是指含能材料是否容易产生静电或静电量；二是指含能材料对静电放电火花是否敏感。静电火花感度一般用 100%不爆炸所能承受的最大静电火花能量、50%爆炸所需的静电火花能量或 100%爆炸所需的最小静电火花能量表示。

静电火花感度测定仪器有多种，其原理大多是在一定装药条件下，承受尖端放电的电火花作用，观察试样是否易被引爆。测定结果与试验装置、环境条件（温度、湿度），以及药剂的物理化学状态及纯度、粒度及粒度分布、结晶形状、制备方法等均有关。行业内的测试标准包括：①EN 13938—2《民用爆炸物−推进剂和火箭推进剂有关耐静电能量的测定标准》；②STANAG　4490·MIL—STD—1751A—方法1031，1032 & 1033；③EN 13763—13《民用爆炸物、雷管和继电器中有关电雷管抗静电放电性的测定标准》；④GJB 5891.27—2006 有关火工药剂静电火花感度试验的标准等[3,4]。

7.1.3　冲击波感度

冲击波感度(shockwave sensitivity)是指含能材料在冲击波作用下发生爆炸的难易程度，常用作表征炸药对冲击波作用的响应，这是由于冲击波起爆是炸药起爆的主要形式。因此，冲击波感度对评价炸药的起爆和安全性能都具有十分重要的意义，它反映了炸药是否具有良好的战地生存能力(即不易发生意外引爆)及精确可靠的起爆性能[5]。

目前，测定炸药冲击波感度的主要手段是介质隔板试验法，如我国的《炸药试验方法》(GJB 772A—97)、美国海军研究实验室和洛斯阿拉莫斯国家实验室、中国工程物理研究院等采用的冲击波感度测试装置。其测试原理是在激发炸药与被测炸药之间放入一定厚度的隔板，激发炸药爆轰产生的冲击波穿过隔离介质(如水或 PMMA)后作用于被测炸药。通过观测见证板的破坏情况，判断被测炸药是否产生了爆轰。

　　一般所采用的激发炸药、被测炸药试样量较大（几十克～几百克）。试验在带有爆炸安全防护的地面测试环境中或抗爆室内进行,可用升降试验法调节介质厚度,并统计不同介质厚度下被测炸药的爆轰情况,通常以被测炸药发生爆轰的概率为50%时,所对应的介质厚度值表征炸药冲击波感度的大小。介质隔板试验法测试炸药冲击波感度的测试成本较高,安全保障条件要求较为严格,普通实验室条件下不便实施。

　　现行 GJB 772A—97 中的"冲击波感度卡片式隔板法"规定：使用的激发炸药特屈儿药量为 50g,超出了我国现有安全规范对科研院校中危险品测试间的定量上限不大于 20g 的要求,限制了对炸药冲击波感度的试验研究工作。随着测试技术发展,利用水中爆炸进行炸药爆轰测试的研究日益增多。炸药在水中爆炸时,采用专用的水中压力传感器可以准确测定测点处的峰值压力、压力衰减时间常数、第一次气泡脉动周期及压力—时间的动态曲线等信息,经过数值处理后可得到炸药爆炸的比冲击波能、比气泡能和总能量,这为水中爆炸测试炸药的冲击波感度提供了有力保障。

7.1.4　能量密度与安全性的制约关系

　　本小节观点主要参考张朝阳发表的文献[6]。含能材料能量的定义尚不清晰,可通过反应热、能量释放、爆炸特性或者做功能力等进行表征。实践中,通常以反应热表示,这主要是为了便于计算含能材料的能量。实际的能量释放还与具体的反应机制密切相关,而能量释放量的多少可通过热力学循环计算获得。这就是说,爆炸反应可以被看作是在 C-J 状态下未反应的爆炸物转化为稳定产物的一个循环,C-J 状态为满足质量、动量和能量守恒条件下速度最慢而稳定的爆轰。

　　与之相似的是,推进剂的爆燃过程是在恒温恒压下把反应物转化为稳定产物的过程。实际上,由于爆炸反应为微秒级,任何时间尺度超过微秒级的反应与爆炸反应不再相关,这意味着仅有一部分能量对爆炸有贡献。因此,通过热力学循环理论理解能量释放将忽略一个重要的问题——化学反应的时间尺度问题。然而,爆炸产生的高压高温条件使反应能够完全进行,这表明热力学循环理论还能够使用。尽管在高温高压条件下很难知道物质的状态方程,但人们可通过大量冲击波试验得到足够的信息,使得合理可靠的热力学模型得以使用[7]。总之,含能材料的能量可以由热力学模型描述,而热力学模型中只需要物质组成、密度和生成焓,如熟知的 K-J 方程[8]。

　　实际上,热力学通常用来描述能量性能,但需要一个前提,即爆轰波后的热力学状态处于 Rayleigh 线(表示质量守恒与能量守恒)和 Hugoniot 线(表示能量守恒)的交点上[9-11]。C-J 理论表明,当 Rayleigh 线与 Hugoniot 线相切时会发生稳定的爆轰，切点可以由给定产物的状态方程确定。由于产物的化学成分随着热力学状态有所变化，热力学程序能够同时对状态变量和化学浓度进行求解。例如，改进的 BKW(Becker-Kistiakowski-Wilson)状态方程[12]和 JCZ3(Jacobs-Cowperthwaite-Zwisler/3)状态方程[13]已广泛应用于实践中，借助于这些状态方程和速率定律可以估算含能材料的能量。

　　显然含能材料的能量特性与爆炸时的化学能释放强烈相关。简而言之，就化学能释放而言，可以看作是反应热，这种反应热是一种状态函数，并且仅由初始和终止状态决定，而无须知道详细的中间步骤。此时，能量的变化就是化学键键能的变化，即反应物与产物的键能差。同时，密度对含能材料的能量贡献也很重要，普遍认为组分与密度一起决定了含能材料的能量，即对于组分和密度都相同的各种含能材料，它们所含的能量近乎相同，因此能量更具有热力学意义。这也是能够精确地预测由 CHON 或其他原子组成的含能材料能量的根本原因。目前，能够预测能量的模型数量较少(如 K-J 方程、BKW 状态方程等)，且通用性不高。

　　然而，含能材料的安全性与其响应外界刺激从初始到终止状态的具体路径强烈相关，因此开展动力学研究也很有意义。曾有研究采用 10 个以上的经验公式预测感度，这是由于一个公式只能适用于一组特定的含能材料[14,15]。考虑到能量和安全性分别更具有热力学和动力学意义，两者间的矛盾就属于热力学—动力学矛盾。

　　图 7-3 为含能材料的能量与安全性本质关系示意图，由于含能材料是一种处于动力学稳定状态而热力学不稳定状态的物质，其化学能可释放 ΔE_1 的爆炸反应热，这种反应热为反应物和最终产物(通常含有稳定的小分子)间的势能差，势能差越大，ΔE_1 越高。此外，只有更高的能垒(ΔE_2)才能保证含能材料更稳定。显然，ΔE_2 直接与安全性有关。

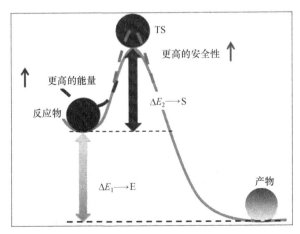

图 7-3　含能材料的能量与安全性本质关系示意图

因此，能量和安全性之间的矛盾可以简单视为ΔE_1和ΔE_2之间的矛盾。那么ΔE_1和ΔE_2的矛盾难道真的不可避免吗？或者说这是否意味着更高的ΔE_1始终伴随着更低的ΔE_2？上述问题可能只有在不同结构水平上才能解释清楚。

可以从含能分子的分解热与稳定性出发探讨。整体而言，ΔE_1是由反应物和产物之间的键能总和之差决定，对于给定的产物，越高的ΔE_1需要越小的反应物键能总和，而反应物的键能总和越小，其稳定性越差。ΔE_2越高，表明分子具有更高的稳定性，这就需要更稳定的反应物。因此，在分子水平上的确存在能量和安全性的矛盾(即ΔE_1和ΔE_2矛盾)：更高的ΔE_1要求反应物具有更小的键能，而更高的ΔE_2需要反应物具有更大的键能。

对于 TNT、RDX 和 PETN 这三种含能材料，C—NO$_2$、N—NO$_2$ 和 O—NO$_2$ 为引发分子热分解(稳定性最差)的键，其储存的化学能也最大。显然，强化这些键有助于提高ΔE_2，形成稳定的分子。但是，较高的ΔE_1却源于这些键的低解离能。

上述讨论表明，释放越多的化学能需要更弱的分子稳定性。这就造成了在分子水平上ΔE_1和ΔE_2之间的矛盾，或是能量和安全性之间的矛盾，但是仅仅在分子水平上才存在该矛盾。作为稳定存在的含能材料，分子结构是基础，但不是全部。同时，化学能释放源于产物与反应物键能和的差值，而非单独反应物的某一个键。因此，通常情况下分子稳定性由弱键的强度判定，而能量释放越多又往往意味着更弱的分子稳定性。

能量和安全性均为含能材料的应用前提条件，但能量和安全性的矛盾只是含能材料的整体大致趋势，而非严格意义上的关系。总体而言，含能材料的能量更具有热力学意义，主要由反应的终态和始态决定；含能材料的安全性更具有动力学意义，由响应外界刺激的具体途径决定。能量和安全性的矛盾在分子尺度上的本质属性显现得最为突出，而在晶体和混合物层次，能量和安全性的矛盾可以得到很大程度的缓解。由于含能材料作为材料的使用都在分子水平上，晶体工程和复合工艺技术的发展有望获得越来越多的钝感含能材料。

7.1.5　感度理论及内在机制

对于感度，目前比较认可的是热点起爆理论，即在冲击、撞击或摩擦作用下，样品的局部由于存在晶体缺陷、气孔、晶体边缘相互摩擦错位而形成过热区，这些过热区称为引发失控化学反应的"热点"。英国剑桥大学卡文迪什实验室正致力于这项研究，他们采用透明材质设计了 BAM 撞击感度测试设备的样品砧，在开展撞击实验的同时采用高速摄影观测样品热点的形成过程，典型的实验结果见图 7-4。

也有研究采用落锤、光学显微镜、热敏薄膜和高速摄影等实验方法探索癸二酸二辛酯(dioctyl sebacate，DOS)含量对常规(粒径为 400μm)和超细 RDX(粒径小于

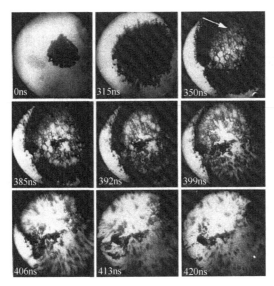

图 7-4 RDX 在 5kg 落锤下样品形貌随时间的变化

1μm)冲击起爆过程的影响[16]。实验的首要任务是研究变形对点火行为的影响，DOS 加入对感度的影响，以及起爆热点形成机理。光学显微镜观测发现 DOS 均匀地包裹着 RDX 晶粒，然而在冲击载荷下 DOS 变成毫米尺寸的块状。点火发生的主要机制是局部形成绝热剪切带，高速摄影表明这些区域最先出现高温火球亮点。

早期炸药机械感度研究中，Kamlet 和 Appalakondaiah 等在有机炸药(碳、氢、氧、氮体系)大量实验数据的基础上提出了感度-氧平衡理论。经拟合实验数据，建立了以炸药氧平衡计算炸药撞击感度的公式，即"感度-结构依赖关系"[17, 18]。显然，该感度判据没有直接涉及炸药分子的化学属性，尤其是未涉及其电子结构，无法揭示感度的本质。随着理论研究的深入，发现仅考虑炸药分子内基团的特性和数目远远不够，必须深入到电子结构的层面上。

1979 年，Delpuech 等[19]率先用 CNDO-S/CI 和 INDO 法计算了 R—NO$_2$ 类(C—NO$_2$、N—NO$_2$ 和 O—NO$_2$ 系列)典型炸药的基态电子结构，认为基态电子结构和吸收能量的分布决定炸药的起爆性能，而这两个因素又影响激发态的电子结构，并建议用 $\Delta C^*/L$ 值(ΔC^* 是激发态下 R—NO$_2$ 两端原子上净电荷之差，L 是 R—NO$_2$ 的键长，两者比值为激发态 R—NO$_2$ 上的电荷梯度)作为硝基类炸药撞击感度的判据。这是最早运用量子化学计算结果从电子结构层次阐明炸药爆炸性能的开拓性工作。但该理论也存在一定缺陷，对结构差别较大的炸药，$\Delta C^*/L$ 值与感度的相关性不显著，而且并非任何"外界作用"都会使炸药的分子从基态变到激发态。

后来也有直接将电子激发过程的难易程度用于判断含能材料晶体感度的研究，发现撞击感度与前沿带隙明显相关，即带隙越小，撞击感度越高[20]。该规律对于离子型和分子型晶体，同一化合物的不同晶型，以及不同压力和掺杂条件均有较好适用性。硝基苯类化合物的 DFT 计算表明，感度主要取决于 LOMO 能级，其次才与 HOMO 能级有关，即与基态电子的激发过程有关[21]。

除了感度理论和感度的参数相关性研究外，还有不同冲击方法对响应的影响研究。除普通 BAM 落锤实验外，还有一种样品撞击实验也很流行，即采用密闭的弹道冲击室(ballistic impact chamber，BIC)方法研究含能材料的冲击响应。例如，采用 BIC 方法研究样品质量对 RDX 响应时间和产物气体释放的影响(实验曲线见图 7-5)，该实验数据可以与数值模拟结果进行比较，也可以对不同形貌的晶体进行实验，观测晶体缺陷对压力响应的影响[22]。对冲击敏感的炸药还可以通过压力响应峰的宽度和峰高来区别。

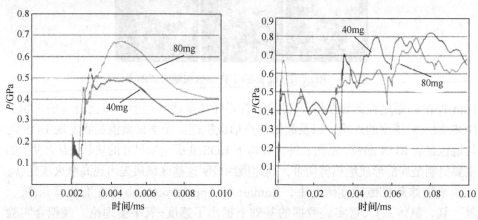

图 7-5 采用 BIC 方法获得的 40mg 和 80mg RDX 样品的压力与响应时间的关系

图 7-6 为 7 种不同形貌的 RDX 样品(60μl)在 10 kg 落锤撞击下(5.35m·s⁻¹)的压

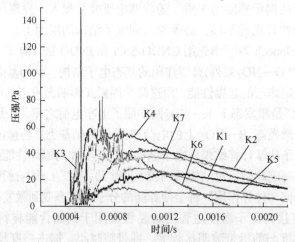

图 7-6 RDX 样品的压力响应

力响应。由该图可知，K7、K2、K1 和 K5 样品相对比较钝感，出现了平缓的压力峰，它们对应的 RDX 具有规则的形貌，晶体缺陷较少，而 K3、K4 和 K6 样品则属于有缺陷的 RDX 晶体，撞击感度相对较高。冲击波经过空气传播，穿过密度相对较高的气体产物后被压力传感器探测到，曲线中出现的尖峰为压力迅速升高而引起的。

7.2　相容性与安定性

7.2.1　相容性和安定性的评价方法

相容性是评价含能材料贮存安定性与使用可靠性的一项重要指标，也是评价弹药在设计、生产和贮存过程中有无潜在危险性的重要依据。因此，如何设计模拟实验，以科学、合理的判据，准确地评定组分的安定性和组分间的相容性，对含能材料的发展具有重要意义。含能材料组分间的相容性可分为物理相容性、化学相容性两类，两种或两种以上组分混合或接触后，如果体系只发生物理性质变化，则属于物理相容性范畴，若体系发生化学性质变化，则属于化学相容性范畴。

物理性质变化和化学性质变化往往存在一定联系，物理性质变化可促进化学性质变化，化学性质变化也可加快物理性质变化过程。当推进剂与材料间不相容时，通常表现为生成气体、放热速度加快，甚至分解产物组分也明显改变等。如果固体推进剂组分间的相容性较差，一方面组分间会发生一系列反应，当这些反应放出的热量不能及时散发出去时，会在推进剂内部聚集，达到一定程度就会引燃推进剂，甚至发生爆炸；另一方面组分间不相容，必然会在固体推进剂中形成不同的组分区，破坏固体推进剂的力学性能和药柱结构的完整性，使之承受外界机械刺激的能力下降。

现有的相容性研究方法主要有气体分析法、100 摄氏度加热实验、热分析法、机械感度测试法、自然贮存实验法、分子动力学模拟法和红外光谱法等。其中，气体分析法主要有真空安定性试验法、布氏压力计法和动态真空安定性试验法，热分析法主要有差热分析法、差示扫描量热法、热失重法和微量热计法。

1. 真空安定性试验法

在国外，真空安定性试验(vacuum stability test，VST)法是一种广泛用于工业质量控制的检验方法，装置如图 7-7 所示，我国也用其进行各种炸药、起爆药、发射药、推进剂的安定性和相容性测定。该方法的实质是根据单组分和混合物在同样条件下热分解生成的气体量来评价材料的相容性。首先将试样在恒温(100℃、120℃或 150℃)和真空条件下进行热分解，经过一定时间(40h 或 48h)后测量分解气体的压力，再换算成标准状态下的气体体积，最后根据试样分解的气体量表征其安定性或相容性。评定依据是按照混合物放出的气体体积(VC)减去药剂与接触或混合材料各自放出的气体体积之和(分别为 VA 和 VB)所净增加的体积(VR)确定，即

$$VR = VC - (VA + VB) \tag{7-1}$$

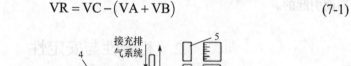
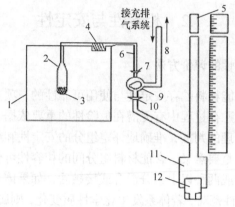

图 7-7　VST 法装置示意图

1. 加热体；2. 加热管；3. 玻璃珠；4. 螺旋管；5. 汞压力计；6. 基准刻度记号；7. 球形接头；8. 接管；9. 活塞；
10. 球形接头；11. 储汞室；12. 汞面调节器

可采用以下标准评价相容性等级：VR<3.0mL，相容；VR=3.0～5.0mL，中等反应；VR>5.0mL，不相容。应该指出，用此法评价推进剂的安定性和相容性，当实验条件有差异时，评价准则也不完全相同。对于中等程度的反应，需要做其他实验才能评定。目前，各国相容性评价标准不统一，如英国国防标准实验室通常使用的标准是 VR<4.0mL 为相容，VR≥4.0mL 则为不相容。

2. 布氏压力计法

布氏压力计法是一种较流行且适用于研究推进剂热分解过程的方法，其核心仪器是布氏压力计。布氏压力计有不同的结构，但实质是玻璃薄腔压力计，有 2 个互相隔绝的空间，即由反应器与弯月形薄腔组成的反应空间和补偿空间。在反应空间中放有待测样品进行热分解，补偿空间与真空系统连接，用以间接测量反应空间的压力。

布氏压力计实际上是作为零位计使用的，通过向补偿空间小心地送入少量气体，以消除两个空间的压差，使指针回到零点位置，由补偿空间连接的压力计间接读出反应空间的压力。布氏压力计灵敏度较高，一般可分辨 60Pa 的压力值。适当调整试样装填密度，可在不同温度范围内研究推进剂的热分解。

利用布氏压力计可获得推进剂热分解的形式动力学数据,研究各种条件(如装填密度、各种添加物)对热分解的影响。布氏压力计反应空间密闭、恒温,试样的挥发或升华不受影响,可研究纯试样的热分解,也可调整研究条件,获得较系统的动力学数据,这是该方法的优点。但该方法也存在玻璃仪器容易损坏,操作较繁琐,不能自动记录等缺点,因此还有待进一步改进和完善。

3. 100 摄氏度加热实验

100 摄氏度加热实验评价相容性主要是考核热失重量,采用的仪器有恒温箱、专用平底称量瓶、干燥器和普通精密天平。将盛放推进剂试样的专用平底称量瓶置于恒温箱中,定期取出称重。在称量瓶内分别装相同质量的两种组分(组分 1 和组分 2),以及组分 1 和组分 2 按 1 : 1 质量比的混合试样(组分 3)。在 100℃恒温箱内加热上述 3 种组分 48h 和 100h。按式(7-2)计算热失重量:

$$\Delta m = m_3 - (m_1 + m_2) \tag{7-2}$$

式中,Δm 为混合物热失重量(按照百分比计算,下同);m_1 和 m_2 分别为组分 1 和组分 2 的热失重量;m_3 为混合物的热失重量。评价标准:连续 48h,$\Delta m > 5\%$时为不相容;连续 100h,发生爆炸、着火,为不相容。

4. 差热分析法

差热分析(differential thermal analysis,DTA)法是在程序控温条件下,测量试样与参比物之间的温度差与温度或时间的函数关系。在相同实验条件,分别测试组分 1、组分 2 及它们各质量分数为 50%的均匀混合物的 DTA 曲线,用分解时放热峰温度变化评价相容性,按式(7-3)计算:

$$\Delta T_m = \max \left\{ T_1 - T_{12}, T_2 - T_{12} \right\} \tag{7-3}$$

式中,ΔT_m 为混合物分解放热峰温度变化值;T_1 和 T_2 分别为组分 1 和组分 2 的分解放热峰值温度;T_{12} 为混合物分解放热峰值温度,单位皆为 K 或℃。评价标准:$\Delta T_m = 0 \sim 2K$,相容,可使用,较安全;$\Delta T_m = 3 \sim 5K$,轻度敏感,可短期使用;$\Delta T_m = 6 \sim 15K$,敏感,不推荐使用。$\Delta T_m > 15K$,危险,不推荐使用。

DTA 法取用样品量少,适用于单一推进剂或炸药。对于复合固体推进剂,特别是混合均匀程度不能满足取样要求的推进剂,该法一般不适用。

5. 差示扫描量热法

差示扫描量热法(differential scanning calorimetry,DSC)评定含能材料相容性的基本原理为含能材料之间或与其他材料混合后,在受热条件下,如有化学反应发生,就会产生热效应,根据 DSC 曲线上获得的热分解特征量或动力学参数,如分解峰温和分解表观活化能的变化(ΔT_p、ΔE_a)，评定含能材料的相容性。用ΔT_p作为评价相容性的判据(以峰温降低值计)：0～2℃，混合体系相容；3～5℃，混合体系轻微敏感，可短期使用；6～15℃，混合体系敏感，最好不用；大于15℃，混合体系危险，禁止使用。

由于ΔT_p只能部分反映混合体系的相互作用，为了使DSC评定相容性更可靠，应同时采用表观活化能变化ΔE_a作为补充评价标准。有时还同时采用DSC曲线的分解开始温度和反应级数作为补充评价标准，这样才能较全面地反映混合体系中组分间的相互作用，获得的相容性结果才更加准确可靠。

6. 红外光谱法

对于相容的高分子聚合物共混体系，由于不同高分子聚合物的分子之间有较强相互作用，其光谱相对于单独的高分子聚合物光谱会有较大的偏差，用谱带偏离程度可有效表征高分子聚合物之间的相容性，但该方法难以观察到非键合作用体系中相关官能团的谱带位移。

除上述方法外，还有一些不常见的评价相容性方法。例如，考虑到高分子内部、高分子之间、高分子与小分子之间都存在着复杂的相互作用，而这些相互作用将直接影响推进剂内多种高分子组分的聚集状态和相容性。测定其T_g(玻璃化转变温度)是一种简便易行的方法，但如果一种组分的量很少，或对于两种组分的T_g相差不到20℃的共混物，这种方法可能无效。另外，固体核磁共振和电子显微技术也能在某种程度上评价推进剂内多组分高分子共混物的相容性。

综上所述，虽然评价相容性的方法较多，但目前尚无公认的可靠方法，因此不同测试方法常导致不同的评价结果。在实际研究中，一般不采用单一方法，而是同时采用多种方法进行测定，最后综合多种方法的测试结果对试样做出判断。多种测试方法的综合应用，使得共混物相容性的评价结果更加准确可靠。

7.2.2　相容性研究现状

1. 实验研究

国内外对含能材料与高分子材料间的相容性研究非常重视，美国、英国、荷兰和澳大利亚等国家对此问题进行了全面的研究，积累了大量数据。我国对炸药相容性的研究大约始于1965年，以西安近代化学研究所、中国工程物理研究院化工材料研究所、陕西应用物理化学研究所、北京理工大学等为代表的军工院所与高校已建立了通用性较强的相容性试验与评价方法，报道了一系列炸药与相关材料的相容性数据，发表了很多有关相容性研究和综述类文章。

近年来，随着各种现代测试技术在相容性研究中的不断应用，我国在此领域也有了长足发展，取得了一大批相容性研究成果。例如，对比研究了超级 Al 热剂的制备及其与双基系推进剂组分的相容性，发现超级 Al 热剂 Al/PbO 和 Al/Bi$_2$O$_3$ 与双基系推进剂主要组分 NC、NC/NG 和 DINA 的相容性均较好。对热温熵作为含能材料相容性判据进行探索研究发现，该判据较活化能值变化灵敏，且简单易求，可用于快速评价体系的相容性。对几种钝感含能增塑剂之间的相容性研究结果表明，GAPA 与 TEGDN 混合体系的相容性好，可作为混合增塑剂使用；BDNPF/A 与 TEGDN、BuNENA 与 BDNPF/A 两种混合体系的相容性差，不能作为混合增塑剂使用。

2. 理论研究

无论是由单组分(单质炸药)还是多组分(混合炸药)构成的含能材料，虽然分子的组成和结构对其性能起决定作用，但组分多聚体间或混合组分间的分子间相互作用，对它们的聚集状态、(液体)黏度、(固体)堆积方式和密度，以及材料的多种性能(相容性、迁移性能等)也具有重要影响[23]。近几十年，量子化学方法相继应用于研究硝基、硝胺、硝酸酯、叠氮类等高能分子的二聚体、多聚体和混合体系中的分子间相互作用，聚合或混合对体系感度的影响，以及高能晶体及其吸附体系、高聚物黏结炸药中的分子间相互作用。

通过对 FOX-7 二聚体与晶体的 DFT 综合研究，发现最稳定二聚体的构型与晶体中分子堆积方式具有相似性。说明结合能对该晶体中分子的排列方式起决定作用，还预示着可按晶体结构较方便地找到某些分子的二聚体或多聚体稳定构型[24]。室温下由 FOX-7 单体生成最稳定二聚体的 $\Delta G < 0$，即该二聚体可自发生成，而多数含能材料在常温下的二聚体形成不是自发过程。量子化学计算结果揭示了多聚体形成过程存在较强的协同效应，从而解释了即使结合能较弱的高能材料二聚体分子，在常温下通常也能自发形成晶体。

分子间相互作用的强弱从本质上决定了多组分体系相容性的好坏。对于由分子间作用力结合而成的双组分体系，当 A···A + B···B = 2A···B 的 $\Delta G<0$，则 A 与 B 自发混合，即完全相容。通常 A···B 结合能大，则说明两者之间的相容性好，在实际体系中，A 或 B 在混合前后均尽可能多地与邻近分子发生相互作用，并且 A 与 B 分子的大小和形状各不相同。因此，直接由二聚体结合能值判断组分间相容性并不具有普遍性。更为可靠地判断组分间相容性的方法是通过分子动力学模拟，得到溶解度参数和相互作用参数。

从热力学角度，相容性表现为推进剂或炸药各组分之间的相互溶解性，因此可采用一些特定的方法测定共混体系的热力学参数，如混合热 ΔH_m、混合熵 ΔS_m、溶解度参数 δ 和相互作用参数 χ_{12} 等表征体系的相容性[25]。其中，溶度参数是较为简便的一种表征参数，可根据溶度参数差值 $(\Delta \delta)$ 的大小预测高分子混合物之间的

相容性。对于高分子体系，若分子间没有强极性基团或氢键作用，则两种材料的$\Delta\delta$只要满足$|\Delta\delta|<1.3\sim2.1(\mathrm{J\cdot cm^{-3}})^{1/2}$，两者就相容[26]。

应用分子动力学(MD)和介观动力学(mesodynamics, MesoDyn)模拟方法对固体推进剂中 HTPB 与增塑剂癸二酸二辛酯(DOS)、NG 的相容性进行模拟，得到的等密度图(图 7-8)、自由能密度和有序度参数等均可判断共混体系的相容性。两种模拟结果均表明：HTPB/DOS 属于相容体系，而 HTPB/NG 则不相容，其结论与实验结果一致。

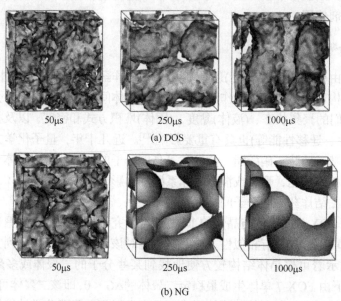

(a) DOS

(b) NG

图 7-8　增塑剂等密度图的变化过程(空白区域为 HTPB)

7.3　易　损　性

7.3.1　低易损性弹药的研究背景

低易损性弹药的发展受到重视是惨痛的教训使然，20 世纪 60 年代以来，在弹药安全性方面出现了一系列重大事故，成为低易损性弹药发展的推动因素。1962 年 4 月 7 日在美国加利福尼亚某靶场，美军使用 MI 型 105 mm 榴弹炮(M51A5弹头引信、4 号发射装药)进行射击训练，弹体装有 2.304kg B 炸药(50%的 TNT +50%的 RDX)，射击时发生了膛炸。在越南战争中，美国的 127mm 和 155mm 口径炮弹都发生过膛炸。

1979 年，美国 203mm 榴弹炮发射装有 B 炸药的炮弹时发生了膛炸事故，致使美国决定该炮弹改用熔铸 TNT 炸药，并规定 B 炸药的弹丸不准使用高能发射药。美国研制的 M198 型 155mm 榴弹炮，原计划使用 B 炸药的弹丸，后来也决定改用熔铸 TNT 炸药。据美国统计，炮弹实际发生膛炸的概率高达 1/40000，比要求的百万分之一的指标高 25 倍，主要原因就是使用了 B 炸药和高膛压、高炮口初速的发射药。在同样的武器中，B 炸药发生膛炸的概率比装 TNT 炸药的炮弹高 4～8 倍。1967 年和 1973 年的两次中东战争都发现，坦克的主要毁坏原因是坦克装甲被穿透后，坦克自身弹药仓内的弹药发生殉爆，将坦克炸毁。在伊拉克战争中，坦克被命中后，弹药殉爆而使坦克炮塔被掀飞的场面屡屡出现，丝毫不少于海湾战争。

类似的现象也在海军舰船上发生过。1982 年英阿马岛战争中，英国的"谢菲尔德"号导弹驱逐舰被阿根廷 1 枚"飞鱼"导弹击沉，直接原因是舰上弹药发生殉爆而致。1967 年 7 月 29 日，在东京湾基地进行正常作业的美国"福莱斯特号"航空母舰上，由于甲板上的一枚机载火箭弹意外点火，引起燃烧和爆炸，死亡 134人、财产损失 7400 万美元。1969 年 1 月 14 日，美国"企业号"航空母舰上，火焰烤燃了弹药，造成大量人员伤亡和巨大财产损失。进入 21 世纪后，类似的灾难仍然没有停止的迹象。近几十年来，由于美国海军航母和陆军军械库的弹药爆炸，已多次造成严重灾难。现代战争的战场上，轻型机动部队及其武器平台也面临着敌人直接或间接火力引发车载弹药爆炸的危险。

随着现代化武器系统的迅速发展，以及为了更好地适应现代战争实战条件，特别是吸取了一些重大事故教训和局部战争经验，世界各国对各种弹药在实战环境中的生存能力不断提出新的、更为苛刻的要求。这使得低易损性弹药研制成为研究热点，许多国家制定了专门的研究计划并给予大量拨款，现已初见成效。近几年，我国在低易损性火炸药和弹药方面也进行了不少预研工作，但进展相对缓慢。长期以来，国内的弹药爆炸事故时有发生，在战争环境中情况将会更加严重，而该问题的解决不是一朝一夕能够完成的，积极开展低易损性火炸药和弹药的研制工作，提高武器的安全可靠性和战场上的生存能力，是实现我国武器装备现代化的重要组成部分。

低易损性主要是指弹药在服役期间应满足的安全性要求，也就是说它主要不是针对生产、试验研究中或一般贮存运输中的安全性问题。然而，目前在安全领域研究中，大多数是针对在生产中可能发生的问题，而开展关于低易损性火炸药完整准确的定义尚未公开发表。但据有关资料介绍大致可归纳为低易损性火炸药就是能量能满足武器使用需要，在破片、枪弹撞击或其他机械撞击作用下不易引起意外爆炸，在高温和火焰中不易烤燃、不殉爆，一旦发生意外点火时，只燃烧而不爆轰的安全性能极佳的一类火炸药。

迄今为止，美国、英国、法国和德国等在积极从事低易损性火炸药的研究和开发工作，其中尤以美国最为重视，起步最早，研究也最广泛和深入。美国国防部和能源部联合研究低易损性火炸药的实践证实，低易损性火炸药对载弹武器系统的生存能力有着显著的提升作用。

7.3.2　低易损性弹药的评价标准

弹药不敏感性的等级评定，是通过一系列模拟试验进行的。目前，世界上有3个主要的弹药安全性试验标准：美国的 MIL—STD—2105 非核弹药危险评估试验标准、法国的 DGA/IPE 弹药需求测试试验标准和北约的不敏感弹药评估和试验标准(STANGA 4439)。其中，北约的 STANAG 4439—2010 标准对不敏感弹药的检验标准规定相当详细，可操作性很强[27]，主要有以下 9 项。

(1) 快速烤燃，也称为液体燃料点火。在试验中，弹药在液体燃料火焰中被快速加热，使弹药中的炸药分子产生热分解，然后测试弹药壳体或容器在压力达到可爆炸或爆轰的水平时排放气体的能力。

(2) 子弹射击。该试验用以确定弹药对轻武器弹药攻击的反应。试验中，受测试的弹药将经受 1～3 发 12.7 mm "勃朗宁" 穿甲弹的射击。通过试验仪器测量子弹的飞行速度，并观测装药是否出现延迟爆轰(unknown to detonation transition, XDT)现象，以验证弹药壳体的排气能力。

(3) 安全坠落。试验中，把弹药从 12m 高的平台扔到平铺在 3 种不同倾角混凝土结构上的 75 mm 钢板上。弹药可能会出现振动、压缩、破损和局部加热等反应，但理想的结果是弹药没有任何反应。

(4) 慢速烤燃，也称为慢烤燃。试验中弹药经受 3.3℃·h⁻¹ 的缓慢加热升温，直到弹药开始发生反应。慢速烤燃与快速烤燃同样是试验弹药的热分解及转化为DDT(燃烧转爆轰)的潜在可能，但前者的反应可能会剧烈得多。

(5) 殉爆反应，也称为感应起爆。在装满同一种弹药的标准托架中开展试验，一枚弹药被引爆，用以试验其他弹药在经受强烈振动和多发破片冲击时，出现冲击波起爆(shock to detonation transition, SDT)和 XDT 反应的可能性。

(6) 空心装药射流冲击。此时，弹药经受典型空心装药战斗部的攻击，测试炸药经受强烈局部振动而引发 SDT 的可能性。

(7) 轻型破片冲击。一般是弹药经受 1～3 枚高速(1850～2500 m·s⁻¹)预制破片的攻击，以模拟破片战斗部在弹药附近爆炸时，四散飞射的破片对弹药的影响，以及导致 SDT 或 XDT 反应的可能性。

(8) 重破片冲击。弹药经受 250g 钢制破片以 1650m·s⁻¹ 的速度攻击，用以试验大型破片战斗部的破片冲击，以及导致弹药出现 SDT 和 XDT 反应的可能性。

(9) 碎片攻击。模拟空心装药战斗部或动能弹药击穿坦克及装甲车辆的装甲板后，形成的射流及装甲背板破片对弹药的影响，重点观测是否会导致弹药出现

SDT 和 XDT 反应。

上述试验较为全面地囊括了弹药可能遭遇的威胁。但随着军事技术的进步及面临威胁的变化，不敏感弹药的试验项目和标准还将发生变化。例如，试验所用战斗部的侵彻能力要进一步提高，射流速度和直径也要相应改变。又如，爆炸成型战斗部和温压型战斗部都对弹药的不敏感特性提出了新的挑战，弹药的不敏感技术也必将随之发展[28]。

7.3.3　低易损性弹药的现状

低易损性与武器的实际使用性能相关，属于工程化军事应用范畴，因此很多数据没有公开发表。从目前公开的文献可知，主要集中在炸药的慢速烤燃、子弹射击和冲击波感度等方面的研究。例如，西安近代化学研究所的研究人员开展了B 炸药的子弹侵彻易损性研究，考查了 12.7 mm 穿甲燃烧弹的穿透深度和环境温度对样品反应程度的影响，实验中冲击速度约为 850m·s^{-1}，温度选择为–40℃、25℃和 70℃[29]。此外，对子弹穿透过程进行了有限元计算。试验发现 B 炸药在 25℃的侵彻深度为 200～250mm，在–40℃、25℃和 70℃的最高级别响应分别为爆轰、爆炸和爆燃。随着剪切模量的增大，B 炸药的响应变弱。

中北大学的研究人员研究了装药密度对 RDX 基炸药慢速烤燃响应的影响[30]。他们制备了七种不同密度的 RDX 基高能炸药样品，并进行了慢速烤燃响应试验，装药的长径比为 1.2、升温速率为(1 ± 0.2)℃·min^{-1}，发现 94.5%理论最大密度的样品响应为压力脉冲，而 70%理论最大密度的样品则发生了爆燃，对比发现 80%理论最大密度的样品响应最剧烈，发生了燃烧转爆轰(DDT)。

美国以 HMX、RDX、TATB 和 DATB 等为主体炸药研制了用于装填反辐射导弹战斗部、鱼雷、水雷和地雷等产品的 PBXN 系列、PBXC 系列、PBXW 系列和 AFX系列炸药用于装填航弹、炮弹和部分导弹战斗部。与国外相比，我国的低易损性炸药无论在种类上，还是在性能上都存在差距[31]。目前，降低炸药易损性的主要方法是优化炸药配方，如加入钝感剂、采用不敏感的塑性黏结炸药、改变炸药分子链、研制分子间炸药和阻燃炸药等。从装药结构上降低炸药低易损性的相关报道很少，这是因为装药结构不同，相应的装药方式及装药量也不同。又由于弹药载荷类型及大小都会使爆炸能量在传递过程中产生变化，装药的爆轰性能也会受到很大影响。

7.4　含能材料的毒性与环保含能材料

7.4.1　含能材料毒性内涵

含能材料应用在不同领域，作为推进剂、炸药、发射药、火工药剂使用时，对其性能的要求也不同，提高能量和降低感度是含能材料发展的两个主要目标，同时也是长期以来驱动含能材料发展的两大动力。含能材料发展之初，人们对化学试剂的毒性知之甚少，且相关报道也较少，在配方设计方面主要考虑其功能实现性。从20世纪末开始，人们越来越认识到在含能材料的生产或使用过程中，会释放对人类健康或环境有害的物质，某些化合物也因此被立法限制，甚至禁止使用。目前，随着人们对含能材料毒副作用的重视，以人为本的设计思路越来越受到重视，研发低毒或无毒含能材料势在必行，也是当今含能材料领域里的热门课题之一。

含能材料的毒害主要体现在两个方面：一是在合成制备、运输、处理过程中的原材料、中间品、成品产生的有毒物质对人体的危害和环境的破坏；二是在含能材料燃烧爆炸后产生的有毒物质对人体的危害和环境的破坏。起爆药是含能材料的重要品类，1807 年 Forsyth 在英国申请了专利，1864 年诺贝尔获得了雷汞雷管的发明专利权。雷汞揭开了现代起爆药的第一页，该发明使真正意义的火工品——火帽和雷管得以发明。雷汞在第一次世界大战中发挥了重要作用，直到 20世纪初，它是唯一的火工品装药。然而，汞和汞盐可以通过消化道侵入人体，引起慢性中毒，损害消化、神经、泌尿生殖系统，对皮肤、黏膜也有损害[32]。

20 世纪初，德国就开始了取代雷汞起爆药的研究工作，这应该是历史上第一次开展的起爆药环保及安全性能改进的研究工作，以至于 20 世纪 70 年代美国发明的性能优良的 5-硝基四唑汞最终未能得到实际应用。1891 年 Cuitius 发现了叠氮化铅，1907 年 Hyronimus 将叠氮化铅用于雷管，20 世纪初德国、美国、苏联将其用于军品。1914 年 Herz 发明斯蒂芬酸铅，1928 年德国 SWS 公司将其用于无腐蚀无雷汞击发药。20 世纪初发明的叠氮化铅、斯蒂芬酸铅等著名起爆药是火工药剂的第 2 代，它们不仅迅速取代了毒性大的雷汞，而且催生了体积小、威力大的复式雷管的诞生，推动了一代机械火工品向二代电热火工品的过渡。这些著名起爆药的发现和应用，说明起爆药和火工品已经形成系列，叠氮化铅、斯蒂芬酸铅等起爆药仍然是目前火工品的主要装药，已经服役了 100 多年。

然而，铅、含铅化合物和叠氮化物对人体的危害也很大，它们可通过消化道、呼吸道和皮肤侵入人体。铅、含铅化合物能够积蓄于骨髓、肝、肾、脾、大脑等处，而后慢慢释放进入血液，引起慢性中毒。叠氮化物在人体内分解产生叠氮酸，破坏机体的氧化还原过程，引起头痛、头晕、痉挛、眼睛红胀、呼吸衰竭等。此外，铅对环境的污染也不可忽视。因此，以取代叠氮化铅、斯蒂芬酸铅为目标的安全环保起爆药研究也是近年来起爆药领域热门的研究方向。

无铅含能材料应该是历史上第二次系统开展的起爆药环保及安全性能改进的研究工作。20 世纪末开展的绿色含能材料研究，最初目标主要是取代铅，然而，镍、镉及其盐的毒性也引起了广泛的讨论。镍及其化合物被确认为致癌物，镉化合物的毒性比铅小，但对人体的呼吸道、胃肠道、中枢神经的损坏也很大。因此，何为绿色或者环境友好含能材料并没有具体的标准。

2008 年美国对环境友好起爆药新概念提出了 6 项基本标准：无毒性金属和高氯酸根、有一定的耐湿性、有一定的耐光性、有一定的感度但使用安全、至少耐温 200℃、长贮性能好。按照这些标准，欧美国家、印度等在致力研发起爆药的新品种以取代传统的铅盐起爆药。

无毒害含能材料特指无铅、钡、镉等毒性金属和无氯、硫等有害元素的化合物或配方组成的材料，研制工作的核心是研发新型安全环保起爆药及筛选低毒的氧化剂、还原剂。高氮杂环结构的无金属有机起爆药、低毒配位化合物、轻金属盐类起爆药均是目前无毒害含能材料的发展重点。

7.4.2　含能材料环保原料

1. 环保型高能量密度材料

采用高能量密度材料是实现新型含能材料绿色化目标的途径之一，将高能量密度材料，如 ADN、硝仿肼(HNF)、CL-20 等新型材料应用于高能钝感低特征信号推进剂已受到广泛关注[33]。

ADN 是一种新型高能量密度氧化剂，国外关于 ADN 在推进剂、发射药、混合炸药中的应用较多[34]。由于 ADN 具有熔点低、能量高、不含氯和稳定性适当等特点,用 ADN 代替原有氧化剂 AP 后能大幅(5%～10%)提高固体推进剂的能量，减少烟雾，保护环境[35]。由于 ADN 具有较强的吸湿性，可将其溶于水中，再添加适当的燃料，形成液体单组元推进剂。由于 ADN 的毒性远低于无水肼(最小致死量 LD 为 59 mg·kg^{-1})，特别适用于低污染的航天飞机助推系统和空间推进动力系统[36]。国外也陆续推出了一类以 ADN 为基的液体单组元火箭推进剂，被看作是新型无毒单组元推进剂。

HNF 分子中不含氯元素，也是一种环保型低特征信号的高能量密度物质[37]。将 HNF 用在固体推进剂中具有高比冲和燃烧产物无 HCl 等优点。荷兰国家应用科学院已研究证实了 HTPB/ HNF 推进剂制备的可行性[38,39]。

文献中已有大量与 CL-20 在固体推进剂配方中应用的研究报道，CL-20 推进剂开发的最高水平已进行过 10kg 装药的发动机评估试验[40]。使用 GAP 和 CL-20 的新型推进剂密度比冲较当前应用的 XLDB 推进剂(使用惰性聚醚黏结剂和 RDX)提高了 12%(比冲提高了 12s)，测试表明 CL-20/GAP/TMETN/BTTN 配方的比冲可达到 251s，较相应的 RDX 基配方高 7%。

在发射药研制领域，大量文献报道了美、英、日、德、印、荷等国发展含有高含量、高能量密度材料(RDX、HMX、CL-20)的热塑性弹性体发射药。国内已尝试将高能量密度化合物 CL-20、ADN 用在高能发射药中，发现发射药的能量水平和密度都有较大幅度的提高[41]。此外，氮的质量分数达50%的高氮量、高能量密度材料(HNC-HEDMs)，主要包括四嗪、高氮呋咱和三唑、四唑[42-45]等。由于其分子结构中的N—N、N=N和C—N等具有较高的正生成焓，以及高氮、低碳和低氢的结构特征，使其容易达到氧平衡，在热分解的同时伴随着高能量的释放，且生成大量对环境无毒害的气体产物 N_2，使其在未来含能材料的应用方面具有潜在的绿色优势，是未来高能量密度材料研究的重点[42]。

2. 环保型含能热塑性弹性体

含能热塑性弹性体(energetic thermoplastic elastomer，ETPE)是一种可逆固化体，可与其他推进剂组分相互交叠和混合，冷却时产生物理交联，加热或溶解时，这种物理交联可逆。根据ETPE的这一特性，将其作为推进剂的黏结剂，可大幅提高推进剂配方中高能固体组分的含量，进而提高推进剂能量。国外对ETPE在推进剂和发射药中的应用进行了大量研究，发现ETPE基推进剂可解决常规推进剂加工过程中不良品和超期服役推进剂难以回收利用、生产效率低和批间重复性差的问题，达到绿色环保的目的。在发射药配方设计中，若以ETPE作黏结剂，还可减少二苯胺(DPA)、硝酸钡等非环保材料在中等口径武器系统中的使用。

目前，应用的ETPE主要以热塑性GAP和叠氮甲基环氧丁烷类共聚物[BAMO-AMMO(3,3-双叠氮甲基氧杂环丁烷和3-叠氮甲基-3-氧杂环丁烷的共聚物)、CE-BAMO(扩链3,3-双叠氮甲基氧杂环丁烷)、BAMO-NMMO(3,3-双叠氮甲基氧杂环丁烷和3-硝酸酯基甲基-3-甲基氧环丁烷共聚物)]为主[46-48]。

美国聚硫橡胶推进实验室已研究出以含能热塑性弹性体作黏结剂的固体推进剂，即ETPE推进剂。使用ETPE后产生的推进剂废料低于其产量的0.5%，比一般工艺产生的废料减少85%以上。加拿大研究了一种GAP基热塑性发射药配方，也得到了较理想的结果[49]；美国海军水面武器中心用BAMO-AMMO成功研制出了绿色固体推进剂，在制备中采用了柔性制造工艺——双螺杆挤压成型(twin screw extruders，TSE)技术。

BAMO-AMMO具有氮含量高、能量水平高、性能调节范围广等优点，是发射药和推进剂黏结剂中较理想的含能热塑性弹性体材料，也是目前研究最为广泛的新型含能黏结剂之一。美国、日本的科研工作者对BAMO-AMMO类型的热塑性弹性体在推进剂中的应用进行了大量研究，发现此类推进剂燃烧性能稳定，燃速可调，黏结剂中叠氮基的分解放热可以加速推进剂中高能组分RDX、HMX的分解[50-53]。将基于BAMO-AMMO的推进剂开展火箭发动机试验，结果表明，推进剂的压力指数低、力学性能稳定、结构完整性好，适用于各种高压、高能量性能等的使用场景。

在发射药领域，研究人员也对BAMO-AMMO基发射药开展了广泛的研究[54-56]。

其中，美国研究人员已基本解决了 CL-20/BAMO-AMMO 型热塑性弹性体发射药在配方设计、加工成型、性能测试、质量控制、药型设计、重复加工和回收、三废零排放等中的关键技术，并将热塑性弹性体发射药在 120mm M829E3 穿甲弹上进行弹道试验，结果显示新型发射药产生了较高的压力梯度，并出现了高压平台燃烧现象，显著提高了装药的释压和做功效率。

3. 绿色燃速催化剂

固体推进剂中常用的燃速催化剂大多为铅盐，而铅盐在燃烧过程中生成的氧化铅或直接加入配方中铅的氧化物在发动机羽流中呈现白色或浅蓝色烟。铅盐是有毒物质，不仅危害工作人员的身体健康，也污染环境。多年来，世界各国的推进剂工作者都在致力开发和探索新的无铅绿色无毒燃速催化剂。

俄罗斯门捷列夫化工大学等单位的研究者以 Bi_2O_4 等为双基推进剂的燃速催化剂(质量分数为 5%)，在 2～10MPa 压力内使推进剂的燃速提高，改善了推进剂的燃速性能。他们认为各种铋的衍生物是推进剂有效的燃速催化剂，高能分散的铋衍生物可取代含铅催化剂。

英国研究人员[57,58]合成了β-雷索辛酸铋和γ-雷索辛酸铋，并将它们与炭黑、铜盐复合，用于双基推进剂和改性双基推进剂中，取得了非常好的效果。所用配方(质量分数)：硝化棉(NC)(氮含量为 12.6%)为 49.1%，TMETN 为 38.4%，三乙二醇二硝酸酯(TEGDN)为 7.5%，2-硝基二苯胺(2-NDPA)为 1.5%，还有3.5%的铋复合物添加剂，该添加剂由β-Bi、水杨酸铜和炭黑组成。该配方在 17～27MPa 压力内产生了良好的平台燃烧效应，燃速约为 19mm·s^{-1}。若加入质量分数 2%的水杨酸铜，平台效应的压力范围扩大为 15～28MPa，但燃速有所降低，约为17mm·s^{-1}；当减少炭黑的用量并加入少量 Al 粉时，在 13～26MPa 压力内产生了非常明显的麦撒效应。

铁的氧化物也是一种较好的催化剂,但有研究表明,对于推进剂配方 $m(AP)$：$m(Al)$：$m(HTPB)=67$：18：15，在 9.2MPa 的压力下加入 1%的 Fe_2O_3 推进剂燃速与未加催化剂的推进剂燃速之比(r_c/r_u)仅为 1.09；当 Fe_2O_3 增至 2%时，r_c/r_u 有所增大，可达到 1.21[59]。

文献[60]研究了多种铋盐及含铋双金属盐对双基推进剂燃烧性能的影响。结果表明，柠檬酸铋在 8 MPa 压力以下使双基推进剂产生明显的超速燃烧，燃速提高了 70%；2,4-二羟基苯甲酸铋与次没食子酸铋在 4MPa 压力以下使双基推进剂的燃速提高了一倍多，在 4MPa 压力以上，不仅燃速提高，而且燃速压力指数也大大降低。同时，没食子酸铋铜、没食子酸铋钴、没食子酸铋镁、没食子酸铋钡都能在低压下提高双基推进剂的燃速，并且显著降低双基推进剂的高压段压力指数。

4. 卤素物质的替代物

对于以 Al 为燃料、AP 为氧化剂的固体推进剂，由于 AP 粒子会产生大量的 HCl 气体，而且 HCl 是酸雨的重要组分。因此，美、日、法等国研究的无污染复合固体推进剂的关键技术是研发 AP 氧化剂的替代品和高效除氯剂。研究的主要途径：用无卤素材料与硝酸铵配合作氧化剂；用硝酸钠和硝酸铵取代部分 AP；用相稳定的硝酸铵或微胶囊包覆的硝酸铵作氧化剂；用硝酸钠作除氯剂；在 AP 推进剂中添加金属镁，其中添加质量分数为 7%的 Mg 粉较为有效。

7.4.3 环保型含能材料

1. 绿色固体推进剂

固体推进剂的用量很大，在寿命周期内的许多环节对人员健康和生态环境有重要影响。因此，一些工业发达国家都致力于研究绿色环保型固体推进剂。20 世纪初，欧洲几个主要工业国家合作进行了一项名为 EUCLID 的绿色推进剂研究计划；美国空军近些年实施的战略环境研究发展项目(strategic environmental research and development program，SERDP)中包括发展环境友好的绿色固体推进剂；日本也在含 HCl 抑制剂的新型 HTPB 复合推进剂方面开展了大量研究；美国陆军研究实验室开发出了各种无铅双基推进剂并已申请专利。

国外研究开发的绿色环保型固体推进剂品种主要有 AN 推进剂、HNF 推进剂、ADN 推进剂、无铅双基推进剂、以热塑性弹性体(TPE)聚合物为黏结剂的推进剂、含氯清除剂的 HTPB 复合推进剂、使用可水解黏结剂的交联固体推进剂等。这些绿色环保型推进剂不使用污染环境的 AP 和对人员健康、环境有害的重金属化合物，同时使用除氯剂来减少 HCl 的排放，并使用热塑性弹性聚合物实现推进剂的无溶剂连续加工，以提高生产效率并实现边角料的再利用，从配方设计方面保证其重回收/重循环/重利用(R^3)特性，实现废旧推进剂最大限度的回收利用等。

目前，绿色固体推进剂的研究已取得很大进展，有些品种的性能水平已接近或达到实用的程度。例如，德国以 TPE 为黏结剂的固体推进剂已用于底排发动机中，美国在航天发射用 AN 推进剂研究方面也达到了较高水平，美国海军水面武器中心和 ATK Thiokol 公司合作研究的以 CL-20 和 RDX 为填料的 TPE 推进剂也已于 20 世纪 90 年代末成功制造出 ϕ105 mm 药柱，并进行 ϕ115 mm 全尺寸发动机实验，ATK Thiokol 公司还多次成功向军方演示了该推进剂的 R^3 特性[61]。

2. 绿色发射药

发射药在常规武器弹药中的用量很大，而且在使用过程中与操作人员近距离接触，因此发达国家非常重视以绿色发射药为核心的绿色弹药技术开发。目前已开发和应用了多种无毒发射药，尤其是在训练弹中更是大量使用无毒燃烧的绿色发射药。

无毒发射药主要包括以 TPE 和 ETPE 聚合物为黏结剂的发射药，以及对传统发射药进行低毒或无毒化改进的新型发射药。这些绿色发射药配方不仅可采用以双螺杆挤压成型技术为主的低成本连续化工艺制造，也有利于生产过程中边角料和库存量巨大的废旧发射药的再回收和利用，还可替代或减少使用传统发射药中的有毒有害组分。

欧洲和美国的几个大型军工公司已经拥有这些新型发射药的技术和专利权。例如，国外常见报道的新型 LOVA 发射药就是以 TPE 聚合物为黏结剂，采用连续化工艺生产的绿色发射药[62]；美国陆军工程研究与发展中心推进技术研究与工程部和雷德福陆军弹药厂合作开发用于中口径训练炮弹的环境友好绿色发射药就是对传统发射药进行了无毒化改进的产品，该发射药不使用有毒组分硝酸钡、二苯胺和磷酸二丁酯，并通过使用硝酸酯和硝氧乙基硝胺(NENA)，确保绿色发射药的弹道性能、力学和能量水平满足要求，生产过程采用无溶剂工艺[63]。

3. 绿色点火药

常规电点火器中使用的点火药大都有含铅化合物，燃烧时这些化合物产生有毒物质，危害人员健康且污染环境。因此，迫切需要绿色环保的点火药进行替代。美国洛斯阿拉莫斯国家实验室采用一种纳米复合含能材料(Al/MoO_3)作为点火药，制造出了更加安全环保的电点火器，2003 年该技术获得了被誉为工程技术界诺贝尔奖的美国"R&D100 奖"。美国加州大学申请的环保型电点火器专利中的点火药剂是一种采用溶胶-凝胶法制备的纳米复合材料，该点火药以纳米级分散的金属氧化物和 Al 粉为主要组分，取代了常规点火药中的有毒有害成分，可实现点火器的绿色环保化[64]。

4. 绿色起爆药

目前，广泛使用的起爆药关键组分为含铅敏感化合物，还可能用到硫化锑、硝酸钡等有毒添加剂，它们对环境和人体健康有害。绿色起爆药除了要满足功效性能要求外，还应不含铅、汞、银、钡、锑等有毒金属元素，因此研制的关键就是解决这些组分的替代问题。目前，研究开发的绿色替代化合物主要有美国洛斯阿拉莫斯国家实验室研制的含有硝基四唑配体的铁基络合物和德国绿色炸药开发专家 Klapotke 研究的多氮化合物。

美国洛斯阿拉莫斯国家实验室研制的含有硝基四唑的起爆药[65]，是利用硝基四唑得到一系列具有 $cat_x[Fe^{II}(NT)_{x+2}(H_2O)_{4-x}]$ 结构(其中 cat 代表阳离子，NT 代表 5-硝基四唑-N_2 基团，$x=1\sim4$)的 5-硝基四唑-N_2 高铁酸盐绿色起爆药，分别具有不同的起爆感度和爆炸性能。这一系列起爆药在 250℃以下具有热稳定性，且感度可控、对光不敏感、吸湿性小、不含有毒金属和高氯酸盐，可消除重金属和高氯酸带来的污染，目前正在进行商业测试，近年有望投入使用。该研究成果获得了美国最佳应用研究年度奖励系列之一"R&D100 奖"，并申请了三项发明专利。

德国慕尼黑大学的研究人员对含铅起爆药的多氮化合物绿色替代物进行了研究，主要包括叠氮化氢(N_5H_5)和三硝基三叠氮苯(trinitrotriazine，TNTA)[66]。N_5H_5在燃烧过程中只产生 N_2 和 H_2，爆速特别高。TNTA 与氧化剂(如硝酸铵)混合点燃时会发生爆炸，产生无害的 N_2 和 CO_2。

5. 绿色火工药剂

火工药剂最为普遍的用途是在军事领域，包括制备照明装置、烟幕弹或信号弹、点火或燃烧装置、照明弹和引信等。在战场上和军事训练时，战士身处火工品环境中，燃烧产物是否绿色事关战士们的身体健康乃至生命。以往火工药剂的配方设计主要考虑其功能的可靠性，许多火工品自发明起一直沿用至今，因为它们已进行一系列质量检测试验，且在较宽的温度范围内仍表现出良好的性能。在目前对传统火工品毒副作用越来越重视的情况下，很多火工药剂中的化学物质对环境和职业健康会产生危害，使传统火工药剂的使用受到了限制。但如果这类火工药剂在性能或者安全方面有所下降，那么它们的使用又会受到限制甚至没有应用价值。因此，绿色火工药剂应是环境友好的，其性能也不应低于甚至要优于传统配方，且对各种刺激(如冲击、摩擦和静电放电等)的感度要与正在服役的火工药剂相当或者更低。

美国开展了将金属钡从美国陆军用的绿光照明剂配方中去除的研究，指出碳化硼(B_4C)在硝酸钾(KNO_3)存在的条件下可以作为一种有效的绿光发光材料。B_4C是一种公认的耐磨和耐火材料，之前它在含能材料中的应用仅限于作为冲压发动机的推进剂燃料，目前还可用于装甲防护领域。

还有研究开创性地使用富氮化合物取代高氯酸盐，并将其初步应用在美国陆军用的红光和绿光闪光弹中，可满足上述环保规定。美国陆军武器研究发展与工程中心发现，2-四唑金属盐 G 和 H 可有效代替 $KClO_4$，用于满足一定环保要求的 M126A1 红光和 M195 绿光发光火工品中。尽管 2-四唑金属盐 G 和 H 是一种水化物，但在真空热稳定性测试中，均未发生分解而释放气体。这可能是这些化合物中的水分子与金属离子发生了络合作用，使得水分子在高温下仍然存在于晶体晶格中，该假设已经通过 XRD 分析得到了验证。

美国陆军装备研究中心已经成功研制了无高氯酸盐的 M116A2 地面爆炸模拟器和 M116A1 手榴弹模拟器、M274 烟信号 2.75 英寸火箭模拟器和战场效应模拟器。无高氯酸盐模拟器的配方是以少量的白炭黑锻制氧化硅为加工助剂(物料的混合工艺所需),加入硫黄降低火工品的点火温度,加入少量硼酸实现长期贮存稳定性。这是由于配方中同时含有 Al 和硝酸盐,在一定湿度下长期贮存时会生成氢氧化铝,而加入弱酸性的硼酸可避免产生碱性环境,从而避免潜在的不相容性,并可阻止药剂混合过程中可能发生的自燃现象。

7.5　含能材料的绿色工艺

7.5.1　绿色制造技术概述

目前,开发新型可用的含能材料变得越来越困难,这主要是由于除了追求更高的能量、更好的安全性外,还要求原材料及其工艺不能对环境有害。因为含能材料是在开放的环境中测试和使用,所以材料本身、残留物及其分解产物均暴露于自然环境中。有些材料,如高氯酸盐或 RDX,还会进入供水系统并持续存在。某些弹药中所使用的铅底火(含铅点火药)也会造成环境中铅的聚集和污染,这在军用或民用的射击场等此类地方尤为突出。在含能材料的生产工艺领域,环境友好的生产工艺能够有效地减少生产废物的排放,尤其当含能材料的生产规模极其庞大时,这一点显得尤为重要。因此,能够开发出环境友好的生产工艺生产现有含能材料,或发展新型替代材料,均可有效地减少在含能材料生产过程中产生的有害废物。

含能材料在国防工业中的使用量较大,其生产及使用过程属于对人员健康和环境有重要影响的特种化工领域,容易对环境和人员健康造成很大影响,因此需要对其进行相应的技术改造和升级。20 世纪 90 年代初以来,美、日、英、法和俄等国依据绿色化学的十二项原则,开展了大量含能材料绿色制备工艺研究。该原则主要内容如下:

(1) 防止污染优于治理污染。防止废物的产生而不是产生后再来处理。

(2) 原子经济性。应该设计这样的合成方法,使反应过程中所有的物料能最大限度地进入到终极产物中。

(3) 化学合成低毒性。设计可行的方法,使得合成中只使用或产生很少,甚至不涉及对人体或生态环境有毒的物质。

(4) 产物的安全性。设计化学反应的生成物不仅具有所需要的性能,还应具有最小的毒性。

(5) 溶剂和助剂的安全性。尽量不用辅助物质(如溶剂、萃取剂等),当必须使用时,尽可能是无害的。

(6) 设计的能量高效性。尽可能降低化学过程所需的能量,还应该考虑其环境和经济效益。合成过程尽可能在常温、常压下进行。

(7) 原材料的可回收性。如果在技术上、经济上是可行的，原材料应能回收而不是消耗。

(8) 减少衍生物。应尽可能避免或减少不必要的衍生反应(如使用基团屏蔽、保护/去保护、暂时改变物理/化学性质等过程)，因为这些步骤需要额外的反应物，同时还会产生废弃物。

(9) 催化作用。催化剂(选择性越专一越好)比符合化学计量数的反应物更占优势。

(10) 可降解性。设计生产的物质发挥完作用后，应该降解为无害物质，而不是长期存留在环境中。

(11) 在线分析，阻断污染。需要不断发展分析手段，以便实时分析，实现在线监控，提前控制有害物质的生成。

(12) 预防事故，提高本质安全性。

在化学反应中，选择使用或生成的物质应将发生气体释放、爆炸、着火等化学事故的概率降至最低。绿色化学原则广泛用于指导生产工艺的设计，这是由于许多化学品对人类健康和环境影响最大的环节就是生产过程。含能材料与一般化学品有着很大区别，通常无法回收利用，只能简单地废物处理；它们分解或者燃烧的产物会直接进入到环境中。因此，绿色化学原则也可以应用于含能材料的设计和生产中。

与环境相容的绿色高性能含能材料技术是目前含能材料研究的热点之一，也是未来含能材料发展的方向。当前，含能材料的绿色化注重在新一代含能材料配方基础上的新材料、新技术开发，包括高能量密度材料的合成及应用，新型黏结剂的开发，无毒燃速催化剂的使用等，以及从合成工艺角度考虑进行含能材料的绿色合成和火炸药绿色制造工艺。含能材料的绿色化是一项长期的研究工作，对人类的健康和环保有着积极的意义和作用，必须得到更大的关注与支持。

7.5.2　绿色合成工艺

以硝基化合物(聚合物)为代表的含能材料是火炸药技术的基础，其传统制造工艺过程大都涉及硝化反应，而目前已有的硝化反应过程均会产生含有大量有机物的废酸和废水，环境污染严重，治理费用高，因此需要对这些制造工艺进行绿色化和低成本改进。国内外研究人员对各种可能的新技术开展了论证，讨论和探索了一些具有绿色制造潜力的新工艺[67]。

在硝化工艺的绿色化方面，美国、英国和俄罗斯研究人员的有关研究中，最具代表性的新型硝化技术是用 N_2O_5 作为绿色硝化剂。该技术的关键是如何制备 N_2O_5 和怎样实现 N_2O_5 硝化工艺，其中研究的 N_2O_5 制备方法主要有半渗透膜电解法和臭氧氧化法。

(1) 半渗透膜电解法是在电解池内用特制的半渗透膜隔开两个电极，电解无

水硝酸而生成 N_2O_5;

(2) 臭氧氧化法是将含质量分数为 5%～10%的臭氧与氧的混合物和 N_2O_4 进行气相反应生成 N_2O_5。

试验的 N_2O_5 硝化工艺主要有两种:一种是用 N_2O_5-HNO_3-N_2O_4 混合物作硝化剂,在转子-脉动式反应器中进行硝化;另一种是用 N_2O_5 和无水 HNO_3 于液态 CO_2 中进行硝化,称为 L-CO_2 硝化法。

我国采用绿色硝化剂 N_2O_5,分别合成了火炸药产品重要的含能材料 CL-20、RDX、GAP,合成方案清洁度高[68,69];也有对采用绿色硝化剂 N_2O_5 合成 HMX 的小试工艺路线进行的研究,收率达到了 96%,并讨论了影响收率的因素[70]。文献[71]和[72]还对硝酸酯的绿色硝化工艺进行了详细的综述和评价。

超临界二氧化碳(ScCO2)作为化学溶剂可视为是绿色环保的。常温常压下 CO_2 无味、无色、无毒、不燃烧、化学性质稳定,以 CO_2 作溶剂十分理想,但是气体 CO_2 对一般有机物的溶解能力很差,难以满足要求。如果控制 CO_2 的物理状态,当温度超过 304.2K(31.2℃)、压力超过 7.37MPa 时形成 ScCO2。ScCO2 区别于以往传统的常用溶剂,是一种新型的良好溶剂,具有液相和气相的共同特性。

研究人员已成功利用 ScCO2 进行超临界萃取生产出 HMX、RDX、硝基胍(NQ)、2,4,6-三硝基甲苯(TNT)等含能材料[73]。ScCO2 作为溶剂用于提纯物质,可取代对环境造成污染的卤化物。美国海军水面作战中心的绿色化学计划要求用液态 CO_2 作处理溶剂,制备含 C—O_2、N—NO_2 和 O—NO_2 的含能材料。

电化学合成长期以来都被视为一种环保方法,体现了绿色化学的十二项原则。电子为氧化还原反应提供清洁而高效的反应物,尤其是用于替代有危险的氧化还原剂时更是如此。在很多情况下,电子比氧化剂和还原剂在成本上更加经济。与传统合成相比,控制电压可以使合成产物具有更强的选择性,且主要以水为溶剂体系。因此,体系提供的能量是受外加电压和电流密度控制的,而不是来自热量和高压,反应条件可以很温和。

此外,在电化学反应中,不同类型反应的转换也具有可能性。这有利于由不同原料出发合成特定的产物,或者减少反应步骤。电极表面可以催化一些反应过程,促进非化学计量反应的进行,提高效率,节约成本。在非直接的反应过程中,电化学反应生成具有活性的中间产物可以被原位利用,不需要贮存和运输有毒的原材料。但到目前为止,除了工业高氯酸盐之外,电化学方法还没有广泛应用于生产含能材料。

电化学修复的方法可更广泛应用于处理含能材料生产和使用过程中产生的废物,这些方法已经达到了中试规模和半工业化程度。目前,已经应用在含能材料领域中的电化学方法主要有以下几种。

(1) 处理销毁固体推进剂过程中产生的 AP 废液,得到液体的高氯酸盐[74]。

(2) 电化学法辅助芳香族亲核取代反应，高效降解硝基芳香族化合物[75]。

(3) 还原氧气生成超氧自由基和氯离子被氧化成 Cl_3^- 而非氯气[76]。

7.5.3　绿色制造工艺

含能材料产品制造过程中对环境造成影响的因素主要有生产过程中产生的废料、废水和挥发性溶剂。为了尽量减少这些污染物的产生，必须对原有制造工艺进行改进或引进新工艺[77]。

可降解的塑性黏结炸药(PBX)技术由美国海军[78]发明，这种可降解 PBX 炸药的配方采用液态聚乙二醇和己二酸制备的聚酯作为黏结剂，在二异氰酸酯作用下将其固化成聚氨基甲酸乙酯。这种聚合物不溶于水，但可溶于稀硫酸和氨水等。对比试验显示，此 PBX 配方中含固体炸药 RDX 质量分数为 82%、黏结剂质量分数为 18%时最佳，但含固体炸药质量分数低于 82%的 PBX 易于加工；RDX 粒度较大时，有利于提高其回收率。试验证明，RDX 几乎可以全部回收，且适合再用作炸药填料。

溶胶-凝胶法制备技术是一种操作条件温和的制备纳米复合含能材料的新工艺，符合含能材料绿色制造的思路[79]。美国劳伦斯利弗莫尔国家实验室最先将该方法用于制造含能材料纳米复合物，制备了多种具有纳米结构的含能材料复合物。美国加州大学的研究人员对该方法也进行了大量研究，并基于该方法在含能材料各领域的应用可能，申请了专利。

以 TSE 技术[80]为核心的连续化制造技术具有省时、省力、适应性强和可柔性生产等优点，热塑性推进剂和发射药制造领域一直在探索利用该技术实现连续化和柔性制造。20 世纪 90 年代国外已建成了多条可生产单基、双基、三基发射药、热塑性弹性体推进剂、LOVA 发射药、塑料黏结炸药的双螺杆连续生产线。

尽管 TSE 技术在热塑性推进剂和发射药的连续化柔性生产线中得到了广泛应用，但该技术仍处于不断发展和改进中，而且随着含能材料新型品种的不断出现也需要进行适配性研究。目前，以 TSE 为核心的含能材料柔性制造工艺的技术水平和应用研究范围不断拓展，用于加工的含能材料种类已发展到新型 TPE 推进剂、TPE 塑料黏结炸药、热固性复合推进剂、高铝含量温压炸药和纳米复合含能材料等。

20 世纪 90 年代中期，美国和法国将 TSE 技术拓展应用到复合推进剂的连续化生产中。荷兰 TNO 普林斯莫里茨实验室(Prins Maurits Laboratory, PML)弹药技术部近年来一直进行新型 TPE 发射药 TSE 加工工艺的安全性能研究。美国材料研究与工艺公司在提高 TSE 制造技术的柔性制造能力方面仍在开展进一步研究。美国陆军 Picatinny 兵工厂研究用连续化 TSE 工艺加工处理高含 Al 量温压炸药 PAX-3，并与材料加工公司合作，采用世界上最小(7.5 mm)的防爆型全功能迷你

TSE 设备探索了新型纳米复合含能材料的加工工艺。

复合推进剂的生产一般采用间接工艺,从绿色环保的理念出发,也需要采用连续混合成型技术[81]。该技术的研究和开发已从早期以交替运行螺旋连续混合机为核心发展到当今以反应性双螺杆混合成型为核心。前者的主要代表是美国 20 世纪 60 年代的北极星导弹和 80 年代的航天飞机 ASRM 发动机中复合推进剂连续化生产技术,但可能由于某些技术原因,该技术的后续发展计划被取消。后者的主要代表是法国以 TSE 混合成型为核心的汽车安全气囊气体发生剂的连续化生产技术(已为数百万个安全气囊连续化生产了超过 1600t 气体发生剂)和美、法两国复合推进剂连续加工合作研究计划开发的相关技术。1997~1999 年法国和美国分别利用该连续生产技术生产了浇铸发动机装药(法国)和挤出成型发动机装药(美国),并进行了发动机测试。复合推进剂的连续混合成型技术大大降低了费用,并显著提高了生产安全性(将在线药量降低了 3 个数量级)。对于热固性火炸药的连续化制造,在普通双螺杆技术的基础上开发的反应性双螺杆工艺技术是目前研究的主要方向。

7.6 废旧含能材料的回收利用

7.6.1 废旧含能材料的来源和性质

含能材料是一种高能量密度、瞬间功率大的亚稳性物质,是重要的化学能源,同时也具有极强的破坏力。近年来,这种特殊材料不仅运用于国防军事,也越来越多地用于国民建设。废旧的含能材料主要来自以下几个方面:报废弹药,如炮弹、航弹、地雷、鱼雷、手榴弹、火箭、导弹等;超过贮存期的武器弹药;新式武器代替旧式武器,使并未超过贮存期的武器弹药淘汰退役;含能材料的生产厂在制造这些材料时产生的废料、边角料和不合格产品等。

废旧含能材料相对于生活及工业废弃物尽管数量少,但因为其固有的不安定性和高能量,有的甚至有毒,而且处理过程具有一定风险,所以对社会和环境构成很大的威胁,如果不能妥善地处理,将会造成重大安全事故和环境破坏。过去主要采用露天燃烧或爆炸的方法对含能材料进行处理,但在环境保护法规的要求下,传统的处理方法逐渐被废止,以健康、节能、环保为核心的"绿色"销毁理念日益受到重视。目前,各国都十分重视弹药全寿命周期技术管理,废旧含能材料的回收处理是重点。

目前,对于废旧含能材料的处理技术主要包括两大类,一类是废旧含能材料的非含能化技术;另一类是废旧含能材料的资源化利用技术。非含能化技术是指通过可控的方式使含能材料的内能完全释放出来,转变为稳定的非爆炸性物质,如焚烧法、熔融盐破坏技术、超临界水氧化法、热解破坏法、生物降解法、紫外线氧化处理等各种转化技术。废旧含能材料的资源化利用，就是充分利用废旧含能材料的潜能，从中获取或使其变为有用的产品。

依据是否再次利用废旧含能材料爆炸燃烧的特性，资源化利用的途径又可分为两大类，一类是利用其本身的燃烧爆炸特性，主要用于锅炉的辅助燃料、制作工业炸药、再生利用于军事等；另一类是经过物理化学法使其转变为工业原料，如通过物理方法提取其中的高价值成分，或通过化学方法使其转变为纤维素、甘油、草酸等工业原料。

7.6.2 废旧含能材料的再利用途径

传统的处理方法是将废旧的含能材料烧毁或者炸毁，不但没有物尽其用，还造成了不同程度的环境污染。为此，各国开展了废旧含能材料再利用研究工作，废旧含能材料的再利用途径主要有以下几种[82]。

(1) 转变为化工原料或产品。对于由几种不同组分混合而成的发射药、推进剂和炸药，利用溶剂浸出、分离、精制有用组分，分离出高分子材料、增塑剂、氧化剂、金属粉、单体含能材料(如 NC、TNT、RDX)等。另一种较为普遍的方法是化学转变法，根据含能材料组分的不同，利用加碱水解反应、与加入的其他物质接枝反应等，将其转变为甘油、草酸、酒石酸、氨基二硝基甲苯、硝基漆、漆布料、胶黏剂等。此法的不足是分离提取转变的成本较高，最终产物得率低，分离、转变过程产生的三废需要处理，企业难以盈利。

(2) 作为一般或特殊能源。含能材料的特征是自身能够发生化学反应并放出大量能量，因此将其作为能源再利用是合适的处理途径。作为一般能源利用时，含能材料可以作锅炉的辅助燃料，通常是将废旧含能材料用溶剂溶解，之后送入锅炉，或与燃油混合后再喷入锅炉，但必须注意加入量和加入方式，以确保安全。

20 世纪 90 年代初，美军就开始评估采用推进剂作为燃料的可行性，并进行了试验研究。首先用溶剂溶解推进剂，使其钝感化，然后直接与燃油混合，供部队工业锅炉使用。该研究为后续的相关研究奠定了基础。

将废旧含能材料作为一般能源利用，能回收部分能量，可较好地解决环保问题，所用方法较为简单，但还是不能达到大批量处理的目的，更为可惜的是没有利用含能材料快速燃烧和爆炸的特性。部分含能材料可以作为特殊能源利用，如利用过期"双迫"发射药可改制成射钉枪药，对于能量密度较低的双芳-3，再加入高能组分也能达到射钉枪药的性能。

(3) 作为主要组分制成工业炸药。目前，我国每年消耗工业炸药数百万吨，如果将废旧含能材料作为主要组分制成炸药，不仅利用了其燃烧和爆炸的特性，而且能够使其大批量地得到处理，变废为宝。

美国已研究出了利用废旧含能材料制备工业炸药的制作工艺，将一定量的废旧含能材料直接与液态工业爆破剂相混合，进行爆轰作业，用于开矿和采石，爆炸效果理想。该技术于 1993 年获得美国专利。

美国通用技术公司在循环使用大量废旧含能材料方面取得了很多成就，依据推进剂/炸药评估模型，开发了多种废旧含能材料循环使用的方法。其中，将两种固体推进剂在低温条件下进行粉碎，粉碎的颗粒作为工业炸药成分用于开矿，获得了巨大成功，并进行了工业化生产。

我国经过大量的实验，以废旧发射药为主要组分的工业炸药已通过原国防科工委民爆局的技术鉴定和生产鉴定。以单基药为主要组分的工业炸药已于 1996 年实现了工业化批量生产，生产过程无三废排放，社会效益和经济效益明显。事实证明，这是废旧含能材料再利用的优选途径。

7.6.3　废旧含能材料的回收再利用技术

将废旧含能材料的有效组分回收并重新利用是一种经济有效的处理方法，主要包括萃取法、熔融法、熔盐破坏技术、超临界水氧化法、热解破坏法、生化降解法等[83-87]。

萃取法可回收再利用含有多种组分的废旧含能材料，并使其中的各个组分分离开来。该方法主要回收其中一些成本较高或有用的组分重新作为军品或民品的原材料使用，具体实现途径包括溶剂萃取法、超临界流体萃取法等。

溶剂萃取法处理周期短、耗费低，现在已有了较成熟的化学工艺做后盾，易于实现工业化，并且已有少数工厂采用了这类方法处理废旧火炸药。例如，处理质量浓度较高的 TNT 废水，萃取剂常为苯、汽油、乙酸丁酯等，还可用于回收固体推进剂中价格昂贵的卡硼烷等。

早在 20 世纪 50 年代初期，美国奥林公司报道的从单基发射药中回收硝化纤维素的专利技术就是采用溶剂萃取法，可使回收的硝化纤维素纯度达到 98%～99.5%，而回收费用仅为制造新硝化纤维素的 10%。超临界流体萃取法是一种萃取样品中金属离子的新方法，可以从固体混合废料中除去有机污染物、有毒金属和放射性元素，而不需使用任何酸或有机试剂，可极大地减少二次废料的产生。已有研究用 $ScCO_2$ 作为萃取溶剂成功地从 B 炸药中通过 TNT 组分的萃取来实现 RDX 的回收。

可以采用熔融法分离熔点不同的含能材料。例如，分离含有 TNT 和 RDX 的混合炸药组分，由于 TNT 的熔点较 RDX 低，控制加热温度使混合炸药中的 TNT 熔融，便能将其与固态 RDX 分离开来。

吸附法是利用多孔性物质(如活性炭等)的吸附作用处理废旧含能材料的一种方法，也是目前处理 TNT 废水最为有效的物理方法。该方法的缺点是吸附 TNT

有爆炸危险，饱和炭再生后疏松且易碎，因此可将活性炭与其他方法相结合，如活性炭吸附-离子交换法、活性炭厌氧流化床-活性污泥法等。

此外，还可以通过机械混合法与机械压延法使军用炸药民用化。通过机械混合的方式，添加必要的安定剂、调节剂后，可以将经过粉碎的废旧含能材料或从其分离出来的含能材料组分制成各种形式的民用炸药，变废为宝。机械压延法是在加热和溶剂浸泡条件下，使废弃发射药软化后重新制成合格的发射药成品，在加工过程中可以加入适量的安定剂以提高成品的安定性。

熔盐破坏技术是近十年来研究开发的一种处理废旧含能材料和污染物的有效处理方法。基本原理是由钠、钾、锂、钙等的碳酸盐、氯化物、硫酸盐的混合物组成熔盐，这种盐具有优良的热传导性，是极佳的反应介质。废旧含能材料的有机成分在熔盐中被催化氧化成 CO_2、N_2、水蒸气，气体产物流经特定的清洗系统后排入大气中；卤代烃产生的酸性气体，如 HCl 被碱性碳酸盐中和后生成稳定的无机盐；无机成分留在熔盐中，形成残渣，残渣中的碳酸盐回收后可再利用。

经熔盐破坏技术处理后的含能材料就转化成了无毒、无害的非含能材料。由 Greenberg 创立的熔盐破坏技术获得了美国专利，该方法可降低含碳物质燃烧产生的有害气体，通过与熔盐接触，无论是气态、液态还是固态含碳物质，都能被充分氧化，可有效降低有害气体 CO 的生成量。此外，熔融盐的作用就像催化剂，可以使材料在低于正常燃烧温度的情况下实现氧化，同时大幅度降低不燃烧污染物。熔盐可以通过两种方式参与氧化作用，一种是中性盐，在氧气存在的情况下与材料接触；另一种是采用具有化学氧化作用的催化盐，该盐通过吸收环境中的氧而不断释放出新氧气，以保持氧气的平衡压力，促进氧化作用进行。虽然熔盐破坏技术可以安全而彻底地破坏许多含能材料，但目前仍在研究中，且破坏规模还远不能满足大批量处理废旧含能材料的需要，尚需进一步完善。

超临界水氧化法也是一种处理和回收废旧含能材料的理想方法。在超临界水的反应条件下，呈溶液状态的废旧含能材料被氧化破坏率可达 99.9%。此方法能够快速、高效去除污水中的有毒、有害有机物，同时可以深度处理一些不能用其他方法有效去除的污染物，使之无毒无害化，但需要耐高压、耐腐蚀的反应器。已有研究将超临界水氧化技术应用于 HMX 塑性黏结炸药的水解处理，实验表明，此方法可以将有机物转化为 CO_2、N_2 和 N_2O。

超声波氧化法的基本原理是利用声波辐射使液体形成高能空气泡，在气泡破裂的极短时间内，气泡及周围的极小空间内出现热点，产生的高温和超高压使氧化能力极强的·OH 生成，直接或间接作用于废旧含能材料中的有机污染物，使其降解。该方法主要用于去除水中难降解的有机污染物，目前仍处于探索阶段。

热解破坏法最初用于处理有机废物，其原理是在高温和缺氧的条件下使有机物降解，产物一般为可燃性气体，可用作燃料使用。采用该方法处理复合推进剂的步骤：首先浸出复合推进剂中的氧化剂；其次在无氧的条件下加热含有 Al 粉的黏结剂，将热解出的气体进行收集和浓缩，可用作燃油，研究发现该油的性质与柴油非常相似；最后 Al 粉全部留在残渣中，性质基本没有变化，可以再次回收利用。该方法是较为理想的处理方法，不仅消除了废弃火炸药的安全隐患，而且还会带来巨大的经济效益，但所需的处理设备价格比较昂贵，运行和维护费用较高。

生化降解法是利用生物的新陈代谢作用对废旧含能材料中的污染物进行转化和稳定化，使之无害化的处理方法，分为好氧处理和厌氧处理两类。好氧处理包括活性污泥法、生物膜法等；厌氧处理主要指甲烷发酵法，两者兼有的方法有氧化塘法。活性污泥法是利用悬浮生长的微生物絮凝体(即活性污泥)处理废水的一类好氧生物处理方法，由好氧微生物(包括真菌、细菌、原生动物及后生动物)及其代谢和吸附的有机物和无机物组成，显示生物化学活性，具有降解废水中有机污染物的能力。此法是一种最为常用的生化法，但存在基建投资和占地面积过大，运转管理复杂等缺点。

生物膜法是在分解有机污染物过程中，通过添加介质(填料)作为微生物附着的载体，微生物在其表面生长繁殖，逐步形成微生物膜，利用这种微生物膜净化污水，具有膜的生物活性高、反应稳定等优点。厌氧生化法是在无氧条件下，利用兼性厌氧菌和专性厌氧菌降解有机污染物的处理技术，其优点是效率高、成本低。目前，以实验室保藏菌种为基础，已构建了偏二甲肼高效复合降解菌群 FYD，可应用于偏二甲肼泄漏到水体中时的应急处理。通过菌群降解偏二甲肼影响因素实验，确定了该菌群降解偏二甲肼的最优条件：温度为 35℃、pH 为 7.2、接种量为 2%，偏二甲肼初始浓度为 50mg·L^{-1}，此条件下偏二甲肼的 72 h 降解率最高，为 99.10%，出水偏二甲肼浓度小于 0.5mg·L^{-1}，各项指标均达到了 GB 14374—1993 排放标准要求。

氧化塘法是利用塘水中自然发育的微生物(好氧、兼性和厌氧)，通过其代谢活动氧化分解有机废物的生物方法。氧化塘可分为好氧塘、兼性塘、厌氧塘、曝气塘和深度处理塘等。中国科学院微生物研究所的研究人员曾利用该法把 100～150mg·L^{-1} 的 TNT 转化为 CO_2、H_2O 和 NH_3 等小分子，转化率在 99%以上，用其中 10 株菌混合接种于接触氧化池处理 TNT 废水获得成功。利用生物降解的技术能使废旧含能材料或含有含能材料的沉积物发生分解反应，有的反应产物甚至可以成为有用的肥料，堆肥过程中产生的热也可被用作加热源。其他生化法还有白腐真菌法、静置生化法、土壤灌溉法等。现在也有研究者将物化法与生化法结合起来处理含能材料废水，已取得了良好效果，如采用水解酸化预处理法处理浓度为 60～85mg·L^{-1} 的 TNT 废水，可达国家排放标准(< 0.5mg·L^{-1})。

对于大批量废旧含能材料的处理，在环境保护法规的要求下，传统处理方法需由环境污染较少的方法取代。近年来，针对环境保护和资源回收利用这两点，人们对废旧含能材料的处理进行了多方面的探索研究，并取得了一些研究成果。但由于各种因素的限制(如怕泄露军用火炸药品种配方秘密、投资较大、经济效益较低、处理量有限等)，大多数方法并没有得到实际应用，有的还处于实验室研究阶段。

在研究废旧含能材料各种处理方法的同时，有些研究者采用计算机模拟，对处理的可行性和经济效益进行系统分析，我国在这方面也做了大量的研究工作。然而，在我国待处理的废旧含能材料贮存量和目前采用非焚烧法所能处理的废旧含能材料量之间，仍存在着较大的差距，使得大量的废旧含能材料仍不得不采用焚烧的办法进行处理，浪费了这种潜在资源。可见，在科研成果转化为实际生产力及推广新型废旧含能材料处理技术等方面还有许多工作要做。另外，由于废旧含能材料固有的不安定性、不安全性和生物毒性，以及各项技术的自身局限性，一项技术单独使用往往很难达到理想效果，有时还需要两种或多种技术的联用，相信今后综合性处理技术的开发及应用会成为该领域的研究热点。

参 考 文 献

[1] DUBOVIK A V, MATVEEV A A. Explosion-like reactions in poly (vinyl chloride) on impact[J]. Doklady Physical Chemistry, 2012, 446(2): 163-165.

[2] KHOLEVO N A. Sensitivity of High-Explosives to Impact[M]. Moscow:Mashinostroenie, 1974.

[3] 陆明, 赵月兵. RDX 与 Al 混合体系的静电火花感度研究[J]. 兵工学报, 2009, 30(12), 1602-1606.

[4] 江晓原. 关于四大发明的争议和思考[J]. 科技导报, 2012, 30(2): 15-17.

[5] 崔克清. 安全工程大辞典[M]. 北京:化学工业出版社, 1995.

[6] 张朝阳. 含能材料能量-安全性间矛盾及低感高能材料发展策略[J]. 含能材料, 2018, 26(1): 2-10.

[7] FRIED L E, MANAA M R, PAGORIA P F, et al. Design and synthesis of energetic materials[J]. Annual Review of Materials Research, 2001, 31(1): 291-321.

[8] 董海山. 高能量密度材料的发展及对策[J]. 含能材料, 2004, 12(Z1): 1-12.

[9] FICKETT W, DAVIS W C. Detonation: Theory and Experiment [M]. North Chelmsford: Courier Corporation, 2000.

[10] VAULLERIN M, ESPAGNACQ A, BLAISE B. Reparametrization of the BKW equation of state for the triazoles and comparison of the detonation properties of HMX, TNMA and NTO by means of ab-initio and semiempirical calculations[J]. Propellants, Explosives, Pyrotechnics, 1998, 23(2): 73-76.

[11] HE B, LONG X, JIANG X, et al. Performance prediction of electrothermal chemical propellants with VLWEOS[R]. Proceedings of the Seventeenth Symposium on Explosives and Pyrotechnics, Philadelphia, 1999.

[12] KISTIAKOWSKY G B, WILSON E B. The prediction of detonation velocities of solid explosives[R]. Office of scientific research and development, Washington D.C., 1941.

[13] COWPERTHWAITE M, ZWISLER W H. The JCZ equations of state for detonation products and their incorporation into the TIGER code[C].Sixth Symposium (International) on Detonation, Coronado, California, 1976: 162.

[14] 何飘, 杨俊清, 李彤, 等. 含能材料量子化学计算方法综述[J]. 含能材料, 2018, 26(1):34-45.

[15] POSPISIL M, VAVRA P, CONCHA M C, et al. A possible crystal volume factor in the impact sensitivities of some energetic compounds[J]. Journal of Molecular Modeling, 2010, 16(5): 895-901.

[16] BALZER J E, FIELDJ E, GIFFORD M J, et al. High-speed photographic study of the drop-weight impact response of ultrafine and conventional PETN and RDX[J]. Combustion and Flame, 2002, 130(4): 298-306.

[17] APPALAKONDAIAH S, VAITHEESWARAN G, LEBEGUE S. Structural, vibrational, and quasiparticle band structure of 1,1-diamino-2,2-dinitroethelene from ab initio calculations[J]. The Journal of Chemical Physics, 2014, 140(1): 014105.

[18] 王国栋, 刘玉存. 用化学结构参数预测炸药的撞击感度[J]. 火炸药学报, 2007, 30(2):41-44.

[19] DELPUECH A, CHERVILLE J. Relation entre la structure electronique et la sensibilité au choc des explosifs secondairesnitrés. Critère moléculaire de sensibilité II. Cas des esters nitriques[J]. Propellants, Explosives, Pyrotechnics, 1979, 4(6): 121-128.

[20] 肖鹤鸣, 李永富. 金属叠氮化物的能带和电子结构——感度和导电性[J]. 中国科学: B 辑, 1995, 25(1): 23-28.

[21] TURKER L. Tunneling effect and impact sensitivity of certain explosives[J]. Journal of Hazardous Materials, 2009, 169(1-3): 819-823.

[22] BOUMA R H B, BOLUIJT A G, VERBEEK H J, et al. On the impact testing of cyclotrimethylene trinitramine crystals with different internal qualities[J]. Journal of Applied Physics, 2008, 103(9): 093517.

[23] 肖鹤鸣, 居学海. 高能体系中的分子间相互作用[M]. 北京:科学出版社, 2004.

[24] JU X H, XIAO H M, XIA Q Y. A density functional theory investigation of 1,1-diamino-2,2-dinitroethylene dimers and crystal[J]. Journal of Chemical Physics, 2003, 119(19): 10247-10255.

[25] 孙小巧, 范晓薇, 居学海, 等. 推进剂组分相容性研究方法[J].化学推进剂与高分子材料, 2007, 5(4): 30-36.

[26] VAN KREVELEN D W, NIJENHuIS K T. Properties of Polymers[M]. Amsterdam: Elsevier Scientific Publications, 1990.

[27] 李晋庆. 低易损炸药的评价方法[J].火炸药学报, 1999,22(2): 15-18.

[28] 杨慧群. 炸药装药结构的易损性研究[D]. 南京:南京理工大学, 2005.

[29] XI P, NAN H, NI B,et al. Vulnerability of composition B by bullet penetration[J]. Chinese Journal of Energetic Materials, 2014,22(1): 62-65.

[30] XIAO Q Z, SHUANG Q H. Influences of charge densities on responses of explosives to slow cook-off [J]. Explosion and Shock Waves, 2013, 2: 21.

[31] 张保良,张红,李哲.低易损性炸药的应用研究[J].兵工自动化,2017(7):9-11.

[32] 盛涤伦, 朱雅红, 陈利魁. 绿色火工含能材料的发展与评述[C].中国科协年会, 昆明, 2014: 1-9.

[33] TALAWAR M B, SIVABALAN R, MUKUNDAN T, et al. Environmentally compatible next generation green energetic materials (GEMs)[J]. Journal of Hazardous Materials, 2009, 161(2):589-607.

[34] 张志忠,姬月萍, 王伯周,等. 二硝酰胺铵在火炸药中的应用[J].火炸药学报, 2004, 27(3):36-41.

[35] TARTAKOVSKY V A. Syntheses of dinitro amide salts [C]. Proceedings of the 25th International Annual Conference of ICT, Karlsruhe, 1994:13-17.

[36] CHEN M L, MAY D, SUSAN C, et al. Development of environmentally accepable propellants[C]. Proceeding of the 84th Symposium of the Propul sion and Energetic Panel on the Environment Aspects of Rocket and Gun Propulsion, Paris, 1994.

[37] 丁黎, 陆殿林. 硝仿肼及其推进剂的研究进展[J].火炸药学报, 2003, 26(3): 35-38.

[38] SCHOYER H E R, LOUWERS J, KORTING P, et al. Overview of the development of hydrazinium nitroformate[J]. Journal of Propulsion and Power, 2002, 18(1): 138-145.

[39] SCHOYER H F R, SCHNORHK A J, KORTING P, et al. IIigh-performance propellants based on hydrazinium nitroformate[J]. Journal of Propulsion and Power, 1995, 11(4): 856-869.

[40] 莫红军. 国外固体推进剂发展现状[J]. 火炸药动态, 2007(4): 24-27.

[41] 魏伦, 王琼林,刘少武,等. 高能量密度化合物 CL-20、DNTF 和 ADN 在高能发射药中的应用[J].火炸药学报, 2009, 32(1):17-20.

[42] SIVABALAN R, TALAWAR M B, SENTHILKUMAR N, et al. Studies on azotetrazolate based high nitrogen content high energy material spotential additives for rocket propellants[J]. Journal of Thermal Analysis & Calorimetry, 2004, 78(3):781-792.

[43] HAMMERL A, HISKEY M A, HOLL G, et al.Azidoformamidinium and guanidinium 5, 5′-azotetrazolate salts[J]. Chemistry of Materials, 2005, 17(14): 3784-3793.

[44] 杨利. 富氮化合物化学及其应用的研究[D]. 北京:北京理工大学, 2002.

[45] 王宏社, 杜志明. 富氮化合物研究进展[J].含能材料, 2005, 13(3):196-199.

[46] WEI H, GAO H, SHREEVE J M. Corrigendum: N-oxide 1,2,4,5-tetrazine-based high-performance energetic materials[J]. Chemistry- A European Journal, 2015, 21(7): 2726-2727.

[47] BEAPRE F, AMPLEMAN G. Synthesis of linear GAP based energetic thermoplastic elastomers for use in HELOVA gun propellant for muIations [C].27th Internatjonal ICT Conference, Karlsruhe, 1996: 1-11.

[48] 庞爱民. 国外 GAP 推进剂研制现状[J].固体火箭技术, 1994 (2):45-54.

[49] 何利明,肖忠良,张续柱,等. 国外火药含能黏结剂研究动态[J].含能材料, 2003, 11(2):99-102.

[50] SANGHAVI R R, KAMALE P J, SHAIKH M A R, et al. Glycidyl azide polymer-based enhanced energy LOVA gun propellant[J]. Defence Science Journal, 2006, 56(3):407-416.

[51] OYUMI Y, INOKAMI K, YAMAZAKI K, et al. Burning rate augmentation of BAMO based propellants[J]. Propellants, Explosives, Pyrotechnics, 2010, 19(4):180-186.

[52] HSIEH W, PERETZ A, KUO K K, et al. Combustion behavior of boron-based BAMO/NMMO fuel-rich solid propellants[J]. Winged Missiles Journal, 1992, 7(4):497-504.

[53] MIYAZAKI T, KUBOTA N. Energetics of BAMO[J]. Propellants, Explosives, Pyrotechnics, 1992, 17(1): 5-9.

[54] OYUMI Y, ANAN T, BAZAKI H, et al. Plateau burning characteristics of AP based azide composite propellants[J]. Propellants, Explosives, Pyrotechnics, 1995, 20(3): 150-155.

[55] 张玉成, 杨丽侠, 蒋树君. LOVA 发射药点火燃烧性能[J].火炸药学报, 2004, 27(2):41-43.

[56] CONSTANTINO M, ORNELLAS D. Initial results for the failure strength of a LOVA gun propellant at high pressure and various strain rates[R]. Lawrence Livermore National Labratory, California, 1985.

[57] BERTELEAU G. Compositions modifying ballistic ProPerties and ProPellants containing Such compositions: U.S. 5, 639, 987[P].1997-06-17.

[58] RUSSELL R R. Propellant binders cure catalyst: U.S. 4, 379, 903[P]. 1983-04-12.

[59] GORE G M, TIPARE K R, BHATEWARA R G, et al. Evaluation of ferrocene derivatives as burn rate modifiers in AP/HTPB-based composite propellants[J]. Defence Science Journal, 1999, 49(2): 151.

[60] 宋秀锋. 有机铋盐的合成及其在双基系固体推进剂中的应用[D]. 西安: 西安近代化学研究所, 2005.

[61] HAMILTON R S, MANCINI V E, WARDLE R B, et al. A fully recyclable oxetane TPE rocket propellant[C]. International Annual Conference of the Fraunhofer ICT, Karlsruhe, 1999.

[62] HORDIJI A C, SCHOOLDERMAN C, RAMLAL D. Recycling of a TPE based gun prpellant[C]. International Annual Conference of the Fraunhofer ICT, Karlsruhe, 2003.

[63] MANNING T G, THOMPSON D, ELLIS M, et al. Environmentally friendly 'Green' propellant for the medium caliber training rounds[R]. Army Armament Research Development and Engineering Center Picatinny, Arsenal NJ, 2006.

[64] BARBEE T J, SIMPSON R L, GASH A E. Nano lami-nate based ignitors: WO, 2005016850[P]. 2012-12-11.

[65] 任晓雪. 国外富氮化合物技术研究进展[J]. 飞航导弹, 2016(7): 87-90.

[66] CARRINGTON D. Environmentally friendly explosives get ready for ignition[J]. Newscientist, 2001, 42: 12-13.

[67] 赵瑛. 绿色含能材料的研究进展[J].化学推进剂与高分子材料, 2010, 8(6):1-5.

[68] 钱华,吕春绪,叶志文. 绿色硝解合成六硝基六氮杂异伍兹烷[J].火炸药学报, 2006, 29(3):52-53.

[69] 于天梅. 黑索金绿色合成工艺的研究[D]. 南京:南京理工大学, 2009.

[70] 王克强,莫红军.环境友好型固体推进剂研究[J].飞航导弹, 2006(10):44-47.

[71] 王庆法, 石飞, 张香文, 等. 缩水甘油硝酸酯的绿色合成[J].火炸药学报, 2009, 32(4): 14-16.

[72] 吴强, 谢洪涛, 袁伟,等. 硝酸酯绿色硝化工艺研究进展[J].化学推进剂与高分子材料, 2004, 2(3):5-10.

[73] POURMORTAZAVI S M, HAJIMIRSADEGHI S S. Application of supercritical carbon dioxide in energetic materials processes: A review[J]. Industrial & Engineering Chemistry Research, 2005, 44(17): 6523-6533.

[74] CORDES D B, SMIGLAK M,HINES C C, et al. Ionic liquid-based routes to conversion or reuse

of recycled ammonium perchlorate[J]. Chemistry-A European Journal, 2009, 15(48): 13441-13448.

[75] CRUZ H, GALLARDO I, GUIRADO G. Electrochemically promoted nucleophilic aromatic substitution in room temperature ionic liquids—an environmentally benign way to functionalize nitroaromatic compounds[J]. Green Chemistry, 2011, 13(9): 2531-2542.

[76] HAPIOT P, LAGROST C. Electrochemical reactivity in room-temperature ionic liquids[J]. Chemical Reviews, 2008, 108(7): 2238-2264.

[77] 王昕. 绿色火炸药及相关技术的发展与应用[J].火炸药学报, 2006, 29(5):67-71.

[78] KOUTSOSPYROS A, PAVLOV J, FAWCETT J, et al. Degradation of high energetic and insensitive munitions compounds by Fe/Cu bimetal reduction[J]. Journal of Hazardous Materials, 2012, 219-220: 75-81.

[79] RAMASWAMY A L, KASTE P. Nanoscale studies for environmentally benign explosives & propellant[C]. Proceedings of the Meeting on Advances in Rocket Propellant Performance, Denmark, 2002: 176.

[80] 彭翠枝, 程普生, 张春海. 世界兵器年度发展报告之世界火炸药技术发展分析[R]. 北京: 兵器工业情报所, 2008.

[81] DAVENAS A. Development of modern solid propellants[J]. Journal of Propulsion and Power, 2003, 19(6): 1108-1128.

[82] 王泽山. 废弃含能材料的处理与再利用[J]. 化工时刊, 1996(6):3-5.

[83] 贺传兰. 废旧含能材料的处理[C].全国爆炸与安全技术学术交流会, 绵阳, 2002: 206-211.

[84] 张力, 李文钊, 许路铁, 等. 废旧含能材料再处理技术研究进展[J]. 装备环境工程, 2013(3): 54-58.

[85] 顾建良, 王泽山. 废弃含能材料的再利用研究[J]. 爆破器材, 2004, 33(4): 4-7.

[86] 田轩, 王晓峰, 黄亚峰,等. 国内外废旧火炸药处理技术分析[C].中国科协年会第九分会场-含能材料及绿色民爆产业发展论坛, 昆明, 2014: 191-196.

[87] 田轩, 王晓峰, 黄亚峰, 等. 国内外废旧火炸药绿色处理技术进展[J]. 兵工自动化, 2015, 34(4):81-84.

附　录

A1　国外主要含能材料研究机构简介

A1.1　美国劳伦斯利弗莫尔国家实验室

美国劳伦斯利弗莫尔国家实验室(Lawrence Livermore National Laboratory, LLNL)是一个早期成立的应用科学实验室，隶属于美国能源部的国家核安全局。LLNL 自 1952 年创建以来由加利福尼亚大学管理，位于加利福尼亚州旧金山东郊约 40 英里(1 英里=1609.3m)。实验室的含能材料研究部门被称为国家核安全局高能炸药智库中心"HEAF"，他们的主要职责是服务于美国能源部、国防部和交通安全局、国土安全部、联邦调查局及其他相关的政府智库组织。作为一个国家安全实验室，LLNL 的使命是通过采用先进的科学技术，确保国家的核武器安全可靠。它主要开展火炸药、火工品与药剂及其他高新技术含能材料的研究工作，用以满足不断增加的国家安全需要，如加强国家安全、开发反对恐怖分子的新式武器。

LLNL 研究领域包括：高能材料的合成及配方、软件开发及含能材料性能模拟、高能材料力学性能、高能材料模压成型、炸药微爆炸研究和含能材料的表征。LLNL 拥有价值数十亿美元的研究设备，建有现代化新含能化合物合成实验室，并配有室内密闭爆发器、B453 高性能模拟设施、飞秒机械加工系统和常规安全测试仪等。此外，在距劳伦斯利弗莫尔联合企业 15 英里的山区建有当量为 500 磅 TNT 的 300 号试验场，主要采用遥控高速光学仪器和 X 射线闪光仪探测、控制爆轰过程，其 X 射线闪光仪可透视高能炸药周围的金属外壳，并显示高能炸药与其他组分的相互作用及爆轰传递关系。

A1.2　美国洛斯阿拉莫斯国家实验室

美国洛斯阿拉莫斯国家实验室(Los Alamos National Laboratory)成立于第二次世界大战期间，位于新墨西哥州洛斯阿拉莫斯，隶属于美国能源部，管理和运行归洛斯阿拉莫斯国家安全会负责。洛斯阿拉莫斯国家实验室是世界上最大的科学和技术研究机构之一，它在国家安全、太空探索、可再生能源、医药、纳米技术和超级计算机等多个学科领域开展研究。洛斯阿拉莫斯国家实验室是新墨西哥州北部最大的研究机构和最大的雇主，实验室联合大学和业界进行能源方面的基础和应用研究，外部的科学家和学生也会访问洛斯阿拉莫斯国家实验室并参与科研项目。目前，该实验室涉及学科包括：核物理、化学、工程、计算机和信息科学、地球与空间科学、材料科学、生物科学、含能材料、国家安全和武器系统科学。实验室年度预算约为 21 亿美元。

该实验室的炸药研发中心主要负责全面发展高能材料，用于现代核武器任务发展。含能材料的研究方向包括毁伤威力评估、冲击波模拟软件开发方法、弹药的老化性能等。测试仪器和研发中心包括：多诊断设备联用的密闭爆发器、轻气炮、闪光 X 射线高速摄像机；冲击和非冲击起爆装置；双轴射线照相系统；流体动力试验设施；质子成像设备；卢汉中子散射中心；纳米综合技术中心；材料科学实验室；美国国家强磁场实验室等。

A1.3 美国圣地亚国家实验室

美国圣地亚国家实验室(Sandia National Laboratory, SNL)是能源研究和开发领域两大国家实验室之一。它们的主要任务是开发、设计和测试核武器的非核部件。主园区位于新墨西哥州阿尔布开克科特兰空军基地，另一个工作区位于加利福尼亚州利弗莫尔，靠近劳伦斯利弗莫尔国家实验室。研究目标是保证美国核武器系统的可靠性，兼顾核武防扩散技术，并开展美国核武器危险废物处理方法研究；其他科研任务还包括研究和开发新能源材料。

圣地亚国家实验室涉及的含能材料项目较多，下属炸药分支科研组是一支专业技术团队，能快速解决含能材料和火工品所涉及的各种复杂问题。其拥有高能设备及其子系统的先进设计能力，光学军械、炸药与推进剂装药部件研发能力，可开展弹药系统的故障诊断系统、可靠性分析、故障模式评价和安全性评价等。

A1.4 美国陆军研究实验室

美国陆军研究实验室(Army Research Laboratory，ARL)是美国陆军集团的下属研究实验室。ARL 总部设在马里兰州阿德菲检验中心。其最大的独立试验场在马里兰州阿伯丁。ARL 的其他主要工作场所包括北卡罗来纳州三角研究园、新墨西哥州白沙导弹靶场、佛罗里达州奥兰多市的 NASA 格伦联合研究中心、弗吉尼亚州的兰利研究中心。ARL 的前身可追溯到 1820 年美军在马萨诸塞州水城阿森纳建立的研究实验室，主要研究火工品和弹药防水装备。1946 年 6 月 11 日，研究室最初为陆军部总参谋部的一个新研发部门，在后来四十年经历了各种重组，随着一些陆军研发企业陆续加入后不断壮大。该实验室主要为美国士兵提供通用技术开发和分析，分析现有武器系统的性能，如考察武器的生存力、杀伤力、人机界面和战场环境效应等。主要研究目标是提高士兵的生存能力，如使子弹穿透更深、防弹衣防护更强。

A1.5　美国海军水面武器中心印第安爆炸物处理技术部

美国海军水面武器中心印第安爆炸物处理技术部(Naval Surface Warfare Center, Indian Head Explosive Ordnance Disposal Technology Division, NSWC IHEODTD)是美国国防部含能材料科学的中心部门，并领导美国爆炸品处理技术项目。NSWC IHEODTD 专注于含能材料和含能系统研究、开发、测试、评估和服务支持，并为陆军、海军陆战队、海军、空军和世界各地的驻军提供各种信息，包括爆炸物的检测/定位技术、访问识别、安全处理、解除利用常规和非常规炸药的威胁。NSWC IHEODTD 的主要研发点位于印第安地区的海军支援场，坐落在马里兰州南部波托马克河畔半岛，面积约 3500 英亩(1 英亩=0.404686hm²)。该单位在麦卡莱斯特、橡树岭、奥格登、犹他州、皮卡汀尼和新泽西的分部共有约 1700人，而在 NSWC IHEODTD 部门有 800 多名科学家、工程师和约 50 名现役军人，总年度经费约 14 亿美元。他们的主要任务是为军方提供产品研究、开发、工程、制造、测试、评估和服务支持，产品涉及弹药、弹头、推进系统、烟火装置、引信、电子器件、启动设备和含能材料(火工品、推进剂和炸药)储运装置。技术服务支持包括：海军火炮系统和特殊武器的包装、装卸、仓储和运输。

1994 年，海军水面武器中心下属的含能材料制造技术中心成立，由海军研究制造技术项目办公室创办。作为含能材料领域的领导者，该部门成为技术合作的交汇点，其主要任务有含能材料系统研究、开发、建模与仿真、工程化制造技术、生产、测试和评估，以及转运/运营等全方位的支持。该中心不需要拥有任何设施或操作设备，其本职工作是联络政府、行业和学术界，以此来完成项目分工和研究的虚拟部门。其目标是确定武器系统和制造基地需求，开发和演示所需的制造工艺技术方案，并最终获得成功的产品。主要研究方向：①新型含能分子合成及中试；②冲击与爆轰物理和反应动力学；③炸药和推进剂配方、不敏感弹药；④含能材料表征，不敏感弹药、温压武器和其他先进高能材料开发应用；⑤高能材料和爆炸物测试和评估技术开发；⑥其他相关功能材料表征；⑦爆炸物检测技术和导弹发动机地面试验验证。

A1.6　美国马里兰大学含能材料技术发展中心

马里兰大学是位于美国马里兰州的一所世界一流的顶尖综合高等学府。马里兰大学始建于 1856 年，位于马里兰州的王子乔治郡的大学公园市(City of College Park)，距离美国首都华盛顿特区 13km。马里兰大学拥有 4 位诺贝尔奖获得者、7位普利策奖获得者、49 位国家科学院院士和数十位福布莱特学者。马里兰大学作为美国最好的 20 所公立大学之一，是美国中西部知名的十大联盟(Big Ten

Conference)成员学校之一，是北美大学协会中世界一流大学之一。其下属的工程概念发展中心是与高能材料产品技术和制造相关的部门，已成为美国国防安全咨询中心。此外，工程概念发展中心将通过研究生教育和科研项目计划培养含能材料方面的科学家和工程师。该中心的含能材料技术部主要涉及含能材料改性、无铅起爆药、含能聚合物、含能材料对人体伤害等方面的研究。该中心自成立以来，含能材料科学组主要开展了以下研究：①开发基础含能材料、功能梯度材料及其燃烧稳定性；②发展传感器技术；③发展含能材料的信息学产品；④港口安全模拟研究；⑤创伤性脑损研究。

A1.7　美国新墨西哥州含能材料研究和测试中心

美国新墨西哥州含能材料研究和测试中心(Energetic Materials Research and Testing Center，EMRTC)是新墨西哥州矿业技术研究所的分支机构，主要从事先进弹药的研发、测试和评价工作，属于国家级最先进实验室。该中心始建于第二次世界大战初期，是美国最重要的炸药研究中心之一。纵观 EMRTC 半个多世纪的发展，在弹药领域的试验经验丰富、技术过硬，拥有 100 多个专业方向。他们的相关设施设备齐全，从地雷探测机器人训练场地到爆炸汽车试验品、试验靶坦克和建筑物掩体爆炸区，到火炮/导弹射击设施、打靶试验设施，以及超过 50 万磅 TNT 当量的弹药库等。他们与洛斯阿拉莫斯国家实验室、劳伦斯利弗莫尔国家实验室、国土安全部、国务院、国防部、司法部等单位和部门相互协作制订了美国反恐训练计划。他们还可提供含能材料及弹药技术领域的工程师培训，涉及内容包括爆炸物处理、弹药安全、应急反应、恐怖事件响应和反恐技术途径等。

A1.8　美国宾州大学机械工程系燃烧实验室

宾夕法尼亚州立大学(The Pennsylvania State University，PSU)简称宾州大学，是位于美国宾夕法尼亚州的一所世界著名的公立大学，在宾州全境有 24 个校区，其中最大的是主校区帕克(University Park)。PSU 是美国的优秀公立大学之一，也是美国大型的高等学府之一，在全美公立大学中排名稳定在前十五。其学术科研能力位于世界前列，在工程、气象、地球科学、地理、传媒、管理学、特殊教育、农学等方面堪称世界顶尖，也是工业工程和英国文学在美国的发祥地。高压燃烧实验室位于美国宾夕法尼亚州立大学的大学园校区，是独立发展的一类研究机构。他们具备表征含能材料燃烧行为的广泛实验测试设备和理论分析手段。该实验室创始人为燃烧学领域顶尖已故华人科学家 Kenneth K. Kuo 教授。研究组由 10 个单项测试设备和几十种燃烧科学设施组成。比较典型的设备包括高速摄影机、高功率激光器推进剂点火系统和可视化处理设备，以及各种压力、温度、速度和物种浓度的诊断仪。目前，宾州大学机械工程系燃烧实验室的研究课题包括：①固液体推进剂和固体燃料的燃烧特性；②带尾翼的火箭发动机的火焰传播现象；③混合火箭燃料配方和实验研究；④火箭喷嘴侵蚀最优机制技术研究；⑤纳米高能材料的制备与燃烧性能研究；⑥迫击炮和火炮系统的内弹道过程研究；⑦Al 粉等金属颗粒的燃烧和建模研究等。

A1.9　美国普渡大学含能材料研究中心

普渡大学(Purdue University)是世界著名高等学府，主校区位于美国印第安纳州西拉法叶市(West Lafayette)。该校综合实力在国际上名列前茅，英国"泰晤士高等教育"将它排在世界第 48 位。其理工科更是享誉世界，在"美国新闻与世界报道"的工程学院排名中位列美国第 6 位，与麻省理工学院、斯坦福大学、加州理工学院等院校一起常年包揽着美国工科十强榜。普渡大学工程学院是全球最顶尖的工程学院之一，在上海交通大学"世界大学学术排名"的工程学院排名中位列世界第 10 位。工程学院拥有 20 多位美国工程院院士，著名的金门大桥也是出自其土木系教授之手。在含能材料制备方面，普渡大学拥有含能材料研究中心，该研究中心包括微型和纳米系统动态分析实验室，主要专注于传感器开发和小规模材料表征。他们主要为美军研发更稳定、更有效、更钝感、更容易处理的含能材料，并设法应用于新型推进剂、火工品和炸药装药。研究方向有 4 个，分别是①含能材料制备：包括双基推进剂和复合推进剂、纳米含能材料组装、含能颗粒快速结晶封装、掺杂含材料机械活化；②含能材料表征：包括机械感度、静电火花、电磁、热感度和化学/反应特性等；③含能材料检测：包括基于红外、X 射线、MEMS/NEMS、微波、MS 和接触采样技术，并发展新型传感器技术；④信号处理和系统集成：包括改进算法用于解释现有传感器系统信号、新系统配置与传感器的融合发展，获得的最佳传感器系统可应用于爆炸物检测。

A1.10　日本东京大学化工系

东京大学(The University of Tokyo)，简称东大，是一所本部位于日本东京都文京区的世界级著名研究型综合大学。作为日本最高学术殿堂，其在全球享有极高的声誉。东大诞生于 1877 年，初设法学、理学、文学、医学四个学部，是日本第一所大学,也是亚洲最早的西制大学之一。学校于 1886 年被更名为"帝国大学"，也是日本建立的第一所帝国大学。1897 年，易名为"东京帝国大学"，以区分同年在京都创立的京都帝国大学。二战后的 1947 年 9 月,其正式定名为"东京大学"。东大有环境、化学和化工安全工程三个部门涉及含能材料研究。课题主要涉及灭火器药剂对环境的影响研究、弹药废物处理设施开发、含能材料产品生产过程中火灾和爆炸事故案例研究等。他们还基于炸药化学原理进行火工品研发，成果包括基于新型气体发生剂的气囊系统和使用爆破技术在沙漠绿化工程中的应用等。

此外，相关研究领域还有燃烧化学。燃烧实验室与含能材料相关的内容包括火箭推进剂的开发。研究课题涉及高能量固体火箭推进剂配方及性能、含能物质的点火燃烧特性、火箭系统集成基础研究等。目前，卫星用高性能推进系统及可以随时启停的推进剂技术是他们发展的重点。此外，喷气发动机和安全气囊系统的混合动力的火箭研究也是该实验室的主要课题。

A1.11　日本爆炸技术研究所

日本爆炸技术研究所(Explosion Research Institute)是一家私有企业性质的科研单位，其主要工作涉及防爆/灾难咨询、数值分析，集中在燃气泄漏/燃烧和爆炸/冲击波毁伤评估、防护材料和结构的设计等。他们主要处理炸药爆炸、事故/灾难数值分析、分析项目加速处理、将成果转化为虚拟现实等，还开发和销售安全性分析软件和颁发相关许可证。模拟分析服务包括：①可燃液体喷雾扩散与爆炸模拟；②爆炸缓释数值分析和设计方法；③瓦斯爆炸爆破效应评估；④汽油蒸汽流体扩散模拟评价；⑤罐内可燃气体浓度分布的数值分析；⑥加速碎片作用微分方程求解；⑦烟尘扩散模拟；⑧火药反应模型建立、流体力学计算；⑨烟花爆破模拟；⑩流体力学计算(包括加速化学反应)；⑪爆炸冲击数值分析咨询。

A1.12　新加坡南洋理工大学含能材料研究所

南洋理工大学(Nanyang Technological University，NTU)为国际科技大学联盟发起成员、国际商学院协会认证成员、国际事务专业学院协会成员，是新加坡一所科研密集型大学，在纳米材料、生物材料、功能性陶瓷和高分子材料等许多领域的研究享有世界盛名，为工科和商科并重的综合性大学。南洋理工大学的前身为1955年由民间发动筹款运动而创办的南洋大学,南洋大学的倡办人是新马胶业巨子陈六使先生，云南园校址由新加坡福建会馆捐赠；1981年，新加坡政府在南洋大学校址成立南洋理工学院，为新加坡经济培育工程专才；1991年，南洋理工学院进行重组，将教育学院纳入旗下，更名为南洋理工大学，与快速发展的教育事业齐驱并进；2006年4月，南洋理工大学正式企业化。南洋理工大学下属的含能材料研究所由李安如教授(Ang How Ghee)创立于新加坡国立大学。该含能材料研究所的主要研究方向是含能聚合物合成和含能材料性能模拟。开展项目主要有冲击起爆建模、热起爆建模、点火过程仿真计算。在起爆机理方面与英国剑桥大学卡文迪什实验室长期合作。采用高速摄影和条纹成像技术研究了含能材料晶体的热点起爆机理。在新含能材料分子设计与合成方面，主要贡献是新型含能聚合物和新型氧化剂、纳米有机金属材料，并获得了常见化合物，如CL-20、TATB的安全、经济的新合成路线。他们的研究还包括纳米MIC材料的制备及冲击起爆过程、简易炸药TATP及其衍生物的合成新方法、闪光弹配方设计等。

A1.13　德国弗劳恩霍夫化学工艺研究所

弗劳恩霍夫应用研究促进协会(Fraunhofer-Gesellschaft)，我国常译为弗劳恩霍夫研究所，是德国也是欧洲最大的应用科学研究机构。弗劳恩霍夫协会被认为是和马克斯·普朗克协会并驾齐驱的德国最高水平的两大科研机构之一，在国际上享有盛誉。相比普朗克研究所基础科学方面的造诣，它更偏重应用科技的研究。1991年，世界上第一台 MP3 就产生于弗劳恩霍夫协会位于埃尔兰根的集成电路研究所。德国弗劳恩霍夫化学工艺研究所(Institute of Chemical Technology，ICT)成立于 1959 年，是世界上重点科学研究机构，拥有 350 个子公司。目前，ICT 的主要研究领域包括：含能材料、塑料、环境保护技术和应用电化学技术等。在含能材料研究方面，ICT 是德国最大的开展高能炸药、起爆药、火箭推进剂、气体发生剂、烟火装置和发射药研究的一流机构。主要包括含能材料分子结构和合成、加工工艺、工艺改进、产品性能表征和计算及废药处理和回收，还包括含能物质及其产品的生产设备设计、爆轰和燃烧性能研究、含能材料产品的质量和安全技术。其研究方向是通过开发高能聚合物、黏结剂和增塑剂研制出改性新配方，使之具有低感度、少烟、低易损性等特征，并获得某些不含氮化物的气体发生剂和环保型新产品。近年来，ICT 已成功合成了 CL-20、FOX-7、ADN 和 TNAZ 等高能化合物，并进行了详细性能表征和广泛的应用研究。

A1.14　德国慕尼黑大学化学系含能材料科学中心

慕尼黑大学，全称为路德维希-马克西米利安-慕尼黑大学(Ludwig-Maximilians-Universität München)，始建于 1472 年，是德国历史最悠久，文化气息最浓，久负盛名的公立大学之一。19 世纪初，为了纪念学校的创始人 H·路德维希大公和后来的马克西米利安一世，这所学校改名为 Ludovico Maximilians，后来又将这个拉丁文的名字更改为德文的 Ludwig-Maximilians Universitaet。慕尼黑大学是 2012~2017 年德国 11 所"精英大学"之一，在 2014~2015 年，英国"泰晤士报高等教育副刊"世界大学排名中位于 29 位，在入选的德国大学中居第 1位。其中，化学与制药学院下属的含能材料科学中心，由 3 位教授领衔，3 名技术人员外加近 30 名研究生组成。军用和航天推进用含能材料与非核材料的合成和表征是他们研究团队的主要工作内容。现在他们正致力于探索新的合成方法以获得新型含能材料，或改进现有高能材料的合成方法以降低成本并提高安全性。全氮或富氮高能材料的合成是他们的强项。该研究中心的设备可以满足含能材料的全方位性能测试。他们关于炸药的性能有如下测试方法：①爆速、爆压；②约束状态下凝聚态炸药爆炸、易爆粉尘或气溶胶压力-时间曲线；③密闭状态下炸药的温度/热流-时间测量；④铅块压缩猛度试验(赫斯测试)；⑤卡斯特(Kast)法测猛度；

⑥板凹陷试验法测猛度；⑦沙试验法测猛度；⑧铅块膨胀试验测试爆炸威力(Trauzl测试)；⑨闪光 X 射线摄影测试爆轰产物的质量速度；⑩小尺度破片试验。关于炸药的感度和热稳定性的测试方法包括：①小尺度介质带冲击波感度试验；②慢烤热感度试验；③大尺度静电火花感度测试；④电子束和激光感度测试；⑤装药之间的传爆测试；⑥雷管引发感度；⑦临界直径试验；⑧爆燃爆轰转变测试(燃烧转爆轰)；⑨大规模长期稳定性试验。

A1.15　加拿大炸药研究实验室

加拿大炸药研究实验室(Canadian Explosives Research Laboratory，CERL)是加拿大政府实验室涉及商业炸药的唯一研究和服务机构，隶属于加拿大自然资源部炸药安全和矿产保安科。研究领域不仅包括炸药，还包括推进剂和火工品。CanmetCERL 的工作旨在加拿大人在制造、运输和使用炸药的过程中安全和可靠，并降低爆炸的有害影响。CanmetCERL 工作涉及多个领域，从产品测试服务到行业标准的建立，都起到举足轻重的作用。CanmetCERL 的主要研究和服务工作包括：炸药理化分析、爆炸物检测与认定、高可靠安全性含能材料的开发。对外服务内容包括：ASTM 标准测试、含能材料热分析技术、爆炸效应评估，以及行业标准和相关软件的制订。

A1.16　澳大利亚国防科学与技术组织含能材料系统研发中心

国防科学与技术组织(Defence Science and Technology Organisation，DSTO)是澳大利亚国防部的下属机构，致力于为澳大利亚国防和国家安全需要与相关科技提供支撑，是澳大利亚第二大政府资助的科学组织，在澳大利亚有 8 个分支机构。DSTO 为澳大利亚政府提供当前防御作战的科学和技术支持，研究未来国防和国家安全应用技术。主要是为采购和应用智能防御设备和开发新的防御能力等方面提供建议，并通过提高现有防务系统的安全性和降低其维护成本来增强其使用效能。

DSTO 由首席防务科学家领导，该职位由国防、工业、学术界和科学界各派一个独立代表组成的咨询委员会辅佐。DSTO 的年度预算约为 4.4 亿美元，员工总数超过 2500 名，主要是科学家、工程师、IT 专家和技术人员。DSTO 在澳大利亚所有州和首都直辖区，国外在华盛顿、伦敦和东京都有代表机构。2012 年2 月 DSTO 被赋予完整的政府职能，负责协调研究和开发澳大利亚的国家安全技术。DSTO 与世界各地科技组织广泛合作以加强其基础技术，并与澳大利亚工业界和大学紧密合作，以提高国防研发能力。DSTO 的高能材料和系统研发部门的主要任务是基于相关科学技术为武器系统开发新型含能材料。他们的炸药和烟火组主要承担军用炸药、自制简易爆炸物、火工品和军火武器测试方面的基础和应用研究，并为含有这些含能材料的设备提供技术支持。他们的武器推进研究组主要开展推进剂及其装药方面的基础和应用研究，可为澳大利亚当前和未来弹箭发射系统和导弹推进系统提供技术支持。与含能材料相关的项目包括：反简易炸药装置研究、ANZAC 反舰导弹防御系统改进技术研究、先进战术传爆药技术研究和重型鱼雷技术研究等。

A1.17　英国克兰菲尔德大学防务化学研究中心

克兰菲尔德大学(Cranfield University)的前身是 1946 年创建的航空学院，建校时间为 1969 年(管理学院于 1967 年正式成立)，和英国其他大学不同的是，克兰菲尔德大学只招收研究生。克兰菲尔德大学的主校区在贝德福德郡(Bedfordshire)的 Cranfield 校区；另一个校区是在牛津郡(Oxfordshire)Shrivenham 的皇家军事科学院，主授航空学和工程学，而在贝德福德郡的 Silsoe 校区主授农学和享有盛誉的工商管理。克兰菲尔德大学已经在英国乃至世界工业界占有绝对的主导地位，该校不仅拥有全英唯一的英国皇家航空协会分支机构，同时与该校展开技术研究合作并建立实验室的大型跨国企业与研究机构已经超过 10 家，其中波音公司、空中客车公司、欧洲宇航防务集团阿姆斯特朗公司、英国宇航系统、克兰菲尔德航空公司、洛克希德·马丁公司、美国航空航天公司、F1 方程式、壳牌石油、Nissan、欧洲导弹集团、英国国防部和劳斯莱斯航空等均在克兰菲尔德大学设有研究机构与合作项目。克兰菲尔德大学与含能材料相关的部门有防务化学研究中心和军火科学技术中心。防务化学研究中心研究内容包括：应用光学传感器、化学、生物、放射性和核防御，处置和回收含能材料。含能材料研究方向有高能聚合物、炸药环境分析、爆炸物环境科学、炸药配方、炸药安全、含能材料激光点火等。军火科学技术中心研究内容包括：碳化钨的动态力学行为、军民两用炸药、爆炸科学与技术、装甲轻便优化研究、低附带损害爆炸反应装甲、CFRP 层板正常和斜侵彻研究、高分子材料的冲击行为、含能材料危害和风险分析等。

A1.18　英国奎奈蒂克公司

奎奈蒂克公司与英国国防部签订了长期合作协议，提供对三军装备的试验和评估服务，并负责管理军用靶场。它是代表英国国防部向企业签发军品科研合同的英国防务技术中心的主要执行者。奎奈蒂克公司是一家跨国公司，总部在英国南部汉普郡范堡罗，产品包括防务、安保、航空、能源和环境方面。根据斯德哥尔摩国际和平研究所(SIPRI)2014年最新公布的"武器生产和军事服务公司100强"(不包括中国、俄罗斯公司)名单，奎奈蒂克公司早在 2012 年总销售额就已突破了21 亿美元，其中防务销售额为 14.10 亿，在 100 强中位居第 60 位。奎奈蒂克公司为政府和社会客户提供的科技产品和服务范围涉及航空、网络、海事、空间、小卫星平台、卫星搭载物(高能粒子望远镜和频率监控设备)、美国国家航空航天局托管的工作、卫星发射任务、卫星动力和数据装置和空间设备等。在含能材料领域研究包括：①摩擦感度技术；②一维绝热至爆；③高能材料的制备；④火炮系统；⑤常规弹药；⑥弹药致命机制；⑦雷管；⑧消防控制系统；⑨内外弹道计算；⑩火箭技术等。

A1.19　瑞典防务局 FOI 研究所

瑞典防务局 FOI 研究所是欧洲在国防和安全领域的领先研究机构之一。FOI 的核心业务是军火武器的研究、技术开发、性能分析和测试。FOI 是国防部授权的专门从事武器研究的事业单位，是以政府任务分配为导向的科研机构，由瑞典航空研究院与瑞典国防研究局于 2001 年联合创建。FOI 是世界领先的含能材料研究机构之一。FOI 具备炸药、推进剂和火工品等含能材料的合成、配方设计、性能分析能力，同时具备起爆过程相关基础理论研究基础。FOI 从事研究还包括弹箭发射技术、推进技术和弹头技术，主要集中在高爆炸威力、高功率微波电磁弹头和水下炸药技术(流体力学、信号、武器和装甲技术)等。

A1.20　捷克帕尔杜比采大学含能材料研究所

帕尔杜比采大学位于捷克共和国"化学城"帕尔杜比采，是一所以化学研究闻名的高等学校。它的强项和特色专业是化学技术与工程，与该专业相关的有无机材料、含能材料、有机染料、饲料添加剂、化学肥料、薄膜分离技术、纤维制品和纺织品化学、食品化学与技术(食品评价与分析)、临床生物学与化学。含能材料研究所隶属于化工学院，与欧洲的波兰华沙军事学院、华沙技术大学、门捷列夫化工大学保持交流与项目合作。1995 年后，该研究所的学科方向拓展到了航空领域，也参与了欧盟多个相关项目，涉及炸药制造和应用。研究重点包括以下几个方面：① 化学技术方面，涉及单质爆炸物合成化学与分析技术，主要有工业炸药、推进剂、高爆炸药和雷管、烟火技术等研究内容，同时也研发和加工非军用炸药；②气体和粉尘爆炸研究方面，包括灾害预防、事故调查、易燃易爆品快速风险评估；③含能材料安全性研究方面，静电火花感度及装置研究、炸药大型差热分析装置研制、爆炸物犯罪证据搜集与认证；④针对国家安全领域起草标准和政府文件服务；⑤ 乳化炸药配方、爆炸威力和猛度研究。

A1.21　比利时北约军火安全信息分析中心

为了协调内部军事技术合作，北约创建了军火安全信息分析中心，可以通过咨询和资料分析支持北约国家共同的军品科研。该中心的研究围绕军品整个生命周期的安全性能展开，重点研究对象是钝感弹药，主要为弹药生产服役到退役全生命周期的安全提供信息技术和分析。含能材料的研究领域包括：含能复合物配方和生产技术、品质和危险等级分类、弹药产品的恢复、再利用、再循环技术、释能过程的反应机理研究等。

A1.22　印度高能材料研究室

高能材料研究室(High Energetic Materials Research Laboratory，HEMRL)的前身是化工研究办公室，1908 年成立于印度奈尼塔尔(北方邦)。1960 年，该实验室搬迁到浦那巴山综合基地，并更名为炸药研究与发展实验室。1995 年 3 月更名为 HEMRL，以凸显其在高能材料方面的贡献。HEMRL 重点研发各类与推进剂、高能炸药、火工品产品相关的高能物质，还涉及高分子材料和绝热材料的设计和开发。HEMRL 的其他研究包括新化合物合成、引爆反应、材料的结构特性及其在冲击波作用下的响应机制。HEMRL 为印军开发了一系列浇铸双基推进剂、螺杆挤出双基推进剂、复合推进剂和浇铸改性硝胺推进剂、富燃料推进剂和三基发射药。实验室还拓展了钝感发射药、推进剂衬层技术和燃料-空气炸药等方向。HEMRL 是印度唯一的高能材料研究室，除了基础的实验室分析仪器外，相关专业设施也很齐全。

A1.23　瑞士阿玛舒炸药技术研究所

阿玛舒(Armasuisse)炸药技术研究所是瑞士唯一的含能材料研究单位，网络上关于其介绍信息很少。他们主要研究推进剂、炸药和火工品的危险性评估及防爆器材设计、危险品痕量检测等，同时研究爆炸过程对动物和环境危害效应。他们的服务领域涉及危险物质的风险分析、安全管理和专业评估，以保证炸药和弹药服役全寿命过程的安全处理。该研究所主要研究弹药设计和分析方法优化、新型炸药检测技术、炸药老化行为的表征新方法等。

A1.24　俄罗斯科学院化学物理问题研究所

俄罗斯科学院(Russian Academy of Science，RAS)化学物理问题研究所成立于 1956 年，是切尔诺戈洛夫卡研究中心的开创者，是 RAS 的领先研究机构之一，后来完成了企业化改制。1991 年注册为 RAS 下属的独立研究所，并自 1997 年以来一直被称为"化学物理问题研究所"。该研究所由诺贝尔奖获得者 NN Semenov 和 Dubovitskii 两位院士领衔开展研究。其研究领域包括：化学物理的一般性问题、分子和固体物理、复杂化学反应动力学和机理、爆炸和燃烧化学物理、高分子合成及改性、生物过程及系统化学物理学、化工材料学等。该研究所有一个针对含能物质的先进试验场地，以及专门研究燃烧和爆炸等快速物理化学过程的大尺度测试系统等。

A2　重要学术会议

A2.1　国际爆轰会议

会议名称：The International Detonation Symposium

举办时间：1951 年开始每四年举办一次，时间是 7 月中旬，如今已经举办了 17 届。

会议地点：英美主要城市。

参会人员：来自 16 个国家的超过 300 名人员参会，国家代表分别是美国、英国、法国、俄罗斯、加拿大、中国、以色列、日本、澳大利亚、比利时、韩国、新加坡、芬兰、德国和挪威。

会议内容：共有 30 个会议主题，主要包括先进和新实验技术、引爆和子爆轰现象、模拟、分子/尺度效应、新/非传统材料和热/机械性能。

A2.2　国际烟火会议

会议名称：International Pyrotechnics Seminar(IPS)

举办时间：每两年 1 次，6～9 月份举办。1968 年在美国科罗拉多州埃斯蒂斯帕克召开了第一届 IPS 会议，并出版了会议录，文献代号为 AD679911。

会议地点：世界各地。

会议宗旨：由美国科罗拉多州丹佛研究所(Denver Research Institute，Denver，Colorado，USA)发起，旨在促进有关含能材料信息的科技交流，提高烟火领域研究水平。

主办单位：国际烟火协会。

会议网址：http://www.intpyrosoc.org/

会议内容：可浇注彩色烟雾信号药剂配方、烟火装置、电雷管点火和输出特性、先进的延时线、照明弹光谱观测、火工品热化学问题及理论计算方案、数学仿真建模、氰-氧-三氯化硼火焰系统的测量、照明源相关特征、火工品冲压挤压铸造超声增强加工、化学反应表征、新型火工品配方筛选、烟火反应热设计准则、声波焊接封装-无热气密封、爆炸黏接的原理和应用、爆炸初期现象、比色法和辐射测量等。

A2.3　钝感弹药与含能材料会议

会议名称：Insensitive Munitions and Energetic Materials Symposium

举办时间：每 18 个月举办 1 届，目前成功举办了 12 届，其中在欧洲举办过 4 届。

会议地点：欧美主要城市。

会议宗旨：搜集最新钝感武器科技信息，提供北约主要国家和国际政府服务机构、私营工业界和学术界交流。提出新的任务和挑战，应对创新钝感弹药和含能材料的挑战，并力求满足环境要求和国防开支预算。新钝感弹药与含能材料技术越来越多地获得应用，以满足在各种服役环境下的作战要求。研讨会主要讨论钝感弹药生命周期各个阶段的最新解决方案，反映了北约国家正在寻求全球范围内防御体系的更多国际协作。

主办单位：钝感弹药欧洲制造商协会、美国国防工业协会和弹药安全信息和分析中心，以及举办国牵头单位等。

会议内容：有关 EM&IM 解决方案和技术文件方法的制定、实施和的应用。主要内容有钝感炸药、发射药和火箭推进剂及其武器系统应用技术等相关方面研究，可分为以下几个方向：钝感弹药技术的国家与国际经验；国际标准化和协调发展-交互操作性问题；EM&IM 方案和政策；新敏感炸药、推进剂和烟火-配方、加工、特性和性能；新型高能材料的解决方案，包括纳米材料、反应性材料、提高高炉、氧化剂、高密度；IM 技术应用和实施-系统设计和集成，包括缓释、包装、引爆；不敏感弹药配方的热力学和应用；威胁危害分析方法；IM 系统和 EM 的感度和性能测试；IM 应用建模、验证和确认；钝感弹药的老化与全寿命评估；EM 健康、安全和环境问题-淘汰和替换策略；IM 先进物流和仓储方法介绍；EM&IM 产业新加工技术和生产基地内的挑战。

A2.4　含能材料 ICT 国际年会

会议名称：International Annual Conference of the Fraunhofer ICT: Energetic Materials

主办单位：德国 ICT 研究所。

会议网址：http://www.ict.fraunhofer.de/en/conferences/conferences

会议时间和地点：每年的 6 月份在德国的 Karlsruhe。

会议内容：主要讨论含能材料领域的新概念和方法、先进技术和设备、先进评价手段等。主要内容包括特殊产品粒子合成与加工，如含能材料纳米技术；新含能材料分子、黏结剂的新发展和固化工艺；含能组分合成、配方和工艺技术、颗粒和黏结剂组分、复合颗粒、微胶囊和包覆颗粒的加工性；产品和材料表征、粒子特性、性能、钝感化、化学和机械稳定性等；含能材料的新应用，如新概念武器用火箭和发射药、高能炸药、烟火等。

参会人员：主要来自北约国家，约 200 人。

A2.5　国际含能材料发展新趋势研讨会

会议名称：New Trends in Research of Energetic Materials(NTREM)

会议时间：每年 4 月份。

会议宗旨：含能材料新发展趋势研究讨论会旨在为年轻人和大学教师在含能材料领域的教学、科研、开发、加工、分析和应用提供一个交流平台。研讨内容包括爆炸气体、分散和浓缩系统。每次年会都有文化晚宴，可以为与会者提供一个愉快的交流场所。

会议内容：含能材料科学和工程的最新发展，每年的主题不同。

参会人员：150～250 人，来自 23～35 个国家，主要参会人员是年轻科研工作者。

主办单位：捷克帕尔杜比采大学含能材料研究所。

长期合作单位：OZM 仪器研究公司、奥斯丁雷管、EXPLOSIA 炸药集团、美国陆军欧洲办公室等。

会议网址：www. ntrem.com

A2.6　国际推进剂、炸药、烟火技术秋季研讨会

会议名称：International Autumn Seminar on Propellants, Explosives and Pyrotechnics

会议时间：每两年召开一次，9 月份举办，会期 4 天。

会议地点：第 1～11 届会议地点分别为北京、深圳、成都、绍兴、桂林、北京、西安、昆明、南京、青岛和韩国首尔。

会议内容：推进剂、炸药和火工品剂的合成、性能表征、配方原则及制备工艺；含能材料的热分析与稳定性；起爆、爆轰及其效应；感度与安全性；试验方法及装置与烟火技术、炸药及推进剂相关的其他内容等。

参会人员：主要来自中国、美国、英国、俄罗斯、加拿大、荷兰、印度、比利时、意大利、白俄罗斯、新加坡、捷克、韩国等，约 200 人。

国内主办单位：中国兵工学会。

协办单位：北京理工大学爆炸科学与技术国家重点实验室、南京理工大学、中北大学、中国工程物理研究院化工材料研究所、西安近代化学研究所和西南科技大学等。

A2.7　含能材料戈登研究会议

会议名称：Gordon Research Conference on Energetic Materials

会议时间：自 1988 年起，每两年 1 次，6 月份举办。

会议地点：美国涉及含能材料教学和研究的一些学校。

会议宗旨：展示推进剂、炸药和烟火领域的最尖端研究。它为政府实验室、研究型大学和私营企业的工作人员、决策者提供了一个讨论含能材料研究成果的平台。

会议内容：会议重在展示跨学科的尖端基础研究，主要涉及含能材料的点火、燃烧、爆炸、老化、热分解、燃烧合成、能量学和机械损伤相关的化学、物理和材

料特性。

参会人员：主要以英国、美国、德国和法国的研究人员为主。

主办单位：美国 Gordon 研究会议中心。

A2.8　国际含能材料及应用研讨会

会议名称：International Symposium on Energetic Materials and their Applications (ISEM)

会议时间：每两年 1 次，9 月份举办，会期 4 天。

会议地点：日本的各大城市。

会议内容：①新高能化合物与工业炸药的合成与表征；②燃烧和爆炸；③烟火技术；④爆破技术-计算机建模与设计；⑤冲击压缩、起爆；⑥危险、安全、安保和风险管理；⑦气相中爆轰和冲击波；⑧烟火技术等。

会议宗旨：进一步促进日本国内推进剂、炸药、烟火技术的发展和繁荣，为增进国际学者之间的学术交流发挥积极作用。

参会人员：主要来自日本、美国、英国和加拿大等，参会人数近 150 人。

主办单位：日本火药协会。

协办单位：东京大学、日本宇航协会、福冈大学等。

A2.9　国际炸药新材料产品会议

会议名称：International Symposium on Explosive Production of New Materials：Science，Technology，Business，and Innovations

会议时间：每两年召开一次，5 月份举办，会期 3 天。

会议内容：新材料的冲击和爆轰波合成、材料爆炸性和冲击处理、实现材料的生产/加工的爆炸工业、爆炸焊接的数值模拟、复合金属服役参数、爆轰波相关现象、金属的爆炸焊接、集成粉末和复合材料。

主办单位：俄罗斯科学院。

协办单位：法国科学院、荷兰 TNO 集团、波兰科学院。

会议网址：http://www.ism.ac.ru/events/

A2.10　国际弹道会议

会议名称：International Symposium on Ballistics(ISB)

会议时间：每年召开一次，9 月份举办，会期 4 天。

会议地点：世界各地。

会议内容：弹道设备的炮弹、导弹(其中包括炸药、推进剂和内部组件)设计和建模；对各种目标包括人体模型以及硬目标(改性纤维、陶瓷、金属合金和混凝土制

成多样装甲防弹)的侵彻效果研究；模拟和新型武器弹道数据；爆炸物和掩体策略
与测试等。

其他： 主要来自澳大利亚、比利时、加拿大、中国、捷克、芬兰、法国、德国、
印度、以色列、意大利、日本、荷兰、挪威、波兰、葡萄牙、俄罗斯、新加坡、
南非、韩国、西班牙、瑞典、土耳其、乌克兰、英国、美国等国家的研究人员，
总人数近 200 人；会议附设小型展览。

主办单位： 国际弹道学会。

协办单位： 英国 Qinetiq、美国国防工业协会、南非弹道协会等。

A2.11 化学推进与含能材料专题国际研讨会

会议名称： International Symposium on Special Topics in Chemical Propulsion and
Energetic Materials(ISICP)

会议时间： 每两年召开一次，6 月份举办，会期 4 天。

会议地点： 2010 年在南非开普敦、2012 年在加拿大魁北克、2014 年在法国等。

会议内容： 新含能材料发展的纳米技术创新方法；含能材料合成及表征；含能材
料配方、加工和制造；钝感弹药；减少危害和安全；化学推进理论建模和数值模
拟技术；推进剂、烟火和爆炸物效能效评估；老化、稳定性与相容性；回收、处
理和环境方面；化学推进高能材料的试验方法和诊断技术；点火和起爆过程；爆
轰和/或爆燃过程；温压弹药和 Al 热剂配方；新型火箭推进技术；火箭热防护材
料；"绿色"推进剂；含能材料商业化应用；先进推进系统及性能(如脉冲爆震发
动机、混合动力火箭、凝胶推进剂和微推进器等)。

会议规模： 主要来自美国、英国、俄罗斯、南非、法国、中国、加拿大等地区的
研究人员，参会总人数近 150 人。

主办单位： 美国宾州大学燃烧实验室。

协办单位： 会议承办国的相应机构。

A2.12 火炸药学术研讨会

会议时间： 每两年举办一次。

会议地点： 成都、宁波、南昌、桂林、贵阳等地。

会议内容： 国内外火炸药技术发展现状及趋势；含能材料及先进火炸药制备与应
用技术；钝感火炸药技术；火炸药先进制造技术；火炸药分析、测试、标准与评
估技术；火炸药数值模拟仿真及大数据技术；火炸药军民融合技术。

主办单位： 总装备部火炸药技术专业组、火炸药燃烧国防科技重点实验室、中国
兵工学会火炸药专业委员会。

A2.13 含能材料与钝感弹药技术研讨会

会议时间：每两年举办一次。

会议地点：珠海、厦门、三亚、成都、三亚、成都、海口等地。

会议主题：深入实践科技创新型国家建设，以高新技术军事装备需求为牵引，推动我国含能材料和钝感弹药技术的跨越式发展。

会议内容：含能材料、钝感弹药和安全弹药发展新趋势；单质炸药的理论设计、合成、改性与绿色制备技术；混合炸药、火工品、推进剂的设计、制备与应用技术；含能材料理化分析新方法；弹药安全性、可靠性、环境适应性评价；钝感弹药与安全弹药的试验与评估技术；新型点火器件的设计技术；含能材料与弹药的处置与循环利用技术；其他相关理论、实验、仿真技术及其应用。

A2.14 纳米结构含能材料及其应用技术学术研讨会

会议名称：Nano-Structured Energetic Materials Workshop

会议时间：每年举办一次。

会议地点：南京、绵阳、西安等地。

会议主题：①纳米结构含能材料尺度效应；②纳米结构含能材料设计与制备技术；③纳米结构含能材料表征方法与性能分析方法；④纳米结构含能材料应用技术；⑤Pyro-MEMS含能器件安全性与可靠性；⑥其他与微纳结构含能材料相关研究进展。

主办单位：南京理工大学、中国工程物理研究院、北京理工大学、中北大学、西南科技大学、海南大学、中国宇航学会弹药安全技术专委会、中国兵工学会爆炸与安全技术专业委员会。

A2.15 先进含能材料国际学术研讨会

会议名称：International Workshop on Advanced Energetic Materials

会议时间：每年一次。

会议地点：成都、北京等地。

会议主题：促进国际含能材料领域的共同发展，加强含能材料基础理论、前沿技术和关键装备与工艺的研究与应用，深化国际合作与交流，加速我国含能材料的研发和应用。

会议内容：含能材料高通量计算与设计；含能材料高通量实验技术；含能材料高效表征与快速分析技术；含能材料安全性评价技术；含能材料服役行为研究；含能材料结构精准调控技术；含能材料绿色制备与环境保护；其他相关理论、实验、仿真技术及其应用。

主办单位：中国工程物理研究院化工材料研究所。